日本古代製鉄の考古学的研究
― 近江から日本列島へ ―

大道和人 著
OMICHI Kazuhito

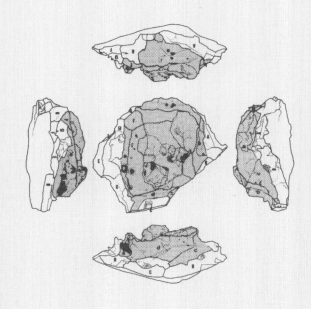

雄山閣

日本古代製鉄の考古学的研究―近江から日本列島へ―
《 目 次 》

序章 1

第1節 本書の目的 1
1 人類と鉄 1 2 近江から日本列島へ 2 3 「近江」いついて 9

第2節 本論の前提 鉄・鉄器生産に関する用語の整理 9
1 製鉄の原料 9 2 鉄の種類 10 3 鉄・鉄器生産の工程 11

第3節 各章の目的と構成 14

第1章 日本古代製鉄の研究動向 17

第1節 日本古代製鉄の研究史 17
1 第1段階：国内での製鉄遺跡の発掘調査が行われていない段階（～1969年） 17
2 第2段階：国内で製鉄遺跡の発掘調査が行われるようになった段階（1970～1987年） 22
3 第3段階：考古学・復元実験・金属学の総合研究が行われるようになった段階
（1988～2007年） 25

第2節 近江の製鉄遺跡調査の現状と課題 40
1 第1段階：国内での製鉄遺跡の発掘調査が行われていない段階（～1969年） 40
2 第2段階：国内で製鉄遺跡の発掘調査が行われるようになった段階（1970～1987年） 44
3 第3段階：考古学・復元実験・金属学の総合研究が行われるようになった段階
（1988～2007年） 48

第3節 古代近江の製鉄史料 55
1 鉄穴と水碓に関する史料 55 2 鉄屋に関する史料 57 3 韓鍛冶に関する史料 58

第4節 研究史から見えてきた課題の抽出と分析の方法 58
1 第2章 日本古代製鉄の開始について 58
2 第3章 日本列島各地の古代製鉄開始期の様相 59
3 第4章 古代製鉄展開の様相 61

第2章 日本古代製鉄の開始について 63

第1節 日本列島の製鉄開始についての研究史 63
1 弥生時代説 63 2 古墳時代説 69

第2節 近江の古墳時代の鍛冶について 72
1 はじめに 72 2 古墳時代の鍛冶の工程と時期・地域区分について 73

i

目　次

　　　3　近江の鍛冶の様相　77　　　4　鍛冶操業時期・規模と鍛冶工程による分類　104
　　　5　古墳時代近江の鍛冶操業の変遷　105　　　6　まとめ　114

　第3節　近江の古墳出土鉄滓について　114
　　　1　はじめに　114　　　2　各事例の検討　115　　　3　滋賀県内の様相　116
　　　4　考察　122　　　5　まとめ　129

　第4節　日本古代製鉄の開始について　130
　　　1　はじめに　130　　　2　製鉄開始期の製鉄・鍛冶関連遺跡　130
　　　3　開始期の製鉄技術の特徴　140　　　4　製鉄工人集団・組織について　155
　　　5　製鉄開始の歴史的背景　157

第3章　日本列島各地の製鉄開始期の様相　159

　第1節　出土遺物からみた近江高島北牧野製鉄A遺跡の炉形　159
　　　1　はじめに　159　　　2　問題の所在　159　　　3　炉底塊の観察・検討　163
　　　4　炉形の系譜関係に関する考察　168　　　5　おわりに　168

　第2節　製鉄炉の形態からみた瀬田丘陵生産遺跡群の鉄生産　169
　　　1　はじめに　169　　　2　分類と編年　169　　　3　瀬田丘陵製鉄遺跡群の変遷　172

　第3節　製鉄炉の設置方法について―源内峠遺跡1号製鉄炉の検討を中心に―　176
　　　1　はじめに　176　　　2　問題の所在　176　　　3　源内峠遺跡1号製鉄炉の検討　177
　　　4　製鉄炉の検討から見えてくるもの　180　　　5　まとめ　183

　第4節　滋賀県の鉄鉱石の採掘地と製鉄遺跡の関係について　184
　　　1　はじめに　184　　　2　滋賀県の鉱物・鉱床について　184
　　　3　滋賀県各地の様相　185　　　4　考察　190　　　5　おわりに　194

　第5節　出土鉄鉱石に関する分割工程と粒度からの検討
　　　　　　　―木瓜原遺跡SR-02の事例を中心に―　195
　　　1　はじめに　195　　　2　検討遺跡の概要と鉄鉱石抽出方法について　195
　　　3　問題の所在　198　　　4　分割工程からの検討　198　　　5　粒度からの検討　201
　　　6　まとめ　205

　第6節　出土鉄鉱石に関する分割工程と質からの検討
　　　　　　　―上御殿遺跡の事例を中心に―　207
　　　1　はじめに　207　　　2　調査の概要　207　　　3　鉄鉱石集積遺跡S79について　209
　　　4　出土鉄鉱石について　210　　　5　鉄鉱石出土遺跡の様相について　212
　　　6　おわりに　215

　第7節　木炭窯の形態からみた古代鉄生産の系譜と展開
　　　　　　　―滋賀県瀬田丘陵の事例を中心に―　215
　　　1　はじめに　215　　　2　瀬田丘陵製鉄遺跡群における製鉄用木炭窯　216

3　他地域における製鉄用木炭窯—瀬田丘陵製鉄遺跡群の事例との関連で—　221
　　　4　考察　223　　　5　おわりに　227

　第8節　古代近江・美濃・尾張の鉄鉱石製錬　227
　　　1　はじめに　227　　　2　製鉄遺跡　227　　　3　鉄鉱石出土遺跡　232
　　　4　鉄滓出土古墳　232　　　5　まとめ　233

　第9節　鉄鉱石製錬から砂鉄製錬へ1—筑紫と吉備の様相から—　234
　　　1　はじめに　234　　　2　柏原M遺跡から出土した膠着砂鉄　234
　　　3　柏原M遺跡の発掘調査結果　235　　　4　砂鉄精錬の起源　235

　第10節　鉄鉱石製錬から砂鉄製錬へ2—送風孔が複数個並んだ炉壁の検討から—　236
　　　1　はじめに　236　　　2　近江で出土した送風孔が複数個並んだ炉壁　236
　　　3　他地域で出土した送風孔が複数個並んだ炉壁　240　　　4　考察　242
　　　5　おわりに　243

　第11節　箱形炉の研究史　243
　　　1　国内で製鉄炉の調査が行われていない段階（〜1969年）　243
　　　2　国内で製鉄炉の発掘調査が行われるようになった段階（1970〜1987年）　244
　　　3　考古学・復元実験・金属学の総合研究が行われるようになる段階（1988年〜）　246

　第12節　日本古代製鉄の開始と展開 —7世紀の箱形炉を中心に—　251
　　　1　はじめに　251　　　2　箱形炉分類のための基準　251　　　3　型式の設定　259
　　　4　古代鉄生産の諸段階　269　　　5　おわりに　278

第4章　古代製鉄展開期の様相　281

　第1節　近江湖南地域の鋳造遺跡の様相　281
　　　1　はじめに　281　　　2　鋳造遺跡の事例　281　　　3　まとめ　292

　第2節　大仏造立をめぐる銅精錬・鋳造—鍛冶屋敷遺跡の発掘調査—　292
　　　1　はじめに　292　　　2　発掘調査の概要　294
　　　3　遺構・遺構群における操業の実態の検討　299　　　4　操業の実態　304
　　　5　考察—大仏造営事業との関連から—　305　　　6　まとめ　306

　第3節　古代の銅精錬・溶解炉の復元—鍛冶屋敷遺跡の事例から—　307
　　　1　はじめに　307　　　2　銅精錬・溶解炉の復元案　307　　　3　溶解の炉内反応　313
　　　4　まとめ—復元した溶解炉から見えてくるもの—　315

　第4節　竪形炉の研究史　316
　　　1　竪形炉とは　316　　　2　1987年までの研究動向　316　　　3　1988年度以降の研究動向　317

　第5節　半地下式竪形炉の系譜　320
　　　1　はじめに　320　　　2　半地下式竪形炉の系譜についての研究史　320

iii

目　次

　　　3　半地下式竪形炉の事例　322　　　4　半地下式竪形炉以外の事例　324
　　　5　系譜について　325　　　6　まとめにかえて―半地下式竪形炉開発の理由―　328

　第6節　古代の鉄鋳造遺跡と鋳鉄素材　329
　　　1　古代鉄鋳造遺跡　329　　　2　古代の鋳鉄素材　363

　第7節　日本古代製鉄の展開期の様相　367
　　　1　はじめに　367　　　2　近畿地方　367　　　3　中国・四国地方　373　　　4　九州地方　376
　　　5　東海地方　380　　　6　北陸地方　380　　　7　甲信地方　386　　　8　関東地方　386
　　　9　東北南部　389　　　10　東北北部　391

第5章　日本古代製鉄の開始と展開　395

　第1節　開始期―箱形炉での製鉄―　398
　　　Ⅰ期（6世紀第2四半期～6世紀第3四半期　古墳時代後期中葉）　398
　　　Ⅱ期（6世紀第4四半期～7世紀第1四半期　古墳時代後期後葉～飛鳥時代前期）　400
　　　Ⅲ期（7世紀第2四半期～7世紀第3四半期　飛鳥時代中期）　402
　　　Ⅳ期（7世紀第4四半期～8世紀第1四半期　飛鳥時代後期～奈良時代前期）　404

　第2節　展開期―箱形炉と竪形炉での製鉄―　409
　　　Ⅴ期（8世紀第2四半期～8世紀第3四半期　奈良時代中期）　409
　　　Ⅵ期（8世紀第4四半期～9世紀前半　奈良時代後期～平安時代前期前半）　413
　　　Ⅶ期（9世紀後半～10世紀　平安時代前期後半～平安時代中期前半）　415

第6章　結語　419

　　　Ⅰ期（6世紀第2四半期～6世紀第3四半期　古墳時代後期中葉）　419
　　　Ⅱ期（6世紀第4四半期～7世紀第1四半期　古墳時代後期～飛鳥時代前期）　419
　　　Ⅲ期（7世紀第2四半期～7世紀第3四半期　飛鳥時代中期）　420
　　　Ⅳ期（7世紀第4四半期～8世紀第1四半期　飛鳥時代後期～奈良時代前葉）　420
　　　Ⅴ期（8世紀第2四半期～8世紀第3四半期　奈良時代中期）　421
　　　Ⅵ期（8世紀第4四半期～9世紀前半　奈良時代後期～平安時代前期前半）　422
　　　Ⅶ期（9世紀後半～10世紀　平安時代前期後半～平安時代中期前半）　422

　参考文献　425

　あとがき　455

序章

第1節　本書の目的

　本書では、近江から日本列島全体へという視点で、古代製鉄の実態について考古学的研究方法を用いて論ずる。また古代製鉄と関連の深い原料鉱石の採鉱、燃料木炭の製炭、鍛冶・鋳造という鉄器生産、非鉄金属の製錬・精錬・青銅器生産についても論じていきたい。主な研究対象は、上記研究目的の古墳時代から平安時代前半における製鉄関連の各段階の考古資料（遺跡・遺構・遺物）を対象とする。本書の研究目的は、鉄や鉄器の生産と保有の度合いが、日本列島内での国家形成と各地域の発展と消長に、重要な意味合いを持っていたとする立場から、「日本列島の製鉄が、どの地域で、いつ頃から、どのような方法・技術的系譜の中で、どのような集団により、どのような歴史的背景の中で開始され、日本列島のなかでどのように展開していったのか」に焦点を当てることとする。そして日本古代製鉄の考古学的研究からみた、古代日本の国家形成・社会発展の道程についても論じていきたい。

1　人類と鉄

　現在世界で最も多く生産、消費されている金属は鉄である。鉄は身近な金属でもあり、プラスチック、ファインセラミックやカーボンファイバー（炭素繊維）の利用もあり、他の金属に比べて相対的な地位は低下しているような印象がある。しかしながら車の車体をはじめ、建物の骨組みである鉄骨・鉄筋、鉄道のレール、あるいは各種刃物や鍋など生活の隅々にまで鉄は用いられており、今日の人間社会の中では今なお中心的な金属素材である。このように鉄は現代社会に至る人々の生活を変えてきた材質と言える。「鉄は国家なり」は19世紀にドイツを武力で統一したビスマルクの演説に由来すると言われるが、各国における鉄の生産と消費の量は、その国あるいはその地域の経済力を示すとともに、政治的動向をも厳しく反映するものでもあった。

　デンマーク国立博物館のクリスチャン・トムゼン（1788～1865年）が人類の歴史を石器時代（Stone Age）、青銅器時代（Bronze Age）、鉄器時代（Iron Age）の三つの時代に区分することを提唱したのは1836年のことであった。それ以来、すでに二世紀近くがすぎ、トムゼンの三時期区分法にさまざまな補足や修正を加えられはしたが、それは考古学の基礎知識であることにおいて、不滅の着想と成果であったといえる。このように人類は主要な利器の素材を、石から青銅、青銅から鉄へと発展させて今日に至っている。鉄は都邑（国家）を形成した文明段階の人々によって開発され、青銅器にかわる新しい金属器として登場した。鉄器時代は、今日まで連続するもので、鉄は青銅にくらべて原料が世界の各地にひろく存在すること、鋼の出現が青銅よりもはるかに鋭利な道具の製作を可能にし、世界の主要な地域では石器や青銅器と完全に交替し、より強固な古代統一国家（領域国家）の基盤となりえた。

　地球は「鉄の惑星」だとも言われる。地球上の元素の中で、鉄は最も多く、存在量の3～4割も占める。鉄は中心部の核（コア）の主成分でもある。大量に存在する鉄は自然状態ではすべて

鉄鉱石や砂鉄といった、酸化物という形で存在する。酸化物とは酸素と結びついた状態である。場所を限らず世界各地に大量に存在するため、利用が可能になれば安価で安定して利用できる。他の金属にはない利点である。

　鉱石から鉄を取り出すためには、1,200℃を超える高温下で鉄鉱石や砂鉄に結合した酸素を取り除く必要がある（還元という）。木炭や石炭（コークス）を燃焼させ、含まれる炭素（元素記号C）を酸化した鉄と化合させて、酸素（元素記号O）を二酸化炭素（CO_2）の状態にして取り去る。

　製鉄は、西アジアで始まったといわれている。諸説あるが3,000〜4,000年前のことである。西アジアから東へ延びる製鉄技術を伝えた道は「アイアンロード」と呼ばれ、近年の研究成果により、製鉄技術は西アジアから中央アジアを経て、中国大陸、朝鮮半島へ伝わったことがわかってきた。日本列島で製鉄が始まったのは古墳時代後期、中国大陸で製鉄が開始されてから1,500年、朝鮮半島で製鉄が開始されてから500年も後のことである。製鉄炉の基本技術を中心に、中国大陸、朝鮮半島、日本列島の各地で発掘調査された資料の中から古代製鉄技術の比較すると、東方に行くにつれて炉は順次小型化し、日本列島に達すると、日本独自に改良した製鉄炉を開発し、砂鉄という新たな鉄原料を使用する製鉄技術を開拓したことがわかる。

　近代の製鉄所の高炉が操業を始める前は、日本の製鉄は中国山地を中心に、砂鉄を原料、木炭を燃料とした「たたら吹製鉄」が主流であった。たたら吹製鉄は、弥生時代に鉄文化が日本列島に初めて伝来して以降、約2,000年の時間をかけて発展してきた日本独自の製鉄技術である。特に砂鉄を原料とする製鉄は、鉄鉱石資源に乏しい日本列島の古代において、独自に改良・開発された技術である。切れ味鋭く、強靭な日本刀を生み出す素材の基幹技術でもある。その意味からも日本鉄文化の基層とその方向性の出発点を古代製鉄に求めることができる。

　本書では、まず、東アジアの初期鉄器文化が日本列島に伝わった弥生時代から古墳時代の鉄器生産と鉄素材の流通、次に日本列島内で独自に開発・発展した古代の製鉄技術に焦点を当て、日本古代製鉄技術の開始と展開の具体的様相の解明をおこなう。その解明は、古代日本の国家形成と社会発展に大きく影響を受け、また影響を与えたことを予想できる。

2　近江から日本列島へ

　本書では、近江から日本列島全体へという視点で、古代製鉄の実態について、考古学的研究方法を用いて論ずる。研究の起点を近江においたのは、以下の理由からである。

（1）近江の地理的環境

①　水陸交通の要衝（図1〜3）

　近江は日本列島のほぼ中央に位置し、周囲を山に囲まれ、広大な平野を擁する盆地地形で、その中央にわが国最大の湖、琵琶湖がある。また、琵琶湖から唯一流れ出る瀬田川は、宇治川、淀川と名前を変えて大阪湾にそそぐ。近江は日本列島の東西南北の要に当り、日本最大の琵琶湖とともに、独自の歴史を展開してきた。

　古代の地域区分では、近江は東山道に属し、大国にランク付けされている。奈良時代には琵琶湖の東を東山道、西を北陸道が、平安時代には東海道も近江を通ることになった。畿内に隣接する近江は、都と東山道・北陸道・東海道諸国を結ぶ要衝で、東日本と西日本の境界ともいわれる。奈良時代の最重要の関である三関（鈴鹿関・不破関・愛発関）が近江と伊勢・美濃・越前の国

第1節　本書の目的

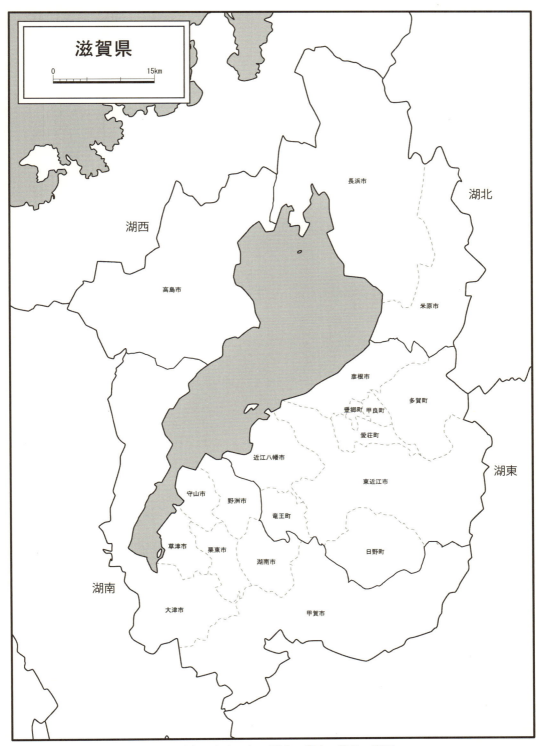

図1　近江（滋賀県）の湖南・湖東・湖北・湖西

序　章

図2　五畿七道図（平井ほか2011）

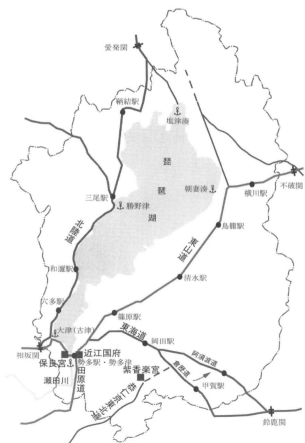

図3　古代東海道の交通路（平井ほか2011）

境におかれたことからも、近江の交通・軍事上の重要性がうかがえる。さらに陸上交通路に加えて、琵琶湖そのものも淀川水系を介して日本海沿岸の若狭・越前と畿内中枢とを結ぶ水上交通の大動脈であった。

畿内の東玄関として、古代・中世には東山道（長岡京期以降は東海道も併用）、近世には東海道・中山道のルートであった勢多橋（瀬田唐橋）は、戦略的要所のゆえ合戦の場になることも多く、古代においては弘文・天武元年（672）の壬申の乱や天平宝字8年（764）藤原仲麻呂（恵美押勝）の乱（764年）など国家的大乱の舞台となった。

このように近江は日本列島の中でも地理的に重要な位置を占めており、近江国内の検討は、他地域との比較、日本列島全体の研究を行う際、重要な起点となりうると考えられる。

②　古代の鉄鉱山

『続日本紀』には「鉄穴」の記事がある。「鉄穴」は鉄鉱石の採掘地すなわち鉄鉱山であると考えられることから、古代近江では良質の鉄鉱石が採掘されていたことが予想される。また古代近江の製鉄では、鉄鉱石を原料に使用していることが判明しており、製鉄では近江国内産の鉄鉱石を使用していることも予想される。近江においては、鉄鉱山の様相、鉄鉱石の流通過程、鉄鉱山と製鉄遺跡の関係などを研究することが可能である。

（2） 古代近江の歴史的環境

① 古代近江の生産力

藤原氏の伝記である『家伝』のなかの『武智麻呂伝』には、「近江国は宇宙に名あるの地なり」と表され、近江国が肥沃で広い土地を有し、人口も多く富み栄えていたことが記されている。10世紀前半に成立した『和名類聚抄』によれば、近江国は租税徴収の基準である本田数が三万三四〇二町五段一八四歩で、陸奥国・常陸国・武蔵国について全国第4位を占めている。以上のことから、古代近江は生産力が豊かであったことがわかる。

② 近江の渡来人

古代の近江は、大和・河内と並んで渡来人の居住の様相が色濃くみられる。近江の渡来系氏族を代表するのが、滋賀郡の大津北郊を本拠とし、近江各地に勢力を拡大している志賀漢人一族である。大津北郊では正方形プラン穹隆頂持ち送り石室、炊飯具副葬、大壁住居、オンドル付き住居、方形瓦など渡来系遺構・遺物が検出されている。大津北郊の渡来系氏族は大津宮造営に密接に関わったと考えられていれる。

また、『日本書紀』には、天智天皇4年（665）、百済から亡命した男女400余人を近江国神前郡に、天智天皇8年（669）、鬼室集斯ら700余人を蒲生郡に移住させ、開発にあたらせたとある。東日本では新羅系渡来人や高句麗系渡来人が、地域開発にあたった様相がみてとれ、近江の渡来人が東日本各地の開発や製鉄において重要な役割を果たし、関与していたことを予想させる。

③ 継体大王の出現

6世紀初頭、近江と関りの深い継体大王が即位した。継体の父である彦主人王は、近江国高島郡に「三尾之別業」と呼ばれる施設を有し、その「別業」に越前三国から妻・振媛を迎え、継体はその「別業」で生誕したといわれる。継体大王の出現の背景に、近江における製鉄の開始が関係しているとする論説は、早くより存在していた。

奈良時代の高島には藤原仲麻呂が所有していた「鉄穴」の存在が知られ、マキノ製鉄遺跡群など多数の製鉄遺跡が存在する。また、マキノ製鉄遺跡群の周辺には横穴式石室をもつ北牧野・西牧野古墳群が築かれる。古墳の総数200基以上で、6世紀後半に大規模な群集墳が出現した要因として、製鉄遺跡の存在が指摘されている。

継体朝の特徴として、継体の親族や多くの后妃の出自が、近江高島・近江坂田・越前・美濃・尾張など、広域の地方豪族と強い繋がりを持っていたこと、外交において百済の武寧王と親交を深め、緊迫化する対新羅・加耶への対応でも指導力を発揮することが指摘されている。継体大王の政策と日本列島内での製鉄開始との関連の解明は、近江の古墳時代後期の鉄・鉄器生産をめぐる考古学的研究が鍵となる。

④ 古墳時代の近江の地方豪族

6世紀初頭の継体大王即位以降、近江各地で勢力をもつ古代豪族の多くは、大和の朝廷に出仕するものも増え、中央の政局とも深く関わることになった。また、外交分野で活躍した人物が多いのが特徴で、継体朝の新羅征討将軍近江臣毛野、推古朝の遣隋使小野臣妹子、推古朝の遣隋使、舒明朝の遣唐使犬上君御田鍬などを輩出している。近江の古代豪族は、地方豪族としての性格をもちつつも、「畿内」の諸豪族に準ずる性格も、合わせもっていたと考えられる。

古代近江の製鉄の直接的な経営には在地豪族との関わりが大きかったことが予想されることか

ら、近江の手工業生産体制は畿内的・地方的両面がみられる可能性がある。近江の製鉄遺跡の性格の分類・考察は、古代日本の手工業生産体制を考える上でのひとつの基準となると考える。

⑤　近江大津宮遷都

大化元年（645）には乙巳の変、その後の政治改革（大化改新）、斉明6年（660）には百済の滅亡、天智2年（663）には白村江の戦があり、天智6年（667）には中大兄皇子による近江遷都が行われ、翌年即位した。天智天皇は近江において軍事力の再構築と、国土防衛のための諸政策を打ち出すとともに、中央集権化による政治体制の早急な構築をめざし、律令体制の早期導入を進めた。

「畿外」の近江への遷都の要因については先学により多くの意見が提示されているが、近江の鉄生産が盛んで、緊急事態に対処するためには王権の大きな基盤となりうる条件を備えていることもあったと考えられる。近江が王権に最も近い製鉄地帯であったこと、良質な鉄鉱石を産出することなどがその理由と予想される。当該期の操業が推定される製鉄遺跡の様相の検討を基に、近江の鉄・鉄器生産に対する王権の関与の具体像に迫れることが予想される。

⑥　紫香楽宮での大仏造立と保良宮造営

8世紀中頃には、古代国家の機構もほぼ完成し、宮都・寺院・地方官衙の造営が本格化する。近江では天平15年（743）に、甲賀郡信楽で聖武天皇の紫香楽宮、天平宝字3年（759）に、滋賀郡粟津で淳仁天皇の保良宮が造営される。天平15年（743）10月には盧舎那大仏造立の詔が出されるが、その5ヶ月前の5月には墾田永年私財法が発布される。墾田永年私財法は、大仏造営と全国の国分寺・国分尼寺造営のための財源確保問題を解決する策として藤原仲麻呂が提案したものであるとする説が有力である（仁藤2021）。

近江が舞台となった上記の国家プロジェクトに対しては、当時の国内最高水準の技術が投入されたと考えられる。近江の遺跡では、当時の国内最高水準の製鉄技術や非鉄金属技術が投入された可能性が高い。本書ではその具体的内容と、その技術の系譜・展開に迫っていきたい。

⑦　近江国守藤原氏

藤原氏は、近江で製鉄が盛んな奈良時代を前後する時期、近江国を掌握しつづける。『武智麻呂伝』によると、藤原武智麻呂は和銅5年（712）から霊亀2年（712）まで近江国守を務めたことがわかる。武智麻呂は正一位左大臣まで任じられた律令政府の重臣で、藤原南家の祖でもある。藤原不比等の長子で、祖父は大化改新の功臣、藤原鎌足である。

武智麻呂の子、仲麻呂（天平17年（745）就任）や、造長岡宮使として長岡京遷都を断行した藤原種継（天応元年（781）就任）、左大臣まで昇った藤原冬嗣（弘仁7年（816）就任）なども近江守のポストに就任している。また、地方行政の監察官である按察使の任も、仲麻呂の叔父の房前、房前の子で仲麻呂の従兄弟で女婿でもあった御楯など藤原氏でおさえられていた。なお、仲麻呂は祖父の不比等に「淡海公」の称号を追贈している。

中でも藤原仲麻呂（慶雲3年（706）～天平宝字8年（764））は極位極官の正一位大師（太政大臣）にまで昇りつめ、奈良時代中期、権勢をほしいままにした。天平17年（745）、民部卿であった仲麻呂は近江国守を兼任し、大保（右大臣）に昇任する天平宝字2年（758）まで、32年間にわたって近江国守を務めていたとみられている。国守を辞職したのちも、介（次官）を通じて実質的に近江国支配をつづけたらしい。

仲麻呂が近江の製鉄に深く関わりがあったことを裏付ける史料としては、『続日本紀』天平宝字六年（762）二月甲戌条の記事がある。この記事から、仲麻呂が近江北部の鉄鉱山の採掘権を得たことがわかる。当該期の製鉄・関連遺跡は、仲麻呂が近江を支配した時期と重なり、仲麻呂が行った多くの政策と関連性があることが予想される。

⑧　奈良時代の近江の地方豪族

これまでみてきたように、近江の製鉄は開始時期から、王権が深く関わっていたと考えられるが、実際に製鉄を行っていたのは各地域の豪族であろう。近江の豪族の中には、高島郡北部を本拠とする角山君、栗太郡を本拠とする小槻山君など、「山君」という特殊なカバネをもつ豪族がいる。「山君」の山は、山林資源や「鉄穴」など製鉄と関連がみてとれる。

浅井郡と高島郡にあった鉄穴を藤原仲麻呂は所有し、天平宝字8年（764）の恵美押勝の乱では、仲麻呂は前高島郡少領角山君家足の家を頼る。この家足の本拠地は高島郡北部の製鉄遺跡の分布する地域であり、家足は、仲麻呂が所有した鉄穴の管理を任されていたと推定できる。

(3)　文献資料の存在

わが国の古代製鉄に関する資料は、『風土記』『続日本紀』などに記載された文献資料と、実際に各地にのこっている製鉄遺跡等の考古資料との二種類がある。このうち、近江の製鉄に関する史料には以下の3点がある。

『続日本紀』大宝三年（703）九月辛卯条　賜四品志紀親王近江国鉄穴。

『続日本紀』天平十四年（742）十二月戊子条　令近江国司禁断有勢之家専貪鉄穴貧賤之民不得採用

『続日本紀』天平宝字六年（762）二月甲戌条　賜大師藤原恵美朝臣押勝近江国浅井高嶋二郡鉄穴各一処

これらの史料には製鉄の経営の相異がでている。これを整理すると、(1) 政府　(2) 皇族　(3) 貴族　(4) 有勢の家　(5) 貧賤の民　ということになる。なお、直接近江の製鉄に関する史料ではないが、『日本書紀』天智天皇9年（670）に「是歳造水碓而冶鉄」とあるのも、当時の都が近江大津宮にあったと推定されることから、近江の製鉄に関する記録であった可能性が高い。このように、古代近江の製鉄史料はその経営の背景や推移をうかがうことのできるものとして他に例がなく、そのため古代近江の製鉄を考古学的に把握できるならば、文献資料を欠く大部分の製鉄遺跡にたいしても手がかりあたえることができる予想される。

(4)　製鉄遺跡研究の先進的地域

昭和30年代までは、遺跡の発掘調査といえば、集落や貝塚、古墳や寺院の跡が主で、製鉄遺跡の発掘調査例はほぼ皆無であった。また、当時は古代の製鉄といえば、出雲や吉備にあったはずだという印象が強かったようである。昭和40年代に入り、日本考古学協会・生産部会の活動に刺激される形で、長谷川熊彦氏や和島誠一氏の提唱に呼応して、製鉄遺跡を発掘調査し、考古学と自然科学両面から、特定の製鉄遺構の技術水準を押さえることが提唱された。そのような製鉄研究の流れの中で、日本考古学協会生産特別委員会のなかに製鉄部会が設けられた。そして1965年に同志社大学に赴任した森浩一氏が近江国を担当することとなる。

当時、森氏は須恵器生産、製塩、製鉄などの生産遺跡の調査に力を注いでいた。森氏は同志社大学の学生とともに、旧マキノ町（現、高島市）と旧西浅井村（現、長浜市）における遺跡の分布

調査を実施した。また、1968年8月20日から9月2日まで旧マキノ町に所在する北牧野製鉄A遺跡の製鉄炉跡の発掘調査をおこない、あわせて周辺の北牧野製鉄遺跡群、北牧野古墳群、西マキノ古墳群における遺跡の分布調査を実施した。さらに1969年4月には旧伊香郡における遺跡の分布調査を実施した。特に、北牧野製鉄A遺跡の発掘調査は、たたら吹き製鉄技術の源流である古代の「箱形炉」を、学術的に発掘調査したという点において、古代製鉄研究の本格的な研究の第一歩となったと評価できる。

　この森氏を中心とする同志社大学の調査によって「近江の鉄」が大きく評価され始めることとなる。北牧野製鉄A遺跡の調査と前後する時期に、千歳則雄氏と葛原秀雄氏が大津市の音羽山東麓を中心に逢坂山製鉄遺跡群の分布調査を克明におこなった（千歳1974）。また、丸山竜平氏は水野正好氏の指導のもと湖西・湖南を中心に分布調査をおこない、「遺跡目録」に製鉄遺跡を登録した（滋賀県1970a・b）。

　このように、近江の古代製鉄遺跡は、開発の波にさらされる1970年代以前に、製鉄遺跡の分布調査と発掘調査とがおこなわれた。製鉄遺跡の発掘調査からは、製鉄炉跡や製鉄関連遺物の検討により、近江の古代製鉄の具体的様相が明らかとなり、古代製鉄に関する考古学的研究の課題や方向性が提示された。また製鉄遺跡の分布調査からは、滋賀県内の製鉄遺跡の凡その分布を把握することができ、考古学研究の基礎である遺跡の存在と保護の前提を整えることができた。後に、古代の製鉄遺跡である草津市の野路小野山遺跡、大津市の源内峠遺跡は国史跡（瀬田丘陵生産遺跡群）に指定されている。また、高島市の北牧野製鉄A遺跡、草津市の木瓜原遺跡、彦根市のキドラ遺跡は発掘調査地の全体および遺跡主要部分が保存となっている。このように製鉄遺跡の多くが史跡指定、保存された近江の製鉄遺跡は、研究の進展に対して将来的な再検討・検証が可能である。

（5）　古代近江の製鉄の特徴

　本書で詳しく触れるが近江の製鉄遺跡は以下のような特徴がある。まず製鉄遺跡の大部分は古代に限定される。また近江で生産された鉄の量は近江一国の消費を満たしても、なお余りある量であると予想され、大規模な生産量を誇る製鉄遺跡が多い。その様相は、製鉄にかける律令国家の意思を如実に物語るものである。

　公地公民制を基礎とする中央集権国家体制をめざす古代の律令国家の実現、古代宮都の造営には大量の物資を必要とした。当時の宮都に最も近い鉄の生産国は近江であった。近江の古代製鉄遺跡の歴史的意義を研究することは、古代国家の経済的基盤の確立、整備といった側面から評価する上で、大きな役割を果たすと考えられる。

　古代近江の製鉄では鉄鉱石を原料としている。日本列島の製鉄開始期には、鉄鉱石を原料とするが、7～8世紀代には日本列島の大部分の地域で砂鉄を原料とした製鉄に変遷する。これに対して近江の製鉄は、古代を通して鉄鉱石を原料として操業しており、そのことが大きな特徴となっている。鉄鉱石の採掘遺跡、鉄鉱石の流通、鉄鉱石原料による製鉄技術、生産鉄種等の研究は、近江独自の研究課題である。また、日本列島より早く製鉄が開始された中国大陸や朝鮮半島の製鉄では鉄鉱石を原料としている。鉄鉱石を原料とする近江の古代製鉄を基準・定点とし、朝鮮半島や日本列島の近江以外の地域の製鉄技術や製鉄集団と比較するならば、古代製鉄の技術や製鉄をめぐる地域社会の解明にも手がかりを与えることが予想される。

3 「近江」について（図1～3）

　古代の近江国は現在の滋賀県の県域とほぼ一致することから、本書では原則として、現在の滋賀県の県域を「近江」と呼ぶこととする。近江という国名の起源は琵琶湖にある。琵琶湖は淡水湖であることから、まさに淡海であった。すなわち、淡い海（湖）という原義のアハウミという語が、この湖の呼称となった。これがアフミ→オウムと転じていくこととなる。なお、淡水湖ということではもうひとつ浜名湖という大きな湖が存在する。そこで大和国からみて近いほう、すなわち琵琶湖を近淡海といい、浜名湖を遠淡海と称して区別した。

　近江国は大宝元年（701）に制定・施行された大宝令により確定したものと言われる。近江国が確定した時に郡も編成され、滋賀・栗太・甲賀・野洲・蒲生・神崎・愛智・犬上・坂田・浅井・伊香・高島という12郡が立てられた。さらにそのもとには87郷（大宝律令当時は里と称した）があって（天理大学附属天理図書館編2017）、国－郡－郷（里）という行政組織がつくられた。

　近江（滋賀県）では明治以降、琵琶湖を中心に、以下の4つに区分されることが一般的である。本書でも「湖南・湖東・湖北・湖西」の用語を使用にあたっては、以下の4区分によることとする。
　　湖南（大津地域：大津市、南部地域：草津市・守山市・栗東市・野洲市、甲賀地域：甲賀市・湖南市）
　　湖東（東近江地域：東近江市・近江八幡市・蒲生郡日野町・蒲生郡竜王町、湖東地域：彦根市・愛知郡愛荘町・犬上郡甲良町・犬上郡多賀町・犬上郡豊郷町）
　　湖北（湖北地域：長浜市・米原市）
　　湖西（高島地域：高島市）

第2節　本論の前提　鉄・鉄器生産に関する用語の整理

　考古学の中でも、鉄の研究は特殊である。冶金や理化学的な用語の知識が必要とされるからである。鉄の歴史を考える上で必要な知識として、本論であつかう鉄・鉄器生産を検討する上で必要な用語を記す。鉄・鉄器生産の工程の用語については、津野仁氏（津野ほか1993）、田口勇氏・穴澤義功氏（田口・穴澤1994）、真鍋成史氏（真鍋2003a）、笹田朋孝氏（笹田2013）、道上祥武氏（道上2021）、笹澤泰史氏（笹澤2021）による文献を参考にした。

1　製鉄の原料

　古代日本の鉄の原料は「鉄鉱石」と「砂鉄」である。鉄鉱石と砂鉄は、鉄と酸素が結びついた酸化鉄の一種の「磁鉄鉱」（Fe_3O_4 四酸化三鉄）である。酸化鉄というと、鉄の表面が赤色に錆びた「赤錆」（Fe_2O_3 三酸化二鉄）がイメージされるが、磁鉄鉱も酸化鉄である。しかし、赤錆と磁鉄鉱では性質が異なる。赤錆は磁石に着かないが、磁鉄鉱は磁石に着く。外見上の色も異なり、赤錆は赤（茶）色を呈するが、磁鉄鉱は黒（青）色である。

　鉄鉱石や砂鉄は「鉄」ではなく、酸化鉄である。すなわち、鉄鉱石や砂鉄は酸素と鉄が結びついた安定した状態であるので、これ以上酸素と化合することはなく、赤く錆びることはない。赤錆と磁鉄鉱では、生成するときの温度が異なる。鉄が地下深くマグマの高温状態で酸素と化合すると磁鉄鉱となり、鉄が常温のときに酸素と化合すると赤錆となる。

序　章

　鉄鉱石と砂鉄の違いは粒の大きさであり、本書では、岩鉄とも呼ばれる塊状の鉱石を鉄鉱石と呼ぶ。鉄鉱石と砂鉄は生成過程も異なる。鉄鉱石は、地下のマグマで生成した磁鉄鉱が鉱脈となり、地表近くに現れたものである。一方、砂鉄は、花崗岩などに数％含まれている微粒の磁鉄鉱が風化により分離し、砂粒となり、水流などにより淘汰されて、川や海に堆積したものである。露頭する鉄鉱石の鉱脈は限定的にしか存在していないが、砂鉄は、火山列島である日本では至る所にみられ、豊富に存在する。特に、山陰地方や北上山地などでは多量に産する。

　鉄鉱石　鉄鉱石には磁鉄鉱（Magnetite）、赤鉄鉱（Hematite）、褐鉄鉱（Limonite）などがあり、その種類は多い。磁鉄鉱は Fe_3O_4 で示され、磁着性があり、高純度の場合が多い。赤鉄鉱は Fe_2O_3 で示される。褐鉄鉱は $Fe_2O_3 \cdot nH_2O$ で示され、沼鉄鉱などともいわれる。鉄鉱石が一度水に溶け、再度形成された二次的鉱石である。

　砂鉄　日本列島の砂鉄はチタン酸化物が共存している場合が多く、安山岩起源と花崗岩起源の砂鉄に大別される。安山岩起源の砂鉄には、チタン磁鉄鉱・チタン鉄鉱のかたちでチタンが含まれており、それが鉄・鉄器生産に大きく影響する。例えば、中国山地の山陰側に多く分布する花崗岩起源の砂鉄（真砂砂鉄）は不純物が少なく、一方の山陽側に多く分布する安山岩起源の砂鉄（赤目砂鉄）は不純物が多いが溶けやすいという違いがある。一般的に「真砂砂鉄は鉧押法、赤目砂鉄は銑押法に使用された」と言われるが、実際の製鉄では、作る鉄の種類や工程によって性質の異なる様々な産地の砂鉄を使い分け、ブレンドして用いたことが判明してきている（松尾2019）。

　安山岩起源の砂鉄　日本列島には非常に多くの火山があるが、これらの火山の多くは安山岩からなる。成分の特徴として、チタン磁鉄鉱・チタン鉄鉱を含むこと、鉄分（酸化鉄）の割合がやや低く、チタン（TiO_2）の割合が高いこと、有色鉱物を多く含み、苦土成分（MgO）の割合が高いことを挙げることができる（鈴木2008）。

　花崗岩起源の砂鉄　花崗岩には、磁鉄鉱を多く含むものと、ほとんど含まないものがある。日本列島では、磁鉄鉱を多く含む花崗岩は、九州北部・山陰地方・北上高地などに分布している。成分の特徴として、磁鉄鉱が主体で、鉄分（酸化鉄）の割合が高く、チタン（TiO_2）の割合が低いこと、無色鉱物を多く含み、珪長質成分（SiO_2AlO_3）の割合が高いことを挙げることができる（鈴木2008）。

2　鉄の種類　(図4)

　鉄は結びつく元素によって、その性質が異なり、これが鉄の利用度の広さにつながっている。結びつく最も重要な元素は、還元の際に取り込まれる炭素である。鉄は基本的には含まれている炭素量によって分類され、炭素量の低いものから錬鉄（軟鉄）（炭素含有量0.01％以下）・鋼（炭素含有量0.01〜2.07％）・銑鉄（炭素含有量2.07％以上）と分類される。下記のとおり、それぞれ性質が異なり、利用方法の違いにつながる。

　錬鉄（軟鉄）　炭素をほとんど含まない。柔らかく、現在では針金や釘に用いられる。

　鋼（鍛鉄）　炭素量が中間的で、しなやかで、敲いて伸ばすことができる。鍛冶でみられる真っ赤に熱した鉄をハンマーで敲いて鍛えるのは鋼であり、鍛鉄とも呼ばれる。鉄器として最も利用度が高く、包丁、鍬、斧などに用いられる。「鉄鋼」という言葉があるように、鋼は人々

の生活に浸透している。さらに鋼の中でも炭素が少なく軟らかいものを「低炭素鋼」、高いものを「高炭素鋼」という。また鋼の中でより良質なものを「玉鋼」と呼んでいる。灼熱した鉄をいっきに水に浸して冷やす「焼入れ」は、鉄をより硬くするために行われるが、この焼入れができる鋼と、できない錬鉄という点で両者は区別される。

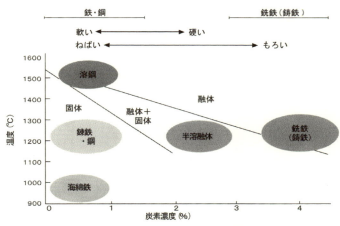

図4　鉄の状態と温度との関係（塚本2016）

　銑鉄（鋳鉄）　炭素を多く含み、非常に硬い一方で、もろいという特性を持ち、強い衝撃を受けるとバラバラに割れてしまう。溶ける温度が低く、溶けた「湯」を鋳型に流し込んで製品を作る鋳造の原料となる。現代では鉄鍋やマンホールの蓋として用いられているが、古くは斧や剣も銑鉄で作られた。中国大陸や朝鮮半島では弥生時代に併行する時期には銑鉄が生産されていた。ヨーロッパで銑鉄が生産可能となったのは15世紀以降であり、青銅器生産が古くから発達していた中国の金属加工技術の高さがわかる。

3　鉄・鉄器生産の工程（図5・6）

　本書では、鉄鉱石・砂鉄を原料とし、純度の高い鉄塊をつくり出す工程を「製鉄」「製錬」「鉄生産」とよぶ。一方、製品をつくる場合を「鉄器生産」とよび、「鍛造」と「鋳造」の二つの工程がある。また、製鉄（製錬）の際にできるものを「鉄塊」、さらに精錬したものを「鉄素材」と呼ぶこととする。

　製鉄遺跡という場合、「採鉱」（採鉱・採土・伐木）、「製鉄（製錬）」（製炭・製錬・選別、低温還元と高温還元）、「精錬」、「製錬鍛冶」、「鍛錬鍛冶」、「鋳造」の異なった生産段階の遺跡の全工程を総称する場合と、製鉄炉を中心とした「製鉄（製錬）」の遺跡のみを指し示す場合がある。本書では製鉄遺跡という場合、後者を指し示すこととする。

　採鉱　原料・炉材・燃料調達の工程で、「採鉱」・「採土」・「伐木」という主に三つの要素からなる。採鉱は、鉄の原料になる、塊状の鉄鉱石または砂鉄を集める工程。採土は、製鉄炉の炉壁を構築するための粘土を採る工程。伐木は、燃料の木炭をつくるために木を切り倒す工程である。

　製鉄（製錬）　鉄をつくる工程で、「製炭」・「製錬」・「選別」という主に三つの要素からなる。製炭は、燃料かつ還元剤になる木炭をつくる工程。製錬は、鉄鉱石または砂鉄と木炭を製鉄炉に入れて加熱し、酸化物である鉄鉱石や砂鉄を還元することによって、鉄をつくる工程。「選別」は製鉄炉でつくられた鉄塊・鉄滓混じりの生成物を、粗く細かく割りながら滓を取り除いて、鉄塊を取り出す工程である。取り出された鉄塊を製錬鉄塊系遺物、取り除かれた滓の中に鉄塊が含まれているものを含鉄鉄滓と呼ぶ。

　製鉄は還元反応　鉄鉱石や砂鉄から金属鉄をつくるには、「酸素を取り除く『もの』」が必要

序　章

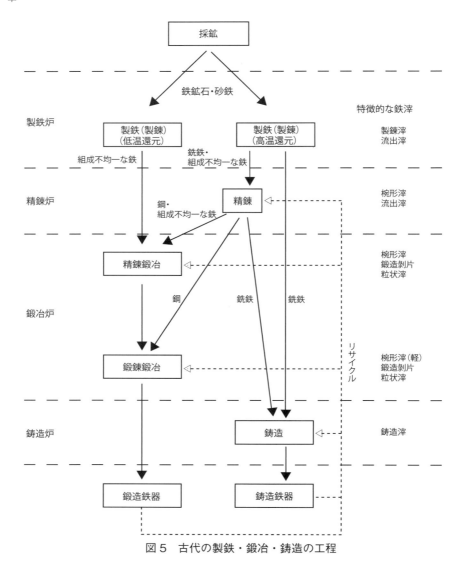

図5　古代の製鉄・鍛冶・鋳造の工程

である。これを還元剤と呼ぶ。日本古代の製鉄では、樹木を焼いてつくった炭素（C）が使われた。実際に金属鉄をつくるうえで、鉄（Fe）と酸素（O）、そして炭素（C）の結びつきの強さは、条件、特に温度によって変わる。

　鉄鉱石または砂鉄を加熱すると、その温度が高くなるにつれて、鉄と酸素の結びつきは弱まっていく。そして、酸素と炭素の結びつきの方が強くなった時、金属鉄ができる。理論的には800℃前後から金属鉄ができ始める。このため「木炭」は、金属鉄ができる状態にまで温度を上げる燃料の役割もしていることになる。しかし、まわりに酸素がたくさん存在する大気中で、ただ鉄鉱石や砂鉄を木炭で焼いても金属鉄はできない。木炭が完全に燃えて、灰とガス（二酸化炭素：CO_2）になるばかりである。

　金属鉄を得るには、ある程度大気と遮断した空間で、木炭と酸素の結びつきを制限して、一酸化炭素（CO）ガスを発生させ、鉄鉱石または砂鉄を還元する必要がある。そこで金属鉄をつく

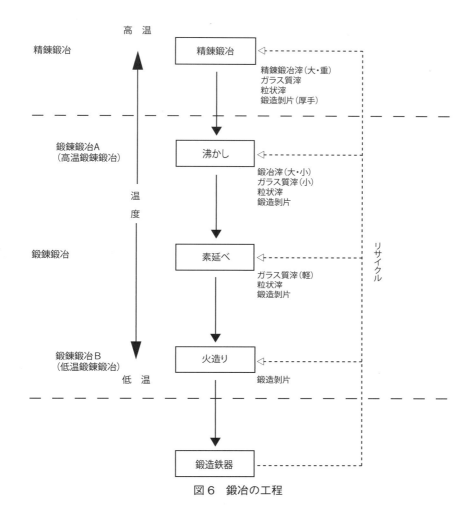

図6　鍛冶の工程

るための専用の炉、「製鉄炉」が生まれ、使われてきたのである。また、製鉄炉内で還元に必要な温度を保つためには、炉の中に空気を送り、木炭を燃やして熱を出すことも必要である。そのため製鉄炉には、風を内部に送りこむための設備、「ふいご」がつけられるのである。

　金属鉄をつくるには、上記のような難しい条件をコントロールする設備や技術が欠かせない。したがって、製鉄遺跡では、製鉄炉の跡などの特徴的な遺構や遺物が遺存しているということになる。

　精錬　粗鉄の純度を高め精製する工程または方法を指す。意味的には二次製錬に近い。銑鉄は炭素量が高く硬く、欠損しやすい性質をもつ。こうした状態では工具と武器などの鉄製品として製作するには適さない。したがって、銑鉄を精錬する場合は、脱炭処理をして銑鉄の炭素含有率を下げることが多い。

　本書では、古代東アジアにおける間接製鉄法の存在を想定し、図5のような鉄器生産の工程図

序　章

を提示する。間接製鉄法とは、まず鉄鉱石を高温で還元し、炭素が沢山入った銑鉄を造り、次に
この銑鉄の炭素を下げて鋼を造る方法である。間接製鋼法は二工程を経るため煩雑なようにみえ
るが、大量生産に適し、経済的でもある。近代的な高炉方式の製鉄も全てこの方法によってい
る。この間接製鋼法は、中国では 1 世紀以前に普及したと言われている（田口・穴澤 1994）。

　　鍛冶　製鉄（製錬）で得られた組成不均一な鉄（製錬鉄塊系遺物）や、精錬で得られた組成不
均一な鉄（精錬鉄塊系遺物）や鋼などを「鍛冶炉」で加熱して、柔らかくなったところで「鍛打」
して「鍛造鉄器」に加工する工程である。鍛冶には二工程あり、組成不均一な鉄（製錬鉄塊系遺
物・精錬鉄塊系遺物）の不純物を取り除く工程を「精錬鍛冶」、それ以降の鍛冶は「鍛錬鍛冶」と
いう。

　　精錬鍛冶　鉄塊（粗鉄）の純度を高め精製する工程。「精錬鍛冶」は、製錬鉄塊系遺物を鍛
冶炉に入れて加熱し、付着していた不純物を溶かして鉄と分離させる工程である。次の鍛錬鍛冶
の工程で加工できるように、鉄塊の成分を調整し、ハンマーなどで鍛打することで、鉄塊を一つ
にまとめ、精錬鉄塊系遺物を生成する。

　　精錬鍛冶は、江戸時代中期以降「大鍛冶」へ発展する。大鍛冶は、中国地方や東北地方のたた
らに付属した鍛冶場で行われた、銑や歩鉧などを原料として左下場と本場をへて庖丁鉄を造る工
程を指す概念である（田口・穴澤 1994）。

　　鍛錬鍛冶　「鍛錬」は鍛打して目的の鉄器を作り出す工程。鋳造に対比される用語である。
精錬鉄塊などの鉄素材を、真っ赤になるまで加熱してやわらかくし、叩いて鉄器へと加工・製品
成形する最終工程であり、「鍛造鉄器」が完成する。後、「小鍛冶」へ発展する。「鍛錬鍛冶」は
以下に示す、「沸かし」「素延べ」「火造り」の三工程に細分することができる。

　　沸かし　異なる成分の鉄を鍛接する場合や、折返し鍛錬などの鉄の表面が半溶解するほどの
高温でおこなう工程。

　　素延べ　叩き延ばしなどの成形をおこなう工程。

　　火造り　歪みの補正など細かな部分の仕上げ（整形）をおこなう工程。

　　鍛錬鍛冶の前半段階の「沸かし」では複数の鉄を一つにまとめる工程において、高温を必要と
することから「高温鍛錬鍛冶」「鍛錬鍛冶Ａ」と呼ばれる。また、鍛錬鍛冶の後半段階の「素延
べ」「火造り」では鉄製品の形を整えることに限定されることから、高温を必要とせず「低温鍛
錬鍛冶」「鍛錬鍛冶Ｂ」と呼ばれる。高温鍛錬鍛冶と低温鍛錬鍛冶には、炉の温度と技術に大き
な隔たりがある。

　　鋳造　「銑鉄」を鋳造炉（溶解炉）や坩堝内で加熱して溶かし、鋳型に流しこむことにより
「鋳造鉄器」を製作する工程である。

第 3 節　各章の目的と構成

　本書における各章の目的と構成について記しておく。

　第 1 章では、本書をすすめていくため、日本古代製鉄に関する研究の現状に至る経過把握と論
点・課題の抽出を行う。第 1 節では、国内で製鉄遺跡の発掘調査が行われていない 1970 年以前、
第 2 節では国内で製鉄遺跡の発掘調査が行われるようになった 1970 〜 1987 年、第 3 節では考古

学を中心とした総合研究が行われるようになった 1988 〜 2007 年、第 4 節では、前節で抽出した論点を、本書ではどのように検討・考察し論をすすめていくのかを示す。

第 2 章では、古墳時代の日本列島における製鉄開始と箱形炉が誕生する過程について、製鉄遺跡や鍛冶遺跡など関連遺跡の様相を考古学的に検討することによって考察する。第 1 節では日本列島における製鉄開始の研究史、第 2 節では近江の古墳時代の鍛冶、第 3 節では近江の古墳出土鉄滓、第 4 節では日本古代製鉄の開始の様相について考察する。

第 3 章では、古墳時代後期から奈良時代中頃までの、近江および日本列島各地における製鉄開始の様相と箱形炉が改良・展開する過程について、近江から日本列島へという視点から考察する。第 1 節では出土遺物からみた近江高島北牧野製鉄 A 遺跡の炉形、第 2 節では製鉄炉の形態からみた近江瀬田丘陵生産遺跡群の鉄生産、第 3 節では製鉄炉の設置方法、第 4 節では近江の鉄鉱石採掘地と製鉄遺跡の関係、第 5・6 節では出土鉄鉱石に関する分割工程と粒度・質からの検討、第 7 節では木炭窯の形態からみた古代鉄生産の系譜と展開、第 8 節では古代近江・美濃・尾張の鉄鉱石製錬、第 9・10 節では鉄鉱石製錬から砂鉄製錬への様相、第 11 節では箱形炉の研究史、第 12 節では 7 世紀を中心とした日本古代製鉄の開始と展開の様相を考察する。

第 4 章では、奈良時代後半から平安時代前半までの、近江および日本列島各地における製鉄開始・展開の様相と、箱形炉の改良・展開と半地下式竪形炉の出現・展開する過程について、近江から日本列島へという視点から考察する。第 1 節では近江湖南地域の鋳造遺跡、第 2 節では大仏鋳造をめぐる銅精錬・鋳造、第 3 節では古代の銅精錬・溶解炉の復元、第 4 節では竪形炉の研究史、第 5 節では半地下式竪形炉の系譜、第 6 節では古代の鉄鋳造遺跡と鋳鉄素材、第 7 節では日本古代製鉄の展開期の様相について考察する。

第 5 章では、第 1 章から第 4 章で行った検討・考察について、古墳時代から平安時代前半までを 7 区分し、日本古代製鉄の開始と展開について年代順・地域ごとに整理する。第 1 節では開始期、第 2 節では展開期について考察する。

結語では、近江から日本列島という視点からみた日本古代製鉄の様相について総括する。

第1章
日本古代製鉄の研究動向

第1節　日本古代製鉄の研究史

　第1章では、近江から日本列島全体へという視点で、日本古代製鉄の研究動向を概観し、製鉄研究の発展過程と課題を抽出する。

　日本古代製鉄の研究は、考古学、自然科学、民俗学、文献史学等、複数の研究手法の成果の上に成立している。本書では、主に発掘調査成果を基軸として、日本古代製鉄の研究をおこなう。そのような研究視点から、日本古代製鉄の研究を年代的に区分すると、おおよそ次の4つの研究段階を想定できる。

　第1段階：国内で製鉄遺跡の発掘調査が行われていない段階（〜1969年）
　第2段階：国内で製鉄遺跡の発掘調査が行われるようになる段階（1970〜1987年）
　第3段階：考古学・復元実験・金属学の総合研究が行われるようになる段階（1988〜2007年）
　第4段階：第3段階の研究成果を基に、研究が進展する段階（2008年〜）

　以下では、第3段階までの各研究段階の画期となる研究動向・成果についてみていく。

1　第1段階：国内で製鉄遺跡の発掘調査が行われていない段階（〜1969年）

　日本古代製鉄の解明には、古代の製鉄遺跡を発掘調査するという考古学的研究が不可欠である。発掘調査によって、製鉄炉の構造・規模および製鉄技術の研究が可能となる。しかし、この段階においては、製鉄遺跡の発掘調査は皆無に近い状況であった。

　第1段階においては、古墳以外の古墳時代中期以前の遺跡から鉄滓が出土することは稀で、古墳時代後期以降の遺跡からは、鉄滓が一定量出土していたようである。このことは、間接的に、古墳時代後期以降に製鉄もしくは精錬鍛冶が行われたことを示すと考えることができる。第1段階においては、遺跡から出土する鉄滓の大まかな類別をおこなった上で、鉄原料の追究、製鉄の技術的検討、各地から出土する鉄滓の比較が行われた。

（1）　戦前における前近代製鉄史研究（〜1944年）

①　俵国一氏の研究

　門外不出・秘伝とされてきた日本古来の製鉄技術に、はじめて科学のメスを入れたのは俵国一氏である。俵氏は、当時、まだ各所で稼働していた中国地方の「たたら場」を実地調査し、砂鉄を採取・分析し、日本古来の製鉄法「たたら」で造られる鋼について「和鋼」と名付けた。後年その成果を『古来の砂鉄製錬法』としてまとめ、その緒言で「砂鉄を原料とする古来の製錬法、所謂たたら吹製鉄法は、現時本邦に於いて全くその跡を絶ちたるものなるが、往古より明治初年に至るまで本邦所用鉄鋼類の全部を供給せしのみならず、製鉄原料としての砂鉄のみを使用せしこと、製鉄炉、送風装置の構造及び其製造品の種類等、其の方法たるや蓋し世界に於ける製鉄技術上独特なる地歩を占めたるものとす。」と述べる（俵1933）。そこでは、たたら吹製鉄法が、日

17

本列島の鉄需要を近代初めに至るまで支えてきたこと、わが国で発達した独自の製鉄法であることが指摘されており、たたら吹製鉄の歴史的な位置づけが端的に示されている。

また、俵国一氏は、自ら主催する東京帝国大学工学部日本刀研究室を研究拠点とし、「日本刀の有する化学成分」（俵1917）、「古直刀に就て」（俵1919a）、「再び古墳発掘の直刀に就き」（俵1919b）など一連の論文を『鉄と鋼』に発表する。俵氏は古墳出土の直刀の分析例のなかに、チタニウム分が少なく、銅分・マンガン分をやや多く含むものがあることから、鉄鉱石製錬を経た鉄素材の利用の可能性を指摘した。俵氏の一連の論考は『日本刀の科学的研究』（俵1953）に収められている。

② 弥生時代の鉄器研究

昭和初期には、1930年に設立された東京考古学会を中心に、弥生式土器編年の基礎が確立した。それと同時に、土器型式と対比して個々の伴出遺物の消長をみるという研究が試みられるようになった。その結果、弥生時代後期に石器が消滅するのは、鉄器（鉄製農具）が普及した結果であると考えられるようになった（森本1943）。

1943年刊行の『大和唐古彌生式遺跡の研究』の中で小林行雄氏は、第一様式土器に伴出した鹿角製刀子把の内部に鉄錆が付着していることから、鉄製刀子の存在を推定した。そして、唐古弥生文化の当初から鉄の利器が存在していたと述べた。さらに「既に殆ど石器の伴出を見ない第五様式土器に到って、その一出土地点を構成した木杭の削面に、明らかな鉈様の金属製利器の普遍化した時期に相当することを物語るものではあらねばならぬ。」と述べている（末永・小林・藤岡1943）。遺跡の発掘調査から導かれた結論であり、以後現在に至るまで弥生時代の鉄器を考える上での基本的な考え方の一つとなっている。

また、樋口清之氏は、福岡県松原遺跡で貨泉、銅剣、鉄滓が共伴して出土したという中山平次郎氏の報告を踏まえて（中山1917a～d）、「恐らく紀元前1世紀頃には鉄が我が国に於いて精錬せられてゐた確証を得ることが出来るのである。従って鉄文化の開始は、我が国に於いては更にそれより古く遡りうると思われるので、鉄製農具起源可能性の古さの一班を推知する事が出来るのである。」と、国内での鉄生産そのものに対する解釈も試みた（樋口1943）。

以上のように、昭和10年代には新たな発掘資料の発見などもあって、弥生時代後期には石器がなくなり、それが鉄器の普及による結果であるという考え方が定着しつつあった。またそうした考え方が、日本国内での製鉄の開始を考えていく端緒ともなった。

③ 古墳時代の鉄器研究

一方、古墳時代の鉄に関しては、古墳の副葬品が多量に存在することから、これらの鉄器から製鉄の追究が行われた。俵国一氏は、古墳出土の直刀10例について、定量分析や顕微鏡による鉄組織の冶金学的検討から、鉄地金の性質と鍛造作業や造刀作業について追及した（俵1953）。

製鉄原料については、定量分析の資料のなかにマンガン（Mn）および銅（Cu）が多いことに注目し、鉄鉱石を製鉄原料とした可能性が高いことを指摘した。鍛冶技術については、①地金の鍛造については、54号刀1例をのぞき、いずれも炭素量の偏りが激しいこと（図7）、②古墳時代の直刀の鍛造は粗雑で、冶金的な知識にとぼしかったということが推測されること、③造刀法については、丸鍛のもの（10刀中5例）、縦に鍛接した併せ鍛えのもの（10刀中2例）、横に鍛接した併せ鍛えのもの（10刀中2例）があり（表1）、横に鍛接した併せ鍛えのものは、地金の

第1節　日本古代製鉄の研究史

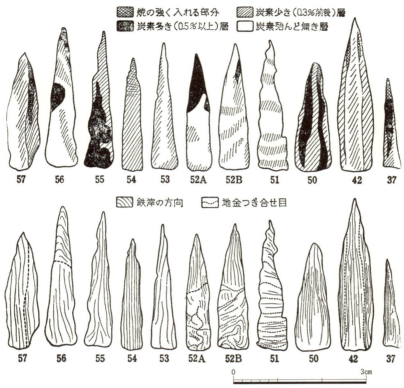

図7　直刀炭素分配略図（上）と鍛造法略図（下）
（俵1953、番号は図8の表とおなじ）

表1　直刀造刀・熱処理の表（俵1953）

No.	出土地	造刀法 1	造刀法 2	造刀法 3	加熱焼入法 1	加熱焼入法 2	加熱焼入法 3
37	不明	○			○		
42	大和？		○		○		
50	上野・佐波郡玉村	○			○		
51	豊前・与原郡御所山			○			○
52	豊前・与原郡御所山			○			○
53	上野・碓氷郡八幡村	○					○
54	信濃・北佐久郡槇和村	○				○	
55	信濃・〃（協？）	○					○
56	駿河・			○			○
57	筑後・上妻郡黒木村		○			○	

みが横に鍛接されたもの（51号刀）、刃部は縦に棟部は横に鍛接されたもの（56号刀）など、のちの日本刀にみられる板目模様・柾目模様のでるようなものがあると、鍛冶作業や造刀作業について追及した。

　末永雅雄氏は京都帝国大学冶金学研究室の協力を得て、鉄剣、鉄刀を切断し、その断面組織を顕微鏡で観察した。その結果、炭素量の濃淡や非金属介在物の叩き延ばされたラインから、折り

19

返し鍛錬がなされた状況と、刃先のマルテンサイトの確認から、焼き入れ処理の存在を明らかにした。そして、日本刀の源流が古墳時代にあることを指摘した（末永1931）。

④ 戦前の前近代製鉄史研究

戦前の前近代製鉄史研究は、砂鉄製錬の研究と、「日本刀」をはじめとする刀剣の科学的研究という、大きく二つの研究が行われた。それらの研究は、日本鉱業会の機関誌『日本鉱業会誌』と日本鉄鋼協会の機関誌『鉄と鋼』に掲載され、考古学や歴史学の動向との関りは一部認められるが、もっぱら理工学上の関心のもとに進められた。

(2) 戦後、たたら研究会発足まで（1945〜1956年）

第2次大戦後、製鉄史の研究は①考古学、②工学、③社会経済史、および④技術史等々の諸側面から活発となる。しかし、『日本製鉄史論』（1970）の刊行に際しての「たたら研究会」会長向井義郎氏の「はしがき」によれば、戦後めざましい発展をとげた考古学的研究のなかで、「産業の基幹である製鉄の歴史については、不思議なほど体系だった研究に立ち遅れ」がみられ、そのうえ、「科学技術的側面からするものと人文社会科学的側面からするものとの間には相互の摂取交流、連携がみられず、ばらばらに進められるという状態」が続いたという。また戦後の混乱の中で「文献や遺物、遺跡の散逸、破壊」もあったという（向井1970）。

① 考古学的研究

戦後の弥生時代研究は、1947年の静岡市登呂遺跡の発掘調査が起点となる。鉄器は小鉄片以外出土しなかったが、報告書の中で関野克は、木材に残る加工痕から、斧、鑿、釿（手斧）の鉄製工具が木材の加工に使用されたことを推定した（関野1949）。

また、1951年から数年にわたって実施された長崎県壱岐原ノ辻、カラカミ両遺跡の発掘調査では、はじめて弥生時代の鉄製農工具の実態が明らかとなった。これらの資料を紹介した岡崎敬氏は、鉄棒状や板状をなす鉄器を地金（素材）であると考えた。そして『魏志』巻三〇東夷伝弁辰条の記載などを引用し、「銅よりも高温の温度を必要とする鉄も、弥生式文化期においても、むしろ原材を輸入し、加工した場合が大部分でなかったろうか」と結論づけた（岡崎1956）。

この時期に発表された考古学的研究としては、田辺昭三氏（田辺1956）、杉原荘介氏（杉原1956）、和島誠一氏（和島1957）らの研究がある。和島氏は、岡山県久米郡美吹町飯岡に所在する月の輪古墳から出土した鉄器の自然科学的分析から、製鉄の方法を明らかにしようと、考古学側から打ち出した。この研究の方向性は、後に鉄冶金学者の長谷川熊彦氏らと資源科学研究所において行う学際的研究の端緒を開くこととなる（長谷川・和島1967）。なお、和島氏は日本考古学協会製鉄部会の指導的役割を果たし、製鉄史研究への意欲的な姿勢をうかがうことができる（和島1973）。

② 製鉄遺跡発掘調査の試み

この時期には、製鉄遺跡の実態把握を目的とした発掘調査が行われるようになった。石川恒太郎氏によって発掘調査された延岡市祝子遺跡、宮崎市直純寺西北、串間市下弓田（石川1942・1959）、賀川光夫氏によって発掘調査された佐伯市下城遺跡の発掘調査（賀川1954）などでは、製鉄遺構が検出されたと報告されている。しかし、検出された製鉄遺構が製鉄炉と認定することは難しく、また製鉄遺構の推定時期も再検討の余地が多分にあることから、製鉄遺跡の実態把握にまで至っていない。

第 1 節　日本古代製鉄の研究史

（3）　たたら研究会発足以後（1957～1969 年）

①　たたら研究会の発足

製鉄史に関心のある諸分野の研究者が、学問領域をこえて連携をはかり、共通の場を設け、そ
れぞれの専門を生かしつつ、綜合的かつ体系的な究明を進める必要から、1957 年 6 月、全国的
な製鉄史研究組織として「たたら研究会」が結成された。そして、1958 年 6 月の『研究紀要』
に続いて、同年 11 月から機関誌『たたら研究』の発行をみるに至った。

「たたら」とは、踏鞴、製鉄の炉や製鉄場（鉄山）全体をさす言葉として古くから使われ、特
に近世の中国地方では○○鑪と記され、鉄山の名称としても用いられている。たたら研究会は広
島大学考古学研究室に事務局が置かれ、文科省の日本学術会議協力登録団体に指定されている。
主要活動は年 1 回の大会と見学会・親睦会の開催に加えて、機関誌『たたら研究』の発刊が行わ
れている。

たたら研究会創立 10 周年には川越哲志氏（川越 1968）、武井博明氏（武井 1968）、飯田賢一氏
（飯田 1968）、松原高広氏（松原 1968）が、それぞれ考古学・社会経済史・技術史・農業史の角度
から、製鉄史研究を跡づけた。

②　古墳出土鉄鋌からみた日本列島の製鉄

日本列島の支配者層が、中国大陸あるいは朝鮮半島のいずれかの地域との関連のなかで、どの
ように鉄素材を獲得したかということについては、古墳時代研究の最重要課題のひとつである。
この問題に早くから関心を示した森浩一氏は、1959 年に「古墳出土の鉄鋌について」を記した
（森 1959）。この論考では、古墳出土鉄鋌を朝鮮半島由来の鉄素材と意義づけたうえで、日本古代
の鉄・鉄器生産の画期を提示した。

この論考は、敗戦後まもない昭和 20 年暮れに、17 歳の若き森氏が、米軍キャンプ地内での
大和 6 号墳の凄絶な発掘体験ののちに、1959 年に記したものである（森 1998）。森氏は古代日本
の鉄・鉄器生産には第 1 期（弥生時代前・中期）、第 2 期（弥生時代後期から古墳時代前期）、第 3
期（古墳時代前期後半から古墳時代中期（4～5 世紀））、第 4 期（古墳時代後期から飛鳥時代（6～7 世
紀））、第 5 期（奈良時代中頃から平安時代（8 世紀中頃ないし 9 世紀～12 世紀））の 5 つの画期がある
とした。

日本列島の製鉄に関しては、第 3 期は、日本列島内で砂鉄製錬がはじまっていたとしても、そ
れへの依存度は高くないとし、第 4 期には、朝鮮半島からの輸入に依存しながらも、倭政権は日
本列島内の資源開発に異常な努力を示し、かつ生産機構の再編成を行ったとした。第 5 期に至
り、日本列島内の資源開発が一応完了し、鉄生産とその加工を政府が独占したと考えたが、7 世
紀後半から 8 世紀後半と平安時代以後とでは、鉄生産とその加工の政府独占の形に違いがあると
した。

③　和鋼風土記

直接還元製鉄法の探求と文化遺産保存の観点から、1967 年 3 月、日本鉄鋼協会に「たたら製
鉄法復元計画委員会」が設置され、1969 年 10 月から 11 月にかけて島根県飯石郡菅谷において、
たたら製鉄法の復元実験が行われた（日本鉄鋼協会編 1971）。その記録は「和鋼風土記」と題する
フィルムに収められ、書作も出版された（山内 1975）。

21

④ 『日本の考古学』シリーズ

1950年代に入り、戦後考古学の到達点を集大成したのが河出書房新社『日本の考古学』シリーズである。このシリーズでは「生産」が主要テーマの一つとなっており、古墳時代（下）で潮見浩氏と和島誠一氏（潮見・和島1966）が「鉄および鉄器生産」、歴史時代（上）で和島誠一氏（和島1967）が「製鉄技術の展開」を論じた。製鉄をはじめ、鉄をめぐる諸問題についての到達点と諸問題を示し、研究の進展を促した。

⑤ 『日本製鉄史論』

1970年、たたら研究会では研究会創立10周年を記念して『日本製鉄史論』（12名執筆）を刊行した。その中で、潮見浩氏（潮見1970）が「わが国古代における製鉄研究をめぐって」、岡本明郎氏（岡本1970）が「日本における古代製鉄技術に関する一考察—鉄鉱石・砂鉄・水碓など」と題し、それぞれ第1段階における古代製鉄研究を概観し、研究の現況と到達点、今後の課題を提示した。両論は、わが国の製鉄史研究が一定の発展段階に達したことを示した。

⑥ 製鉄遺跡の発掘調査

この時期には、製鉄遺跡の実態把握を目的とした発掘調査がほとんど行われていない。しかし、日本考古学協会生産部会の活動に刺激される形で、1968年には駒澤大学が群馬県太田市の菅ノ沢遺跡を（飯島・穴澤1969・1971）、1971年には同志社大学が滋賀県高島市の北牧野製鉄A遺跡を発掘調査した（森1971）。

菅ノ沢遺跡の発掘調査は、駒澤大学考古学研究室が1968年から1970年まで4次にわたって実施した。発掘調査では竪形炉3基とそれに関連する木炭窯や工房跡を検出した。操業時期は9世紀後半から10世紀初めと推定される。検出された竪形炉は、斜面を利用して半地下式に築かれ、炉の後背部に大口径羽口が装着されていた。竪形炉の中でも炉床が前後に長いことが特徴で、調査担当者の穴澤義功氏は、当該製鉄炉をⅡ-a類（半地下式竪形炉の菅ノ沢型）の標識炉型としている（穴澤1984）。1号炉出土鉄滓に対しては金属学的調査を実施しており、操業では鉄と滓との分離がよくなかった可能性が高いとする結果が出ている（飯島・穴澤1971）。

北牧野製鉄A遺跡の発掘調査は、同志社大学考古学研究室が1968年8月20日から9月2日に実施した。発掘調査では、①出土した須恵器や土師器から遺構は8世紀代と推定されること、②溶鉱炉（報告書まま）を含めた全体の構造は、断面U字形の長方形の土坑を掘り込み、その土坑の奥に製鉄炉を据えたと考えられるが、溶鉱炉の本体は太平洋戦争中に屑鉄業者によって削平を受けていること、③原料として砂鉄でなく鉄鉱石を利用していることなどが判明した（森1971）。

菅ノ沢遺跡と北牧野製鉄A遺跡の調査は、製鉄遺構に対する本格的な研究の第一歩となった。また、自然科学的分析に供される資料も、出土状況や年代のはっきりしたものが抽出されるようになったという点からも、日本古代製鉄に関する考古学的研究の出発点となったと言える。

2 第2段階：国内で製鉄遺跡の発掘調査が
行われるようになった段階（1970〜1987年）

この段階になると、各地で製鉄遺跡の発掘調査が行われるようになる。発掘調査の結果を、欧州・中国の発掘調査、民俗事例及び第1段階での研究成果と対比することにより、炉形の復元・分類、古代製鉄の実態把握に迫る研究がみられるようになった。

① 開発に伴う発掘調査の増加

1970年代に入ると、全国的に開発に伴う大規模な発掘調査が増加し、第1段階には不明であった全国各地の各時代の鉄・鉄器生産の様相が次第に明らかとなってきた。発掘調査件数は1980年代末まで増加し、発掘調査報告書が多数刊行された。各地域の古代製鉄遺跡の詳細が明らかとなり、古代製鉄の考古学的研究の素地が整った。

② 製鉄遺跡の考古学的研究

1970年代後半になると、古代製鉄遺跡の発掘調査の集成作業や、製鉄遺跡の分布に関する検討・考察が行われるようになる。長谷川熊彦氏は、日本列島における古代製鉄遺跡を地域別に検討し、特に平安時代末期に、日本の鉄文化は著しく発達したと論じた（長谷川1977）。潮見浩氏は、各地で明らかにされはじめた製鉄遺跡が、従来考えられていたよりもはるかに広範に分布していることを指摘する。そして、36個所の古代製鉄遺跡と砂鉄鉱分布図を提示し、代表的な発掘調査事例を概観し、古代日本の製鉄遺跡の様相を論じた（潮見1982）。

③ 古代製鉄炉の研究

土佐雅彦氏は、発掘調査で製鉄炉を検出した日本列島内の45遺跡の事例について、製鉄遺跡地名表と文献目録、さらに製鉄炉の炉形変遷概念図を作成した（土佐1981）。ほぼ同時期に、穴澤義功氏も、全国的な視野で製鉄遺跡の分布を概観することを試み、製鉄技術の発展とその系譜の考察を行い、各時代の主要製鉄遺跡図を作成した（穴澤1982・1984）。両氏の研究は、製鉄遺跡研究のシンボルともいえる製鉄炉の型式研究を考古学的手法を用いて行い、その内容については主に第3章・第4章でふれるが、その後の古代製鉄炉の炉形研究、古代製鉄技術研究の基礎となった。

④ 考古学的研究の視点や方向性

この段階になると、発掘調査によって得られた成果について、考古学的研究の視点や方向性が提示されるようになる。森浩一氏は1974年に、社会思想社の「日本古代文化の探究」シリーズで『鉄』を、1983年に小学館の日本民俗文化体系第3巻で『稲と鉄—さまざまな王権の基盤—』を編集する。前者では炭田（寺沢）知子氏との共著（森・炭田1974）、林屋辰三郎氏との対談（森・林屋1974）、後者では「稲と鉄の渡来をめぐって」（森1983）を収めた。

⑤ 鉄・鉄器生産研究法の提示

森浩一氏と炭田（寺沢）知子氏との共著（森・炭田1974）では、古代の鉄・鉄器生産研究においては、鉄器が出土した場合、その鉄器とその生産地との関係について、以下の①～⑥の視点が必要であることが示された。

① 日本列島以外（主に中国や朝鮮半島）から製品が舶載された。

② 日本列島以外（主に中国や朝鮮半島）から鉄素材が舶載され、日本列島内で鉄器を製作した。

③ 日本列島内の限られた地方で鉄が生産され、鉄器製作もその地方だけでおこなわれた。

④ 日本列島内の限られた地方で鉄が生産され、その地方から鉄素材が各地にもたらされ、その素材を使って各地で鉄器を製作した。

⑤ 日本列島内の鉄資源のある場所で、必要があれば鉄生産をおこなうようになることから、鉄の性質、鉄器製作の技術や製品の種類に地方的な特色が見られるようになった。

⑥ 日本列島以外から、鉄資源を運搬してきて、臨海地帯で鉄を生産する（明治時代以降の状況）。

第1章　日本古代製鉄の研究動向

　そして、時代・時期ごとに、近畿・関東などの地方別、さらに律令体制の国単位別に、①〜⑥の諸段階のどの段階かを決定し、その変遷を追う研究方法が望ましいとした。本書も上記視点から論を進めていきたい。

⑥　鉄鋌の研究

　窪田蔵郎氏は金属学的調査結果から大和6号墳の鉄鋌を中国産であるとした（窪田1973）。しかし、窪田氏の意見を受けてもなお、森浩一氏は鉄鋌について朝鮮半島との関連を重視する。第2段階以降、釜山・金海といった洛東江河口部で鉄鋌の出土が相次ぎ、鉄に関しては、日本列島と加耶地域との関係が重視されるようになった。古墳時代の鉄素材獲得、日本列島内での鉄・鉄器生産は、加耶地域の製鉄と深く関わっていたことが予想される。

⑦　金属器文化の三段階

　森浩一氏は、金属器の文化には以下の三段階があるとする（森1983）。

①　他地域から製品だけがもたらされ、金属器を使用する知識だけの段階。

②　鉄鋌や古くなった製品がもたらされ、それらを原料として新しい金属の製品を作ることが可能になった段階。

③　製鉄や製銅、つまり製錬がおこなわれた段階。

　日本列島の鉄に関しては、①の期間は短く、②の段階は九州北部では約500年、近畿地方では約500〜600年続いたとする。③の段階は九州北部では、福岡市の海岸から福岡平野にかけて点在する製鉄遺跡群（福岡市西区に多い）で6世紀に製鉄が開始、近畿地方では、滋賀県高島市のマキノ製鉄遺跡群が6〜7世紀に製鉄が開始する可能性が高いことを指摘した。

　さらに、近畿地方では、弥生時代後期には鉄器が普及していること、4〜5世紀は日本列島内で製鉄は確認されていないが、武器を主とした大量の鉄製品が古墳に埋納されていること、古墳時代後期には製鉄が活発になるが、埋納品としての鉄製品は数・量とも減少していることを確認し、日本列島の政治勢力の発生や成長をたどる上での問題提起をおこなった。

⑧　「日刀保たたら」の復元操業

　古来のたたら吹きによる玉鋼の製作については、重要無形文化財である日本刀鍛錬技術を保護し伝承する目的から、日本美術刀剣保存協会において着手された。1977年10月以来、奥出雲の島根県仁多郡奥出雲町（旧横田町）で「日刀保たたら」の復元操業が開始された。

⑨　長谷川熊彦氏の製鉄実験

　長谷川熊彦氏は、ドイツの古代製鉄に関する製鉄実験の理念とその詳しい内容を紹介し、日本でもこうした研究が必要であることを指摘した（長谷川1965）。日刀保たたらの復元操業に影響を受けた長谷川氏は、駒澤大学考古学研究室や刀匠の天田昭次氏、鉄鋼技術者の芹澤正雄氏らの協力のもと、菅ノ沢遺跡の竪形炉（3号炉）をモデルとし、1976年に製鉄実験を行った。送風は、その当時ドイツで行われた、ヨーロッパのLa-Tène時代（紀元前約500年）における自然通風をモデルとし（長谷川1968）、送風機を使用しなかった（長谷川ほか1978）。

　この製鉄実験では、自然通風炉では同方向・同風力が続かず、炉内温度が不安定で、1,300℃という高温域が局地的にしかならないということが明らかとなった。その結果、鉄滓の流動化がほとんど起こらず、スケルトン状の鉄塊が一部生成するに留まることが判明した。したがって、半地下式竪形炉は強制送風によって操業が行われたと考えられるようになり、送風装置の解明が発

掘調査における課題となった。

⑩　東京工業大学製鉄史研究会の共同研究

　考古学をはじめとする多彩な専門家からなる東京工業大学製鉄史研究会は、東日本の古代から中世にかけての製鉄原理の解明を目指して共同研究を行った。その研究は考古学的研究を中心におき、自然科学的研究も援用するという学際的研究で、1977・78年度に、茨城県結城郡八千代町の尾崎前山製鉄遺跡の発掘調査を行い、9世紀に推定される製鉄炉を検出した（阿久津ほか1978）。

　共同研究では、製鉄炉の構造の検討と、出土した鉄滓の分析から、尾崎前山遺跡の製鉄操業は高殿タタラによる大規模製鉄とは全く異質なものであり、その製鉄技術は、地域の限定的な鉄需要を満たすために存在したことを考察した（阿久津ほか1981）。研究成果は、1982年3月19日に、シンポジウム『日本古代の製鉄技術と文化』で公開され（阿久津ほか1980）、シンポジウムの内容と研究成果は『古代日本の鉄と社会』にまとめられた（東京工業大学製鉄史研究会1982）。

3　第3段階：考古学・復元実験・金属学の総合研究が　　　　行われるようになった段階（1988～2007年）

　第3段階においても前段階と同様、製鉄遺跡の発掘調査が多数行われる。前段階での発掘調査で得られた成果を基に、製鉄遺跡の発掘調査・整理調査方法の標準化・統一化が図られる。考古学全般にいえることではあるが、製鉄をはじめとする精錬・鍛冶・鋳造等の生産遺跡の研究に関しては、その技術的評価を遺跡間相互で比較・検討することが重要で、発掘調査・整理調査方法の標準化・統一化は必須の条件であると考える。

　この段階においては、同一基準のもとで製鉄関連遺跡の発掘調査・整理調査が実施され、遺構・遺物の調査結果とともに、地域の製鉄関連遺跡の考察と地域史における製鉄の意義づけをまとめた発掘調査報告書が多数刊行された。これら発掘調査成果を基に、砂鉄製錬の起源、箱形炉・竪形炉の起源および違いなど、日本古代の製鉄をめぐる根本的な課題を追求する研究が行われることとなる。

　一方、韓国においても三韓・三国時代の製鉄遺跡や採鉱・精錬・鍛冶・鋳造などの製鉄関連遺跡、鉄鋌が出土する古墳の発掘調査が行われる。この段階の韓国の製鉄関連遺跡の発掘調査では、日本の製鉄研究者の調査指導・協力が行われ、日本の発掘調査・整理調査・金属学的調査方法が導入された。第3段階後半以降、韓国では三韓・三国時代の製鉄に関する研究が飛躍的に進み、日韓における製鉄技術の比較検討を行う研究の基礎資料、研究の方向性が整理された。

　また、この段階には、遺跡の情報を可能なかぎり正確に反映した製鉄や鍛冶の復元実験が行われた。復元実験の成果は、製鉄関連遺跡の遺構・遺物の解釈にフィードバックされ、古代の鉄・鉄器生産の実態に迫る研究が可能となった。

①　「日本古代の鉄生産」公開講演会・シンポジウム

　1987年11月28日・29日の両日には、「日本古代の鉄生産」をテーマとする、たたら研究会発足30周年記念大会が開催され、公開講演会とシンポジウムがおこなわれた。講演会は考古学・文献史学・金属学という分野の異なる研究の概括、シンポジウムは北海道、東北地方、関東地方、北陸・中部地方、近畿地方、中国・四国地方、九州地方・沖縄に区分した各地域の調査研究の現状把握がおこなわれた（たたら研究会1987）。

シンポジウムは古代を中心とした、弥生時代から中世までの採鉱、製鉄・鍛冶・鋳造・鉄器の流通といった鉄にまつわる分野を網羅したものとなった。また、第2段階までの研究の到達点・問題点を的確にとりまとめたものとなり、後に公開講演会とシンポジウムの成果は、たたら研究会編『日本古代の鉄生産』（1991）として刊行された。内容は、第2段階の古代製鉄に関わる研究の到達点・水準を示す画期的な内容となっている。ただ、砂鉄製錬の起源、箱形炉・竪形炉の起源および違いなどについては、第3段階以降の研究課題となった。

② 房総風土記の丘博物館の製鉄実験

千葉県立房総風土記の丘博物館では、千葉県柏市花前Ⅱ-2遺跡で検出された9世紀代と推定される半地下式竪形炉・37号炉をモデルとして（郷堀ほか1985）、1号炉〜5号炉の製鉄実験が行われた（山口1991、図8・9）。

実験炉は、2分の1に縮小した形で行われ、最終実験である5号炉の操業においては、古代の竪形炉の操業に近い炉内状況を再現できた（田口・穴澤1994）。実験操業では、比較的まとまりの良い、炭素分高めの鉄塊や、竪形炉の発掘調査で一定量出土する黒鉛化木炭も生成した。また、製鉄実験で生成した鉄塊を用いた鍛冶操業も行われた。製鉄・鍛冶実験は、製鉄遺跡の発掘調査で得られたデータから、実験炉の復元を試み、築炉から解体までの記録化、生成物の整理、分析資料の抽出などが行なわれた。この実験結果は、その後の製鉄・鍛冶関連遺物の発掘・整理調査方法に応用されることとなった。

③ 日本・韓国の鉄器・鉄滓の化学分析

国立歴史民俗博物館では、日本・韓国の膨大な鉄・鉄器生産関係遺物の金属学的調査結果を集約した報告書を刊行した（国立歴史民俗博物館1994a・1994b、藤尾・斎藤1995）。

この報告書の中で、穴澤義功氏は、千葉県房総風土記の丘博物館で実施した製鉄・鍛冶実験結果を参考に（山口1991・1992、小栗ほか1992、大澤1993b）、栃木県小山市金山遺跡の鍛冶遺構の発掘調査成果（津野ほか1993）、さらに鍛冶技術と生成される鉄滓との対比を行った研究（古瀬1991）を参考に、表「製鉄遺跡の諸要素」（表2）を作成した（穴澤1994a）。表では、製鉄遺跡には1段階（採鉱）、2段階（製錬）、3段階（精錬）、4段階（鋳・鍛造）の具体的様相と、各段階で検出される遺構・遺物を示した。また、製鉄関連遺構・遺物を含む用語解説を付論とし（田口・穴澤1994）、専門的用語の多い製鉄関連遺構・遺物の理解を助けた。

④ 製鉄遺跡の発掘・整理調査法について

穴澤義功氏は、奈良国立文化財研究所平成6年度埋蔵文化財発掘技術者特別研修「製鉄遺跡調査過程」と、同平成12年度発掘技術者専門研修「生産遺跡調査課程」において、製鉄遺跡および製鉄関連遺跡の発掘調査・整理調査の詳細な手引きを提示した（穴澤1994b・2000）。また、日本鉄鋼協会社会鉄鋼部会「前近代における鉄の歴史」フォーラム（座長：館充氏）の一つである「鉄関連遺物の分析・評価に関する研究会」では、「出土した製鉄遺跡・遺物の分析評価をめざして―現状の問題点―」をテーマに7回の例会を開催し、多面的な報告が行われた（天辰ほか2005）。

以上、製鉄関連遺跡の発掘調査・整理調査方法の標準化・統一化の活動の成果は、全国各地の製鉄関連遺跡の発掘調査現場や整理調査の中で、あるいは分析資料の選定の場で、有効に活用された。発掘調査成果をとりまとめ、刊行された発掘調査報告書は、古代日本の製鉄研究に活用・応用されるとともに、新たな研究課題が生まれる起点となった。

第1節　日本古代製鉄の研究史

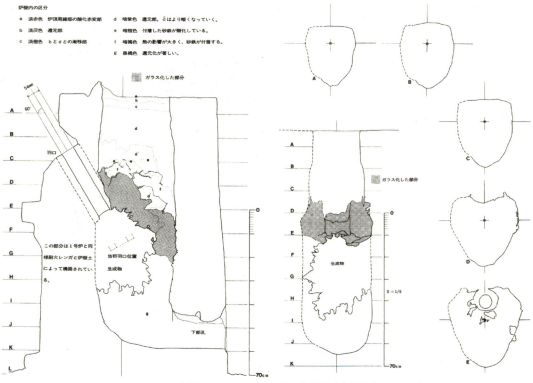

図8　3号炉縦断面（左側面・平面）・横断面実測図（山口1991）

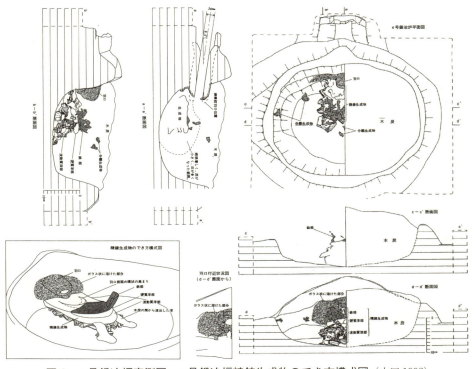

図9　e号鍛冶炉実測図、e号鍛冶炉精錬生成物のでき方模式図（山口1992）

表2 製鉄遺跡の諸要素（穴澤義功作成）（田口・穴澤1994）

段階	1段階(採鉱)	2段階(製錬)	3段階(精錬)	4段階(鋳・鍛造)
要素	採鉱・採木・採土	製炭・製錬・選別	精錬鍛冶	鋳造・鍛錬鍛冶A・B
遺構	原鉱採掘坑 小割場 水簸場 炉材採土坑 (燃料採取)	工房(住居跡) 製錬炉 作業場(前庭部) 炭窯 選別場(小割場) 貯蔵坑 排滓場(溝) フイゴ座 祭祀場	工房(住居跡) 精錬鍛冶炉 土坑類 フイゴ座	工房(住居跡) 溶解炉 鍛錬鍛冶炉 土坑類 フイゴ座 鋳造坑
遺物	砂鉄・鉱石 工具 粘土 混和材	砂鉄(生・被熱) 製錬滓(炉内滓) 製錬滓(炉外滓) 含鉄(鉄)滓 製錬鉄塊系遺物 炉壁 羽口 木炭(断割) 炉部品(栓など) 炉材粘土 炉床塊 通風管 土器 工具	精錬鍛冶滓 (椀形滓) 含鉄(鉄)滓 製錬鉄塊系遺物 精錬鉄塊系遺物 羽口 木炭 土器 炉材粘土 鉄塊 故鉄 工具	鋳造滓 鍛錬鍛冶滓 (椀形滓) 含鉄(鉄)滓 精錬鉄塊系遺物 鍛冶鉄塊系遺物 羽口 木炭・黒鉛化木炭 トリベ ルツボ 鋳型 金床(石床) 金槌(石槌) 金鉗 粒状滓 鍛造剥片 鉄器(未成品含) 砥石 土器 炉材(溶解炉含) 三又状土製品 添加材 故鉄

⑤ 日本の古代製鉄の発展段階と画期

穴澤義功氏は、日本の古代製鉄の発展段階と画期について以下のとおり理解した（穴澤1994c・2003・2004）。

① 紀元前となる縄文晩期以降のごく少数の鉄器のみの輸入期。

② 移入鉄器と鉄素材を用いた鍛冶遺跡の出現期の1世紀代。

③ 精錬鍛冶の開始期の3世紀代。

④ 鍛冶遺跡の量と質という、両面での転換期と考えられる5世紀代。

⑤ 箱形炉による鉱石製錬の開始と砂鉄原料への移行期の6世紀代。

⑥ 箱形炉の普及と竪形炉の導入による鉄生産が複合した、律令国家の発展期の、7世紀末から8世紀代。

⑦ 主として箱形炉による炉容量の拡大と精錬鍛冶技術の改革期の、12世紀以降。

なお、2007年に発表された国立歴史民俗博物館による放射性炭素年代測定の発表以降、弥生時代以前の年代観については大きく変化した。現時点においては、①は紀元前4世紀前葉の弥生時代前期末、②は紀元前2世紀の弥生時代中期後半に比定される（藤尾2017）。

⑥ 鍛冶関連遺物の研究

真鍋成史氏は、弥生時代から飛鳥時代の主要な鍛冶関連遺物である鍛冶原料・鉄滓・微細遺物・鍛冶具を紹介し、各時代の鍛冶技術を考察する。鍛冶技術の考察にあたっては、主に交野市の鍛冶実験で得られた資料・成果を参考とした（真鍋2003a）。

この研究では、鍛冶関連遺物の金属学的調査結果から得られた鉄滓の分類研究（大澤1983）、

平安時代の栃木県小山市の金山遺跡出土鍛冶関連遺物の分類研究（津野ほか1993）、鍛冶炉の炉底粘土の付着する椀形鍛冶滓の断面形態から、鍛冶炉の火窪の形状を復元した研究（真鍋2000、古瀬2002）の総合化が行われている。鍛冶原料・鉄滓・微細遺物・鍛冶具の具体的様相について、顕微鏡写真を図版に加える等、解説・説明に学際的な工夫がなされた。鍛冶関連遺物の変遷は以下のとおりにまとめられている。

① 鍛冶原料は、廃鉄器→半製品→移入鉄塊→国内で生産された鉄塊と変遷する。

② 鍛冶滓は弥生時代には300gを超えなかったが、古墳時代後期には1kgを超えるものが現れる。背景には、操業の高温化と鉄器量産化がある。

③ 微細遺物には、古墳時代から鉄系酸化物である鍛造剥片と粒状滓が確認される。微細遺物の出現は操業温度に関係している。

④ 鉄製鍛冶具が古墳時代中期以降に現れることは、刀剣製作など、より高温下での作業にも対応できるようになったことを示している。

⑤ 羽口は弥生時代には基本的には用いられていない。古墳時代に入ると、鉄滓の出土する遺跡では羽口も出土するようになる。時代が下るにつれて羽口は長くなり、鞴からより強い風圧がなければ風を火窪に送り込めないものへと変化する。操業温度も時代が下るにつれ高まったことがわかる。

⑦ 「前近代における鉄の歴史」フォーラム

日本鉄鋼協会社会鉄鋼部会「前近代における鉄の歴史」フォーラム（座長：舘充氏）は、1997年3月に発足した。フォーラムでは日本古来の製鉄法、特に砂鉄を原料とする製鉄法と、その製品である鉄鋼（和鉄・和鋼・和銑）の加工法の歴史に関する諸研究の推進が図られた。多数の講演会や日本鉄鋼協会春秋期講演大会シンポジウム、研究グループの例会などが実施され、考古学的研究発表も多数行われた。フォーラム発起人の一人である穴澤義功氏は、フォーラムの10周年記念論文集において、考古学的研究発表の題目を紹介するとともに、研究発表全体の傾向を分析した（穴澤2007）。

⑧ 製鉄・鍛冶の復元実験

第3段階には、遺跡の情報を反映させた製鉄や鍛冶の復元実験が行われた。2002年12月までの国内における前近代を対象とした製鉄実験の諸例を概観し、製鉄実験の意義を考察したものに穴澤義功氏の論考（穴澤2002）がある。また、韓国での事例を含めた考古学研究の参考となる視点で製鉄実験の事例を概観し、製鉄実験研究の到達点と課題について整理したものに真鍋成史氏の論考（真鍋2006）がある。以下では、第3段階に実施された主な製鉄実験についてその概要を記す。

⑨ 野外教育研究財団の製鉄実験

長野県飯田市の（財）野外教育研究財団では、福島県南相馬市原町区の長瀞遺跡で検出された半地下式竪形炉（3号製鉄炉）をモデルとして、1992年と2001年に製鉄実験を行った（羽場1996・2002、図10）。3号製鉄炉は遺存状況が良好で完形の大口径羽口が出土している。斜面を利用し、後背部に踏み鞴が伴う。炉底の規模は約50×40cmで、炉底から踏み鞴最深部までの高さは1.5mを測る。操業時期は9世紀前半と推定されている（安田1991）。

1992年に設計した実験炉（NT3号炉）の実験では、長瀞遺跡で検出された3号製鉄炉と踏み鞴を原寸大で復元するとともに、踏み鞴による間歇送風を行ったことが特徴である。

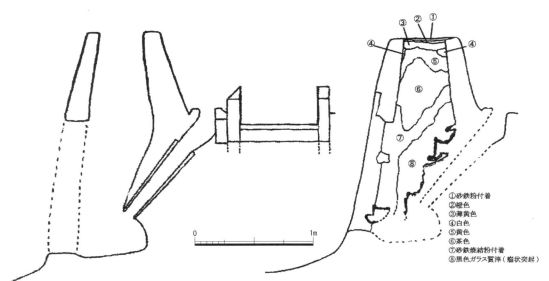

図10　NT3号炉の設計図（左）と操業後の炉内状況（右）（左：羽場2002、右：真鍋2006）

⑩　島根大学の製鉄実験

　島根大学山陰地域・汽水域センター古代金属生産グループの田中義昭氏は、穴澤義功氏と日刀保たたらの木原明村下（たたらの操業指揮者）の協力により、1992年12月に製鉄実験を行った（田中1995、図11）。実験炉は、島根県邑智郡邑南町今佐山遺跡Ⅰ区（角田1992）、松江市玉湯町玉ノ宮地区D-Ⅱ遺跡（勝部1992）で発見された箱形炉をモデルとした。送風装置は、宮城県多賀城市柏木遺跡で検出された半地下式竪形炉に伴う踏み鞴を参考にした（石川ほか1988・1989）。

　実験炉の炉壁の高さは115cm、炉底から送風孔までの高さは17cm、炉底内寸は長さ40cm、幅10cmに設計された。送風孔角度は15°、孔径は2～3cm、片側2孔、送風孔間隔は芯々間で17cmである。炉底地下構造の規模は長さ68cm、幅50cm、深さ30cmで、厚さ5cmの粘土を内貼りした。踏み鞴は長さ225cm、幅90cm、両端を深さ45cmまで掘り込み、その中にベニヤ板を設置した。操業は踏み鞴の弁が故障を繰り返したため、滓もほとんど流れ出ることなく、不調気味であった。

　この製鉄実験以後、木原村下と考古学側での連携が強まり、木原村下の指導の元で行われた製

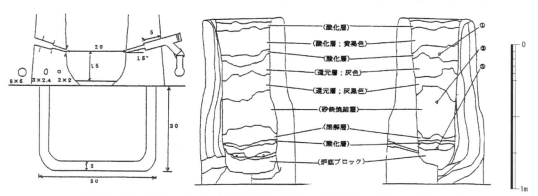

図11　島根大学実験炉の設計図（左）と実験終了後の炉内状況（田中1995）

鉄実験では鉄の歩留まりが向上し、生成物や炉壁の状況なども遺跡のものにより近いものになっていった。1997年の交野市教育委員会による製鉄実験（真鍋ほか2002）、1998年の柏原市教育委員会による製鉄実験（北野ほか2001）、1999年の熊本県立装飾古墳館による製鉄実験（長谷部ほか1999）、愛媛大学・新見市・今治市による製鉄実験によって、大きな成果を上げることとなる。

⑪　交野市・柏原市の製鉄・鍛冶実験

　近畿地方の交野市や柏原市などでは古墳時代の鍛冶遺跡の発掘調査が多数実施された。そこで、不定期ではあるが、近畿地方を中心に鍛冶遺跡に関心のある者が集まり、鍛冶遺構や関連

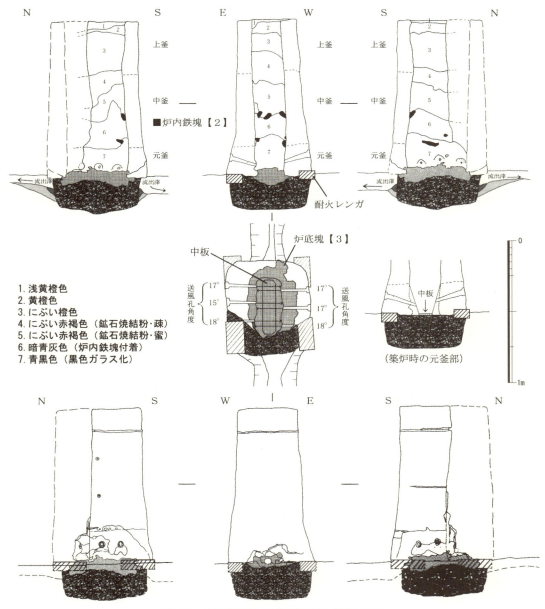

図12　2号製錬炉の解体実測図（真鍋2002）

第 1 章　日本古代製鉄の研究動向

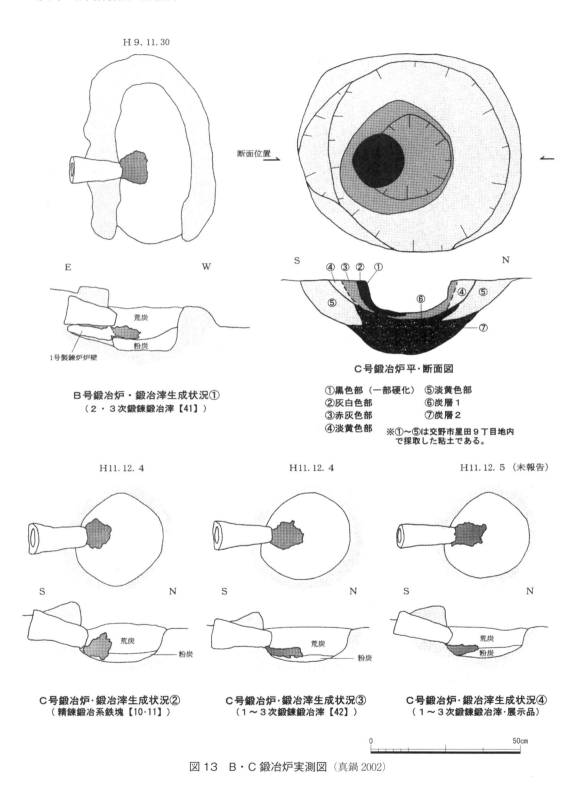

図 13　B・C 鍛冶炉実測図（真鍋 2002）

遺物の検討会を行う、「かぬち研究会」という小規模な会合をもつこととなった。会合を進めるにつれ、遺物見学だけでは、鍛冶関連遺物が生成される過程を解明するには不十分で、実際に製鉄・鍛冶の実験をしてみようとする気運が高まった。折しも、交野市と柏原市の両教育委員会で、市民向けに鉄づくりのイベントを行う計画が立てられ、かぬち研究会のメンバーも参加・協力のもとで製鉄・鍛冶復元実験が行われることとなった（北野・真鍋2003）。

交野市の製鉄・鍛冶実験　交野市教育委員会による製鉄・鍛冶実験は1997年11月・12月に行われた（真鍋ほか2002、図12・13）。製鉄実験は、日刀保たたらの木原明村下が、鍛冶実験は刀匠の山本祐忠氏、鍛冶師の山下浩郎氏が操業およびその指示を行った。実験炉は島根大学の製鉄実験と同様、今佐山遺跡Ⅰ区、玉ノ宮地区D-Ⅱ遺跡検出の箱形炉をモデルとして設計された。

実験炉は2基設計され、操業が行われた。1号製錬炉の炉底部は長さ32cm、幅10cmを測る。原料は、島根県横田町羽内谷鉱山で磁選採取された砂鉄を用い、化学組成は二酸化チタン（TiO_2）1.28％、バナジウム（V）0.19％で、酸性砂鉄（真砂砂鉄）の特徴を示す。砂鉄は43.5kg投入され、12.3kgの炉底塊（大鉄塊、鉧）が生成した。2号製錬炉の炉底部は、長さ40cm、幅9cmを測る。原料は岩手県釜石市釜石鉱山の鉄鉱石を用い、粒径0.1〜0.5mmに細かくしたものに、珪砂を3もしくは5％混ぜ、さらに水分を霧吹きで含ませてから炉に投入した。鉄鉱石は77.0kg投入され、28.5kgの炉底塊（大鉄塊、鉧）が生成した。

生成した鉄塊は、砂鉄原料の1号製鉄炉の方が、鉄鉱石原料の2号製鉄炉よりも、高炭素系の鉄塊が生成した。また、2号製鉄炉生成鉄から製作した鉄器は、原料の鉄鉱石に硫黄が含まれることから、鍛錬の際に亀裂が生じ、脆弱な製品となった。さらに、鍛冶実験の工程ごとに生成する鍛造剝片と粒状滓の詳細なデータをとることができたことから、出土遺物と鍛冶工程の関係を類推することが可能となった（真鍋2003a）。

柏原市の製鉄・鍛冶実験　柏原市教育委員会による製鉄・鍛冶実験は1998年11月に行われた（北野編2001、北野・真鍋2003）。製鉄実験は、日刀保たたらの木原明村下が、鍛冶実験は刀匠の河内國平氏と山本祐忠氏が操業とその指導を行った。実験炉は交野市教育委員会の製鉄実験と同様、今佐山遺跡Ⅰ区、玉ノ宮地区D-Ⅱ遺跡検出の箱形炉をモデルとして設計された。

実験炉は1基設計され、操業が行われた。炉内炉底部は長さ35cm、幅10cmを測る。原料は山口県美祢市吉部産の鉄鉱石で、粒径5mm以下に細かくしたものを炉に投入した。木原村下によれば、当該実験炉においては「粒径10mm以下ならば操業可能と思われる。」ということである。鉄鉱石は77.142kg投入され、27kgの炉底塊（大鉄塊、鉧）が生成した。

⑫　白河館（まほろん）の製鉄実験

製鉄炉の発掘調査事例が最も多い福島県でも、福島県文化財センター白河館（まほろん）で、原町市大船迫A遺跡製鉄炉15号製鉄炉をモデルとして、2003年11月2・3日に製鉄実験を行っている（吉田2005、図14）。

モデルとなった15号製鉄炉は、内法の長さ180〜185cm、幅30〜37cmを測り、粘土床で、炉の長軸上位に踏み鞴が設置された箱形炉である。発掘調査では、操業途中で崩壊した炉壁と、羽口が装着した状態の炉壁基部が検出された（図15）。羽口は先端部孔径3cm、長さ20cm前後を測り、装着角度は12〜15°を測る。操業時期は9世紀中葉で、大船迫A遺跡のある金沢地区の最終操業期にあたる（国井1995）。

第1章　日本古代製鉄の研究動向

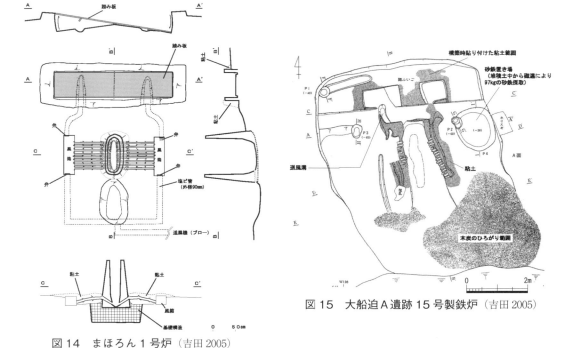

図14　まほろん1号炉（吉田2005）

図15　大船迫A遺跡15号製鉄炉（吉田2005）

　製鉄実験の中心メンバーである吉田秀享氏は、モデルの踏み鞴付箱形炉では銑鉄が生産されたと主張し、製鉄実験では銑押し的な操業を試みた。製鉄実験では、炭素量 0.12〜0.3% の鉄塊（ケラ）が生成し、引き続き、銑鉄生産を目的とする復元実験の必要性を説いた。
　⑬　愛媛大学の製鉄実験・研究
　「日本列島における初期製鉄・鍛冶技術に関する実証的研究」は、愛媛大学の村上恭通氏を中心に、真鍋成史氏、北野重氏、上栫武氏、笹田朋孝氏、大澤正己氏、木原明村下、筆者らによって進められた（村上ほか2006）。本研究は、①古墳時代の製鉄と鍛冶に関連する考古資料調査と、②古墳時代の製鉄炉を復元して実施した製鉄・鍛冶実験とその成果の分析、という2つのテーマ研究からなる。
　考古学的調査　調査は、中国地方の古墳時代の製鉄遺跡の中から、製鉄炉の炉形復元を行うにあたって、特に重要な情報を兼ね備えていると判断した岡山県総社市砂奥製鉄遺跡（谷山1991b）、和気郡和気町八ヶ奥製鉄遺跡（光永2004）、津山市大蔵池南製鉄遺跡（森田1982）、津山市緑山遺跡（中山ほか1986）、広島県庄原市戸の丸山製鉄遺跡（松井ほか1987）、小和田遺跡（今西2009）出土の製鉄関連遺物について実施した（真鍋・大道・北野・村上2006）。
　古墳時代製鉄炉モデルの製鉄実験　考古学的調査で炉底塊を詳細に観察した木原村下は、「遺跡出土の炉底塊は銑鉄を流出させた後に炉内に残留した鉄滓という可能性が考えられる」と指摘した（真鍋ほか2006）。木原村下の指摘を受けて、製鉄実験では、銑鉄の生産を試み、銑鉄を炉外に流し出した後に、炉内に、遺跡で検出されるような炉底塊が残るか否かを確認することが、目的の一つとなった（上栫2006）。

第1節　日本古代製鉄の研究史

　製鉄実験は、2回の予備操業を経て、2004年12月に愛媛大学城北キャンパスで、4基の実験炉で行った。1・2号炉は緑山遺跡・津山市キナザコ製鉄遺跡（キナザコ製鉄遺跡調査団1979）・雲南市羽森第3遺跡（田中1998）の遺構・遺物を参考とし、1号炉をアメリカの鍛冶師であるジェシー・ソープ氏が（笹田・村上2006a）、2号炉を北野重氏と新海正博氏が担当した（北野・上栫2006）。3号炉は大蔵池南遺跡・八ケ奥製鉄遺跡の遺構・遺物を参考とし、真鍋成史氏と筆者が担当した（真鍋・大道2006、図16・17）。4号炉は荒尾市大藤1号谷遺跡・狐谷遺跡（勢田ほか1992）の遺構・遺物を参考とし、笹田朋孝氏が担当した（村上・笹田2006、図18・19）。

　製鉄実験では、2、4号炉では大量の銑鉄が生成し、3号炉でも銑鉄の生成過程が観察された。以上の実験結果から、炉底を粘土で固めることが銑鉄生産の要因となることが判明した。一方、炉底が木炭の場合は、炉内生成物が炉壁を強く浸食し、炉壁の浸食が鉧生成を促進することが判明した。また、4号炉は、送風管を用いた炉背部からの一本送風であり、朝鮮半島の製鉄炉との技術的類似性を確認した。

　韓国製鉄炉モデルの製鉄実験　韓国の製鉄炉に関しては、2005年11月に、「中世新見荘まつり」会場（岡山県新見市）において製鉄実験が実施された。実験炉は、慶尚南道密陽市丹陽面美村里に所在する、三国時代の沙村遺跡検出の製鉄炉をモデルとし（孫明助・尹部映2001）、それを2分の1の規模にスケールダウンした炉で実験が行われた（村上2006c、笹田・村上2006b、図20・21・24）。原料の砂鉄は鳥取県皆生産の浜砂鉄を磁選後、若干湿らせて使用、燃料の木炭はたたら炭（雑・硬）を使用し、炉は日刀保たたらより持ち込んだ粘土で製作した。

　村上恭通氏は、沙村遺跡の製鉄炉は、炉底や炉底の縁石の乱れが少ないこと、炉底付近の炉壁の浸食が弱いこと、鳥足状の鉄滓が出土していることから、銑鉄生産が行われていた可能性が高いと考えた。また、製鉄実験では、大口径送風管の送風孔直下で広い高温域ができることが判明したことから、送風管の熔損を防ぐ工夫を行うことにより、1基の炉で連続的に生銑ができることを予想した（村上2006b）。

　韓国精錬炉モデルの精錬実験　韓国の銑鉄を脱炭する技術に関しては、2006年3月に、奥出雲町横田日刀保たたら高殿内で精錬実験が実施された。実験炉は、啓明大学校が発掘調査した、三国時代の慶州市隍城洞遺跡検出の「溶解炉」をモデルとし（金鍾徹ほか2000）、それを2分の1の規模にスケールダウンしたものである（図22・23・25）。実験炉では製鉄と同様、大口径L字形送風管を使用した。実験の結果、送風管先端の広い範囲で高温反応が起こり、卸し鉄が凝縮する様相と、炉内に装入した銑鉄を鍛造可能な鋼に精製することが可能であることを確認した。

　村上恭通氏は、隍城洞遺跡の溶解炉の基本的原理は、中国漢代に登場する炒鋼炉と同様で、隍城洞遺跡での溶解炉の出現は、中国大陸から朝鮮半島への鉄技術伝播の画期としてとらえることができるとした（村上1997a・1998）。また、日本列島の古墳時代の製鉄技術の一つとして銑鉄生産を認めつつも、日本列島の精錬技術は、羽口の使用方法、送風に関わる炉の構造や仕掛け、炉内反応に関わるコントロール技術において、隍城洞遺跡で確認される精錬技術とは異なることも指摘した（村上2006b）。

⑭　古墳時代の銑鉄生産と精錬鍛冶

　古墳時代の製鉄で銑鉄を生産していたとすると、銑鉄の脱炭が必要で、脱炭のための卸し技術が可能な鍛冶炉（精錬鍛冶炉）が必要である。

第 1 章　日本古代製鉄の研究動向

図 16　3 号炉設計図（真鍋・大道 2006）

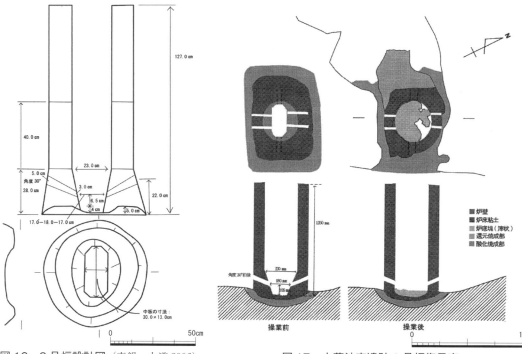

図 17　大蔵池南遺跡 1 号炉復元案
（真鍋・北野・村上・大道 2006）

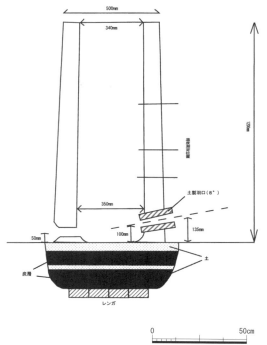

図 18　4 号炉設計図（村上・笹田 2006）

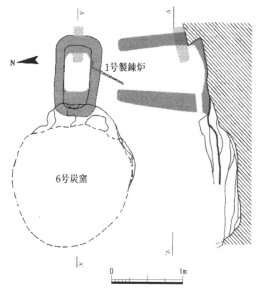

図 19　大藤 1 号谷遺跡製鉄炉および
　　　復元図（村上 2007）

第1節　日本古代製鉄の研究史

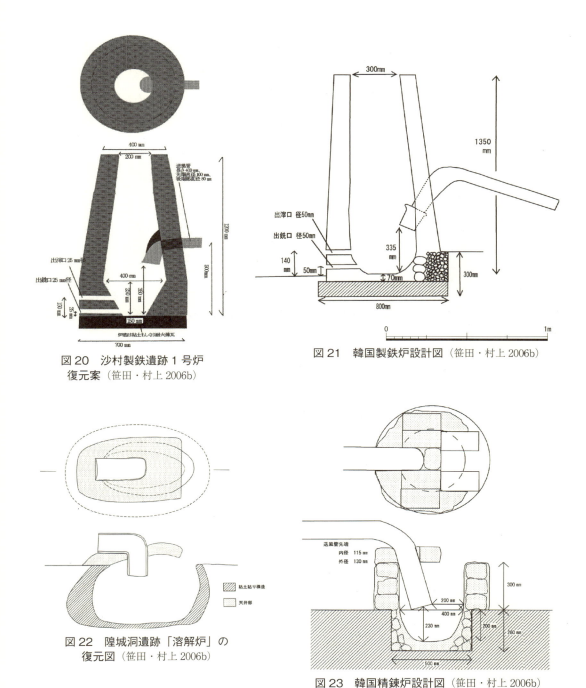

図20　沙村製鉄遺跡1号炉
　　　復元案（笹田・村上 2006b）

図21　韓国製鉄炉設計図（笹田・村上 2006b）

図22　隍城洞遺跡「溶解炉」の
　　　復元図（笹田・村上 2006b）

図23　韓国精錬炉設計図（笹田・村上 2006b）

　鍛冶炉の構造　村上恭通氏は、大阪府柏原市の大県遺跡で発見されている炉壁を高く築く鍛冶炉（北野 2006）と、大阪府交野市の森遺跡（奥野・真鍋 1990、真鍋 1997）や岡山県総社市の窪木薬師遺跡（島崎ほか 1993）で検出されている、内壁に粘土を貼った深い鍛冶炉を、卸しの工程を担った鍛冶炉と考えた。両鍛冶炉は、構造は異なるが、炉内を一定の還元雰囲気にするという

37

第1章　日本古代製鉄の研究動向

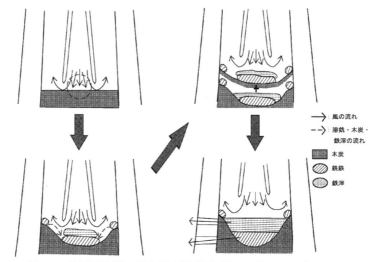

図24　韓国製鉄炉の炉内反応模式図（笹田・村上2006b）

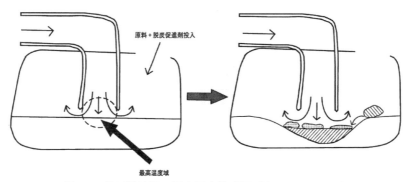

図25　韓国精錬炉の炉内反応模式図（笹田・村上2006b）

点では共通点があり、安定的な銑鉄の脱炭に両炉が選択された可能性がある（村上2006b）。
　北野重氏も、大県遺跡85-2次調査で検出した、粘土を積み上げ、炉底が地上にある鍛冶炉-3・4の存在に注目した（北野2006）。炉の下部構造は縦長40cm・横長55cm・深さ15cmの隅丸方形に掘り込み、内部を粘土と炭層で突き固め、20cm大の三角形状の石を設置する。炉の上部構造については、黄褐色粘土を積み上げ、高さ50cm以上の筒型状に構築されたと想定した（北野1988）。
　銑鉄の脱炭　銑鉄の脱炭は、日本列島では鍛冶炉を、朝鮮半島では溶解炉を用いており、両者の脱炭方法が大きく異なる。古瀬清秀氏は、銑鉄脱炭技術におけるに日本列島と朝鮮半島との間に相違点・格差がある理由を、日本列島では、朝鮮半島の先進的技術を「見よう見まね」で再現しようとしたためであると考えた（古瀬2005）。一方、村上恭通氏は、古瀬氏の考えを認めつつも、粘土で縁を盛り上げた鍛冶炉や炉壁を有する鍛冶炉は、古墳時代に内在した技術的伝統を基礎として、日本列島内で生みだされたものと考えた（村上2006b）。

⑮　鉄・鉄器生産の諸段階

　村上恭通氏は、弥生時代中期から律令成立前夜（7世紀後半）までの鉄・鉄器生産には、画期
Ⅰ（弥生時代中期末（あるいは後期））、画期Ⅱ（弥生時代最終期〜古墳時代初頭（3世紀中葉））、画期
Ⅲ（古墳時代前期前半（3世紀後葉〜4世紀初頭））、画期Ⅳ（古墳時代中期中葉（5世紀中葉））、画期
Ⅴ（古墳時代後期後葉（6世紀後半））、画期Ⅵ（律令成立前夜（7世紀後半））の6つの画期があるとし
した（村上1998）。

　村上氏はその後、再度、弥生時代から律令期に至る製鉄・鍛冶関連資料・鉄製品の検討を行な
い、以下のように整理した（村上2007）。

弥生時代中期末葉　竪穴建物を工房とした鉄器生産が九州北部で開始される段階。

古墳時代開始期　精錬鍛冶と高温鍛冶が出現することにより、不純物を多く含む鉄塊を大量
に処理することと、破損鉄器や故鉄を再熔解し、鉄素材や新たに鉄器を生産することが可能とな
る段階。弥生時代の鉄器生産は鉄素材の質に大きく影響を受けたが、古墳時代になると多種多様
な鉄素材への対応が可能となり、日本列島で自立的な鍛冶が可能となった。

古墳時代中期（5世紀後葉）　古墳時代前・中期には日本列島内での製鉄は確認されていない
ことから、鉄素材の供給は国外からで、日本列島の鉄器生産は、朝鮮半島の鉄・鉄器生産システ
ムの中でとらえる必要がある段階。

　朝鮮半島の鉄・鉄器生産システムは、①大形円形製鉄炉による銑鉄生産、②大型精錬炉（脱炭
炉）による大量精錬、③炉壁を有する鍛冶炉による小規模精錬、④鍛錬鍛冶炉による製品化、と
体系づけられる。したがって、製品化のプロセスは、製鉄からスタートする場合は①→②→④、
古鉄の再利用の場合、大量の素材がある場合は②→④、少量の場合は③→④となり、日本列島の
鉄・鉄器生産は（③→）④のみが存在すると考えられる。

古墳時代後期（6世紀後半）　日本列島で製鉄が開始する段階。

　村上氏は、日本製鉄開始期にみられる箱形炉の構造・製鉄技術は、朝鮮半島の大形円形製鉄炉
と根本的に異なっていること、箱形炉の母体を、大阪府柏原市の大県遺跡で検出されている6世
紀後半の地上式鍛冶炉に求め、送風装置などは、朝鮮半島で見聞や収集した情報をもとに、日本
独自の製鉄技術を開発したと考えた。ただし、この段階は、国内産鉄による自給が可能となった
点で画期的な段階ととらえることができるが、生産地は倭王権と前史以来関係の深い吉備や美作に
限られ、供給量も十分でなかったことから、鉄材は継続して朝鮮半島に依存していたと考えた。

飛鳥・奈良時代の箱形炉　7世紀後半以降、それまで活況を呈していた備中の製鉄は規模縮
小に向かい、代わって近江が製鉄の大生産地となる段階。

　村上氏は、中央政権からみると、近江は、備中より格段に近くなり、鉄の生産・管理も容易に
なったこと、近江の製鉄技術は、播磨を介して美作・備中から導入され、琵琶湖沿岸地域で国家
標準型の炉形へと整えられ、操業技術や作法等の標準化が行われたと考えた。

奈良時代の半地下式竪形炉　箱形炉とは構造・送風原理・炉内環境が全く異なる半地下式竪
形炉で、8世紀前半に房総半島、仙台平野に出現し、その後の東日本各地で操業が行われる段階。

　村上氏は半地下式竪形炉の系譜については、朝鮮半島の大形円形製鉄炉に直接的につながるこ
とはないと考える。しかし、両者の間には、円筒形を呈する点、一カ所送風である点、上方から
滴下した状態で固結した流動性（いわゆる鳥足状鉄滓）が確認される点、排滓方法が類似してい

る点など、箱形炉より共通点が多いことを確認した。

したがって関東、東北へと展開する8世紀前葉以前に、朝鮮半島における円筒形炉の技術を模倣した鉄づくりが日本列島内で開発された可能性を検討する必要がある。また、東北南部や関東地方では、竪形炉と仏具鋳造との関係性がみてとれ（高崎ほか2005）、竪形炉の分布の検討については、鎮護国家をめざす当時の国家政策を反映し、その技術の導入と地方への発信は中央政権の政治的な差配のもとに行われたとする視点が必要と考える。

なお、村上氏は、熊本県大藤1号谷遺跡や中世の狐谷遺跡で検出されている、一ヶ所送風の自立炉については、朝鮮半島の影響を反映し、古墳時代後期に九州地方で出現した製鉄炉であると想定した。

第2節　近江の製鉄遺跡調査の現状と課題

丸山竜平氏は、1987年11月に開催された、たたら研究会30周辺記念シンポジウム「日本古代の鉄生産」において、近江を中心に近畿地方の製鉄遺跡の調査・研究について発表した（丸山1991）。その中で、近江の製鉄遺跡の調査・研究を学史的に以下の4期にまとめている。

第1期（1943〜1961年）　樋口清之氏による伊吹山山麓での分布調査（樋口1961）により、近江に製鉄遺跡が存在することが明らかとなった段階。

第2期（1970〜1974年）　北牧野製鉄遺跡群の調査（森1971）、千歳則雄氏・葛原秀雄氏のよる逢坂山製鉄遺跡群の分布調査（千歳1974）。滋賀県教育委員会による湖西・湖南を中心とする分布調査（滋賀県1970a・b）が実施され、県下の製鉄遺跡の存在が確認され、「遺跡目録」にも掲載されるようになった段階。

第3期（1977〜1982年）　1977年に大津市源内峠遺跡（近藤1978）、1979・1980年に草津市野路小野山遺跡の発掘調査が実施され（大橋ほか1990）、製鉄遺跡が開発により発掘され始める段階。

第4期（1983〜1986年）　1984・1985年に木之本町古橋遺跡（丸山ほか1986）、1985年に大津市源内峠遺跡（丸山ほか1986）、1987年に大津市南郷遺跡が発掘調査され（田中ほか1988）、製鉄炉の構造が具体的に判明し、また製鉄関連遺物の自然科学的分析も導入されてきた段階。

以下、前節で設定した研究段階ごとに近江の製鉄遺跡の調査・研究史をみていきたい（図26）。

1　第1段階：国内で製鉄遺跡の発掘調査が行われていない段階（〜1969年）

（1）　樋口清之氏による伊吹山麓の分布調査

1943・1944年に、國學院大學の樋口清之氏は伊吹山麓で分布調査を実施した。樋口氏は伊吹山麓の米原市伊吹・高番（旧伊吹町）、朝日（旧山東町）、能登瀬（旧近江町）、長浜市新庄馬場（旧長浜市）に製鉄遺跡があることを指摘した。なかでも高番では、「鉄滓が竹藪中に厚い層をなして、フイゴの火口と共に、土師器をともなって発見されるところもあり、附近には焼土が多く、一種の製鉄遺蹟と認められる」状況であったという。また、太平寺（米原市太平寺）の北側に鉄鉱床が露出しているという伝聞から、伊吹山麓における鉄鉱石による製鉄が行われていたことを推定した（樋口1961）。しかし、この時確認された製鉄遺跡や鉄鉱床の露出の場所等については、

第2節　近江の製鉄遺跡調査の現状と課題

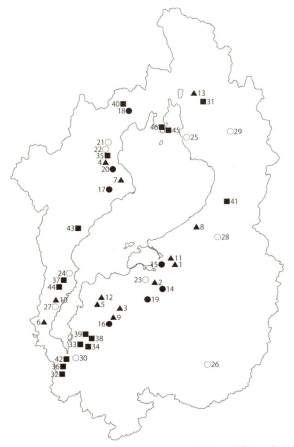

▲鉄器が出土した弥生時代の遺跡
1 正楽寺　2 内堀　3 二ノ畦・横枕　4 熊野本
5 伊勢　6 南滋賀　7 針江川北　8 妙楽寺　9 高野
10 坂口　11 斗西　12 金森東　13 桜内
●鉄製甲冑・馬具・鉄鋌・環頭太刀が出土した主な古墳
14 雪野山　15 瓢箪山　16 新開1号・2号
17 鴨稲荷山　18 北牧野2号　19 鏡山　20 二子塚
○鉄滓が出土した古墳
21 妙見山38号　22 甲塚11号・25号
23 木部天神前　24 石神3号　25 ハツ岩A-22号
26 八束　27 野添7号　28 尼子5号　29 木尾
30 横尾山19号
■古代の主な製鉄関連遺跡
31 古橋　32 南郷　33 月の輪南流　34 源内峠
35 東谷　36 南郷芋谷南　37 境ケ谷　38 木瓜原
39 野路小野山　40 北牧野A　41 キトラ
42 平津池ノ下　43 後山畦倉　44 上仰木
45 葛籠尾崎湖底　46 鉄穴

図26　近江の主な鉄関連遺跡

追認できていない。
(2) 同志社大学による北牧野製鉄A遺跡の学術調査
① 調査の概要
　昭和40年代に入り、日本考古学協会生産特別委員会のなかに製鉄部会が設けられ、1965年に同志社大学に赴任した森浩一氏が近江国を担当することとなった。当時、森氏は須恵器生産、製塩、製鉄などの生産遺跡の調査に力を注いでおり、1967年から1969年にかけて旧高島郡と旧伊香郡の製鉄遺跡の分布調査と発掘調査を実施することとなる。
② 分布調査
　分布調査前のアンケート　森氏は、古代近江の製鉄史料はその経営の背景や推移をうかがうことのできることから、古代近江の製鉄を考古学的に把握できるならば、文献史料を欠く大部分の製鉄遺跡にたいしても手掛かりを与えることができると予想した。そこで、製鉄遺跡の存在に関するアンケートを、滋賀県下の中学校・小学校・町村役場に送付し協力を求め、その結果をもとに、旧高島郡と旧伊香郡の数カ町村について製鉄遺跡の分布調査を行った。

　分布調査の概要　旧高島郡の製鉄遺跡に対する分布調査は、当時同志社大学の学生であった前園実知雄氏、大野左千夫氏、渡部明夫氏を中心に進められ、1967年10月と11月、および

第1章　日本古代製鉄の研究動向

アンケート用紙（前文は省略）

(1) 鉄を採掘していたことのある伝説のある場所があればその地名を詳しく書いて下さい。―「不明」「無」も御記入下さい―

(2) 右の採掘を行なっていた時代についての伝えがあればお書き下さい。

(3) 山の斜面などに一見コークス状（かなくそともいう）が落ちている場所があればその地名と状況を書いて下さい（不確実でもそのようなことを聞かれたことがあれば記載に含めて下さい）。

(4) カンナ、タタラ、カジヤシキ、カナクソヤマ、カネヤマ、カナタニなどの製鉄関係かと思われる小字名や地名があればお知らせ下さい。

(5) 太平洋戦争中にクズ鉄業者がカナクソを購入に来た場所はありませんか。

(6) そのような研究に詳しい方か、関心をもっておられる方が貴地におられるなら、住所、氏名をお書き下さい。

アンケート記入者
　御職業
　御氏名

（森 1971）

マキノ製鉄遺跡群と西浅井製鉄遺跡群（国土地理院『敦賀』『竹生島』5万分の1地図による）
1. 大谷川遺跡,　2. 北牧野C遺跡,　3. 北牧野A遺跡,　4. 北牧野D遺跡,
5. 白谷遺跡,　　6. 小荒路遺跡,　　A. 西牧野古墳群,　B. 北牧野古墳群,

図27　マキノ製鉄遺跡群と西浅井製鉄遺跡群（森 1971）

第2節　近江の製鉄遺跡調査の現状と課題

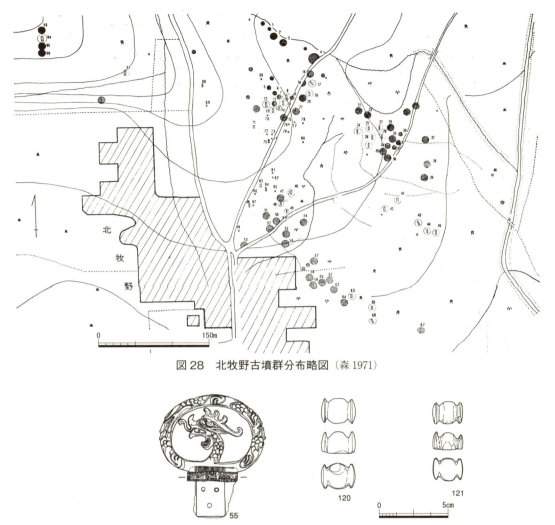

図28　北牧野古墳群分布略図（森1971）

図29　左：北牧野2号墳出土金銅製単龍環頭大刀・環頭　右：北牧野3号墳出土三輪玉
　　　（大崎2003）

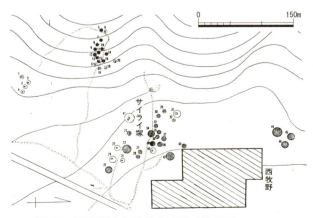

図30　西牧野古墳群分布略図（森1971）

43

第1章　日本古代製鉄の研究動向

1968年7月に実施された。また、高島市マキノ町の北牧野製鉄A遺跡の発掘調査は1968年8月20日から9月2日まで行なわれ、あわせて周辺の遺跡分布調査も実施された。さらに、1969年4月には旧伊香郡の分布調査が行われた。

　　分布調査の結果（製鉄遺跡群・古墳群）（図27・28）　分布調査によって、滋賀県北西部には東西13km、南北10kmの範囲に、西方にマキノ製鉄遺跡群、東方に西浅井製鉄遺跡群という二つの製鉄遺跡群が分布することが明らかとなった。マキノ製鉄遺跡群では製鉄遺跡6個所、鉄穴推定地1個所、西浅井製鉄遺跡群では製鉄遺跡7個所、鉄鉱石採掘場推定地1個所が確認された。さらに奥マキノにある幻の鉄穴「ジヤ谷ガ峯」の存在が知られていたが、踏査では現地に近づくことができなかったという。

　古墳群については、マキノ製鉄遺跡群の周辺に北牧野・西牧野古墳群という二つの大規模な古墳群が展開することが明らかとなった。北牧野古墳群は北牧野製鉄遺跡群の南に位置し、東西約600m、南北約450mの範囲に96基の古墳が群集する。また西牧野古墳群は西牧野集落西方に位置し、南北400m、東西250mの範囲に47基の古墳が群集する。

　なお、北牧野製鉄A遺跡の発掘調査の概要については、第3章第1節で触れる。

　　③　**その後の調査と研究課題**（図29・30）

　北牧野製鉄A遺跡群の発掘調査以降、北牧野製鉄A遺跡以外の製鉄遺跡、鉄穴（鉄鉱石採掘場）の分布調査・発掘調査は実施されておらず、その詳細の解明は今後の課題として残されている。

　古墳の調査は、1996年に、マキノ遺跡群調査団による西牧野古墳群の分布調査と、西牧野古墳群の盟主的存在である斉頼塚古墳（西牧野41号墳）の発掘調査が行なわれた。分布調査では、西牧野古墳群はA～Dの4つの支群から構成され、B～D支群はそれぞれ2つの小支群が存在することが判明した。また、斉頼塚古墳の発掘調査では、石棚をもつ横穴式石室の構造の詳細が調査され、石室からは6世紀前葉頃の土器が出土したことから、石室は本地域の横穴式石室導入期石室例であり、九州北部もしくは肥後地域との関連が指摘されている（林ほか1998）。

　2000年度には斧研川荒廃事業に伴い、滋賀県による北牧野古墳群の古墳2基（2・3号墳）の発掘調査が行われた。横穴式石室の発掘調査が行われ、県内2例目となる金銅製単龍環頭大刀や県内4例目となる三輪玉が出土した（大崎2003）。

　北牧野・西牧野古墳群は、横穴式石室をもつ総数200基以上の大規模な古墳群である。古墳群は谷奥に立地し、その生産基盤を肥沃な平野部に求めることができない。周辺には現時点では8世紀のものしか確認されていないが、多数の製鉄遺跡が分布している。6世紀に大規模な古墳群が出現した要因として、それら製鉄遺跡の存在を検討する必要がある。もし、6世紀に遡る製鉄遺跡が確認されれば、継体大王の勢力が、高島を背景にして急に勢力を強める要因の一つが鉄生産ということになろう。

2　第2段階：国内で製鉄遺跡の発掘調査が行われるようになった段階（1970～1987年）

（1）分布調査

　北牧野製鉄A遺跡の調査と前後する時期に、千歳則雄氏と葛原秀雄氏が大津市の音羽山東麓を中心に逢坂山製鉄遺跡群の分布調査を行った（千歳1974）。また、丸山竜平氏は水野正好氏

の指導のもと湖西・湖南を中心に分布調査を行い、「遺跡目録」に製鉄遺跡を登録した（滋賀県 1970a・b）。このように、近江では1970年代前年に、製鉄遺跡を対象とする分布調査と発掘調査が行われた。発掘調査では、製鉄炉跡や製鉄関連遺物の検討により、近江の古代製鉄の具体的様相が明らかとなり、古代製鉄に関する考古学的研究の課題や方向性が提示された。また、分布調査によって、滋賀県内の製鉄遺跡の凡その分布を把握することが可能となり、考古学研究の基礎である遺跡の存在と保護の前提を整えることができた。

（2）発掘調査

1977年度に大津市源内峠遺跡（近藤1978）、1979～1988年度に草津市野路小野山遺跡の発掘調査が実施される（大橋ほか1990）。1984・1985年に長浜市古橋遺跡（丸山ほか1986）、1985年に大津市源内峠遺跡（丸山ほか1986）、1987年に大津市南郷遺跡の発掘調査が実施される（田中ほか1988）。これらの発掘調査では自然科学的分析も導入される。

① **源内峠遺跡**（大津市瀬田南大萱、近藤1978、丸山ほか1986）

遺跡は、大津市瀬田から草津市南東部にかけて広がる瀬田丘陵上、琵琶湖水面との比高差50m程の、なだらかな瀬田丘陵の北斜面に位置する。源内峠と称されてきた山道は、現在では幅2mにも満たない小道であるが、別名信楽道とも呼ばれ、南大萱から上田上芝原を経て、大戸川を遡り信楽に至っていたという。後に製鉄炉が検出される場所は南北5～6m、東西2m、比高差1m程の高まりとなっていたという。発掘調査は1977年度、1985年度、1997～1998年度に実施されているが、ここでは第2段階に行われた発掘調査について概観する。

1977年の発掘調査は、文化ゾーン建設計画に先立つ試掘調査であり、谷奥部の谷幅が極僅かとなる場所で、製鉄に伴う排滓場の範囲を確認した。7世紀後半から8世紀にかけての操業が推定され、試掘調査結果に基づき、排滓場の範囲の遺構保存が果たされた（近藤1978）。1985年の発掘調査は、里道部分が雨水により削平し、遺構損傷の恐れがあったため、遺構の位置確認を主眼に実施された。発掘調査では、1998年度の発掘調査で1号製鉄炉と報告した炉底の一部を検出し（大道ほか2001）、送風孔をもつ炉壁も出土し、製鉄炉の炉形が箱形炉であることが判明した（丸山ほか1986）。

② **野路小野山遺跡**（草津市野路町、大橋ほか1984・1990）

遺跡は瀬田丘陵上に位置している。現在は開発が進行し、起伏に乏しいなだらかな地形となっているが、昭和40年頃までは、谷底に流れる雨水を堰き止めた大小の谷底池が無数に存在していた。南東から八手状に延びる段丘と、丘陵の開析によって形成された谷や小河川と合わせて、非常に複雑な地形を呈していた（図31、櫻井ほか2007）。

遺跡周辺には、東側に谷底池である仮又池と、この池に注ぎ込む谷川が位置し、西側には、観音池・弁天池・金魚池・砂池といった

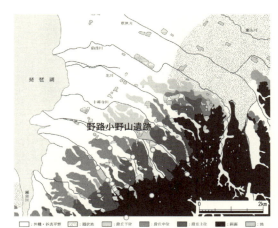

図31　瀬田丘陵周辺の地形分布図（櫻井ほか2007）
（○は生産遺跡）

溜池および谷が存在し、天井川化した狼川が流れている。遺跡は、この二つの谷に挟まれた丘陵の、北東側に広がる緩やかな斜面（標高105〜115m付近）に位置している。なお、遺跡周辺の緩やかな丘陵面には、字名に「〜山」（小野山など）が付けられ、南東の山地・急斜面に至ると「〜谷」（湧済谷など）と呼ばれており、製鉄遺跡が形成される立地条件の一端を読みとれる（櫻井ほか2007）。

　一般国道1号線（京滋バイパス）建設に先立つ分布調査によって、東西500m、南北800mの範囲で鉄滓・土器の散布が認められたことから、製鉄遺跡の存在が確認された。1979〜1980・1983年度、2000年度、2005年度に発掘調査が実施されたが、ここでは第2段階に行われた発掘調査について概観する。

　1979〜1980年度の発掘調査では、10基以上にのぼる整然とした配置をとる製鉄炉をはじめ、木炭窯、工房跡群、柵列に囲まれた倉庫跡など、一連の製鉄関連遺構を検出した。また、1983年度の発掘調査では、柵列の南東コーナーを検出したほか、登窯形式の半地下式木炭窯が、ほぼ完全な状態で検出された（大橋ほか1984・1990）。

　製鉄関連遺構は第Ⅰ期（7世紀末〜8世紀初頭）と第Ⅱ期（8世紀第2四半期）の大きく二群・二時期に分かれ、特に第Ⅱ期の遺構群は製鉄炉が並ぶという、極めて官衙的な色彩を帯びている。このような調査成果の重要性に鑑み、1985年10月26日「野路小野山製鉄遺跡」として、国史跡に指定された。なお、製鉄炉の位置と形態については、研究者によって意見が分かれたが、その点については第3章第1節で論じる。

　　③　**古橋遺跡**（長浜市木之本町古橋字与シロ、丸山ほか1986）

　遺跡は高時川の左岸丘陵地の背後斜面にあり、古橋の集落内で合流する支流・中ノ谷川の右岸に位置する。遺跡西側は斜面、東側は早く開墾され水田となっており、西側には古墳群、東側には古墳群および縄文時代と古墳時代の集落跡が存在している（富田1952）。

　1985年度の発掘調査では製鉄炉が1基検出された（図32）。もともと露頭していたと考えられる角岩を破砕・削平することにより、平面を設定し、この部分に製鉄炉を設置したと考えられる。炉底を覆うように堆積した褐黒色土層から、6世紀末〜7世紀初頭の須恵器平瓶が出土した。県内最古の製鉄炉である可能性が高い（丸山ほか1986）。

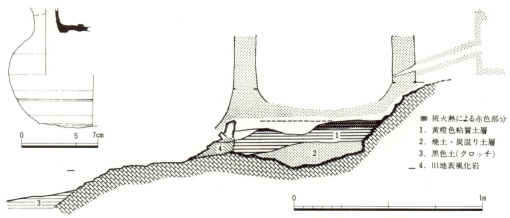

図32　古橋遺跡　炉底下部の断面実測図・一部炉復元断面図・出土須恵器（丸山ほか1986）

④　南郷遺跡（大津市石山内畑町、田中ほか 1988）

遺跡は瀬田川の西岸、岩間山・袴腰山に挟まれた谷筋に位置し、一般国道 1 号（京滋バイパス）建設工事に伴い、1985 年度に発掘調査が実施された。発掘調査では箱形炉の下部構造が 1 基検出された（図 140）。排滓坑の下層から 7 世紀中頃の土器が出土し、湖南地域では最古級の製鉄炉である。製鉄炉から 500m 南に登った通称桜峠の西側には、斜面をくりぬいた炭窯 2 基が確認されている（田中ほか 1988）。

（3）　近江の製鉄研究

①　北牧野製鉄Ａ遺跡の発掘調査の再検討

芹澤正雄氏は、北牧野製鉄Ａ遺跡で採取した鉄滓について金属学的調査を行い、鉄鉱石を原料に使用し、高温を保つ製鉄操業が行われていたことを考察した。また、遺跡に関連して近江鉄穴と『日本書紀』天智天皇 9 年条文「水碓冶鉄」との検討から、「水碓冶鉄」について水力輔送風説を提起した（芹澤 1978）。

②　遺跡の分布

丸山竜平氏は、滋賀県内（一部京都市山科区を含む）には製鉄遺跡 67 ヶ所、製錬滓出土古墳 2 ヶ所、鍛冶滓出土古墳 2 ヶ所、鍛冶滓出土遺跡 5 ヶ所あること。また、滋賀県の製鉄遺跡の分布範囲も、充分踏査のなされていない湖東地域を除くと、ほぼ全域にくまなく分布しており、分布濃度は、旧西浅井町全域、高島郡北部、滋賀郡全域（特に北部と南端）、栗太郡南部、坂田郡東部と東浅井郡が高いとし、製鉄遺跡分布図と地名表を提示した（丸山 1980）。

③　製鉄遺跡の年代

発掘調査が未実施である高島市新旭町饗庭の木津遺跡の操業年代については、断面包含層中より採集した鉄滓付着須恵器杯の年代観から奈良時代末～平安初めと推定した（丸山ほか 1971）。また、長浜市西浅井町の金具曽遺跡の操業年代については、灰原付近から鉱滓とともに採集された須恵器杯の年代観から奈良時代末～平安初めと推定した。さらに、大津市北小松の足田ケ口遺跡の操業年代については、採集された須恵器瓶子の年代観から 9 世紀代と推定した。しかし、断面から採集された木炭は、日本アイソトープ協会による C14 年代では 1,820±80YBP と 1,380±85YBP と計測され、5 世紀から 7 世紀後半の年代を示している（丸山 1980）。

京都市山科区御陵大岩の御陵大岩町遺跡（大岩山たたら跡）は、御廟野古墳（天智天皇山科陵）の北約 200m に所在する製鉄遺跡である。御廟野古墳は天智天皇の陵墓である可能性が高く、造墓後、兆域を定めた四至内は禁足地帯になったと考えられる。御廟大岩山遺跡は陵墓の四至内にあることから、御陵大岩町遺跡での製鉄操業の下限の時期は、造墓開始時あるいは造墓完了時とすることが妥当で、天武天皇即位前紀（『日本書紀』）元年（672）5 月と、文武天皇 3 年（699）冬 10 月（『続日本紀』）の記事から、御陵大岩町遺跡の製鉄の下限は 699 年と考えられる（丸山 1980）。

また、京都市山科区御陵・安朱の後山階陵遺跡（安朱御所平遺跡）でも製鉄遺構が存在しているが、この遺跡の中心部に後山階陵があり、製鉄操業後に後山階陵が造営されたものと考えられる。後山階陵は藤原順子の墓であり、貞観 13 年（871）に崩御・埋葬されており、製鉄遺跡はこの御陵によって下限を求めることができる（丸山 1980）。

④　鉄滓出土古墳の年代

高島市今津町大供の甲塚古墳群を構成する古墳墳頂部近くの断面から、「製錬滓」と 5 世紀後

葉まで遡ると推定される短脚一段の須恵器を、踏査中の丸山氏が採集したという。なお、「製錬滓」については、1996年に刊行された『志賀町史』で「大鍛冶滓」に変更されている（丸山・小熊1996）。また、京都市山科区上花山旭山町の旭山（朝日山）古墳群からも7世紀前半の製錬滓が出土したという。製鉄遺跡である大岩町遺跡を含む逢坂山製鉄遺跡群の年代推定の参考資料となる（丸山1980）。

⑤　鉄資源の分布

丸山氏は、鉄鉱石は花崗岩と古生層の接触地帯に産出するという鉱物学的知見から、近江国内および隣接する山科区における鉄鉱石産出地帯を予想する。その結果、湖東地域では古生層が圧倒的な広がりをみせ、古代近江の製鉄遺跡が存在する山麓寄りには鉄鉱石の採掘地は想定できないとした。しかし、湖東地域以外ではいずれも、山麓寄りで鉄鉱石が求められる可能性があるという（丸山1980）。

3　第3段階：考古学・復元実験・金属学の総合研究が行われるようになった段階（1988〜2007年）

2003年10月、滋賀県立大学交流センターを会場として、日本考古学協会2003年度大会が開催され、『渡来人の受容と生産組織』をテーマとするシンポジウムが行われた。その際、藤居朗氏が近江の発掘調査を実施した12の製鉄遺跡の概要を述べ、その特徴を考察した（藤居2005）。以下、第3段階に発掘調査が行われた製鉄遺跡についてその概要と研究課題を提示する

(1) 発掘調査

① 　**木瓜原遺跡**（草津市野路町、横田ほか1996）

調査の概要　瀬田丘陵に立地し、立命館大学びわこ・くさつキャンパスの造成に伴い1991〜1992年度に発掘調査が実施された（図33）。生産設備としては、製鉄炉1基、精錬鍛冶遺構（報告書では大鍛冶場）1カ所、鍛錬鍛冶遺構（報告書では小鍛冶場）1カ所、大形木炭窯1基、須恵器窯1基、梵鐘鋳造土坑1基および工房建物等が検出された。木瓜原遺跡は木炭を燃料として製鉄・鍛冶、製陶、銅の梵鐘鋳造を同一施設敷地内で営んだ総合熱加工工場ととらえることができる（横田ほか1996）。

製鉄・鍛冶関連遺構　鉄・鉄器生産に関しては製錬から鍛錬鍛冶まで一連の設備が確認されている。報告書では、鉄滓の出土量から製鉄操業回数は200回以上であったと推定する。また、操業の工程を1〜2週間サイクル、雨天、冬季を休業するとして年間15〜20回の操業があったと仮定し、15年前後の稼働期間を想定した（横田ほか1996）。なお、製錬と精錬鍛冶の施設が大規模であるのに対し、鍛錬鍛冶の施設は小規模であることを指摘できる。これは、鉄塊・鉄鋌などの鉄素材の供給に重点がおかれ、鉄製品の供給は従的であったことを示すと考えられる。

図33　木瓜原遺跡全体図（大道2011b）

燃料・原料　大形の木炭窯1基、伏せ焼

き窯とされる一辺1m程の小型の木炭土坑を数基検出した。原料は鉄鉱石（磁鉄鉱）を用いており、金属学的調査の結果からは、複数の産地から運びこまれていたと考えられる。鉄鉱石の搬入形態は、遺跡から多くの脈石が検出されたことから、比較的大きな母岩として搬入され、遺跡内で小割りされたものと考えられる。また、木炭土坑SX-111を焙焼炉（焙煎窯）と認定した（横田ほか1996）。

　　梵鐘鋳造土坑　梵鐘鋳造の施設は製鉄炉の上方に設置されている。検出された遺構は鋳型を設置し、鋳込みを行う土坑である。溶解炉は検出されなかったが、溶解炉を構成する炉壁片は出土した。検出した土坑の平面形は縦4.6m、横3.7mを測る隅丸方形で、深さは検出面から最深で115cmを測る。良好な残存状況の梵鐘鋳造遺構であると確認された時点で、調査は切り取り保存を前提として進められたため、完掘は行われていない（横田ほか1996）。

　　製陶と製鉄の時期差　製陶と製鉄は併行して操業していたと考えられるが、須恵器窯の下方に設けられていたテラス群は、須恵器窯から排出された残滓により埋没している。テラス群は製鉄関連工房と考えられ、須恵器窯の稼働により製鉄関連工房は別の地区に移動したと考えられる。このことから須恵器窯は製鉄施設の稼働より遅れて設置されたものと考えられる。なお、木瓜原遺跡の製鉄の稼働期間は、共伴遺物の年代、鉄滓出土量から7世紀末〜8世紀初頭の約15年間と推定されている（横田ほか1996）。

　　課題　報告書および藤居氏の報告では、14.5m×10.0mの盛土で作られた長方形の土台を築き、その上面の平坦面に箱形炉を設置し、操業当初から操業最終時まで同じ製鉄炉を使用していたとする。しかし、土台を構成する土層中からも製鉄関連遺物がまとまって出土しており、特に、製鉄炉の北西部で顕著であることから、検出された製鉄炉の下に更に古い製鉄炉が存在している可能性が高い。下層から上層へと操業を継続していく状況がみてとれる。

　また、製鉄炉の長軸に平行する位置で、平面形が長方形となる浅い掘り込みを検出し、その部分に踏み鞴型の送風装置が設置されたと想定している。踏み鞴型の送風装置の事例としては、8世紀前半に関東地方や東北南部で検出されている製鉄用の半地下式竪形炉に伴う事例と、8世紀後半から9世紀前半に関東地方や福島県と宮城県の浜通り地方で検出されている、箱形炉の斜面上位小口側に設置されている事例等がある。しかし、木瓜原遺跡のように箱形炉の長軸の両側に設置される事例は、古代のものとしては他に類例がなく、特異な事例であると言える。箱形炉の送風装置の解明は重要な課題である。

　② **平津池ノ下遺跡**（大津市平津・千町、青山・大道2019）

　瀬田川西岸の南郷丘陵に立地する。1994年度に実施された宅地造成に伴う発掘調査で製鉄炉が検出された。調査面積は約250m²と狭い範囲での調査ではあったが、製鉄炉が2基直列する形で検出されている（青山・大道2019）。2基の製鉄炉の間にある排滓坑は尾根線上に位置しており、2基の製鉄炉は、炉の長軸が等高線に直交する、縦置きに設置されたものとなる。縦置きの製鉄炉は、炉の斜面下位側を主排滓とする操業となることから、主排滓は2つの製鉄炉の間の排滓坑とは反対側に行われた可能性が高い。操業時期は8世紀後半と推定される。

　なお、平津池ノ下遺跡では1998年度、2000・2001年度にも発掘調査が実施されており、7世紀後半の鍛冶炉や、鉄鉱石（原礫も含む）が出土している（青山・大道2019）。瀬田川に隣接し交通の要衝であり、製鉄のみならず、鉄器生産や、鉄素材・鉄原料の流通を考える上でも、重要な遺跡である。

③ **月輪南流遺跡**（大津市月輪、滋賀県 1997・滋賀県ほか 2006）

瀬田丘陵の北斜面、南東から北西に延びる丘陵と谷筋からなる場所に位置する。大津市道建設に伴い、1995 年度に発掘調査が実施された。その結果、谷筋に鉄滓を多量に含む遺物包含層が確認されたが、明確な製鉄関連遺構は検出されなかった（滋賀県 1997、滋賀県ほか 2006）。操業時期は、出土須恵器から 7 世紀後半頃と推定される。工事中に須恵器窯 1 基と木炭窯 1 基が発見されたことから、同時期に鉄生産と須恵器生産をおこなっていたことが明らかとなった。瀬田丘陵製鉄遺跡群の中でも古手の遺跡で、周辺での製鉄炉の検出が期待される。また、鴟尾が出土した山ノ神遺跡にも近接する。

④ **芋谷南遺跡**
（大津市石山南郷町・南郷、青山・大道 2019）

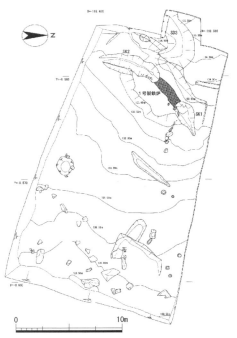

図 34　芋谷南遺跡遺構配置図（青山・大道 2019）

瀬田川西岸の南郷丘陵に位置し、調査地は北西から南東方向へ下がる傾斜地である。宅地造成に伴い、1996 年度に発掘調査が実施され、製鉄炉が 1 基検出された（図 34）。製鉄炉は丘陵の南東斜面を削った平坦面に構築されていた。製鉄炉は遺存状況が良好であったため、炉底および地下構造の詳細を把握できた。炉の長軸が斜面に対して平行して構築される、横置きタイプの製鉄炉で、地下構造は、炉底面下に 20 cm から 50 cm 大の石が敷き詰められ、石敷きの内部には炭と砂質土を充填している。出土した鉄鉱石の中には、原礫や脈石が多く含まれており、鉄鉱石の産地が近くに存在している可能性が高い。鉄滓層から 7 世紀末に比定される土器が出土している（青山・大道 2019）。

⑤ **キドラ遺跡**（彦根市中山町、本田 1997）

霊山山系の西側裾部で、西側に開けたキドラ谷に位置する。最終処分場建設に伴い 1996 年度に発掘調査が実施された（本田 1997）。調査途中で、比較的大規模な製鉄遺跡となることが判明したため、製鉄関連遺構の大部分を工事影響範囲から外し保護策を講ずることとなった。したがって、製鉄炉と排滓場については一部調査を実施したのみである。

広い範囲に製鉄関連遺物を大量に含む遺物包含層が広がっていたが、その一画で大型の炉壁が集中して検出された。これらの炉壁は遺存状態が極めて良好で、検出状況から炉壁は原位置で倒れているものと判断できる。非常に良好な状態で製鉄炉が遺存していると考えられるが、調査期間の制約もあり、詳細な調査と記録がとれなかったことは惜しまれる。

また、調査区北端、丘陵南斜面裾部で、10〜20 cm 大の黒色の角礫（脈石）が堆積する層（黒色角礫堆積層）を検出した。ここからは角礫と同サイズから微細な鉄鉱石および鉄鉱石粉が大量に出土した。鉄鉱石は原礫及び 1〜2 面の剥離面・節理面をもつ大型の分割礫の比率が極めて高い。このような鉄鉱石の出土状況を呈する事例は県内ではない。さらに調査区から北に 15 m ほ

どの、丘陵南斜面に9m×8mと12m×7mの不自然な窪地が2ヶ所存在している。発掘調査および地表面観察の結果から、黒色角礫堆積層は、鉄鉱石の採掘時に、脈石や不純物の多い鉄鉱石が斜面に捨てられ堆積したもの、丘陵南斜面の不自然な窪地は鉄鉱石の採掘場と推定される。これら一連の遺構は、『続日本紀』にみえる「鉄穴」の一種である可能性がある。発掘調査では奈良時代の須恵器・土師器が出土している。

なお、キドラ遺跡の南約7.5kmに位置する多賀町敏満寺遺跡では、8世紀頃の横口式木炭窯が2基検出されている（中村2004）。8世紀以前の製鉄用木炭は横口式木炭窯で生産されることが一般的であることから、敏満寺遺跡およびその周辺に製鉄遺跡が存在している可能性は極めて高い。地質学的にみても米原町・彦根市・多賀町の名神高速道路沿い付近は鉄鉱石を産する可能性があり、この地域に製鉄遺跡群が存在している可能性が高い。

⑥　**源内峠遺跡**（大津市瀬田南大萱、大道ほか2001）

1997～1998年度には、滋賀県によるびわこ文化公園整備事業に伴う発掘調査が実施された。発掘調査では、時期の異なる製鉄炉を4基検出した。製鉄炉は4号、3号、2号、1号の順に構築され、古い製鉄炉での操業により排出された排滓場を再び整地して新しい製鉄炉を構築している。

発掘調査報告書では、生産された生成鉄や鉄種について、出土した鉄塊系遺物の統計処理や金属学的調査を実施することによって検討した。その結果、生成鉄は50.1～100.0g程度、約5cm大の不整形な鉄塊で、それらを炉底塊や炉壁内から丁寧に割り取ることによって採集し、鉄素材を生産する工程にまわされたのではないかとする結論に至った。生産鉄種は亜共析組織クラスから過共析組織クラスの鋼で、金属鉄に含有する炭素量は0.02～2%程度であったと推定される。操業時期は、出土した須恵器杯・蓋などから7世紀後半に比定される（大道ほか2001）。

⑦　**野路小野山遺跡**（草津市野路町、藤居2003・櫻井2007）

野路小野山遺跡では、2000年度と2005年度にも発掘調査が実施されている。

2000年度の発掘調査では、以前、遺構の平面検出をおこなった2号炉の詳細を確認することを目的に実施された。野路小野山遺跡で検出した炉形については、箱形炉とする説と、近江で発達した方柱状ないし円筒状の自立炉であるとする説が存在していた。しかし、2000年度の発掘調査で、炉形は箱形炉であることが結論付けられた（藤居2003）。

穴澤義功氏は、2号炉には原位置を保った状態で、炉底塊が残留していることを指摘していた（穴澤1984）。2000年度の発掘調査においても、穴澤氏が指摘していた炉底塊が検出された。炉底塊は炉底両小口の位置に薄く残留しており、炉底中央部では鉄塊を採取したためか生成物は残留していなかった。炉底塊は、木瓜原遺跡製鉄炉SR-01の炉底に残存する「できかけの炉内生成物」（横田ほか1996）と類似する。

箱形炉の本体は操業後破壊されてしまうという基本的属性をもつ。そういった状況の中でも、炉底塊が炉底に残留するような状況で検出された場合は、炉の規模や、送風間隔をはじめ、操業時の炉内状況や、鉄の生成状態を遺構と遺物の両方から検討することができる事例となる。

2005年度には、史跡指定地の北側で確認調査を実施し、新たに4基の製鉄炉が検出された。その結果、区画溝で画された1～6号炉は、方向を揃えて横一列・等間隔に整然と配置されており、同時操業されたと考えられる。また、1～6号炉の北西側に並置された9号炉と11～14号炉は、1～6号炉とは方向が異なるので別グループを構成すると考えられる。なお、位置の不揃い

第1章 日本古代製鉄の研究動向

な7・8・10号炉は1〜6号炉に先行するとみられている（櫻井ほか2007、図35）。

このように、野路小野山遺跡では、製鉄炉を9基並列させて同時に稼働させていた二つのグループが存在していた可能性がある。9基も製鉄炉を並列させる事例は古代では他に例がない。近江国庁あるいは、それより上位の中央政権が経営した官営製鉄所であった可能性が高い。年代的にみて、紫香楽宮や近江国府、保良宮に必要な鉄を生産したとみられ、さらには恭仁京、平城宮、平城京内の施設や寺院などにも供給していた可能性もある。

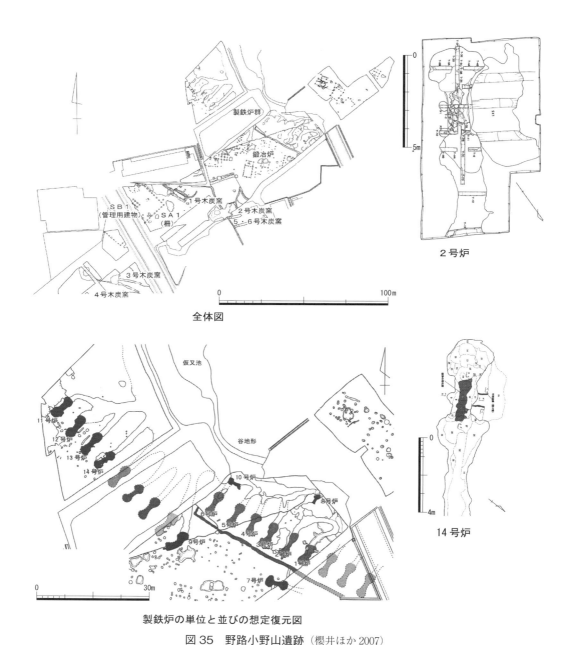

図35　野路小野山遺跡（櫻井ほか2007）

第 2 節　近江の製鉄遺跡調査の現状と課題

⑧　**東谷遺跡**（高島市今津町、大道ほか 2004）

　饗庭丘陵裾部、天川と天川に流れ込む小川の合流点付近に所在する。2001 年度、天川ダム障害防止対策事業に伴う発掘調査で、排滓場の東辺を検出した（図 36）。同時に実施した磁気探査で、排滓場の範囲と製鉄炉の位置を推定した（阿児ほか 2004）。土器類の出土は数点のみで、出土木炭の C14 年代測定値から 7 世紀後半を前後する年代が得られている。以前より巨大な「鈩塊」の露頭が 2 箇所知られていたが、調査の結果、この「鈩塊」は、鉄滓や鉄塊が凝結して二次的に形成された酸化物の再結合滓であることが判明した（大道ほか 2004）。

⑨　**滝ヶ谷遺跡**（大津市真野佐川町字滝ヶ谷、栗本 2004）

　周知の埋蔵文化財包蔵地外で鉄滓が出土することから、2002 年度に確認調査が実施された。調査の結果、幅約 3.0 m、長さ 8.0 m 以上、深さ 1.6 m を測る排滓坑を検出した。遺物としては多量の鉄滓と炉壁、土師器甕片 3 点、須恵器片 1 点が出土し、製鉄操業は飛鳥時代後半から奈良時代にかけてと推定されている。製鉄炉は排滓坑の北側の斜面上、農道の下に存在すると考えられ

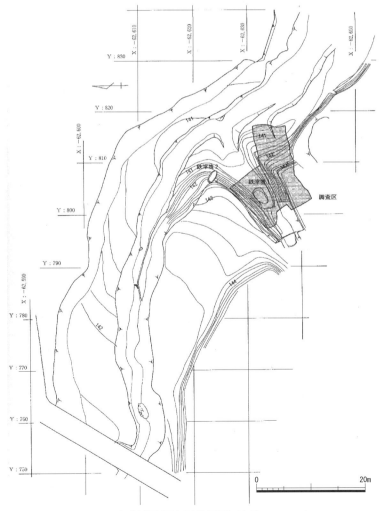

図 36　東谷遺跡調査区位置図（大道ほか 2004）

る（栗本2004）。出土鉄滓は主に炉外流出滓が主体で、炉形は箱形炉になると推定される。

⑩　後山・畦倉遺跡（大津市北比良、瀬口2007）

比良山地の麓で、比良川が形成した谷の入口に立地する。国道161号（志賀バイパス）建設工事に伴い2005年度に発掘調査が実施され、製鉄炉とこれに付属する不整円形の排滓坑（製鉄遺構SX5）が検出された（図37）。操業年代はC14年代測定値で8世紀中頃～9世紀の年代が得られている（瀬口2007）。調査範囲が狭いため断定できないが、鉄滓が500kgほどしか出土していないことや、1時期・1基・1炉しか設営されていない可能性があることから、県内の発掘調査された製鉄遺跡の中では小規模であると考えられる。

⑪　上仰木遺跡（大津市仰木、畑中2010）

比叡山の東斜面、天神川上流域の右岸側に位置する。伊香立浜大津線道路改築事業に伴い2004～2006年度に発掘調査が実施され、製錬炉（製鉄炉1）、窖窯状の木炭窯4基などが検出された（図38）。隣接する須恵器窯から流入した須恵器が、排滓場から出土していることから、製鉄操業年代は9世紀後半～10世紀と推定される。なお、製鉄関連遺構から南西に20m離れたT1地点から10～11世紀に比定される銅の鋳造関係遺物が出土した。生産の経営母体としては、9世紀中葉以降に寺院としての体裁を整えていった延暦寺の造営との関係が考えられる（畑中2010）。

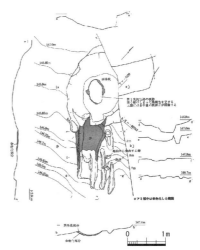

図37　後山・畦倉遺跡製鉄遺構SX5（瀬口2007）

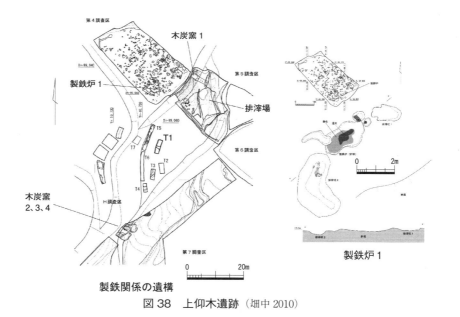

図38　上仰木遺跡（畑中2010）

第3節　古代近江の製鉄史料

1　鉄穴と水碓に関する史料

　北牧野製鉄Ａ遺跡の発掘調査を行った森浩一氏はその報告書の中で、近江国の製鉄に関する史料を下記の史料①②③④を掲げる。

　　史料①　『続日本紀』大宝3年（703）9月辛卯条
　　　　　　賜二四品志紀親王近江国鉄穴一

　　史料②　『続日本紀』天平14年（742）12月戊子条
　　　　　　令下近江国司禁中断有勢之家専貪二鉄穴一貧賤之民不上レ得二採用一

　　史料③　『続日本紀』天平宝字6年（762）2月甲戌条
　　　　　　賜二大師藤原恵美朝臣押勝近江国浅井高嶋二郡鉄穴各一処一

　　史料④　『日本書紀』天智天皇9年
　　　　　　是歳造二水碓一而冶レ鉄

　森氏は、これらの史料には（1）政府、（2）皇族、（3）貴族、（4）有勢の家、（5）貧賤の民という製鉄経営の相違がみられるとする。史料④は、直接的に近江の製鉄に関する史料ではないが、当時の都が大津宮であったと推定されることから、近江の製鉄に関する記録であった可能性が高い（森1971）。

　森氏は、古代近江の製鉄史料は、その経営や背景の推移をうかがうことのできる唯一の文献資料であることから、8世紀の近江の製鉄を考古学的に把握できるならば、文献資料を欠く大部分の製鉄遺跡に対して手がかりをあたえることができると予想した。そこで近江の製鉄そのものへの関心と、それを通じて近江以外の地域の製鉄との比較の出発点とするために、近江の製鉄研究に着手した（森1971）。

　北牧野製鉄Ａ遺跡をはじめ近江北西部の製鉄遺跡が、急流のほとりにあることは、史料④の記載との関連を想起させる。和島誠一氏は、岡山県久米郡美咲町『月の輪古墳』の報告書の中で史料④の記事にふれて、「製鉄の過程でその必要があるとすれば、鉱石をつきくだくことであろう。福本のタタラで褐鉄鉱などを媒熔剤として入れたとすれば、砂鉄と同じような粉状にする必要があろう」とした（和島1960）。これに対して、村上英之助氏は史料④の記事を「明らかに鉱石破砕を示しているが、それは、けっして和島氏の想像されるように砂鉄と同じような粉状にするためではなく、ほぼPigeon egg大にするためであったろう」と技術史的立場から見解を述べた（村上1962）。

　史料④の記事の解釈については、「水車によってふいごを動かし冶鉄に用いたものか」という説があり[1]。また、岡本明郎氏は「水碓」を水車の動力を利用したものとする前提に立ちながら、「鉄鉱石の粉鉱化」は「通風をさまたげ、装入時に炉内温度を降下させる」から不適当、鍛冶に伴う椎や銑鉄塊の破砕を目的とするには、椎は「高くあげられて重量のある錘が必要」とし、吹子の可能性を推定している（岡本1970）。

　しかし、森氏は水碓を吹子とする説と、水碓を「みずつち」と読んで、水車で動く椎で連続的に大量の鉄を鍛えたとする説には賛成できないとした。その理由として、近江北西部の製鉄遺跡

第1章 日本古代製鉄の研究動向

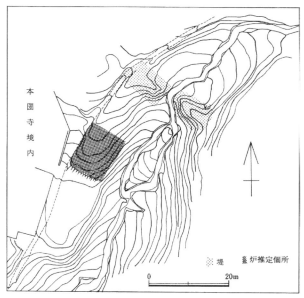

図39 御陵大岩町遺跡（製鉄炉と貯水堤）（丸山ほか1986）

のすべてが急流に面しており、製錬の過程で使用された可能性が極めて大きいことを挙げる（森1971）。

その後、福田豊彦氏は史料④について、鉱石破砕のための水車利用の石碓であるとする解釈が自然であり、鉄鉱石を使用した製鉄の文献的証拠とした。また資料④を、大陸との軍事的衝突が真剣に考慮された大津宮の時期に、大津近辺で、当時最新の技術が駆使され、国家の政策として鉄生産の振興が図られたことを示す記事として評価した（福田1982）。

潮見浩氏は史料④について、①鉄鉱石を水力を利用した碓で破砕する、②水車を鞴に連結して送風に利用する、③鍛冶作業の椎を上下する工程に利用する、3つの解釈に整理する。そして②に関しては、わが国で製錬工程に水車を利用した送風は、幕末から明治初期にはみられるが、それ以前に使用された痕跡はないこと、③に関しては、「冶鉄」を鍛冶とするには問題があるとした。一方①に関しては、「碓」は「からうす」・「つきうす」で、臼と同様の機能が想定されるので、鉄鉱石破砕用の可能性は高いとした[2]。潮見氏の見解によれば資料④は、鉄鉱石を原料として使用することを前提とした技術と言える。鉄鉱石を使用した近江などで試みられた技術であると考えられるが、砂鉄を原料とする地域ではみられない技術と推定される。

丸山竜平氏は近江の製鉄に関して、史料④と京都市山科区御陵大岩町遺跡とを関係づけ、送風についての関連を推測する。炉跡推定地東側の谷筋を閉鎖するような形で、谷筋に直交した堤が築かれている点に注目する（図39）。堤は、炉跡推定地の北東15m前後に位置し、築堤の規模は下幅4m、上幅1m前後、高さ約2mで、長さは、谷幅一杯で20mを測る。堤の中央は欠損したような状況となっており、その部分に水門が設置され、水門を閉鎖することによって川を堰き止め、堤の上流に約400m²の貯水池を設けたと推定した。そして、堤を築いた目的を、貯水池から尾根づたいに水路を設け、炉の横に引水することによって、炉の近くに水車を動力とする送風装置を設けたと考えた（丸山ほか1996）。

丸山氏は史料④の碓とは、「ふみうす」であり、杵の一端を足で踏んで上下運動を作動させることを意味すると考えた。そして、水碓とは足、史料④の場合は人力に因る上下運動を水、水力、ひいては水車によったことを示しているとした。当時は鉧（炉底塊）を割るための人頭大の石製槌頭（ドロップハンマーの鉄球に相当するもの）や、鉄鉱石を破砕する碓や石製ハンマーの出土が知られていなかったので、鉧（炉底塊）の破砕と鉄鉱石の選鉱破砕は成り立ち難いと考えた。結論としては、水碓の上下運動をフイゴの送風装置を動かすことであるとし、史料④を、「水碓の装置によって送風し、鉄生産を行った」と解釈した（丸山ほか1986）。

第3節　古代近江の製鉄史料

　中井正幸氏は、御陵大岩町遺跡が注目される理由として、資料④の「水碓」が御陵大岩町製鉄遺跡の堤状遺構と関連づけて考えられてきたことを挙げ、水碓についての研究史をまとめ、さらに、中国の史料に見える水碓についての検討をおこなった。その結果、中国では三国時代から南北朝時代においては、水力を利用した鼓風機である「水排」や、水碓を作動させるため、堤を築き水位を上昇させて集中的送流を行う「塘」や「水倉」が認められることから、築堤と製鉄は密接に関係していたとの結論に至った（中井2000）。

2　鉄屋に関する史料

　史料⑤　『日本書紀』欽明天皇23年条
　　　　　天皇、天皇遣=大将軍大伴連狭手彦_、領=兵数萬_。（中略）狭手彦遂乗レ勝以入レ宮、盡得=珍寶訛賄・七織帳・鐵屋_還来。

　史料⑥　『扶桑略記』
　　　　　欽明天皇十三年壬申。依二百済訴_、勅令=下大将軍佐弖彦_伐中高麗上。（中略）入=其宮_、盡得=珍宝并七織帳鐵屋等_。（中略）但以=鐵屋_、置=長安寺_。

　史料⑤⑥について、丸山竜平氏は近江の製鉄開始を考える上で注目すべき史料であるとした（丸山1983）。史料⑤の割註には、「舊本伝、鐵屋在=高麗西高縷_。」と記載があり、さらに少しおいて同じく割註として「鐵屋在=長安寺_。是寺、不レ知レ在=何國_。」とある。すなわち、大伴連狭手彦が、「高麗を伐った」戦利品として幾多の品々を略奪するなかに「鉄屋」がみられ、この鉄屋は日本列島内に持ち帰ったあと長安寺に在ったが、書紀編纂の頃には、その所在地はどの国であったかわからなくなったというのである。

　この長安寺については、『扶桑略記』に記載があり（史料⑥）、この末尾の分註として「長安寺者。在=近江国栗太郡_。多他耶寺是也。」と付記されている[3]。したがって、大伴狭手彦が持ち帰った鉄屋は近江国の栗太郡の長安寺、別名多他耶寺であるという解釈が成立する（丸山1983）。丸山氏は、多他耶寺は鉄寺の可能性が高く、製鉄工房群を擁する、あるいは製鉄工房の建物群または官衙的性格から転じて寺院へと発展していったものとも読み替えることができると推定する[4]。また、鉄屋は鉄製建物でなく、製鉄工房群を指しているものと考える[5]。

　この欽明年間の軍事行動が、正しくは何時代のことか、また、本当に史実であったのか否かについて、厳密な史料批判を擁するものと考えられる。一応、ここでは欽明年間に製鉄技術に革新をもたらすような「鉄屋」、新技術体系が高麗から導入され、後世多他良寺と呼ばれるものが近江国栗太郡に存在したと仮定し、検討を進めていくこととする。

　現在、近江における最古の製鉄遺跡は、長浜市古橋に所在する古橋遺跡で、その操業年代については6世紀末から7世紀初頭とされている。古橋遺跡の概要については先に述べたとおりで（丸山ほか1986）、製鉄操業年代については、炉跡中央部から出土した須恵器平瓶片から推定されている。須恵器平瓶片の出土状況は、「炉底や炉底下部施設がすでに欠損した後に最初に遺構全面をおおうように堆積したところの褐黒色土層中である」、「その出土位置からみて、おそらく炉の操業が終わってまもなく現地に据え置かれたものである」と報告されており、須恵器平瓶の年代観をもって製鉄操業年代が推定されている。

　しかし、細川修平氏は、上記の須恵器平瓶片の出土状況の説明は、あくまで削平の結果としか

第1章　日本古代製鉄の研究動向

読み取ることしかできず、特に、操業終了後、祭祀的な行為として「据え置かれた」とする説明は、他に類例が認められないことから、肯定することができないとする。また、須恵器平瓶の年代観は、底部調整に一回転のヘラケズリが見られるのみであることから、飛鳥Ⅱ期に比定することが妥当であり、製鉄作業時に使用されていたものが混入した可能性が高いとする（細川2015）。さらに、古橋遺跡で検出された製鉄炉の規模や構造は、7世紀中頃に比定される大津市南郷遺跡や栗太郡に所在する源内峠遺跡で検出された製鉄炉と類似している。以上の点から、古橋遺跡の製鉄操業の年代は7世紀中頃と考えることは首肯されよう。

　史料⑤⑥から、栗太郡内に長安寺、別名多他良（蹈鞴）寺が存在していたこと、また栗太郡は、欽明天皇のころ、新しい技術工人を含む鉄屋を設置された有力な候補地となることがわかる。栗太郡の瀬田丘陵製鉄遺跡群あるいは近江全体でみられる古代製鉄の状況の起点を、高句麗から得た鉄屋・製鉄技術に求めることができるのか、本書の課題としたい。

3　韓鍛冶に関する史料

史料⑦　『続日本紀』養老6年（722）
　　　　　「近江国飽波漢人伊太須、韓鍛冶百嶋」

『マキノ町誌』では、近江国や高島郡に関係ある古代製鉄の文献として、史料⑦を挙げる（兼康ほか1987）。史料⑦は近江国に漢人の鍛冶技術者がいたらしいことを示している。北牧野製鉄A遺跡のある北牧野の一つ南の集落に称念寺があり、薬師如来の木像が伝えられている。この像には延久6年（1074）8月25日の墨書銘があり、多くの僧侶の名が書かれている。その中に「結縁人々、漢人定住同□（嘱カ）佛師僧源増・僧光信沙弥」と僧二名の名があり、森浩一氏は、称念寺の薬師如来像が本来この寺にあったものであれば、墨書銘には在地の人物が登場している可能性が高いとする。そこで、結縁人として書かれている漢人は、北牧野で製鉄操業を行った手工業集団の末裔と推定している（森1971）。

　　［註］
　（1）坂本ほか1965、374-375頁。
　（2）潮見1983、362-363頁。
　（3）黒板1965、29頁。
　（4）丸山1983、249頁。丸山氏はこのような事例として石山寺をあげる。
　（5）丸山1983、249頁。丸山氏は、瓦屋とは瓦で屋根を葺いた建物を示す用語ではなく、瓦生産工房を指すものと推定できることから、鉄屋も同様な解釈からその意味を推定する。

第4節　研究史から見えてきた課題の抽出と分析の方法

1　第2章　日本古代製鉄の開始について

　第2章では、日本における製鉄の開始について、弥生時代に遡らせる弥生時代説と、古墳時代後期に下げて考える古墳時代説とがあるので、古墳時代の近江および中国地方、九州北部における製鉄遺跡や鍛冶遺跡などを対象に、考古学の手法を通じて検討を行い、日本における製鉄の開始をめぐる問題について考察する。

弥生時代説においては、製鉄の開始を弥生時代中〜後期とする考えが主流となっている。しかし、朝鮮半島南部に鉄素材を求める『魏志』東夷伝弁辰条の記事から、朝鮮半島から輸入された鉄が普及していたとする見解が一般的となっている。また、備後の三原市小丸遺跡で検出された製鉄炉は、弥生土器を伴うことを根拠に、弥生時代の製鉄の跡である可能性が指摘された。しかし、炉の底に敷いた炭化材の放射性炭素年代測定の結果が8世紀とされたことから、現在では製鉄開始時期を弥生時代とする研究者は少ない。これまでの各地の発掘調査成果からは、日本列島での本格的な製鉄の開始は古墳時代後期中葉（6世紀中頃）とみてよいであろう。

古墳時代説は、古墳に大量の鉄製武器・武具や工具などが副葬されることから、古墳時代に製鉄が開始された可能性が古くから指摘されてきた。日本列島内での製鉄開始時期がいつ頃まで遡るのかについては、さまざまな考古学的事象と関係させながら考察されるべきであることから、**第1節**（日本列島の製鉄開始についての研究史）ではこれまでの当該研究を概観することによって、課題を抽出し、**第2節**（近江の古墳時代の鍛冶について）では、古墳時代の近江における遺跡内での鍛冶操業の変遷を検討し、鍛冶の導入期、増加・拡散期、集中期という三つの画期があることを抽出する。また、日本列島各地の代表的な鍛冶遺跡と、近江の鍛冶遺跡とを比較検討することにより、日本列島での製鉄技術の基礎となる、製鉄開始以前の鉄器の生産・流通について考察する。

第3節（近江の古墳出土鉄滓について）では、これまでの日本列島の鉄滓出土古墳についての研究成果をふまえ、近江の鉄滓出土古墳の事例について検討し、分布、古墳内での鉄滓の出土位置、製錬滓と鍛冶滓の時期の関係から、鉄滓供献古墳の様相と近江の古墳時代における製鉄の可能性について考察する。

第4節（日本古代製鉄の開始について）では、日本最古級の6世紀中頃の製鉄遺跡が存在し、その時期の鍛冶関連遺跡の発掘調査例が増加している総社市・岡山市域の遺跡の様相を検討し、製鉄の開始や、製鉄工人の実態、箱形炉出現の経緯などについて考察する。

2　第3章　日本列島各地の製鉄開始期の様相

製鉄炉の炉形に関する研究によって、日本の古代製鉄は箱形炉と竪形炉という二つの製鉄技術によって成り立っており、それぞれ異なる背景、異なる目的によって地域的に分布することが明らかになってきた。第3章では、6世紀後半から8世紀中頃までの、近江および日本列島各地における製鉄開始の様相と箱形炉が改良・展開する過程について、近江から日本列島へという視点から考察する。

北牧野製鉄A遺跡の製鉄炉の炉形については二説あり、その炉形の復元は、単に一遺跡の炉形の復元にとどまらず、箱形炉と竪形炉の関係をどう捉えるかという古代の製鉄技術の系譜関係の問題を考える上で、重要な課題となっている。そこで、**第1節**（出土遺物からみた近江高島北牧野製鉄A遺跡の炉形）では、北牧野製鉄A遺跡より出土した炉底塊を観察・検討することによって、炉底塊の生成過程と炉形の復元を行うとともに、近江からみた箱形炉の研究課題を挙げる。

7世紀後半の王権の支配拡大に伴い、近江の製鉄技術が全国的に拡散したことが予想される。そこで、**第2節**（製鉄炉の形態からみた瀬田丘陵生産遺跡群の鉄生産）では、近江の中で製鉄炉の発掘調査事例の最も多い、瀬田丘陵生産遺跡群で検出された製鉄炉の形態分類と編年をおこな

い、国家標準型製鉄炉と呼ばれる近江型製鉄炉の基準を提示し、瀬田丘陵生産遺跡群の性格についても考察する。また、**第3節**（製鉄炉の設置方法について―源内峠遺跡1号製鉄炉の検討を中心に―）では、製鉄炉の長軸が等高線に平行する「横置き」から、製鉄炉の長軸が等高線に直交する「縦置き」へと変遷する製鉄炉設置方法の要因について、源内峠遺跡で検出された4基の製鉄炉と出土した製鉄関連遺物を総合的に検討することにより、製鉄操業や生産目的の鉄質や量に対する技術革新の内容を考察する。

近江の古代製鉄の原料としては鉄鉱石が使用されているが、鉄鉱石採掘地および鉄鉱石の流通の様相については不明な点が多い。そこで、**第4節**（滋賀県の鉄鉱石の採掘地と製鉄遺跡の関係について）では、鉄鉱石の採掘可能地が、古生層とその後に貫入した花崗岩との接触帯に存在する可能性が高いという地学的見地に基づき、滋賀県下の製鉄遺跡の分布と接触帯の分布の検討を行なうことにより、近江の製鉄遺跡の分布と鉄鉱石採掘可能地の分布の関係について考察する。**第5節**（出土鉄鉱石に関する分割工程の粒度からの検討―木瓜原遺跡SR-02の事例を中心に―）・**第6節**（出土鉄鉱石に関する分割工程と質からの検討―上御殿遺跡の事例を中心に―）では、「どのようなサイズの鉄鉱石を炉内に投入していたのか？」等の課題を解明するために、各遺跡出土鉄鉱石について分割技術・形態的分類と出土傾向を検討することにより、鉄鉱石採掘地、鉄鉱石流通過程、各製鉄遺跡の様相、製鉄経営の相違などを考察する。

製鉄に用いられる還元剤としての燃料の木炭は木炭窯で生産される。製鉄用木炭窯の形態は数種類に分類され、稼働した時代や製品に違いを持ち、組み合わされる製鉄炉の形式も異なるようである。**第7節**（木炭窯の形態からみた古代鉄生産の系譜と展開―滋賀県瀬田丘陵の事例を中心に―）では、瀬田丘陵生産遺跡群で検出された製鉄用木炭窯の変遷を検討し、製鉄炉の変遷や出土鉄鉱石の分析も含めた総合的検討から、瀬田丘陵生産遺跡群の性格や生産編成体制について復元・考察する。そして、他地域における古代の製鉄用木炭窯の様相を概観することにより、近江の製鉄技術の展開を考察するための起点とする。

近江・美濃・尾張地域の古代製鉄は鉄鉱石を原料としており、近江と同一の製鉄技術体系の中で製鉄が行われた可能性がある。**第8節**（古代近江・美濃・尾張の鉄鉱石製錬）では、前節までの検討・考察を踏まえ、3地域の古代の製鉄遺跡、鉄鉱石出土遺跡、鉱石製錬滓出土遺跡の発掘調査成果を踏まえ、当該地域の鉄鉱石製錬遺跡の実態とその歴史的背景に迫る。

日本列島の初期の製鉄原料には、小塊状の鉄鉱石と、火山性地帯に特有の粉状の鉱物である砂鉄が採用される。問題となるのは、こうした砂鉄を原料とする製鉄の技術が日本列島独自のものなのか、中国大陸や朝鮮半島側に起源があるのかどうかという点である。この問題については長い間、論争が続いているが、現在も明確な答えは得られていない。**第9節**（鉄鉱石製錬から砂鉄製錬へ1―筑紫と吉備の様相から―）では、福岡市南区の柏原M遺跡で多数出土している砂鉄（鉱石）焼結塊と呼ばれる遺物の観察結果から、原料に砂鉄の一種である「膠着砂鉄」を使用している可能性があることを指摘し、6世紀後半の日本列島内の原料の砂鉄化の様相を考察する。また、**第10節**（鉄鉱石製錬から砂鉄製錬へ2―送風孔が複数個並んだ炉壁の検討から―）では、鉄鉱石製錬を行なっている近江や吉備地域における箱形炉操業の製鉄遺跡で出土した、送風孔が複数並んだ炉壁と、砂鉄製錬を行なっている地域における箱形炉操業の製鉄遺跡で出土した同様の炉壁とを比較・検討し、送風孔の間隔や形状など、鉄鉱石製錬から砂鉄製錬への変遷の中でみられる

第4節　研究史から見えてきた課題の抽出と分析の方法

送風方法の差異、箱形炉による古代製鉄技術の変化などについて考察する。

箱形炉については、各地域で炉形や炉地下構造の分類、型式設定が行われ、編年作業が行われている。**第11節**（箱形炉の研究史）と**第12節**（日本古代製鉄の開始と展開―7世紀の箱形炉を中心に―）では、各地域で行われた研究成果を踏まえ、箱形炉分類のための基準を設定し、形態分類を行う。対象とするのは8世紀前半までの日本列島内の箱形炉で、形態分類で設定された箱形炉の型式を基に、①箱形炉の起源の追究、②箱形炉のもつ製鉄技術の開始と展開の具体的様相、③箱形炉の歴史的背景、などを考察し、古墳時代後期から奈良時代前半までの日本古代製鉄について総括する。

3　第4章　古代製鉄展開期の様相

第4章では、8世紀中頃から10世紀までの、近江および日本列島各地における製鉄の開始・展開の様相を、箱形炉の改良・展開、竪形炉の出現・展開の過程から考察する。

第1節（近江湖南地域の鋳造遺跡の様相）では、近江湖南地域の鋳造遺跡の発掘調査成果と課題を整理し、他地域の鋳造遺跡の様相と比較・検討することにより、鋳造技術の復元、銅・鉄器の関係、鋳造遺跡と製鉄遺跡との関係、生産した鋳造製品、鋳造遺跡の類型と経営主体について考察する。

・甲賀市鍛冶屋敷遺跡では平成14年（2002）年から平成16年（2004）3月の発掘調査で、奈良時代中頃の金属の精錬・鋳造関係遺構を多数検出した。これらの遺構は、紫香楽での大仏造営に関係する遺跡である可能性が極めて高い。**第2節**（大仏鋳造をめぐる銅精錬・溶解―鍛冶屋敷遺跡の発掘調査―）では、鍛冶屋敷遺跡の発掘調査の概要と変遷及びその成果について再検討し、鍛冶屋敷遺跡の銅精錬・溶解操業の実態を考察する。

鍛冶屋敷遺跡では踏み鞴を伴う銅の溶解関係遺構が検出された。また、炉壁も多数出土している。鋳造遺跡で踏み鞴状土坑と炉がセットで検出されることは稀であり、炉壁から炉体の情報も得ることができた。そこで、**第3節**（古代の銅精錬・溶解炉の復元―鍛冶屋敷遺跡の事例から―）では、銅精錬・溶解炉の復元案を提示し、復元した炉内での金属反応を考察する。

日本列島における半地下式竪形炉は、それまでの日本列島で使用されてきた箱形炉とその構造が大きく異なることから、多くの研究者がその起源・系譜について議論を闘わせてきた。**第4節**（竪形炉の研究史）と**第5節**（半地下式竪形炉の系譜）では、8世紀中頃を前後する時期に出現する半地下式竪形炉について、主に、踏み鞴という送風施設がいかなる経緯を経て、半地下式竪形炉という製鉄技術に組み込まれていくのかを解明し、半地下式竪形炉の技術系譜を考察する。

朝鮮半島では三国時代から銑鉄を主体的に生産していたことが明らかとなっている。一方、日本列島においては銑鉄生産がいつから始まったのかについては諸説ある。**第6節**（古代の鉄鋳造遺跡と鋳鉄素材）では、古代の鉄鋳造遺跡を概観し、その鉄鋳造技術の実態について考察する。さらに、日本列島内での鋳鉄素材生産がいつから、どのような経緯を辿ったのかについても考察する。

奈良時代後半から平安時代前期になると、南は大隅地域から、北は陸奥北部まで日本列島各地に製鉄遺跡がみられるようになり、その分布は日本歴史上最大の広がりを示す。**第7節**（日本古代製鉄の展開期の様相）では、8世紀後半から10世紀までの日本列島各地の製鉄遺跡を、分布・

時期・原料・製鉄炉の形態の視点から検討し、各地域の鉄生産技術と生産した鉄種の特徴について考察し、奈良時代後半から平安時代前半の日本の製鉄について総括する。

第2章
日本古代製鉄の開始について

第1節　日本列島の製鉄開始についての研究史

　日本における製鉄の開始については、弥生時代に遡らせる弥生時代説と、古墳時代（5世紀後半～6世紀後半代）に下げて考える古墳時代説とがある。

　弥生時代説では製鉄・鍛冶工程は一連の技術体系であり、鉄器を輸入する段階、輸入鉄素材を加工し鉄器を作る段階、製鉄を開始する段階が順調に進んだと考える。また、弥生時代説を主張する研究者は弥生時代研究者が多く、製鉄開始の時期については弥生時代中～後期が主流となっている。朝鮮半島南部に鉄素材を求める『魏志』東夷伝弁辰条の記事から、朝鮮半島から輸入された鉄が普及していたとする見解が一般的となっている。一方、古墳時代説を主張する研究者は古墳時代研究者が多い。古墳に大量の鉄製武器・武具や工具などが副葬されることから、古墳時代に製鉄が開始された可能性は古くから指摘されてきた。

　このように、製鉄遺跡が明らかになっていない時期から、日本列島内での製鉄開始時期がいつ頃まで遡るのかについては、さまざまな考古学的事象と関係させながら考察されてきた。しかし、日本列島内での製鉄開始時期の直接的根拠は、日本列島内の製鉄炉の検出状況と製錬滓の出土状況の検討から導き出されるべきである。

　第1章では、日本古代製鉄の研究は、4つの段階に区分できるとした。本節では、日本列島の製鉄がどの地域で、いつ頃から、どのような集団により、どのような歴史的背景の中で開始されたのかについて、弥生時代説と古墳時代説とに分けて研究段階ごとに研究史を整理し、次節以降であつかう課題を抽出したい。

1　弥生時代説

(1)　第1段階の研究動向（～1969年）

①　鉄器からみた製鉄について

　中山平次郎氏は、九州北部を中心に精力的に遺跡踏査を実施し、弥生時代の遺跡に鉄器や鉄滓を伴出するものがみられることを指摘した。そして、弥生時代には日本列島内で製鉄が行われていたと考えた（中山1917）。また、樋口清之氏は、福岡県松原遺跡で貨泉、銅釧、鉄滓が共伴して出土したという中山氏の報告を踏まえて、日本列島内の製鉄に対する解釈を試みた（樋口1943）。このように、昭和10年代には新たな発掘資料などもあって、弥生土器の編年的基礎が確立するとともに、弥生時代後期には石器がなくなり、それが鉄器の普及による結果であるという考え方が定着した。また、そうした考え方が、日本列島内での製鉄を考えてゆく端緒ともなった。

　1960年代に入ると、弥生時代後半における急速な鉄器普及の背景に、日本列島内の製鉄の存在があったとする論が展開される。岡本明郎氏は、弥生時代の青銅器鋳造技術があれば、褐鉄鉱では700～800℃、赤鉄鉱では900～1,100℃、磁鉄鉱では1,100～1,150℃で鉄鉱石の軟化現象が可

63

第 2 章　日本古代製鉄の開始について

能であるとした。そして、1,000＋α℃で低品位の褐鉄鉱や赤鉄鉱の処理が可能であることを検討し、弥生時代においては、低品位の鉄鉱石を利用した製鉄が行われていたと考えた（岡本1961）。

　近藤義郎氏は、岡本氏の論を引用しながら、弥生時代後期には、東日本をふくめ山間僻地に至るまで石器が駆逐されていることを根拠に、岡本氏が説く低品位の鉄鉱石を利用した、自給的で小規模な製鉄が各地に存在したことを推定した（近藤1962）。

　川越哲志氏は、戦闘用の消耗品である鉄鏃の汎日本的な出現を目安として、各集団内における鉄鏃の製作は、小規模ながらも製鉄という背景を想定せざるを得ないと考えた。鉄鏃は西日本だけでなく、関東地方、東北地方にもみられることから、鉄鏃がみられるようになる弥生時代中期後半を製鉄の開始期と考えた（川越1968）。一方、弥生時代の農具（とくに耕具）が九州北部を除いて鉄器化しないのは、製鉄が貧困であったこと、輸入鉄素材が九州北部に独占され、各地へ供給する流通機構自体も貧弱であったことを理由とした（川越1975）。

　　②　製鉄遺跡の発掘調査

　弥生時代の製鉄遺跡については、石川恒太郎氏や賀川光夫氏などによって報告された。石川氏は、戦前から宮崎県下を中心に銅鉄製錬遺跡の精力的な発掘調査を行った。それら発掘調査の中で、延岡市祝子遺跡、宮崎市直純寺西北、串間市下弓田で検出された方形プランの炉を、弥生時代の「製錬炉（製鉄炉）」として報告した（石川1942・1959）。これらの炉に対しては、その構造や所属時期などをめぐって疑義が出されており、現状ではそのまま承認できない。土佐雅彦氏は、祝子遺跡の炉をその形態から古代のものとして扱っており（土佐1981）、3か所の炉はいずれも石川氏の推定時期よりは新しくなる可能性が高い。

　賀川光夫氏は、大分県佐伯市下城遺跡において、弥生時代前期（下城式期）に属する「製鉄炉」を報告している。炉は3×5mの長方形の竪穴の中に石を敷く構造のもので、周囲から鉄器や鉄滓、羽口などが多数出土した（賀川1951）。村上英之助氏は、この遺構に対して、「ズク（銑鉄）を原料とした鍛冶場と見るのが、もっとも適合的な解釈ではないかと考える」と、鍛冶炉としての可能性を指摘した（村上英1963）。住居址状遺構の中央部に炉が形成されている点などから、鍛冶炉の可能性が高い。所属時期なども含めて再検討の必要がある。

　縄文時代の製鉄遺跡についても長崎県や北陸地方で報告されている。島原半島の島原市小原下遺跡では、鉄滓が詰まった穴が拡がった2つの床面が検出されている。そのうちの1つの床面（第2床面）からは、東西約1.50m、幅0.45mの細長い炉状のものが検出されている。調査担当者の吉田正隆氏は、全体が鍛冶炉の可能性もあると述べ、遺構の時期を縄文時代晩期三万田式期とした（百人委員会1979）。遺構の性格については今後類例をまって再検討すべきと考える。

　石川県加賀市のひょうたん池A遺跡で発掘調査された遺構は、C14年代測定で2,350±100BPという測定値が出ていることから、縄文時代の「製鉄炉」として報告された（吉岡1973）。当該遺構はC14年代測定のみから年代を決定しており、他の年代測定方法などとの比較検討も必要であろう。吉岡金市氏は、自然の風を利用し、薪と砂鉄とを交互に重ねた上を砂土で被う、ムシヤキ法による製鉄方法を主張した。吉岡氏の主張する製鉄方法については、潮見浩氏（潮見1972・1975）、長谷川熊彦氏（長谷川1977）、窪田蔵郎氏（窪田1972）などによって批判がなされている。ひょうたん池A遺跡の遺構については、再検討の余地がある。

64

（2）　第2段階の研究動向（1970～1987年）

藤田等氏は、大陸文化の影響を受けて徐々に国産化していった青銅器・鉄器・ガラス製品などは、基本的に、①舶載期：製品の流入期、②初期国産期：素材の流入とその加工（国産）期、③国産期：素材・製品の国産期、の三段階を経過するとした。鉄・鉄器生産については、国産と推定される鉄戈が出現する弥生時代中期後半を、初期国産化の段階と捉え、弥生時代後期後半には小規模ながらも製鉄が開始したと考えた（藤田1974）。

潮見浩氏は、出土鉄器の分析などを通じ、鉄器生産の前提となる鉄生産は、弥生時代における日本列島独自の鉄器製作とともに開始されたと推察した。さらに朝鮮半島では、日本列島各地に鉄素材を供給するほどの鉄の生産体制が認められないことから、日本列島内の製鉄の開始は、朝鮮半島南部における製鉄の開始とあまりへだたらない時期に想定すべきであること、製鉄開始期の日本列島と朝鮮半島南部の鉄生産の規模は小規模であり、比較的早く広範な地域に及んだと推測されること、朝鮮半島中部では砂鉄製錬が行われている可能性があり、日本列島内でも砂鉄製錬が行われている可能性が極めて高いと考えた。つまり、日本列島での鉄器生産開始期と鉄器の普及する時期を目安として、製鉄は弥生時代中期前半に九州地方で開始され、それ以東では中期後半に、そして後期以降、全国に拡がると想定した（潮見1982）。

松井和幸氏は、弥生時代の製鉄に関する研究史を整理する中で、遺構の面から直接その存在が裏付けることができないからと言って、日本の弥生時代の製鉄を全面的に否定することはできないとした。弥生時代後期には大陸系磨製石器類がほぼ完全に消滅すること、すべての鉄器をまかなうだけの膨大な量の鉄素材を、朝鮮半島南部から輸入することは到底考えられないこと、朝鮮半島南部で、日本列島内の鉄素材のすべてを生産することが可能な大規模な製鉄遺跡が発見されていない等の理由から、弥生時代の製鉄を全面的に否定することはできないとした。また、弥生時代の鉄器製作は、ある程度の技術者集団の渡来を想定する必要があり、そうした技術者集団が製鉄も行い、同時に製鉄技術を弥生人に伝えたと推測した。日本列島内の製鉄の開始時期については、弥生時代後期の大陸系磨製石器類の消滅を、日本列島内における鉄器の十分な供給体制が確立された結果ととらえ、その前段階である中期後半頃を製鉄の開始期と想定した（松井1986）。

日本列島の弥生時代における製鉄を考える研究者は、弥生時代後期に日本列島内で一斉に大陸系磨製石器が消滅すること、大陸系磨製石器の消滅の背景には、日本列島内での需要に見合った鉄生産の存在を想定せざるを得ないこと、日本列島内の鉄素材の需要を朝鮮半島からの輸入に頼るには、朝鮮半島南部に、日本列島における鉄素材の需要にも見合う規模の製鉄遺跡が確認されていないという考古学的な調査結果に基づいている。しかし、第2段階においては弥生時代の製鉄遺跡は確認されておらず、日本列島における弥生時代の製鉄の確実な根拠を、考古学的に裏付けできていなかった。

（3）　第3段階の研究動向（1988～2007年）

①　鉄器からみた製鉄について

熊本県阿蘇市の阿蘇の北カルデラ（阿蘇谷）の北西部には狩尾遺跡（木崎ほか1993）、池田遺跡（吉田ほか1994）、下山西遺跡（高谷ほか1987）、小野原遺跡、下扇原遺跡（宮崎・村上ほか2010）など弥生時代後期を中心とした集落遺跡が多数点在する。これら集落遺跡からは鉄鏃、方形鍬・鋤先、鉄鎌、刀子、ヤリガンナなどの鍛造鉄器が大量に出土する。また鍛冶遺構を伴う建物もそ

の可能性が高いものを含めると 10 棟ほど検出されている。村上恭通氏は、当該地での鉄器の大規模生産が維持される背景に、小規模な製鉄による鉄素材の自給を想定した（村上 1992）。また、鍛冶遺構や鉄素材が出土した釜山市萊城遺跡の周辺から、九州北部の弥生中期前半の土器が高い割合で出土していることから（宋桂鉉・河仁秀 1990）、九州北部の倭人が弁辰地域において鉄素材入手の仲介を果たし、精錬あるいは製鉄に関与した姿を想起した。そして、朝鮮半島南部での経験者が、九州北部や九州中部で、自給的な小規模製鉄を試みた可能性を考えた（村上 1998）。

さらに、明石雅夫氏・平井昭司氏は、熊本県西弥護免遺跡で出土した弥生時代の鉄器について金属学的調査を行い、朝鮮半島出土鉄器とは異質であることを指摘した（明石・平井 2002）。また、新井宏氏は「強いて判断すれば」との但し書き付きではあるが、西弥護免遺跡出土の鉄滓を製錬滓と判定した（新井 2001）。

松井和幸氏は、製鉄の流れを、朝鮮半島南部と日本列島の製鉄遺跡に焦点を当て、その特徴を明らかにしようとした。日本列島の製鉄開始の時期に関しては「弥生時代に行われたことは間違いない」とし、その根拠として、①弥生時代の日本列島で出土している鉄器はすべて輸入品であると仮定して、その膨大な量を海路利用でどのように輸入していたのかを証明することが難しいこと、②弥生時代の朝鮮半島南部に、日本列島内での鉄消費量をまかなうだけの一大生産地が確認されていないこと、③鉄鉱石、砂鉄から人工鉄を作り出す製鉄は高度な技術を必要としないこと、④1,000℃以上の高温の獲得技術も、弥生時代にガラス生産技術が日本列島に存在していることで証明されていること、⑤弥生時代、朝鮮半島南部と九州北部は、広義には同一の文化圏を形成していたとみなしてよいこと等を挙げた（松井 2001）。

② 製鉄遺跡の発掘調査

a 小丸遺跡の発掘調査

弥生時代説の最も重要な点は、弥生時代の製鉄炉の実態把握であった。1990 年、広島県三原市八幡町に所在する小丸遺跡の発掘調査で、明瞭な炉と鉄鉱石を伴う弥生時代後期の操業の可能性がある製鉄炉（SF1 号炉）が検出された（松井 1994、図 40〜43）。

小丸遺跡の発掘調査では、標高約 190〜200ｍ の東に延びる低丘陵上で、弥生時代後期の 6 棟の竪穴建物跡を中心とする集落跡が、また、丘陵の裾に近い部分で 2 基の製鉄炉（SF1、2 号炉）が検出された。丘陵下の谷には古代山陽道の推定ルートの一つが存在する。

SF1 号炉は、直径約 50cm、深さ約 25cm の擂鉢状の製鉄炉地下構造に相当する円形土坑で、その両側に、20〜30cm 程度離れて、直径約 40cm、深さ 5cm と、直径約 60cm、深さ 15cm 程度の円形の排滓坑を付設する。円形土坑の作業面に相当する部分は焼けている。製鉄炉は緩い斜面上に、わずかな造成を経て設置されている。円形土坑の両側の土坑および南側斜面からは、製錬滓、鉄鉱石、弥生時代後期の土器片などが出土している。

製鉄炉の年代については、①SF1 号炉の排滓溜まりからは弥生時代後期の土器片しか出土していないこと、②炭素 14 年代は、SF1 号炉下層＝1,240±170BP 年、SF1 号炉西側土坑Ａ群＝1,710±170BP 年、SF1 号炉東側土坑Ｂ群＝1,640±150BP 年、SF2 号炉＝1,230±220BP 年であること、③製鉄炉の炉床部分の形態や作業面の造成状況などは、SF1 号炉が SF2 号炉に比べきわめて古い特色を示していることから、発掘調査報告書では SF1 号炉を弥生時代後期（3 世紀）、SF2 号炉を古墳時代後期（7 世紀）の操業と結論付けた（松井 2001）。なお、小丸遺跡の発掘調査の回顧録

第1節　日本列島の製鉄開始についての研究史

的な経過と小丸遺跡の製鉄炉の年代をめぐる詳細については、松井氏の論考に詳しい（松井2016）。
　一方、藤尾慎一郎氏はSF1号炉の年代は、SF1号炉西側土坑A群とSF1号炉東側土坑B群から出土した木炭の炭素14年代と、南側斜面から見つかった弥生土器を根拠としたもので、SF1号炉下層の木炭の炭素14年代である7世紀が採用されていないことが疑問であるとした。また、「最近の発掘調査でSF1号炉と同じ構造をした炉がいくつか見つかり、7世紀に比定されているところから、SF1号炉を3世紀代に比定することを疑問視する研究者もいる。」とし、操業年代は、類例の増加を待ってから判断する必要があると主張した（藤尾2013）。
　一方、川越哲志氏は、小丸遺跡の製鉄炉のような規模、炉底構造の円筒形竪形炉（シャフト

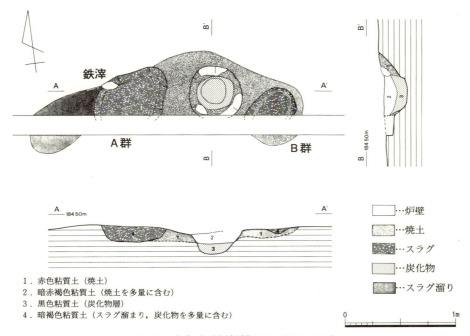

図40　小丸遺跡製鉄炉SF1（松井1994）

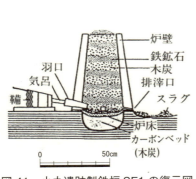

図41　小丸遺跡製鉄炉SF1の復元図
（松井2001）

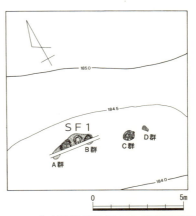

図42　小丸遺跡製鉄炉SF1遺構配置図
（松井1994を一部改変）

炉）は、中国地方における古墳時代後期以降の製鉄炉の炉形の系譜のなかに位置付けられないとした（川越1993）。このように、小丸遺跡の製鉄炉の炉形の詳細解明と、どの時期までさかのぼるのかについては、追究の必要がある。

河瀬正利氏は、砂鉄製錬は、青銅器やガラス製品の鋳造などと、高温加熱を必要とする溶解技術と共通性があることから、弥生時代後半まで遡る可能性を考えた。その考えから、小丸遺跡で発掘調査された製鉄炉を、弥生時代後期に遡る可能性が高いと評価した（河瀬1995）。

弥生時代の製鉄炉について、清永欣吾氏は、6世紀以前の小規模製鉄を製錬イコール加工だとし、以下のような工程を想定する。「まず、自然通風によって、

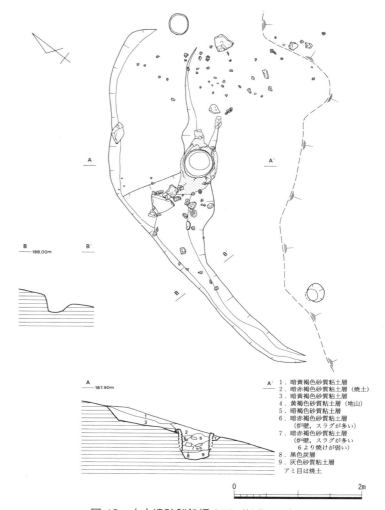

図43　小丸遺跡製鉄炉 SF2（松井1994）

砂鉄または鉄鉱石と木炭を約900℃くらいまで昇温し、半還元の海綿鉄状の鉄をつくります。これは、そのままでは鍛錬できませんが、鞴を用いて半熔融状態まで木炭の中で加熱しますと、鍛錬できる状態の鉄ができる可能性があります。」この場合、鍛冶滓的な滓しか出ず、量も少ないという（清永・森1987）。

村上恭通氏は、小丸遺跡の年代的な位置づけに対する確定的な意見は述べていないものの、古墳時代における製鉄の高揚について、「すでに製鉄を経験していた前史にその基礎がある」として、古墳時代に確認されている製鉄より前段階の製鉄操業を想定した（村上2004a）。

　b　見土路遺跡の発掘調査

弥生時代の製鉄遺跡ではないが、日本列島最古級の遺跡として報告された事例として広島県東広島市の見土路遺跡がある。見土路遺跡の発掘調査は1994年に実施され、長さ4m、幅1.3mもある長大な箱形炉の地下構造部分が発見された。炉のすぐ横の作業面から出土した須恵器が5世紀末から6世紀後半のものであったため、古墳時代後期の製鉄炉であると報告されている（河瀬

1995、河瀬・安間 2004）。地下構造の形状や規模は、かつて発掘調査された平安時代末期（12世紀）の豊平町大矢遺跡（古瀬 1993）などとほぼ同形同大で、操業時期について議論を呼んだ。見土路遺跡の使用原料は砂鉄である。

（4）　第4段階の研究動向（2008年～）

　松井和幸氏は、阿蘇の北カルデラの北西部の弥生時代後期の集落遺跡から、鍛造鉄器が大量に出土する背景に、この地にリモナイト（沼鉄）が豊富に存在していることがあると考えた。このリモナイトによる製鉄については、阿蘇のリモナイトが、製鉄原料として戦前から大量に福岡県の八幡製鉄に運ばれていたこと、製鉄実験によって鉄塊を製作することができることなどを証拠に、中九州における小規模製鉄を想定した。弥生時代の日本列島をめぐる状況は、中国大陸や朝鮮半島からの鉄器や鉄素材を加工する方法と、阿蘇リモナイトを原料とするような、原始的な製鉄方法が一部西日本地域で混在してみられたと推定した。そして、阿蘇リモナイトを原料とするような原始的な製鉄方法は、ブランド的には訴えるものがなく、古墳時代の始まりとともに新たな製鉄方法が伝わってくると、急速に衰退していったと考えた（松井 2016）。

　なお、長崎県壱岐市カラカミ遺跡では地上式炉と称される炉が検出されている（田中・松見 2014）。松井氏は、この炉について炉周辺から鉄滓があまり出土していないことを証拠に、中国大陸からもたらされた鋳鉄を脱炭する炉と考え、製鉄炉ではないとしている（松井 2016）。

（5）　小結

　弥生時代にも技術を集中すると、良質な鉄ができることが示唆されていることから、弥生時代の製鉄の追究は必要である（清永・森 1987）。しかし、現時点においては、弥生時代説の最も重要な課題である弥生時代の製鉄炉の実態把握には至っていない。また、製鉄遺跡の年代決定について、小丸遺跡や見土路遺跡のように、製鉄遺跡から出土する土器がすべての年代的な根拠となるとすれば、縄文・弥生時代の土器片しか出土していない場合はどう判断したらよいかという微妙な問題は、今後もおこり続ける。

　以上のことから、現状では日本列島における製鉄の開始を弥生時代に遡らせる考え方については、朝鮮半島から輸入された鉄が普及していたとする見解が一般的であるためか、大方の賛同を得ることはできてはいない（野島 2012）。

2　古墳時代説

（1）　第1段階の研究動向（～1969年）

　岡崎敬氏は、『魏志』巻三〇東夷伝弁辰条の、国、鉄を出す。韓、濊、倭みなしたがってこれを市う。およそ諸の貿易皆鉄をもって貨となるなどの記述を引用し、原ノ辻・カラカミ両遺跡から出土した棒状や板状の鉄器を鉄素材と考える。そして、弥生時代の鉄は原材料を朝鮮半島から地金の形で輸入し、日本列島内で加工（鍛冶）したであろうと推定した（岡崎 1956）。

　森浩一氏は、古墳出土の鉄鋌について論じる中で、①古墳時代前期後半から中期（4～5世紀）の段階において日本列島内での砂鉄製錬が行われたこと②古墳時代後期から飛鳥時代（6～7世紀）の段階において日本列島内での鉱山開発と生産機構の再編成が行われたことを考えた。国産化の度合いとしては、①の段階は極めて低く、②の段階でも朝鮮半島からの輸入に依存しているとした（森 1959）。

第2章　日本古代製鉄の開始について

　村上英之助氏は、西日本の弥生時代の鉄器中の炭素量が全体的に非常に高いことから、楽浪地
区から鋳鉄または古銑の形で輸入し、日本列島内でそれを再溶融ないし精錬して鋳鉄品、鋼製品
を生産したと、鉄・鉄器生産、鉄素材の流通の姿を具体的に描いた（村上1962a）。

(2)　第2段階の研究動向（1970〜1987年）

　森浩一氏・炭田知子氏は、弥生時代後期における日本列島内での製鉄の可能性を示唆する。し
かし、弥生時代後期において、製鉄の努力がくりかえし試みられた可能性はあるが、仮に一部で
製鉄に成功していたとしても、舶載の鉄素材への依存が高かったと推定した。森氏は6・7世紀
を、朝鮮半島から輸入する鉄に依存しながらも、国内資源の開発に異常な努力を示し、生産機構
の再編成が行われた時期であると考えた（森・炭田1974）。

　さらに、森浩一氏は、金属器の文化には三段階があるとし、「製鉄や製銅、つまり製錬がおこ
なわれた段階」について、九州北部では、福岡市の海岸から福岡平野にかけて点在する製鉄遺跡
群（福岡市西区に多い）で6世紀に製鉄が開始、近畿地方では、滋賀県高島市のマキノ製鉄遺跡
群で6〜7世紀に製鉄が開始する可能性が高いことを指摘した（森1983）。本章では森氏が重視
する、鉄の門戸としての九州北部の鉄器生産の様相、古墳への鉄滓埋納の様相および鉄・鉄器生産
との関係、古墳時代後期の製鉄遺跡の様相について検討する。

　1970年代以降、7世紀以降の製鉄炉の発掘調査が急増し、日本列島における古代製鉄に関わる
金属学的調査が増加した。出土鉄滓などの金属学的調査の多くを手がけた大澤正己氏は、鉄滓に
含まれる夾雑介在物の組成分析や化学分析によって、古墳出土鉄滓を製錬滓と鍛冶滓とに区分し
た。その結果、6世紀中頃までの古墳出土鉄滓はいずれも鍛冶滓であるのに対し、6世紀中頃
から後半、7世紀代になると製錬滓が大半を占めるという結論が得られた。したがって、製鉄も古
墳時代後期後半以前には遡らない可能性が高いと考えた（大澤1977）。

　その後、大澤氏は5世紀後半に遡る福岡県北九州市潤崎遺跡2号祭祀土壙から出土した鉄滓に
ついて、金属学的調査の結果、チタン鉱物結晶、ウルボスピネルとイルミナイトの存在が確認さ
れたことから、砂鉄製錬による流出滓の晶癖と判断した。また、木炭窯が須恵器窯業技術と共通
するという間接的証拠から、古墳時代中期中葉頃から九州北部の一部で砂鉄製錬が開始されたと
自説を修正した（1986）。

(3)　第3段階の研究動向（1988〜2007年）

①　古墳時代の製鉄遺跡について

　第3段階になると、6世紀後半に遡る製鉄炉は岡山県を中心とする吉備とその周辺、九州北部
の筑前において確認されるようになり（上栫2000、松井2001、村上2007）、やや遅れて6世紀末葉
から7世紀前葉に丹後や近江など、近畿地方周辺でも製鉄が開始することが明らかとなってきた
（増田1996、丸山ほか1986）。

②　製鉄と精錬・鍛錬鍛冶について

　花田勝広氏は、6世紀後半の日本列島内での製鉄開始と大阪府大県遺跡群などにおける精錬鍛
冶以降の工程の大規模操業化を総合的に捉え、中国地方から近畿地方への鉄素材の供給を想定し
た（花田1996）。一方、村上恭通氏は、6世紀後半、主に中国地方での製鉄が規模を拡大し、安
定した背景には、各地での鉄の需要が増えたことにより、以前に増して国産鉄への依存度が高
まったことがあるとした。ただし、中国地方の製鉄が、地域外へ恒常的に鉄素材を供給する余裕

は無かったと考え、九州北部や近畿地方の一部を含め、当時の製鉄は地元の鉄需要を満たすために行われた、自給的生産であったと考えた（村上1998）。

6世紀後半には中国地方山間部で製鉄が確実におこなわれており、6〜7世紀には、中国地方山間部では丘陵斜面にテラスを設け、そこに鍛冶工房を営む集落が盛行する。島根県邑智郡瑞穂町の今佐屋山遺跡（角田1992）では製錬と製錬鉄塊系遺物の除滓・選別作業、岡山県津山市の狐塚遺跡（渡辺ほか1974）では製錬鉄塊系遺物の除滓・選別作業、広島県三次市の見尾西遺跡（藤原ほか1998）では製錬鉄塊系遺物を原料に精錬鍛冶・鍛錬鍛冶が行われている。中国地方山間部では製鉄工程による地域内分業が進展していることをみてとれる（大道2000）。

また、村上恭通氏は、九州北部でも6世紀中頃から7世紀初頭にかけて製鉄が盛んとなり、同一集落内で製鉄から製錬鍛冶・鍛錬鍛冶までが行われるという事例が一般的となったことから、鉄・鉄器生産の各工程に携わる工人集団が安定化したと考えた（村上2004）。さらに、古瀬清秀氏は、鉄滓の考古学的分析から、6世紀中頃以降に製鉄が開始されるとともに、それに伴って精錬鍛冶滓が出現するとして、製鉄と精錬鍛冶の技術的展開が連動していることを重視すべきとした（古瀬2000・2004）。

③　鉄器からみた製鉄について

尾上元規氏は、古墳時代後期における鉄鏃の検討から、瀬戸内地域では、鉄器組成に示される地域性から鉄鏃の地域生産が指摘できるとした。そして、地域性が顕現する背景に、製鉄の開始に伴い、地域内で一貫した鉄・鉄器生産体制の確立があったと考えた（尾上1993・1995）。

④　横口式木炭窯の出現について

古墳時代から古代において、横口のある木炭の焼成窯（横口付木炭窯、横口式炭窯、通称八目鰻）の出現をもって鉄生産が開始されたと考える場合がある（穴澤2003）。この横口式木炭窯は丘陵斜面地を水平に刳り抜き、一方を焚口、他方を排煙孔とし、谷側には窯体とつながる横口を掘り開けるものである（穴澤1984）。製鉄がいち早く導入された吉備に類例が多く、6世紀後半の製鉄遺構に伴うものが最古例である。

横口式木炭窯は窯体に取り付く横口が酸素供給孔となり、そこから炭を掻き出すことから、白炭を生産していたと想定する見解が多い（兼康1981、上栫2001、安間2007）。製鉄のための燃焼・還元用木炭を生産していたことには異論がないことから、横口式木炭窯の存在が、製鉄遺構の存在を間接的に示すとみてよい。横口式木炭窯は、朝鮮半島では無文土器窯と考えられた時期もあったが、慶尚南道蔚山市検丹里遺跡などで検出され始めたことから（金鎬詳2000）、吉備などの製鉄に伴う製炭技術は朝鮮半島から伝播したものと考えられるようになってきている。

⑤　製鉄技術開始の社会背景に関する研究について

亀田修一氏は文献資料の『備中国大税負死亡人帳』の記載の中に、渡来人漢氏（忍海漢人）らによる備中の製鉄が推測されることから、6世紀後半に製鉄技術の導入があったと考えた。そして、その社会背景には、畿内政権あるいは蘇我氏など中央氏族による、渡来系技術の直接的な移植事業があったとし、白猪屯倉の設置にも関連していると指摘した（亀田2000a・b）。当時の朝鮮半島情勢からすれば、鉄素材の安定的な供給を見込める余地はなく、それまでの政治体制を変革し、手工業生産の再編が行われたと想定される6世紀後半に、製鉄技術が導入されるといった歴史的因果関係の説明には説得力がある（野島2012）。

第2章　日本古代製鉄の開始について

　製鉄開始の契機として、屯倉設置が、磐井戦争後の九州北部、丹後・近江など近畿地方周辺に
も当てはまるのか、日本列島の製錬技術が朝鮮半島から導入されたのか、日本列島内で発明・開
発されたのか、本章の検討課題としたい。

　⑥　箱形炉について

　角田徳幸氏（2006）や村上恭通氏（2006・2007）が指摘するように、日本最古の製鉄技術であ
る箱形炉は、朝鮮半島南部の製鉄技術が直接的に導入されたとは考えにくく、日本列島の製鉄開
始時には、炉形や送風技術について大掛かりな改変・改良が行われたと考えられる。一方、製炭
技術については朝鮮半島から日本列島へ技術移転が行われたようである。

　また、8世紀以前の箱形炉では鍛鉄生産を志向していたと考えられてきた（穴澤2003）。しか
し、当初から鋳鉄生産が行われたと考える説もある（真鍋2009）。畿内政権に掌握された渡来系
技術者が関与し生まれたと想定される日本最古の製鉄炉は、日本列島に賦存する鉄原料の特性に
起因するものなのか、他の要素を考慮すべきか、その明解な説明と検証も本章以下での研究課題
としたい。

第2節　近江の古墳時代の鍛冶について

1　はじめに

　本節では、近江における古墳時代の鍛冶に関わる生産地の実態について現時点における成果と
問題点について整理し、若干の検討・考察を加えてみたい。近江の古墳時代の鍛冶については、
かつて論じており（大道2001a・図61、大道2010a）、その後、栗東市域における古墳時代の集落
内での鉄器生産の詳細について、近藤広氏と雨森智美氏が論じた（近藤2011・雨森2014）。また、
西幸子氏は、湖南地域（草津市・守山市・栗東市・野淵市）の馬具生産の有無・様相を検討するこ
とにより、栗東市高野遺跡での馬具生産の実態について考察し、弥生時代から古墳時代の湖南地
域における鍛冶関連遺跡の変遷を、鉄素材・鍛冶技術・鍛冶具ごとに整理した（西2020・表3）。

表3　湖南地域の段階別鍛冶技術水準の様相（西2020）

段階	時期	保有鍛冶具	鍛冶技術	鉄素材	製品
Ⅰ段階	弥生中期末〜弥生後期末	砥石	鋳造鉄器再加工？		鉄鏃 鑿
Ⅱ段階	弥生後期末〜古墳前期初頭		青銅器生産 原始鍛冶？ 高温鍛冶		袋状鉄斧 鉄鏃
Ⅲ段階	古墳前期〜5世紀中葉	鑿、錐、石鎚、金床石	鍛錬鍛冶	板状鉄製品	鉄鏃 鑿 鉄鎌 鉄釘 鋏 袋状鉄斧
Ⅳ段階	5世紀中葉〜6世紀後半	砥石	鍛錬鍛冶	鉄鋌	鉄鏃 棒状鉄製品 刀子
Ⅴ段階	6世紀後半〜7世紀	錐	鍛錬鍛冶 精錬鍛冶		鉄斧 馬具

72

本節は近藤氏、雨森氏、西氏らの論考をふまえ、さらに近年の発掘調査で得られた鍛冶関連資料を加え、前稿を加筆・修正したものである。前稿では古墳時代の近江の鍛冶の変遷を、古墳時代前期、古墳時代中期〜古墳時代後期前半、古墳時代後期後半の三段階に区分した。本論でも三段階ごとに近江各地の鍛冶の様相についてみていきたい。

2　古墳時代の鍛冶の工程と時期・地域区分について

(1)　鍛冶の工程

序章では鉄・鉄器生産の工程を示す図を作成し、各工程について概説した（図5・6）。以下、主に古墳時代を中心に、日本古代の鍛冶について論を進める上で必要な鍛冶の各工程と、各工程に伴う鍛冶関連遺物の分類と説明を行う。

①　精錬鍛冶

製錬で得られた組成不均一な鉄（製錬鉄塊系遺物）は、不純物を多く含んでいる。この製錬鉄塊系遺物から不純物を取り除く工程が精錬鍛冶である。精錬鍛冶では炉内を高温化する必要があり、主に送風技術に工夫が加えられた。精錬鍛冶で使用される羽口の先端は、高温によりよく溶けている。また、粘土が容易に溶けないように器壁が厚い傾向がある。

羽口の他に精錬鍛冶にともなう遺物としては、搬入した製錬鉄塊系遺物、生産した精錬鉄塊系遺物や鉄素材の破片、椀形滓、ガラス質滓、微細遺物である粒状滓、厚手の鍛造剝片などがある。粒状滓は鉄塊の酸化・減失を防止するために塗布した粘土汁が鉄の酸化物と反応し、鍛打の際に飛散、表面張力により球状化したものである。鍛造剝片は、鉄塊表面の酸化鉄が鍛打の際に剝離、飛散したものである。

精錬鍛冶では不純物を多く含んだ製錬鉄塊系遺物を処理することから、厚みをもった大型で重量感のある椀形滓が生成する傾向にある。また、鉄と滓の分離を行うことから、鉄と滓との分離の跡の痕跡として、椀形滓の上面に凹部をもつことがある。

②　鍛錬鍛冶A（沸かし）

鍛錬鍛冶第1段階の鍛錬鍛冶Aは、異なる炭素量の精錬鉄塊系遺物などの鉄素材を高温で熱し、併せ叩くことにより鍛接して、バラバラの鉄素材を高温で一つにまとめる工程である。この工程では高温鍛接の技法が用いられ、次の素延べ（鍛錬鍛冶B）をおこなう未製品を製作した。古墳時代中期にみられるU字形鋤・鍬先は、鉄板を接合する鍛錬鍛冶Aが用いられる。鍛錬鍛冶Aでは炉内を高温化する必要があり、鍛錬鍛冶Aで使用される羽口の先端は、高温によりよく溶けている。また、粘土が容易に溶けないように器壁が厚い傾向がある。

羽口以外の鍛錬鍛冶Aにともなう遺物としては、搬入した精錬鉄塊系遺物、生産した未製品の破片、椀形滓、ガラス質滓、粒状滓、鍛造剝片などがある。鍛錬鍛冶Aは鉄素材（精錬鍛冶系鉄塊）の処理量が多いことと、高温により鍛冶炉の炉壁や羽口が溶けることから、厚みをもった大型の椀形滓が生成することがある。ただし、精錬鍛冶滓のように、椀形滓の上面に凹部をもつことは少ない。

③　鍛錬鍛冶B（素延べ・火造り）

鍛錬鍛冶第2段階の鍛錬鍛冶Bは、鍛錬鍛冶A（沸かし）で製作した未製品を、まず、叩き延ばしなどの成形をおこない、次に歪みの補正など細かな部分の仕上げなど、整形をおこなう工程

である。前者を素延べ、後者を火造りといい、成分調整が不要な良質な鉄素材や未製品を、低温成形によって叩き延ばして鉄器を製作する最終工程である。古墳時代の集落から出土する鉄器は、板状や棒状の鉄素材に刃をつけたり、折り曲げたりする単純な構造のものが多い。方形鍬・鋤先など両端を折り曲げる鉄器も低温成形鍛冶によって製作される。

鍛錬鍛冶Bは低温成形鍛冶であることから、羽口の先端はあまり熱を受けておらず、器壁も薄い。羽口以外の遺物としては、搬入および生産した製品（未製品・完形品）やその破片、重量感のない小型の椀形滓やガラス質滓、鍛造剝片や粒状滓がある。なお、完成した鉄製品はその場で使用あるいは他所へ流通するが、破損などしたものが再生利用される場合がある。その原料となるのが廃鉄器である。

　　④　原始鍛冶

原始鍛冶は、炭素量の少ない薄板状の鉄を曲げたり、鏨で切断する技術で、弥生時代に広くみられることから、弥生鍛冶とも呼ばれる（笹澤2021）。端材として薄板状の鉄片が出土することが特徴である。鉄をまとめるほど鍛冶炉内を高温にする技術が存在していなかったため、鏨で切られ、端材となった鉄片が廃棄され、そのまま遺跡に残ったと考えられる。炭素量の少ない鋼は、炭素量の多い鋼に比べて柔らかい性質を持つので、小型のものや薄いものであれば熱をそれほど加えなくても容易に曲がる。したがって、炭素量の低い鋼は、比較的容易に変形させることができる。

このように原始鍛冶は、低温成形鍛冶の技術の一種で、多くは羽口を使用せず、炉を還元するほど焼成の痕跡を残さない。炉内温度も低温で、鉄素材を叩いた場合に発生する鍛造剝片も極めて薄く、土に溶けてしまい、通常の土壌水洗では回収することができないという（真鍋2023）。

（2）　椀形滓の分類

椀形（鍛冶）滓については、古代の資料ではあるが栃木県小山市金山遺跡鍛冶遺構SI-036から出土した椀形鍛冶滓の分類基準が参考になる（図44　椀形鍛冶滓の分類〔以下「金山分類」〕）。当該遺構からは椀形滓が33.238kg出土しており、報告書では出土した椀形滓を、質感や緻密さ、重量感から1類から5類の5種類に分類している。分類の基準については（表4）で示すが、金属学的調査から1類は精錬鍛冶前半段階の滓、2類は精錬鍛冶後半段階の滓、3類・4類は鍛錬鍛冶滓、5類は高温にて鉄素材の折り曲げの鍛接作業を行った際に排出された鍛錬鍛冶滓という結果が出ている（津野1994）。

先におこなった鍛冶工程と対照するならば、1類と2類は精錬鍛冶、3類と4類は鍛錬鍛冶A・B、5類は鍛錬鍛冶Aに対応する。

（3）　微細遺物

ここでは、古墳時代の鍛冶遺跡から出土する微細遺物、千葉県房総風土記の丘博物館（山口1991・1992）や交野市教育委員会（真鍋2002）の鍛冶実験結果を照らし合わせ、遺跡で鍛冶作業の工程を推定する基準を示す。

　　①　鍛造剝片

鉄を空気中で鍛打した際に鉄素材の表面が薄い酸化鉄の被膜として剝離、飛散したものである。工程が進むと厚いものから薄いものへ、色調は黒色から銀色（青灰色）に変化するとされる（田口・穴澤1994）。古墳時代の鍛冶遺構から出土する鍛造剝片は、精錬鍛冶と鍛錬鍛冶A段階

第2節 近江の古墳時代の鍛冶について

では表面が黒褐色で光沢の無い、厚さ0.2mm以下の厚手のものが主体となる傾向にある。一方、鍛錬鍛冶B段階では表面が青灰色で光沢の有る、厚さ0.1mm以下の極めて薄いものが主体となる傾向にある（北野・真鍋・ほか大道2002）。

鍛造剥片は弥生時代終末期以降に確認されるが、鍛冶実験結果によれば、それ以前の鍛造剥片は0.1mm厚以下の極薄厚のため、土中に溶け込んでしまっていることから、回収が困難であることを村上恭通氏が指摘している。また、古墳時代中期の交野市森遺跡の鍛造剥片の金属学的調

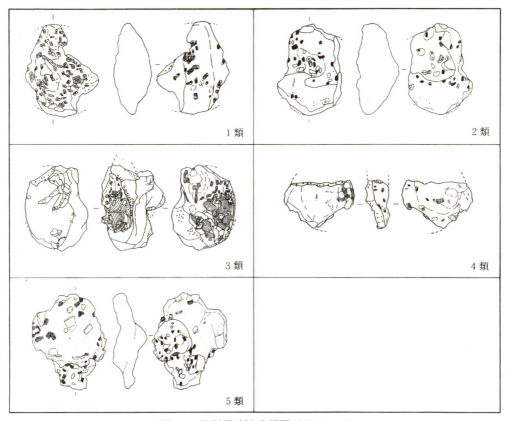

図44 椀形鍛冶滓分類図（津野1994）

表4 椀形滓の分類基準（金山分類）

	全体的様相	地の色調	木炭痕の様相	破面の様相	底面の様相	鍛冶工程
1類	滓分多く、大型	黒褐色	密、5mm前後が主体	木炭痕・気孔多い	木炭痕密	精錬鍛冶前半
2類	緻密、重量感あり	黒褐色	1類に比して少ない	上半：気孔・木炭痕多い 下半：緻密	3～5mm程の小さな木炭痕	精錬鍛冶後半
3類	2類より緻密、重量感あり	暗青灰色	点在	全体に緻密	3～4mm程の小さな木炭痕散在	鍛錬鍛冶
4類	極めて緻密、重量感あり、小型	青灰色	少ない	3類より緻密		鍛錬鍛冶
5類	鉄主体の椀形、中に金属鉄遺存 重量感あり、緻密 厚さ20mm前後で比較的薄い	黒褐色もしくは暗灰色	5～10mm前後		5mm残後の木炭痕	高温にて鉄素材の折返し曲げ鍛接作業

第2章　日本古代製鉄の開始について

査において、古墳時代前期になかったマグネタイト組織の発達を確認できたことから、古墳時代中期には鍛冶炉内がより高温化したことが想定されている（真鍋2023）。

② 粒状滓

鍛冶作業の際に、凹凸をもつ鉄素材が鍛冶炉の中で赤熱状態に加熱されて、突起が溶け落ち、これが表面張力の関係から球状化した内部が大きく空洞化した鉄酸化物（FeO）である（大澤2003）。また、鍛冶炉の火窪の中で赤熱状態にした鉄素材の酸化・減失をできるだけ防止するために粘土汁を表面に塗布する。その際、粘土汁と鉄の酸化物が反応し、鉄材の鍛打の際に飛散して球状化するとされる（田口・穴澤1994）。古墳時代の鍛冶遺構から出土する粒状滓は、精錬鍛冶と鍛錬鍛冶A段階に生成し、最終的に鉄器を形作る鍛錬鍛冶B段階には出ないという傾向にある（北野・真鍋・大道ほか2002）。

(4)　時期区分（表5）

時期区分は、古墳時代を前期・中期・後期に大きく三つに分け、前期は庄内式古段階併行から布留式新段階併行、中期は概ねTK73期併行（田辺1981）からTK47期併行頃、後期はMT15期併行からTK209期併行頃までとする。

古墳時代前期は、庄内式は古段階（湖南IV1期）、中段階（湖南VI2期）、新段階（湖南VII1期）の3段階区分で、寺沢編年の庄内0〜3期におおむね相当する。布留式は5段階に区分し、布留式前半、後半という表現をする場合は、前半を寺沢編年の布留0〜2期（湖南VII2〜VII4期）、後半を布留3〜4期（湖南VII5〜VII6期）とする（寺沢1986、伴野2006、近藤2011）。なお、野洲川流域では、カマドの出現する時期がTK73期併行前後と考えられるので、湖南のカマドをもつ竪穴建物は中期として時期区分する（近藤2011）。

表5　近江の古墳時代の時代区分表

	古式土師器編年				須恵器編年	歴年代	
		伴野 2006	寺沢 1986	田辺 1981	宮崎 2006	参考
	近藤2011						
古墳時代前期	庄内式古段階併行〜 布留式新段階併行	庄内式古段階	湖南IV1	庄内 0〜3期			250
		庄内式中段階	湖南IV2				
		庄内式新段階	湖南VII1				
		布留式前半	湖南VII2	布留0期			300
			湖南VII3	布留1期			350
			湖南VII4	布留2期			
		布留式後半	湖南VII5	布留3期			
			湖南VII6	布留4期			400
古墳時代中期	TK73期併行〜 TK209期併行				TK73	5世紀前半	
						412年	
					TK216		
					TK208	5世紀中頃	450
					TK23	471年	
					TK47	5世紀後半	500
古墳時代後期	MT15期併行〜 TK209期併行				MT15	6世紀前半	
					TK10	6世紀中頃	550
					MY85	6世紀後半	
					TK43	588年	
					TK209		600

3　近江の鍛冶の様相（表6）

　以下では、発掘調査の成果より、年代的・地域的まとまりの順で、近江の古墳時代の鍛冶関連資料を概観していきたい。年代的には（1）古墳時代前期、（2）古墳時代中期から後期前半、（3）古墳時代後期後半という順に、また、地域的には、湖南、湖東、湖北、湖西という順でみていきたい。

（1）　古墳時代前期

①　出庭古墳群（栗東市出庭、図45・46）

　出庭古墳群（辻遺跡出庭古墳群地区、図45-A1-Ⅳ）は辻遺跡の西に隣接し、2007年度に実施された発掘調査では、古墳時代初頭（庄内式併行期）の竪穴建物4棟、布留式古段階を中心とする時期の前方後方墳1基、方墳1基が検出されている（藤岡2008・雨森2014）。このうち竪穴建物SH46からは鉄鏃（図46-51）と鉄滓が、前方後方墳SX1の周溝からは鉄鏃、鉄片、炉壁片が出土している（近藤2011）。

　発掘調査成果からは、SH46では鍛錬鍛冶Bの操業がおこなわれていた可能性がある。また、前方後方墳SX1付近でも鍛錬鍛冶Bの操業がおこなわれていた可能性があるとともに、前方後方墳周溝で鉄器や鍛冶関連遺物を供献する祭祀がおこなわれた可能性もある。

　なお、調査地の南約150mの地点には全長45mの前方後円墳である亀塚古墳がある。明治44年（1911）に墳丘の開墾があり、その際に三角縁三神三獣鏡1面、鉄刀1振、土器が、また墳丘中央部では粘土槨と考えられる遺構が検出され、板状鉄製品が出土したと言われている（松村2002）。

②　高野遺跡（栗東市高野、図45・47～51）

　近藤広氏によれば、高野遺跡北群（図45-B1-Ⅺ）では、古墳時代前期の竪穴建物が50棟存在し、そのうち鉄器および鉄片など鉄器加工関連遺物が出土した建物は14棟を数えるという。高野遺跡北群は、ほぼ中央に存在する小河川によって集落が区切られ、小河川の南側は3グループ（A、B、C）に分けることができる（図47）。中央のBグループでは竪穴建物15棟中8棟で鉄器が出土し、鉄器の出土率が特に高い（近藤2011）。

　Bグループでは、1982年度に実施された栗東町による発掘調査（図48）で検出された竪穴建物SH9、SH1の2棟を中心に、三角鉄片、方形鉄板、不整形鉄板、棒状鉄製品のほか、鉄滓、炉壁片などの鍛冶関連遺物が出土している。SH9では焼土とともに方形状の鉄片2点（図48-16、17）、棒状の鉄片1点（図48-15）が出土しており、小型仿製鏡も出土している。SH12では、北側の柱穴の間に位置する炉の中から鉄鏃（図48-22）が出土している。竪穴建物SH4でも三角鉄片（図48-6）が出土しており、建物中央の炉のほかに、西側の柱穴間に焼け面が認められ、鍛冶炉であった可能性がある（近藤広2011）。これらの竪穴建物では原始鍛冶の操業が行われていた可能性が高い。

　Aグループでは、1985年度に実施された滋賀県による発掘調査でも、庄内式新段階から布留式前半に比定される竪穴建物SH1（図47-県1②Ｘ1985）から、鉄製品が溶着する用途不明品（図47-24）が出土している（木戸1986）。鍛冶に関連する竪穴建物の可能性が高い。

　また、Aグループ（図47）の北側において、2020年度に実施された発掘調査では、鍛冶に関連する作業がおこなわれたと推定される、古墳時代前期の平地建物5棟と竪穴建物9棟が検出された（近藤ほか2020、図49・50）。このうち、庄内式併行期に比定される竪穴建物SI25・SI650・

表 6　近江の古墳時代鍛冶関連遺跡一覧

遺跡名	所在地	遺物等検出遺構	時期	羽口	椀形滓ほか	分類	参考文献	分類
出庭古墳群（2007年度調査区）	栗東市出庭	竪穴 SH46	庄内式併行期（古墳時代前期前半）		鉄滓、鉄鋺	鍛冶B	藤岡 2008、近藤 2011、雨森 2014	2-B
		前方後方墳 SX1 周溝	布留式古段階（古墳時代前期中頃）		炉壁片、鉄片、鉄鋺			
高野（北群、2020年度調査区）	栗東市高野	竪穴建物 SI05	庄内式併行期（I-A期 3C後半）		朱の痕跡が付着する砥石もしくは石皿		近藤ほか 2020	2-C
		竪穴建物 SI25 焼土面複数	庄内式併行期（I-A期 3C古）		鉄器片	原始鍛冶		
		竪穴建物 SI650 焼土面複数	庄内式併行期（I-A期 3C古）			原始鍛冶		
		竪穴建物 SI04	布留式併行期（I-A期 3C新）					
		竪穴建物 SI13	庄内式併行期（I-A期 3C新）		砥石			
		竪穴建物 SI700・廃棄場 SX01 焼土面複数	庄内式併行期（I-A期 3C新）		鉄鋺片・刀子片	原始鍛冶		
		平地式建物 SI06 焼土面複数	布留式併行期（I-B期 4C古）			原始鍛冶		
		平地式建物 SI652	布留式併行期（I-B期 4C古）					
		平地式建物 SI680	布留式併行期（I-B期 4C古）					
		平地式建物 SI690 焼土面複数	布留式併行期（I-B期 4C新）		鉄器片	原始鍛冶		
		竪穴建物 SI07	布留式併行期（I-B期 4C新）		砥石			
		竪穴建物 SI16 焼土面複数	布留式併行期（I-B期 4C古）		鉄器片	原始鍛冶		
		平地式建物 SI28	布留式併行期（I-B期 4C新）		鉄器片	原始鍛冶		
高野（北群、1982・1985年度調査区）	栗東市高野	竪穴建物 1982SH9	庄内式新段階～布留式前半（古墳時代前期中頃）		鉄片（方形状・棒状、小型）、仿製鏡	原始鍛冶	近藤 2011、雨森 2014	2-C
		竪穴建物 1982SH12 の炉の中	庄内式新段階～布留式前半（古墳時代前期中頃）		鉄鋺			
		竪穴建物 1982SH4 鍛冶炉ほか	庄内式新段階～布留式前半（古墳時代前期中頃）		鉄片（三角鉄片）			
高野（北群、県1985年度調査区）	栗東市高野	竪穴建物 1985 県 SH1	庄内式新段階～布留式前半（古墳時代前期中頃）		鉄製品が溶着する用途不明品	原始鍛冶	木戸 1986、近藤 2011、雨森 2014	2-C
岩畑（中央群A地点、1984・1985年度調査区）	栗東市高野	竪穴建物	庄内式新段階～布留式古段階併行期前後（古墳時代前期中頃）		鉄片、鉄鋺	原始鍛冶	栗東町 2001、近藤 2011、雨森 2014	2-C
蜂屋（1989年度調査区）	栗東市蜂屋	土坑 SK18	布留式中～新段階、古墳時代中期（4世紀中葉、古墳時代前期後半）	溝鉢型羽口	石槌状石製品、砥石	鍛冶A	栗東市 2009・雨森 2014	2-A
		土坑 SK18 に隣接する溜まり状落ち込み	土坑 SK18 よりやや下る（古墳時代前期後半か）		椀形滓（金山4類）	鍛冶B		

第2節　近江の古墳時代の鍛冶について

遺跡名	所在地	遺物等検出遺構	時期	羽口	椀形滓ほか	分類	参考文献	分類
辻（小坂地区, 1991・1995～1998年度調査区）	栗東市高野	竪穴建物 1997SH2	布留式後半段階（古墳時代前期後半）		鉄片（三角片・方形板・又状品）、鉄鎌（未製品・失敗品）、鏨、鑑	鍛錬B	近藤 1996・1997・2011, 雨森 2014	2-B
下鈎（2009～2010年度調査区）	栗東市苅原	竪穴建物 1998SH1 鍛冶炉か 土坑 1995SK（SX301）	布留式段階（古墳時代前期後半）	羽口（青銅か）	鉄片（三角片） 5cm大の鉄滓	鍛錬B？（青銅）	近藤 2010	？
金森東（第30次）	守山市吉見二丁目	大溝A III区中層 第 I 工区 SX3（方形周溝墓）周溝埋土上層 副葬品か 第 I 工区 SX3（方形周溝墓）周溝底 副葬品か	布留式古段階～中段階		椀形滓（金山3類） 砥石	鍛錬A	大岡 2005	3-A
稲部（第14次）	彦根市稲部町	炉跡 SK11・掘立柱建物 SB01・大溝 SD01 上層	庄内式期～布留式古期	炉材（羽口・炉壁か）炉壁の一部	ガラス質滓、砥石、敲石、台石、粘土塊	鍛錬B？（青銅）	戸塚ほか 2018	？
芝原	彦根市本庄町	竪穴住居16 床面中央土坑 ピット78	布留式期後半段階（4世紀後半）	転用羽口	椀形滓（金山4類）、鍛造剥片、炉床粘土の焼土細片	鍛錬B2	細川 1996a	2-B
法勝寺	米原市高溝	第14号墓 周溝墓第30号墓周溝	弥生第IV様式？ 弥生時代末期？		鉄片？ 鍛冶滓？	鍛錬B？	丸山 1990, 高居 1992	？
高溝	米原市高溝	大溝A－8区最下層 大溝A－6区第5層	弥生後期～古墳初頭？ 弥生後期～古墳初頭？	羽口	鉄滓？	鍛錬B？	宮崎 1990, 丸山 1990	？
顔戸	米原市顔戸	溝1（SD1）第3層	布留式以前？ 布留式段階？（戸塚 2018）	転用羽口	鉄滓？	鍛錬B	宮崎 1990, 高居 1992	2-B
岩畑（南群, 1992年度調査区）	栗東市林	南群 竪穴建物 SH1	古墳時代中期（5世紀前半）		鉄滓、棒状鉄製品、枕状鉄滓	鍛錬B	平井 1993, 近藤 2011, 雨森 2014	2-B
辻（西側・2008年度調査区）	栗東市出庭	竪穴建物 2008SH202 竪穴建物 2008SH193 土坑 2008SK186	TK10併行期 TK10併行期 TK10併行期	羽口	鉄滓 鉄滓、焼土、炭	鍛錬A	礫向ほか 2009, 近藤 2011	1-A
辻（南側・1990年度調査区）	栗東市出庭	竪穴建物 1990SH3 竪穴建物 1990SH4	TK10併行期 TK10併行期	羽口 羽口	鉄滓、刀子もしくは鉄鎌 鉄滓、刀子もしくは鉄鎌	鍛錬A	近藤 2011	1-A
阿比留（1991年度調査区）	守山市阿比留	T-2b 包含層	5世紀後半～6世紀後半（MT15～TK10併行期）	羽口	砥石	鍛錬B	小島ほか 1996	2-B
植	甲賀市植	竪穴住居 SH104 竪穴住居 SH007 竪穴住居 SH060 竪穴住居 SH120 竪穴住居 SH051 土坑 P3022 鍛冶炉か 竪穴住居 SH098A	6世紀前葉～中葉 6世紀中葉（TK10併行期） 6世紀後半（TK43併行期）	羽口 羽口 羽口 羽口	椀形滓 椀形滓、金床石 未製品の鉄鎌 椀形滓 椀形滓 椀形滓、砥石、滑石製紡錘車	鍛錬A	細川ほか 2005	1-A

遺跡名	所在地	遺物等検出遺構	時期	羽口	椀形滓ほか	分類	参考文献	分類
斗西（1989・1990年度調査区、CRT-C区）	東近江市佐野町	竪穴住居 SH110	6世紀後半～7世紀初頭（TK43～TK209併行期）	羽口		鍛錬A	植田1993、大道1995a	1-A
高月南（1次調査区、CRT-C区）	長浜市高月町・宇根	竪穴建物 ST31	6世紀前半～中頃		椀形滓	鍛錬A	黒坂1987、黒坂ほか2010	1-A
高月南（3次調査区、CRT-A区）	長浜市高月町・高月	竪穴建物 ST35	6世紀中頃	羽口	椀形滓	鍛錬A		
高月南（4次調査区、CRT-E区）	長浜市高月町・宇根	竪穴建物 ST76	5世紀後半～6世紀中葉	羽口	炉壁片	鍛錬A		
		1次調査区（SGS-C区）竪穴建物内焼土坑（鍛冶関係炉跡か）	6世紀前半		椀形滓、玉類、鏡を模造した土製品、製塩土器、移動式カマド、ミニチュア土器、砥石	鍛錬A		
		11号竪穴建物			椀形滓	鍛錬A		
		焼土坑（鍛冶関係炉跡か）	5世紀後半～6世紀中葉			鍛錬A		
横山	長浜市湖岸寺		6世紀前半	羽口	鍛冶関連遺物	鍛錬B	細川1996b	2-B
大塚	長浜市	SK01	5世紀末～6世紀中葉			鍛錬B	藤岡1994	2-B
南市東	高島市安曇川町西万木	旧河道2	5世紀後半（TK47併行期）	羽口	椀形滓	鍛錬A	中江1979・1980・1982、細川・畑中1996	1-A
下五反田	高島市安曇川町田中		5世紀後半（TK47併行期）		椀形滓（金山4類）	鍛錬A	細川1997b	1-A
健康の森	高島市安曇川町南古賀				椀形滓	鍛錬B	細川1996b	2-B
辻（2008年度調査区）	栗東市出庭	竪穴建物 SH193	6世紀後半		鉄滓、滑石製臼玉	鍛錬A	猿渡ほか2009	1-A
		竪穴建物 SH202	6世紀後半		鉄滓、有孔円板、滑石製臼玉	鍛錬A		
辻（2011～2012年度調査区、現：出庭）	栗東市	竪穴建物 SH5	古墳時代後期（6世紀後半）		鉄滓	鍛錬A	近藤ほか2012	1-A
岩畑（南群）1997年度調査区	栗東市高野	流路 SD4	古墳時代後期（6世紀中葉～後葉）	羽口	椀形滓（精錬鍛冶滓か）	精錬	佐伯1997、雨森2014	1-S
岩畑（北群、県道調査区）	栗東市高野	竪穴建物・溝	TK10～43併行期	羽口	鉄滓	鍛錬A	平井1987、近藤2011	1-A
高野（南群・六地蔵地区、1988年度調査区）	栗東市高野	鍛冶炉	TK209併行期（6世紀末～7世紀初頭）		馬具（鉄製轡）	鍛錬A	雨森2008	1-A
吉身北（第16次）	守山市勝部町	SH-2	6世紀第2四半期～後半		鉄滓	鍛錬A	大岡1998	2-A
南滋賀（河越地区）	大津市錦織	用途不明土坑 SX1・2	古墳時代後期	羽口	銅滓、銅または鉛製品	鍛錬A	柳原2021	2-B
		土坑 SK1	古墳時代後期		棒状金属製品	鍛錬B		

第 2 節　近江の古墳時代の鍛冶について

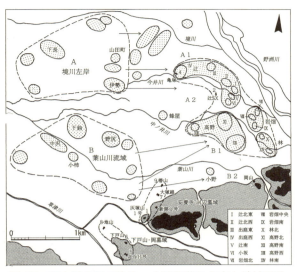

図 45　栗太郡北部の弥生・古墳集落の分布と地域区分
（数字は首長墓の造墓順位を示す　近藤 2011）

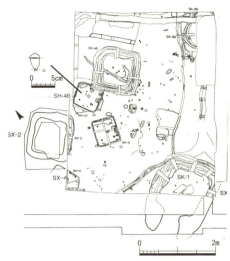

図 46　出庭古墳群
（藤岡 2008・近藤 2011）

SI700 では、床面において焼土面が複数検出されており、SI25 からは鉄器片、SI700 内の廃棄場 SX01 からは鉄鏃片・刀子片（図 51-125〜132）が出土している。また、布留式併行期に比定される平地式建物 SI06・SI690、竪穴建物 SI16 では、床面において焼土面が複数検出されており、SI690・SI16 からは鉄器片が出土している。遺構と鉄器の出土状況から、これら竪穴建物と平地式建物から検出された焼土面は鍛冶炉の可能性が高く、原始鍛冶の痕跡であると考えられる。

以上、1982・1985・2020 年度の発掘調査成果から、高野遺跡北群の南北約 100m、東西約 250m の範囲は、鉄器生産に係る建物が存在する特殊な区域である可能性が高くなった。

③　岩畑遺跡（栗東市高野、図 45・52）

岩畑遺跡は、庄内式新段階から集落が展開し、断続的にピークを迎えつつ律令期まで継続する。中心部では竪穴建物が複雑に重複し、出土品においても初期須恵器、滑石製品、多量の鉄製品など、通有の集落と比べて抜きんでた特徴がみられることから、湖南地域の中心的集落であったと考えられる。岩畑遺跡は鉄器保有率が高いことから、小笠原好彦氏は関東地方の事例との比較から、軍事的性格を帯びた集落であると指摘した（小笠原 1988）。

遺跡は北、中央、南群の 3 つに大きく分けられ（図 45）、中央群とする 1984・5 年度の発掘調査において、庄内式新段階から布留式古段階併行前後に相当する竪穴建物が 49 棟検出された（図 52）。そのうち鉄器が出土した竪穴建物は 7 棟で、20〜25m の間隔をもって 3・4 棟でひとつのまとまりをもつ単位が 2 か所存在していた。鉄鏃の出土が多く、鍛冶に関わる鉄片も出土している（近藤 2011・雨森 2014）。以上の発掘調査成果から岩畑遺跡の中央群では、古墳時代前期中葉に原始鍛冶の操業が行われていた可能性が高い。

鉄鏃の出土状況は、辻遺跡や高野遺跡では、竪穴建物 1 棟に対して 1 点であることが多いが、岩畑遺跡では竪穴建物 SH11 で 8 点（図 52-52〜55）、竪穴建物 SH30 で 4 点、竪穴建物 SH95 で 2 点、竪穴建物 SH32 で鉄鏃の可能性のあるものが 4 点出土している。鉄鏃が最も多く出土した SH11 では、床面から 2 点の鉄鏃が同位置で出土し、他の 6 点は炭層とされる場所から出土した。

第2章　日本古代製鉄の開始について

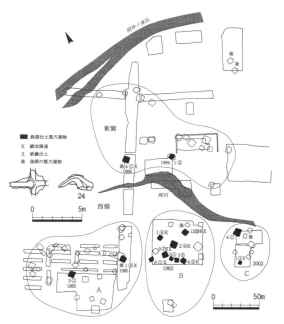

図47　高野北群　鉄器出土竪穴建物の分布
（数字は竪穴建物№．丸囲みは鉄器出土数　近藤2011）

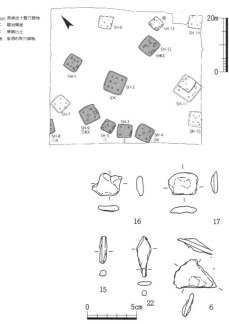

図48　高野遺跡1982年度調査区
鉄器出土竪穴建物の分布と出土鉄器
（丸囲みは鉄器出土数　近藤2011）

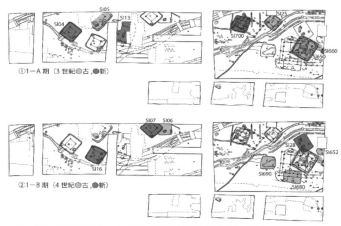

図49　高野遺跡　古墳時代前期の遺構変遷（近藤ほか2020）

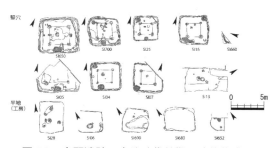

図50　高野遺跡　古墳時代前期の建物集成図
（近藤ほか2020）

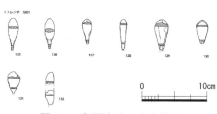

図51　高野遺跡　出土鉄器
（近藤ほか2020）

また、SH11 は庄内式新段階の土器の出土量が多く、広義の北陸系と推定される外来系の土器も出土している。さらに、SH11と隣接する竪穴建物からは、布留式前半段階に比定される瀬戸内系（四国系）の壺が出土している。このように、岩畑遺跡では近江外部地域と継続的な交流が行われていたことが窺われる（近藤 2011・雨森 2014）。

④ **蜂屋遺跡**（栗東市蜂屋、図53・54）

蜂屋遺跡の北端部に位置する1989年度調査区（以下「89調査区」という、図53）は、85m² という小規模ではあったが、土坑 SK18 から羽口が出土した。SK18 は調査区北端で検出され、長さ 2.0m 以上、幅 1.5m の細長い楕円形プランで、深さ約 0.3m、断面はU字形を呈する。埋土は炭粒を多量に含む黒褐色土で、遺構内からは羽口とともに石槌状石製品と砥石が出土した。また古式土師器甕、高杯、小型丸底土器、二重口縁壺がまとまって出土し、これらの土器から本遺構は布留式中〜新段階に比定されている（栗東市 2009、雨森 2014）。なお、SK18 に隣接する溜まり状落ち込みからは、椀形滓（図54-11）が出土しており、SK18 との関連が想定される。

羽口は、横断面が蒲鉾形を呈し、底部が平坦となる。大きさは幅 8.0cm、高さ 6.4cm、長さ 18.8cm、厚さ 1.5〜3.4cm。孔の直径は 1.5cm で、平坦面に対する孔の角度は 7°である。先端部は高温による気泡をもち、後端部は送風管の取り付け部を削りだす。真鍋成史氏が行った羽口分類ではⅠA類に（真鍋 2003a）、村上恭通氏が「蒲鉾形羽口」と呼ぶ羽口に相当する（村上 2007）。

蒲鉾形羽口が出土したSK18 からは砥石が3点（図54-7〜9）出土した。このうち2点（図54-7・8）は幅 2〜4mm の筋状の使用痕があり、鉄器を磨いたものとみられ

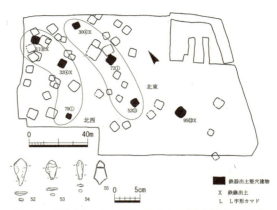

図52 岩畑遺跡中央群鉄器出土 竪穴建物の分布
（数字は竪穴建物№　丸囲みは鉄器出土数　近藤 2011）

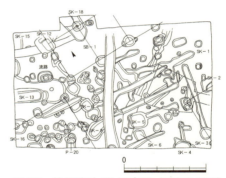

図53 蜂屋遺跡89 調査区（栗東市 2009）

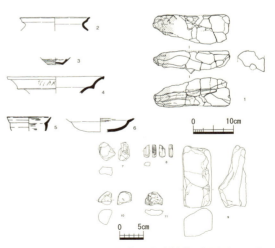

図54 蜂屋遺跡89 調査区出土遺物（栗東市 2009）

る。また1点（図54-9）はL字状を呈する花崗岩で、平坦面は被熱により赤変し、炭化物と鉄錆の付着がみられ、金床石の可能性がある。石槌状石製品（図54-10）は欠損しているが、楕円形の花崗岩で、平坦面には打痕がみられた（栗東市2009・雨森2014）。

これらの鍛冶関連遺物が出土したSK18の埋土には炭粒を含むものの、遺構の底や側面に熱による変色や粘土貼り付けなどはないことから、鍛冶炉の可能性は低い。しかし、蒲鉾形羽口や椀形滓、鉄器の加工に使用した石製品など、鍛冶に関連する道具が揃っていることから、SK18は、廃棄土坑もしくは祭祀にかかわる遺構であると考えられる。いずれにせよ、近辺で精錬鍛冶や鍛錬鍛冶Aという高温成形鍛冶の操業がおこなわれていた可能性が高い。蜂屋遺跡では古墳時代の遺構・遺物の分布が89調査区付近に限定されるようで、このような場所で、蒲鉾形羽口を使用し、高温成形鍛冶が可能な本格的鍛冶操業が始まったことを、近江の鍛冶の画期として評価したい。

なお、蜂屋遺跡に隣接する野尻遺跡では、弥生時代後期末の竪穴建物が検出され、鉄片が数点出土している。このなかには原始鍛冶を行ったときに切り取られたと考えられる剥片も含まれている。野尻遺跡では弥生時代後期末に、原始鍛冶がおこなわれていた可能性がある（佐伯2000）。

⑤ **辻遺跡**（栗東市高野、図55・56）

辻遺跡では南西部の小坂地区で、古墳時代前期と後期前半の集落が発見されている（図55）。古墳時代前期においては、竪穴建物が41棟検出されているが、そのうち15棟の竪穴建物から鉄器が出土している。なお、古墳時代後期前半においては、竪穴建物が3棟検出されているが、そのうち2棟の竪穴建物から、刀子と鉄片2点が出土している。

古墳時代前期においては、庄内式新段階から布留式古段階の竪穴建物4棟と、布留式後半段階の竪穴建物10棟から鉄器が出土している。鉄器は一辺7m以上の大型竪穴建物から出土することが多い。また、鉄器が出土する大型竪穴建物と一辺5m前後の中型竪穴建物2棟が単位となり、各単位が約50m離れて分布する。

布留式後半段階の竪穴建物1997年度SH2・1998年度SH1、土坑SK（図55）

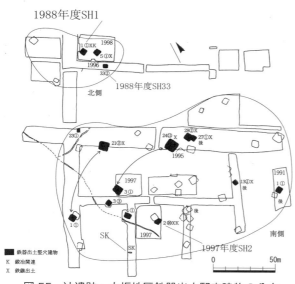

図55 辻遺跡・小坂地区鉄器出土竪穴建物の分布
（近藤2011）

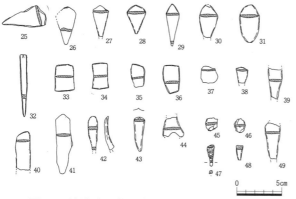

図56 辻遺跡・小坂地区出土鉄器（近藤2011）

から鍛冶関連遺物が出土している。1997年度SH2では、鉄製品加工時の切断によって生じる三角鉄片、方形鉄板、又状鉄片、鉄鏃の未製品もしくは失敗品と推定される鉄製品のほか、鏨、鑿などが20数点出土している（図56-25～49）。また1998年度SH1では、鍛冶炉の可能性のある被熱した床面から三角鉄片が出土している。さらに、土坑SKでは、5cm大の鉄滓が出土している（近藤2011・雨森2014）。

以上の調査結果から、竪穴建物1997年度SH2・1998年度SH1では鍛錬鍛冶Bの操業が行われた可能性が高い。なお、竪穴建物1996年度SH33（図55）では、南辺中央付近の土坑両側において、鉇、鎌が意識的に置かれたような状況で出土した。この竪穴建物は4本柱でない、特異な構造であることから、建物内で鉄器を使用した祭祀が行われていた可能性がある。

小坂地区の南側では、布留式後半段階に緑色凝灰岩による玉作が行われている。玉作工房である竪穴建物1995SH3では、玉の調整工具に使用したと推定される細い鉄棒が出土し、竪穴建物1997年度SH2（図55）では工作用の鏨や鑿状鉄製品が出土している。鍛冶と玉作という複数の手工業生産が同一遺跡内で行われている可能性が高い（近藤2011）。

　　⑥　**下鈎遺跡**（栗東市刈原、図57・58）

2009～2010年度に実施された発掘調査（図57）では、大溝AⅢ区中層から羽口（図58-277）が出土している。羽口には、直径約2cmの孔と思われる痕跡が認められる。大溝AⅢ区中層の遺物は古墳時代前期（布留式段階併行）の所産の可能性が高い（近藤2010）。羽口は鍛冶であれば鍛錬鍛冶B段階のものと考えられる。しかし、大溝からは羽口のほか、銅滓（図58-279）・不明土製品（図58-275・276・278）、周辺からは弥生時代後期後半の青銅器生産関連遺物がまとまって確認されていることから、青銅器生産にともなう羽口の可能性もある。

　　⑦　**金森東遺跡**（守山市吉身二丁目、図59・60）

2001～2005年度に実施された第30次調査では、弥生時代後期後半から古墳時代前期にかけての土壙墓、方形周溝墓、旧河道が検出された。同調査では第Ⅰ工区の方形周溝墓SX3から鉄滓、砥石、方形周溝墓SX4から短剣、土壙墓から長剣が出土した（図59）。

方形周溝墓SX3の調査区壁付近の周溝埋土上層から鉄滓と土師器、溝底から砥石が出土している。鉄滓（図60-4）は重量276.5gを測る椀形滓である。一部欠損しているが、滓上面には木炭痕がみられ、底面は鍛冶炉の形状をよく残し、一部に粘土が付着する。金山分類の3類に比定される。砥石（図60-2）は砂岩製で、表面とU字状の溝周囲と溝底には線状痕が認められることから、金属器研磨に用いられたと考えられる（大岡2005）。椀形滓と砥石をセットとして考えるならば、鍛錬鍛冶A以降の操業に伴う遺物の可能性がある。出土した土器は受口状口縁甕の細片で、布留式古段階から中段階に併行する時期に比定される。

方形周溝墓SX4の周溝コーナー部の埋土中層で、短剣（図60-3）が刃部を上に向け、彎曲した状態で出土した。共伴土器は細片のため時期を特定するには至っていない。また、土壙墓からは長剣（図60-1）が刃部を上に向け、ゆるやかなS字を描くように曲がった状態で出土した。出土状況から長剣は刃部を上に向け、木棺の長側板にたてかけられていた可能性が高い。土器は、弥生時代後期の受口状口縁甕の口縁部の細片が1点出土しているが、時期を特定するには至っていない。

土壙墓と方形周溝墓SX4から出土した長剣と短剣の副葬状況は、朝鮮半島や山陰・北陸地方

第2章 日本古代製鉄の開始について

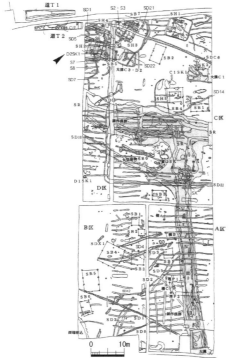

図57 下鈎遺跡2009〜2010年度調査
遺構全体図（近藤2010）

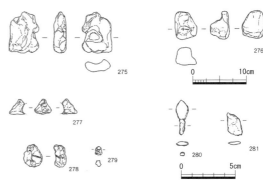

図58 下鈎遺跡2009〜2010年度調査
出土土製品・羽口・鉄器（近藤2010）

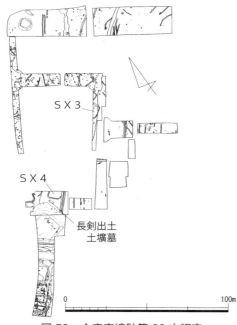

図59 金森東遺跡第30次調査
第Ⅰ工区（大岡2005）

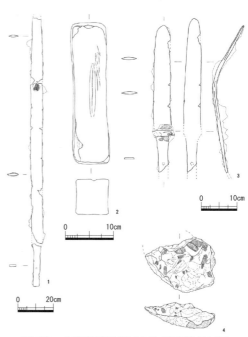

図60 金森東遺跡第30次調査第Ⅰ工区
出土長剣・短剣・砥石・鉄滓（大岡2005）

など日本海沿岸地域に多くみられる。弥生時代後期の葬送儀礼行為とされるが、近江での事例は本例のみである。また77cmもの長剣が屈曲して副葬された事例は珍しい（大岡2005）。77cmもの長剣を作ることは、弥生時代後期の日本列島内では困難であったと考えられ、舶載品、朝鮮半島製の可能性が高い。また屈曲する鉄剣の素材は低炭素鋼材で、焼入れが無理な非実用品、威儀具である可能性が高い。

方形周溝墓SX3の周溝墓内から出土した椀形滓と金属器研磨用と指定される砥石は、鉄器生産に関係する被葬者に副葬された可能性がある。また、土壙墓と方形周溝墓SX4から出土した長剣と短剣から、古墳時代前期に、金森東遺跡およびその周辺に、鉄剣をはじめとする鉄器を所有し、鉄素材の調達、高温成形鍛冶を行える実力を持った首長層が存在したことを想定できる。

⑧ 芝原遺跡（彦根市本庄町、図61②）

芝原遺跡では、古墳時代前期後半に比定される竪穴住居16から鍛冶関連遺物が出土した。また、竪穴住居16に近接するピット78から転用羽口が出土した。

竪穴住居16（図61②）では、床面中央付近において、長軸1.36m、短軸0.9m、深さ0.2m前後の方形土坑が検出され、埋土から炭化物や炭のほか、鍛冶滓、鍛造剥片、炉床粘土の焼土細片などの鍛冶関連遺物が出土した。この方形土坑は鍛冶炉に伴う廃棄土坑であると推定される。住居埋土から布留式甕片が出土し、竪穴住居16は、古墳時代前期後半の鍛冶工房であると判断されている（細川1996a）。出土椀形滓は、色調が深緑色系を呈し、破面で気孔をまばらに認めることができる。粗質で小型であることから、金山分類の4類に比定される。

また、ピット78から出土した羽口は、土師器高杯の脚部を転用した羽口（図61②）である。古墳時代前期に通有にみられる土師器高杯であり、胎土も、芝原遺跡で出土する同時期の土器群と区別できない。集落で一般的に用いられた土器を転用したものと考えられる。羽口の装着角度は約15°に復元でき、通常の鍛錬鍛冶における場合と大差ないものである。以上のことから、竪穴建物16では鍛錬鍛冶B以降の操業が行われた可能性が高い。

⑨ 稲部遺跡（彦根市稲部町、図62）

稲部遺跡はこれまでの調査で、湖東地域における弥生時代後期から古墳時代前期の拠点集落としての性格が明らかになりつつある。2017年度に実施された稲部遺跡第14次調査は、約100m²と小規模な発掘調査ではあったが、金属生産関連遺構としては炉跡SK11（図62）を検出した。SK11には複数の土坑が隣接し、掘立柱建物SB01内に設置されたとみる。金属生産関連遺物としては炉材（羽口・炉壁）の一部、ガラス質滓、砥石、敲石、台石、粘土塊などが出土した。

SK11は土坑状に掘削後、ブロック土を含む粘質土で埋め戻し整地した後に、その上に炉を構築したものである。炉床は確認されていないが、炭層直下で若干硬化した面が認められるようである。掘形の平面形は長楕円形を呈し、長さ83cm、幅57cm、深さ13cmを測る。黒色炭層（2層）は、最大1.5cm大の焼土ブロックと最大4cm大の炭を含み、炭を意識的に敷いた、いわゆるカーボンベッドであるとみられる（戸塚ほか2018）。被熱による赤色化は認められず、古墳時代の鍛冶炉と比較すると被熱の度合いが弱い。鍛冶炉であるならば、村上恭通氏による鍛冶炉分類のⅠ類あるいはⅡ類（村上1994）に近い。

金属器生産関連遺物はSK11、建物SB01の西側にある大溝SD01およびその周辺から出土している。特にSD01上層から、羽口あるいは炉壁と考えられる炉材（図62-131）、ガラス質滓

87

第2章　日本古代製鉄の開始について

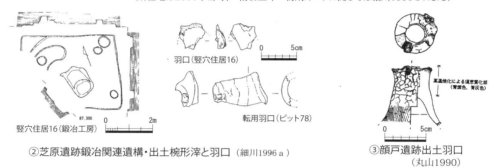

図61　滋賀県の古墳時代の鍛冶について（大道2001）

（図62-132）、土坑SK01から、羽口あるいは炉壁と考えられる炉材（図62-133）が出土している。これら金属器生産関連遺物は共伴する土器などから、庄内式期から布留式期のものと考えられる。なお、SK11の埋土については、1mm方眼の篩によって水洗選別を行っており、炭の塊、炉材の断片と推定される残滓、磁着する鉄針状の遺物や岩石・粘土片が抽出された。しかし、弥生・古墳時代所産の鉄片、鍛造剥片や粒状滓は検出されていない（戸塚ほか2018）。

上記の金属器生産関連遺物については金属学的調査が行われている。遺物は強い熱影響を受けて表層、または全体がガラス質化し、滓中には微細な金属鉄やその錆化物、またはマグネタイトなどの鉄酸化物の結晶が観察・確認されている。このことから、炉材（図62-131・133）は羽口または炉壁の一部、ガラス質滓（図62-132）はその溶解物の可能性が指摘されている（戸塚ほか2018）。

SD01上層からは、鍛冶関連遺物とともに、青銅器鋳造工程の溶銅作業において炉体として用いた高杯形土製品、いわゆる土器炉（村上2009）として使用された土製品の杯部（図62-118・119）と脚部（図62-120）が出土している。したがって、小形の高杯形土製品による小型青銅品の鋳造が行われていたと考えられる。

以上、SK11の遺構検出状況と周辺から出土した金属器生産関連遺物を総合的に評価すると、青銅器生産が行われていたとは判断できるが、原始鍛冶の操業が行われていたと考えるのには、鍛冶関連資料が不足していると考えられる。稲部遺跡では、周辺調査区の発掘調査報告書を作成中なので、その報告を待って、鍛冶の有無およびその実態について再検討したい。

⑩ **法勝寺遺跡**（米原市高溝、図63）

法勝寺遺跡は天野川右岸の平野部に立地する遺跡で、これまでの調査で、前方後方形周溝墓を含む、60基を超える方形周溝墓が検出されている。これらの方形周溝墓群は弥生時代中期から

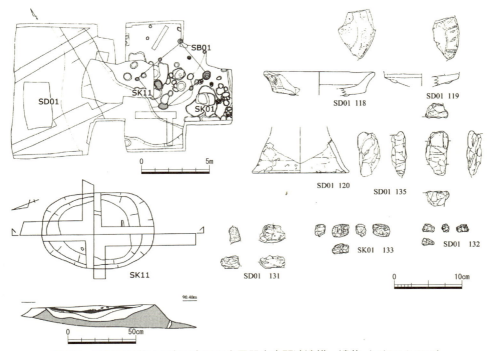

図62　稲部遺跡第14次調査区の金属器生産関連遺構・遺物（戸塚ほか2018）

第 2 章　日本古代製鉄の開始について

古墳時代初頭に比定されている（宮崎 1990a）。

　丸山竜平氏によれば「法勝寺遺跡の方形周溝墓中、弥生中期の第 14 号墓（第Ⅳ様式）から鉄片（幅約 3cm・厚さ 5mm・長さ 6cm）、弥生後期の第 22 号墳からは小鉄片数点、更に弥生末期の第 30 号墓からは、小鍛冶滓には似つかわしくない 4×3cm 大の、厚みが 2cm 以上を測る鍛冶滓が 1 点出土している。」という（図 63、丸山 1990）。弥生時代の鍛冶滓として注目されるが、この鍛冶滓は「副葬品か、まぎれ込んだものか不明である」とあり、資料のとり扱いに十分な検討が必要である。また、高居芳美氏によれば、周溝墓の周溝からは鉄片、鍛冶滓のほか、朱（もしくは丹）の付着した板状石の出土のほか、周溝墓群の中で独立して存在する竪穴建物の壁溝からも朱（もしくは丹）の付着した石が出土しているという（高居 1992）。

　⑪　**高溝遺跡**（米原市高溝、図 64）

　高溝遺跡は天野川右岸の平野部に立地する遺跡である。1986〜1988 年度にかけて「高溝大溝地区」で実施された発掘調査で、縄文時代から古墳時代を中心とした遺物を多数包含する大溝が検出された。この大溝は、旧近江町の顔戸遺跡、高溝遺跡、長門寺遺跡、正光寺遺跡の 4 つの遺跡からなる「顔戸遺跡群」の中を走り抜けている。大溝からは、古式土師器とともに小形彷製鏡とミニチュア土器が出土しており、大溝周辺において祭祀行為がおこなわれていた可能性が指摘されている（宮崎 1990b）。

　丸山竜平氏によれば「大井地区の大溝（A−8）最下層においてフイゴの羽口及び鉄滓が発見され」、「この大溝最下層とは、弥生後期から古墳時代初頭に相当し、3 世紀に遡るものである」という（図 64、丸山 1990）。また、高居芳美氏によれば、高溝遺跡の大井地区大溝の庄内期堆積層からは、鉄滓のほか、酸化第二鉄（ベンガラ朱）がおびただしく付着した石灰岩や、朱（もしくは丹）の付着した扁平石片（県内湖東地区に多く見られる湖東流紋岩）、水を含ませ摺ると赤橙色素が容易に得られる粘土状塊も出土しているということである（高居 1992）。

　⑫　**顔戸遺跡**（米原市顔戸、図 61 ③・65）

　顔戸遺跡は高溝遺跡の南に位置し、高溝遺跡などとともに「顔戸遺跡群」を構成する。1986〜1988 年度にかけて、「三反田地区」で実施された発掘調査で、大溝遺構 SD01 と掘立柱建物などを検出した。SD01 からは弥生土器、古式土師器、須恵器などが出土し、弥生時代後期から古墳時代中期に比定されている（宮崎 1990c）。

　丸山竜平氏によれば「顔戸遺跡の溝 1（SD−1）の第 3 層目からやはり布留式以前の高杯脚部で、フイゴの羽口に転用したものが出土している」という（図 65、丸山 1990）。出土した転用羽口は、鍛錬鍛冶 B の操業に伴う可能性が高い。

（2）　古墳時代中期から古墳時代後期前半

　①　**岩畑遺跡**（栗東市林、図 61 ⑤・66）

　岩畑遺跡の南群、1992 年度に実施された発掘調査（B 地点）では、5 世紀から 6 世紀初頭にかけての竪穴建物が 18 棟、溝、土坑等が検出された。4 棟の竪穴建物から鉄器が出土している。このうち竪穴建物 SH1（図 61 ⑤）では鉄滓が 3 点出土し、棒状の鉄製品と刀子、鑿や鑿状の鉄器を研いだと想定される枕状の砥石も出土している。SH1 は鍛錬鍛冶 B の操業を行った遺構の可能性が高い。SH1 は出土土器から 5 世紀後半に比定されている。1992 年度の発掘調査では、L 字形カマドをもった竪穴建物が 2 棟確認されており、いずれも鉄鏃や刀子などが出土している（近藤 2011）。

90

第2節 近江の古墳時代の鍛冶について

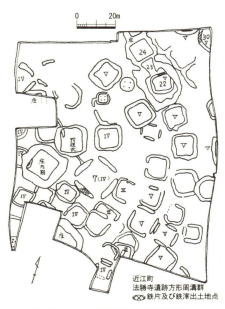

図63 法勝寺遺跡方形周溝墓群
（丸山1990）

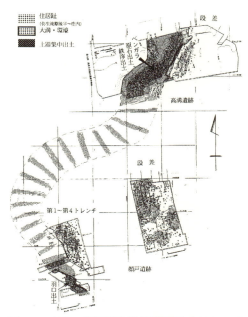

図64 高溝・顔戸遺跡遺構配置図（高居1992）

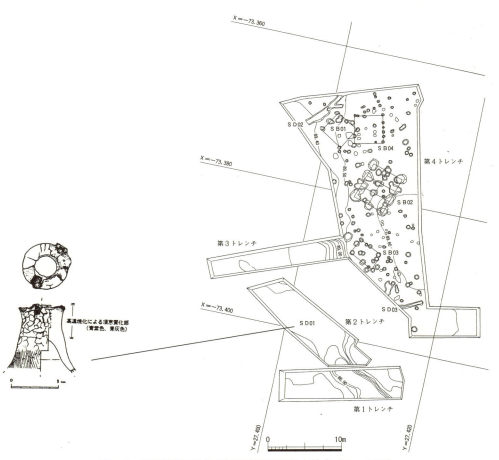

図65 顔戸遺跡三反田地区転用羽口出土地点（丸山1990）

第2章 日本古代製鉄の開始について

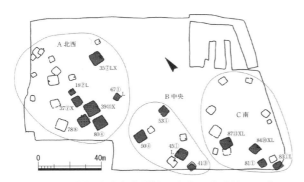

図66 岩畑遺跡中央群鉄器出土竪穴建物の分布
（数字は竪穴建物№. 丸囲みは鉄器出土数　近藤2011）

岩畑遺跡中央群における1984・1985年度の調査（A地点）でも、5世紀後半から6世紀前葉に比定される鉄器が多く出土する竪穴建物は、カマドの大半がL字状に屈曲する煙道を持つ（図66）。このような煙道を持つ竪穴建物は、渡来系集団との関連を想定でき、岩畑遺跡の鉄器生産には渡来系集団が関与したと考えられる（近藤1994）。

② **辻遺跡**（栗東市出庭、図67）

辻遺跡西側にあたる2008年度の発掘調査（図67）では、26棟の竪穴建物が確認され、そのうち4棟で鉄製品や鉄滓が出土した。竪穴建物2棟（2008年度SH202・SH193）からは鉄滓が出土し、そのうちの1棟からは羽口の破片も出土している。また、付近の包含層からは鉄滓が多く出土している。さらに、土坑2008年度SK186の埋土には、鉄滓とともに焼土、灰が多量に含まれており、土坑の床面では、焼け締った部分が確認された。時期は6世紀中頃（TK10併行期）に比定される（猿向ほか2009、近藤2011）。

辻遺跡南側にあたる1990年度の発掘調査（図67）でも、竪穴建物が4棟確認されている。そのうち竪穴建物2棟（1990年度SH3・SH4）から、刀子もしくは鉄鏃と想定される鉄製品のほか、鉄滓や羽口片が出土している。住居域の端の一定エリアで鍛冶が行われていた様相がうかがえる。時期は6世紀中頃（TK10併行期）に比定される（近藤2011）。以上のことから、辻遺跡では鍛錬鍛冶Aの操業が行われていた可能性が高い。

③ **阿比留遺跡**（守山市小島町、図68）

1991年度に実施された発掘調査で、T-2b区の遺物包含層から羽口片、砥石が出土している（小島ほか1996）。羽口（図68-416）は鍛錬鍛冶Bの操業に伴う可能性が高い。遺物包含層から出土した遺物は5世紀後半から6世紀前半のものが多いが、特に6世紀前半の遺物量が多いようである。この時期は阿比留遺跡で本格的に集落が形成され、発展した時期と考えられる。遺構は竪穴建物が主体で、カマドを付設したものが多く、カマドが近江の中でも比較的早い段階で導入されたことがわかる（宮崎1992）。また、阿比留遺跡における滑石の玉生産もこの時期には開始されるようである。

④ **植遺跡**（甲賀市水口町植、図69〜77）

植遺跡は2001〜2002年度にかけて発掘調査が実施された。発掘調査では古墳時代中期から後期を中心とする竪穴住居119棟、掘立柱建物17棟、甕棺墓4基など数多くの遺構が検出された（図69）。5世紀中頃の大型倉庫建物群、5世紀後半から6世紀中頃の竪穴住居群、6世紀後半の豪族居館的建物群など県内では類例の少ない特殊な遺構が検出された。また、百済系とされる煙突状土製品、製塩土器、赤色顔料など特殊な遺物とともに、羽口、鉄滓、砥石などの鍛冶関連遺物も出土した（細川ほか2005）。以下、年代順に鍛冶関連遺物の出土状況を概観する。

6世紀前葉から中葉（植Ⅱ期後半〜Ⅲ期、MT15〜TK10併行期）　竪穴住居SH104からは椀形滓738・739が出土している（図70）。

6世紀中葉（植Ⅲ期、TK10併行期）　竪穴住居SH007からは羽口16が出土している（図71）。当該遺構は丁寧な貼床を施す大型住居である。竪穴住居SH060からは羽口393、椀形滓394、金床石385-2（図72）が出土している。竪穴住居SH120からは羽口791、未製品の鉄鎌792が出土している。当該遺構は巨大方形住居である（図73）。

　6世紀後半（植Ⅳ期、TK43併行期）　竪穴住居SH051からは椀形滓340が出土している（図74）。土坑P3022からは羽口696、椀形滓695が出土している。当該遺構内には礫石が集積されており、鍛冶炉を設営するための地業の痕跡の可能性がある（図75）。なお、当該遺構は重複する竪穴住居SH098A内に設置された遺構の可能性がある。竪穴住居SH098Aからは砥石677、椀形滓676・678、特殊な遺物としては滑石製の紡錘車が出土している（図76）。

　6世紀後半から7世紀初頭（植Ⅳ期〜Ⅴ期、TK43〜TK209型式併行期）　竪穴住居SH110からは羽口749が出土している。当該遺構から出土した土師器煮炊具は、特殊な小型平底製品だけで構成されている（図77）なお、植遺跡から出土した鍛冶関連遺物については、筆者が羽口の装着角度、炉内温度、鉄滓の大きさと重量、鉄滓の下面の形態等の考古学的観察・検討を実施した。詳細については報告書を参照されたい。

　発掘調査結果を総合すると、出土鍛冶関連遺物に強い共通性・均質性をみてとることができることから、各鍛冶炉で想定される炉の大きさや、操業は同一的なものであったことが推定される。椀形滓の大きさもやや小降りで、1回の鍛冶操業で処理する鉄器の量はそれほど多くはなかったと想定される。鉄鏃、刀子、鉄鎌などの小型品を鍛造していた可能性が高く、鉄器の修理等の作業も想定される。図化した椀形滓の総重量は918.4g、羽口の総重量は93.7gを測る。図化以外の鍛冶関連遺物の出土は微量であることから、出土鍛冶関連遺物の総重量は約1kgということになる。植遺跡では6世紀から7世紀初頭にかけて継続して鍛錬鍛冶Aの操業がおこなわれたと考えられる。

　⑤　**斗西遺跡**（東近江市佐野町、図61⑥）

　斗西遺跡では、1989〜1990年度に発掘調査が実施され、3件の竪穴住居跡（ST31、ST35、ST76）から鍛冶関連遺物が出土した（図61⑥、植田1993）。

　ST31は6世紀前半から中頃に比定され、住居の床面やカマド付近から計409gの椀形滓が出土している。またST35は6世紀中頃に比定され、東部隅の床面から焼土・炭・灰とともに羽口3点と、計366gの椀形滓が出土している。両住居出土椀形滓はいずれも金山分類の4類に相当すると判断され、鍛錬鍛冶Aの操業において排出された滓である可能性が高い。また、羽口は外面にナデの痕跡を明瞭に残し、製作工程がやや雑である印象を受ける（大道1995）。

　⑥　**高月南遺跡**（長浜市高月町高月・宇根、図78・79）

　高月南遺跡では、弥生時代後期から古墳時代前期の湖北以外の地域に系譜をもつ土器類、県内で唯一明確な弥生時代後期の玉作工房、5世紀に遡る可能性の高い鍛冶関係遺構（中心時期は7世紀）および多量の製塩土器などが出土しており、本遺跡は物資の流通拠点であったとみられる（黒坂ほか2010）。また、少数ではあるが、大壁造り建物も検出されており、渡来人の集住も考えられる（池嵜2020）。かつて、高月町によって実施された発掘調査で、5世紀後半から6世紀中葉に比定される竪穴建物やその周辺から、椀形滓や羽口等の鍛冶関連遺物が一定量出土している。

　3次調査区（CRT-A区、1985（昭和60）年・大型倉庫建設地造成、図78・79）では、5世紀後半

第 2 章　日本古代製鉄の開始について

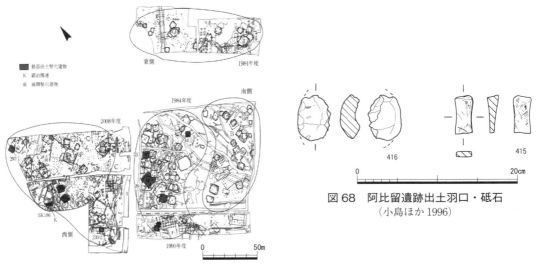

図 67　辻遺跡・辻北西群鉄器出土竪穴建物の分布
（数字は竪穴建物No.　丸囲みは鉄器出土数　近藤 2011）

図 68　阿比留遺跡出土羽口・砥石
（小島ほか 1996）

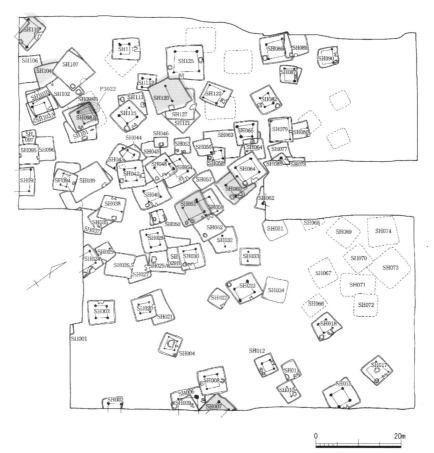

図 69　植遺跡　主要遺跡分布図（網掛けの遺構からは鍛冶関連遺物が出土）
（細川ほか 2005）

第2節　近江の古墳時代の鍛冶について

図70　植遺跡 SH104（細川ほか 2005）　　図71　植遺跡 SH007（細川ほか 2005）

図72　植遺跡 SH060（細川ほか 2005）

95

第 2 章　日本古代製鉄の開始について

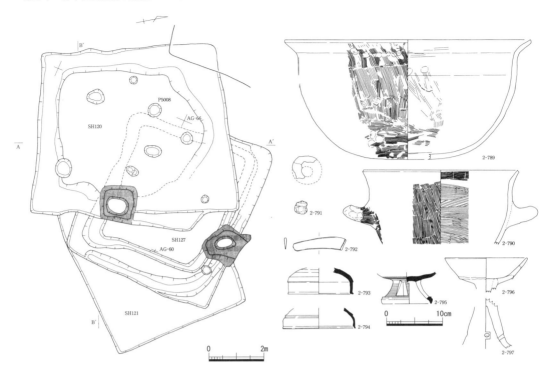

図 73　植遺跡 SH120（細川ほか 2005）

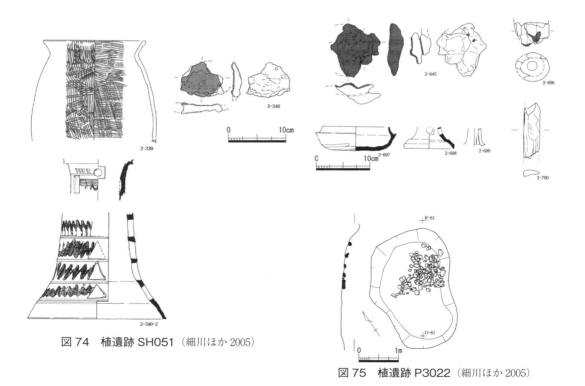

図 74　植遺跡 SH051（細川ほか 2005）

図 75　植遺跡 P3022（細川ほか 2005）

第 2 節　近江の古墳時代の鍛冶について

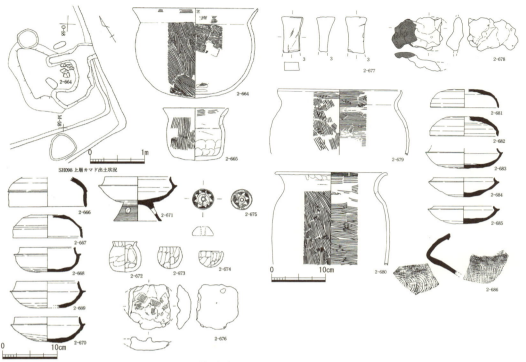

図 76　植遺跡 SH098A（細川ほか 2005）

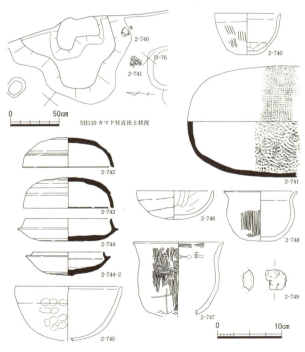

図 77　植遺跡 SH110（細川ほか 2005）

から 6 世紀中葉の竪穴建物群が検出され、滑石製勾玉・管玉・紡錘車・有孔円板、碧石製勾玉・管玉、ガラス玉などが出土している。その中心となる 11 号竪穴建物は、平面形が一辺 8.5m の方形をなし、柱穴は 9 本の総柱である。西壁中央より約 50cm 東寄りの床面に、1～10cm の河原石（玉石）を直径約 70cm の円形に敷き詰めた遺構があり、その周辺で玉類が多く出土した。この竪穴建物の周囲を廻るように、幅 20cm の溝状遺構が確認されている（黒坂 1986）。

11 号竪穴建物は 6 世紀前半に比定され、鍛錬鍛冶 B の操業で排出された可能性の高い椀形滓の他、砥石、鏡を模した土製品、製塩土器、移動式カマド、ミニチュア土器な

97

第2章　日本古代製鉄の開始について

図78　高月南遺跡調査区位置図（黒坂1987）　　図79　高月南遺跡1次〜19次調査区位置図
　　　　　　　　　　　　　　　　　　　　　　　　　　　　　（黒板2010）

どが出土している。11号竪穴建物については、神社的性格をもった建物、あるいは11号竪穴建物とその周辺に居住していた祭祀集団の中心的人物・家族の居住場所と想定されている（黒坂1987）。

　また、1次調査区（SGS区、1984〜1985（昭和59〜60）年工場増築造成、図78・79）では羽口と炉壁片、1次調査区（SGS-C区、図78・79）、3次調査区（CRT-A区、図78・79）、4次調査区（CRT-E区、1986（昭和61）年・工場および倉庫建設地造成、図78・79）では長方形を呈する被熱の激しい焼土坑が検出されている。焼土坑についても鍛冶関連遺構である可能性が指摘されている（黒坂1987）。

　以上の調査結果から、高月南遺跡では鍛錬鍛冶A以降の操業がおこなわれていたと考えられる。

　⑦　**横山遺跡**（長浜市高月町渡岸寺）

　横山遺跡は高月南遺跡の北3km程のところに位置する。高月町によって行われた調査で、6世紀前半に比定される少量の鍛冶関連遺物の出土している（細川1996b）。詳細は不明であるが、鍛錬鍛冶Bの操業がおこなわれていたと考えられる。

　⑧　**大塚遺跡**（長浜市高田町、図80）

　大塚遺跡では、1992年度に実施された発掘調査で、5世紀末から6世紀中葉に比定される落ち込みSK01（図80）から羽口片が1点出土している（藤崎1994）。羽口は鍛錬鍛冶Bの操業に用いられた可能性が高い。SK01では羽口の他、滑石製勾玉1点、製塩土器片約30点、須恵器、土師器、移動式カマド片などが出土しており、遺構の性格についても注目される。

　⑨　**南市東遺跡**（高島市安曇川町西万木、図81）

　南市東遺跡は1976年度に大型ショッピングセンター建設に伴う発掘調査（第1次）にはじま

第 2 節　近江の古墳時代の鍛冶について

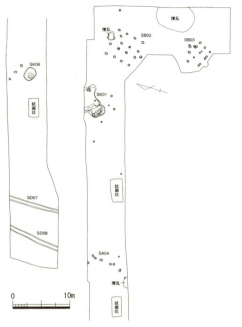

図 80　大塚遺跡遺構図（藤崎 1994）

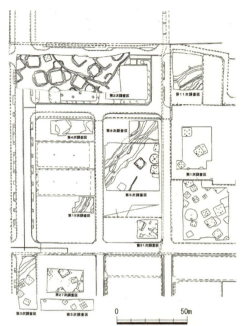

図 81　南市東遺跡調査区位置図
（中江 1982）

り、年 2～5 件のペースで発掘調査が行われ、1984 年度までに 24 次にわたり発掘調査が実施された（中江 1979・1980・1982）。その後は開発の沈静化に伴い数年おきの調査となり、2005 年度に 31 次をむかえている。古墳時代中期後半（TK47 併行期・5 世紀後半）の時期の竪穴住居は 40 棟以上が検出され、住居内には全国的に早い段階でカマドが設置されている。初期須恵器・韓式系土器などが出土していることから、渡来人によって形成されたムラと考えられている（細川・畑中 1996）。背景には継体天皇の擁立に深く関わったとされる「三尾君氏」の存在や、周辺にその存在が予想される『日本書紀』記載の「近江国の高嶋郡の三尾の別業」などとの関連が推測される。発掘調査では、椀形滓、羽口等の鍛冶関連遺物が、遺物収納コンテナで 2 箱分程と、比較的まとまって出土している。当遺跡では鍛錬鍛冶 A 以降の操業が行われていた可能性が高い。

⑩　**下五反田遺跡**（高島市安曇川町田中、図 82）

下五反田遺跡は南市東遺跡に隣接し、南市東遺跡との関係から渡来人の関与する遺跡とされている。1995 年度に実施された発掘調査において、5 世紀後半に比定される旧河道 2 から椀形滓 F-2 が出土した（図 82、細川 1997）。この椀形滓は長軸 6.0cm、短軸 4.0cm、厚さ 1.4cm を測り、金山分類 4 類に比定され、鍛錬鍛冶 A の操業に伴い排出された椀形滓の可能性が高い。椀形滓は旧河道 2 周辺に展開する 5 世紀後半代の集落から廃棄されたものであろう。

⑪　**遺跡健康の森**（高島市旧安曇川町）

安曇川町によって行われた発掘調査におい

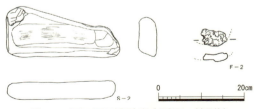

図 82　下五反田遺跡出土砥石・椀形滓
（細川 1997）

て、椀形滓などの鍛冶関連遺物が少量出土している（細川1996b）。詳細は不明であるが、鍛錬鍛冶Bの操業がおこなわれていたと考えられる。

（3）　古墳時代後期後半

①　辻遺跡（栗東市出庭、図83〜85）

辻遺跡では2008年度に実施された発掘調査において、W2トレンチ竪穴建物SH193・SH202（図83・84）から鉄滓が出土している。両竪穴建物からは鍛冶炉は検出されておらず、焼土面もカマド燃焼部のみである。なお、SH193からは滑石製臼玉21点、SH202からは有孔円板1点、滑石製臼玉21点が出土している。竪穴建物は6世紀後半に比定される（猿向ほか2009）。

鉄滓が出土したW2トレンチに西接するW1トレンチでは、5世紀中頃から6世紀前半の遺構群から、滑石製臼玉が集中して出土している。遺構の内容や滑石製臼玉の出土状況から、鉄滓が出土した前時期に、豊富な石製模造品を用いた祭祀が行われていたことが明らかである。竪穴建物から出土した鉄滓は、石製模造品製作に関連する鍛錬鍛冶Aの操業において排出された可能性が高い。

2008年度の調査区から北西約400mの地点において、2011〜2012年度に発掘調査がおこなわれた。発掘調査では、6世紀後半の竪穴建物SH5（図85）から鉄滓が出土した（近藤ほか2012）。本調査は200m²の調査区にも関わらず、玉作り工房の存在（SH1）や、L字形のカマドをもつ渡来系要素の強い竪穴建物（SH2）が確認されている。周辺の発掘調査状況から、辻遺跡の北西部においても、辻遺跡南東部の状況と同様、5世紀中頃から6世紀にかけての集落のまとまりを確認できる。なお、SH5から出土した鉄滓は、玉作りに伴う鍛錬鍛冶Aの操業により排出されたものである可能性が高い。

②　岩畑遺跡（栗東市高野、図86・87）

岩畑遺跡南群、高野神社の南側で町道路拡幅に先立ち実施した1997年度の調査では、6世紀中葉から後葉に比定される溝（SD4）から、多量の須恵器、土師器の他、焼土や炭を伴い、椀形滓と羽口が出土した（図86・87、佐伯1997）。椀形滓は、木炭分を比較的多く含むものや、気孔が多く比較的軽いものなどがあり、金山分類2類に比定される、精錬鍛冶の操業に伴うものと考えられる滓が含まれている（雨森2014）。岩畑遺跡では、精錬鍛冶以降の鉄器生産が行われたことを想定できる。

1985年度に実施された岩畑遺跡北群県道調査区で実施された発掘調査では、6世紀後半に比定される竪穴建物15棟中2棟で鉄器が出土している。時期はいずれも概ねTK10段階併行である。南西側では、TK10からTK43段階の竪穴建物SH14（図88）から鉄滓が出土しているほか、溝から鉄滓とともに羽口が出土している（平井1987）。これらの鉄滓、羽口は鍛錬鍛冶Aの操業に伴う可能性が高い。

③　高野遺跡（栗東市高野・辻、図89）

1988年度に実施された発掘調査で、鍛冶炉と推定される焼土面を検出した。鍛冶炉の傍から馬具（環状鏡板付轡）が出土していることから、馬具の製作や修理を行っていた可能性がある（図89、雨森2008）。馬具製作には高度な技術を要することから、鍛錬鍛冶Aの操業が行われた可能性が高い。時期はTK209型式併行期、6世紀末から7世紀初頭に比定される。西幸子氏は、本資料について「現在轡は、銜と鏡板の組合う破片、引手の破片、立聞の破片の3つに分かれる

第 2 節　近江の古墳時代の鍛冶について

が、各部材ごとに分離、あるいは未製品として分離した状態とは言い難い。よって、本馬具の出土から、高野遺跡では馬具生産の可能性が指摘されるが、現状では他の鉄製品製作のためのリサイクル鉄素材の可能性も捨てきれない」と考えた（西 2020）。

④　**吉身北遺跡**（守山市勝部町、図 90）

吉身北遺跡では 1997 年度に実施された第 15 次調査において、竪穴建物 SH-2 から鉄滓が少量出土している。SH-2 は 6 世紀第 2 四半期から後半に比定される（大岡 1998）。

吉身北遺跡では、5 世紀後半の玉作り工房から鉄製の針状工具が出土しており、集落内に鉄器生産工房があった可能性がうかがえる。また同時期には滑石製玉作り工房が 1 棟、さらに、6 世紀初頭においては、工房の可能性の高い竪穴建物が 1 棟確認されていることから、集落内において手工業生産がおこなわれていたと考え

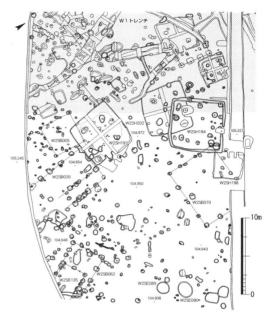

図 83　辻遺跡 2008 年度調査 W2 トレンチ
（猿向ほか 2009）

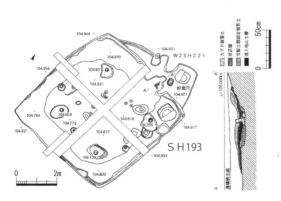

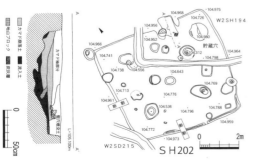

図 84　辻遺跡 2008 年度調査
SH193・202（猿向ほか 2009）

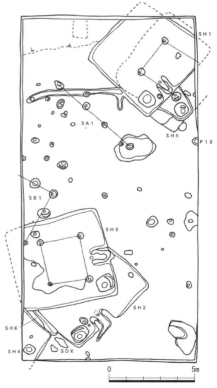

図 85　辻遺跡 2011～2 年度調査区
（近藤ほか 2012）

第2章 日本古代製鉄の開始について

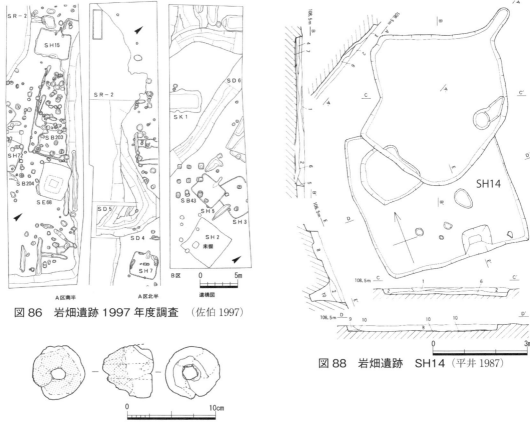

図86 岩畑遺跡1997年度調査 （佐伯1997）

図87 岩畑遺跡1997年度調査出土羽口
（佐伯1997）

図88 岩畑遺跡 SH14 （平井1987）

られる。以上の調査結果から、吉身北遺跡では、1時期に1～2棟の玉作り工房と鍛冶工房が存在していたことが想定される。玉作り工房と鍛冶工房の規模は小規模で、必要に応じて玉や鉄器を生産するといった程度のものであったと推測される。したがって、出土した鉄滓は玉作りに関連する鍛錬鍛冶Aの操業において排出されたものである可能性が高い。

⑤ **南滋賀遺跡**（大津市勧学一丁目、図91）

2019年度に大津市が河越地区において実施した発掘調査において、大壁建物に近接して用途不明土坑SX1・2が検出され、金属生産関連遺物が出土した。また、土坑SK1から金属素材と考えられる棒状の金属製品が出土した。

SX1（図91）の平面形は楕円形を呈し、規模は長径約1.2m・短径0.5m・深さ0.3mである。埋土は炭化物の混じる砂質土からなり、西側のくびれ部分の最上層には半月状に炭が1.0～2.0cm堆積する。出土炭化物は255gである。SX2（図91）の平面形は楕円形を呈し、規模は長径約1.5m・短径1.2m・深さ0.25mである。埋土は炭化物の混じる砂質土からなり、西側のくびれ部分の最上層には半月状に炭が1.0～4.0cm堆積する。出土炭化物は144gである。SX2からは銅または鉛の破片、SX1・2検出時に羽口が出土した（図91-77）。また、SK1からは棒状の金属製品（図91-79）、馬または牛の歯が出土した。棒状の金属製品は、出土時には表面が朱色であったが、

第 2 節　近江の古墳時代の鍛冶について

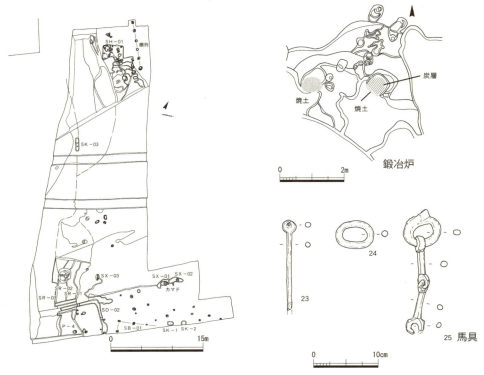

図 89　高野遺跡検出鍛冶炉・出土馬具（雨森 2008）

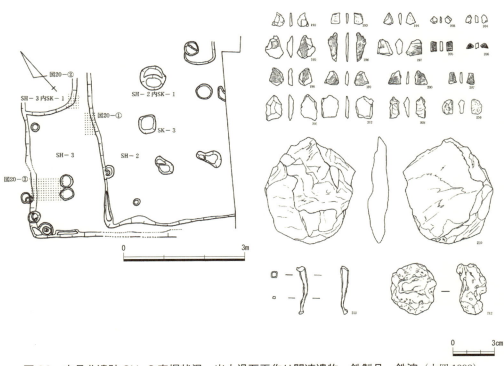

図 90　吉見北遺跡 SH-2 完掘状況、出土滑石玉作り関連遺物・鉄製品・鉄滓（大岡 1998）

第2章 日本古代製鉄の開始について

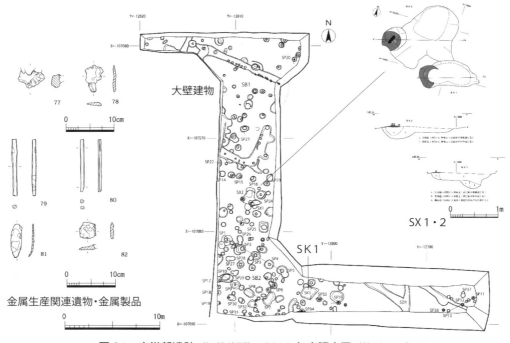

図91　南滋賀遺跡（河越地区）　2019年度調査区（柳原2021）

現在は緑青が付着している。また、包含層から棒状の金属製品（図91-80）、やりがんな状の鉄製品（図91-81）、ピットＳＰ24から鉄製品の破片（図91-82）が出土している（柳原2021）。

以上の発掘調査成果は、大壁建物近くで鍛錬鍛冶Bの操業や青銅器生産が行われていた可能性を示す。時期は、SX2よりTK43型式併行期の須恵器杯蓋が出土していることから、6世紀後半を前後する時期と推定される。

4　鍛冶操業時期・規模と鍛冶工程による分類

ここでは、これまで検討してきた近江の古墳時代の鍛冶遺跡について、鍛冶の操業規模と工程による分類をおこなう。その分類をもとに、Ⅰ期（古墳時代前期、3～4世紀）、Ⅱ期（古墳時代中期～後期前半、5世紀～6世紀前半）、Ⅲ期（古墳時代後期後半、6世紀後半）における鍛冶の様相について検討・考察を行っていきたい。

鍛冶操業規模については、鉄滓と羽口の出土量が1kg以上と近江では比較的規模が大きく、鍛冶操業が長期的・定着的におこなわれていたと推定される遺跡（1類）と、鉄滓と羽口の出土量が1kg未満と小規模で、少量の鉄器処理程度しかおこなわれなかったと推定され、鍛冶操業が短期的・断続的にしかおこなわれなかったと推定される遺跡（2類）に分類することができる。

鍛冶操業の工程については、精錬鍛冶・鍛錬鍛冶A・鍛錬鍛冶B・原始鍛冶の4つの工程がある。したがって、鍛冶操業規模と工程という2つの要素からは、古墳時代近江の鍛冶遺跡は、以下の6つに分類することができる。

1-S類：鍛冶操業規模は、鉄滓と羽口の出土量が1kg以上と近江では比較的規模が大きく、
　　　　鍛冶操業が長期的・定着的におこなわれ、精錬鍛冶以降の操業がおこなわれていた

と推定される遺跡。

1-A類：鍛冶操業規模は、鉄滓と羽口の出土量が1kg以上と近江では比較的規模が大きく、鍛冶操業が長期的・定着的におこなわれ、鍛錬鍛冶A以降の操業がおこなわれていたと推定される遺跡。

1-B類：鍛冶操業規模は、鉄滓と羽口の出土量が1kg以上と近江では比較的規模が大きく、鍛冶操業が長期的・定着的におこなわれ、鍛錬鍛冶Bの操業がおこなわれていたと推定される遺跡。

2-A類：鍛冶操業規模は、鉄滓と羽口の出土量が1kg未満と小規模で、鍛冶操業が短期的・断続的におこなわれ、鍛錬鍛冶A以降の操業がおこなわれていたと推定される遺跡。

2-B類：鍛冶操業規模は、鉄滓と羽口の出土量が1kg未満と小規模で、鍛冶操業が短期的・断続的におこなわれ、鍛錬鍛冶Bの操業がおこなわれていたと推定される遺跡。

2-C類：少量の鉄器処理程度しかおこなわれず、鍛冶操業は短期的・断続的におこなわれ、原始鍛冶の操業がおこなわれていたと推定される遺跡。

5　古墳時代近江の鍛冶操業の変遷

(1)　Ⅰ期：古墳時代前期（3～4世紀）

①　2-A類の展開

2-A類の遺跡は、湖南地域の蜂屋遺跡（1989年度調査区、布留式中～新段階）・金森東遺跡（第30次調査、布留式古段階～中段階）が該当する。年代は、Ⅰ期でも後半に出現する傾向にある。

蜂屋遺跡からは横断面形が蒲鉾形を呈し、底に平坦面を有する、「蒲鉾形羽口」と呼ばれる羽口が出土している。2-A類の遺跡の鍛冶は、湖南地域あるいは近江の鉄器生産の中核的役割を果たした可能性がある。また、金森東遺跡から出土した椀形滓は、方形周溝墓SX3の周溝内から砥石とともに出土しており、鉄器生産に関係する被葬者の墳墓に副葬された事例と考えられる。金森東遺跡およびその周辺で鍛冶が営まれ、鍛錬鍛冶Aの操業が行われた可能性が高い。なお、2-A類の遺跡の鍛冶は、遺跡周辺の発掘調査の進捗次第では、1類の遺跡となる可能性がある。

②　2-B類の展開

2-B類の遺跡は、湖南地域では出庭古墳群（2007年度調査区、庄内式併行期～布留式古段階）、辻遺跡（小坂地区、1991・1995～1998年度調査区、布留式後半段階）、湖東地域では芝原遺跡（布留式後半段階）、湖北地域では顔戸遺跡（布留式段階）が該当する。年代は、Ⅰ期でも後半に出現する傾向にある。羽口に関しては、芝原遺跡と顔戸遺跡から高杯脚部を転用し羽口とする、いわゆる「転用羽口」が出土している。

③　2-C類の展開

2-C類の遺跡は、湖南地域では高野遺跡（北群2019年度調査区、庄内～布留式併行期）、高野遺跡（北群1982年度調査区、庄内式新段階～布留式前半）、岩畑遺跡（中央群A地点・1984・1985年度調査区、庄内式新段階～布留式古段階前後）が該当する。年代は、Ⅰ期でも前半に出現する傾向にある。

第2章　日本古代製鉄の開始について

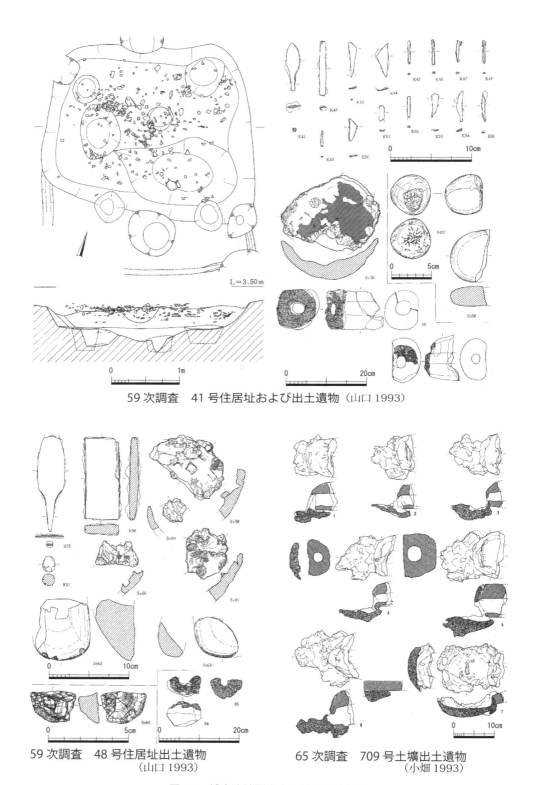

59次調査　41号住居址および出土遺物（山口1993）

59次調査　48号住居址出土遺物
（山口1993）

65次調査　709号土壙出土遺物
（小畑1993）

図92　博多遺跡群出土の鍛冶関連遺物

第 2 節　近江の古墳時代の鍛冶について

④　蒲鉾形羽口について

　以上の検討から、Ⅰ期後半になると羽口を使用した鍛冶が普及することがみてとれる。使用される羽口は、蒲鉾形羽口と転用羽口である。

　蒲鉾形羽口は蜂屋遺跡で出土している。近江以外で蒲鉾形羽口が出土している遺跡は、古墳時代前期前葉の福岡市博多遺跡群（山口 1993、小畑ほか 1993 など）、古墳時代初頭の島根県出雲市古志本郷遺跡（守岡 2003）、古墳時代前期前葉の奈良県桜井市纒向遺跡（勝山古墳周溝）（青木ほか 1998）、古墳時代初頭の石川県小松市一針B遺跡（林 2002）、古墳時代前期後半の新潟県長岡市五千石遺跡（加藤ほか 2011）、古墳時代前期前葉の神奈川県小田原市千代南原遺跡（諏訪間 1987）、古墳時代前期後半の茨城県土浦市尻替遺跡（関口 2007）がある。また朝鮮半島では、三韓時代後期後半の韓国江原道安仁里遺跡（村上 1997）などでも出土している。村上恭通氏は、蒲鉾形羽口を、古墳時代初頭を前後する時期に、新たな送風技術が朝鮮半島より伝えられた際に、もたらされたものであるとし、新たな鍛冶技術の到来を示すものと評価している（村上 1998）。

　博多遺跡群は、蒲鉾形羽口が出土した遺跡の中で、最も大規模な古墳時代前期の鍛冶遺跡群である。遺跡群からは大型の椀形鍛冶滓や鍛造剥片・粒状滓が出土しており、博多遺跡群では滓混じりの鉄素材の除滓や高温鍛接が大規模に行われていたと想定できる。さらに、遺跡群からは大型の砥石も出土しており、刀剣や大刀の製作を行っていた可能性もある（比佐 2010、図 92）。博多遺跡群では精錬鍛冶・鍛錬鍛冶A・鍛錬鍛冶Bの鍛冶操業がおこなわれていたと考えられる。また、纒向遺跡は、箸墓古墳が南方に位置する初期畿内政権の中枢地と推定されている遺跡である。発掘調査では蒲鉾形羽口の他に、大型の砥石も出土しており、博多遺跡群と同様に大刀・長剣の製作が想定されている（村上 2007、真鍋 2017、図 93）。纒向遺跡では鍛錬鍛冶Aの操業が行われていたと考えられる。

　蒲鉾形羽口を指標とした鍛冶技術は、日本海や太平洋の臨海地域にみられることが多く（笹澤

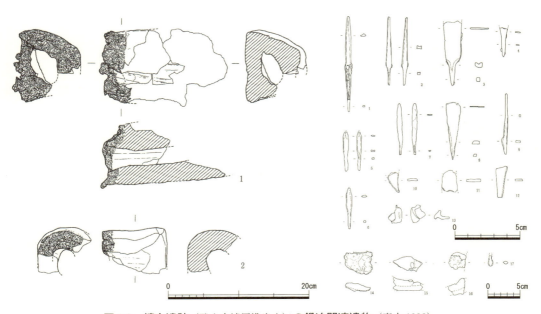

図 93　纒向遺跡（勝山古墳周溝出土）の鍛冶関連遺物（青木 1998）

2021)、日本海や太平洋の沿岸ルートで伝播したと考えられる。遺物を冶金学的に分析した大澤正己氏は、「これらの古墳時代前期の鍛冶は、精錬鍛冶から高温鍛接までを行う高度なものである」と指摘している（大澤1994・2004）。

精錬鍛冶滓の存在は、不純物を含む鉄素材が流通していたことを示す。すなわち、除滓の必要が無く、品質の高い鉄素材だけではなく、不純物混じりの鉄素材が日本列島内に流通していたことを意味する。そして高温鍛冶は、原始鍛冶で生じる加工時の端材あるいは鉄片をひとまとめにして、再加工することを可能にする。すなわち、この時期の拠点的な蒲鉾形羽口を伴うような高温鍛冶操業を行った鍛冶工房では、端材として生じた鉄片は、一つにまとめて鉄製品とすることが可能になったと言える。

なお、近江の古墳時代の椀形滓に関しては、金属学的分析が行われた事例がなく、考古学的な知見からとはなるが、蜂屋遺跡や栗東市域の遺跡からは、精錬鍛冶滓の出土は確認されていない。しかし、近江以外の事例や、栗東・守山市域で、古墳時代を通じて鍛冶が行われている状況からは、栗東市域を中心とする湖南が近江の鉄器生産・鉄素材流通の拠点であった可能性が高い。今後、精錬鍛冶をおこなっていた遺跡が発見されることも予想される。

　⑤　転用羽口について

芝原遺跡や顔戸遺跡では、高杯の脚部を転用した高杯転用羽口が出土している。蒲鉾形羽口を用いる高度な鍛冶は、大和盆地の纒向遺跡と沿岸地域の数遺跡で拠点的に見られる程度で、その技術が周辺に広がった様相がみられない。一方、内陸部を含むその他の地域では、原始鍛冶の技術系譜を引く低温鍛冶を主体とする痕跡が見つかっている。低温鍛冶操業では炉が低温で熱をあまり受けていないことと、粘土を焼成した羽口を使用しないことが特徴である。

このような技術は、海沿いの蒲鉾形羽口を伴う高温鍛冶とは異なる技術と考えられ、原始鍛冶から派生した可能性が高い。高杯転用羽口を使用した鍛冶技術は4世紀後半から5世紀にかけ

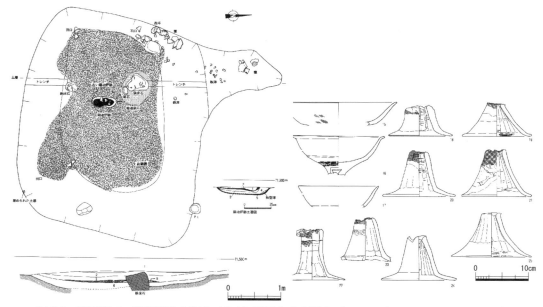

図94　転用羽口　荻鶴遺跡の堅穴（鍛冶）遺構と出土遺物（18～25：転用羽口　行時ほか1995）

て、後の畿内以外の地域で主流となり、北は東北地方南部から南は九州南部まで広く分布していることが判明している。高杯転用羽口は畿内で出土しないことから、畿内の鍛冶技術とは異なる系統の技術に伴う羽口であると評価されている（野島1997・2009、図94）。

以上の現象から、近江の鍛冶技術導入期と考えられる古墳時代前期においては、栗東市域を中心とする湖南地域と、彦根市・旧近江町域を中心とする湖東・湖北地域とでは、異なった系譜の鍛冶技術が展開していたと考えられる。

⑥ 竪穴系鍛冶遺構について

竪穴系鍛冶遺構については、内山敏行氏が、関東地方の様相を検討した結果、茨城県那珂市森戸遺跡、東京都八王子市中田遺跡という二つの遺跡における鍛冶遺構のあり方をもとに森戸類型、中田類型とに分類している（内山ほか1998、図95）。

内山氏は森戸類型として栃木県壬生町新郭遺跡例をあげる。新郭遺跡では5世紀中葉の主柱穴4本を備える竪穴遺構SI-34内で3基の鍛冶炉が検出された（内山ほか1998）。竪穴遺構は地床炉1基と数カ所の焼土面を有する。出土遺物としては、精錬鍛冶に近い高温の鍛錬鍛冶操業を示唆する鉄滓や粒状滓とともに（大澤1998a）、三角形鉄片も出土している。また、羽口は耐火度の高い専用羽口と、耐火度の低い高杯の転用羽口が出土している。以上のことから、鍛冶炉は工程により使い分けがおこなわれていたと考えられる。

一方、中田類型としては、栃木県小田市西裏遺跡で検出された、古墳時代中期後半～後期前半の鍛冶遺構の竪穴住居址SI-029（斎藤ほか1996）をあげる。SI-029は、4.3×3.6mの隅丸長方形を呈し、柱穴や貯蔵穴はみられない。鍛冶炉が1基と鍛冶炉に接して小規模な土坑が検出されている。出土遺物としては、高杯転用羽口、鉄滓、鍛造剥片がある。金属学的調査の結果、SI-029では精錬鍛冶・鍛錬鍛冶がおこなわれたものとみられている（大澤1996）。

このように、森戸類型は竪穴規模が相対的に大きく、4本主柱をもつなど住居の体裁をとり、貯蔵穴や鍛冶炉以外の炉やカマドをもつ。内山氏は、森戸類型を住居形竪穴鍛冶遺構とし、その機能として住居兼鍛冶工房を想定した。一方、中田類型は竪穴規模が小さく、竪穴外に主柱穴をもつ可能性が高く、貯蔵穴がなく、通常の炉やカマドがない。内山氏は中田類型を非住居形竪穴鍛冶遺構とし、その機能として専用鍛冶工房を想定した。

村上恭通氏によれば、竪穴系鍛冶遺構は大多数が関東・東北地方にみられ、西日本では、5世紀代の大分県日田市荻鶴遺跡（行時ほか1995）で、中田類型が確認される程度であるという（村上2007）。竪穴系鍛冶遺構の展開の様相把握は課題となっている。

近江では竪穴系鍛冶遺構が、Ⅰ期においては出庭古墳群（2007年度調査区）・高野遺跡（北群1982・2020年度調査区）・岩畑遺跡（中央群A地点1984・1985年度調査区）・辻遺跡（小坂地区1991・1995～1998年度調査区）・芝原遺跡、Ⅱ期においては岩畑遺跡（南群1992年度調査区）・辻遺跡（西側2008年度調査区・南側1990年度調

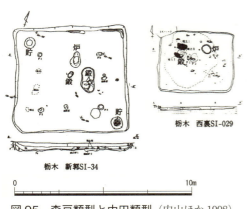

図95 森戸類型と中田類型（内山ほか1998）

査区）・植遺跡・斗西遺跡・高月南遺跡（1・3次調査区）、Ⅲ期においては辻遺跡（2008・2011〜2012年度調査区）・岩畑遺跡（北群県道調査区）・植遺跡で検出されている。近江では竪穴系鍛冶遺構が鍛冶遺構の主流を占めている。

⑦　玉作と鍛冶との関連について

辻遺跡小坂地区では、布留式期後半段階に、玉作と鍛冶が同時に行われ、両者が密接に関連していたと考えられる。玉作と鍛冶が同時に行われている事例として、京都府奈具岡遺跡（野島1997b）、西京極遺跡（柏田2009）、福井県林・藤島遺跡（冨山1998）などの事例がある。

奈具岡遺跡は弥生時代中期、西京極遺跡、林・藤島遺跡は弥生時代後期の遺跡で、鉄針も出土している。鉄針は玉作に使用された道具であり、特産品生産用として特化された鉄器と評価できる。これらの遺跡では主に、鉄針の生産・補修がおこなわれていたと考えられ、特産品を生産する玉作に伴う鍛冶、弥生時代の鍛冶の一つの在り方と評価できる（野島・河野1997）。辻遺跡小坂地区の鍛冶の在り方は、弥生時代のあり方が古墳時代にも残った事例として考えたい。

⑧　小結

Ⅰ期の鍛冶操業は全て2類に分類され、この時期の鍛冶操業は短期的・断続的であり、小規模なものであったことがみてとれる。また、2−C類はⅠ期前半、2−A類・2−B類はⅠ期後半にみられる傾向がある。近江においては、Ⅰ期後半に至り、湖南地域の栗東市・守山市域に「蒲鉾形羽口」系の鍛冶技術と、湖東地域の彦根市域・湖北地域の米原市域に「高杯転用羽口」系の鍛冶技術が導入されたと考えられる。

細川修平氏は古墳時代の鉄の流通について、「1・朝鮮半島南部の生産遺跡」「2・畿内の大規模鍛冶工房」「3・地域の中核的鍛冶工房」「4・地域の｛小核｝的鍛冶工房」「5・地域の末端的鍛冶工房」の5つの段階的経路を想定している（細川1996b）。細川氏の見解を、近江Ⅰ期の鍛冶関連遺跡を対応させるならば、概ね以下の通り対応すると考えられる。

「3・地域の中核的鍛冶工房」：2−A類：蜂屋遺跡

「5・地域の末端的鍛冶工房」：2−A類：金森遺跡、芝原遺跡、顔戸遺跡、2−B類：出庭古墳群、
辻遺跡（小坂地区1991・1995〜1998年度調査区）、2−C類：高野遺跡（北群1982・2019年度調査区）、岩畑遺跡（中央群A地点1984・1985年度調査区）

近江では湖南地域、特に栗東市域での鍛冶の様相は、近江の他地域の状況と比較すると、優位性を認めることができる。岩畑遺跡1984・1985年度調査区の竪穴建物SH11から出土した鉄鏃の出土状況は、栗東市域での「地域の中核的鍛冶工房」の状況を顕著に示している。SH11の状況は、集落内で使用する鉄鏃を一括管理していたか、他の集落へ供給するために集積されていたかなど、多様なケースを想定できる。外来系土器の存在を評価すれば、近江外部に供給していた可能性も考えられる。

また、蜂屋遺跡でも、蒲鉾形羽口が出土しており、栗東市域の鉄器生産は近江の中でも特殊な地域あったことがわかる。蜂屋遺跡の鍛冶より若干遅れるものの、Ⅰ期後半には栗東市内の辻遺跡でも鍛冶関連遺物が出土しており、碧玉製玉作り関連の工房も確認されている。Ⅱ期以降、栗東市内の遺跡では鉄器生産（馬具製作の可能性も含まれる）が、大々的に行われている。

栗東市域では古墳時代前期以降も多量の鉄製品が出土している。また、滑石製玉作りが行われ、製塩土器や初期須恵器などの物質の入手、陶質土器や初期カマドなどの人的移動を含めた情

報の入手が顕著に行われていたことも確認できる。以上の現象を考慮すると、Ⅰ期後半段階に、蒲鉾形羽根口に象徴される新たな鍛冶技術が、栗東市域にもたらされた可能性が高い。

(2) Ⅱ期：古墳時代中期〜後期前半 (5世紀〜6世紀前半)

① 1-A類の展開

1-A類の遺跡は、湖南地域では辻遺跡 (南側1990年度・西側2008年度調査区、古墳時代後期中頃)、植遺跡 (古墳時代後期前半)、湖東地域では斗西遺跡、湖北地域では高月南遺跡 (1・3・4次調査区、古墳時代中期後半〜後期前半)、湖西地域では南市東遺跡 (古墳時代中期後半)、下五反田遺跡 (古墳時代中期後半) が該当する。

鉄器生産という視点からみると、辻遺跡と岩畑遺跡は、辻遺跡を中心とする一つの遺跡群として、また高月南遺跡と横山遺跡は、高月南遺跡を中心とする一つの遺跡群として、さらに南市東遺跡・下五反田遺跡・健康の森遺跡は、南市東遺跡を中心とする一つの遺跡群として捉えることができる。

② 2-B類の展開

2-B類の遺跡は、湖南地域では岩畑遺跡 (南群1992年度調査区、古墳時代中期後半)、阿比留遺跡 (古墳時代中期後半〜後期前半)、湖北地域では横山遺跡 (古墳時代後期前半)、大塚遺跡 (古墳時代後期前半)、湖西地域では健康の森遺跡が該当する。

③ 渡来系集団との関連

岩畑遺跡では、鍛冶が行われた南群からL字形カマドをもった竪穴建物が2棟確認されており、いずれも鉄鏃や刀子などが出土している。また、中央群で鉄器を多く出土している竪穴建物のカマドも大半がL字状に屈曲する煙道を持っている (近藤2011)。この構造のカマドをもつ竪穴建物は渡来系集団との関連が想定でき、鉄器生産を主体的に担っていたのは渡来系集団であった可能性が高い (近藤2009)。

④ 「物資・情報」の拠点

細川修平氏は、近江の5世紀における鍛冶関連遺跡について、「物資・情報」の拠点という観点から検討をおこなっている (細川1996b)。湖南地域の岩畑遺跡では製塩土器・初期須恵器・朝鮮系軟質土器・初期カマドが、辻遺跡では滑石玉作り・陶質土器・初期須恵器・朝鮮系軟質土器・初期カマドが確認されている。高野遺跡と中心とする栗東市域の遺跡群は、非農業的・非日常的な遺跡群であり、4世紀代の腕飾類を含む碧玉製玉作りに始まり、滑石製玉作り、鍛冶など、広域流通にのるべき生産活動をおこなう遺跡群である。こうした広域流通を背景に、製塩土器や初期須恵器などの物質を入手し、陶質土器や初期カマドなど人的移動を含めた情報の入手をおこなっている。手工業生産を軸に流通の拠点としての地位を確立させたといえる (細川1996b)。

湖東地域の斗西遺跡では一体となる中沢遺跡を含めて、製塩土器・初期須恵器・朝鮮系軟質土器・初期カマドが確認されている。遺跡群は3・4世紀に比べて5・6世紀はやや衰退の方向に向かっているとの指摘もあるが (植田1994)、鍛冶操業規模からは、鉄器生産・流通の核として位置づけてもよいと考える。

湖北地域の高月南遺跡と横山遺跡は、両者が相互補完的に一つの核を形成していたものと判断される。特に高月南遺跡では製塩土器・陶質土器・初期須恵器・初期カマドが確認され、また4世紀代に碧玉製玉作りを行っている。古墳時代集落の出現期から政権と密接な関連の下に、生

産・流通の核として存在していた可能性が高い。

　湖西地域の南市東遺跡と下五反田遺跡は、本来は一つの集落群を形成するものである。この集落群では、製塩土器・初期須恵器・朝鮮系軟質土器が確認され、陶質土器についても近接する高島市鴨の鴨遺跡から出土している。また、付近には健康の森遺跡など衛生的集落も存在する。こうした状況から、南市東遺跡と下五反田遺跡は「物資・情報」の拠点を形成していたと考えられる。

　　⑤　小結

　細川修平氏が想定した、古墳時代の鉄の流通についての五つの段階的経路（細川1996b）を、近江Ⅱ期の鍛冶関連遺跡を対応させるならば、概ね以下の通りになる。

「3・地域の中核的鍛冶工房」：1-A類：辻遺跡（西側2008・南側1990年度調査区）

「4・地域の〔小核〕的鍛冶工房」：1-A：植遺跡、斗西遺跡、高月南遺跡、南市東遺跡、下五反田遺跡

「5・地域の末端的鍛冶工房」：2-B類：岩畑遺跡（南群1992年度調査区）、横山遺跡、大塚遺跡、健康の森遺跡

　湖南地域では、Ⅰ期から引き続き栗東市域を中心に鍛冶が行われる。鍛冶の拠点となったのは辻遺跡で、同遺跡は玉作り等とともに総合的な手工業生産がなされたものと考えられる。また、植遺跡でも古墳時代後期前半から鍛冶が確認され、Ⅲ期まで継続的に鍛冶がおこなわれる。

　湖南地域以外では、湖北地域の高月南遺跡、湖西地域の南市東遺跡で古墳時代中期後半を画期として鍛冶を行う遺跡がみられるようになる。また、湖東地域の斗西遺跡では古墳時代後期前半を画期として鍛冶が確認されているが、周辺遺跡の発掘調査状況を鑑みると、斗西遺跡あるいはその周辺遺跡で古墳時代中期後半の鍛冶が確認される可能性が高い。以上の遺跡の状況から、近江ではⅡ期を画期に、旧郡単位程度のエリアに鉄器生産・流通の拠点的遺跡が出現したと推定できる。

　Ⅱ期の遺跡内での鍛冶は、近江以外の地域と同様増加傾向にある。近江の鍛冶関連遺構・遺物の検出例は、鉄器生産を含む多様な手工業生産を軸に、流通の拠点・核となっている集落からの検出が多いことが特徴である。各事例を検討してみると、長期的・定着的な鍛冶工房と、短期的・非定着的な鍛冶工房という多様な鍛冶工房が存在していたことがわかる。特に栗東市内・高島市安曇川町内、長浜市高月町内では、同一地域内で重層的な鍛冶工房の在り方をみてとることができる。

　鍛冶遺跡の多くでは、渡来系遺物が共伴するため、渡来系鍛冶工人の関与を想定できる。また、栗東市新開2号墳では鉄鋌が出土している。朝鮮半島由来の鉄素材の存在がうかがえ、栗東市域内で鉄鋌を用いた鍛錬鍛冶が行われた可能性がある。鍛冶関連遺構・遺物を検出した集落内では鉄鏃や刀子、棒状鉄製品が共伴することが多いので、鍛冶工房ではⅠ期に引き続き、集落内で必要な日常製品を生産していたと考えられる。

(3)　Ⅲ期：古墳時代後期後半（6世紀後半）

①　1-S類の展開

　1-S類の遺跡は、湖南地域の岩畑遺跡（南群1997年度調査区、古墳時代後期後半）が該当する。Ⅲ期に至り、栗東市域に精錬鍛冶を含む鉄・鉄器生産という一貫した生産体制が成立したと考えられる。鉄・鉄器生産という視点からみると、岩畑遺跡・辻遺跡・高野遺跡は、岩畑遺跡を中心

とする一つの遺跡群として捉えることができる。

② 1-A類の展開

1-A類の遺跡は、湖南地域の辻遺跡（2008年度・2011〜2012年度調査区、古墳時代後期後半）、岩畑遺跡（北群県道調査区、古墳時代後期後半）、高野遺跡（南群・六地蔵地区1988年度調査区、古墳時代後期後半）、植遺跡（古墳時代後期後半）が該当する。全ての遺跡がⅡ期から継続して鍛冶がおこなわれる。なお、高野遺跡では鍛冶炉に近接して馬具（環状鏡板付轡）が出土しており、馬具製作・修理工房である可能性がある。

③ 2-A類の展開

2-A類の遺跡は、湖南地域の吉見北遺跡（古墳時代後期後半）が該当する。吉見北遺跡は古墳時代中期後半から続く遺跡で、小規模な玉作り工房と鍛冶工房の存在が推定される。

④ 2-B類の展開

2-B類の遺跡は、湖南地域の南滋賀遺跡（河越地区、古墳時代後期後半）が該当する。鍛冶の規模は小さいが、大壁建物に近接し、青銅器生産関連遺物や馬または牛の骨が出土するなど、複合的な生産遺跡として遺跡の性格の解明が課題となる。

⑤ 小結

細川修平氏が想定した、古墳時代の鉄の流通についての五つの段階的経路（細川1996b）を、近江Ⅲ期の鍛冶関連遺跡を対応させるならば、概ね以下の通りになる。

「3・地域の中核的鍛冶工房」：1-A類：辻遺跡（2008・2011〜2012年度調査区）、岩畑遺跡（北群県道調査区、古墳時代後期後半）、高野遺跡（南群・六地蔵地区1988年度調査区、古墳時代後期後半）

「4・地域の ｛小核｝ 的鍛冶工房」：1-A：植遺跡

「5・地域の末端的鍛冶工房」：2-A類：吉見北遺跡、2-B類：南滋賀遺跡（河越地区）

Ⅲ期の鍛冶が確認された遺跡は栗東市域の遺跡群と、Ⅱ期から引き続き集落が展開する植遺跡、玉作りに伴うと推定される吉見北遺跡、大壁建物に近接して鍛冶関連遺構・遺物が確認された南滋賀遺跡である。Ⅱ期においては、各地に多様な鍛冶工房が展開する状況が確認されたのに対し、Ⅲ期になると湖南地域、特に栗東市域内に集中化する様相がみてとれる。また、その内容も精錬鍛冶や馬具生産等を含む鉄・鉄器生産の一貫した生産体制が成立したとみることができる。

倭政権の中心部である奈良県や大阪府の6世紀後半段階の鍛冶工房としては、鍛冶関連遺物が100kg以上出土する柏原市大県遺跡や田辺遺跡、交野市森遺跡、天理市布留遺跡、新庄町脇田遺跡などを挙げることができる。古墳時代後期後半の鉄器生産は、地域的に集中し、かつ大規模に行われていることが窺われる（花田1989）。また、初期製鉄地帯である岡山県下では、古墳時代後期前半（6世紀前半）までは比較的広範囲の地域に、小規模で短期的・散発的な鍛冶が展開する傾向がみてとれるのに対し、製鉄が開始される古墳時代後期後半になると、総社市窪木薬師遺跡のような大規模な鍛冶工房が出現する（光永1992、島崎ほか1993、花田1996）。

以上、他地域の状況を鑑み、Ⅲ期における近江の遺跡内での鍛冶の動向を、倭政権による各地域の在来鍛冶集団の解体・再編成の結果とみておきたい。すなわち、この一連の現象を、朝鮮半島の動揺を原因とする鉄資源（素材）入手ルートの変更と、日本列島内全体を視野に入れた、新

第 2 章　日本古代製鉄の開始について

しい鉄生産・鉄素材流通ルートの確保・集中管理の表れであると考えたい。

　なお、Ⅲ期の近江における鍛冶操業の様相は、第 2 章第 5 節でみる総社市・岡山市域の状況と大きく異なっている。6 世紀後半、総社市・岡山市域では製鉄が開始される。そして周辺の鍛冶関連遺跡では製鉄炉は確認されないものの、鉄鉱石や製錬鉄塊系遺物、精錬鍛冶滓が出土する等、突如、製鉄遺跡との関係が強くなる。一方、近江ではⅢ期における確実な製鉄遺跡は確認されておらず、鍛冶関連遺跡から鉄鉱石・製錬鉄塊系遺物等は出土していない。

6　まとめ

　以上、近江の遺跡から出土した鍛冶関連遺物の検討を基礎に、古墳時代の遺跡内での鍛冶操業の変遷を検討した。その結果、古墳時代前期前半に、栗東市域で、原始鍛冶が顕著にみられること、古墳時代前期後半には、蜂屋遺跡で蒲鉾型羽口、芝原遺跡と顔戸遺跡で転用羽口が出土していることから、近江では、二つ系譜の鍛冶技術が導入された可能性を確認した。また、古墳時代中期から後期前半にかけては、鍛冶操業を伴う遺跡数の増加と拡散がみられるとともに、栗東市・高島市安曇川町・長浜市高月町内では重層的な鍛冶の存在を確認することができた。さらに、古墳時代後期後半においては、鍛冶操業の一極集中化傾向がみられ、それは倭政権による全国的な鉄の集中管理の表れが近江にも及んでいた可能性があることを指摘した。

　なお、現時点においては、近江では精錬鍛冶の確実な事例を、遺構から確認することができていない。また、古墳時代の製鉄遺跡が確認されていないことから、古墳時代の近江の鍛冶では、朝鮮半島または日本列島内の別地域から入手した鉄素材を用いて鉄器を生産した可能性が高い。

第 3 節　近江の古墳出土鉄滓について

1　はじめに

　日本古代製鉄の開始に関する研究には、古墳出土鉄滓の検討を通じて、その古墳築造あるいは古墳祭祀の年代により、製鉄の開始時期を探る研究手法がある。このような研究手法は、製鉄遺跡からはあまり土器等の遺物が良好な状態で出土することが稀で、その年代決定が難しいという製鉄遺跡の特徴と深く関連している。古墳出土鉄滓の検討は、各地の製鉄の開始時期を導くための主要な方法として、大澤正己氏、柳沢一男氏などによって行われてきた（大澤 1977・柳沢 1997）。また、丸山氏は 1980 年に、近江とその周辺地域の古墳出土鉄滓の集成とその評価を行い（丸山 1980）、近江および日本列島の製鉄遺跡研究の方向性を示した。

　その後、古墳出土鉄滓の資料数、製鉄遺跡の調査事例も増加し、古墳出土鉄滓に関する検討に関しては、丸山氏自身による資料の部分的な再検討・再評価が行われている（丸山・小熊 1996）。本節では、丸山氏の研究を基礎に、高島市今津町甲塚 11 号墳、長浜市浅井町城山古墳、大津市穴太野添 7 号墳について再検討を行う。また、近江の鉄滓出土古墳の分布、古墳内での鉄滓の出土位置、製錬滓と鍛冶滓の時期の関係等の検討を行い、鉄滓出土古墳の性格、製鉄開始年代などについて考察を進めていきたいと思う。

第3節　近江の古墳出土鉄滓について

2　各事例の検討 (表7)

①　高島市甲塚11号墳

　甲塚古墳群は高島市大供に位置し、小俵山の南東裾一体に築造された5世紀後半から6世紀に
かけての古墳群である。盟主墳と考えられる甲塚古墳 (17号墳) を中心に、南西側16基と北東
側25基の円墳からなる。横穴式石室は確認されておらず、古墳が密集する様相を呈するプレ群
集墳とされている (松浦1997)。

　この古墳群は陸上自衛隊饗庭野演習場内にあるため、墳形の改変が著しい。鉄滓は2つの支群
のうちの南西側支群を構成する11号墳より出土している。古墳の南東側が3分の1程斜めに戦
車で踏み削られており、その際にできた墳頂部の断面付近から、1971年、踏査中の丸山氏が、5
世紀後半代に比定される短脚一段の須恵器片とともに鉄滓1点を採集した。なお、鉄滓が出土し
た11号墳は、1980年の丸山氏の論考では甲塚古墳群第1号古墳と呼ばれている (丸山1980)。

　1980年の丸山氏の論考では採集鉄滓を「製錬滓」と判断し、出土須恵器の年代を古墳築造の
年代としたことから、鉄滓の年代もこの須恵器の年代の5世紀後葉に遡るものと推測した。そ
して、この鉄滓が5世紀後葉の製鉄において生じたものと想定し、甲塚古墳群の周辺で製鉄がお
こなわれていたものと論を展開した (丸山1980)。この論考にしたがうならば、この採集鉄滓を
もって近江の製鉄は5世紀代にまで遡ることとなる。

　しかし、1996年に刊行された『志賀町史』では、この採集鉄滓について、「大鍛冶滓」である
と変更が行われている (丸山・小熊1996)。この「大鍛冶滓」と判断した根拠については、7世紀
末から8世紀前半に比定される草津市木瓜原遺跡での各作業場における生産工程との対比を例に
挙げ、「製錬滓」とも「小鍛冶滓」とも異なることから、製錬で得られた鉧の精錬鍛冶の過程で
生じたものである公算が高いとしている。さらに、採集鉄滓が「大鍛冶滓」であったとしても、
大鍛冶滓は製錬の次の作業段階で生じたものであることから、その古墳の被葬者と製鉄との関連
は明らかであるとした (葛原1990)。

　この大鍛冶滓といわれる鉄滓が、製錬以降の鉄器生産諸工程のどの段階で生み出されたものな
のかという同定については、更なる考古学的分析および金属学的調査を経たうえで判断すべきも
のであろう。しかし、製錬滓ではない、とする丸山氏の判断が正しいとするならば、採集鉄滓は
製鉄を裏付ける直接的な資料にはならない。なお、甲塚古墳から小さな谷を隔てた南東約250m
の地点には製鉄遺跡である東谷遺跡が存在する (大道ほか2004)。古墳出土鉄滓事例のある甲山
古墳群の近くに、製鉄遺跡が存在する事実は、鉄滓出土古墳と製鉄遺跡との関係を考える際の示
唆的事例となる。

②　長浜市城山古墳

　城山古墳のある木尾古墳群は長浜市木尾に位置し、湖北平野の東端で金糞岳から南に派生した
太尾山の山頂および山腹に所在する。多数の円墳からなり、横穴式石室を内部主体とする古墳が
密集する様相を呈する群集墳の一つである。

　1970年度に農免道路工事に伴い、横穴式石室の発掘調査が実施されている。丸山氏によれば、
鉄滓は羨道入口部の床面に置かれてあった土師器の小壺の中に、数十点収められていたという。
横穴式石室は無袖の狭長なものであったことから、7世紀前半に比定される。鉄滓の種類につ

115

いては小鍛冶滓と判断されているが（丸山1980、丸山・小熊1996）、実見したところでは2〜5cm
大の鉄塊系遺物が主体を占める。

　木尾古墳群の南側の北国脇往還沿いに所在する弓月野遺跡では、7世紀から8世紀にかけての
集落跡が発見されている（滋賀県1997）。また出土状況等の詳細は不明であるが、木尾古墳群か
らは脚付壺もしくは器台に付属していた人物像が出土しており、渡来人との関わりが論じられて
いる（近藤広1991）。さらに、弓月野遺跡北側の裏山、つまり木尾古墳群の位置する山腹におい
て林道建設の際、大量の鉄滓が出土したという情報もあり、木尾古墳群の周辺に製鉄遺跡が存在
していた可能性がある。

　　③　大津市野添7号墳（図96）
　野添古墳群は大津市坂本本町に位置し、大津市北郊の坂本から南志賀にかけての西方丘陵に分
布する群集墳の1つで、発掘調査や分布調査によって約150基の古墳が確認されている。そのほ
とんどは内部主体に横穴式石室をもつものである。

　1969年に7基の古墳発掘調査が実施され、7号墳の石室中央部左側壁寄りと右側壁寄りから鉄
滓が出土した。石室から出土した土器は、6世紀前葉・末葉・7世紀初頭・中葉、さらに中世陶
器片が認められるということであるが、大多数は撹乱をうけ浮土中の出土であるという。横穴式
石室は、無袖の狭長なものであるという特徴から、7世紀前半のものと推定される。出土鉄滓も
石室床面に付着した良好な資料でなく、床面から浮離していた（丸山・秋田ほか1969）。

　1980年の論考では出土鉄滓を「小鍛冶滓」と判断されている（丸山1980）。この鉄滓は報告書の
写真図版に掲載されており、実見した限りでは鍛錬鍛冶滓（金山4類）に分類される。なお、7km
北に上仰木遺跡が存在することから、周辺に製鉄遺跡が存在している可能性が高い。

（2）　問題点の抽出

　以上の3古墳における再検討の中で最も注目すべき点は、甲塚11号墳墳丘採集鉄滓につい
て採集当時は、製錬滓と判断していたものを、大鍛冶滓と変更した点である。この変更によっ
て、1980年の論考（丸山1980）で近江の製鉄の開始を5世紀段階まで引き上げる根拠とされた
資料は、現段階ではその積極的な根拠とならないこととなった。以下では、1980年の論考（丸山
1980）以降発見された、鉄滓出土古墳の事例について検討を進める。

3　滋賀県内の様相

（1）　供献鉄滓古墳の事例（表7）

　　①　高島市妙見山38号墳（図97・写真1）
　妙見山古墳群は高島市今津町福岡に位置し、古墳時代のほぼ全期間にわたって造墓活動が続い
ていたと推定される。大部分の内部主体で木棺直葬を採用しており、古墳が密集する群集墳であ
る（松浦1997）。

　鉄滓が出土したのはC支群の中の38号墳で、一辺5.5mとC支群最大の規模をもつ。墳丘上
に2基、さらに周溝や墳丘外にも埋葬施設が確認されている。鉄滓は埋葬施設の一つである墳丘
上中央の主体部掘形内から、4世紀末頃の遺物とともに出土した（葛原1998）。

　出土鉄滓の種類に関しては、丸山氏は大鍛冶滓と判断するが（丸山・小熊1996）。出土鉄滓は
直径10cm、厚さ2.2cm、重量235.4gのほぼ完形の椀形滓であり、鍛錬鍛冶Aの操業の際に排出

第3節 近江の古墳出土鉄滓について

表7 近江の鉄滓出土古墳一覧表（大道1998a、所在地は1998年当時）

番号	遺跡名	所在地	遺構名	墳丘	内部主体	出土位置	鉄滓・個数	鉄滓・種類	時期
1	妙見山	今津町福岡	38号墳	円墳	木棺直葬	主体部掘方内		鍛冶滓（考）	4世紀末
2	甲塚	今津町大供	25号墳	円墳	木棺直葬	周溝内		鍛冶滓（考）	5世紀
3	甲塚	今津町大供	11号墳	円墳	木棺直葬	墳頂近くの断面		鍛冶滓（考）	5世紀後
4	木部天神前	中主町木部	古墳	前方後円墳か	横穴式石室	石室内？	3点	鍛冶滓（考）	6世紀中
5	石神	志賀町小野	3号墳	円墳	横穴式石室	羨道付近		鍛冶滓（考）	6世紀後
6	八ツ岩	高月町西野	A-22号墳	円墳	横口式石室	羨道入口		鍛冶滓（考）	7世紀前
7	八束	上山町八束	古墳	不明	木棺直葬？	不明	3点	鍛冶滓（考）	7世紀前
8	野添	大津市坂本本町	7号墳	円墳	横穴式石室	石室内？		鍛冶滓（考）	7世紀前
9	尼子	甲良町尼子	5号墳	円墳	横穴式石室	周溝	13点	製錬炉壁？（考）	7世紀
10	木尾	浅井町木尾	古墳	円墳	横穴式石室	羨道入口土師器小壺内	数10点	鍛冶滓（考）	7世紀前
11	横尾山	大津市橋本町	19号墳	円墳	土壙墓	表土中		鍛冶滓（考）	7世紀中

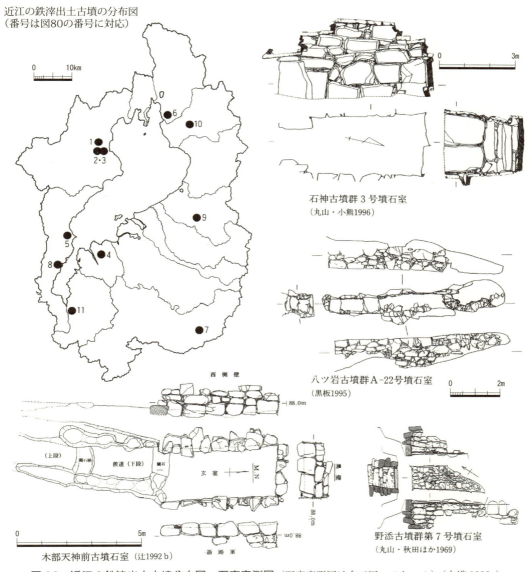

図96 近江の鉄滓出土古墳分布図・石室実測図（石室実測図は全て同一スケール）（大道1998a）

第 2 章　日本古代製鉄の開始について

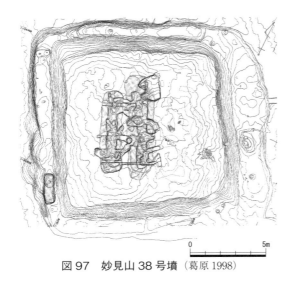

写真 1　妙見山 38 号墳出土鉄滓
（高島市教育委員会提供）

図 97　妙見山 38 号墳 （葛原 1998）

された椀形滓の可能性が高い。

　妙見山古墳群の北東約 1.7km には時期不詳の鉄滓散布地である酒波谷遺跡、西約 2.0km には これも時期不詳の鉄滓散布地である谷八幡遺跡が存在している。また、妙見山古墳群に北接する 日置前遺跡では、9 世紀代の溝から、あまり磨滅を受けていない製錬滓（炉外流出滓）片が 1 点 出土しており、古代において近隣する西側の山麓に製鉄遺跡が存在している可能性が高い（中村 ほか 1997）。

　② 　高島市甲塚 25 号墳

　1983 年治水ダム建設に先立つ調査において、円墳である 25 号墳の周溝内より製鉄関連遺物が 1 点出土している（滋賀県 1985、葛原 1990）。この 25 号墳の主体部は検出されなかったが、木棺 直葬と考えられている。この鉄滓の種類に関しては、当初は製鉄炉の炉壁と判断されていたが、 のち製錬滓の可能性が指摘され（丸山 1991）、1996 年の論考では大鍛冶滓と判断されている（丸 山・小熊 1996）。

　③ 　野洲市木部天神前古墳 （図 96）

　木部天神前古墳は野洲市木部に位置し、沖積地に単独で所在している可能性の高い。古墳築造 時は、琵琶湖の湖岸付近の低湿地帯に、半島状に伸びる自然堤防先端部に位置していたと推定さ れる。明治 31 年（1898）に石取りを目的に盗掘を受け、地元に鉄刀、鏡、勾玉、土器等の一部 を残し、現在その多くが東京国立博物館の所蔵品となっている（中村ほか 1988）。

　1991・92 年には史跡整備を目的とした発掘調査が実施され、径約 40m を測る県内でも最大 規模の円墳か、全長約 60m の前方後円墳の可能性があること、外部施設として葺石や埴輪列 が存在した可能性が高いこと、主体部の横穴式石室は畿内通有の縦長の長方形であるが、左片 袖で、羨道部との境に閾石を設けるなど竪穴系横口式石室の影響下で作られた石室であるこ と、出土遺物には武器（鉄刀、鉄鏃）・装身具（碧玉製管玉、銀製耳環、黒漆塗土製小玉、水晶製切 子玉）、馬具（鉄地金銅張製）・農工具（鉄製鋤先）・土器（有蓋装飾付脚付壺等）があること、古 墳の築造時期（初葬）は出土した土器（須恵器 TK10）や副葬品の年代から 6 世紀中頃に比定さ

118

れ、追葬の終了する時期は6世紀末〜7世紀初頭と考えられていること等が判明した（辻1992a）。

鉄滓に関しては小鍛冶滓と推定される鉄滓が3点出土しているとの報告がなされている。しかし、調査担当者の辻広志氏によると、鉄滓は横穴式石室内の再堆積層の中から出土しており、再堆積層の中には天井石の他、中世に比定される鋳型片等も出土しているという。したがって、この出土鉄滓を古墳祭祀に伴う資料であるとは断定はできない。しかし、出土点数が3点という点は、生産遺跡出土鉄滓量としては非常に少ない。また、供献鉄滓は、玄室内で出土する場合は数点という場合が多いので、鉄滓量という点からは古墳祭祀に伴う資料である可能性も残る。なお、この出土鉄滓は鍛錬鍛冶滓である可能性が高い。

なお、当古墳周辺には製鉄遺跡は存在しない。豊富な副葬品と供献鉄滓の存在を鑑みると、木部天神前古墳の被葬者は、製鉄というよりも、鉄素材や鉄器の流通の含めた、港湾施設の管理者としての職責を担った人物の可能性が高い。

④ 大津市石神3号墳（図96）

石神古墳群は大津市志賀町本町小野に位置する。4基からなる古墳群であるが、さらに小規模な古墳が地下に埋没している可能性もある。3号墳の羨道入口付近より大鍛冶滓が出土したと報告されている。3号墳は直径13.0m、高さ4.2mの規模をもつ円墳で、主体部には両袖式の横穴式石室を採用している。玄室天井を逆階段状に構築している点は特徴の一つである。古墳の年代については6世紀後半と推定される（丸山・小熊1996）。

鉄滓の種類については大鍛冶滓と報告がなされているが、鍛錬鍛冶滓の可能性が高い。当古墳の約1km西にはタタラ谷遺跡が、また1.5km北西には金糞遺跡と製鉄遺跡が存在する。両製鉄遺跡の操業年代は不明である。

⑤ 大津市横尾山19号墳（酒造ほか1988）

横尾山古墳群は大津市瀬田橋本町、瀬田川へ向かって東から西へのびる丘陵の南斜面に位置する。京滋バイパス工事に伴う発掘調査で、7世紀中頃を前後する時期に造営されたと推定される古墳が28基検出された。主体部は巨石を用いた横口式石槨、喫石を積んだ片袖の小石室、木炭槨、土壙墓等がある。19号墳周辺の表土より鉄滓が出土した。

19号墳は直径約12mの三日月状の周溝によって区画された円墳で、主体部は、斜面の等高線に平行して掘り込まれた隅丸方形の土壙墓と考えられる（酒造ほか1988）。土壙墓から出土した須恵器杯身（杯H）と土師器杯の検討から、年代の下限は7世紀中頃と考えられる（畑中1994b・1995a）。鉄滓の種類は鍛冶滓と推定される。

横尾山古墳群を中心に、同心円状に瀬田丘陵北東部、田上山北麓部、瀬田川西岸には製鉄・製陶などの生産遺跡が分布している。発掘調査された南郷遺跡（7世紀中頃、田中ほか1988）、源内峠遺跡（7世紀後半、大道ほか2001）、月輪南流遺跡（7世紀後半、滋賀県1997）、芋谷南遺跡（青山・大道2019）などの製鉄は、横尾山古墳群の造営時期におこなわれる。したがって、横尾山古墳群の被葬者は、周辺の生産遺跡で活動した工人または生産を管理した官人等が想定される。

⑥ 長浜市古保利A-22号墳（八ツ岩A-22号墳）（図98）

長浜市高月町西野に位置し、古保利古墳群中最北の一支群をなす八ツ岩古墳群は丘陵尾根に立地する。前方後円墳2基・円墳21基で構成される古墳時代後期の群集墳である。A-22号墳の

第2章　日本古代製鉄の開始について

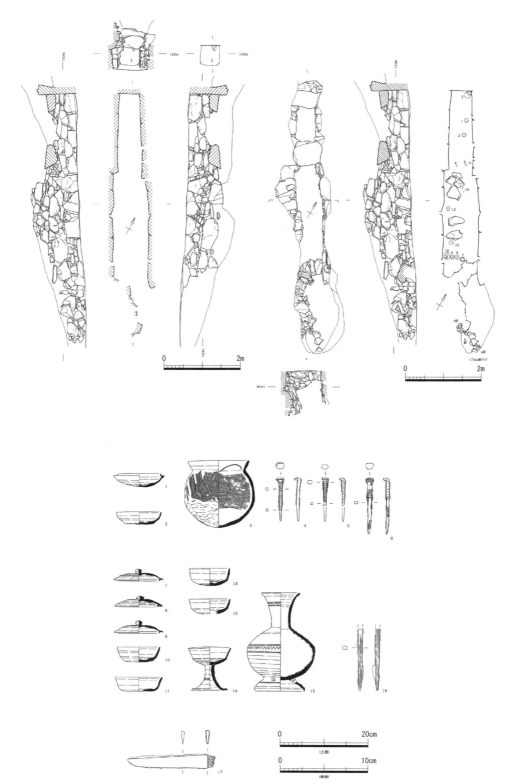

図98　古保利A-22号墳石室および遺物出土状況（黒坂2006）

調査では、羨道部入口付近の3カ所で鉄滓が出土した。石室からは木棺用鉄釘も出土している。鉄滓副葬の時期は7世紀前半と推定される（黒坂2006）。A-22号墳は高句麗からの系譜で理解される横口式石槨様の石室（広瀬A型）を内部主体としている（広瀬1995、細川1997a）。

出土鉄滓の種類については、1996年の論考（丸山ほか1996）では大鍛冶滓、報告書（黒坂2006）では「精錬滓か」と推定されているが、鍛錬鍛冶滓の可能性が高い。

製鉄遺跡との関連からみると、周辺地域半径6km程の同心円状に製鉄遺跡が密集して分布している。また、高月町高月南遺跡と横山遺跡では、5世紀から6世紀にかけて集落内で鉄器生産を行っていたことが確認されている。古墳時代中期から後期にかけての高月町の集落は、琵琶湖を媒介とした「物資・情報」の流れ（交通関係）の一つの核を形成していた可能性も指摘されている（細川1996b）。

⑦ 尼子5号墳（図99）

犬上郡甲良町尼子に位置し、1991年度の県営ほ場整備事業に伴う調査では13基の古墳が検出された。その内訳は方墳3基、円墳1基、隅丸方形墳6基で、その規模は8.5m〜12mで、大きな差は認められない。古墳は散在する群集墳に分類され、埋葬主体は横穴式石室と小石室に大別される。古墳の築造時期は出土した須恵器から、7世紀前半を中心とした時期に比定される。

炉壁、鉱滓など製鉄関連遺物は、埋葬主体に横穴式石室をもつ5号墳の東側周溝より、鉄釘、焼土、炭などとともに出土した。遺物の出土状況や遺構の土層堆積状況から、東側周溝において①周溝の掘削、②周溝底面で約300cm×70cmの範囲で火を焚く、③その上に木棺を設置、④最後に炉壁などを木棺の上にのせる、という4段階の祭祀復元過程を想定した。

炉壁、鉱滓は約30点出土し、うち14点の内訳は炉壁8点、鉱滓5点、ガラス質滓1点であっ

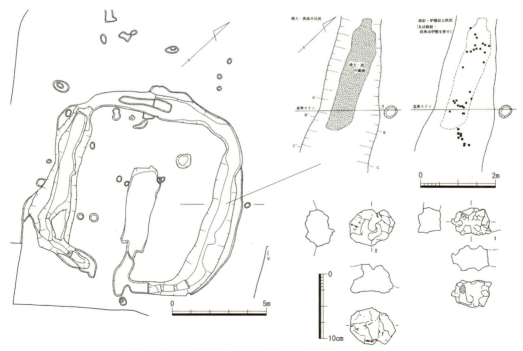

図99　尼子5号墳・周溝遺物出土状況・出土遺物（中村・大道ほか1993）

第2章　日本古代製鉄の開始について

写真2　八束古墳出土鉄滓（佐伯ほか1996　写真9）

た。当該資料については、鉄の製錬時か銅の精錬・鋳造時に生成されたと考えられるが、金属学的調査を経ていないので、それ以上の判断をすることはできない。ただし、炉壁と考えられる出土遺物1（図99-1）裏面において、13mm・8mmの楕円形を呈し、磁着度5と強磁性の原料鉱石の焼結塊（図面ドット部分）が、流動滓の中にもぐり込んでいる状態を観察することができる。また、炉壁内面の鉄滓付着部の中に磁着度5と強磁性の原料鉱石の焼結塊（13mm・9mm）の付着を観察することができる遺物も出土している（中村・大道1993）。この2点に関しては鉄製錬時に生成した遺物である可能性が高い。したがって、尼子5号墳出土鉱滓に関しては鉄の製錬に伴う遺物である可能性が高い。

なお、湖東地域の彦根東部製鉄遺跡群（大道2002）では8世紀に比定されるキドラ遺跡で製鉄炉と鉄鉱石採掘をおこなっていたと推定される土坑が確認されている（本田1997）。また、多賀町敏満寺遺跡からは8世紀の横口式木炭窯が2基検出されており（中村ほか2004）、尼子遺跡周辺では製鉄遺跡の存在している可能性が高い。

⑧　**甲賀市八束古墳**（佐伯ほか1996、写真2）

八束古墳は甲賀市土山町市場の北部の段丘の先端に位置していたが、昭和23年から翌年にかけて行われた開墾事業によって削平され、整地されないまま現在に至っている。佐伯純也氏は、墳丘は円墳であること、滋賀県遺跡分布地図には八束古墳群とあるが、群集していた形跡がないこと、埋葬部については木棺直葬墳であった可能性が高いとする。出土遺物としては石枕状石材1点、不明石材2点、土師器片点、須恵器片56点、鉄滓3点などである（佐伯ほか1996）。

鉄滓は鍛錬鍛冶滓（金山分類4類）に分別される。当古墳の出土遺物に関しては、出土位置等が不詳で、検証資料としての厳密性に欠けるが、鉄滓が出土した古墳として一応の評価を下したい。なお、八束古墳の所在する旧甲賀郡では製鉄遺跡の存在は知られていない。

4　考察

ここでは古墳出土鉄滓の実態、意味、分類、製錬滓と鍛冶滓の時期差、製鉄遺跡との関係等について、研究史や近江以外の事例を鑑みながら、考察をすすめていきたい。

(1)　古墳出土鉄滓の実態

①　分布

近江の鉄滓出土古墳の分布については表7・図96に示した通りである。分布については発掘調査の疎密と関連するが、一応の参考とはなるであろう。これまででみてきたように近江の鉄滓出土古墳の事例は、11例知られている。旧郡でみてみると、高島郡で3例、滋賀郡で2例、伊香・浅井・犬上・甲賀・野洲・栗太の各郡で1例である。高島郡の3例は古墳時代前期・中期の古墳から発見されており、高島郡以外の鉄滓出土古墳は全て6世紀中葉以降で、特に7世紀代のものが大半を占めていることと、対照的である。これらの現象から、古墳時代中期以前における鉄滓を用いた古墳祭祀は、高島郡に限定されるが、6世紀中葉以降とくに7世紀代に入ると、近江全域で鉄滓を用いた古墳祭祀が行われるようになったことをみてとれる。

次に鉄滓出土古墳と製鉄遺跡の分布状況との関係をみていきたい。鉄滓出土古墳と製鉄遺跡との距離については、（1）鉄滓出土古墳を中心とする半径2km以内に製鉄遺跡（製鉄遺跡群）の存在するもの、（2）鉄滓出土古墳を中心とする半径5km前後の範囲に製鉄遺跡（製鉄遺跡群）の存在するもの、（3）鉄滓出土古墳を中心とする半径5km以内に製鉄遺跡（製鉄遺跡群）の存在しないもの、の3つに大別される。

　（1）の事例としては、妙見山38号墳・甲塚25号墳・甲塚11号墳と今津製鉄遺跡群、石神3号墳と和迩製鉄遺跡群、横尾山19号墳と瀬田丘陵製鉄遺跡群・南郷製鉄遺跡群・田上山製鉄遺跡群、城山古墳と浅井製鉄遺跡群を、また（2）の事例としては、野添7号墳と和迩製鉄遺跡群、古保利A-22号墳と西浅井製鉄遺跡群・浅井製鉄遺跡群、尼子5号墳と彦根東部製鉄遺跡群を挙げることができる。一方（3）の事例としては、木部天神前古墳、八束古墳を挙げることができる。

　以上のように、鉄滓出土古墳と製鉄遺跡の距離的関係は、年代順にみていくと、6世紀後半以前の鉄滓出土古墳と製鉄遺跡とが比較的近い（1）や（2）が大部分を占めている。6世紀後半以降、近江全域で鉄滓を用いた古墳祭祀が行われるようになる。特に7世紀に入ると、（1）（2）に加え新たに（3）がみられるようになる。このように、鉄滓出土古墳と製鉄遺跡との距離的関係からは、6世紀後半を境にその前後では、明らかに分布の違いを確認できる。

　②　古墳内での鉄滓出土位置（図100〜102）

　古墳内での鉄滓出土位置から、鉄滓を用いた祭祀の様相および被葬者の性格について検討を加えた論考として弘田和司氏と千賀久氏の論考がある。

　弘田氏は6世紀後葉から7世紀後葉まで連続的に造営がなされ、鉄滓も出土している岡山県勝央町畑ノ平古墳群の発掘調査成果をふまえ、横穴式石室導入以後の古墳供献鉄滓の検討をおこなった（図100）。畑ノ平6号墳は、前庭部に須恵器甕が置かれていたものの、その周辺からは鉄滓は出土せず、石室内に数点みられるのみであった。一方、畑ノ平7号墳では前庭部において出土した須恵器甕の中に総重量2.7kgの鉄滓が入れられており、横穴式石室内の鉄滓出土状況としては出土位置、出土量とも6号墳と対象的なあり方を示している。以上の発掘調査結果から、横穴式石室導入以後の古墳供献鉄滓の事例としては、石室内への少量供献と前庭部における多量供献の2つの類型があると考えた。そして、前者に対しては被葬者と関わりがあった集団からの供献、いわば「香典」のような性質を、後者に対しては被葬者の職能を示している可能性が高いと考察した（弘田ほか1996）。

　また、奈良県葛城市寺口忍海古墳群の発掘調査では、TK209〜TK217期に16基の古墳の築造ないし追葬がおこなわれ、そのうちの半数である8基から鉄滓が出土している。千賀久氏は、寺口忍海古墳群の鉄滓出土位置を整理した結果、横穴式石室の棺内ないし棺の周辺部と、それより手前の羨道部あるいは閉塞石の部分に集中していることを明らかにし、前者については、鉄製品や土器の場合と同じように被葬者個人への副葬（供献）、後者については、石室内の被葬者全体に対する供献というような意味があったのではないかと推定した（千賀ほか1988）。

　なお、寺口忍海古墳群出土鉄滓に関しては別稿で論じた（大道1999、図101・102）。検討の結果、棺内ないし棺の周辺部からは、鍛冶炉の羽口装着部下位に生成する、羽口や鍛冶炉粘土が溶融した、重量感のないカサカサのガラス質滓が出土することが多いこと、羨道部あるいは閉塞石

第2章 日本古代製鉄の開始について

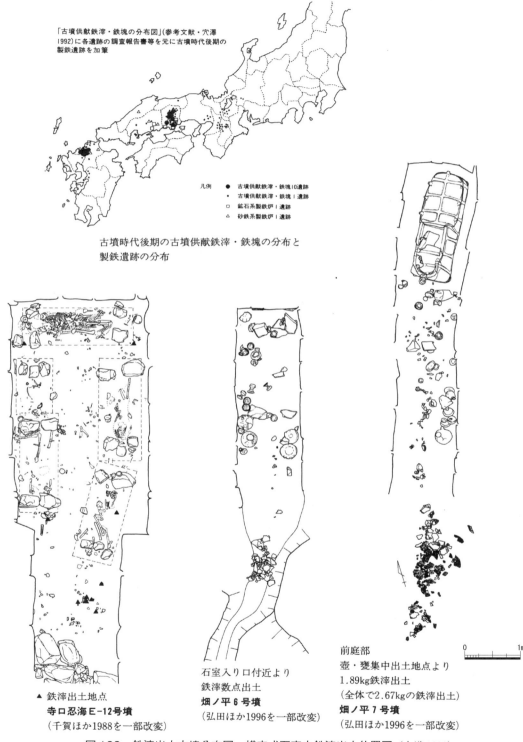

図100 鉄滓出土古墳分布図・横穴式石室内鉄滓出土位置図 (大道1998)

第3節　近江の古墳出土鉄滓について

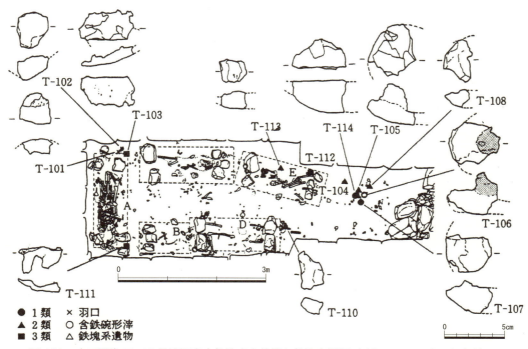

図101　寺口忍海E-12号墳石室内鉄滓出土状態と鉄滓実測図（千賀ほか1988を一部改変）

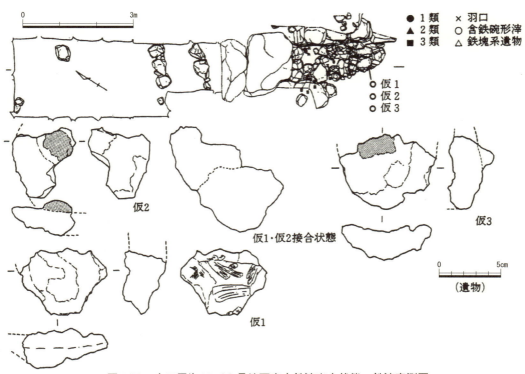

図102　寺口忍海H-36号墳石室内鉄滓出土状態・鉄滓実測図
（石室の図面は、横穴式石室図に石室開口部図を合成　千賀ほか1988を一部改変）

第2章　日本古代製鉄の開始について

の部分からは、鉄塊を含む重量感のある繊密な椀形滓（含鉄椀形滓）が多く出土していることが判明した。鉄塊は生産目的物であり、含鉄椀形滓の出土は希で、羨道部あるいは閉塞石から含鉄椀形滓が出土する状況は異様である。

　寺口忍海古墳群における、棺内ないし棺の周辺部出土鉄滓は数点であること、羨道部あるいは閉塞石出土鉄滓は数的に多く、重量感のある椀形滓が多くを占めていることは、先にみた畑ノ平古墳群の状況と共通している。以上のことから、7世紀前半の鉄滓を用いた古墳祭祀は、大和と吉備のような異なった地域においても、同様の祭祀が行われていたことを想起させる。

　次に、近江の鉄滓出土古墳についてみていきたい。近江の古墳出土鉄滓は出土位置が一様でない。木棺直葬墳の鉄滓出土位置は、木棺内（妙見山38号墳）・周溝内（甲塚25号墳）・墳頂およびその近く（甲塚11号墳）・表土（横尾山19号墳）等である。一方、横穴式石室墳の鉄滓出土位置は、羨道付近（石神3号墳）、羨道入口（古保利A-22号墳・城山古墳）、石室内（野添7号墳）、周溝（尼子5号墳）である。

　横穴式石室における鉄滓出土位置については、石室内や羨道部、閉塞石付近より出土する事例が多い。また、城山古墳では羨道部入口から出土した土師器小壺の中から数十点と、比較的まとまった量で鉄滓（鉄塊系遺物）が出土している。近江の様相は、吉備や大和でみられた様相と共通していることをみてとれる。

③　製錬滓・鍛冶滓と時期の関係

　古墳出土鉄滓は製錬滓と鍛冶滓の2つに大別され、さらに鍛冶滓は精錬鍛冶滓と鍛錬鍛冶滓に分けられる。古墳出土鉄滓の種別判断を厳密に行うためには、考古学的遺物観察と金属学的調査を総合した分析・調査方法を行うべきである。しかし、近江の古墳出土鉄滓の金属学的調査は全く実施されておらず、古墳出土鉄滓の種別の判定には不確定要素を含んでいる。しかし、今後の研究を進めていくため、ここではあえて他地域で行われている考古学的遺物観察と金属学的調査を総合的化した研究成果を参考にして、古墳出土鉄滓の種別の判定を、考古学的遺物観察のみで行う。

　甲山11号墳・25号墳については実見の機会を得ていないが、論文等の記述から鍛冶滓であると判断される。尼子5号墳出土例は炉壁を含む製錬滓、城山古墳出土鉄滓は鉄塊系遺物を含む鍛錬鍛冶滓の可能性が高い。それ以外の古墳出土鉄滓は鍛錬鍛冶滓であると判断される。したがって、近江の古墳出土鉄滓は、7世紀前半に比定される尼子5号墳出土例が製錬滓である以外は、鍛冶滓の可能性が高いと判断される。つまり、近江の古墳出土鉄滓は、6世紀以前は鍛冶滓、7世紀以降も大半は鍛冶滓で、一部製錬滓が出土していることが明らかとなった。

(2)　古墳出土鉄滓からみた製鉄開始時期　(図100)

　柳沢一男氏（柳沢1977）、大澤正己氏（大澤1983）、安川豊史氏（安川1992）、穴澤義功氏（穴澤1994）、小嶋篤氏（小嶋2009・2010）等の研究によれば、岡山県津山盆地周辺や福岡平野周辺で鉄滓出土古墳が多いこと、古墳出土鉄滓は5世紀は鍛冶滓、津山盆地周辺では6世紀中頃、福岡平野周辺では6世紀後半に製錬滓へと質的な転換が行われていることがわかる。

　津山盆地周辺と福岡平野では、6世紀に遡る鍛冶遺構や製鉄遺構が知られており、津山盆地周辺の製鉄開始を6世紀中頃に、福岡平野周辺の製鉄開始を6世紀後半に比定することができる。このように6世紀中頃や後半にみられる古墳出土鉄滓の質的変化は、製鉄遺跡が出現している地

126

域共通の現象であるといえる。一方、製鉄遺跡が発見されていない奈良県などでは、6世紀後葉から7世紀の古墳からは、鍛冶滓が出土している。したがって、製鉄遺跡の出現と古墳出土鉄滓の鍛冶滓から製錬滓への質的変化との間には関連性がみてとれる。

　そのような視点から、近江における鉄滓出土古墳をみてみると、製鉄遺跡群に近接する鉄滓出土古墳は、4世紀末葉の妙見山38号墳、5世紀末葉の甲山11号墳・25号墳、6世紀後半の石神3号墳、7世紀前半の城山古墳と尼子5号墳、7世紀中葉の横尾山19号墳がある。妙見山38号墳、甲山11号墳・25号墳は今津製鉄遺跡群、石神3号墳は和邇製鉄遺跡群、城山古墳は浅井製鉄遺跡群、尼子5号墳と彦根東部製鉄遺跡群、横尾山19号墳は南郷・田上山製鉄遺跡群と瀬田丘陵製鉄遺跡群に近接する。尼子5号墳では製鉄に使う可能性のある鉱滓が出土しているが、それ以外の上記古墳からは鍛冶滓が出土している。

　「製鉄が開始されると周辺の古墳に製錬滓を供献するようになる」という、筑紫や吉備などの初期製鉄地帯の傾向が近江でも当てはまるという前提に立つならば、近江の製鉄の開始は6世紀に遡らないことになる。このことは、近江最古の製鉄遺跡と考えられている長浜市古橋遺跡が、7世紀前半頃の操業と考えられる点や（細川2015）、7世紀前半に比定される尼子5号墳において、製錬滓の可能性が高い鉱滓と炉壁が供献されているという現象とも時期的に一致する。ただし、高島郡に関しては7世紀以前より製鉄が開始していたことを考える余地を残しており、そのことについては後述する。

（3）　古墳出土鉄滓からみた製鉄開始期の状況

　古墳出土鉄滓からみると、6世紀後半を境に鍛冶滓から製錬滓に質的変化をする地域と、鍛冶滓のままの地域がある。後者の地域として畿内、特に大和・河内をあげることができる。大和では6世紀後半に鍛冶滓出土古墳が出現するが、その近隣に「鍛冶専業集落」（花田1989）が所在し、両者の関係は緊密であったと考えられる。鍛冶滓出土古墳と鍛冶専業集落との関係からは、鍛冶滓出土古墳の被葬者として、高度な技術を兼ね備えた鍛冶技術集団を掌握していた人物像、鉄素材の供給が円滑になされる位置を確保した人物像、あるいは、それら人物と階層的に繋がる人々などが考えられる。

　近江の場合、鍛冶滓出土古墳に近接する今津製鉄遺跡群の東谷遺跡では7世紀後半（大道ほか2004）、和邇製鉄遺跡群の滝ヶ谷遺跡では7世紀後半から8世紀（栗本2004）、浅井製鉄遺跡群では古代の何れかの時期、南郷・田上山製鉄遺跡群の南郷遺跡では7世紀中葉（田中ほか1988）、瀬田丘陵製鉄遺跡群の源内峠遺跡では7世紀後半（大道ほか2001）には製鉄がおこなわれている。鍛冶滓出土古墳と製鉄遺跡との間には1世紀単位という時間の中では一応関連性があるようである。

　このような現象に対する評価として、製鉄と鍛冶の一貫性を強調し、古墳時代の鍛冶集団が飛鳥時代以降の製鉄をおこなうようになったことの現れとする考えもある。しかし、この考えには検討を要する。というのは、鍛冶集団が製鉄を行ったとしても、当然鍛冶もおこなったと考えられ、鍛冶滓を古墳に供献することは製鉄導入以前と同様ありえたはずである。にもかかわらず、古墳出土鉄滓は鍛冶滓から製錬滓へと変化している。

　以上の古墳出土鉄滓の変化は、その背景に製鉄遺跡の出現という現象があると考えられることが多い。しかし、製鉄遺跡出現と同時に鍛冶滓供献の消滅という現象も評価すべきである。次節

で詳述するが、吉備では、製鉄が導入される6世紀前半までは、小規模で短期的な鍛冶工房が広範囲に展開している。しかし、製鉄が開始される6世紀後半になると、総社市窪木薬師遺跡など、周辺の製鉄にも関係する専業鍛冶集落が拠点的に出現する（島崎ほか1993）。この現象の背景には、吉備での製鉄開始と、製鉄を軌道にのせるため在地の鍛冶集団の解体・再編成を、畿内政権が直接的に推し進めたことによるものと考えたい。

6世紀後半において近畿地方で鍛冶滓供献古墳が盛行し、交野市森遺跡群や柏原市大県遺跡群などの精錬鍛冶を主体とする「鍛冶専業集落」が拠点的に現れる状況を鑑みると、日本列島全体を視野に入れた、畿内政権による製鉄と鉄素材流通の集中的管理の構造を読み取ることができる。この現象が、吉備や筑紫などの初期製鉄地帯と河内において、同時に進行していることはそのことを裏付ける根拠となろう。

一方、近江の製鉄遺跡からみた製鉄開始は7世紀前半から中葉と考えられ、吉備や筑紫の製鉄開始時期より若干遅れる。したがって、近江の古墳出土鉄滓からみた製鉄開始の状況を、吉備や筑紫などの初期製鉄地帯の状況と単純に比較することはできないが、近江の7世紀段階の古墳出土鉄滓の大部分が鍛冶滓であることからは、近江の6世紀代の製鉄は否定的にならざるを得ない。

今後は、古墳出土鉄滓の検討とともに、製鉄遺跡の解明、6世紀以前の鍛冶工房をともなう集落と7世紀代の鍛冶工房をともなう集落との比較検討などを行うことにより、近江の製鉄開始の状況を解明する必要がある。その検討にあたっては、6世紀後半における吉備や筑紫などの初期製鉄地帯や河内でみられる、畿内政権における製鉄・鉄素材流通の集中的管理現象が近江でみられるのかどうかという視点が必要となる。

（4）　高島郡の鉄滓出土古墳と製鉄

近江における鉄滓出土古墳の最古の事例として、4世紀末に比定される高島市妙見山38号墳をあげることができる。更に5世紀末に比定される高島市甲山11号墳・25号墳へと続き、高島市でも旧今津町域に近江でも古手の鉄滓出土古墳が集中していることがみてとれる。近江では6世紀以前の鉄滓出土古墳が確認されているのは、この高島市旧今津町域だけである。

一方、近江以外の6世紀以前の鉄滓出土古墳の事例をあげるならば、古手の事例としては4世紀前半に比定される津山市美和山2号墳・3号墳がある。また、5世紀代の事例としては津山市8例、岡山県久米郡柵原町1例、真庭郡久世町1例（安川1992）、京都府与謝郡加悦町1例、中郡大宮町1例（増田1996）と、美作と丹後に分布の集中がみられる。4世紀と5世紀の鉄滓出土古墳が美作、丹後、近江の高島市旧今津町域の3地域に分布に集約されることは注目される。美作および丹後では6世紀後半に製鉄が開始していると言われており、そういう意味では高島市旧今津町域の製鉄が6世紀代にまで遡る可能性は捨てきれない。

安川豊史氏は、美作の鉄滓出土古墳の検討をおこない、鉄滓供献の普及と定着は古墳祭祀と一体化した古墳時代後半期特有の歴史的な現象ととらえる。そして、鉄滓供献の広範な普及が5世紀末の木棺直葬の小墳出現時期と一致していることに注目している。さらに、木棺直葬の群小墳の美作への波及の背後に、吉備一族の反乱と敗北、その後の畿内政権による直接的な古墳規制があるとした。また、木棺直葬墳とともに美作で誕生した鉄滓供献祭式についても、畿内政権の地方支配のもとで定型化された可能性があるとする（安川1992）。旧高島郡内での鉄滓出土古墳の

出現も、安川氏のいう畿内政権の地方支配の現れの一形態であるならば、美作と同様の歴史的現象を経て、6世紀中頃以降に製鉄の繁栄を迎えた可能性はある。

　以上のように鉄滓出土古墳の背景に安川氏が考察する歴史的背景があるならば、旧高島郡の鉄滓出土古墳の様相は注目される。6世紀後半以降、製鉄が開始される美作と同様、4世紀代・5世紀代より鉄滓供献の伝統をもつ旧高島郡内については6世紀代の製鉄を検討する余地はある。

　6世紀後半の旧高島郡内の主要古墳群として、斉頼塚古墳を盟主墳とする西牧野古墳群がある。西牧野古墳群の背後に広がるマキノ製鉄遺跡群で、6世紀代に製鉄が開始しているとすれば、マキノ製鉄遺跡群と西牧野古墳群との関連が予想される。斉頼塚古墳を盟主とする西牧野古墳群の被葬者は、マキノ製鉄遺跡群の製鉄集団を掌握していたか、あるいは階層的なつながりをもつのかの検討は今後の課題である。

　なお、近江の製鉄遺跡群の多くは7世紀代に開始する古窯祉群をともなっている。（畑中1995b・大道1996）、しかし、マキノ・西浅井製鉄遺跡群は古窯祉群をともなわず、「鉄専業」である点は近江において特異である。旧高島郡の製鉄が近江の他地域より一足早く始まったこと、製鉄燃料の木炭生産確保のため製鉄集団が森林資源を占有し、須恵器生産など他の手工業が入り込む余地がなかったのかもしれない。

5　まとめ

　本節では主に近江の鉄滓出土古墳の事例について、分布、古墳内での鉄滓の出土位置、製錬滓と鍛冶滓の時期の関係等の検討を行い、鉄滓出土古墳の性格、製鉄開始年代などについて考察した。

　近江の鉄滓出土古墳の分布の検討からは、4世紀、5世紀には旧高島郡のみで、7世紀になると近江各地でその分布がみられることが判明した。したがって、7世紀には鉄滓を用いた古墳祭祀が、近江の広い範囲で行われるようになったといえる。また、鉄滓出土古墳と製鉄遺跡群との地理的関係の検討からは、鉄滓出土古墳の多くは製鉄遺跡群と近接するが、製鉄遺跡から離れて存在している場合もあることが判明した。さらに、古墳内での鉄滓の出土位置については多様なあり方がみられ、鉄滓の出土位置により、鉄滓の種類や古墳祭祀の意味合いが異なっている可能性があると考えた。古墳から出土する製錬滓と鍛冶滓の関係については、7世紀に一部製錬滓を供献する古墳もあるが、大部分の古墳では鍛冶滓を供献していることが判明した。

　以上の検討結果からは、近江での本格的な製鉄の開始期は7世紀と考えられる。しかし、旧高島郡では4世紀・5世紀代に鉄滓出土古墳があり、美作や丹後の事例が旧高島郡にあてはまるならば、高島市今津町・マキノ町の製鉄遺跡の中に6世紀代に遡る製鉄遺跡が存在する可能性はある。今津町・マキノ町の古墳や製鉄遺跡はほとんど発掘調査がなされておらず、当該地で6世紀における製鉄の解明は今後の課題となる。

第2章　日本古代製鉄の開始について

第4節　日本古代製鉄の開始について

1　はじめに

　第1節でみてきたように、現時点で日本列島最古の製鉄遺跡として意見の一致しているのは、総社市千引カナクロ谷製鉄遺跡で6世紀後半の時期を比定することができる。それ以前の製鉄遺跡については、時期決定の根拠にいくつか課題を残しており、6世紀前半以前の製鉄の存在については、今後の課題として残されている（湊1997、大道1998b）。以下では、現時点で国内最古の製鉄遺跡が存在し、その時期の鍛冶関連遺跡の調査例が増加している総社市・岡山市域の発掘調査成果からみえてきた製鉄・鍛冶関連遺跡の具体的様相について検討し、製鉄開始の様相や、製鉄工人の実態について考察していきたい。

2　製鉄開始期の製鉄・鍛冶関連遺跡

(1)　総社市・岡山市域の製鉄遺跡（図103・104）

①　中組遺跡（総社市中尾）

　2001年に実施された発掘調査で、製鉄炉2基が検出されている。製鉄炉は小さく張り出した丘陵の先端部に、東西に2基築かれていた。地下構造の平面プランは、東炉が約60cm角の正方形、西炉が40×100cmの長方形で、西炉の操業廃棄後、東炉が操業されている。炉形は箱形炉と推定されるが、削平が著しく詳細はわからない。操業年代は古代のいずれかの時期と推定される（前角2001a）。

②　砂子遺跡（総社市山田）

　1999〜2001年に実施された発掘調査では、古墳時代の集落とともに、製鉄に関係する遺構が多数検出されている。製鉄に関係する遺構は、6世紀中葉から後半を中心にした時期のものが多く、山裾の斜面では鉄鉱石を焼いて砕くための焙焼炉や、鉄鉱石を砕いた作業場が存在し、中央の大溝を挟んで北側には粘土を貼った作業場が東西に伸び、鍛冶炉と炭窯が集中して検出されている。また、工人の居住区も多数検出されており、鉄製に関連する作業場が計画的に配置された集落であったと考えられる。さらに調査区の東端では、6世紀初頭から前半まで遡る可能性のある焙焼炉と鍛冶炉・作業面も確認され、調査区外の山側斜面には製鉄炉の存在が予想されている（武田2000・2001）。

③　水島機械金属工業団地共同組合西団地内遺跡群（総社市久代）

　1986・1987年に実施された発掘調査では、7世紀を前後する時期の製鉄炉61基、横口式木炭窯16基が検出された。その内訳は板井砂奥製鉄遺跡で製鉄炉12基・木炭窯3基、大ノ奥製鉄遺跡で製鉄炉25基・木炭窯2基、沖田奥製鉄遺跡で製鉄炉10基・木炭窯6基、古池奥製鉄遺跡で製鉄炉2基・木炭窯2基、藤原製鉄遺跡で製鉄炉3基・木炭窯3基である。製鉄炉は全て箱形炉で、鉄鉱石を原料としている。また、木炭窯の大部分は横口式木炭窯である。遺跡群内からは横穴式石室を主体部とする古墳が28基検出されており、このうち4基より鉄滓が出土している（村上ほか1991）。

130

第 4 節　日本古代製鉄の開始について

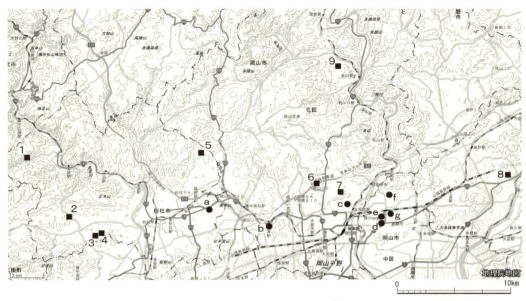

■　製鉄遺跡　　　1．中組　　2．砂子　　3．西団地内　　4．市後　　5．奥坂
●　鍛冶集落　　　6．白壁奥　7．津高団地　8．西祖山方前　9．みそのお
　　　　　　　　　a．窪木薬師　　b．吉野口　　　c．津島岡大　　d．百間川原尾島
　　　　　　　　　e．原尾島　　　f．北口　　　　g．赤田東

図 103　総社市・岡山市域の製鉄・鍛冶関連遺跡（地理院地図による）

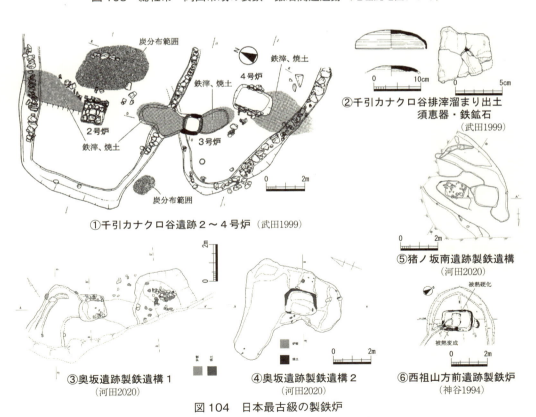

図 104　日本最古級の製鉄炉

第 2 章　日本古代製鉄の開始について

④　市後遺跡群（総社市久代）

2000 年に実施された約 13.5ha に及ぶ発掘調査で、西の尾根南鞍部東斜面裾で製鉄炉 1 基（製鉄炉 1）、東の尾根の牛塚古墳の西側で製鉄炉 1 基（製鉄炉 2）、東側で鍛冶炉 1 基、東と西の尾根に挟まれた緩傾斜地で製鉄炉 3 基（製鉄炉 3〜5）を検出した。製鉄炉 1 は中央に炉を置き、両側に排滓坑をもつ。炉の地下構造の平面プランは 60×70cm のほぼ正方形を呈する箱形炉で、炉内には炉底塊が残留していた。製鉄炉 2 も両側に排滓坑をもち、炉地下構造は 60cm 角の正方形を呈する箱形炉である。操業年代は古代のいずれかと推定される。製鉄の規模は、西団地内遺跡群と比較すると小規模である（前角 2001b）。

⑤　奥坂遺跡群（総社市奥坂、図 104‐①②）

1989〜1991 年に実施された発掘調査では、製鉄炉 20 基、木炭窯 114 基が検出された。その内訳は千引カナクロ谷製鉄遺跡で製鉄炉 4 基・木炭窯 3 基、千引遺跡で製鉄炉 4 基・木炭窯 4 基、新池奥遺跡で製鉄炉 3 基・木炭窯 3 基、宮原谷遺跡で製鉄炉 4 基・木炭窯 2 基、名越遺跡で木炭窯 4 基、くもんめふ遺跡で製鉄炉 2 基・木炭窯 2 基、林崎遺跡で製鉄炉 3 基・木炭窯 6 基である。さらに開発対象地域内では、緑地保存区域内で木炭窯 12 基の存在と、名越地区で消滅した製鉄遺構が 1 ヶ所確認されている。これら製鉄関連遺構の時期については、千引カナクロ谷製鉄遺跡の 6 世紀中頃から宮原谷遺跡の 8 世紀前半までであることが確認されており、ほぼ連続して当地域内で製鉄がおこなわれていたと考えられる。製鉄炉は全て箱形炉で、鉄鉱石を原料としている。また、木炭窯の大部分は横口式木炭窯である。

千引カナクロ谷製鉄遺跡では、日本最古の製鉄炉（箱形炉）、2・3・4 号炉が検出されている。谷の斜面に、箱形炉を設置するための平坦なスペースを造成し、その中に約 1.5m 四方の穴を掘り、石を敷くなどしてその上に炉を構築している。また、防湿の目的で、石を詰め暗渠状とした溝を、炉の斜面側に U 字状にめぐらすことが特徴である。千引カナクロ谷製鉄遺跡では、箱形炉の近くの古墳の横穴式石室から鉄滓が出土している（武田 1999）。

⑥　白壁奥遺跡（岡山市北区田益）

1992・1993 年に実施された発掘調査では、製鉄炉 2 基、木炭窯 2 基が検出された。製鉄炉は全て箱形炉で、鉄鉱石を原料としている。また、木炭窯は全て横口式木炭窯である。製鉄の時期は 7 世紀に比定されている（下澤ほか 1998）。当遺跡周辺では、7 世紀前半に比定される富原西奥古墳の横穴式石室から炉壁片が（松本 1993）、また 600 年前後に比定される西山古墳群 1 号墳の横穴式石室入口付近からは多量の鉄滓が出土している（福田ほか 1996）。

⑦　津高団地遺跡群（岡山市北区津高、図 104‐③④⑤）

1990〜1991 年に実施された発掘調査では、奥池遺跡で製鉄炉 2 基、横口式木炭窯 1 基、猪ノ坂南遺跡で製鉄炉 1 基、立越南遺跡で横口式木炭窯 2 基、猪ノ坂谷尻遺跡で横口式木炭窯 1 基、猪ノ坂東遺跡（南斜面）で横口式木炭窯 1 基、新田上西遺跡で横口式木炭窯 1 基が検出されている。また、奥池 1 号墳と奥池 3 号墳の石室内部、新田上古墳の周溝から鉄滓が出土している。

製鉄遺構の操業年代であるが、奥池遺跡の製鉄遺構 2 は、7 世紀前半の築造と考えられる奥池 3 号墳との遺構の切り合い関係と、AD550±25 年の時期を示す熱残留磁気の測定結果から、操業時期は概ね 6 世紀代と推測される。製鉄遺構 1 は、製鉄遺構 2 との標高差などから製鉄遺構 2 よりも新しいものと推定されている。猪ノ坂南遺跡の製鉄遺構は、製鉄炉の山側に防湿用の溝が

132

巡っている。また遺構に伴う遺物が出土していないため、操業時期は不明である。

横口式木炭窯からは、時期を示す遺物は出土していない。しかし、他の遺構との切り合関係および、熱残留磁気測定結果から、奥池遺跡の横口式木炭窯は6世紀後半以前、立越南遺跡の横口式木炭窯1は6世紀後半、横口式木炭窯2は7世紀初頭、猪ノ坂谷尻遺跡の横口式木炭窯は6世紀代の操業時期が考えられている。また、新田上西遺跡の横口式木炭窯の熱残留磁気の測定値はAD550±15年となっている（乗岡1991・河田2020）。

⑧　西祖山方前遺跡（岡山市東区西祖、図104-⑥）

1989年に実施された発掘調査では、製鉄炉の一部と防湿設備も兼ねた方形土坑、周溝、排水溝等が検出された。炉に伴って土器等が出土していないため、正確な時期は不詳であるが、調査報告書では遺跡を6世紀後半に比定している。鉄鉱石を原料としている。発掘調査された製鉄炉は、千引カナクロ谷製鉄遺跡で検出された箱形炉と同様に、約1.5m四方の穴を掘り箱形炉の地下構造とする。また炉の斜面側にU字状の溝をめぐらせている。溝には石を積めて暗渠状とし、箱形炉の防湿の効果を期待したと考えられる（神谷1994）。製鉄炉は古い要素を兼ね備えており、日本最古級の箱形炉の可能性がある。

⑨　みそのお遺跡（岡山市北区高津）

1991年に実施された発掘調査では製鉄炉4基、横口式木炭窯4基が検出された。横口式木炭窯はいずれも尾根頂部に位置し、尾根頂部の調査区であるC地点では、横口式木炭窯と製鉄炉1が重複して検出されている。製鉄炉1の地下構造は長さ100cm・幅70cm・深さ30cmの長方形土坑で、側壁が焼け、小口から一段浅い排滓溝が延びている。製鉄炉はこの他に、斜面中位に1基、谷底近いところで2基検出されている。鉄鉱石を原料とし、操業時期の詳細は不明である（椿ほか1993）。

（2）　総社市域の鍛冶関連遺跡・窪木薬師遺跡（総社市窪木薬師、図105）

1991～1992年に実施された発掘調査では、5世紀前半と6世紀後半～7世紀前葉に属する竪穴系鍛冶遺構が検出されている。以下では、5世紀前半代と6世紀後半～7世紀前葉に分けて、鍛冶関連の状況についてみていきたい。

①　5世紀前半の鍛冶について（図105-1・2）

竪穴建物-11・13が5世紀前半の鍛冶関連遺構と考えられる。竪穴住居-11は、一辺約5.7mの方形プランを呈し、床面には柱穴が見られず、竪穴外に支柱をもつ可能性が高い。竪穴のほぼ中央には浅く掘りくぼめた鍛冶炉が認められ、また床面から、粘土汁由来の小型の鉄滓（ガラス質滓）や鍛造剥片が出土・採集された（島崎ほか1993、大澤1993a）。当該遺構は、内山敏行氏が考察した、竪穴系鍛冶遺構の中田類型に分類される（内山1998）。

また、竪穴住居-11に隣接し、若干後出する竪穴住居-13（1）は、平面隅丸方形を呈し、規模は4.65×3.60mを測る。長辺にカマド1基を備えており、その内部の床面から鉄鋌1点（2-1）が出土した。鉄鋌はほぼ完形品で長さ21.4cm、最大幅6.7cm、最小幅2.8cm、金属学的調査により炭素（C）0.05%前後含有の折返し鍛造品であることが判明した（大澤1993a）。東潮氏の分類（東1991）の小形鉄鋌とされ、共伴した鉄鏃（2-2）・初期須恵器とともに、韓国東萊福泉洞第11号墳出土例に酷似しているという（鄭澄元・申敬澈1983）。

竪穴住居-13からは鍛冶滓1点（2-3）、砥石2点が床面より出土しており、鍛冶遺構である可

第2章 日本古代製鉄の開始について

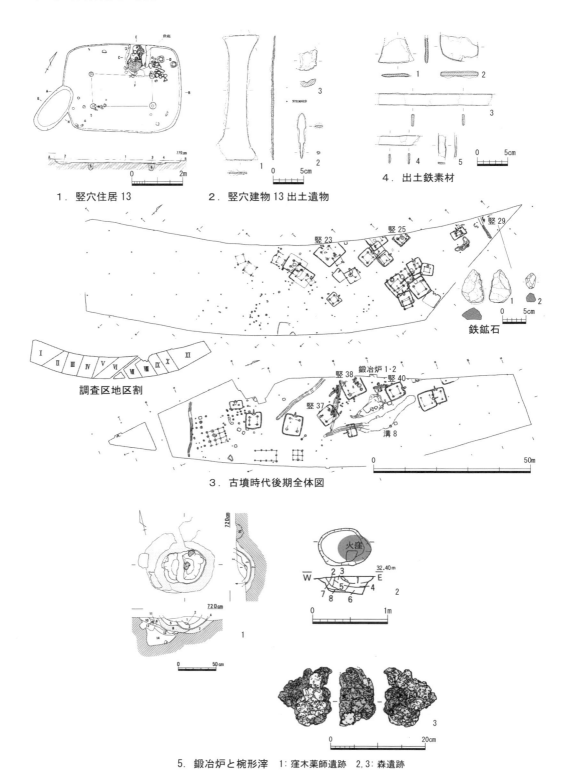

1. 竪穴住居 13
2. 竪穴建物 13 出土遺物
4. 出土鉄素材
3. 古墳時代後期全体図
調査区地区割
鉄鉱石
5. 鍛冶炉と椀形滓 1：窪木薬師遺跡 2,3：森遺跡

図 105 窪木薬師遺跡 （5-2,3：奥野ほか 1990、それ以外は島崎ほか 1993）

能性が高い。鉄鋌は、住居内の鍛冶の鉄素材として朝鮮半島から搬入され、住居の廃棄に伴って床面に据え置かれたものと考えられている（島崎ほか1993、花田1996、亀田2000b、松井2001）。ただし竪穴内に鍛冶炉がなく、鍛造剥片も出土していないことから、竪穴は工人の控え小屋ないしは住居、鉄鋌についても、その出土状況から、鉄素材以外の特殊な意義を有していたとする考えもある（村上1998a・2007）。

② 6世紀後半の鍛冶についての概要（大澤1993）

窪木薬師遺跡では、6世紀後半段階に比定される住居跡32軒全てから、鉄滓や鉄器が出土している。また、鉄滓の出土量は165kgに達し、鍛冶関連の遺構も多数検出され、鍛冶専業集団の集落としての性格が認められる。製鉄炉は検出されていないが、出土遺物は、鉄鉱石（磁鉄鉱）、製錬滓、鍛冶原料となる製錬鉄塊系遺物（荒鉄）、精錬鍛冶滓、鍛錬鍛冶滓、鍛造剥片・粒状滓、鉄器半製品から鉄器までと多岐にわたり、鍛冶の全ての工程を裏付ける（島崎ほか1993）。

③ 製錬系の出土遺物（図105-3）

6世紀中葉に比定される竪穴住居-29の床面直上から、鉄滓372gとともに鉄鉱石が出土している。鉄鉱石は（1）が179.9g、（2）が28.0gを測る。製錬滓は竪穴住居23・37・40、溝8、X区包含層などから、製錬鉄塊系遺物は竪穴住居-25・38、Ⅳ・Ⅷ・Ⅸ・X区包含層などから出土している。出土製錬滓は当遺跡における精錬鍛冶の際、搬入した含鉄製錬滓の含まれる鉄塊を割出・抽出し、廃棄されたものと考えられる（島崎ほか1993）。

④ 6世紀前葉～中葉の段階（図105-3）

各竪穴住居からは、例外なく床面から鉄滓の出土が認められ、またこれに伴って臼玉を中心とする滑石製品も多く出土している。鍛冶炉は検出されていないが、Ⅳ区北半部では鍛冶分離滓等の大量廃棄が確認され、鍛冶用の木炭窯も検出されている。この段階に鉄器製作を主目的とした鍛冶集落となったと考えられる（島崎ほか1993）。なお、調査報告書で用いられる「鍛冶分離滓」は、精錬鍛冶の際に、厚みのある精錬鍛冶滓の中に潜り込んだ鉄塊を、取り出すために生じたものである。

⑤ 6世紀後葉～7世紀前葉の段階（図105-3）

鍛冶炉・鍛冶工房・排滓場・鍛冶用木炭窯等の分布状況から、集落随所で、鍛錬鍛冶を中心とした鉄器製作がおこなわれている様相をみてとれる。また、鍛冶工房群から離れた高所に掘立柱建物群が出現する。集落内施設の機能別配置の状況が窺われる（島崎ほか1993）。

⑥ 出土鉄鋌などの鉄素材について（図105-4）

鉄鋌（図105-4-1）は、6世紀後葉～7世紀前葉の鍛冶炉に近接した溝-8から、鉄鏃・鉄斧・截断面を有する鉄片等と共伴して出土した。鉄鋌は1点のみで、約1/4程度が遺存していた。形態は5世紀前半の出土例と大きく変わらず、長さ15～20cm程の小型鉄鋌に分類される。この鉄鋌は鍛冶炉-1・2と密接な関係あることから、①鍛冶炉-1・2のいずれかで鉄鋌として製作されたものの一部、②別の場所で鉄鋌として製作され、その素材をもとに鍛冶炉-1・2のいずれかで鉄器を製作していた、等が考えられる。

鉄鋌以外にも（2・3・4・5）等のように形態は異なるものの素材、もしくは製品を容易に製作する為に整形されたと考えられるものが出土している。これらについては、当時の鉄素材の可能性がある。また、窪木薬師遺跡からは截断痕跡を有する鉄器が、鍛冶関連遺物とともに出土して

第2章　日本古代製鉄の開始について

いる。截断痕跡を有する鉄器とは、端部に鏨によったとみられる截断痕跡を残す鉄器のことである。切断痕跡を有する鉄器は、①鉄器製作段階で素材から製品となる部分を切断して残った部分、②製品製作のための前段階の状態（未製品）。③他の廃鉄器とともに熱再処理され、やがて別の鉄器となる、等の可能性がある。このように、窪木薬師遺跡では鉄素材と推定される鉄鋋が出土しているほか、鉄器を鏨で切った際にできる鉄片も出土している（島崎ほか1993）。

　弥生時代にも鉄器の加工をしていたと推定される遺跡からは、鉄器を鏨で切った際にでる鉄片が出土する。これらの鉄片は、弥生時代の鍛冶技術では、リサイクルすることは難しかったので、廃棄されたものと考えられている。しかし、古墳時代後期の窪木薬師遺跡の鍛冶技術をもってすれば、集めてきた鉄片を、鍛冶炉を用いて赤熱加工し、高温鍛冶によってリサイクルすることは可能である。したがって、窪木薬師遺跡から出土した鉄片はリサイクル用に回収されたものとも考えられる。

　⑦　鍛冶炉について（図105-5）

　窪木薬師遺跡で検出された6世紀後半〜7世紀前半の鍛冶炉1・2（1）は、炉を深くし、粘土による保熱・蓄熱効果を意図して築かれた炉である。同様の鍛冶炉は、交野市森遺跡からも検出されており（土壙19）（2）、鍛冶炉から672.5gの椀形滓（3）が出土した（奥野ほか1990）。椀形滓（3）は精錬鍛冶の下ろし作業で生成した鉄滓と考えられる。窪木薬師遺跡鍛冶炉1・2と森遺跡鍛冶炉（土壙19）は還元雰囲気の強化と、下ろしという精錬鍛冶のために開発されたと考えられる。ただし、このような構造の鍛冶炉は、現状では朝鮮半島には類例がないようである（村上2007）。

　⑧　小結

　以上の発掘調査結果から、窪木薬師遺跡では精錬鍛冶から鍛錬鍛冶までが行われていたものと考えられる。本遺跡から約5km離れた総社平野の北接山麓部には、千引カナクロ谷製鉄遺跡などを含む奥坂遺跡群が存在しており、製鉄との関係が注目される。窪木薬師遺跡には、奥坂遺跡群などで生産された滓を多く含む製錬鉄塊系遺物が搬入され、鉄素材を生産する精錬鍛冶が主体的に行われたと考えられる。となると、6世紀後半の鉄鋋は朝鮮半島から搬入されたものではなく、窪木薬師遺跡で生産された可能性が高い。したがって、出土した鉄鋋の破片は、窪木薬師遺跡で製作した鉄鋋をもとに、鉄鋋出土場所に隣接する鍛冶炉で鉄器を製作した際に生じた残片であると考えたい。

　岡山県下では、津山市狐塚遺跡（渡邊ほか1974）・大畑遺跡（行田ほか1993）・深田河内遺跡（行田1988）等の鍛冶集落の発掘調査が実施されている。これらの遺跡では1・2基の鍛冶炉を中心にこれに数件の竪穴住居と掘立柱建物が伴うといった状況で、鉄器生産は比較的小規模であったと考えられる。一方、窪木薬師遺跡では出土鉄滓の総重量が165kgと、鉄器処理量が岡山県下では突出している。6世紀前葉から7世紀前葉にかけての窪木薬師遺跡の鉄器生産の状況からは、社会的に増大する鉄器需要に対応すべく、集落内で幾つかの工程を工房毎に分担し、鉄器の大量生産を図る姿をよみとれる。

（3）　岡山市域の鍛冶関連遺跡（図103・106）

　ⓑ　吉野口遺跡（岡山市吉備津）

　吉野口遺跡では6世紀後半の鉄滓溜り、鍛冶炉が検出され、焼土塊、製錬滓、椀形鍛冶滓、羽口等の製錬・鍛冶関連遺物が10kg未満出土している。窪木薬師遺跡と比較すると小規模な鍛冶

遺跡といえよう。製錬系鉄塊系遺物（荒鉄）を小割りする際に飛び散ったと考えられる鍛造剥片様の微細磁化遺物が多量に検出されており、製錬滓や、厚さ40mm以上を超える厚みのある椀形鍛冶滓が出土している（草原ほか1997）。

　以上の調査結果からは、製鉄遺跡から搬入された製錬系鉄塊系遺物を小割りし、精錬鍛冶をおこなうという、非常に限定された鍛冶工程を復元できる。なお、報告書では吉野口遺跡に製錬系鉄塊系遺物を供給したのは、遺跡から半径1km以内の周辺丘陵部に位置する後期古墳の周辺に存在する、未発見の小規模な製鉄遺跡であろうと想定されている（草原ほか1997）。なお、吉野口遺跡の調査地より南西約500mには吉備津神社があり、吉備津神社付近にも小規模な古墳群の存在が想定されることから、吉備津神社付近も荒鉄供給源の候補地となる。

　　ⓒ　津島岡大遺跡（岡山市津島中）

　1993年に実施された第10次発掘調査では、焼土面をもち椀形滓が出土する竪穴建物、鍛冶用木炭窯・焼成遺構が検出された。発掘調査では羽口も出土しており、鍛冶に関わる集落の存在が考えられている。操業時期は須恵器の年代観（陶邑編年TK209）から6世紀末～7世紀初頭と推定されている（山本悦ほか2003）。また、1998年に実施された第19次発掘調査では、溝13・47等から鉄鉱石を由来の製錬滓が出土した（野崎2003）。

　第10次発掘調査で出土した鉄滓については金属学的調査の結果、鉄鉱石由来の精錬鍛冶滓であることが判明した（岩﨑2004）。以上の発掘調査成果から、津島岡大遺跡の第10次・第19次発掘調査地点周辺では古墳時代後期、製鉄炉や鍛冶炉はみつかっていないが、製鉄・精錬鍛冶・鍛錬鍛冶の各工程の操業が行われていたと想定される。

　　ⓓ　百間川原尾島遺跡（岡山市中区藤原光町、図106-ⓓ）

　1978～1982年に実施された発掘調査（百間川原尾島遺跡2）では、6世紀代に比定される溝73から11kgに及ぶ炉壁や鉄滓が出土した。出土土器は6世紀前半から7世紀初頭を主体とする（正岡ほか1984）。また、1995・1998～2001年に実施された発掘調査（百間川原尾島遺跡6）では、6世紀後半に比定される溝78から製鉄・鍛冶関連遺物が出土している（柴田ほか2004）。さらに、1994・1995・2002・2003年に実施された発掘調査（百間川原尾島遺跡7）では、6世紀末～7世紀初頭に比定される溝34から製鉄・鍛冶関連遺物が出土している（高田・下澤2008）

　2020～2021年に実施された発掘調査では、溝から総重量約7.27kgの製鉄・鍛冶関連遺物が出土した。このうち製鉄関連遺物は鉄鉱石4.1g、炉壁2,216.5g、製錬滓4,718.6gの計6,939.2g、鍛冶関連遺物は椀形滓266.4g、羽口64.7gの計331.1gである。溝16・18から出土した製鉄関連遺物は少量で、周辺からの流れ込みと考えられる。出土土器は溝16が6世紀後半、溝18が7世紀のものが主体である（渡邊ほか2023）。

　　ⓔ　原尾島遺跡（岡山市中区藤原光町、図106-ⓔ）

　1996年に実施された発掘調査では、7世紀前半に比定される溝18・19から鉄鉱石7.18kg、炉壁10.51kg、ガラス質滓2.98kg、製錬滓27.84kg、鍛冶滓3.79kg、羽口4.77kgと、製鉄関連遺物が総重量で57kg出土している。この出土量は周辺遺跡のなかで最も多い（宇垣ほか1999）。

　製錬系の遺物としては、鉄鉱石が66点と多量に出土しており、最大で14.9cm、小さいものでは1.6cmと様々な大きさのものが認められる。鉄鉱石は磁着度の弱い脈石主体のものが大部分を占め、原料鉄鉱石選鉱時に不純物が多く含まれることを理由に、捨てられたものであると判断

第2章 日本古代製鉄の開始について

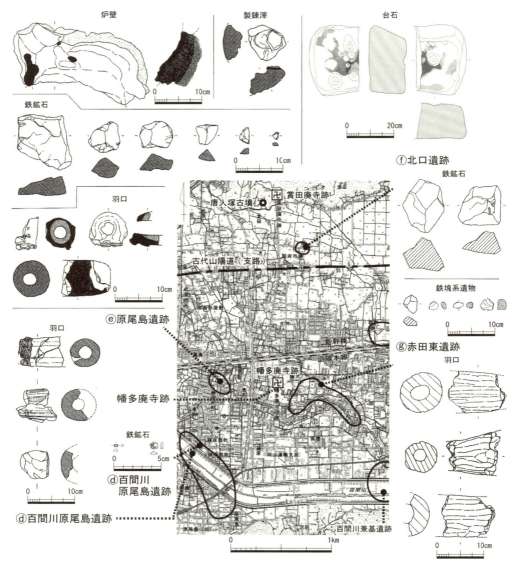

図106 百間川原尾島遺跡周辺における古墳時代後期の製鉄・鍛冶関連遺物（米田2023、一部改変）
（ⓓ百間川原尾島遺跡：渡邊ほか2023、ⓔ原尾島遺跡：宇垣ほか1999、
ⓕ北口遺跡：宇垣ほか2001、ⓖ赤田東遺跡：草原ほか2008）

される。また、鉄鉱石を割る際に使用されたと考えられる台石も出土している。鍛冶系の遺物としては、鉄槌や鉄鉗の可能性がある遺物も出土しており、鉄塊から鉄素材に加工する精錬鍛冶が行われた可能性がある。

調査報告書では原尾島遺跡の集団は、岡山市北区御津石上の佐野鉱山あるいは旭川流域から鉄鉱石を入手、選別、粉砕をおこなった後、砂川流域の製鉄遺跡あるいは旭川左岸平野の東端付近の製鉄遺跡へ鉄鉱石の運搬をおこなった可能性があること。また、製鉄遺跡で生産された製錬系鉄塊系遺物（荒鉄）は再び荒尾島遺跡に戻され、精錬鍛冶がおこなわれたとしている（宇垣ほか1999）。

ⓕ　北口遺跡（岡山市中区国分市場、図106-ⓕ）

　2000年に実施された発掘調査では、7世紀前半に比定されるB区の遺構から鉄鉱石3.50kg、炉壁0.15kg、ガラス質滓0.04kg、製錬滓0.23kg、羽口0.01kg、鉄塊系遺物0.096kg出土している。鉄鉱石は26点出土しており、2.5〜11.5cmの様々な大きさのものがあり、鉄鉱石の外観的な特徴は原尾島遺跡と似ているようである。鉄鉱石以外の関連遺物の出土量はわずかである。また、砥石が1点出土したが、鉄鏃、刀子、ヤリガンナ、斧などの鉄器がかなりの量出土していることから、7世紀前半に遺跡内で鉄器生産、付近の丘陵部で製鉄が行われたことが示唆されている（宇垣ほか2001）。

　ⓖ　赤田東遺跡（岡山市赤田、図106-ⓖ）

　2001〜2002年に実施された発掘調査では、6世紀中葉に比定される竪穴建物1から製錬滓、6世紀末〜7世紀初頭に比定される溝10から製錬滓と羽口、6世紀末から7世紀初頭に比定される側柱建物（建物9）北東隅の柱穴から、6世紀末から7世紀初頭の須恵器杯身とともに羽口が1点出土した。また、長さ7.0m、幅3.0m、深さ12cmの不整形な土坑P1209から、一体分のウマの骨が横倒しになった状態で見つかり、埋葬あるいは意識的に埋められた可能性が指摘されている。馬の骨には直接伴わないが、土坑の埋土から須恵器の高杯や甑、土師器の甕、フイゴの羽口が出土しており、6世紀後半から7世紀初頭に馬の存在や鍛冶が行われたことが明らかとなった（草原ほか2008）。

（4）　畿内の鍛冶関連遺跡

　古墳時代中期、鉄鋌が奈良県や大阪府の古墳から大量に出土する。そして、後に畿内と呼ばれる地域では、鍛冶工房が多数確認されている（図107左）。ところが、古墳時代後期になると鉄鋌の出土が激減する。さらに6世紀後半になると、奈良県の布留群の布留遺跡、忍海群の脇田遺跡、大阪府の大県群の大県遺跡・大県南遺跡、森群の森遺跡に鍛冶工房が集中するようになる（図107右）。古墳時代中期の状況と比較すると、非常に限られた遺跡で鍛冶工房が集中することがみてとれる。そのなかでも大阪府の大県遺跡・大県南遺跡と森遺跡が大規模である。7世紀になると、再び多くの遺跡で鍛冶工房がみられるようになる（花田2004）。

　古墳時代の鍛冶・鉄器生産は、製鉄と密接な関係があったと考えられる。特に製鉄と鍛冶との関係を考える上で特に注目される遺跡は、大県遺跡と田辺遺跡である。大県遺跡は大和川右岸に位置し、大和川が大阪平野に入ってくるあたりにある。5世紀頃から鉄器生産がはじまり、6世紀には鉄器生産が最も盛んとなる（山根2021）。7世紀になると、大県遺跡とその周辺は寺院や官衙などの用地となる一方で、大和川左岸の田辺遺跡では鉄器生産がはじまる。田辺遺跡の北側では推古12年（613）に、難波と宮殿のある飛鳥を結ぶ「大道」が設置され、田辺遺跡は鉄素材や燃料などの搬入、鉄器の搬出などの利便性が高くなったといえる（山根2018）。このような7世紀における中河内での変化のなかで、大県遺跡の大規模な鍛冶集落は解体され、田辺遺跡に移転したと考えられる。

　大県遺跡群から出土する鉄滓と羽口の量を年代別に集計した花田勝広氏の研究によれば、6世紀後半になるとその出土量が非常に増えていることが判明している（花田2002）。鉄滓と羽口の出土量が多くなっているのは、鉄鋌のような不純物の少ない鉄素材でなく、不純物が多く含まれる製錬鉄塊系遺物のような鉄素材が大県遺跡群に大量に搬入され、精錬鍛冶を大がかりにおこ

第2章　日本古代製鉄の開始について

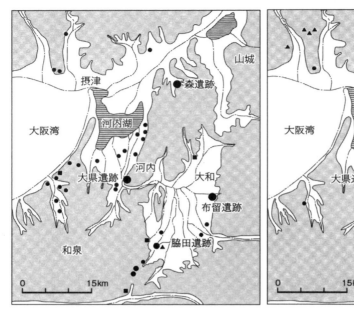
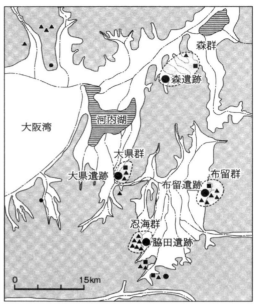

● 鍛冶工房　　● 専業集落　　■ 鍛冶工具　　▲ 鉄滓副葬

図107　古墳時代前・中期の鍛冶工房と古墳時代後期の鍛冶工房（花田2004）

なっていることによると考えられる。不純物の多い鉄素材を処理する精錬鍛冶では大型の椀形鍛冶滓が生成されるからである。大県遺跡群では鉄滓、羽口のほか、陶質土器、韓式系土器などが大量に出土している。大県遺跡群での精錬鍛冶に関しては、渡来人の関与が大きかったことがわかる。

森遺跡でも6世紀後半の鉄滓や羽口が大量に出土しているということが判明しているので（吉田2021）、6世紀後半の畿内においては、非常に限られた遺跡で、精錬鍛冶が大規模におこなわれていたと考えられる。

古墳時代中期には、朝鮮半島南部から鉄鋌をはじめとする鉄素材が輸入されていたが、古墳時代後期とくに6世紀後半になると鉄素材の輸入に障害をきたすようになり、岡山県南部で箱形炉による製鉄が始まる。吉備の製鉄遺跡で生産された不純物を多く含む製錬鉄塊系遺物は、地元の吉備あるいは畿内の大県遺跡群や森遺跡などに搬入され、不純物の除去および鉄素材を生産するという精錬鍛冶がおこなわれたというのが、6世紀後半段階の製鉄・鍛冶および鉄素材の生産・流通のあり方であったと考えられる。なお、製鉄遺構という視点からは、大県遺跡の発掘調査で検出された6世紀後半の鍛冶炉が、箱形炉の開発に大きく影響していると考えられる。

3　開始期の製鉄技術の特徴

(1)　箱形炉と竪形炉

古代日本には、箱形炉と竪形炉という二つのタイプの製鉄炉があったということが、ここ50年程の研究でわかってきた（図108）。

① 箱形炉

箱形炉は、平面形が方形か長方形で、高さ約1mの炉壁が立ち上がる製鉄炉である。両長辺の下部に孔を空けて、外から皮鞴を使って送風したと考えられる。操業では、まず炉内に燃料の木炭を充填し、その後、鉄鉱石や砂鉄という鉄原料を投入する。炉内では点火して温度が上がると、木炭から発生する一酸化炭素が、鉄原料中の酸素と結びついて、鉄から分離するという還元反応が起こる。鉄原料に含まれる不純物や炉壁に含まれるチタンやケイ素などが熔融状態の鉄滓になり、製鉄炉の両短辺の下部に設けられた、排滓孔と呼ばれる孔から掻き出される。以前は、箱形炉は朝鮮半島から導入された技術だと考えられていた。箱形炉の技術は、近世のいわゆる「たたら製鉄法」につながっていく。

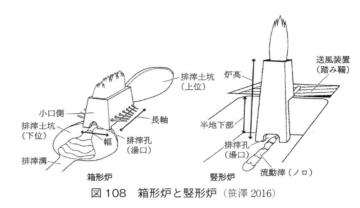

図108　箱形炉と竪形炉（笹澤2016）

箱形炉では炉の中にできた鉄を、炉の中から取り出す際に、炉壁を壊す。したがって、発掘調査では、炉壁が立ち上がったままの状態で検出されることは稀で、遺構の検出状況から、製鉄炉の構造を正確に復元することが難しいタイプの製鉄炉である。

② 竪形炉

竪形炉は炉の高さが2m程で、箱形炉とくらべ背の高い製鉄炉である。製鉄炉の背後に踏み鞴が設置され、踏み板を踏んで、炉の中に送風する。竪形炉は炉の背後に、大口径の羽口（送風管）を炉の中に向けて一本設置する。竪形炉は炉の高さがあり、還元する時間を長く確保することができることから、銑鉄という炭素を多く含む鋳物に向く鉄をつくるのに向いていると考えられる。竪形炉は8世紀中頃に関東地方・東北南部に出現し、8世紀後半には北陸地方、9世紀前半には九州地方、9世紀中頃には東北北部に拡散する。

竪形炉は、下半は斜面に炉を埋め込むような形（上半は自立する形で半地下式の炉形）に復元される。炉内から鉄を取り出す際には、炉の前面を壊すだけで済む。再び操業するときは、大口径の羽口を装着し、壊れた炉の前面を補修すれば完了である。竪形炉は製鉄操業の際の破壊の割合が、箱形炉とくらべ格段に少なく、また送風装置の踏み鞴も、地面を掘り窪めて整形してつくるので、発掘調査の際、遺構の細部までよくわかる。

(2) 最古の製鉄炉

これまでみてきたように、日本列島で、現在知られているもっとも古い製鉄炉の一つは、岡山県総社市の千引カナクロ谷製鉄遺跡4号炉である（藤尾2019）。千引カナクロ谷遺跡では、日本最古の製鉄炉（箱形炉）、2・3・4号炉が検出された。谷の斜面に、箱形炉を設置するための平坦なスペースを造成し、その中に約1.5m四方の穴を掘り、石を敷くなどしてその上に炉を構築する。発掘調査では鉄鉱石が一定量出土した。炉の大きさは、長軸が約50cmであり、炉のイメージは写真3のように復元できる。千引カナクロ谷製鉄遺跡では箱形炉の近くの古墳の横穴式石室

第2章　日本古代製鉄の開始について

写真3　製鉄炉の操業復元（島根県安来市和鋼博物館提供）

から鉄滓が出土している。また横口式木炭窯も検出されている。

(3) 鉄鉱石と砂鉄

日本の製鉄は原料に砂鉄を使っていると言われる。しかし、日本最古とみられる6世紀中頃の製鉄遺跡では鉄鉱石を使い、6世紀後半には砂鉄も使うようになる。鉄鉱石と砂鉄の両方を使っているという製鉄遺跡もみつかっている。鉄鉱石は8世紀前半ぐらいまで使われているが、9世紀になると鉄鉱石は原料としてあまり使われなくなり、中近世には全国の大部分で砂鉄を用いるようになる。

「砂鉄製鉄は日本古来からあるのではないか」という意見も多い。6世紀以前に予想される中規模あるいは小規模の製鉄の存在をたどる研究の中で、さまざまな考察がおこなわれてきたが、特に弥生時代や古墳時代前半の砂鉄製鉄の存在をみつけるのには限度がありそうである。また、総社市・岡山市域の製鉄・鍛冶遺跡の状況からも、日本列島では、まず鉄鉱石を用いた製鉄技術が挿入され、その後、砂鉄を使うようになったと考えられる。

なお、窪木薬師遺跡での5世紀前半から6世紀後半までの鉄器製作は、鉱石系鉄素材が主流であるが、6世紀後半になると、僅かであるが砂鉄系鉄素材の充当が伺われる。器種不明の2種の棒状鉄器の鉄中の非金属介在物からウルボスピネル（Ulvospinel : $2FeO \cdot TiO_2$）が検出されている（大澤1993a）。6世紀第4四半期頃に、岡山県南部では砂鉄を原料とする製鉄が始まった可能性がある。

(4) 箱形炉による製鉄技術

図109は、箱形炉の炉内反応を模式的に示した図である。箱形炉の炉内では、送風孔先端部分が局所的に最も高温となる。炉内でもっとも高温である送風孔先端部分において、木炭から発生する一酸化炭素が、酸化鉄である鉄鉱石や砂鉄に含まれる酸素と結びつくという還元反応が起こり、鉄は熔融状態になりながら炉底に形成される。また炉壁に含まれるカルシウムやケイ素などが鉄原料の不純物と結びつき鉄滓となる。箱形炉の製鉄原理を一言で言うならば、炉壁を侵食さ

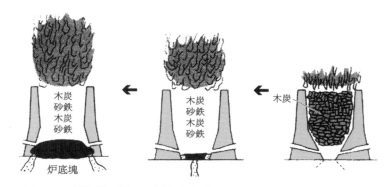

図109　製鉄炉の炉の反応模式図（奥野ほか2001　図版65を一部改変）

せながらその部分に鉄を生成していくと言える。
　鉄滓は炉の短辺下部に設けられた排滓坑と呼ばれる孔から流れ出る。排滓坑から流れ出た鉄滓を炉外流出滓という。箱形炉から排出される鉄滓の大部分はこの炉外流出滓で、古代の製鉄遺跡からは2トントラックの荷台一台分程の鉄滓が出土する。また、炉底には、鉄が熔融状態になりながら固まった炉底塊ができる。炉壁を壊して、赤熱化した炉底塊は炉底から引きずり出され、水で冷却した後、叩き割られる。古代の箱形炉では、叩き割られた炉底塊の破片の中から、鉄素材にすることのできる数センチから10cm程度の製錬鉄塊系遺物を、丁寧に回収していたようである。

(5) 製鉄炉の構造

　総社市・岡山市域で検出されている製鉄炉の地下構造は、中国地方の製鉄炉地下構造の分析を行った上栫氏の形態分類によればⅠ型に分類される。Ⅰ型は方形または長方形の土坑を掘り込み、内部に保温・防湿施設であるカーボンベッドを設けたもので、長さ0.6～1.8m、幅0.6～1.11mで、長幅比が1対1～2対1の間に入る。古墳時代後期から終末期にかけて美作、備前、備中に分布しているが、古代に入ると備後にも分布域が拡大する（上栫2000）。
　このことは、Ⅰ型が岡山県下の古墳時代後期の共通的な製鉄炉の地下構造であり、製鉄において技術系譜・工人集団に一定の共通性がみられることが理解されよう。以下では、Ⅰ型の製鉄技術はどのような経緯を経て出現したのかを解くため、製鉄炉の炉底本体の構造について検討してみたい。
　総社市・岡山市域の製鉄遺跡では、奥池遺跡群宮後原遺跡3号製鉄炉（武田1999）、水島機械金属工業団地共同組合西団地内遺跡群大ノ奥製鉄遺跡第1作業場6号製鉄炉（高田1991）、板井砂奥製鉄遺跡第1作業場4号製鉄炉、第2作業場4号製鉄炉・5号製鉄炉（谷山1991b）において炉に残留した形で炉底塊が検出されている。
　図110で示した板井砂奥製鉄遺跡第1作業場4号製鉄炉では、地下構造の掘形のほぼ中央で鉄滓が検出されている。この鉄滓を観察・検討すると、土層堆積状況観察用のセクションベルト北側は炉外流出滓の溜りと判断され、炉外および炉壁基部下の滓であることがわかる。セクションベルト南側では炉壁基部下に潜り込んだ南北方向に伸びる滓を2条確認することができ、この2条の滓の間の空白部分に金属鉄を含む炉底塊が存在していたと判断される。したがってこの炉底塊から復元される炉底の大きさは長さ30cm、幅20cm程に復元でき、地下構造よりもかなり小さく、また地下構造の南端に炉底が構築されていたことが理解できる。

　炉底の規模は鍛冶炉の炉底を若干大きくしたようなもので、製鉄炉の構造は、そのような炉底に還元帯確保のために高さ1m程の炉壁を構築した状態を復元することができる。製鉄炉と鍛冶炉の構造の具体的な関連性の検討は後述する。なお、送風装置は不明であるが、両長側辺に2個から3個の送風孔を穿ち、そこから送風を行ったものと判断される。

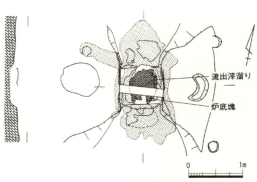

図110　板井砂奥製鉄遺跡
第1作業場4号製鉄炉（谷山1991b）

(6) 朝鮮半島の製鉄関連遺跡

　千引カナクロ谷製鉄遺跡や西祖山方前遺跡で検出された箱形炉の起源はどこになるのか。以下では、日本列島の製鉄技術の比較資料として、まず朝鮮半島の製鉄関連遺跡を概観し、次に朝鮮半島の製鉄技術の特徴を考察したい。

　朝鮮半島の製鉄関連遺跡については、採鉱・製鉄遺跡である慶尚南道梁山市勿禁遺跡、製鉄・鋳造・鍛冶遺跡である忠清北道鎮川郡石帳里遺跡、製鉄遺跡である慶尚南道密陽市沙村遺跡、精錬・鋳造・鍛冶遺跡である慶尚北道慶州市隍城洞遺跡の発掘調査事例を角田徳幸氏の論考（角田 2014）に拠りながら概観する。また、朝鮮半島の製鉄技術の抽出にあたっては、村上恭通氏の論考（村上恭 2007）に拠り考察する。

　① **勿禁遺跡**（慶尚南道梁山市勿禁面、図111）
　遺跡は、五峰山南東側裾部の洛東江を望む緩斜面に位置し、東亜大学校により1997～98年に発掘調査が実施されている（沈奉謹・李東注 2000）。直線距離で約2km離れた五峰山の東中腹には勿禁鉱山がある。調査地点は2つに分かれており、それぞれ佳村里遺跡・凡魚里遺跡と呼ばれる。佳村里遺跡では製鉄炉5基、凡魚里遺跡では製鉄炉36基の他、焙焼遺構・鉄鉱石の選鉱に関わる溝状遺構が報告されている。時期は、佳村里遺跡が5～6世紀、凡魚里遺跡は7～8世紀とみられている。

　佳村里遺跡竪穴7（1）は、径80～100cm・深さ18cmの円形土坑の斜面側に浅い長楕円形の掘り込みが連続するものである。円形土坑の内部には焼土と炭が充填されており、円形土坑が製鉄炉地下構造、長楕円形土坑が排滓用土坑となると考えられる。竪穴7から送風管の基部片が出土しており、復元径は16cmである。発掘調査では鉄鉱石が大量に出土しており、凡魚里遺跡からは人頭大の鉄鉱石が一定量出土していることから、遺跡内または隣接して鉄鉱石採掘場があった可能性が高い。また、焼土面の中には焙焼遺構が含まれていると考えられる。佳村里竪穴8（2）では貝殻が出土しており、貝殻は操業時に造滓剤として加えられた可能性が指摘されている（朴成澤 2000）。

　② **石帳里遺跡**（忠清北道鎮川郡徳山面、図112）
　概要　遺跡は、低丘陵上の緩斜面に位置し、国立清州博物館が1994～1997年にかけて発掘調査を実施した（李榮勲ほか 1996、李榮勲ほか 1997、李榮勲・申鍾煥・尹鍾均・成在賢 2004）。付近には石帳里遺跡を含め、これまでに製鉄遺跡が7ヶ所あることが判明している。製鉄関連遺構はA区で13基、B区で23基の計36基が報告されている。遺構は製鉄炉を主体とし、鋳鉄溶解炉

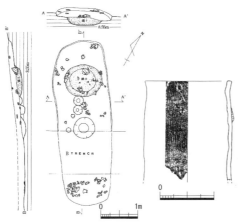

1. 勿禁遺跡佳村里　竪穴7・出土送風管

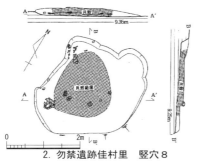

2. 勿禁遺跡佳村里　竪穴8

図111　勿禁遺跡佳村里
（沈奉謹・李東注 2000）

第4節 日本古代製鉄の開始について

や鍛冶炉も含まれる。製鉄炉は円形炉の他に、長方形箱形炉の存在が指摘されている。時期は、出土遺物から3世紀末から5世紀初めにかけて営まれたとみられ、A区がB区に先行するとされている。

円形炉　A区の北側にまとまって分布するA-1・2・3号炉と、B区の北側に位置するB-7・23号炉が円形炉と報告されている。炉の地下構造はいずれも円形で、大きめの円形土坑の底面に粘土、炉底部分に砂が厚く敷かれているものと、地山と粘土の間に木炭が薄く敷かれるものとがある。A-3号炉（1）は円形土坑径170cm・深さ110cm・炉内径115cm・深さ58cm、B-23号炉（2）は円形土坑径185cm・深さ125cm・炉内径115cm・深さ75cmとほぼ同規模である。このうち、A-3号炉とB-23号炉は炉底が遺構検出面より50cm低く、半地下式の構造をとる。B-23号炉では、炉内に溜まる鉄滓を排出するための幅50cm程の溝と、前庭状の浅い排滓土坑が確認されている。

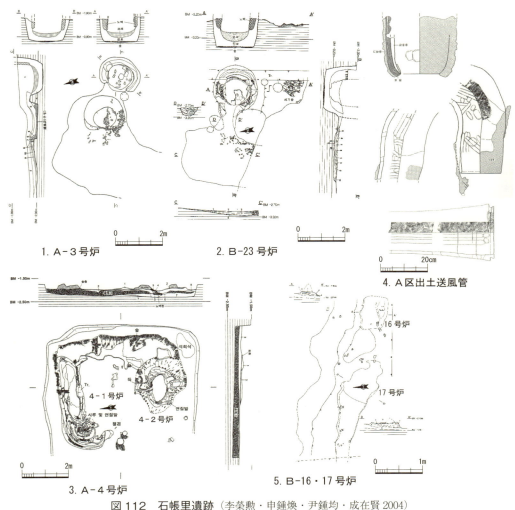

1. A-3号炉
2. B-23号炉
3. A-4号炉
4. A区出土送風管
5. B-16・17号炉

図112　石帳里遺跡（李榮勲・申鍾煥・尹鍾均・成在賢 2004）

第2章　日本古代製鉄の開始について

　長方形箱形炉　A-4・8・9号炉とB-5・9号炉が長方形箱形炉と報告されており、B-9号炉以外は、方形をした竪穴の炉底に炉が設置される。この中で最も遺存状況が良好なA-4号炉（3）は、長さ6.4m・幅6.0mの方形竪穴内に、縦置きに4-1号炉と4-2号炉が設置される。4-1号炉は両端部が不整な細長長方形で、炉内長225cm・幅45cm・炉壁は高さ20cm程残存する。炉に伴う地下構造は無いが、竪穴全体に敷かれた厚さ15cmの鉄滓層の上に薄い炭層があり、その上に炉壁粘土が置かれる。炉の西側端部には粘土を土手状に盛った弧状の溝が連接している。4-2号炉は不整な長方形を呈し、炉内長110cm・幅50cm・炉壁は高さ10cm残存する。炉の地下構造は、竪穴に敷かれた鉄滓層を掘り込んで炉壁片を入れ、炉底に当たる部分には炭が敷かれる。炭層は炉壁の基部や内部にも入っている。竪穴内に炉が2基が並ぶことから、4-2号炉を精錬炉とする意見もある。

　送風管・鉄鉱石　送風管は、内径15〜20cm、大きく屈曲しているのが特徴で、屈曲角度は110〜130°と鈍角である（4）。製鉄原料は鉄鉱石で、B-16・17号炉（5）は焼土が低い台状となる焙焼施設と考えられ、また、顆粒状となった鉄鉱石（磁鉄鉱）がA-1〜3号炉で出土している。

　鋳鉄溶解炉・鍛冶炉　A-6号炉は、鋳造鉄斧范芯が集中的に出土したことから、鋳鉄溶解炉の可能性が指摘されている。周辺では内径6〜7cmの小口径送風管が出土しているという。また、B-8・9・21号炉は小型炉で、鍛造剝片が検出されていることから、鍛冶炉であることが想定される。

　③　**沙村遺跡**（慶尚南道密陽市丹場面、図113）

　概要　遺跡は、洛東江の支流である密陽川流域の小平野にあり、独立した小丘陵上に広がる。国立金海博物館が1999〜2000年にかけて発掘調査を実施し、製鉄炉7基が確認された（孫明助・尹邰映2001）。発掘調査の結果からは、大規模な製鉄遺跡であると考えられている。また、周辺には金谷遺跡など同時期の製鉄遺跡が存在している。操業時期は、出土遺物から6世紀前半から7世紀前半と推定されている。

　製鉄炉　丘陵の東斜面で検出された1〜4号炉は、1〜3号炉がほぼ1m間隔で並び、3号炉の上に4号炉が重複する（1）。また、丘陵尾根部に位置する5〜7号炉も1m程の間隔で並ぶ。こうしたあり方から、製鉄炉を数基単位で1列に配列し同時に操業する大規模な生産体制がとられたと考えられる。

　製鉄炉の地下構造は円形で、その上段に割石を2〜3段積んで炉の基部としており、これに鉄滓排出用の楕円形土坑が付設される。1号炉（2）は円形土坑の径が137cm、炉の基部となる割石の内径（炉内径）が85cmで、深さは63cmである。土坑底部には砂と鉄滓を交互に入れ固く締め防湿構造とし、その上に黄色粘土を貼って炉底とする。円形土坑に連接する楕円形土坑の底面は被熱し固くなっている。1号炉の北東側では鉄鉱石粉が出土した。

　2号炉（3）は円形土坑が径148cm、炉の内径が100cm、深さが70cmで、楕円形土坑が連接する。円形土坑底部には砂質土と木炭を交互に入れ、その上に炉底粘土が貼られる。1号炉と2号炉は半地下式ではなく、地面から上に構築される自立炉と考えられる。3〜7号炉は円形土坑の径が118〜154cm、炉の内径が85〜112cm程のもので、製鉄炉の規模・構造は斉一的である。

　製鉄関連遺物　送風管・炉壁・炉底塊・流出滓（鳥足状の流動滓を含む（5・6））・再結合滓・鉄鉱石などがある。送風管（7〜10）は孔径20cm前後、先端は屈曲するものが主体である。屈

146

第4節　日本古代製鉄の開始について

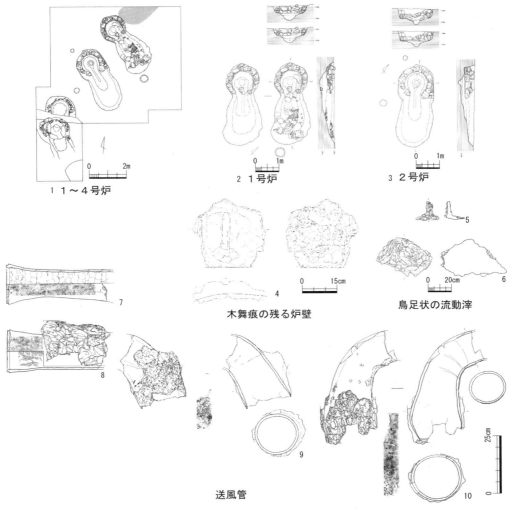

図113　沙村遺跡（孫明助・尹邰映2001）

曲角度は120〜124°と鈍角で、先端部が開く形状を呈する。炉壁の胎土中にはスサを混入し、木舞が入っていた痕跡があり（4）、その幅は3.5cmで9cm間隔で並ぶ。

④　隍城洞遺跡（慶尚北道慶州隍城洞、図114）

概要　慶州盆地の西北、兄山江沿いの沖積台地に位置する。鉄器生産関連遺跡の発掘調査は、1989〜90年・1996・1999年、2000〜2002年に国立慶州博物館（隍城洞遺跡発掘調査団1990、朴文珠1999、李榮勲・孫明助ほか2000）・慶北大学校博物館（李白圭・李在煥・金充喜2000）、啓明大学校博物館（金鐘徹・金世基・李世主2000）、韓国文化財保護財団（金珠南ほか2001、20002、2005）によって実施されている。原三国時代前期のものと、原三国時代後期末から三国時代初めのものに大きく分けられる、溶解炉等の鉄器生産関連遺構や鋳造鉄斧鋳型が多数検出された。

原三国時代前期の概要　円形または楕円形の竪穴遺構で小規模な鍛冶作業がおこなわれていたとみられる。鉄塊・鉄片・砥石・鉄床石などが出土し、床面から鉄器加工用の炉跡が検出された。1世紀代に属する2基の竪穴遺構（Ⅰ-タ-11号(1)、Ⅰ-タ-17号遺構）では、鉄素材と考えら

第2章　日本古代製鉄の開始について

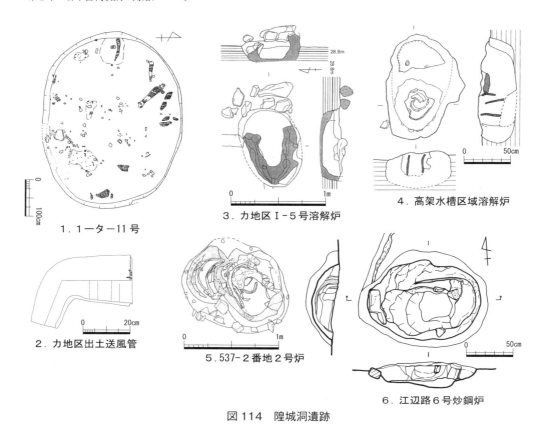

図114　隍城洞遺跡
(1.隍城洞遺跡発掘調査団1990　2.李榮勲・孫明助ほか2000　3.金珠南ほか2001
4.金鍾徹・金世基・李世主2000　5.金珠南ほか2001　6.金一圭2003)

れる2種類の鉄塊が発見されている（隍城洞遺跡発掘調査団1990）。タ-11号では径0.6～6cmの銑鉄系球状小鉄塊が100点程出土している。また、タ-11・17号では拳大の鉄塊が出土し、ともに亜共析鋼に分類されていることから、炭素量に差のある鉄塊が存在していることがわかる。鉄塊は鍛冶素材として製鉄炉から持ち込まれたと考えられており、この段階には朝鮮半島において製錬がおこなわれていたことを間接的に示す。遺跡には球状を呈する銑鉄と、低温還元で生産された塊錬鉄が持ち込まれている（大澤1993c）。

三国時代初めの概要　溶解炉と鍛冶炉が検出されている。溶解炉は方形を呈し、竪穴内部に設置されたものが多い。竪穴は長さ2.4～3.0m・幅2.0～2.75m程のものが一般的である。溶解炉は竪穴内部の壁側に寄った位置に造られ、平面形は円形または楕円形を呈する。大きさは径60～80cm程で、炉は上部が窄まる形態であったとされる。鍛冶炉は精錬鍛冶炉と鍛錬鍛冶炉が検出されている。操業時期は、3世紀末から4世紀初め頃と推定される。

鋳造　竪穴およびその周辺から、炉壁・送風管・鋳造鉄斧鋳型・鉄塊・鉄滓・磁鉄鉱粉が出土していることから、鋳造鉄斧が製作されていたことが明らかとなった。送風管は径16.4～27.5cmと大形であり、先端が屈曲するものがある（2.李榮勲・孫明助ほか2000）。屈曲角度は110～130°と鈍角で、先端部は基部に対して径が窄まる形態をとる。

カ地区Ⅰ-5号溶解炉（3.金珠南ほか2001）と高架水槽区溶解炉（4.金鍾徹・金世基・李世主2000）

148

は竪穴外に存在する。溶解炉または再溶解炉と考えられる遺構である。両者ともに、楕円形をした土坑の内部に炉壁粘土を貼ることによって構築されており、規模は前者が長さ85cm・幅40cm、後者が長さ60cm・幅35cmとなる。高架水槽地区炉では、径15.9cmで先端部が屈曲する大形送風管が炉の上部から内部へと挿入された状態で出土している。

精錬 溶解炉と同様な遺構として537-2番地2号炉（5. 金珠南ほか2001）と江辺路3号炉（6. 金一圭2003）がある。前者は、長さ55cm・幅40cmの楕円形で、炉の中央部に径20.3cmの大形送風管が立った状態で出土した。後者は、長さ56cm・幅50cmの円形で、炉内から鍛造剥片・粒状滓・鉄鉱石片が検出された。両者は近接して、鍛打作業がおこなわれた作業場を伴っており、鉄床石・鍛造剥片・再結合滓などが検出されている。江辺路3号炉については、鉄鉱石や溶銑した可能性がある鉄塊系異物の存在から、銑鉄を溶融状態に保って鉄棒などで攪拌し、磁鉄鉱粉・鍛造剥片などを添加することによって除滓・脱炭、これを鍛打して錬鉄とした炒鋼法が想定されている（大澤・長家2005）、カ-5号炉・高架水槽地区炉・537-2番地2号炉も同様な性格を供えたものとの見方もある（金一圭2006）。

⑤　朝鮮半島の製鉄炉の特徴

日本列島の製鉄炉の技術が、朝鮮半島の製鉄炉の技術系譜を引くのかということを考えるため、比較資料をみてきた。そのなかで特に注目される遺跡は、石帳里遺跡と沙村遺跡である。

石帳里遺跡B-23号炉は、炉下部のみ、わずかに地山に組み込む半地下式竪形炉に類似する製鉄炉である（図115）。円形土坑の径は185cm、深さは125cm。炉の内径は115cm、深さは75cmである。石帳里遺跡からは口径20cm程のL字形の大形送風管が出土している。炉の高さは約3m、またL字形の大形送風管は炉の中位より先端が炉底に向くように設置されたと復元されている（村上2007）。沙村遺跡1号炉は、円形土坑の径は137cm、炉の基部となる割石の内径（炉内径）は85cmで、深さは63cmである（図116）。

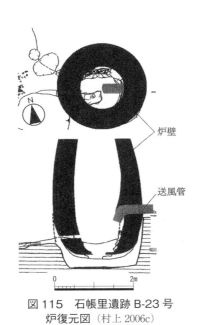

図115　石帳里遺跡B-23号炉復元図（村上2006c）

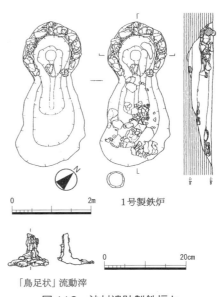

図116　沙村遺跡製鉄炉と鳥足状流動滓（孫明助・尹部映2001）

149

第2章　日本古代製鉄の開始について

　両遺跡の製鉄炉は、地上に自立する円筒形の製鉄炉で、炉下部のみわずかに地山に組み込む半地下式竪形炉様の製鉄炉も存在する。これらの製鉄炉は、炉底および炉底付近と考えられる炉壁内面の被熱は強い一方で、炉壁の局所的な浸食が少ないこと、また炉底が木炭でなく、叩き締められた粘土貼りの炉底である点から、生産した鉄は鋳物に用いる銑鉄であると考えられる。
　銑鉄は炭素を多く含み流動的な鉄となるので、鉄を炉外に流し出して回収していた可能性がある。沙村遺跡では、炉底より高い位置に鉄滓を外に出す排滓孔があるため、滴下して下方で広がる「鳥足状」の流動滓が発見されている。銑鉄生産のプロセスの中で、炉内生成物の中の比重の関係で、生成した比重の重い鉄（銑鉄）の上に、比重の軽い不純物の鉄滓ができ、炉底より高い位置から「鳥足状」の流動滓を輩出させたと考えることができる（村上2007）。
　勿禁遺跡・石帳里遺跡・沙村遺跡で検出された製鉄炉は、日本列島の箱形炉と比較し炭素含有量の高い鉄素材を生産するのに向く技術体系であるとの指摘がある（大澤1988）。また、石帳里遺跡や隍城洞遺跡では土製鋳型が多数出土しており、朝鮮半島では鋳鉄の生産・鉄鋳造が盛んであったことがみてとれる。
　なお、朝鮮半島の古代の製鉄炉は、日本古代の箱形炉と竪形炉という二種類の製鉄技術分類に当てはめれば、竪形炉に分類される。しかし、第4章で主にみる日本古代の竪形炉とは、その規模・送風方法等において、大きな違いがみられる。したがって、本書では、朝鮮半島の古代の製鉄炉については「大型の円筒形炉」という製鉄炉の形式設定をおこない、論を進めていくこととする。

⑥　朝鮮半島の精錬炉の特徴

　隍城洞遺跡で検出された江辺路3号炉については、炒鋼法がおこなわれた精錬炉とされている（大澤・長家2005）。また、カ-5号炉・高架水槽地区炉・537-2番地2号炉も同様な性格を供えた精錬炉であるとする見解もある（金一圭2006）。これら精錬炉は深く、広い土坑を炉体とし、内面に粘土を貼り、送風口と素材・燃料を投入する部分以外には粘土で天井を架構する。大口径のL字形送風管を送風口に装着し、炉内に送風する炉が復元されている。
　村上恭通氏は、隍城洞遺跡で検出された精錬炉の復元実験を実施した（村上2006c）。実験によれば、これら精錬炉は形態・構造は中国の漢代に登場する炒鋼炉に近いが（楊1882）、液体状の銑鉄を攪拌することは困難であるとする結果を得た。しかし、精錬炉が大型であることから、銑

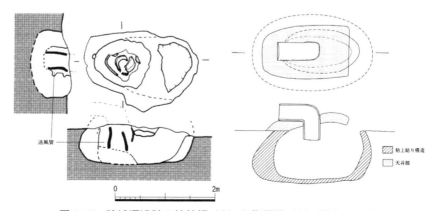

図117　隍城洞遺跡の精錬炉（左）と復元図（右）（村上2006c）

150

鉄の大量処理は可能で脱炭炉として使用することは可能であると考えた（村上2007）。村上氏は、以上みてきた朝鮮半島の精錬炉について、古代の鍛冶炉の分類をおこなう中で、日本列島には導入されなかった精錬用の炉・鍛冶炉F型として評価した（図117、村上2007）。

⑦　朝鮮半島の製鉄技術の特徴

　村上恭通氏は1990年代に、朝鮮半島の製鉄技術については、隍城洞遺跡における三韓時代の鍛冶遺構で銑鉄塊、塊錬鉄塊という二種類の鉄が出土していることなどから、銑鉄、鋼（錬鉄）双方を生産する技術が朝鮮半島にあったとする仮説を提示した（村上1992・1997a）。すなわち、間接製鋼法の高温還元技術と直接製鋼法の低温個体還元技術という、二つの製鉄技術が並存していると考えたのである（大道1998b）。2000年代に入ると、大型の円筒形炉の発掘調査事例は着実に増加し、銑鉄生産が朝鮮半島の三韓・三国時代の製鉄の主流であったことが明らかとなった（村上2007・角田2014）。一方、鋼（錬鉄）生産をおこなっている製鉄炉については新しい知見の増加がなく、解明の糸口にたどりついていない状況である（村上2007）。

　以上、古代の朝鮮半島の製鉄関連遺跡の検討からは、朝鮮半島における古代の製鉄・鍛冶・鋳造の工程は、以下のとおり復元できると考えられる（図5）。

① 勿禁遺跡でみられるような大規模な鉄鉱石の「採鉱」。
② 勿禁遺跡・石帳里遺跡・沙村遺跡でみられるような、大型の円筒形炉による銑鉄の大量生産（「製鉄（精錬）（高温還元）」）。
③ 隍城洞遺跡でみられるような日本列島に存在しない鍛冶炉F型による、大規模な銑鉄の脱炭処理と銑鉄系・鋼系鉄素材の生産・製作（「精錬」）。
④ 鍛冶炉F型による銑鉄起源の銑鉄系鉄素材を使用した「鋳造」と、鋼系鉄素材を使用した「精錬鍛冶」・「鍛錬鍛冶」。

(6)　製鉄技術の系譜についての研究史

　村上恭通氏は、韓国三国時代の密陽沙村遺跡と日本古墳時代の「円筒炉」を比較し、両国の製鉄技術の差異を考察した。特に製鉄炉の大きさ等規模の差異を重視し、沙村遺跡の「円筒炉」と日本古代の「円筒竪形炉」を直接同一の技術ではないが、系譜関係として理解するべきだとした。また、日本列島の「箱形炉」については、同時代の朝鮮半島の製鉄技術との共通性を見出し難く、中国地方という限られた地域でも、「円筒筒型炉」「箱形炉」と様々な型式の製鉄炉があることから、両者の分化の時期が課題となると考えた。

　さらに鉄生産体制についても、中国地方では、自給的な生産と余剰を外部に流通させるような生産の二体制があるとし、他地域についても鉄の生産を自給でまかなっていた可能性を説いた。従来、日本の製鉄技術は渡来系技術という前提で研究が進められてきたが、村上氏は、日韓両国の製鉄遺跡の特徴を比較することで、より実証的に日本の製鉄技術の系譜を論じた（村上2007）。加えて、韓国における製鉄遺跡の発掘調査が進展し、資料が充実した結果、日本の製鉄技術との繋がりが、横口式木炭窯以外に認めがたいことが明らかとなってきた。

　松井和幸氏も、三国時代と古墳時代の製鉄炉を比較して、両者の相違点を多数指摘した。製鉄炉の炉形については、日本では長方形、方形、楕円形、円形の地下構造を設けるのに対して、韓国では長楕円形、楕円形の地下構造を土手状に築き、その上に炉を構築するという違いがあるとした。ただし、韓国の密陽沙村遺跡、日本の小丸遺跡、三次市白ヶ迫製鉄遺跡（柴田・久保

1995)、雲南市羽森第 3 遺跡（田中 1998）で検出された製鉄炉を「円筒炉」と分類し、円筒炉が両国に存在していると考えたことは（松井 2001）、村上氏の見解と異なる。松井氏は古墳時代に韓国と同形態の「円筒炉」が存在する理由として、弥生時代後期に円筒炉の技術が日本列島に入り、中国山地内では 6 世紀後半頃までに、「楕円形炉」や箱形炉などの炉形への改良・工夫が行われたと考えた。

　古瀬清秀氏は、「製錬なくして精錬なし」という原則をかかげ、精錬鍛冶を考古学的視点から論じるなかで、製鉄技術についても触れている（古瀬 2005）。古瀬氏は、中国大陸から朝鮮半島、日本列島への製錬、鍛冶技術の流れを概括し、日本列島の製鉄技術について、百済を介した中国大陸から直輸入された技術ではあるが、伝播直後に、鉄鉱石原料の、「円筒形自立炉」による製鉄という、日本列島内の事情に合致した、独自の形態に変容したと考えた。その操業内容は小規模なもので、錬鉄生産に限定されたものであったと復元する。伝播後、時間を経ずして、原料は砂鉄に、炉形は箱形炉に変容したと考察した（古瀬 2005）。

　角田徳幸氏は、韓国の製鉄遺跡の実態を通時的に概括する中で、箱形炉について検討を行っている。三国時代の石帳里遺跡で検出されている A-4、8、9 号炉と B-5、9 号炉は長方形箱形炉と報告されており、日本の箱形炉の祖形と目されている（李ほか 2004）。この見解に対し角田氏は、①日本の箱形炉に通有の送風孔が炉壁に見られないこと、②4-1 号炉、4-2 号炉は平面形が狭長であるが排滓溝は一方向のみで、4-2 号炉では確認されていないこと、③地下構造は方形竪穴全体に鉄滓が敷かれているが、4-1 号炉には炉底直下に本床状の施設を伴わないことを指摘し、石帳里遺跡で検出された長方形箱型炉を製鉄炉とすることに対して疑問を呈した。また、規模も石帳里遺跡の炉が、古墳時代の箱形炉より著しく狭長なことから、石帳里遺跡の炉を箱形炉の原型とすることは困難とした（角田 2006）。なお、石帳里遺跡のいわゆる箱形炉と日本の箱形炉の系譜関係については、松井氏も否定的な見解を述べている。松井氏は下部構造の相違点から、両者の系譜関係を否定した（松井 2001）。

（7）　朝鮮半島と日本列島の製鉄の違い

　韓国の製鉄炉と日本の製鉄炉の高さを比較してみると、韓国の製鉄炉の高さは約 3m に復元できるのに対して、日本の箱形炉の高さは約 1m である。送風の方法は韓国では口径 20～30cm の L 字状の送風管を炉の中位に設置し、送風をおこなっているのに対して、日本では口径 2cm 程の送風孔を炉下部の長辺側にあけて、そこから送風をおこなっている。炉壁に穿った小口径の送風孔を介して風を絞り込み、風圧を強くしてその直前に高温域をつくるというのが原則で、韓国のものとは全く異なる送風原理である。送風装置も全く異なるものだったと予想できる。また、製鉄炉の大きさは韓国の製鉄炉は、内径が 1m 前後と復元されているが、日本の箱形炉は、内幅は 25cm、炉の長さは 30cm ほどと想定されている。

　このように韓国と日本では鉄のつくり方とともに、炉の構造も全く異なっている。韓国の製鉄技術が日本に直接入ってきたということは、おそらく言えないと思われる。したがって、日本の箱形炉は、国内で開発されたのではないかと考えられる。その理由については以下に記す。

（8）　製鉄技術の格差

　これまで総社市・岡山市域の古墳時代後期の製鉄遺跡の発掘調査成果と、朝鮮半島の製鉄関連遺跡の発掘調査成果を概観してきたわけであるが、両者を比較すると製鉄技術に格段の差が存在

第4節　日本古代製鉄の開始について

していることが明らかとなる。第4章で触れるが、朝鮮半島の5世紀から7世紀にその存在が証明された鋳鉄生産が日本国内で開始されるのは8世紀であり、その生産が軌道に乗りだすのは9世紀を待たねばならない。6世紀から7世紀にかけての日本列島の製鉄炉では、鋳鉄を主体的に生産したとは考えられない。それは鉄鋳物に関わる鋳型が当該期には、ほとんど出土していないことからも首肯されるところであろう。

6世紀から7世紀にかけての総社市・岡山市域の製鉄遺跡で生産された鉄素材は、塊錬鉄系のものが大部分を占めており、先にみた韓国の間接製鋼法的な高温還元技術が総社市・岡山市域に直接的にもたらされた可能性は低い。

(9) **鍛冶炉**（図118）

図118左は大県遺跡85-2次調査で検出された鍛冶炉3とその復元イメージ図である。鍛冶炉3は6世紀後半に属し、鍛冶炉や金床石などが検出され、羽口や鍛冶滓も出土した。鍛冶炉は地面を掘り窪め、その中に炭や灰を入れ、湿気をとるための防湿構造を構築する。さらに、防湿構造の上に粘土で盛土をして、旧の地面より20cm程上に鍛冶炉を築いたと復元されている。鍛冶炉の内径は25〜30cm程である（北野1988）。この大きさは、先にみた板井砂奥製鉄遺跡第1作業場4号製鉄炉の炉内の大きさに近いことがわかる。

古墳時代の鍛冶には精錬鍛冶と鍛錬鍛冶の二種類の工程がある（図118右）。精錬鍛冶では製鉄遺跡で生産される製錬鉄塊系遺物を処理する。小割りした製錬鉄塊系遺物を炭の上に置き、熔融させ、精錬鉄塊系遺物と精錬鍛冶滓に分離させる。製錬鉄塊系遺物には不純物が多く含まれて

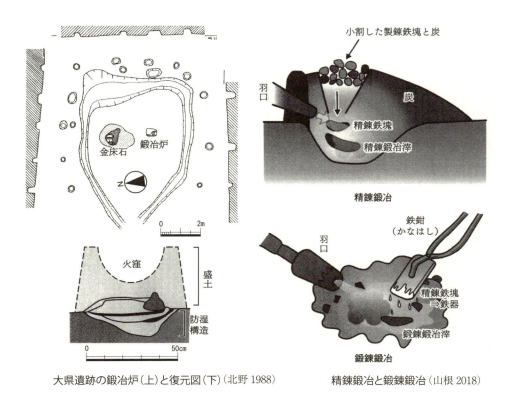

大県遺跡の鍛冶炉（上）と復元図（下）（北野1988）　　精錬鍛冶と鍛錬鍛冶（山根2018）

図118　鍛冶炉

いるので、精錬鍛冶滓は一個体で500g、直径が15cm、厚さが4cm程の、大型の椀形滓が生成することもある。大県遺跡では、6世紀後半の鍛冶遺構から大型の精錬鍛冶滓が大量に出土している。

(10) 製鉄炉（箱形炉）

大県遺跡85-2次調査で検出された鍛冶炉3が、日本で開発された箱形炉の原形となったと考えられる。鉄鉱石や砂鉄から鉄をつくるためには、最低高さ1m程の還元帯が必要である。そこで、鍛冶炉の炉壁の上に、さらに高さ1m程の炉壁を積み上げ製鉄炉としたと考えられる。

送風方法については、鍛冶炉の場合は対面、すなわち二方向から送風する場合もあるが、片方、すなわち一方向から送風することが一般的である。一方、箱形炉の場合は対面送風を行う。鍛冶炉の場合は、送風孔の先端に羽口という筒状の土製品を装着するが、初期の箱形炉の送風孔の先端には羽口を装着しない。箱形炉では炉壁を侵食しながら製鉄をおこなっていくので、羽口を装着すると、炉壁の浸食が阻害されることとなる。したがって、箱形炉の送風孔には羽口を装着しなかったと考えられる。以上のように鍛冶炉を応用して、製鉄炉である箱形炉を開発したのではないかと考えられる。

(11) 鍛冶炉から製鉄炉へ

上記の鍛冶炉と箱形炉の関係を整理すると以下のようになる（図119）。鍛冶炉では、基本的に片側一方向から炉内に送風する。対面送風は、風を大量に送る必要のある精錬鍛冶などで、稀におこなわれたようである。吉備型箱形炉と仮称したものは6世紀代、岡山県南部で出現した箱形炉である。長辺両側にそれぞれ2〜3個の送風孔を穿ち、外から送風をおこなう。鍛冶炉とくらべ送風孔の数が増え、炉内の長さが50cm程ほどになり、炉の平面形は長方形あるいは楕円形となる。立体的には鍛冶炉の炉壁の上に、さらに1m程の炉壁が構築した。近江型箱形炉と仮称したものは7世紀以降に滋賀県で発見されている箱形炉である。炉内の長さが2m程となり、吉備型箱形炉より炉の長さ。規模が大きくなる。平面形が長方形となることから長方形箱形炉とも呼ばれる。

鍛冶炉と箱形炉に使用された送風装置の送風能力が同じであるとするならば、日本で最初に開発された吉備型箱形炉は、平面的には2〜3個の鍛冶炉をつなげ、立体的には鍛冶炉の上に1m程の炉壁を構築することによって開発されたと考えられる。一方、近江型箱形炉は吉備型箱形炉

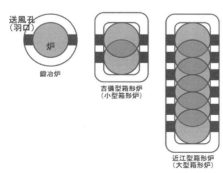

図119　鍛冶炉から製鉄炉（箱形炉）へ

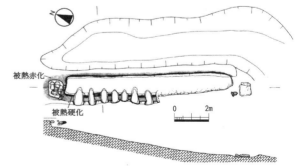

図120　横口式木炭窯（千引カナクロ谷製鉄遺跡2号木炭窯）（武田1999）

を炉の長軸方向につなげ成立したと考えられる。すなわち、基本的には鍛冶炉をつなぎ合わせ、炉壁を構築して還元帯を確保していく。箱形炉はそのような技術的な方向性の中で開発され展開していったのではないかと考えられる。

以上のように考えると、日本列島に出現する箱形炉は朝鮮半島から直接導入されたものではないと考えられる。ただし、製鉄に用いる燃料の木炭をつくる炭窯の技術は、朝鮮半島から導入されたものだと考えられる。日本列島の初期製鉄地帯である岡山県南部では、燃料の木炭を横口式木炭窯という炭窯でつくっていた（図120）。横口式木炭窯の構造は10m前後の長さをもつ半地下式で、壁は直立している。床面は数度の傾斜を持ち、焼成部から側面の作業場に通ずる横口を7〜8孔を持つ。横口式木炭窯は朝鮮半島の蔚山郡検丹里遺跡（鄭澄元・安在晧1990）や華城市旗安里遺跡（畿甸文化財研究院2003・金武重2004）でもみつかっている。したがって、燃料をつくる技術は、朝鮮半島から日本列島に入ってきていることになる。

4 製鉄工人集団・組織について

（1）製鉄と鍛冶の関係

窪木薬師遺跡は、5世紀前半に鍛冶集団の萌芽的成立があり、6世紀後半には飛躍的な発展で鍛冶専業集団の形態を整える。この時期は、鍛冶専業集落とはいいながらも、製鉄原料の磁鉄鉱の選別・吟味から、製錬鉄塊系遺物（荒鉄とも呼ばれ、表皮スラグや捲込みスラグ、炉材粘土らの不純物を含む原料鉄）の選別といった製鉄サイドの作業内容を含み、製鉄と鍛冶の協業の状況が顕著にあらわれている（大澤1993a）。

総社市周辺の6世紀後半の鍛冶遺跡では、鉄鉱山から鉄鉱石が集められ、集められた鉄鉱石を製鉄遺跡に搬出し、製鉄遺跡で製錬鉄塊系遺物を生産し、それら鉄塊は鍛冶遺跡に搬入され、精錬鍛冶・鍛錬鍛冶を行って鉄素材あるいは鉄器を生産している様相がみてとれる。鍛冶集落を核として原料鉄鉱石の採掘および製鉄が行われている、つまり製鉄と鍛冶の有機的な関係をみることができる。

7世紀の岡山市原尾島遺跡でも、製鉄遺跡から若干離れてはいるが、鉄鉱石が多数出土している。原尾島遺跡では鍛冶関係の遺構・遺物も検出されており、窪木薬師遺跡と同様、製鉄と鍛冶の有機的な関係、結びつきの強さをみてとることができる。以上が、日本列島で製鉄が開始した6世紀から7世紀にかけての岡山県南部の状況である。

総社市・岡山市域の製鉄と鍛冶は別個に行われているわけでなく、有機的な関係を持ちながら操業がなされていたと考えられる。特に製鉄遺跡から若干離れた周辺の鍛冶関連遺跡において、製鉄原料である鉄鉱石や、製錬系鉄塊系遺物（荒鉄）が出土していることから、6世紀後半から7世紀前半における製鉄は、鍛冶工人の集住する集落を拠点としておこなわれていた可能性が高い。

また、美作の鉄滓出土古墳を検討した安川豊史氏は、鉄滓の古墳供献のあり方が5世紀末以降、鍛冶を含めた広義の鉄生産に従事する集団にとって、欠かすことのできない埋葬儀礼の一部として定着したことを示していると考えた。そして、製鉄集団が前代の鍛冶集団を中核に組織されていったことを物語っていると評価した（安川1992）。

総社市・岡山市域の古墳出土鉄滓の検討は今後の課題としたいが、今回みてきたように生産域・居住域・墳墓域で製鉄集団が鍛冶集団を中核に組織されている可能性が認められた点は重要

第2章　日本古代製鉄の開始について

である。先に検討した総社市・岡山市域の製鉄と鍛冶関連集落との関係や、製錬炉・製鉄技術が鍛冶炉・鍛冶技術の影響を強く受けている可能性がある点は、安川氏の指摘を如実に表しているといってよいであろう。

(2)　鉄滓出土古墳の検討

　岡山県下や九州北部では、製鉄遺跡が存在する周辺の古墳から鉄滓が出土することが多い。一方、朝鮮半島では3世紀に比定される忠清北道天安市清堂洞四号木棺墓や、4世紀中葉に比定される慶尚南道馬山市懸洞50号土壙墓から鉄滓が出土している（徐ほか1991、朴1990）。

　朝鮮半島の鉄滓出土古墳について検討した村上恭通氏は、朝鮮半島の鉄・鉄器生産技術の変遷を整理するなかで、墳墓出土の生産関連遺物、鉄素材をとりあげた。その中で、鉄鉱石、鉄滓、鍛冶具の副葬・供献が原三国時代には始まっているが、鉄鉱石、鉄滓が出土する墳墓は極めて限定的であることを明らかにした（村上1997a）。また、日本列島の鍛冶具出土古墳と鉄滓出土古墳について、両者（鍛冶具と鉄滓）が揃って出土する例が認められないことから、それぞれを副葬する工人が関与した鉄器生産の工程が異なっていたか、あるいは工人自身の階層が違っていたのではないかと考えた。さらに、朝鮮半島では鍛冶具副葬がより高い階層に伴うことから、日本列島における両者の階層差を考慮するうえで判断根拠の一つとなるとした（村上1998）。

　日本列島各地の鉄滓出土古墳における鉄滓供献習俗を検討した小嶋篤氏は、日本列島各地の鉄滓供献習俗は、渡来系鍛冶技術流入の影響下で定着したことを明らかにした。一方、朝鮮半島での鉄滓副葬事例は散発に留まり、朝鮮半島においては鉄滓副葬習俗が定着したとは評価できないとした。また、朝鮮半島の鉄滓出土墳墓との比較から、「列島内の鉄滓供献習俗が朝鮮半島の特定地域から伝来したのか、あるいは渡来系技術・習俗を基礎に列島内で独自的に定着したのかは、現状では判断できないとし」、「列島での鉄滓供献習俗定着は渡来系技術・習俗を保有した集団間で見られるため、その背景には韓半島からの影響を確実視できる。」と考えた（小嶋2009）。

　小嶋氏は鉄滓出土古墳の発掘調査方法も提言しており（小嶋2009）、日本列島での鉄滓供献習俗が、朝鮮半島からもたらされたものかの検討については、朝鮮半島での鉄滓供献の続報に期待し、今後の課題としたい。

(3)　渡来的要素

　箱形炉を用いた製鉄技術の開発には、渡来人が関与し、渡来系技術を積極的に導入したとする意見がある。光永真一氏は、吉備における製鉄炉の地下構造の退化現象に着目し、箱形炉は自生的に生まれてきた製鉄技術ではなく、日本列島外から移入された製鉄技術であると考えた（光永1992）。また、亀田修一氏は、岡山県南部の製鉄技術について、倭政権、特に蘇我氏が中心となり、渡来系の技術者や実務管理者を派遣して、吉備の製鉄、鍛冶技術を高め、その利益が倭政権に還元されるような体制を整えたことを考察した（亀田2000）。

　総社・岡山市域における製鉄・鍛冶の渡来的要素の抽出するならば、窪木薬師遺跡では、鉄器製作の初現が5世紀前半の竪穴住居-11で認められ、共伴した初期須恵器の存在から渡来系工人の関与を想定できる。また竪穴住居-13出土の鉄鋌と鉄鏃は、共伴した初期須恵器を含めて東莱福泉洞古墳群出土資料に類例が存在し、ここでも渡来系工人の関与がみてとれる。6世紀後半に至り窪木薬師遺跡は鉄器製作の専業集落となるが、前代の鍛冶の状況を鑑みると、6世紀後半の鉄器製作も渡来系工人が関与していた可能性が高い。

5 製鉄開始の歴史的背景

6世紀、日本列島で製鉄がはじまる歴史的背景には、倭政権と鉄を通じて密接な関係のあった加耶諸国の滅亡が大きな要素となったと考えられる。

5世紀の日本列島には、朝鮮半島南部から鉄鋌が入ってきているが、6世紀になると、鉄鋌の

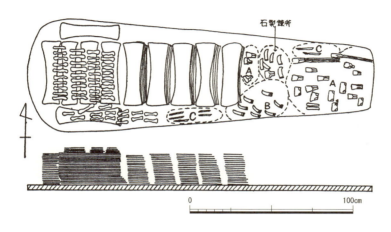

A鉄斧頭、B鉄鎌、C刀子状工具
図121 大和6号墳遺物出土状態 (森1959)

図122 鉄鋌の分布 (東1999より作図、大阪府立近つ飛鳥博物館2010)

出土が国内でも朝鮮半島南部でも減っている。奈良市大和6号墳からは鉄鋌が872枚出土した（森1959、図121）。大和6号墳はウワナベ古墳の陪塚で、人が葬られている古墳ではない。その後、鉄鋌が出土する古墳の調査は国内でいくつかおこなわれているが、872枚もの鉄鋌が出土した古墳はない。他では、大阪府藤井寺市の野中古墳で130枚以上、兵庫県加古川市の行者塚古墳で40枚出土しているが、大和6号墳の鉄鋌出土量は他を圧倒している。大和6号墳では大型の鉄鋌と小型の鉄鋌という二種類が出土しているが、大型の鉄鋌はその大部分が近畿地方から出土している。

　鉄鋌の出土の分布をみると、近畿地方、とくに大阪府と奈良県に集中している（図122）。東日本の群馬県や東京都、千葉県などからも出土している。東日本では古墳から出土することは少なく、集落遺跡から出土することが大部分で、鉄鋌1枚を使った祭祀がおこなわれていたと考えられる。愛知県の事例も同様である。西日本では集落遺跡から鉄鋌が出土することはあるが、多くは10枚を一単位としたような形で古墳から出土している。滋賀県栗東市の新開2号墳からも鉄鋌が10枚出土している。

　朝鮮半島では加耶・新羅の地域から鉄鋌が非常に多く出土している。新羅地域の慶州・皇南大塚では1,332枚、同じく慶州・金冠塚で400枚出土している。加耶地域の釜山・福泉洞1号墳では約100枚、11号墳では76枚出土している。近年、韓国では製鉄遺跡の調査事例が増加しており、韓国三国時代の製鉄遺跡が多数みつかっている。森浩一氏は朝鮮半島南部と日本列島での鉄鋌の出土状況から、朝鮮半島南部の鉄鋌が倭政権の手によって多量に獲得され、それらは国内で鍛冶部によって、大部分が武器に加工され、倭政権による日本列島の統一に投入されていったと考えた（森1959）。森氏の考えに拠れば、朝鮮半島からの鉄素材は倭政権によって地方の豪族に鉄器の再分配がおこなわれたことになる。

　5世紀、朝鮮半島における鉄鋌が出土する古墳と製鉄遺跡の分布は、新羅の南の領域と加耶諸国の領域に集中する。倭政権は、鉄鋌をはじめ鉄器の多くを輸入するなど、加耶諸国と交流を密にしていた。また、加耶諸国は先進文化国である百済、さらには東アジアの盟主であった中国とつながるためのパイプとしての役割も果たしていたと考えられる。

　加耶諸国は6世紀、新羅によって領土を侵食され、562年には新羅の侵攻により滅亡する。朝鮮半島南部がこのような状況になると、加耶諸国を通して朝鮮半島南部で生産されていた鉄の輸入は困難となり、加耶諸国にあった百済、中国との交流拠点も崩壊したと考えられる。さらに当時、鉄は重要な戦略物資であったことから、加耶諸国を併合した新羅は、その製鉄技術を自国のものとして、他国に教えることはなかったと考えられる。鉄素材の輸入ができなくなり、また当時、製鉄技術を保持していなかった倭政権は、日本列島内で製鉄技術を開発せざるをえなかったのであろう。

　製鉄遺跡が出現する6世紀後半の状況を概観してみるならば、対外的には朝鮮半島の動揺、特に日本列島と密接な関係にあった加耶が滅亡していることは重要視せねばなるまい。日本列島では、鉄関連のものに限ってみても、鉄鋌の出土量の激減、古墳出土鉄滓の鍛冶滓から製錬滓への質的変化、畿内専業鍛冶集落の盛行、各地の在来鍛冶集団の解体・再編成をみてとることができる。この一連の現象を、朝鮮半島の動揺を原因とする鉄資源入手ルートの解体と、日本国内全体を視野に入れた倭政権による、新しい製鉄・鉄素材流通経路の確保・集中管理の表れであると考えたい。以上のことから、6世紀後半が日本列島の製鉄を考える上で非常に重要な時期であったことが理解できる。

第3章
日本列島各地の製鉄開始期の様相

第1節　出土遺物からみた近江高島北牧野製鉄A遺跡の炉形

1　はじめに

　北牧野製鉄A遺跡は、滋賀県高島市マキノ町北牧野に所在する。発掘調査は1968年夏に同志
社大学考古学研究室によって行われ、この成果は既に『若狭・近江・讃岐・阿波における古代生
産遺跡の調査』において報告がなされている（森1971、図123・124）。

　製鉄炉の炉形に関する発掘調査成果については、①遺存していた須恵器や土師器から遺構は8
世紀代と推定されること、②溶鉱炉（報告書まま）を含めた全体の構造は、断面U字形の長方形
の土坑を土中に掘り込み、その土坑の奥に溶鉱炉を据えたと考えられるが、溶鉱炉（原文のまま）
の本体は太平洋戦争中に屑鉄業者によって削平を受けていること、③近江北西部の製鉄遺跡が急
流のそばにあることと、『日本書記』天智天皇九年「是歳造水碓而冶鉄」とは関連がありそうで
あること、④原料として砂鉄でなく鉄鉱石を利用していること、に要約できる。本稿では、遺構
の遺存状態の悪かった製鉄炉の構造について、炉底塊と呼ばれる遺物からの検討を行い、炉形の
復元と、そこから派生する様々な問題について、考察を加えていこうと思う。

2　問題の所在

(1)　炉底塊の検討の意味
①　炉底塊とは

　炉底塊は炉床ブロックとも呼ばれ、炉の底部に形成された生成物を指す。炉底滓（炉床滓）が
滓を主体とするという認識であるのに対して、炉底塊は鉄と滓が共存するという認識であるの
で、近世の製鉄で生産される鉧に近い意味合いを持っている。生成された鉄はこの炉底塊を割る
ことにより分離・選別され、「鉄塊系遺物」となる。

　製鉄炉の炉壁部分は操業後破壊されてしまうという基本的属性をもつ。そういった状況の中で
も、炉底塊を観察・検討することによって、炉の規模や、送風間隔をはじめ、操業時の炉内状況
や、鉄の生成状態を検討することができる。

②　北牧野製鉄A遺跡の炉形

　北牧野製鉄A遺跡の炉は、「溶鉱炉（報告書まま）を含めた全体の構造は、断面U字形の長方形
の土坑を土中に掘り込み、その土坑の奥に溶鉱炉を据えたと考えられる」とある。現在の製鉄研
究からみると、「断面U字形の長方形の土坑」は箱形炉の地下構造、「その土坑の奥に溶鉱炉を据
えた」部分が排滓坑と推定できる。しかし、北牧野製鉄A遺跡で検出した製鉄遺構は「本体は太
平洋戦争中に屑鉄業者によって削平を受けている」ことから、もともと遺構の残りが悪かったこ
とと、当時、箱形炉の調査例がほとんどなかったことから、製鉄炉のイメージを復元することが

159

第 3 章　日本列島各地の製鉄開始期の様相

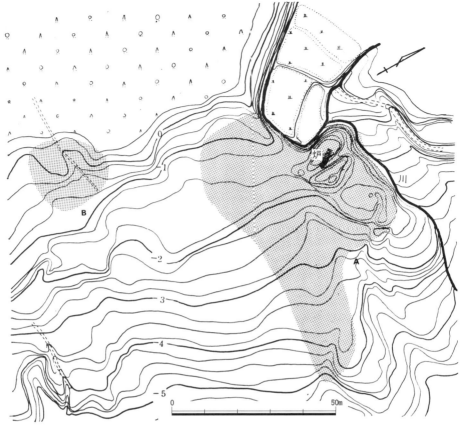

図 123　北牧野製鉄 A 遺跡と B 遺跡（網目は鉱滓散布）（森 1971）

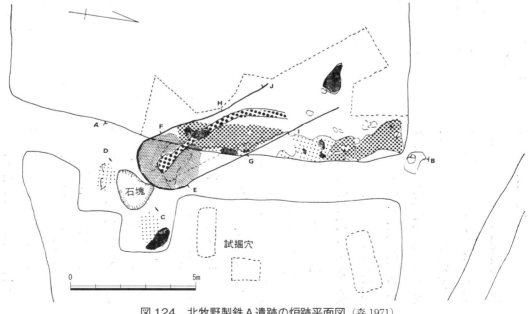

図 124　北牧野製鉄 A 遺跡の炉跡平面図（森 1971）

③ 近江の製鉄炉に残留する炉底塊

　近江の製鉄遺跡において、炉底塊が製鉄炉に残留した状態で検出された事例を紹介する。大津市の源内峠遺跡1号製鉄炉からは、炉底塊が炉内に残留した状態で検出された（大道ほか2001、図125）。1号製鉄炉の1〜4が炉底塊である。1号製鉄炉の詳細な検討は、本章第3節などでおこなう。また、草津市の野路小野山遺跡2号製鉄炉においても炉底塊が検出されている。当該炉底塊については、第1章第2節で概説した。

④ 炉底塊に関する研究史

　広島県庄原市の戸の丸山製鉄遺跡の発掘調査を担当した松井和幸氏は、検出した製鉄炉と炉底塊の詳細な観察から、炉内に鉄滓を溜め、鉄を炉外に流出させる操業復元案を提示した（松井1987）。その後、松井氏は当該炉底塊について再検討をおこない、検出した炉底塊について、本来炉外に排出されるはずの鉄滓が、炉底部分に堆積・固結したものであるとした（松井2001）。松井氏の一連の研究からは、炉底塊に対する理解の変化を窺うことができる。

　また、関清氏は、主に北陸地方の製鉄炉の検討をおこなう中で、炉底塊が箱形炉に伴うこと、破砕されずに炉底に残る場合と排滓場から出土する場合があること、鉄分をかなり含んでいることから、炉底塊は失敗品であると考えた（関1999）。

　古代の製鉄炉に残留する鉄滓の検

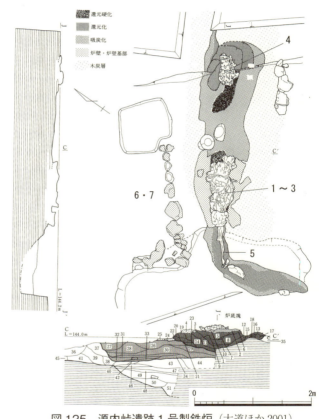

図125　源内峠遺跡1号製鉄炉（大道ほか2001）

討を行った真鍋成史氏は、箱形炉に残留する鉄滓をその形状から3分類した。さらに、たたら製鉄国選定保存技術保持者である木原明氏が指導した製鉄実験で生成した鉄滓と製鉄炉に残留する鉄滓を比較することによって、3分類した鉄滓の形状から推定される生成鉄について考察した（真鍋2009）。

(2) 箱形炉と竪形炉の系譜関係

　北牧野製鉄A遺跡の製鉄炉の炉形の復元は、単に一遺跡の炉形の復元にとどまらず、箱形炉と竪形炉の関係をどう捉えるかという古代の製鉄技術の系譜関係の問題を考える上で、重要な問題を含んでいる。

　製鉄炉の炉形に関する研究については、『日本古代の鉄生産』（たたら研究会編1991）及び藤尾

慎一郎氏による当書の書評においてよくまとめられている。それらによると「箱形炉と竪形炉という二つの製鉄技術により古代の鉄生産が成り立っており、それぞれ異なる背景、異なる目的によって地域的に分布」し、「東日本では竪形炉から始まると考えられてきたが、近年の調査で箱形炉が竪形炉に先行して存在していたことがわかったため、列島にはまず箱形炉が分布し西日本はそれを発展させていくが、東日本では箱形炉から竪形炉に急速に転化していく状況が明らかになって」きていることがわかる（藤尾1991）。

しかし、箱形炉と竪形炉の関係をどう捉えるかという系譜関係の問題については、全く異なる二説があり、近江の製鉄炉の炉形の解釈が一つのポイントとなっている（丸山ほか1986）。これまでの北牧野製鉄A遺跡を含む近江の製鉄炉の炉形に関する研究としては、主に遺構面からの検討が行われてきており、その結果、近江の製鉄炉の炉形を箱形炉であると考える説と（穴澤1984、寺島1989、佐々木1990、丸山1991、図126）、近江の製鉄炉のうち北牧野製鉄A遺跡と野路小野山遺跡等の製鉄炉の炉形を、近江で発達した方柱状ないし円筒状の自立炉であると考える説の二説が存在している（土佐1986、大橋ほか1990、別所1993）。

前者は、近江の製鉄炉と同一系譜の箱形炉が東日本に波及し、短期間のうちに竪形炉におき換わったとし（穴澤1984、寺島1989、佐々木1990）、箱形炉の祖形も竪形炉の祖形も元来大陸にあって、時期を異にして別々に日本列島内に入ってきたとする箱形炉と竪形炉の別系譜説をとる[1]。後者は、近江で発達した方柱状・円筒状の自立炉が東日本に広がり、新たな技術改良によって竪形炉が成立したとし、まず列島内に箱形炉が入ってきて日本の中で竪形炉が分離してくるという、箱形炉と竪形炉の同一系譜説をとる（潮見1989、大橋ほか1990）。

近江の製鉄炉の炉形に関する認識の相違は、製鉄遺構のどの部分を製鉄炉と認定するのかという問題から出発しており、遺構のみからの研究の限界性を端的に示している（松井1989）[2]。遺構のみからの研究では、綿密な調査に努めても、製鉄炉の本体は操業後破壊されてしまうという基本的属性から、炉底部や炉底下の構造を追求するにとどまるという一定の限界が存在していることを認識すべきであろう。北牧野製鉄A遺跡の炉形も、例外でなく、戦争中の屑鉄業者による遺構の削平は、更に炉形の復元を困難なものとしている[3]。

一方、遺物からの製鉄炉の炉形の検討は、一部の報告書において行われているが普遍的に行われているとはいえない。そこで、小稿では、北牧野製鉄A遺跡発掘調査時に近くの

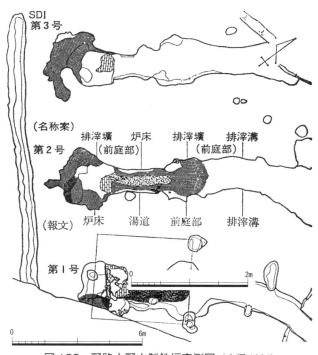

図126　野路小野山製鉄炉実測図（穴澤1984）

第1節　出土遺物からみた近江高島北牧野製鉄A遺跡の炉形

小川で採集された炉底塊と呼ばれる遺物を一点観察・検討することによって、その遺物が炉底に生成したものであることを検証し、その検討を基に、炉内の状況、炉形の復元等を考察し、箱形炉と竪形炉の系譜関係についての見解を提示したいと思う。

3　炉底塊の観察・検討

(1)　炉底塊の観察[4]

　長軸50.0cm、短軸44.2cm、厚さ13.2cmを測り、形状・表面の状況から、大まかには上半部と下半部の二つに分けられる。上半部、下半部ともに滓は緻密であり重量感をもつ。以下、上半部、下半部に分けて観察を行う。

　概形　図127にみられるように、上半部は、平面形が長方形を呈し破面は7面で全て側面部に認められ、その結果、上半部は直方体となっている。直方体の部分は図面においてドットで示した。上面は、中央部が図面縦方向に溝状に落ち窪んでおり、この窪みの中には、炉壁内面が剥離・落下し、ガラス質の瘤状の塊が6個みられる。図面縦方向の両側面はほぼ垂直に落ちているため、図面縦方向の両側面近くは二条の突出帯となり、断面の形状は凹状を呈する。左右両側面に、平面三角形状の流れ出したような滓がみられ、下半部滓の上に重なっている。

　下半部は、平面形は不整形であるが、上半部と同様、左右両側面に滓の突出部がみられる。破面は上半部と同様7面認められる。下面は中心部から周辺部に向かってゆるやかにカーブす

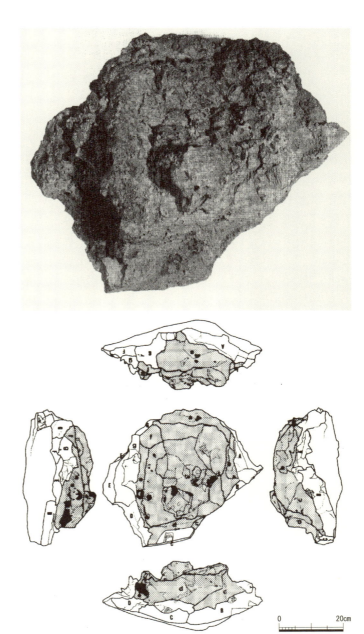

図127　北牧野製鉄A遺跡出土炉底塊
（写真　同志社大学歴史資料館蔵・著者撮影）

163

第3章　日本列島各地の製鉄開始期の様相

るが、その度合いは図面縦方向よりも横方向の方が強く、下面は船底状の形状を呈する。

　　色調　滓の地の色調は、上半部では黒褐色、下半部では暗灰色を呈する。また錆と考えられる褐色を呈する部分が点在し、その周辺に黄褐色を呈する酸化土砂が薄く付着している。

　　表面の状況　上半部の上面では、細かい突起が多くみられ、ざらついているが、右半分の一部に流動的な部分がみられ、細かい突起の部分と流動的な滓の接する部分に、錆と酸化土砂が付着する。気孔は、細かい突起のみられる部分では、径2mm前後の不整形のものがまばらにみられ、流動的な部分では、径2mm程の円形の気孔と長さ10mm程の気孔の点在を確認できる。上面では明瞭な木炭痕を確認できない。左側面より左側に突出する滓の上面は緻密・流動的で、小さな破面がいくつかみられる。また、下半部の上面は大部分が破面であるが、左側面より左側に突出する滓の表面は、上半部左側面と同様緻密・流動的である。下面には粘土・土・砂・約5cm角の白色礫等が全面に厚く付着しており、炉底の粘土が付着していると推定される。

　　破面の状況　破面については、表8で側面の破面の状況について記した。破面aから破面fは上半部の破面であり、破面Aから破面Gは下半部の破面である。上半部・下半部いずれも図面の上からアルファベット順に時計周りに命名した。「表面（破面）の状況」「気孔」「木炭痕」「錆・酸化土砂」は、炉内の状況を知るための観察視点である。

　　錆と酸化土砂は、大部分が上半部の直方体の部分に点在しているが、特に、破面eと破面eから連続する上面の部分に集中する。錆は全部で31ヶ所認められ、その大きさは径10mm前後のものが大半を占めるが、最大のものでは長軸50mm、短軸33mmを測る（破面e）。錆が生成し酸化土砂の付着している部分の表面の状況は、突起のある場合が多く気孔が少ない。一方気孔が水平方向に動いている部分では錆はみられない。

　　気孔が水平方向に動くことからは、滓が動いている状態を、気孔が下から上へ動くことからは、滓が溜まっている状態を推定できる。炉外流出滓の気孔の大部分が水平方向に動いていることからも、滓が動いた場合、滓の中の気孔が水平方向になることの証拠となる。下半部の左側面に、左に流れ出た流動的な滓がみられ、その破面である破面D・E・Fにおいて水平方向の気孔が多数みられることから、この部分の滓は動いていたと考えられる。一方、それ以外の下半部と上半部の破面にみられる気孔は、下から上に動いているか不規則なものが大部分であり、滓が動かなかった状態、つまり、滓が溜まった状態を反映していると考えられる。

　　小結　本炉底塊については、破面の気孔の状況、下面に粘土等の付着がみられること、滓の上半部が直方体を呈している等の特徴がある。したがって、この炉底塊は製鉄操業時には炉底全体に溜まっていたものと考えられ、上半部の直方体の左右側面に炉壁が付いており、操業終了後、中の生成物を取り出すために炉壁が外され、この塊を割って鉄を取り出す選別という工程を経た後、このような形状になったと判断される。

（2）　他遺跡との比較

　　この炉底塊の生成過程を考える参考事例として、広島県庄原市戸の丸山製鉄遺跡製鉄炉をあげる（図128、松井1987）。当遺跡では、炉内に炉底塊（報告書では「炉内残留滓」という用語を使用）が残留した状態で検出された。製鉄炉は簡単な地下構造を持つ。掘方は上面で長さ77cm、幅53cmを測り、平面形は隅丸長方形を呈し、深さは19cmである。掘方底部には厚さ14cmの木炭粉層があり、その上部に炉底塊が残留していた。炉底塊と木炭粉層の間には薄い灰黄褐色砂層

第1節　出土遺物からみた近江高島北牧野製鉄Ａ遺跡の炉形

表8　北牧野製鉄Ａ遺跡出土炉底塊の破面の状況観察表

破面	表面の状況	気孔	木炭質	鍰・酸化土砂	磁着度（５）	その他
破面a	上面より細かい突起	ほとんどない	中位に２ケ所（径12mm・長8mm、径12mm・長12mm程）	鍰が５ヶ所みられるが、その周囲に酸化土砂が薄く付着している。輪の周辺に酸化土砂が薄く付着している。	鍰　磁着度3／他　磁着度2	排滓孔滓の痕跡破面
破面b	上面の突起と同じ程。側面の大きく抉れる部分は突起がなく繊密	ほとんどない。破面Bと接する付近で数ヶ所方向不規則	なし	鍰が生成し、酸化土砂の付着している部分と、側面のオーバーハング気味に抉られている部分にみられる。	鍰　磁着度3／他　磁着度2	破面Ａとの境に亀裂が走る
破面c	上1/2程、繊密、上面の突起と同様。下1/2程、突起なし、上面の突起と同様	比較的繊密。中から外へ水平に向かう、径7mm程の不整形	破面Bとの境に１ケ所［破面Bで説明］	鍰が１ケ所みられ、その周りに薄く酸化土砂が付着しているが、それらの範囲は狭い。	鍰｝磁着度2	
破面d	上位・中位　繊密、突起あり／中位　繊密、突起なし／下位　繊密、突起あり	上位　まばら、方向下から上（径4mm、長7mm程）／中位　密、方向下から上（径5mm、長10mm程）／下位　まばら、方向不規則（径5mm程）	破面Cと接する部分に1ケ所（径21mm・長35mm）／破面Cと接する部分に数ケ所の細かい木炭質	酸化土砂は、破面D全面的にやや左右によった位置に、大きくＵ字状・帯状に付着している。	酸化土砂部分　磁着度3／他　磁着度2	下位1/3程に木炭質が集中する
破面e	上面と同様	まばら、方向下から上（径5mm、長10mm）	なし	図面下1/2の側面に大きな鍰があり、その周りに酸化土砂が薄く付着している。範囲は他面と比べて大きい。	鍰　磁着度3／他　磁着度2	
破面f	上面より突起の単位大きい	表面が繊密な部分では繊密、方向不規則（径7mm程）	なし	なし	磁着度2	
破面g	破面fと同様の部分と繊密な部分	なし	なし	なし	磁着度2	
破面A	上面と同様、ただし側面では繊密	表面に突起のある部分では、比較的密、方向不規則。表面が繊密な部分では、まばら、方向不規則（径8mm程）	側面部、破面B近くに1ケ所（径10mm）	酸化土砂が破面aとの境界付近にのみ、薄く付着。破面aとの境界は狭い。	磁着度2	
破面B	繊密、突起なし	破面cと接する部分（上位）では非常にまばら、方向下から上（径5mm〜10mm程、中位〜上位でも、非常にまばら（径5mm・長7mm程）、底部粘土付着部分では、比較的方向不規則（径1mm程）	破面Bとの境に1ケ所、もぐりこんでいる（径20mm・長35mm）	なし	磁着度2	
破面C	繊密、突起なし	上位では、みられない／中位では、まばら、方向下から上（径4mm・長7〜12mm）、底部粘土付着部分では、密、方向不規則（径2mm程）	破面dと接する部分で細かい木炭質が数ケ所	なし	磁着度2	
破面D	繊密、突起なし	比較的密、気孔全体の約2/3は水平方向（径4mm・長5mm程）、破面cと接する部分では、破面Cの気孔の状況と類似。その他は、方向不規則、多様（径1mm〜7mm程）	なし	なし	磁着度2	
破面E	繊密、突起なし	比較的密、水平方向（径4mm・長7〜10mm）	なし	なし	磁着度2	流動的な部分で、操業中の不達で炉外へ滓が流れ出てしまった部分と考えられる。
破面F	繊密、突起なし	比較的密、破面Gと接する部分では、比較的密、水平方向（径4mm・長10mm程）	なし	なし	磁着度2	
破面G	繊密、一部に突起がみられる	比較的密、方向は不規則であるが中から外へ出ていく傾向がある（径1mm程）	1ケ所（径30mm・長64mm/約25mmごとに節がはいる）	なし	磁着度2	

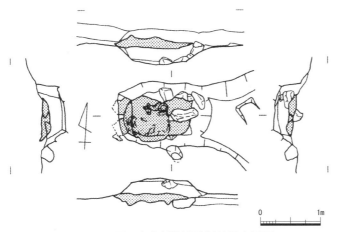

図128 戸の丸山製鉄遺跡製鉄炉実測図
（ドットは炉底塊、松井1987を一部改変）

の堆積が認められ、その色調から木炭層上には薄く砂か粘土が貼られ、その上面が炉底となったと考えられる。

炉底塊は直径約36cmで平面形は円形を呈し、上面はほぼ水平で、底部は摺り鉢状に若干ふくらみ、厚さ7cmを測る。上面周辺部において滓の突出が観察され、この部分は炉壁に装着していた部分であると考えられる。円形の炉底塊の左右には、長さ20cm、幅12cm程度で平面長方形状のものが、それぞれ二個ずつ結合している。左右の鉄滓は滓が炉内から外へ出ていく流出孔滓・炉外流出滓の一部であると考えられる。このように戸の丸山製鉄遺跡の製鉄炉に残留していた炉底塊は、北牧野製鉄A遺跡の炉底塊と類似していることがわかる。箱形炉の炉底に生成した資料の一例として参考にしたい。

（3） 炉底塊の生成過程

次に、写真4にみえる横断面、破面d・破面cの両破面を観察することによって、炉底塊の生成過程について検討していきたい。この両破面を下から上に表面の状況や気孔の粗密等を考慮しながら観察すると、下から①緻密な滓、②あまり緻密でない滓、③緻密な滓、と層状に重なり合っていることがみてとれる。なお①は下半部の滓に、②③は上半部の滓に対応する。破面dと破面cの境には段が存在するが、それは②の生成状況が原因となったと考えられる。

ここで問題になるのは、上半部と下半部が同一操業によって生成したものか、別操業によって生成し接着したものなのかという滓生成過程の問題である。結論を先に言うならば、操業中不調がありガスをまきこんだ層ができたがそのまま操業したという、同一操業によって生成したものであると推定される。以下、具体的に理由を述べながら炉底塊の生成過程を復元してみる。

まず炉内に下半部の滓が生成したものと考えられ、この段階では炉況は良好であったことがうかがえる。操業が続くにつれ滓が炉壁基部を浸食しだし、炉壁基部の壁厚が薄くなる。下半部の左右両側面がせり出している状況は、炉壁基部が浸食され、隙間が空いたところに滓が浸入した状況を反映していると考えられる。そして炉壁基部の壁厚が、崩壊寸前まで薄くなったため、操業を中断せざるを得なくなり、その際に炉況が不調にな

写真4 北牧野製鉄A遺跡出土炉底塊横断面
（破面d・破面c）の状況写真
（同志社大学歴史資料館蔵・著者撮影）

第1節　出土遺物からみた近江高島北牧野製鉄A遺跡の炉形

り、気孔の多い層②が生成したと考えられる。その後、炉壁や送風孔の角度等を修復・調整することによって操業を再開し、炉況の復調によって上半部の滓が生成し、本資料のような炉底塊が生成したものと考えられる。

(4) 炉形の復元（図129）

炉底塊の外形は、製鉄炉の炉底と炉壁基部の形状に沿って形成されるので、炉底塊の形状を丹念に観察していくことにより炉形の復元がある程度可能である。ただし、この炉底塊が生成した操業中には最低一度はトラブルがあったと考えられるので、そのトラブルによって生じた現象を考慮する必要がある。

本炉底塊は、破面ａの中央最下部に流出孔滓の端部破面を確認できることから、製鉄炉端部付近に生成していたことがわかる[6]。よってこの炉底塊の平面形は、炉底端部の平面形を反映していると推定される。炉底については、炉底塊下半部の側面左右の突出部は、滓の炉壁基部への浸食の反映とみられるので、下半部の滓下面の幅は、操業開始時の炉底幅より大きくなっていると考えられる。よって、製鉄炉の幅は、上半部の直方体の幅23cm前後と推定される。下面は船底状であることから、炉底は船底状の形状であったと推定される。炉底にどのような粘土が貼られていたのかについては、下面の付着物の観察から、約5cm角の白色礫を密に含む粘土が貼られていたと推定できる。この白色礫については、元から粘土に含まれて、操業中の高温によって表出したのか、何かしらの効果を狙って粘土に混和されたのか、その解明が今後の課題となる。

炉底から送風孔までの高さも、この滓の厚さを測ることによって復元可能である。本炉底塊のような緻密な滓が、送風孔より上にまで溜まると、送風孔が塞がり、送風障害により、炉内温度低下等の炉況の悪化を引き起こす。したがって、炉壁の送風孔の高さは、炉底塊の上面レベルより上にある場合が多い。このことは、長瀞遺跡15号製鉄炉において、羽口先端が炉底塊の上面の高さに合うように装着されていることからも首肯される（安田ほか1992、図130）。本炉底塊の厚さは14〜16cmである。この厚さは、他遺跡出土の例と比較して異様に厚いということ、破面ａの流出孔滓の端部破面の高さは操業時の炉底最下位と考えられること、この炉底塊が生成した操業の際、炉況の不調が発生し補修等で炉壁を持ち上げている可能性があることから、炉底塊の上半部の厚さが、炉底から送風孔の高さを示している可能性が高い。その場合の高さは9〜11cmとなる。このように炉底塊を詳細に観察することにより、製鉄炉の各部位の復元が可能であることがわかる。

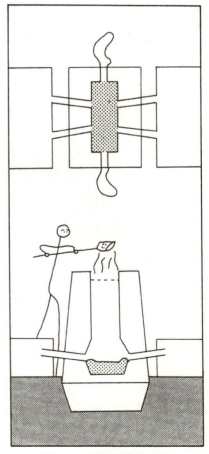

図129　製鉄操業模式図
（ドットは炉底塊）

167

第 3 章　日本列島各地の製鉄開始期の様相

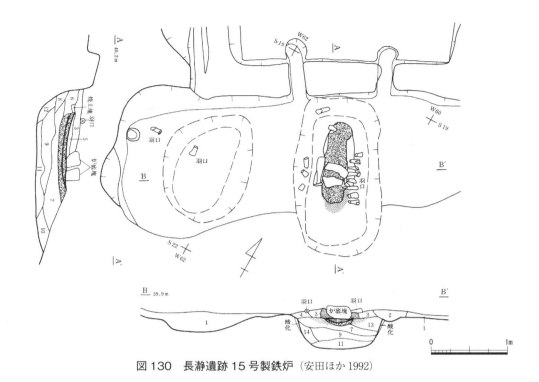

図 130　長瀞遺跡 15 号製鉄炉（安田ほか 1992）

4　炉形の系譜関係に関する考察

　炉底塊が製鉄炉の炉内に溜まった状態で検出された事例として、前項で戸の丸山製鉄遺跡で検出された製鉄炉をあげた。1990 年代に知られていた事例は、西から、岡山県総社市大ノ奥製鉄遺跡第 1 作業場 6 号製鉄炉・板井砂奥製鉄遺跡第 1 作業場 4 号製鉄炉・板井砂奥製鉄遺跡第 2 作業場 5 号製鉄炉（村上ほか 1991）、滋賀県草津市野路小野山遺跡 2 号製鉄炉（大橋ほか 1990・穴澤 1984）、富山県射水郡小杉町南太閤山Ⅱ遺跡 1 号製鉄炉（池野ほか 1983）、富山県滑川市安田遺跡製鉄遺構（宮本ほか 1982）、千葉県柏市若林Ⅰ遺跡製鉄炉（穴澤 1987）、千葉県成田市取香製鉄遺跡製錬炉（西川 1982）、福島県南相馬市烏打沢 B 遺跡 12 号製鉄炉・長瀞遺跡 4 号製鉄炉・6 号製鉄炉・7 号製鉄炉（安田 1991）・15 号製鉄炉・21 号製鉄炉・鳥井沢 B 遺跡 1 号製鉄炉（安田ほか 1992）、福島県相馬郡新地町向田 A 遺跡 1 号製鉄炉・向田 D 遺跡 2 号製鉄炉・向田 E 遺跡 1 号製鉄炉・向田 G 遺跡 2 号製鉄炉（寺島ほか 1989）等がある。いずれの事例も概形、色調、表面の状況等が北牧野製鉄 A 遺跡出土炉底塊と類似し、炉形は箱形炉であるとみてよい。
　以上の検討から、北牧野製鉄 A 遺跡出土の炉形は、箱形炉の一種であるという結論に達する[7]。したがって、箱形炉と竪形炉の系譜関係については、別系譜である可能性が高い。

5　おわりに

　小稿では、北牧野製鉄 A 遺跡より出土した炉底塊と呼ばれる遺物の一点を観察・検討し、その遺物が製鉄操業時製鉄炉の炉底に生成したものであることを考察し、更にその炉底塊を検討する

ことにより、炉内での炉底塊の生成過程と炉形の復元を行い、今までに問題となってきた古代日本の製鉄技術の系譜に関する問題について一つの私見を提示した。

しかし、遺構の検討を省き、また一遺物のみの検討で炉形全体を考察してしまったのは、行き過ぎの感があり問題を残してしまったことは否めない。北牧野製鉄A遺跡の製鉄関連遺構に関しては詳細な報告が行われているので、機会があれば私見を述べたいと思っている。また出土遺物としては炉底塊、炉壁、炉外流出滓、鉄塊系遺物、鉄鉱石、木炭、羽口等の製鉄関連遺物や、既に報告され図面も提示されている須恵器、土師器があり、これらの遺物の中には、鉄研究を進めて行く上で重要と思われる遺物が多数含まれている。個々の遺物の検討とともに、遺物群の総合的な検討、更に遺構と遺物の総合的な検討が今後の課題として残されていると言えよう。

[註]
(1) たたら研究会編1991「討論」での穴澤義功氏の発言。
(2) 野路小野山遺跡の報告書（大橋1990）では、炉床、湯道、前庭部、排滓溝が検出されたとの報告を行っている。自立炉と考えている研究者（土佐1986、潮見1989、別所1993）は、報告書の記述通り炉床の部分に製鉄炉があったと考えるが、箱形炉と考える研究者（穴澤1984、寺島1989、佐々木1990、丸山1991）は、報告書の湯道の部分に製鉄炉があったと考える。
(3) 報告書（森1971）の遺構に関する記述からは、野路小野山遺跡と同様の遺構配置を読み取ることができる。
(4) 大澤正己氏・穴澤義功氏に実際に遺物をみていただき、炉底塊等の製鉄関連遺物の見方を教えていただいた。
(5) 滋着度の計測に当たっては、以下の文献を参考にした（田口・穴澤1994、穴澤1994b）。
(6) 破面aの中央下端部には更に長径46mm・短径40mmの破面があり、その部分では、気孔が炉外に向かう様相を確認できることから、この部分は流出孔滓の端部であると考えられる。
(7) 北牧野製鉄A遺跡のように遺構に伴わない炉底塊は、箱形炉が検出された製鉄遺構およびその周辺から出土する確立が高い。

第2節　製鉄炉の形態からみた瀬田丘陵生産遺跡群の鉄生産

1　はじめに

7世紀後半の律令政権の支配拡大に伴い、近江の製鉄技術が全国的に拡散したとする見解がある。本節では近江の中でも製鉄遺跡の調査事例が多い、瀬田丘陵生産遺跡群で検出された製鉄炉の炉底や地下構造の形態分類を行う。そして、瀬田丘陵生産遺跡群および近江の製鉄技術が具体的様相を概観し、他地域の様相と比較検討するための基準を提示したい。さらに、瀬田丘陵生産遺跡群の製鉄の性格についても考えてみたいと思う。

2　分類と編年

(1)　瀬田丘陵生産遺跡群の概要

大津市の東部瀬田地区から草津市の南東部にかけた地域は、瀬田丘陵と呼ばれる琵琶湖あるいは瀬田川に向かって緩やかに高さを減じる丘陵が広がっている。この丘陵から派生した段丘面上には古代の鉄生産・須恵器生産等を行った生産遺跡が数多く確認されており、これらの生産遺跡

第 3 章　日本列島各地の製鉄開始期の様相

を総称して、瀬田丘陵生産遺跡群と呼んでいる（大沼 2006）。

　瀬田丘陵生産遺跡群の中で発掘調査が実施された製鉄炉は、大津市瀬田南大萱に所在する源内峠遺跡 1 号〜4 号製鉄炉（大道ほか 2001）、草津市野路に所在する木瓜原遺跡製鉄炉 SR-01（横田ほか 1996）、草津市野路に所在する野路小野山遺跡 7 号炉（大橋ほか 1990）、製鉄炉 14 号炉（櫻井2007）、製鉄炉 1 号炉（大橋ほか 1990）、2 号炉である（藤居 2003）。

（2）　製鉄炉の分類基準

　瀬田丘陵で検出された製鉄炉は全て箱形炉に分類される。斜面に対する製鉄炉の設置方法、製鉄炉の長軸の長さにより、製鉄炉は以下の 4 種類に分類できる。

　　Ⅰ類　製鉄炉の長軸が等高線に平行する「横置き」で、長軸の長さが 2m 前後の規模をもつ
　　　　　平面形がやや細長い長方形を呈する箱形炉。

　　Ⅱ類　製鉄炉の長軸が等高線に平行する「横置き」で、長軸の長さが 0.5m 前後の規模をも
　　　　　つ平面形が長方形を呈する箱形炉。

　　Ⅲ類　製鉄炉の長軸が等高線に直交する「縦置き」で、長軸の長さが 2m 前後の規模をもつ
　　　　　平面形がやや細長い長方形を呈する箱形炉。

　　Ⅳ類　製鉄炉の長軸が等高線に直交する「縦置き」で、長軸の長さが 1m 前後の規模をもつ
　　　　　平面形が長方形を呈する箱形炉。

　また、地下構造の構築法により、瀬田丘陵の製鉄炉は以下の 6 種類に分類できる。

　　a類　地下構造が無く、地山に直接粘土を貼り炉底とする。

　　b類　地下構造の掘形底面に遺跡近隣で採取できる石を敷き、石の上に炭化物を充填し、そ
　　　　　の上に粘土を貼り炉底とする。

　　c類　地下構造の掘形内に炭化物を充填し、その上に粘土を貼り炉底とする。

　　d類　地下構造の掘形内に灰・炭化物を含む土を充填し、その上に粘土を貼り炉底とする。

　　e類　地下構造の掘形側壁に遺跡近隣では採取できない石を並べ、掘形内には炭化物を充填
　　　　　し、その上に粘土を貼り炉底とする。

　　f類　地下構造の掘形側壁に遺跡近隣では採取できない石を並べ、底面にも遺跡近隣では採
　　　　　取できない石を敷く。掘形内には炭化物を充填し、その上に粘土を貼り炉底とする。

（3）　製鉄炉の分類 （図 131〜138）

　分類基準により瀬田丘陵生産遺跡群で検出された製鉄炉を分類すると、源内峠遺跡 4 号製鉄炉はⅠ-a類、源内峠遺跡 2・3 号製鉄炉はⅠ-b類、源内峠遺跡 1 号製鉄炉はⅢ-c類、木瓜原遺跡製鉄炉 SR-01 はⅠ-d類、野路小野山遺跡 7 号炉・10 号炉はⅡ-a類、野路小野山遺跡 14 号炉はⅢ-c類、野路小野山遺跡 1 号炉はⅢ-e類、野路小野山遺跡 2 号炉はⅢ-f類に分類できる。

　なお、製鉄炉の調査は実施されていないが、木瓜原遺跡製鉄炉 SR-01 の下層に存在していると推定される製鉄炉はⅠ-c類に分類できる可能性が高い。また、野路小野山遺跡 8 号炉はⅣ類に分類できる。

（4）　製鉄炉の編年 （表 9）

　一般的に製鉄遺跡からは操業時期を考古学的に決定付ける土器の出土が少ない。更に、瀬田丘陵製生産遺跡群で検出された製鉄炉は全て保存されており、発掘調査で完掘した遺構が皆無である。以上の状況から、各製鉄炉の厳密な意味での時期決定は困難な状況となっている。ただし、

170

第2節　製鉄炉の形態からみた瀬田丘陵生産遺跡群の鉄生産

各遺跡で出土する鉄滓等の製鉄関連遺物は50トン以上に及ぶものと推定されること、また、排滓場や製鉄炉構築のための整地土から出土する鉄滓の量、製鉄遺跡の分布状況、さらに、出土した土器の年代観から一遺跡当たり、最低20〜30年の操業期間が想定される。

　瀬田地域の土器編年（畑中2006）をもとに、各製鉄遺跡から出土する土器と製鉄炉の検出数を勘案すると、源内峠遺跡は瀬田Ⅰ期から瀬田Ⅱ期古段階、木瓜原遺跡は瀬田Ⅱ期古段階から中段階、野路小野山遺跡は瀬田Ⅱ期古段階から中段階に比定できる。

　源内峠遺跡ではⅠ-a類、Ⅰ-b類、Ⅲ-c類と製鉄炉の変遷を追うことできる。製鉄炉の変遷を瀬田地域の土器編年に比定すると、Ⅰ-a類は瀬田Ⅰ期の古段階、Ⅰ-b類は瀬田Ⅰ期の新段階、Ⅲ-c類は瀬田Ⅱ期新段階に比定できる。

　木瓜原遺跡ではⅠ-c類、Ⅰ-d類と製鉄炉の変遷を追うことができる。製鉄炉の変遷を瀬田地域の土器編年に比定すると、Ⅰ-c類は瀬田Ⅱ期古段階、Ⅰ-d類は瀬田Ⅱ期中段階に比定できる。なお、瀬田Ⅱ期中段階は木瓜原遺跡で検出された須恵器窯で生産された須恵器群を基準に編年されており、須恵器窯の前半期の操業と後半期の操業では生産須恵器群が変化している。また、製鉄から須恵器生産へという前後関係があることから、Ⅰ-d類は瀬田Ⅱ期中段階でも古い方に比定できる。

　野路小野山遺跡ではⅡ-a類、Ⅳ類、Ⅲ-c類・Ⅲ-e類・Ⅲ-f類と製鉄炉の変遷をたどることができる。瀬田地域の土器編年に比定すると、Ⅱ-a類・Ⅳ類は瀬田Ⅱ段階古段階、Ⅲ-c類・Ⅲ-e類・Ⅲ-f類は瀬田Ⅱ段階中段階に比定できる。

　以上の結果から、地下構造の構築法による瀬田丘陵の製鉄炉を分類したa類〜e類の年代は以下のように比定できよう。a類は瀬田Ⅰ期の古段階で、概ね660年前後に（1期）、b類は瀬田Ⅰ

表9　瀬田丘陵生産遺跡群製鉄炉の編年表（畑中2006に拠る）

歴年代			須恵器生産地資料	瀬田丘陵生産遺跡群製鉄炉	（南郷地区）
700	瀬田Ⅰ期		・山ノ神遺跡（細分可） ・（月輪南流窯跡） ・笠山遺跡	・源内峠遺跡4号製鉄炉（Ⅰ-a） ・源内峠遺跡2・3号製鉄炉（Ⅰ-b）	・南郷遺跡 　製鉄炉（Ⅰ-b）
	瀬田Ⅱ期	古	・観音堂窯跡	・野路小野山遺跡7・10号炉（Ⅱ-c） ・野路小野山遺跡8号炉（Ⅳ） ・源内峠遺跡1号製鉄炉（Ⅲ-c） ・木瓜原遺跡製鉄炉SR-01下層（Ⅰ-c）	・芋谷南遺跡 　製鉄炉（Ⅰ-b）
750		中	・木瓜原窯跡 　・工房第1地区須恵器窯下層 　テラスⅢ整地層 　・工房第2地区テラス232 ・南郷4号窯跡	・木瓜原遺跡製鉄炉SR-01（Ⅰ-d） ・野路小野山遺跡14号炉（Ⅲ-c） ・野路小野山遺跡1号炉（Ⅲ-e） ・野路小野山遺跡2号炉（Ⅲ-f）	
800		新	・南郷1号窯跡 ・（参考資料—寺谷窯跡）		・平津池ノ下遺跡 　製鉄炉（Ⅲ-b）

第3章　日本列島各地の製鉄開始期の様相

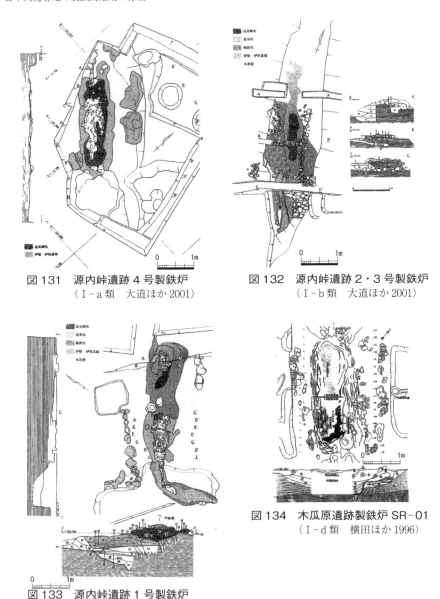

図131　源内峠遺跡4号製鉄炉
（Ⅰ-a類　大道ほか2001）

図132　源内峠遺跡2・3号製鉄炉
（Ⅰ-b類　大道ほか2001）

図133　源内峠遺跡1号製鉄炉
（Ⅲ-c類　大道ほか2001）

図134　木瓜原遺跡製鉄炉SR-01
（Ⅰ-d類　横田ほか1996）

期の新段階で、概ね685年前後に（2期）、c類は瀬田Ⅱ期古段階で、概ね700年前後に（3期）、d類は瀬田Ⅱ期中段階の古い方で、概ね715年前後に（4期）、e類・f類は瀬田Ⅱ段階中段階で、720年〜760年頃に比定される（5期）。

3　瀬田丘陵製鉄遺跡群の変遷

　以下、製鉄炉の分類と編年から設定された5つの時期ごとに、製鉄炉の構造の変遷から瀬田丘陵生産遺跡群の製鉄の性格について考察し、まとめとしたい。

第2節　製鉄炉の形態からみた瀬田丘陵生産遺跡群の鉄生産

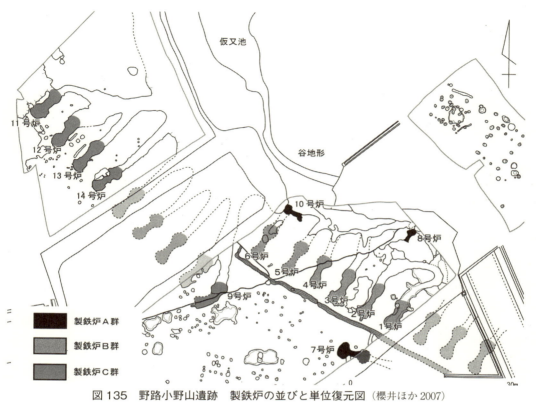

図135　野路小野山遺跡　製鉄炉の並びと単位復元図（櫻井ほか2007）

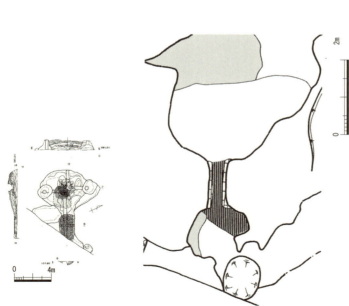

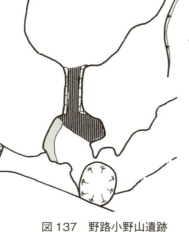

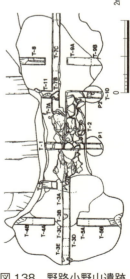

図136　野路小野山遺跡
　　　　A群7号炉
（Ⅱ-c類　大橋ほか1990）

図137　野路小野山遺跡
　　　　A群10号炉
（Ⅳ類　大橋ほか1990）

図138　野路小野山遺跡
　　　　B群2号炉
（Ⅲ-f類　藤居2003）

第3章　日本列島各地の製鉄開始期の様相

(1)　1期

　概ね660年前後に比定され、I-a類の源内峠遺跡4号製鉄炉が属する。源内峠遺跡4号製鉄炉の炉底下の地山は、拳大ほどのチャート円礫が密に含まれる黄褐色砂礫層であり、製鉄炉構築に当たっては、炉底下の地山の状況に配慮がなされ、円礫の多い土層が撰地されている。

　7世紀前半に比定される古橋遺跡では、もともと露頭していたと考えられる角礫を、きれいに破砕、削平して、水平な平面を造成し、その部分に製鉄炉を構築している。源内峠遺跡4号製鉄炉と同様に、炉構築の選地にあたって、炉底下の地山の状況に特別な配慮がなされていることがわかる。源内峠遺跡4号製鉄炉は瀬田丘陵生産遺跡群では最古級の製鉄炉であること、古橋遺跡の製鉄炉は近江最古級であることを考え合わせると、I-a類のうち、炉底下の地山の選地に特別な配慮がされて製鉄炉は、近江での初原的様相を呈している可能性がある。また、地下構造に石を敷くことも特徴として挙げることができる。

　当該期においては、福岡県、島根県、広島県、岡山県などでも製鉄遺跡の調査が実施されている。検出される製鉄炉は、内法長さ0.5m、幅約0.3m程の箱形炉で、排滓場の鉄滓量も1トン程度であることが多い。製鉄炉の規模や排滓場の鉄滓量に関しては、源内峠遺跡4号製鉄炉の法量は大きく、操業規模も大規模であったと言える。

　瀬田丘陵生産遺跡群で製鉄が開始される1期は、大津に都が移された時期に当たり、瀬田丘陵の製鉄活動が、古代律令国家建設と深く関わっていたことを示している。大津宮をはじめ、藤原京、平城京と続く、当時の国家的中心地に最も近い場所に位置する製鉄遺跡群として、瀬田丘陵生産遺跡群を挙げることができる。I期の製鉄操業は、国策として行われた大津宮周辺の製鉄操業を具現化している事例と考えたい。

(2)　2期

　概ね685年前後に比定され、I-b類の源内峠遺跡2・3号製鉄炉が属する。瀬田丘陵は古琵琶湖層からなる地層であり、源内峠遺跡2・3号製鉄炉の地下構造で検出されている拳大ほどのチャート円礫しか採取できない。I-b類は、製鉄炉地下構造に使用する石の採取が困難な瀬田丘陵におけるI-a類→b類→c類→d類という一連の変遷の中での理解が可能である。操業主体も1期と同様であった可能性が高い。

(3)　3期

　概ね700年前後に比定され、I-c類の木瓜原遺跡製鉄炉SR-01下層炉、II-c類の野路小野山遺跡7号炉・10号炉、III-c類の源内峠遺跡1号製鉄炉、IV類の野路小野山遺跡8号炉が属する。地下構造の構築法はc類と共通でありながら、製鉄炉の設置方法と長軸の長さに多様性が見られる点が3期の特徴である。I-c類は、製鉄炉地下構造に使用する石の採取が困難な瀬田丘陵におけるI-a類→b類→c類→d類という一連の系譜の中での理解が可能である。したがって、源内峠遺跡から木瓜原遺跡へと製鉄炉構築法における技術的変遷をたどることができる。

　II類は、岡山県を中心とする西日本に系譜の源流を求めることができることから、II-c類の野路小野山遺跡7号炉・10号炉は近江以外の西日本の製鉄技術移入の現れと理解したい。野路小野山遺跡では製鉄燃料を生産するための横口式木炭窯が検出されている。瀬田丘陵生産遺跡群で検出されている木炭窯を検討した結果、野路小野山遺跡で検出されている横口式木炭窯は、岡山県等の西日本の初期製鉄地帯で検出される横口式木炭窯と関連性があることが判明した（大道

1995)。3期の野路小野山遺跡では、西日本の初期製鉄地帯の技術および技術工人が投入された可能性がある。

Ⅲ類の源内峠遺跡1号製鉄炉からは炉底塊が検出されている。炉底塊や出土した炉壁の観察からは、操業途中で送風・炉内の不調が生じ、製鉄操業を放棄した様相を確認できる。縦置き操業を試行的に行った可能性もあり、Ⅲ類の揺籃期の様相の一つとして捉えたい。

Ⅳ類は、九州北部に系譜の源流を求めることができることから、Ⅳ類に比定される野路小野山遺跡8号炉は、九州北部の製鉄技術移入の現れと理解したい。Ⅳ類は縦置きの箱形炉であり、片側排滓を志向する製鉄技術を備えた製鉄炉である。

3期を前後する時期においては、上野の西野原遺跡（谷藤ほか2010）や峯山遺跡（笹澤2010）、陸奥南部の向田A遺跡や洞山D遺跡（寺島ほか1989）などで、両側排滓から片側排滓へと向かう箱形炉技術の改良の様相をみてとれる。また、近江以東の地域で、箱形炉を斜め置きする例や初期の縦置きが認められ、片側排滓に向かって作業効率の良い技術を試行しているものと推定される。近江をはじめ、東日本の広範囲で、九州北部の縦置きの製鉄技術が導入され、片側排滓に向かって築炉や操業技術に対して様々な試行がなされたことがみてとれる。片側排滓への志向の背景には、それぞれの地域に適合した原・燃料や操業技術に箱形炉技術を適応させるための動きがあったと考えられる。

（4）　4期

概ね715年前後に比定され、Ⅰ-d類の木瓜原遺跡製鉄炉SR-01が属する。Ⅰ-d類は、製鉄炉地下構造に使用する石材の採取が困難な瀬田丘陵におけるⅠ-a類→b類→c類→d類という一連の系譜の中での理解が可能である。なお、c類からd類への変遷は地下構造の進化によるものなのか退化によるものなのかについての検討は今後の課題としたい。木瓜原遺跡では木炭窯が検出されている。木炭窯は、瀬田丘陵で鉄生産が開始されて以来の系譜を引く木炭窯で、瀬田丘陵という一定地域内での独自の形態変遷の中で出現した木炭窯であると理解できる（大道1995）。

（5）　5期

概ね720年から760年頃に比定され、Ⅲ-c類の野路小野山遺跡14号炉、Ⅲ-e類の野路小野山遺跡1号炉、Ⅲ-f類の野路小野山遺跡2号炉が属する。野路小野山遺跡は、3期の散発的で小規模な操業であったA群から、製鉄炉が整然と配置され、大量生産を確立したB・C群へと変遷したと考えられる。B群は6基以上、C群は9基の製鉄炉で構成されていたとみられ、全国的にみても類例のない大規模操業が行われていたことがわかる。

野路小野山遺跡で検出された製鉄炉は、全てⅢ類で、3期の野路小野山遺跡の製鉄炉がⅡ類、他の瀬田丘陵生産遺跡群で検出された製鉄炉が基本的にはⅠ類であったことと異なる。また、地下構造の構築法に関しても、e類・f類と遺跡近隣では採取できない石材を地下構造に使用するという発想は、他の瀬田丘陵生産遺跡群で検出された製鉄炉の地下構造がa類→b類→c類→d類と地質的・地理的条件に影響された変遷とは異なる。

野路小野山遺跡では、横口式木炭窯の横口を取り除き、ほぼ直線的に長く伸び、斜面に直交する形で構築される、瀬田丘陵生産遺跡群の他の遺跡ではみられない形態の木炭窯が2基検出されている（大道1995）。また、瀬田丘陵生産遺跡群では製鉄と製陶を近接して行っている例が多いが、野路小野山遺跡では製鉄のみで、製陶関係の痕跡は発見されていない。さらに、遺跡に搬入

されている鉄鉱石が非常に良質で、鉄鉱石の分割工程に独特の技術が用いられていることも確認できる（門脇・大道1999）。

　以上の点から、5期の野路小野山遺跡の製鉄の在り方は、他の瀬田丘陵生産遺跡群での製鉄の在り方と多くの点で異なっており、野路小野山遺跡の製鉄技術は、他の瀬田丘陵生産遺跡の製鉄技術より格段に進んだものであったことは間違いない。製鉄技術系譜や製鉄経営母体も異なっている可能性が高い。なお、同期に比定され、紫香楽宮での大仏造立事業と甲賀寺造営事業のために営まれたと考えられる甲賀市鍛冶屋敷遺跡では、溶解炉が9基を1組として東西2列検出されている（大道・畑中ほか2006）。野路小野山遺跡でも製鉄炉が9基1組で構成されている可能性が高い。これは単なる偶然ではなく、当時の生産組織編成に関連する現象であったと考えられる。となると、野路小野山遺跡も鍛冶屋敷遺跡と同類の国家的大事業達成のために、製鉄が営なまれた可能性が高い。

第3節　製鉄炉の設置方法について
―源内峠遺跡1号製鉄炉の検討を中心に―

1　はじめに

　本節で検討をおこなう源内峠遺跡1号製鉄炉は、湖南地域の瀬田丘陵に位置する（図139）。前節でみたように源内峠遺跡1号製鉄炉は、瀬田丘陵生産遺跡群の中で「縦置き」の最古の製鉄炉の可能性があるため、当概製鉄炉の推定操業時期である7世紀末から8世紀初頭に、斜面に対する製鉄炉の設置方法に変化がみられることがわかる。以下では、源内峠遺跡1号製鉄炉を中心に、7世紀末から8世紀初頭における製鉄炉設置方法の変化の原因を、技術的側面から検討・考察していきたい。

2　問題の所在

　前節では、近江の中でも製鉄炉の調査事例が増加してきた、瀬田丘陵製鉄遺跡群で検出された製鉄炉の炉底や地下構造の形態分類と、その編年作業をおこなった。その結果、瀬田丘陵生産遺跡群3期から4期、7世紀末から8世紀前葉を前後する時期に、製鉄炉の長軸が等高線に平行する「横置き」の製鉄炉Ⅰ類・Ⅱ類から、製鉄炉の長軸が等高線に直交する「縦置き」の製鉄炉Ⅲ類に変化していることが判明した。

　瀬田丘陵製鉄遺跡群の西側、南郷地域にも南郷製鉄遺跡群を構成する製鉄遺跡が分布しており、南郷遺跡、南郷芋谷南遺跡、平津池ノ下遺跡では製鉄炉の発掘調査が実施されている（図140）。南郷遺跡で検出された製鉄炉は7世紀中頃に比定され、Ⅰ類に分類される（田中ほか1988）。芋谷南遺跡で検出された製鉄炉は7世紀末から8世紀初頭に比定され、Ⅰ類に分類される（青山・大道2019）。平津池ノ下遺跡で検出された製鉄炉は8世紀後半に比定され、Ⅲ類に分類される（青山・大道2019）。このように南郷製鉄遺跡群でも、瀬田丘陵生産遺跡群の製鉄炉と同様、7世紀末から8世紀初頭に、製鉄炉の長軸が等高線に平行する「横置き」の製鉄炉Ⅰ類から、製鉄炉の長軸が等高線に直交する「縦置き」の製鉄炉Ⅲ類に変化していることがわかる。

第3節 製鉄炉の設置方法について―源内峠遺跡1号製鉄炉の検討を中心に―

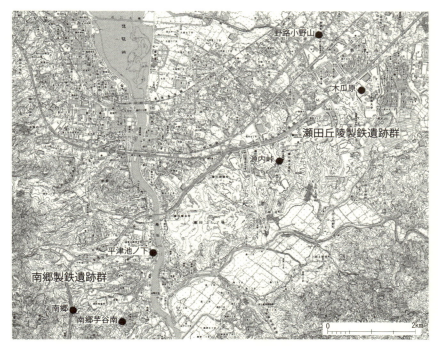

図139　瀬田丘陵製鉄遺跡群と南郷製鉄遺跡群の主な製鉄遺跡

　以上の検討結果から、湖南の瀬田丘陵製鉄遺跡群と南郷製鉄遺跡群では7世紀末から8世紀初頭に、「横置き」の製鉄炉Ⅰ類・Ⅱ類から、「縦置き」の製鉄炉Ⅲ類に変化していることがわかる。この変化は製鉄操業の具体的方法の変化や生産目的の鉄種の変化などに起因し、製鉄技術の変遷をたどる上で重要な要素である可能性がある。湖南地域の製鉄遺跡の中では、源内峠遺跡において同一遺跡内においてⅠ類（4号製鉄炉、2・3号製鉄炉）からⅢ類（1号製鉄炉）への変遷をたどることができる。特に源内峠遺跡1号製鉄炉はⅢ類の初現と考えられる遺構なので、Ⅲ類が誕生した理由を探る上で重要である。

3　源内峠遺跡1号製鉄炉の検討（図141～146）

　源内峠遺跡は大津市瀬田南大萱町に位置し、瀬田丘陵製鉄遺跡群の中でも最古級の7世紀後半に比定される製鉄遺跡である。1977年度と1983年度に試掘調査が行われているが（近藤1978、丸山ほか1986）、1997・1998年度に発掘調査が実施され、筆者が調査を担当した（大道ほか2001）。発掘調査の結果、1号から4号まで製鉄炉を4基検出した。4号、3号、2号、1号製鉄炉の順に製鉄炉は構築され、古い製鉄炉での操業により排出された排滓場を再び整地して新しい製鉄炉を構築している（図141）。

　1号製鉄炉は、南から北に伸びる緩やかな丘陵裾部に、1号製鉄炉操業以前の排滓層と整地土を用いて平坦面を造成し、その平坦面上に炉の長軸を等高線に対して直交して構築したⅢ類の箱形製鉄炉である。炉底には粘土を貼り付けて、炉の地下構造は長さ4.0m、幅1.6m、深さ0.4m土坑を掘り込み、その中に木炭や木炭混じりの砂質土を充填する（図142）。

　炉底には、西半と東端の2か所に炉底塊が残っていた。炉の中央に炉底塊がないのは、その部

177

第3章　日本列島各地の製鉄開始期の様相

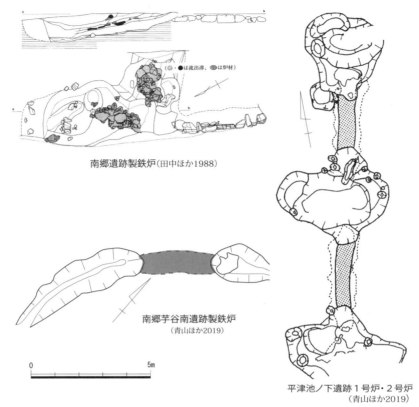

図140　南郷製鉄遺跡群の製鉄炉

分に里道が走っていたため、削平されたと考えられる。製鉄操業終了時には、長さ2.9m、最大厚9cmの炉底塊が、製鉄炉内と流出孔に残留していたと考えられる。製鉄炉と流出孔から出土した鉄滓の総重量が37kgであるので、操業終了時には製鉄炉内と流出孔に、60kg前後の炉底塊が残留していたと推定される。

　製鉄炉内から出土した炉底塊の横断面形は凸状を呈し、上面幅は20cm、下面幅は41cmを測り、上面幅が下面幅より一回り狭い。上面の幅が操業終了時の炉内幅と考えられ、その幅は20cmということになる。炉底塊の上面は木炭痕による凹凸が顕著で、炉壁起因のガラス質滓が付着していることから、操業中もしくは操業後に炉壁内面が削落し、それがガラス質滓化した可能性が高い。下面は横断面形がU字形を呈し、底部付近の滓は比較的緻密である。

　炉の西半で検出された鉄滓（図143-1～3）は、炉内から炉外方向に炉底塊・流出孔滓・流出滓が繋がった一連のものである。小口部分の鉄滓は、小口南側の流出孔滓と流出滓が北方向に大きく折れ曲がり、小口北側の流出孔滓と流出滓の上に重なっている。小口北側では幅12cm、小口南側では幅13cmの流出孔滓を確認できることから、操業終了時には炉西小口に2個の流出孔が存在していたことになる。

　また、炉の東端で検出された鉄滓（図143-4）も、炉内から炉外方向に炉底塊・流出孔滓・流出滓が繋がった一連のものである。流出滓は2本存在するが、流出孔滓は重なりあっていることから、操業終了時には小口中央部に流出孔が存在していた可能性が高い。流出孔滓の幅は18cm

178

第3節 製鉄炉の設置方法について―源内峠遺跡1号製鉄炉の検討を中心に―

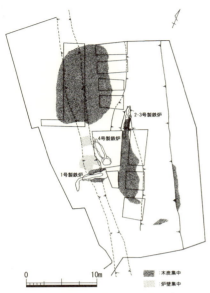

図141 源内峠遺跡調査区
(大道ほか2001)

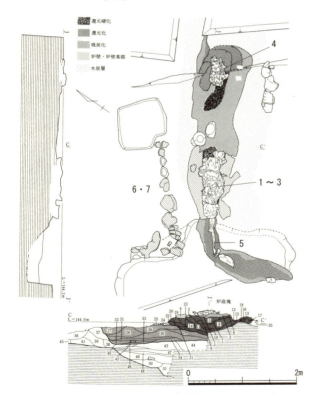

図142 源内峠遺跡1号製鉄炉(大道ほか2001)
(平面図の番号は図143・144の番号に対応)

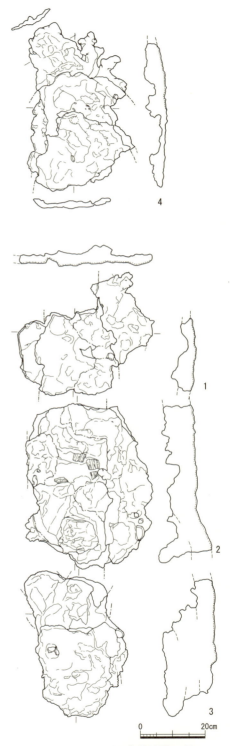

図143 源内峠遺跡1号
製鉄炉出土鉄滓(大道ほか2001)

179

第3章　日本列島各地の製鉄開始期の様相

を測る。

　炉の平面形は隅丸長方形を呈し、炉および周辺に残留していた鉄滓の観察から、操業終了時の炉内側の規模は、長さ2.4m、幅0.2mに復元できる。炉底は西へ3.5°傾斜している。

　西排滓坑上面では炉西半の炉底塊底面より続く流出滓（図144-5）が操業終了時のままの状態で出土した。流出滓は炉底塊底より1m程炉の西中軸方向に流れ、そこから南方向に折れ曲がり40cm程流れた状態で遺存していた。なお、東側排滓坑は1977年度の試掘調査により大部分が消滅しており、土層観察畦が残るのみで詳細は不明である。

　炉の北側では、東西3.1m、南北1.5mの範囲で炉壁が集中して出土した。出土した炉壁は、製鉄炉の北側の炉壁がそのまま倒れたものと推定される。炉壁粘土にはスサと砂粒が混和されており、中には径3cm程もあるチャートを含む炉壁も出土している。炉壁胎土については、顕微鏡組織観察からは、多数の石英質らしき鉱物が混和されていること、耐火度の測定からは、古代の製鉄炉の炉壁としては耐火度は高い性状であることが指摘されている。

　炉の北側から集中して出土した炉壁の中には、複数の送風孔を確認できる大型の炉壁片が出土している（図144-6・7）。炉壁の送風孔は炉底から上約10cm位置に穿たれ、炉内先端部では直径2〜4cmの円形、外側では二等辺三角形を呈する。送風孔の芯々間隔は狭いものでは17cm、多くは20〜25cm程で、3連の送風孔をもつ炉壁（6）では26cmを測る。炉壁に穿たれた送風孔底面の穿孔上下角度は水平であるものが多い。また送風孔上端の穿孔上下角度は20〜30°のものが多い。

　金属学的調査から、1号製鉄炉で使用された鉄鉱石は、高燐系であること、生産鉄種は、フェライト組織から白鋳鉄組織までと幅広いものであることが判明している（大澤・鈴木2001）。

4　製鉄炉の検討から見えてくるもの

　以下では、1号製鉄炉について、源内峠遺跡4号製鉄炉の調査結果（図145）と比較することによってその特徴を抽出し、Ⅰ類からⅢ類への変化、Ⅲ類出現の要因について考えていきたい。

　1号製鉄炉と4号製鉄炉を比較すると、炉およびその周辺に残留していた鉄滓、特に炉底塊の形状・質が異なっている点を指摘できる。4号製鉄炉では炉底塊が西側に偏った状態で残留しており、炉底塊の中には金属鉄が散らばった状態で遺存していた。炉底に密着した炉底塊は薄く、厚さは4cm程である。一方、1号製鉄炉の炉底塊は、上面が木炭痕や炉壁起因のガラス質滓、底部付近が緻密な滓で構成される。炉底塊内の金属鉄残留は少ない。

　製鉄炉内幅についても両者は異なる。4号製鉄炉の内幅は、炉底と炉底塊の遺存状況から約50cmに復元できる。一方、1号製鉄炉の内幅は、炉底塊の横断面形状と滓質から20cmに復元でき、4号製鉄炉と比較するとかなり狭いことがわかる。1号製鉄炉の炉内幅が狭いことについては、1号製鉄炉の炉壁粘土の耐火度が、古代の製鉄炉の炉壁としては高いことと関連があると指摘されている（大澤・鈴木2001）。炉壁粘土の耐火度が高いことは、操業中の炉壁の浸食を抑え込む効果がある。なお、1号製鉄炉に伴う炉壁に関しては、送風孔下の炉壁内面の浸食度合いが弱いとする意見もある[1]。

　4号製鉄炉の南排滓坑上面では、炉底塊・流出坑滓から続く長さ125cm、幅125cmを測る巨大な流出滓が検出された（図145・146-8）。この流出滓は、滓の一単位の幅が20cm前後で、広

第3節　製鉄炉の設置方法について―源内峠遺跡1号製鉄炉の検討を中心に―

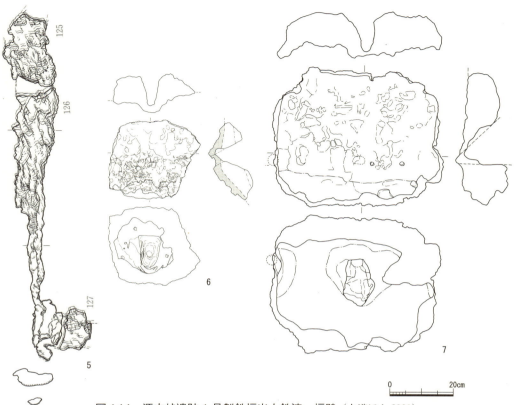

図144　源内峠遺跡1号製鉄炉出土鉄滓・炉壁（大道ほか2001）

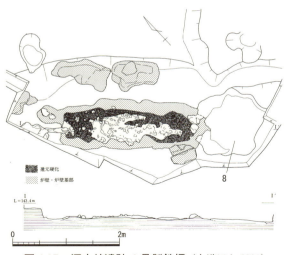

図145　源内峠遺跡4号製鉄炉（大道ほか2001）
（平面図の番号は図146の番号に対応）

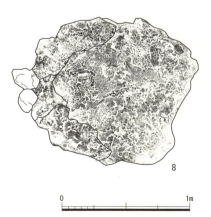

図146　源内峠遺跡4号製鉄炉
南排滓坑出土流出滓（大道ほか2001）

181

第3章　日本列島各地の製鉄開始期の様相

がりをみせながら、何層にも重なりあって巨大なものとなっている。一方、1号製鉄炉では、西排滓坑上面において炉西半の炉底塊底面より続く流出滓が検出された。当流出滓は長さ約110cm、幅10cm前後を測り、炉内から一気に流れ出た様相を確認でき、4号製鉄炉南排滓坑の巨大な流出滓とは全く異なる。また、長軸方向の炉底の傾斜についても、4号製鉄炉はほぼ水平であるのに対し、1号製鉄炉は西へ3.5°傾斜している。

　古代の製鉄炉に残留する鉄滓（炉底塊）の検討を行った真鍋成史氏は、箱形炉に残留する鉄滓をその形状から3分類した。さらに、たたら製鉄の国選定保存技術保持者である木原明村下が指導した製鉄実験で生成した鉄滓と、製鉄炉に残留する鉄滓を比較することによって、3分類した鉄滓の形状から推定される生成鉄について言及している（真鍋2009）。源内峠遺跡で検出された製鉄炉を検討する際の参考となるので、以下にやや詳しく記す[2]。

　　1類　製鉄炉に残留する鉄滓は中央部が欠けたリング状を呈し、小口両側に2個の流出孔を有する。鉧鉄を生成したとする。島根県邑智郡邑南町の今佐屋山製鉄遺跡の炉をモデルに交野市教育委員会が実施した製鉄実験で、炉底にできた鉧塊（炭素量0.2〜2.1％の鋼主体）の周りに鉄滓がリング状に残されていた実験結果を根拠とする（真鍋2002）。実験では鉧鉄の下に小さな鋳鉄粒や滓片が生成していた。操業前半段階では小口中央の流出孔から鉄滓を流し出していたが、操業が長時間に及んだ場合には中央の流出孔は鉧鉄の成長により塞がるため、小口両端の2個の流出孔から滓を流し出すようになる。流出滓は緻密で重量感がある点を特徴とする。

　　2類　製鉄炉に残留する鉄滓は炉底全体に広がり、小口中央のみに流出孔を有する。銑鉄を生成したとする。津山市の大蔵池南製鉄遺跡の炉をモデルに愛媛大学が行った製鉄実験で、銑鉄が炉外に流れ出たこと、操業後に炉を解体したところ、炉底に鉄分の少ない滓が溜まっていた実験結果を根拠とする（真鍋・大道2006）。製鉄実験では、小口中央部の流出孔から、気泡が多く軽い滓と銑鉄とが交互に流し出され、鉄と滓との分離がうまく進んでいたことが推定できる。

　　3類　製鉄炉に残留する鉄滓は厚みがあり、流出滓が生じず、重量感がある。操業が不調であったことから小鉄塊しか生成していない。今佐屋山製鉄遺跡の炉をモデルに島根大学が実施した製鉄実験で、鉧鉄生成を目的としたが、操業途中、鞴が故障したため炉内温度が低下し、炉外に滓を一度も流すことができず失敗に終わった実験結果を根拠とする（田中1995）。炉底には未還元砂鉄や小鉄塊（炭素量0.2％以下の錬鉄主体）の入り混じった大きな炉底塊が溜まっていた。

　真鍋氏は、4号製鉄炉については1類、1号製鉄炉については2類としている。さらに、瀬田丘陵製鉄遺跡群の木瓜原遺跡SR-01については1類、野路小野山遺跡2号炉については2類としている。ここで注目されるのは、真鍋氏が1類とする源内峠遺跡4号製鉄炉と木瓜原遺跡SR-01は、製鉄炉の長軸が等高線に平行する「横置き」の製鉄炉Ⅰ類であり、真鍋氏が2類とする源内峠遺跡1号製鉄炉は、製鉄炉の長軸が等高線に直交する「縦置き」の製鉄炉Ⅲ類であるという、真鍋氏の分類と製鉄炉の設置方法とに対応関係がみられることである。つまり、7世紀末から8世紀初頭の瀬田丘陵製鉄遺跡群における製鉄炉の横置きから縦置きへの変化は、真鍋氏が分類する1類から2類への変化に対応しているのである。

　真鍋氏が分類する1類の生成鉄は鉧鉄、2類の生成鉄は銑鉄と推定されることから、横置きの製鉄炉の目的生成鉄は鉧鉄、縦置きの製鉄炉の目的生成鉄は銑鉄であった可能性がある。真鍋氏の分類が妥当であるならば、今回検討した源内峠遺跡4号製鉄炉から源内峠遺跡1号製鉄炉への

182

変遷は、目的生成鉄という観点から、瀬田丘陵製鉄遺跡群の製鉄操業の変遷の中で一つの画期となった可能性がある。

　しかし、1号製鉄炉を真鍋氏が分類する2類に当てはめることができない要素もいくつか存在する。2類は排滓孔が小口中央部のみに存在することを特徴とする。しかし、1号製鉄炉に残留する炉底塊の観察からは、操業終了時には両小口の両端、2個の排滓孔が存在していることを確認できる。

　また、1号製鉄炉西半の流出滓は炉の小口ではなく、小口から炉内に入った炉底から流れ出ており、操業の危機的状況を回避するために、滓を炉外へ流出させた操業痕跡を物語る。さらに、金属学的調査を実施した鉄塊系遺物については、出土した鉄塊系遺物の中でも大型の金属鉄を含むものを選別したにも関わらず、1号製鉄炉で銑鉄を主体的に生産していたとする積極的根拠を示す結果は得られていない。

　以上の調査結果を総合すると、源内峠遺跡1号製鉄炉操業においては、銑鉄を目的生成物とする操業を復元することはできない。源内峠遺跡1号炉については、真鍋氏が分類する3類に相当すると考えられる。縦置きの1号製鉄炉の炉底に傾斜がみられる点、傾斜下方向に主排滓が行われている点を重視するならば、横置きの4号製鉄炉から縦置きの1号製鉄炉への変遷は、目的生産鉄種ではなく、より効率的な生産と生産量の増加を目的とした、排滓方法や炉内保熱方法等の改良が要因であったと考えたい。

5　まとめ

　本節では、7世紀末から8世紀初頭に、瀬田丘陵製鉄遺跡群内で横置きから縦置きへと製鉄炉設置方法が変化する要因を考えるため、まず、瀬田丘陵製鉄遺跡群で最古の縦置き製鉄炉である源内峠遺跡1号製鉄炉の操業を復元し、その特徴を抽出した。次に、1号製鉄炉より時期的に古い、横置きの製鉄炉である源内峠遺跡4号製鉄炉と比較した。そして、両者の比較検討結果と、炉内に残留する鉄滓の検討を行った先行研究に導かれながら、横置きから縦置きへの製鉄炉設置方法の変化の要因を、製鉄操業と生産量に対する技術革新の結果であると考えた。なお、先行研究ではこの変化を、目的とする生成鉄の操業方法の違いとしたが、本節では、先行研究の結論を否定的に結論付けた。

　古代において、錬鉄と銑鉄を目的生成鉄として確立した別体系の技術体系が存在していたのか、そしてもし存在していたとすれば、その技術体系が確立したのはいつで、どのように変遷し、中世・近世へ繋がっていったのかの考察は後述する。

　［註］
　（1）木原明村下より御教示を受けた。
　（2）真鍋氏の使用する用語、文章表現を改変したところがある。

第3章　日本列島各地の製鉄開始期の様相

第4節　滋賀県の鉄鉱石の採掘地と製鉄遺跡の関係について

1　はじめに

　滋賀県の古代製鉄に関しては、その原料が鉄鉱石であることが判明してきているが、製鉄遺跡と関連する鉄鉱石の採掘場の分布状況についてはほとんどわかっていない。したがって、の鉄鉱石採掘場と製鉄遺跡の諸関係について、考古資料を用いて具体的に検討を行うことは難しい。そこで本節では、滋賀県における鉄鉱石採掘場が分布している可能性の高い地域を『表層地質図』等により推定し、推定した鉄鉱石採掘候補域と製鉄遺跡の分布とが地理的に如何なる関係があるのかを検討することによって、滋賀県に分布する製鉄遺跡の性格について考えていきたいと思う[1]。

2　滋賀県の鉱物・鉱床について

　滋賀県には中央に琵琶湖をかかえた盆地が存在し、県境は一般に高い山となっており、それがちょうど分水嶺となって周りの府県と接している。この県境部の山地の内側にも独立山塊が散在しているが、一段低く平坦な丘陵があり、さらに琵琶湖周辺には沖積平野が広がっている。

　県境部の山地を構成しているのは秩父古生層や中生代末から新生代初期にかけて貫入したといわれる花崗岩や斑岩類である。平野部に散在している山塊のうち彦根以北のものは古生層であり、彦根以南のものは花崗岩や火成岩（湖東流紋岩類）である。盆地内の丘陵部はおもに新生代後期の古琵琶湖層群や段丘層で、鈴鹿山脈内の丘陵部には小範囲に新第三期の中新統もみられる。このように県内は古生層、中生代末の花崗岩類、新生代の地層からできている。中生代の地層や大規模な塩基性の火成岩、広域変成岩の分布がみられないため、いきおい鉱物や鉱床も限定されたものになっている（滋賀県高等学校理科教育研究会地学部会編1980a）。

　鉱物については、花崗岩中のペグマタイト鉱物と接触帯に見られる接触鉱物がおもなものである。鉱床については、古生層を構成する石灰岩や古生層中に含まれるマンガン鉱床、銅鉱床、接触交代鉱床、花崗岩に伴う長石鉱床、珪石鉱床、花崗岩の風化に関係した粘土鉱床などがおもなものである。うち、本節で扱う鉄鉱床は、古生層とその後に貫入した花崗岩との接触部にできた接触交代鉱床である。特に接触交代鉱床ではマグマ中のハロゲン化合物などを多く含んだ揮発成分が、石灰岩やドロマイトのように化学的に反応しやすい岩石に接すると、それを置き換えて金、銀、銅、亜鉛、鉄などを含む塊状の鉱床をつくることが知られている。このことから、接触交代鉱床には鉄鉱床が存在する可能性が高い。実際、滋賀県下においても高島市旧マキノ町マキノ鉱山、湖南市旧石部町カナ山、長浜市旧西浅井町等の接触交代鉱床に磁鉄鉱の鉱床の存在が知られ、上記のことを裏付けている（辻ほか1979）。

　以上みてきたことからわかるように、古生層とその後に貫入した花崗岩との接触帯において接触交代鉱床が存在する可能性が高く、その中に鉄鉱石の採掘可能な候補地が存在する確率が高い。そこで次項では、表層地質図等により、滋賀県下における鉄鉱石の採掘の可能性が高い分布域と、これまでに知られている製鉄遺跡の分布の関係を検討していきたい。

184

第4節　滋賀県の鉄鉱石の採掘地と製鉄遺跡の関係について

3　滋賀県各地の様相

　踏査が十分に行われていない湖東を除き、滋賀県下では製鉄遺跡がほぼ全域に分布している。これらの製鉄遺跡は大きな分布域という観点でみると、滋賀県南部（湖南地域南部、旧郡の滋賀郡南部・栗太郡）、滋賀県西部（湖南地域北部・湖西地域南部、旧郡の滋賀郡北部・高島郡南部）、滋賀県北部（湖西地域北部・湖北地域、旧郡の高島郡北部・伊香郡・浅井郡）という三つに分かれて分布がみられることがわかる。

　そこで以下では、上記の滋賀県南部・西部・北部の鉄鉱石採掘の可能性の高い分布域、すなわち、古生層とその後に貫入した花崗岩との接触帯の分布域という地質環境を探りだし[2]、次に、鉄鉱石を採掘できる可能性の高い地域と製鉄遺跡の分布地域との関係を検討し、それらをふまえ製鉄遺跡群の設定を行いたい。

（1）　滋賀県南部（旧滋賀郡南部・栗太郡・野洲郡南部・甲賀郡西部・宇治郡北部）の様相

　本節であつかう滋賀県南部とは、序章（図1）で示した湖南地域南部の範囲に、京都市左京区・山科区の範囲を加えた地域で、古代における近江国滋賀郡南部・栗太郡・野洲郡・甲賀郡、山背国愛宕郡・宇治郡の地域に相当する。この地域では京都市山科区から大津市藤尾にかけての地域、大津市南郷の地域、大津市田上山北斜面の地域、瀬田丘陵北斜面の地域の四つの地域に製鉄遺跡が分布する（図147）。

①　地質環境

　当地域における古生層とその後に貫入した花崗岩との接触帯は、京都市左京区法然院付近から大文字山を経て大津市三井寺付近に至る地域（京都市山科）、宇治市陀羅谷町から岩間山、南郷桜峠、袴腰山を経て外畑町に至る地域、大津市立木観音付近から鹿跳橋を経て妙見山に至る地域、大津市東町付近から富川町、八筈ケ岳を経て甲賀市旧信楽町田代に至る地域（大津市南部）、大津市と栗東市の境に位置する鶏冠山を中心とする周辺地域、栗東市竜王山を中心とする周辺地域、栗東市走井から金生山に至る地域、栗東市観音寺を中心とする周辺地域、栗東市常楽寺・常寿寺の南側の地域、阿星山の旧石部町側の地域（栗東市南部）、栗東市の安養寺山から上砥山に至る地域、栗東市伊勢落から湖南市石部に至る地域、湖南市菩提禅寺を中心とする周辺地域（栗東市中央部・湖南市西部）、野洲市妙光寺山から三上山を経て北桜に至る地域（野洲市南部）にみられる。これらの接触帯内では磁鉄鉱の露頭の存在の可能性が想定され、実際、栗東市伊勢落から旧石部町石部に至る地域の範囲内に所在するカナ山では磁鉄鉱の露頭を確認することができる[3]。

②　接触帯と製鉄遺跡の関係

　古生層とその後に貫入した花崗岩との接触帯と製鉄遺跡との地理的関係について検討していく。

　京都市山科の接触帯には山科から藤尾にかけての製鉄遺跡群が近接し、大津市南部の接触帯には南郷の製鉄遺跡群と田上山北斜面の製鉄遺跡群が近接する。このような様相から、上でみた製鉄遺跡では遺跡の谷奥等、近接する接触帯において鉄鉱石を採掘し、製鉄原料に用いた可能性が高い。

　一方、栗東市南部・栗東市中央部・湖南市西部・野洲市南部の接触帯に近接する地域では、旧石部町において五軒茶屋遺跡という江戸時代の製鉄遺跡の存在が確認されているが、古代・中世に遡る製鉄遺跡は確認されていない[4]。しかし、今後分布調査等により製鉄遺跡の存在が確認さ

185

第3章　日本列島各地の製鉄開始期の様相

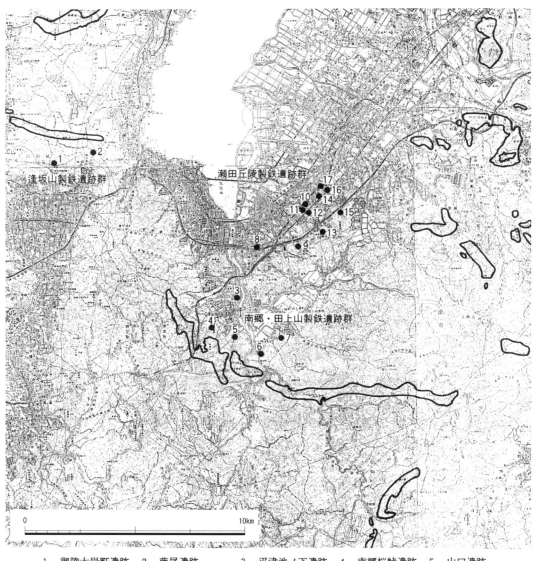

1．御陵大岩町遺跡　2．藤尾遺跡　　　3．平津池ノ下遺跡　4．南郷桜峠遺跡　　5．山口遺跡
6．関ノ津東遺跡　　7．小山池遺跡　　8．青江南遺跡　　　9．源内峠遺跡　　 10．笠山遺跡
11．月輪南流遺跡　 12．三池遺跡　　 13．獅々舞谷遺跡　 14．観音堂遺跡　　15．木瓜原遺跡
16．湧済谷遺跡　　 17．野路小野山遺跡

図 147　滋賀県南部の接触帯と製鉄遺跡の分布（国土地理院 5 万分の 1 地図による）

れる可能性は高そうである。その理由については考察のところで述べる。
　なお、瀬田丘陵北斜面においては接触帯から離れた場所で鉄生産が行われている。例えば、瀬田丘陵北斜面、分水嶺近くの谷奥に位置する木瓜原遺跡は（横田ほか1994）、栗東市南部の鶏冠山周辺の接触帯と直線距離で約 4km と、瀬田丘陵に所在する製鉄遺跡の中では接触帯に最も近い遺跡ではある。しかし県内の他地域の製鉄遺跡と比較すると、接触帯と離れている。
　また、接触帯の分布する鶏冠山と木瓜原遺跡の間の地形をみていくと、鶏冠山から草津川（草津川右岸）、草津川から瀬田丘陵（草津川左岸・瀬田丘陵南斜面）、瀬田丘陵から琵琶湖（瀬田丘陵

北斜面）と三つの地形に分類されることがわかる。接触帯、すなわち鉄鉱石採掘候補地に近接して製鉄遺跡が分布する他地域の製鉄遺跡の様相を、鶏冠山と木瓜原遺跡を結ぶ地域に当てはめると、草津川右岸か草津川左岸・瀬田丘陵南斜面に製鉄遺跡が存在するのが自然である。しかし、その場所には製鉄遺跡は存在しない。したがって、接触帯と製鉄遺跡の関係でみる限り、瀬田丘陵北斜面に所在する製鉄遺跡群は、山科から藤尾にかけて分布する製鉄遺跡群や南郷、田上山北斜面の製鉄遺跡群とは、異なる形態の製鉄遺跡群と考えるべきである。

以上の検討をふまえ、滋賀県南部の接触帯と製鉄遺跡の対応関係から、当該地域の製鉄遺跡群を以下のように設定したい。

京都市山科地域の接触帯―逢坂山製鉄遺跡群

大津市南部地域の接触帯―南郷・田上山製鉄遺跡群

接触帯不明―瀬田丘陵製鉄遺跡群

（2）滋賀県西部（旧滋賀郡北部・旧高島郡南部）の様相

本節で設定した滋賀県西部とは、現在の行政区分では大津市北部・高島市南部の地域で、古代における滋賀郡北部・高島郡南部の地域に相当する。この地域では比良山麓に広く分布する製鉄遺跡群の存在がこれまでの分布調査等で知られている[5]（図148）。

① 地質環境

当該地域における古生層とその後の貫入した花崗岩との接触帯は、京都市左京区野瀬町付近から延暦寺を経て大津市日吉大社へ至る地域、京都市と大津市の境界に位置する水井山・横高山を中心とする周辺地域、京都市左京区大原三千院東側の京都府と滋賀県の境界付近、京都市左京区小出石町付近から大津市上在地町付近に至る地域、大津市伊香立付近から上龍華町付近に至る地域、京都市左京区途中町付近から志賀町権現山付近に至る地域（大津市北部）、大津市木戸・荒川の西側の比良山麓、木戸西側の比良山麓から比良山、武奈ケ岳を経て高島市八淵滝付近に至る地域、高島市黒谷付近から富坂付近に至る地域（旧志賀町・高島市南部）にみられる。これらの地域では磁鉄鉱の鉱床の露頭が確認される可能性がある。

② 接触帯と製鉄遺跡の関係

古生層とその後に貫入した花崗岩との接触帯と製鉄遺跡との地理的関係について検討していく。

大津市北部の接触帯には、発掘調査された大津市小野のタタラ谷遺跡（小熊1987）、大津市滝ヶ谷遺跡（栗本2004）・上仰木遺跡（畑中2010）が近接している。また、旧志賀町・高島市南部の接触帯には、発掘調査された大津市後山・畦倉遺跡（瀬口2007）を含む比良山麓に広く分布する製鉄遺跡群が近接する。以上の様相から上でみた製鉄遺跡群では、近接する接触帯で鉄鉱石を採掘し製鉄原料に用いた可能性が高い。

以上の検討をふまえ、滋賀県西部地域の接触帯と製鉄遺跡の関係から、当該地域の製鉄遺跡群を以下のように設定したい。

大津市北部地域の接触帯―和邇製鉄遺跡群

旧志賀町・高島市南部地域の接触帯―比良山麓製鉄遺跡群

（3）滋賀県北部（旧高島郡北部・旧伊香郡・旧浅井郡）

本節で設定した滋賀県北部とは、現在の行政区分では高島市北部・長浜市北部の地域で、古代における高島郡北部・伊香郡・浅井郡の地域に相当する。この地域では旧今津町箱館山麓から饗

第3章 日本列島各地の製鉄開始期の様相

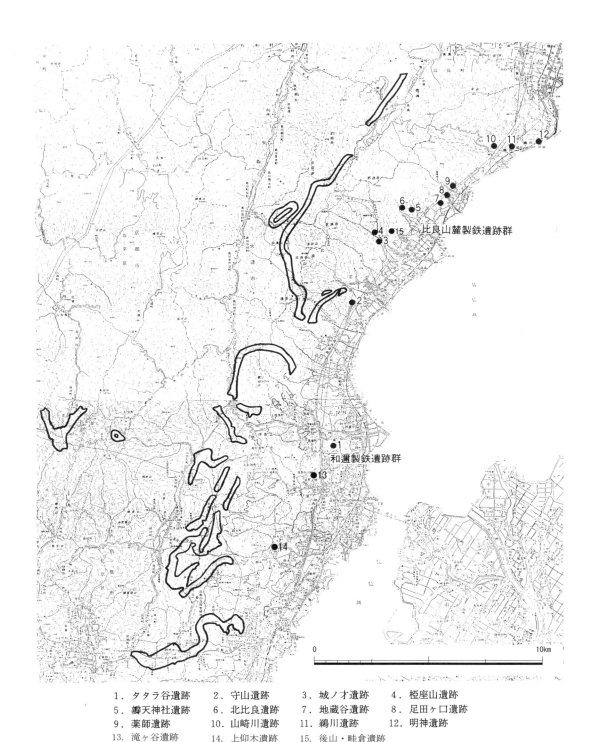

1. タタラ谷遺跡　2. 守山遺跡　3. 城ノ才遺跡　4. 樫座山遺跡
5. 瓣天神社遺跡　6. 北比良遺跡　7. 地蔵谷遺跡　8. 足田ヶ口遺跡
9. 薬師遺跡　10. 山崎川遺跡　11. 鵜川遺跡　12. 明神遺跡
13. 滝ヶ谷遺跡　14. 上仰木遺跡　15. 後山・畦倉遺跡

図148　滋賀県南部の接触帯と製鉄遺跡の分布（国土地理院5万分の1地図による）

庭野にかけての地域、旧マキノ町知内川及びその支流である八王子川右岸の牧野・白谷の地域、旧マキノ町大谷山麓、旧西浅井町大浦川流域、旧西浅井町・旧高月町境界の葛籠尾崎の地域、木之本町古橋に製鉄遺跡の分布が知られている（図149・150）。

① 地質環境

　当該地域における古生層とその後に貫入した花崗岩との接触帯は、高島市旧今津町箱館山を中心とする周辺地域（旧今津町箱館山周辺）、旧マキノ町大谷山を中心とする周辺地域、旧マキノ町白谷温泉より北の八王子川右岸、旧マキノ町乗鞍岳付近から長浜市旧西浅井町庄付近に至る地域、旧マキノ町山崎山南山麓、旧マキノ町海津大崎付近、旧西浅井町黒山付近、旧西浅井町小山付近、旧西浅井町大浦付近、旧西浅井町小山付近から塩津中付近に至る地域、旧西浅井町月出峠付近、旧西浅井町沓掛付近、旧西浅井町野坂付近（旧マキノ町・旧西浅井町）、長浜市旧浅井町金糞岳付近から鍛冶屋付近に至る地域（旧浅井町東部）にみられる。これらの地域では磁鉄鉱の鉱床の露頭が確認される可能性がある。実際、旧マキノ町海津には、1964年9月より翌年1月まで手掘りで試掘されたが、十分な調査もないまま休山中である鉄鉱床のマキノ鉱山があり、化学成分についても示されている（通産省1966・芹沢1980・鈴木・大道ほか2003）。また、旧マキノ町大谷山を中心とする周辺地域のうち石庭から大谷川を2km程遡ったところに、古代鉄穴の可能性の指摘される場所が3ケ所あり、太平洋戦争中に一時鉄鉱石の採掘をしたと言われている（大谷川遺跡、森1971）。接触帯の分布域からは若干外れているが、沓掛南遺跡より谷川沿いに300m程登ったところの日計山麓の谷底から斜面にかけて鉄鉱石の産出地と村人が伝えている場所があるという（日計山遺跡、森1971）。

② 接触帯と製鉄遺跡の関係

　古生層とその後に貫入した花崗岩との接触帯と製鉄遺跡との地理的関係について検討していく。高島市旧今津町の接触帯には箱館山麓から饗庭野にかけての製鉄遺跡群が、また、高島市旧マキノ町・旧西浅井町の接触帯には牧野・白谷、大谷山麓、大浦川流域、葛籠尾崎の製鉄遺跡群が近接する。長浜市旧浅井町東部の接触帯に近接する製鉄遺跡は、遺跡地図等には掲載されていない。しかし、長浜市旧浅井町東部の接触帯に近接する地域においては、時期や内容は不明ながら、製鉄に関わる鉱滓の散布地がみられる（畑中1994）。また、接触帯に近隣する集落遺跡の発掘調査で、製錬滓と想定される鉄滓が出土する例[6]が見られることから、間接的ではあるが、製鉄遺跡の存在が明らかになってきた。なお、古橋遺跡については浅井町東部の接触帯に続く滋賀・岐阜県境の接触帯と約9kmと離れてはいるが、接触帯から杉野川を下ってきた地点に遺跡が立地しており、原料の搬入は比較的容易であったと推定される[7]。このことから、当遺跡は浅井町東部の接触帯に近接する製鉄遺跡とみておきたい。

　以上の検討をふまえ、滋賀県北部地域の接触帯と製鉄遺跡の関係から、当該地域の製鉄遺跡群を以下のように設定したい。

　　旧今津町箱館山周辺地域の接触帯―今津製鉄遺跡群
　　旧マキノ町・旧西浅井町地域の接触帯―マキノ・西浅井製鉄遺跡群
　　旧浅井町東部地域の接触帯―浅井製鉄遺跡群

第3章 日本列島各地の製鉄開始期の様相

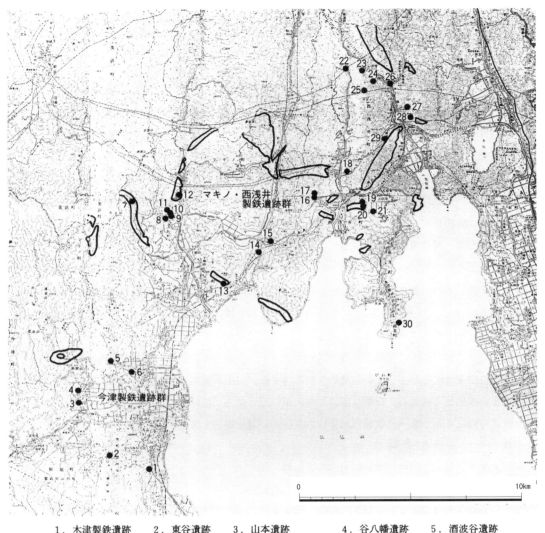

1. 木津製鉄遺跡	2. 東谷遺跡	3. 山本遺跡	4. 谷八幡遺跡	5. 酒波谷遺跡
6. 酒波三ツ又遺跡	7. 大谷川遺跡	8. 北牧野D遺跡	9. 北牧野A遺跡	10. 北牧野E遺跡
11. 北牧野C遺跡	12. 白谷遺跡	13. 天神社裏山遺跡	14. 海津B遺跡	15. 小荒路遺跡
16. 黒山B遺跡	17. 黒山A遺跡	18. 大浦A遺跡	19. ひくれ谷遺跡	20. 小山A遺跡
21. 小山B遺跡	22. 金具曾遺跡	23. 沓掛西遺跡	24. 沓掛南遺跡	25. 日計山遺跡
26. 集福寺南遺跡	27. 余村東遺跡	28. 余村南東遺跡	29. 横波遺跡	30. 寺ヶ裏遺跡

図149 滋賀県北部の接触帯と製鉄遺跡の分布（国土地理院5万分の1地図による）

4 考察

　これまで、鉄鉱石の採掘場として想定されうる古生層とその後に貫入した花崗岩との接触帯の分布と製鉄遺跡との関係、及びそこで得られた関係から推定される製鉄遺跡群の設定を、滋賀県の南部・西部・北部の3地域について検討を行ってきた。ここでは、以上の検討結果から、製鉄遺跡群の類型化と個々の類型の性格付けについて考察を行っていきたい。

第4節　滋賀県の鉄鉱石の採掘地と製鉄遺跡の関係について

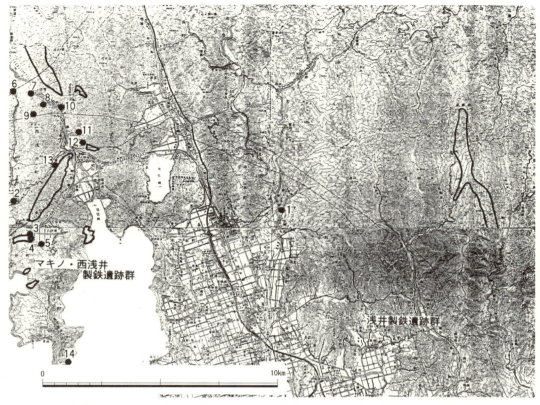

1．古橋遺跡　　2．大浦A遺跡　　3．ひくれ谷遺跡　　4．小山A遺跡　　5．小山B遺跡
6．金具曾遺跡　7．沓掛西遺跡　　8．沓掛南遺跡　　　9．日計山遺跡　10．集福寺南遺跡
11．余村東遺跡　12．余村南東遺跡　13．横波遺跡　　14．寺ヶ裏遺跡

図150　滋賀県北部（古橋遺跡周辺）の接触帯と製鉄遺跡の分布
（国土地理院　5万分の1地図による）

(1)　製鉄遺跡群の類型化

　接触帯と製鉄遺跡の関係から、滋賀県南部においては、逢坂山製鉄遺跡群、南郷・田上山製鉄遺跡群、瀬田丘陵製鉄遺跡群の3遺跡群を、滋賀県西部においては和迩製鉄遺跡群、比良山麓製鉄遺跡群の2遺跡群を、滋賀県北部においては今津製鉄遺跡群、マキノ・西浅井製鉄遺跡群、浅井製鉄遺跡群の3遺跡群の計8ヶ所を製鉄遺跡群として設定した。

　これら製鉄遺跡群のうち、逢坂山製鉄遺跡群、南郷・田上山製鉄遺跡群、和迩製鉄遺跡群、比良山麓製鉄遺跡群、今津製鉄遺跡群、マキノ・西浅井製鉄遺跡群、浅井製鉄遺跡群は、接触帯、すなわち鉄鉱石採掘地に近接して製鉄遺跡群が存在する形態とみることができる。この類型の製鉄遺跡群では、製鉄遺跡の背後に広がる山林の谷筋や斜面を上がった所に、接触帯やスカルン地帯が存在することが多いので、製鉄遺跡の背後の山林を鉄鉱石採掘地として利用している可能性が高い。したがって、これらの遺跡群は鉄鉱石採掘地と製鉄遺跡の地理的関係が強いということで、「原料立地型」の製鉄遺跡群として類型化する。

　一方、瀬田丘陵製鉄遺跡群は鉄鉱石採掘地が存在せず、遠方より製鉄原料である鉄鉱石を運搬する必要が生じる。この形態は先にみた「原料立地型」の製鉄遺跡群と異なり、製鉄遺跡の背後

191

に広がる山林の谷筋や斜面を上がった所に接触帯やスカルン地帯が存在しないことから、製鉄遺跡の背後の山林を鉄鉱石採掘地として利用していない。「製鉄原料の確保」という観点からみると、製鉄遺跡とその背後に広がる山林との関係が希薄であると言える。したがって、瀬田丘陵製鉄遺跡群は鉄鉱石採掘地と製鉄遺跡の地理的関係が希薄であるということで、「非原料立地型」の製鉄遺跡群として類型化する。

さらに滋賀県南部の栗東市中央部・湖南市西部、野洲市南部は、鉄鉱石採掘可能な場所が近接しているのにもかかわらず、製鉄遺跡が確認されていないことから、「未確認型」として類型化する。

(2) 個々の類型の性格付け

ここでは、先に行った各類型の性格付けを、これまでに実施された発掘調査や分布調査等で得られた考古学的成果、さらに今回行った鉄鉱石採掘地と製鉄遺跡群の関係の検討をふまえ、須恵器生産等他の手工業生産、地域開発などと関連付けて考えていきたい。

① 原料立地型

まず、原料立地型の製鉄遺跡群の操業年代についてみていきたい。県下の操業年代の大筋が判明している原料立地型の製鉄遺跡としては、詳細な表面調査・測量調査が行われた逢坂山製鉄遺跡群の山科区（7世紀代）、発掘調査が行われた南郷・田上山製鉄遺跡群の大津市南郷遺跡（7世紀中頃）・平津池ノ下遺跡（8世紀後半）、マキノ・西浅井製鉄遺跡群の高島市北牧野製鉄A遺跡（8世紀代）、今津製鉄遺跡群の高島市木津遺跡（8世紀末〜9世紀初頭）が知られている。

そのうち御陵大岩町遺跡に近接する山科区旭山古墳群E-2、E-10（7世紀前半、木下ほか1981）や、浅井製鉄遺跡群に近接する長浜市木尾の城山古墳（7世紀中葉、丸山1980）では古墳から鉄滓が出土している。古墳から鉄滓が出土する事例は、岡山県や福岡県といった初期製鉄地帯に多くみられる。原料立地型の製鉄遺跡群は7世紀前半に製鉄が開始している状況がみてとれ、滋賀県の製鉄は、日本列島内では比較的早い時期に開始されたとみてよい。これらの製鉄遺跡群では、8世紀末までは連綿と操業が続いている。

次に、その性格について、他の手工業生産や地域開発との関連で考えていきたい。年代的な問題は残るが、製鉄と須恵器生産が同一地域で行われている事例を挙げるならば、逢坂山製鉄遺跡群と山科古窯址群、南郷・田上山製鉄遺跡群と南郷古窯址群（奈良時代前半〜平安時代）、和邇製鉄遺跡群と堅田古窯址群（6世紀末・TK209〜10世紀代）、今津製鉄遺跡群と饗庭野古窯址群（7世紀前半・TK209〜9世紀代）、浅井製鉄遺跡群と木尾内野神古窯址群（7世紀代）を挙げることができる（畑中1994）。これらの事例から、県下の原料立地型の製鉄遺跡群はマキノ・西浅井製鉄遺跡群と比良山麓製鉄遺跡を除き、6世紀末以降に須恵器生産が出現する地域に展開することがわかる。

県内の須恵器生産を中心とする手工業生産の検討を行った畑中英二氏は、須恵器生産の為にのみ山林を領有している「須恵器専業」の森林資源利用形態と、森林開発や森林資源の活用の一部門として存在するという「須恵器非専業」の森林資源利用形態が存在するとし、特に後者においては、6世紀末に出現する須恵器生産は「須恵器非専業」の形態が一般的であるという（畑中1995）。

先にみたように古窯祉群と原料立地型の製鉄遺跡群は同一地域に存在していることが多く、古窯址群の大部分が6世紀末に生産を開始する「須恵器非専業」である。したがって、「須恵器非

専業」の古窯址群の森林資源利用範囲の中に、接触帯が存在するところで製鉄が行われたと言える。つまり、原料立地型の製鉄遺跡群のうち、古窯址群が近接して存在している場合は、須恵器生産も製鉄も森林開発や森林資源の活用の一部門としての性格を持つ可能性が高い。まさに地域「開発」の一貫としての製鉄という性格が強いことを指摘できる。

古窯址群の伴わないマキノ・西浅井製鉄遺跡群、比良山麓製鉄遺跡群については、「鉄専業」の森林資源利用形態ということができる。なお、7世紀代の南郷・田上山製鉄遺跡群、8世紀代の浅井製鉄遺跡群も「鉄専業」に含まれる。『続日本紀』天平宝字六年（762）二月二十五日条に「大師藤原恵美朝臣押勝に近江国浅井・高島二郡の鉄穴各一処を賜ふ」とあり、8世紀中葉の最有力者の一人である藤原仲麻呂が近江の「鉄穴」を所有したことがわかる（青木ほか1995）。この8世紀中葉に「鉄専業」の製鉄遺跡群である可能性の高いマキノ・西浅井製鉄遺跡群、比良山麓製鉄遺跡群、浅井製鉄遺跡群と、「浅井・高島二郡の鉄穴」の地域が一致することは評価すべき事象である。また、マキノ・西浅井製鉄遺跡群内に所在する北牧野・西牧野古墳群の経済的基盤を製鉄に求め、マキノ・西浅井製鉄遺跡群の中に古墳時代後期にまで遡る製鉄遺跡の存在の可能性を指摘した論考（森1971）も傾聴に値する。

上記の3つの製鉄遺跡群で構成される「鉄専業」の森林資源利用形態をとる原料立地型の製鉄遺跡の発掘調査は、現在までのところほとんど行われていない。操業年代をはじめその具体的様相は不明なところが多い。しかし、敢えてその性格について述べるならば、同一地域内で須恵器生産が行われている原料立地型の製鉄遺跡群で想定したような地域「開発」の為というよりは、その名の通り鉄を専らに生産することに重点が置かれたといえる。これら製鉄遺跡群では大規模な生産が行われ、都城をはじめ多くの地域に鉄素材を供給しいた可能性がある。

② 非原料立地型

県下の非原料立地型の製鉄遺跡群は瀬田丘陵製鉄遺跡群に限られる。瀬田丘陵製鉄遺跡群では、源内峠遺跡（7世紀後半）、月輪南流遺跡（7世紀後半）、観音堂遺跡（7世紀末、藤居1995）、木瓜原遺跡（8世紀前半）、野路小野山遺跡（7世紀末〜8世紀初頭・8世紀中頃）の6遺跡において発掘調査がなされている。これらの遺跡は、瀬田丘陵の分水嶺を境にして北側斜面に南西から北東へと展開している。操業年代は、源内峠遺跡の7世紀後半から野路小野山遺跡の8世紀中頃に比定される。

須恵器生産との関連では、源内峠遺跡と同時期の須恵器生産遺跡としては、山ノ神遺跡（須崎1985）、笠山遺跡（畑中1993）がある。製鉄遺跡と須恵器生産遺跡との距離は約2kmで、それ程離れていない。また観音堂遺跡、木瓜原遺跡では、多少の時期のずれはあるが製鉄と須恵器生産が場を共有している。したがって、瀬田丘陵製鉄遺跡群では製鉄と須恵器生産との距離が、他の原料立地型の製鉄遺跡群と比較すると近距離であることがわかる。更に7世紀末から8世紀前半にかけては同一遺跡で両生産が行われている。

以上の現象からは、各製鉄遺跡の「開発」エリアは狭く、中小河川流域に広がる丘陵・平野・山林といった極地的ともいえる範囲ともみてとれる。しかし、製鉄遺跡群全体からみると、7世紀中頃から8世紀中頃という約100年をかけて栗太郡南半分の瀬田丘陵全体を汲まなく開発するというように、かなり大掛かりで計画的な開発の中に組み込まれた製鉄であると考えることもできる。非原料立地型の製鉄においては、原料の運搬という原料立地型の製鉄ではさほど重きを置

かれない工程が介在しているが、この原料の運搬も瀬田丘陵全体の開発の中に計画的に組み込まれていた可能性がある。このようなあり方は近江では特異であるといえ、近江国府及びその周辺官衙が瀬田丘陵南端部に集中することと関係があったことを物語る。

③ 未確認型

次に、「未確認型」について考えていきたい。今回検討した地域では栗東市南部・栗東市中央部・湖南市西部・野洲市南部と大津市北部の接触帯に近接する地域が該当する。

栗東市南部・栗東市中央部・湖南市西部・野洲市南部は野洲川下流域と呼ばれる地域を含んでいる。野洲川下流域の古代豪族、特に左岸の小槻山君と右岸の安県を中心に、考古・文献資料の両面から検討を加えた大橋信弥氏は、小槻山君が瀬田丘陵の製鉄に深く関っていた可能性を指摘している。

その理由として、小槻山君が「山君」を称し、山部を管理していたこと、その山部は、山林生産物の貢納のみならず、製鉄にも関わっていたと考えられること、小槻山君の本拠地が栗太郡であること、野洲川左岸地域の首長墓や集落から、豊富な鉄製品の出土が知られること等を挙げ、小槻山君氏が、古墳時代以来の鉄器生産・鉄製品所有の伝統を持つ豪族であると考察する。つまり、小槻山君による栗太郡内の古墳時代の鉄器生産・鉄製品の所有から、7〜8世紀の製鉄という一貫した流れを指摘したのである（大橋1990）。

ふりかえって、栗東市南部・栗東市中央部・湖南市西部・野洲市南部に分布する接触帯は、小槻山君の中心勢力下の背後に広がる山林地帯の中に分布していることがわかる。したがって、当概接触帯に近接する製鉄遺跡群が発見される可能性は高いといえる。

また、大津市北部で、延暦寺の寺域内に取り込まれるように接触帯が分布している。そのような場所では、製鉄は禁止されていたのかもしれないし、逆に寺院が鉱石採掘可能地を含む山林所有を積極的に進めたのかもしれない。現段階ではこのことは証明する術を持たないが、古代において寺院が地域開発を積極的に進めた事例が多数あることから、今後、鉱石採掘を含む山林の領有・開発に寺院が果たした役割を検討していく必要はある。

5 おわりに

滋賀県の古代製鉄の原料としては鉄鉱石が使用されていることが以前より知られてきたが、鉄鉱石採掘地の様相については全く不明であった。本節では、鉄鉱石の採掘可能地が古生層とその後に貫入した花崗岩との接触帯に存在する可能性が高いという地学的見地に基づき、滋賀県下の製鉄遺跡の分布と接触帯の分布の検討を行なった。その結果、接触帯に近接して製鉄遺跡群が分布する形態（「原料立地型」製鉄遺跡群）、接触帯と離れて製鉄遺跡群が分布する形態（「非原料立地型」製鉄遺跡群）、接触帯は存在するがその近隣に製鉄遺跡が見つかっていない地域（「未確認型」）という3つの類型があることを確認した。更に、個々の類型の性格としては、「原料立地型」製鉄遺跡群には、古窯址群を伴わないもの（「鉄専業」）と伴うもの（「非鉄専業」）があり、前者に対しては比較的大規模な生産が想定され、都城や地域で自給しきれない需要を、調庸ルートとともに満たしていくというような性格を、後者に対しては地域「開発」の為の性格を指摘した。「非原料立地型」の製鉄遺跡群には大掛かりで計画的な特殊な「開発」の為に、他の手工業とともに鉄生産が行なわれるという性格が強いことを指摘した。「未確認型」は、製鉄遺跡が確認されて

いないのでその性格については確実なことは言えず、今後製鉄遺跡が確認される可能性の高い地域を幾つか指摘することのみにとどまった。

しかし、鉄鉱石採掘遺跡の位置とその様相の詳細は不明であり、その不明事象を基礎に論考を行なった本節は、試論の域を出ていない。今後接触帯を中心に目的意識を持った分布調査を行うことにより鉄鉱石露頭場所の確認、鉄鉱石採掘遺跡の確認等が必要であることが痛感され、その作業がおこなわれてこそ本節でおこなった作業の意味が初めて達成されることとなろう。

[註]
(1) 滋賀県下の鉄資源の分布と製鉄遺跡の関係について検討を行った研究としては、丸山竜平氏による論考がある。丸山氏が鉄鉱石の産地候補地を花崗岩と古生層の接触地帯に求めている点は本節と同様であり、鉱石産地候補地と製鉄遺跡の地理的関係についてはほぼ同様の結果となっている（丸山1980）。

(2) 各地の地質環境の検討にあたっては、以下の諸文献を参考にした。
辻ほか1979、滋賀県県高等学校理科教育研究会地学部会編1980、「表層地質図」（『土地分類基本調査京都東北部・京都東南部・水口』滋賀県・京都府1982年）、「表層地質」（『土地分類基本調査近江八幡』滋賀県1982年）、「表層地質図」（『土地分類基本調査北小松』滋賀県1982年）、「表層地質図」（『土地分類基本調査西津・熊川』滋賀県1988年）、「表層地質図」（『土地分類基本調査竹生島』滋賀県1987年）、「表層地質図」（『土地分類基本調査今庄・冠山・敦賀・横山』滋賀県1990年）

(3) カナ山の磁鉄鉱露頭に関しては、丸山竜平氏・千歳則雄氏・高塚秀治氏・真鍋成史氏よりご教示をうけた。

(4) 千歳則雄氏より栗東市上砥山付近で鉱滓を採集できる場所があるとのご教示をうけた。しかし、現地踏査をしていないので本節では省いた。

(5) 当該地域では1990年代に、丸山竜平氏や小熊秀明氏らが勢力的に製鉄遺跡の分布調査を行っており、遺跡地図に登録されている以上の製鉄遺跡を確認している。

(6) 畑中英二氏、山本孝行氏のご教示による。旧浅井町内保遺跡で奈良時代ないしそれ以降の土器群と製錬滓が採集されたとの報告がある（丸山1980）。

(7) 古橋遺跡周辺では製鉄遺跡の存在が確認されていないので、当地域において製鉄遺跡群が形成されていたか否かという課題が残る。

第5節　出土鉄鉱石に関する分割工程と粒度からの検討
―木瓜原遺跡 SR-02 の事例を中心に―

1　はじめに

1991・1992年度に発掘調査が実施された木瓜原遺跡の発掘調査報告書は既に刊行されている（横田・大道ほか1996）。また、その概要については第1章第2節で触れた。本節は、木瓜原遺跡 SR-02 より出土した鉄鉱石について、主に分割工程と粒度からの検討を加えた結果、新たな知見が得られたので、その成果について論じる。なお、資料の整理作業、本節の執筆は大道と門脇秀典氏との協業でおこなった。

2　検討遺構の概要と鉄鉱石抽出方法について （図151）

木瓜原遺跡は、琵琶湖との比高差50mほどのなだらかな瀬田丘陵のなかに位置する。前節でみたように、遺跡にもたらされた鉄鉱石の具体的産地については不明である。古生層とその後に

第3章　日本列島各地の製鉄開始期の様相

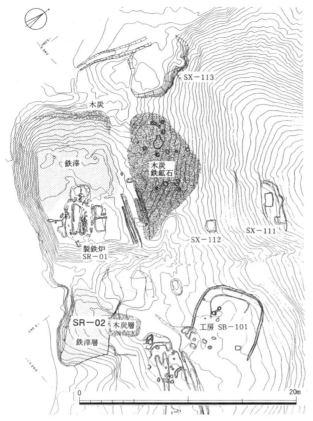

図151　木瓜原遺跡SR-02周辺図（横田ほか1996）

貫入した花崗岩との接触帯において接触交代鉱床が存在する可能性が高く、その中に鉄鉱石の採掘可能な候補地が存在する蓋然性が高いという地質学的な見地からみるならば、木瓜原遺跡を含む瀬田丘陵製鉄遺跡群の製鉄遺跡は、県内の他の製鉄遺跡と比べ、製鉄遺跡からかなり離れた採掘地から鉄鉱石が搬入されていることが予想される。

1991・1992年度の発掘調査では、8世紀前半に比定される製鉄炉（箱形炉）、鍛冶遺構、木炭窯、須恵器窯、梵鐘鋳造関連遺構、工房等の遺構が検出されている。今回検討を加える鉄鉱石の出土したSR-02は、製鉄炉（SR-01）の南東側に隣接するように位置している。

本遺構（図151）は、北半部に広がる木炭層と南半部に広がる鉄滓層によって構成されている。平面形状は長軸約16.0m・短軸約15.5mを測る三角形状を呈し、層位的には上から木炭層（木炭層上層・木炭層下層）、鉄滓層（鉄滓第1層・鉄滓第2層・鉄滓第3層・鉄滓第4層・鉄滓第5層）に区分される。木炭層の性格については不明で、類例を待って再検討していきたいが、木炭層より出土した鉄鉱石は一括資料として捉えることができる。鉄滓層の性格については、各鉄滓層の出土遺物総重量に対する鉄塊系遺物総重量の割合が一つの目安になる。本遺構では鉄滓第1層では3％、鉄滓第2層では8％、鉄滓第4層では9％、鉄滓第5層では6％となっている。

木瓜原遺跡とほぼ同時期の、箱形炉の鉄塊選別工程に関する検討がおこなわれている千葉県成田市一鍬田甚兵衛山北遺跡（空港№11遺跡）の事例（新田ほか1995）を参考にするならば、本遺構の鉄滓第1層と鉄滓第5層は製錬工程に伴う層、すなわち製錬炉で生成した炉底塊を荒割りし、この中から鉄塊を含んでいると思われる部分を選び出す際に排出される鉄滓層に対応する。一方、鉄滓第2層と鉄滓第3層は第一次鉄塊選別工程にともなう層、すなわち前段階の製錬工程に関する遺構で選別した小鉄塊を含む滓をさらに打ち砕き、鉄塊部分を選び出す際に排出される鉄滓層に対応する。なお、本遺構からは、製鉄関連遺物が4060.8kg出土している。

整理作業では、水洗選別作業の段階で炉壁と鉄滓・鉄塊系遺物とに大きく分類した後、強力磁石を使用して、磁石に反応するものと、無反応のものに分類した。うち磁石に反応するものの中から肉眼観察により、総量62.0kgの鉄鉱石を抽出した。このようにして見つけ出された鉄鉱

第5節　出土鉄鉱石に関する分割工程と粒度からの検討―木瓜原遺跡 SR-02 の事例を中心に―

表 10　SR-02 出土鉄鉱石粒度別重量（門脇・大道 1999）

粒度	木炭層上層	木炭層下層	木炭層合計	鉄滓第1層	鉄滓第2層	鉄滓第3層	鉄滓第4層	鉄滓第5層	鉄滓層不明	鉄滓層合計	合計
	重量（g）点数（点）	重量（g）点数（点）	重量（g）点数（点）	重量（g）点数（点）	重量（g）点数（点）	重量（g）点数（点）	重量（g）点数（点）	重量（g）点数（点）	重量（g）点数（点）	重量（g）点数（点）	重量（g）点数（点）
3	0 g / 0点	0 g / 0点	0 g / 0点	0.1 g / 1点	0.1 g / 1点	0 g / 0点	0 g / 0点	0 g / 0点	0 g / 0点	0.2 g / 2点	0.2 g / 2点
4	0 g / 0点	0 g / 0点	0 g / 0点	0.1 g / 1点	0.6 g / 4点	0 g / 0点	0 g / 0点	0.1 g / 1点	0 g / 0点	0.8 g / 6点	0.8 g / 6点
5	0 g / 0点	1.3 g / 7点	1.3 g / 7点	0.1 g / 8点	0.5 g / 5点	0 g / 0点	0 g / 0点	0 g / 0点	1.6 g / 12点	2.2 g / 25点	3.5 g / 32点
6	0.5 g / 2点	1.9 g / 6点	2.4 g / 8点	7.7 g / 31点	4.3 g / 14点	0.3 g / 1点	0.6 g / 3点	0.2 g / 2点	1.5 g / 12点	14.6 g / 63点	17.0 g / 71点
7	1.8 g / 4点	1.9 g / 5点	3.7 g / 9点	19.2 g / 47点	6.6 g / 16点	0 g / 0点	0.3 g / 1点	0.7 g / 3点	4.1 g / 12点	30.9 g / 79点	34.6 g / 88点
8	1.0 g / 2点	1.9 g / 3点	2.9 g / 5点	21.7 g / 38点	11.2 g / 17点	0 g / 0点	0.1 g / 1点	0.3 g / 1点	7.2 g / 14点	40.5 g / 71点	43.4 g / 76点
9	1.8 g / 2点	1.6 g / 2点	3.4 g / 4点	30.1 g / 43点	17.9 g / 29点	1.1 g / 1点	1.8 g / 2点	2.3 g / 1点	7.9 g / 8点	61.1 g / 84点	64.5 g / 88点
10	0.9 g / 1点	4.6 g / 6点	5.5 g / 7点	29.1 g / 23点	15.4 g / 15点	1.1 g / 1点	0 g / 0点	0.4 g / 1点	8.1 g / 8点	54.1 g / 48点	59.6 g / 55点
11	0 g / 0点	6.6 g / 5点	6.6 g / 5点	41.6 g / 27点	15.6 g / 12点	0 g / 0点	0 g / 0点	0 g / 0点	5.9 g / 5点	63.1 g / 44点	69.7 g / 49点
12	0 g / 0点	11.6 g / 7点	11.6 g / 7点	37.1 g / 17点	11.2 g / 6点	0 g / 0点	0 g / 0点	0 g / 0点	11.2 g / 6点	59.3 g / 29点	70.9 g / 36点
13	0 g / 0点	10.3 g / 4点	10.3 g / 4点	31.3 g / 13点	5.5 g / 2点	0 g / 0点	0 g / 0点	2.6 g / 1点	0.8 g / 1点	40.2 g / 17点	50.5 g / 21点
14	2.8 g / 1点	13.5 g / 4点	16.3 g / 5点	34.4 g / 11点	2.9 g / 1点	0 g / 0点	0 g / 0点	0 g / 0点	15.4 g / 5点	52.7 g / 17点	69.0 g / 22点
15	5.5 g / 1点	13.6 g / 4点	19.1 g / 5点	61.8 g / 13点	14.4 g / 5点	0 g / 0点	8.8 g / 2点	6.2 g / 2点	26.7 g / 8点	117.9 g / 30点	137.0 g / 35点
16	0 g / 0点	0 g / 0点	0 g / 0点	24.2 g / 5点	7.1 g / 1点	0 g / 0点	0 g / 0点	0 g / 0点	0 g / 0点	31.3 g / 6点	31.3 g / 6点
17	21.0 g / 3点	0 g / 0点	21.0 g / 3点	42.9 g / 8点	33.9 g / 6点	0 g / 0点	0 g / 0点	3.7 g / 1点	0 g / 0点	80.5 g / 15点	101.5 g / 18点
18	0 g / 0点	0 g / 0点	0 g / 0点	32.4 g / 6点	4.6 g / 1点	0 g / 0点	0 g / 0点	0 g / 0点	39.8 g / 7点	76.8 g / 14点	76.8 g / 14点
19	0 g / 0点	5.5 g / 1点	5.5 g / 1点	20.0 g / 3点	16.7 g / 2点	0 g / 0点	0 g / 0点	0 g / 0点	36.7 g / 3点	73.4 g / 8点	78.9 g / 9点
20	10.3 g / 1点	0 g / 0点	10.3 g / 1点	17.8 g / 2点	13.9 g / 2点	0 g / 0点	0 g / 0点	0 g / 0点	6.0 g / 1点	37.7 g / 5点	48.0 g / 6点
21〜	426.5 g / 9点	566.4 g / 13点	992.9 g / 22点	1729.9 g / 29点	347.9 g / 17点	0 g / 0点	48.1 g / 1点	7.0 g / 1点	2117.0 g / 27点	4249.9 g / 75点	5242.8 g / 97点
計	472.1 g / 26点	640.7 g / 67点	1112.8 g / 93点	2181.5 g / 326点	530.1 g / 156点	2.5 g / 3点	59.7 g / 10点	23.5 g / 14点	2289.9 g / 129点	5087.2 g / 638点	6200.0 g / 731点

石を全点、直径3mm から 20mm において1mm 刻みに分けられた円形の孔を通すことにより選別を行った。つまり直径3mm の孔を通過した資料を粒度3、直径3mm の孔は通過せず直径4mm の孔を通過した資料を粒度4とし、直径20m の孔を通過しなかった資料については粒度21以上とした。これにより選別された粒度3以上の鉄鉱石は731点で、各層位ごとの鉄鉱石の点数と総重量については表10に示した。

第3章　日本列島各地の製鉄開始期の様相

3　問題の所在

　上記の作業をおこなった後、「どのようなサイズの鉄鉱石を炉内に投入していたのか？」という課題を解明するために、以下に述べるような解析を行った。

　まず、鉄鉱石の投入サイズを解明するためには前提として、製鉄遺跡に搬入された鉄鉱石が製鉄を経てどれくらい残存しているのかという問題があげられる。つまり出土した鉄鉱石が、炉に投入するために用意したものをある程度反映したものであるのか、逆にすでにほとんどが炉に投入されて、出土資料の多くは鉱石の分割で生じた破片や石核であるのかを論議する必要がある。

　しかし、製鉄遺跡が生産遺跡である以上、原料の鉄鉱石は当然消費を前提として搬入されたものと考えられる。したがって遺跡から出土する鉄鉱石は、特定の遺構に埋納[1]されたものを除いてほとんどが消費を経た姿の可能性が高い。遺跡から微細な資料を回収して、統計的な処理のみで炉に投入されたサイズを特定することには限界がある。というのは、微細な鉄鉱石が大量に出土したからといって、分割の際に派生的に生じた破片なのか、炉に投入する目的で意図的に粉砕されたものなのかを分離することは困難だからである。

　この問題に対し、確信をもって回答を述べるには遺跡間での比較検討が必須となる。しかし、現時点においては、鉄鉱石の投入サイズを議論することに耐え得る資料の提示がなされている調査例が極めて少数なので、遺跡間での比較は極めて困難である。そこで、出土した鉄鉱石の投入サイズについて、統計的分析を行う前に、出土した鉄鉱石がいかなる工程を経て分割されたものなのかを技術的に解明し、最終的に目的とする鉄鉱石の形態を推定する作業から進めていくことにする。

　以下に本遺構から出土した鉄鉱石の形態に基づいて、原礫から最終的に目的とするサイズの石片に至る一連の分割工程を復元したい。

4　分割工程からの検討（図152）

　まず石核の形態であるが、並行する2面の分割（節理）面を有し、板状を呈する石核（36-1・32-2・102-1）と多方向からの加撃による不定形の石核（130-1・103-2・32-1）に大別される。板状石核は、亜円礫もしくは亜角礫の原礫から節理方向に沿って順次分割されたものと思われる。不定形の石核は原礫を不規則、多方向に分割して得られた残核であろう。これには素材となった鉄鉱石の石質が深く関与したと推察されるが、板状石核から分割されたと推定される小板状石片（29-1・32-4・32-9・32-10ほか）が一定量含まれることから、原礫を板状に分割し、さらに連続的に目的とするサイズに分割していた可能性が指摘できる。この分割工程の場合、剥離角は節理方向に並行するか、もしくは直交するかに限定され、最終的に得られる石片は規格的な形状となる。

　一方、不定形の石核は、剥離方向が不規則で剥離面の形状を見ても連続的に目的とするサイズの石片を得ていた可能性は低い。得られるものは、不定形石片や打撃と同時に破砕した大量の破片であろうと推察される。

　本遺構においては、石核形状から以上の2つの分割工程が復元されるが、最初に触れたように鉄鉱石の質の良し悪しが影響している。つまり板状石核から板状石片を生産する工程において

第5節 出土鉄鉱石に関する分割工程と粒度からの検討―木瓜原遺跡SR-02の事例を中心に―

は、良質の鉄鉱石が選択的に利用され、不純物である脈石の混在も少ない。一方、不定形の石核の石質は、粗質で脈石の混在が認められる。

このことから2つの工程の差異を、単に鉄鉱石の石質の違いと理解することもできる。しかし、この2つの分割工程の差異が他の製鉄遺跡でも認められ、しかもその遺跡が同じ瀬田丘陵上の草津市野路小野山遺跡(大橋ほか1990)となると議論は若干異なる。ここでは紙幅の都合上、具体的なデータを示すことはできないが、野路小野山遺跡では分割(節理)面を利用した板状石核から規格的に生産された板状石片は、出土した全鉄鉱石の約4分の1を占める。これらはすべて良質の鉄鉱石を用いている。また野路小野山遺跡では、不定形の石核が一定量認められるが、これらも良質の鉄鉱石を用いている。つまり野路小野山遺跡では石質の影響を受けることなく2つの分割工程が存在するのである。しかも、規格性をもつ板状石片を意図的に生産する工程が、主体を占めるという注目すべき点も判明してきているのである。

以上のことから本遺構においても分割(節理)面を利用し、板状に割った石核から板状石片を分割する工程と、不定形の石核から不定形石片や破片を破砕する工程とに大別することが可能である。このことをふまえて本遺構から出土した鉄鉱石を、技術的な観点から、類別可能な粒度11以上の鉄鉱石306点に対し形態分類を行い、表11に示した。

以下、出土鉄鉱石の分類基準と帰属資料の概要について述べる。

A類 不定形石核。分割礫に対し多方向から複数の加撃を加えた結果、おもて・うら面が並行せず、非サイコロ状の石塊となった資料。素材石片の石核と考えられる。図示した130-1・103-2・32-1を含めて計14点が出土している。総重量2408.1g・一個体あたりの平均重量172.0gを量る。

B類 板状石核。原礫を板状に分割し、おもて・うら面が並行する分割面(節理面)で構成される。また、周縁もしくは一端にC-1類を分割したと考えられる剥離面を有する素材石片石核。図示した36-1・32-2・102-1の3点が出土している。総重量465.8g・一個体あたりの平均重量172.0gを量る。

C-1類 板状石片。おもて・うら面が並行する分割面(節理面)を有し、そのいずれかもしくは両面を打面と分割を行い、板状またはサイコロ状の石片に整形した資料。2～3cm大の石片に整形した資料

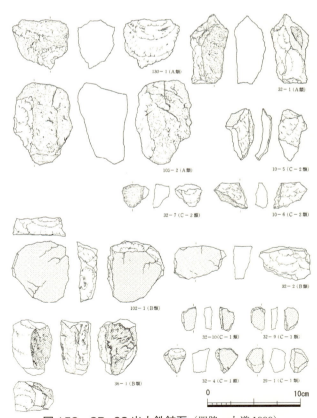

図152 SR-02出土鉄鉱石 (門脇・大道1999)

第3章　日本列島各地の製鉄開始期の様相

表11　SR-02出土鉄鉱石（門脇・大道1999）

分類	A類	B類	C-1類	C-2類	D類	その他	合計
層序	重量（g）	重量（g）	重量（g）	重量（g）	重量（g）	重量（g）	重量（g）
	重量（%）	重量（%）	重量（%）	重量（%）	重量（%）	重量（%）	
	数量（点）	数量（点）	数量（点）	数量（点）	数量（点）	数量（点）	数量（点）
	数量（%）	数量（%）	数量（%）	数量（%）	数量（%）	数量（%）	数量（%）
木炭層上層	241.2	0	37.2	82.3	24.6	80.8	466.1
	52%	0%	8%	18%	5%	17%	
	2	0	3	4	4	2	15
	13%	0%	20%	27%	27%	13%	
木炭層下層	116	179.2	51.6	114.4	68.0	96.8	625.8
	19%	29%	8%	18%	11%	15%	
	1	1	3	4	25	5	37
	3%	3%	8%	11%	68%	14%	
木炭層合計	357.0	179.2	88.8	196.7	99.1	177.6	1,098.4
	33%	16%	8%	18%	9%	16%	
	3	1	4	8	29	7	52
	6%	2%	8%	15%	56%	13%	
鉄滓第1層	917.4	145.7	59.2	360.8	339.9	255.1	2,078.1
	44%	7%	3%	17%	16%	12%	
	7	1	2	21	101	2	134
	5%	1%	1%	16%	75%	1%	
鉄滓第2層	0	0	47.7	184.0	160.1	74.4	466.2
	0%	0%	10%	39%	34%	16%	
	0	0	1	8	39	4	52
	0%	0%	2%	15%	75%	8%	
鉄滓第4層	0	0	48.1	0	8.8	0	56.9
	0%	0%	85%	0%	15%	0%	
	0	0	1	0	2	0	3
	0%	0%	33%	0%	67%	0%	
鉄滓第5層	0	0	0	7.0	12.5	0	19.5
	0%	0%	0%	36%	64%	0%	
	0	0	0	1	4	0	5
	0%	0%	0%	20%	80%	0%	
鉄滓層その他・不明	1,133.7	140.9	153.5	247.2	109.9	455.8	2,241.0
	51%	6%	7%	11%	5%	20%	
	4	1	5	11	30	9	60
	7%	2%	8%	18%	50%	15%	
鉄滓層合計	2051.1	286.6	308.5	799.0	631.2	785.3	4861.7
	42%	6%	6%	16%	13%	16%	
	11	2	9	41	176	15	254
	4%	1%	4%	16%	69%	6%	
合計	2,408.1	465.8	397.3	995.7	730.3	516.1	5,513.3
	44%	8%	7%	18%	13%	9%	
	14	3	13	49	205	22	306
	5%	1%	4%	16%	67%	7%	

である。図示した29-1・32-4・32-9・32-10を含めて13点が出土している。総重量397.3g・一個体あたりの平均重量30.6gを量る。

　C-2類　不定形石片。おもて・うら面が並行する分割面（節理面）を有さず、面の大部分が多方向からの分割面で構成される資料。不定形石核から分割された資料の可能性が高く、形状は多様である。規格性のあるC-1類の大きさを考慮し便宜的に最大長・幅・厚とも2.5cm以上の資料を本類に帰属させた。図示した32-7・10-6・10-5を含めて49点が出土している。総重量995.7g・一個体あたりの平均重量20.3gを量る。

　D類　砕片。便宜的に最大長・幅・厚とも2.5cm以下の資料を帰属させた。205点が出土している。総重量730.3g・一個体あたりの平均重量3.6gを量る。

　その他　風化が著しい、酸化土壌の付着のため観察が困難な資料。計22点。

　以上のような分類をした結果、A類を分割・破砕して生じたと推察されるC-2・D類の割合が、B類を分割して得られたC-1類の割合を圧倒していることが判明した。つまり本遺構では、鉄鉱石の原礫を不規則に多方向から剥離し、不定形の石片・破片に分割する工程が主体を占める。

　しかし一方で少数ではあるがC-1類のようにサイズに規格性があり、B類の板状石核から分割され意図的に整形された資料の存在にも注目しておきたい。つまり準備したB類の板状石核を分割し、意図的に整形したC-1類は、炉に投入する目的で生産された石片の可能性が高い。さらにその規格は最大長平均33.3mm・最大幅平均26.5mmである。このことは先にふれた野路小野山遺跡において、C-1類のような規格性をもつ板状石片が全点数の約4分の1を占めることからも裏付けされる。

第5節　出土鉄鉱石に関する分割工程と粒度からの検討─木瓜原遺跡 SR-02 の事例を中心に─

　しかし本遺構では野路小野山遺跡の事例とは異なり、不規則に多方向から剥離し、不定形の石片・破片に分割する工程が主体を占めることから、別の規格が存在した可能性が高い。不定形の石片や破片の検討に関しては、技術的な形態分析という方法では限界が生じる。そこで不定形の石片・破片を粒度により分類し、統計的な処理を行うことによって検証が可能であると考えた。
　以下に粒度による分析結果について述べる。

5　粒度からの検討

　図153〜155 の粒度別点数グラフは、SR-02 出土鉄鉱石各粒度の点数をグラフにしたものである。図153 は SR-02 木炭層出土鉄鉱石各粒度別の点数、図154 は SR-02 鉄滓層出土鉄鉱石各粒度別の点数、図155 は木炭層と鉄滓層を合わせた SR-02 全体で出土した鉄鉱石各粒度別の点数をグラフにしたものである。これらのグラフからは、
　（1）　粒度9以下の鉄鉱石の点数が多いこと。
　（2）　粒度10以上では粒度15付近で点数の多い部分をみつけることができること。
　（3）　木炭層、鉄滓層ともに粒度16で点数の極端な減少がみられること。
等をみてとることができる。
　（1）の粒度9以下の点数が多い現象は、個体が細かくなればなるほど点数は多くなるので、当然の結果として理解することができよう。（3）に関しては、特に一括性が高いと考えられる木炭層において、粒度16と粒度18の鉄鉱石が全く出土していない現象と考えあわせ注目したい。
　以上、粒度別点数の解析からは、「粒度9以下の鉄鉱石を分割・製作し炉内に投入していた可能性はあるが、一方で粒度15前後の鉄鉱石を分割・製作し、粒度16または粒度18のフルイで選別した可能性もある。」という二つの可能性を提示し、更に検討を進めていきたい。
　図156 の1g あたりの粒度別点数グラフは、SR-02 出土鉄鉱石の各粒度で、1g あたり何点存在するのかを検討したグラフである。点数をみると粒度10以上では1g あたり1点以下であるのに対し、粒度9以下では1g あたり1点以上と点数が多いことがわかる。図153〜155 の粒度別点数、図156 の1g あたりの粒度別点数の検討からは、粒度9以下の鉄鉱石は点数では出土資料の大部分を占めている事実を確認することができる。以上、出土鉄鉱石の点数の解析からは鉄鉱石を粉々に割っていた可能性を否定することはできないことがわかる。
　図157〜159 の粒度別グラフは SR-02 出土鉄鉱石各粒度の総重量をグラフにしたものである。図158 は SR-02 木炭層出土鉄鉱石各粒度の総重量、図159 は SR-02 鉄滓層出土鉄鉱石各粒度の総重量、図157 は木炭層と鉄滓層を合わせた SR-02 全体で出土した鉄鉱石各粒度の総重量をグラフにしたものである。これらのグラフからは、
　（1）　粒度9以下の鉄鉱石の総重量が少ないこと。
　（2）　粒度15と粒度17〜18に総重量のピークがみられること。
　（3）　粒度15と粒度17〜18の総重量が大きいにもかかわらず粒度16の総重量が極端に少ないこと。
等をみてとることができる。
　（1）の粒度9以下の鉄鉱石の総重量が少ない現象に関しては、先にみた粒度別点数において粒度9以下が多かったことと対照的である。このことは粒度9以下では点数は多いが、総重量はそ

201

第3章　日本列島各地の製鉄開始期の様相

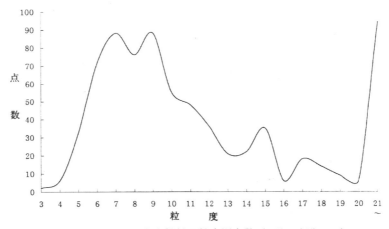

図153　SR-02出土鉄鉱石粒度別点数（門脇・大道 1999）

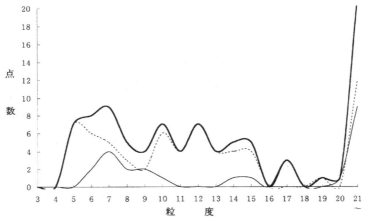

図154　SR-02木炭層出土鉄鉱石粒度別点数（門脇・大道 1999）

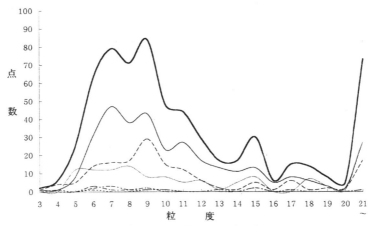

図155　SR-02鉄滓層出土鉄鉱石粒度別点数（門脇・大道 1999）

第5節　出土鉄鉱石に関する分割工程と粒度からの検討─木瓜原遺跡 SR-02 の事例を中心に─

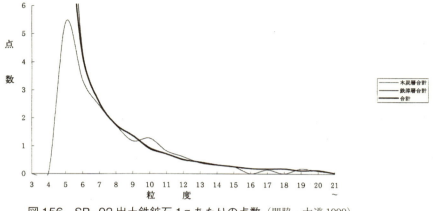

図156　SR-02 出土鉄鉱石 1g あたりの点数（門脇・大道 1999）

れほど多くないということを意味していると言えよう。(2)の粒度15と粒度17～18に総重量のピークがみられるという現象と、(3)の粒度16の総重量が極端に少ないという現象は、粒度別点数でみられた現象と対応しており、注目すべき現象ととらえるべきであろう。

　この粒度15と粒度17～18の点数と総重量にピークがみられる現象と、粒度16の点数と総重量が極端に少ない現象の解明を課題として、更に解析を加えていくために、粒度11以上のSR-02出土鉄鉱石全てについて、最大長、最大幅、最大厚、重量、磁着度、メタル度の計測を実施した[2]。

　図160はSR-02出土鉄鉱石の最大厚と最大長の比率（最大厚／最大長）の平均値を粒度別に算出し、グラフにしたものである。例えば粒度16では、点数は6点で、最大厚と最大長の比率はそれぞれ、0.22、0.29、0.33、0.48、0.5、0.58となり、その平均値は0.4である。また、最大厚と最大長の比率と形態との関係は、1に近い数値のものほどサイコロ状を呈し、0に近い数値のものほど扁平状を呈することとなる。これらの数値は平均値であるので、あくまで傾向的な現象ではあるが、グラフの曲線をみると、粒度13と粒度20をピークとして、粒度16～19が谷状を呈するような形状を呈していることがよみとれる。このことは粒度16～19において、比較的扁平状の鉄鉱石が分割・製作された可能性を示しているといえよう。

　以上のことから、点数と総重量にピークのみられる粒度15と粒度17～18の鉄鉱石の形状は扁平状の形態を呈しており、更にその前後する粒度の形態が比較的サイコロ状を呈している点を考えあわせると、形態的にも他の粒度との違いを指摘することができそうである。

　図161はSR-02出土鉄鉱石の最大厚と最大長の比率（最大厚／最大長）の絶対偏差平均を粒度別に算出し、グラフにしたものである。絶対偏差平均とは、個々の「ずれ」を表わす偏差の絶対値をとって平均したものであるから、絶対偏差平均の値が小さいほど平均的なものが多いことを示している。つまり、数値が0に近いほど企画性があることになる。図161をみると、粒度16と粒度18において絶対偏差平均の値が小さいことがみてとれる。このことは、粒度16と粒度18の鉄鉱石が、最大厚と最大長の比率のばらつきが他の粒度のものと比較して小さいということを意味している。言い換えれば、粒度16と粒度18の鉄鉱石は、その大きさにおいて企画性を読み取ることができるといってよいであろう。

第3章　日本列島各地の製鉄開始期の様相

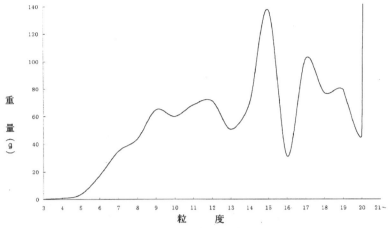

図157　SR-02出土鉄鉱石総合計粒度別重量（門脇・大道1999）

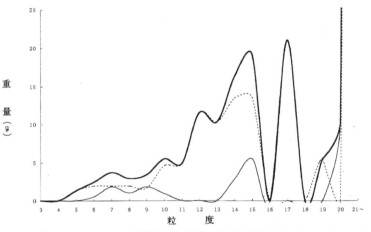

図158　SR-02木炭層出土鉄鉱石粒度別重量（門脇・大道1999）

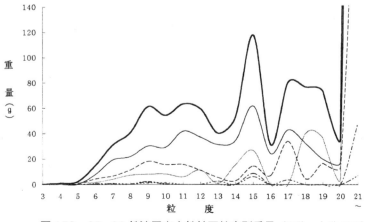

図159　SR-02鉄滓層出土鉄鉱石粒度別重量（門脇・大道1999）

第5節　出土鉄鉱石に関する分割工程と粒度からの検討—木瓜原遺跡SR-02の事例を中心に—

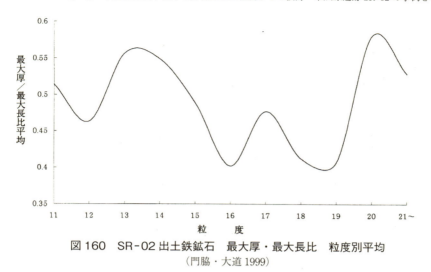

図160　SR-02出土鉄鉱石　最大厚・最大長比　粒度別平均
（門脇・大道1999）

　図162はSR-02出土鉄鉱石の粒度別の重量平均を算出し、グラフにしたものである。鉄鉱石1点あたりの重量は、粒度が大きくなるほど重くなるので、当然のことながらグラフは右上がりに上昇していくはずである。しかし、図162をみると、粒度16～18において、1点あたりの平均が5.59を前後する値になっており、グラフが平坦になっていることがわかる。以上のことから、粒度16～18の鉄鉱石には重量的にも企画性を求めることができ、その重量は5.59を前後するものであることがわかる。

　図163はSR-02出土鉄鉱石の粒度別の重量絶対偏差平均を算出し、グラフにしたものである。重量絶対偏差平均の値は大きいほどばらつきが大きく、値が小さいほどばらつきが小さく均質であることを示している。粒度が大きくなればなるほど各個体の重量の差は大きくなるので、粒度が大きくなればなるほど重量絶対偏差の平均の値は大きくなり、グラフは基本的に右上がりを描くことが予想される。しかし、図163をみてみると、粒度16～18において、グラフは平坦になっていることを読み取ることができ、粒度16～18においては重量のばらつきの値がほぼ一定であることがわかる。つまり、粒度16～18の鉄鉱石は重量的に比較的均質なのである。重量とサイズには相関性があるため、粒度16～18において、サイズにも均質性があることが推定される。このように、重量絶対偏差平均からも粒度16～18の鉄鉱石に規格性を求めることができるのである。

6　まとめ

　以上木瓜原遺跡SR-02出土鉄鉱石の分割技術の検討からは、
(1) 分割（節理）面を利用し、板状に割った石核（B類）から板状石片（C-1類）を分割する工程。
(2) 不定形の石核（A類）から不定形石片（C-2類）や破片（D類）を破砕する。
という、二つの工程に大別されることが判明した。量的には(1)の工程は極めて少量で、(2)の工程が大部分を占めている。
　更に粒度分析からは、粒度16～18のサイズの鉄鉱石が炉に投入されていた可能性が高いとい

第3章　日本列島各地の製鉄開始期の様相

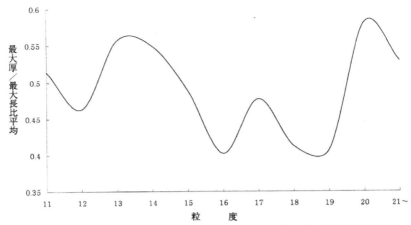

図161　SR-02出土鉄鉱石　最大厚・最大長比　粒度別絶対偏差平均
（門脇・大道1999）

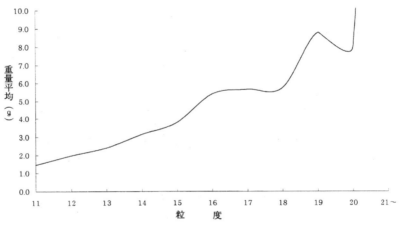

図162　SR-02出土鉄鉱石粒度別重量平均（門脇・大道1999）

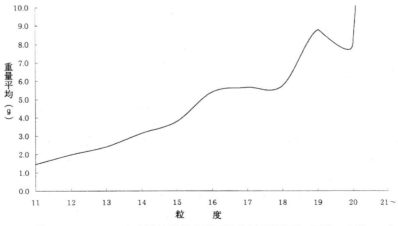

図163　SR-02出土鉄鉱石粒度別重量絶対偏差平均（門脇・大道1999）

う結果が得られた。

　鉄鉱石の分割技術は鉄鉱石製錬の技術系譜や鉄鉱石の流通問題と、また、鉄鉱石の粒度は、鉄鉱石製錬と砂鉄製錬との関係という問題とも関連しており、近江の鉄生産の技術系譜や展開を考える上で一つの視点となろう。今後資料の増加を待って再考していきたい。

　　［註］
　（1）　高島市弘部野竿頭遺跡白山神社東南部の試掘調査時に検出した土坑から出土した鉄鉱石は、特定の遺構に埋納された事例となる（葛原1990・大道1998c）。
　（2）　磁着度、メタル度の計測に当たっては、以下の文献を参考にした（田口・穴澤1994、穴澤1994b）。

第6節　出土鉄鉱石に関する分割工程と質からの検討
―上御殿遺跡の事例を中心に―

1　はじめに

　上御殿遺跡は高島市安曇川町三尾里地先に位置する。2008年度から鴨川補助広域基幹河川改修事業（青井川）に伴う天神畑・上御殿遺跡の発掘調査を実施している。

　上御殿遺跡では、2009年度の発掘調査で検出した土坑S79の上面から、鉄鉱石が約73kg出土した。鉄鉱石は、古代近江の製鉄原料として使用されており、製鉄遺跡から出土することが多いが、上御殿遺跡では製鉄炉などは見つかっておらず、近隣にも製鉄遺跡はない。したがって、上御殿遺跡は鉄鉱石の採掘場と製鉄遺跡とを結ぶ中継的な場所であったと考えられる。本節では、上御殿遺跡から出土した鉄鉱石の分割工程と質からの検討をおこない、その結果から、滋賀県内の鉄鉱石出土遺跡の様相について考えてみたい。

2　調査の概要

（1）　遺跡の位置（図164）

　上御殿遺跡は滋賀県の北西部、西の比良山地と東の琵琶湖にはさまれた琵琶湖西岸地域最大規模の高島平野にあり、日本海まで直線で約30kmである。遺跡周辺は鴨川・安曇川の扇状地が広がり、複数の中小河川が平野部を流れている。当遺跡はこうした川のひとつである現青井川両岸に広範囲に分布している。鴨川をはさんで南側に全長約46mの前方後円墳と推定されている県指定史跡鴨稲荷山古墳がある（中村2014）。また、遺跡の所在する三尾里周辺は『日本書紀』に記載された「三尾別業」の推定地とされ、継体大王との関わりが指摘されている（森1971）。

（2）　これまでの調査の概要（図165）

　2008年度は、上御殿遺跡の2,700m²に対し発掘調査がおこなわれ、縄文時代から中世の河道が検出された。2009・2010年度は天神畑・上御殿遺跡の6,050m²に対し発掘調査がおこなわれた。今回検討する鉄鉱石集積遺構S79は2009年度の発掘調査で検出された。調査地は古墳時代前期から中世までほぼ同じ流路を保つ二本の河道の合流点に位置する。弥生時代終末期の方形周溝墓、古墳時代前期の方形周溝状遺構3基、古墳時代前期の祭祀空間1箇所、6世紀後半の須恵器埋納土坑などが検出された。方形周溝状遺構のうち2基については、周溝内にピットが存在することから大型建物の可能性が指摘されていたが、報告書では屋根が架構されていたとするには

第3章 日本列島各地の製鉄開始期の様相

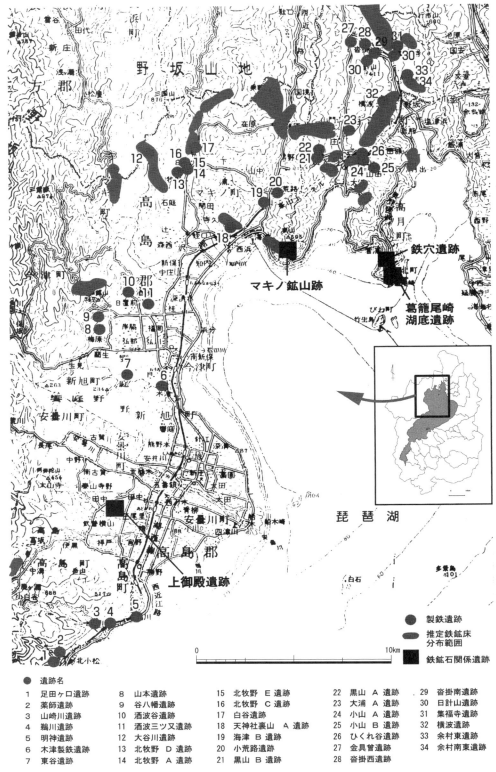

図164 高島・浅井の製鉄遺跡・鉄鉱石関係遺跡と鉄鉱床（中川ほか2013）

第6節　出土鉄鉱石に関する分割工程と質からの検討―上御殿遺跡の事例を中心に―

問題があり、土塀など周囲だけを囲った施設の可能性もあるとしている。

　遺物としては、丹後や北陸地方など日本海側の影響を受けた弥生土器や、須恵器には徳利形平底壺など朝鮮半島との関係を伺わせる須恵器も出土した。水辺で行われた祭祀に関する色合いが濃く、古墳時代前期に比定されるベンガラ付着甕なども出土した（中川ほか2013）。

　2011年度は上御殿遺跡の2,450m²に対し発掘調査がおこなわれ、古墳時代前期の竪穴住居、古墳時代前期〜中期の木棺墓、古墳時代後期の溝、奈良時代頃の倉庫群、平安時代後期の大型掘立柱建物などが検出された。2012年度は上御殿遺跡の5,000m²に対し発掘調査がおこなわれ、古墳時代前期の竪穴住居、古墳時代後期の溝、奈良〜平安時代初頭の官衙的性格を物語る居宅や倉庫群、平安時代後期の掘立柱建物、古墳〜平安時代の河道が検出された。河道からは奈良〜平安時代後期の人形代51点、奈良〜平安時代前期の馬形23点、小型土師器甕の体部に、縦書きで等間隔に七列「守君舩人」という人名を墨書きする墨書人名土器が出土した。この他、奈良〜平安時代の木製祭祀具として陽物代、舟形代、呪符木簡、斎串などが出土している。また、河道からは腕輪形石製品の石釧も出土している。

　上御殿遺跡は古代の港である勝野津に近く、古代北陸道および若狭とつながる主要街道が集束する交通の要綱にあり、旧高島郡南部の重要地点に位置する。官衙的な性格を持つとともに、湖西地域の重要な祭祀場所であった可能性もある。なお、2013年度は上御殿遺跡の4,000m²に対し発掘調査がおこなわれ、弥生時代から古墳時代前期にかけての双環柄頭短剣の鋳型が出土した（中村2014）。

3　鉄鉱石集積遺構S79について

(1)　遺構の概要（図166）

　鉄鉱石は2009年度の発掘調査、上御殿遺跡と天神畑遺跡の境界付近の上御殿遺跡側、鉄鉱石集積遺構S79から出土した。当遺構は鉄鉱石が置かれて全体が沈んだ状態となったと推定されることから、鉄鉱石集積の下に存在する土坑とは関連がないものと判断されている。鉄鉱石は平面形が長辺1.3m、短辺1.0mの方形を呈し、高さ0.2m、中心部に向かって山状に集積された状態で検出された。鉄鉱石は直径10cmを超えるものから、小割りされた小さなものまで様々なサイズのものがある。鉄鉱石群の中には、上御殿遺跡やその周辺で普遍的に見られる種類の石はほとんど含まれていないようである。一連の調査では周辺の別遺構から鉄鉱石は出土していない。

(2)　遺構の年代

　鉄鉱石集積遺構S79からは遺構の時期を判別しうる土器などの遺物が出土していない。また、当遺構の下の土坑は、13世紀前半を下限とする掘立柱建物SB1の柱穴掘形に切られているので、当遺構の年代は、下の土坑の年代から13世紀前半のまでとなる。なお、当遺構から出土した炭化物（試料No. 1）とその下の土坑の埋土より出土した炭化物（試料No. 2）は、放射性炭素年代測定が行われている。試料No. 1はBC340〜320、BC210〜40年、試料No. 2はAD70〜250年の年代値が得られた。しかし、放射性炭素年代測定によって得られた年代値については堆積層の上下に年代の逆転現象がみられることや、国内における鉄製錬開始時期を鑑みても断定しがたい値となっている。したがって、放射性炭素年代測定で得られた年代値を鉄鉱石集積の年代とすることは難しい。

第3章　日本列島各地の製鉄開始期の様相

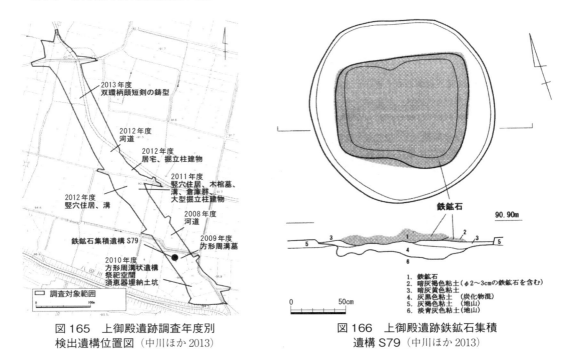

図165　上御殿遺跡調査年度別
検出遺構位置図（中川ほか2013）

図166　上御殿遺跡鉄鉱石集積
遺構S79（中川ほか2013）

　以上の状況から、鉄鉱石集積遺構S79の年代については、13世紀前半以前ということになるが、周辺で検出されている遺構、および、滋賀県内の鉄鉱石を用いた製鉄の事例を考慮するならば、7世紀から9世紀の可能性が高いと考えたい。

4　出土鉄鉱石について

　鉄鉱石集積遺構S79に伴う土壌は全量回収し、水洗、選別を行ったことから、鉄鉱石はほぼ採取されている。出土鉄鉱石は重量が4kgもある角礫状のものから、1g以下のチップ状の微細なものまでを含み、多種多様である。これら出土鉄鉱石のうち、法量の最大長が20mm以上のものは946点を数え、総重量は73,507gを量る。以下、法量の最大長が20mm以上の鉄鉱石については、分割技術・形態と質という二つの視点から分類を行い、当遺構の性格を考えるための要素を抽出したい。

（1）鉄鉱石の分割技術・形態的分類（図167・表12）

　法量の最大長が20mm以上の鉄鉱石については、鉄鉱石の分割技術・形態的な観点から、Ⅰ類（原礫）、Ⅱ類（分割礫）、Ⅲa類（サイコロ状石核）、Ⅲb類（不定形石核）、Ⅳ類（板状石核）、Ⅴa類（板状石片）、Ⅴb類（不定形石片）の7つの分類を行った。分類の基準は以下の通りである。

　　Ⅰ類（原礫）　人工的な打撃が認められない鉄鉱石。

　　Ⅱ類（分割礫）　一・二面の分割面（剥離・節理面）があり、それ以外の面が礫面で構成される鉄鉱石。ほとんどが1kg以上の大型の鉄鉱石である。

　　Ⅲa類（サイコロ状石核）　Ⅱ類をさらに分割し、分割面（節理面）を打撃面とし、さらに直交方向に割った鉄鉱石。鉄鉱石の上面と下面が平行する平坦な分割面（節理面）と、その面に直交する数面の分割面で構成される。Ⅳ類・Ⅴa類の素材となった鉄鉱石である。

Ⅲb類（不定形石核）　分割礫に対し多方向から複数の打撃を加えた結果、上面と下面が平行せず、非サイコロ状の塊となった鉄鉱石である。

Ⅳ類（板状石核）　Ⅱ類・Ⅲa類をさらに分割し、上面と下面が平行する分割面（節理面）で構成される。また、上面の端または下面の端もしくは両面に、Ⅴa類を分割したと考えられる分割面（剥離面）のある鉄鉱石である。

Ⅴa類（板状石片）　上面と下面が平行する分割面（節理面）で構成され、そのいずれかもしくは両面を打撃する面として分割を行い、板状またはサイコロ状に整形した鉄鉱石である。大きさは3cm程に揃えられているようである。

Ⅴb類（不定形石片）　上面と下面が平行する分割面（節理面）がなく、面の大部分が多方向からの分割面で構成される鉄鉱石である。

　鉄鉱石の分割技術・形態的分類の統計処理結果は表12の通りである。結果からは、Ⅰ類→Ⅱ類→Ⅲa類→Ⅳ類→Ⅴa類という鉄鉱石の分割工程を復元することができる。つまり、3cmほどの大きさで、上面と下面が平行するⅤa類（板状石片）の鉄鉱石を最終的な目的物としていたということになりそうである。なお、Ⅲb類とⅤb類は目的物Ⅴa類を製作する際に廃棄されたものである可能性が高い。

（2）鉄鉱石の質的分類

　法量の最大長が20mm以上の鉄鉱石については、鉱石粒子の粗密と不純物である脈石の付着・混在などに含まれる割合によってA類、B1類、B2類、C1類、C2類、D類の六つの分類を行った。分類の基準は以下の通りである。

　A類　鉱石粒子は緻密で、シルトに含まれる砂粒程の細かいものである。脈石をほとんど含まない。剥離面は石器と同様に緻密である。節理が発達している。

　B類　鉱石粒子はA類と比較すると粗くなり、脈石が表面に付着する程度のものをB1類、脈石が表面および鉱石内に部分的に点在するものをB2類とした。

　C類　鉱石粒子はB類と比較すると更に粗くなり、脈石を顕著に含むようになる。脈石が全体の半分以下のものをC1類、半分以上のものをC2類に分類した。

　D類　脈石。鉱石が含まれる場合は表面に付着する程度である。

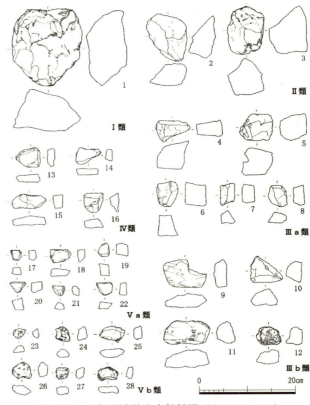

図167　上御殿遺跡出土鉄鉱石（中川ほか2013）

第3章　日本列島各地の製鉄開始期の様相

表12　上御殿遺跡出土鉄鉱石集計表（上：分割技術・形態的分類、下：質的分類）

	Ⅰ類	Ⅱ類	Ⅲa類	Ⅲb類	Ⅳ類	Ⅴa類	Ⅴb類	合計
	原礫	分割礫	サイコロ状石核	不定形石核	板状石核	板状石片	不定形石片	
数量（点） 数量（%）	2 0.2%	7 0.7%	24 2.5%	81 8.6%	81 8.6%	350 37.0%	401 42.4%	946
重量（kg） 重量（%）	8.000 10.9%	14.530 19.8%	8.936 12.2%	15.911 21.6%	8.443 11.5%	9.626 13.1%	8.061 11.0%	73.507

	A類	B1類	B2類	C1類	C2類	D類	合計
鉱石粒子	緻密	やや粗い	やや粗い	粗い	粗い	鉱石僅か	
脈石	無し	表面付着	点的	半分以下	半分以上	大部分	
数量（点） 数量（%）	473 50.0%	190 20.1%	204 21.6%	46 4.9%	23 2.4%	10 1.1%	946
重量（kg） 重量（%）	16.689 22.7%	10.768 14.6%	31.362 42.7%	11.021 15.0%	2.973 4.0%	0.694 0.9%	73.507

　鉄鉱石の質的分類の統計処理結果は表12の通りである。結果からは、良質な鉄鉱石と考えられるA類、B1類が多いことがみてとれる。特に、鉄鉱石が量的に比較的まとまって出土したことが報告されている大津市源内峠遺跡（大道ほか2001）、草津市木瓜原遺跡（横田ほか1994）、高島市東谷遺跡（大道ほか2004）よりは、A類の出土比率が高いと言える。また、不純物である脈石を多く含むC1類・C2類・D類は出土しているものの、量的には少ないと言えよう。特に大型の脈石は少ない。

5　鉄鉱石出土遺跡の様相について

（1）　製鉄遺跡の様相（図168）

　滋賀県内の製鉄遺跡群には鉄鉱石採掘候補地と製鉄遺跡が比較的近い位置にある「原料立地型」の製鉄遺跡群と、鉄鉱石採掘候補地が近くになく、遠方より鉄鉱石を運搬する必要があり、鉄鉱石採掘候補地と製鉄遺跡の地理的関係が希薄であるという「非原料立地型」の製鉄遺跡群がある（本章第4節）。

　前者には逢坂山製鉄遺跡群、南郷製鉄遺跡群、田上山製鉄遺跡群、和邇製鉄遺跡群、比良山麓製鉄遺跡群、今津製鉄遺跡群、牧野製鉄遺跡群、西浅井製鉄遺跡群、浅井製鉄遺跡群、彦根東部製鉄遺跡群などが当てはまる。後者には瀬田丘陵製鉄遺跡群が当てはまり、特異な形態の製鉄遺跡群であると言える。原料立地型の製鉄遺跡からは重量1kg以上もある分割が行われていないⅠ類の鉄鉱石（原礫）や、一・二回打撃された一・二面の分割面をもつⅡ類の鉄鉱石（分割礫）が一定量出土する。また、脈石も多量に出土する。製鉄遺跡内で大割り、脈石の除去、製鉄炉への投入のための小割りが行われていたことを示している。

　一方、非原料立地型の製鉄遺跡からはⅠ類やⅡ類の鉄鉱石の出土は極めて稀で、10cm大以下のⅢa類（サイコロ状石核）・Ⅳ類（板状石核）の鉄鉱石が大部分を占める。このことは、鉄鉱石の採掘地から製鉄遺跡の間に、Ⅰ類やⅡ類の鉄鉱石を対象に大割りや脈石除去をおこなう遺跡・遺構の存在を想定させる。これまで、鉄鉱石の大割りや脈石除去をおこなっていた確実な遺跡・遺構

については滋賀県内では発見され
ていなかった。その意味で、今回
検討した上御殿遺跡の事例は、遺
跡内で鉄鉱石の分割作業がおこな
われていたかは不明ではあるが、
鉄鉱石の採掘地と製鉄遺跡の間を
結ぶ遺跡の実態を示す重要な事例
といえる。

非原料立地型である瀬田丘陵
製鉄遺跡群の中にはD類（脈石）、
C1類・C2類（脈石が「混在」し
ている鉄鉱石）が一定量に出土し
ている木瓜原遺跡と、C1類・C2
類、D類がほとんど出土せず、ま
れにみられる脈石も鉄鉱石の表面
に薄く付着する程度である草津市
野路小野山遺跡という2種類の
製鉄遺跡が存在する（大道 2011）。

図168　滋賀県内の鉄鉱石出土関連遺跡

また、木瓜原遺跡ではⅢb類（不
定形石核）からⅤb類（不定形石片）を得る鉄鉱石の分割工程を復元できるのに対し、野路小野山
遺跡では分割面（節理面）を利用し、Ⅲa類（サイコロ状石核）、Ⅳ類（板状石核）からⅤa類（板
状石片）を得る鉄鉱石の分割工程を復元できる（図169）。

(2) 中継地の様相

以上見てきたように、鉄鉱石は鉄製錬をおこなう遺跡、いわゆる製鉄遺跡から出土することが
一般的である。しかし、上御殿遺跡およびその周辺では製鉄炉などの施設は見つかっておらず、
近隣に製鉄遺跡がない。したがって、上御殿遺跡出土鉄鉱石は、採掘場と製鉄遺跡との間に位置
する中継地で出土したものと考えられる。

製鉄遺跡における鉄鉱石の出土状況をみてみると、上御殿遺跡における鉄鉱石の分割工程は、
野路小野山遺跡の鉄鉱石の分割工程と共通点が多い。上御殿遺跡ではⅠ類→Ⅱ類→Ⅲa類→Ⅳ類
→Ⅴa類という分割工程を、野路小野山遺跡では（Ⅱ類→）Ⅲa類→Ⅳ類→Ⅴa類という分割工程
を復元できる（図169）。鉄鉱石の分割工程からは、上御殿遺跡は野路小野山遺跡より前段階に
位置すると考えられる。

野路小野山遺跡は7世紀末〜8世紀初頭と8世紀中頃の操業が想定されているが、操業の最盛
期は8世紀中頃で、鉄鉱石の多くは8世紀中頃の製鉄に伴う遺構から出土している。8世紀中頃
の操業は、製鉄炉を9基並列させて同時に稼働する二つのグループが存在していたと考えられて
いる。9基もの製鉄炉を並列させて操業している事例は古代の日本では他に例がない。当時の国
内最大規模を誇る製鉄遺跡で、中央政府が経営した官営製鉄所であった可能性が高い（大橋ほか
1990・藤居 2003・櫻井ほか 2007）。

第3章 日本列島各地の製鉄開始期の様相

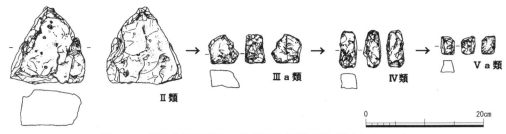

図169 野路小野山遺跡 鉄鉱石の分割工程（櫻井ほか2007）

『続日本紀』天平宝字六年（762）二月甲戌条には「賜大師藤原恵美朝臣押勝近江国浅井高嶋二郡鉄穴各一処」とある。当時の最高権力者であり、近江国司でもあった藤原仲麻呂が高島郡の鉄鉱山の採掘権を得たことがわかる。遺跡の操業年代やその様相から、野路小野山遺跡の製鉄操業には藤原仲麻呂の関与が想像される。上御殿遺跡は古代高島の中心である三尾に存在している点、鉄鉱石の分割工程、質という視点から、藤原仲麻呂の高島の「鉄穴」、上御殿遺跡、野路小野山遺跡の関連性を指摘することもできそうである。

滋賀県内の製鉄遺跡以外の遺跡で鉄鉱石が出土した遺跡として、高島市弘川葭元遺跡（葛原2004）・弘部野竿頭遺跡（葛原1990・大道1998）、長浜市葛籠尾崎湖底遺跡（鈴木ほか2003）、東近江市獅子鼻B遺跡（松澤1983）、大津市山ノ神遺跡（須崎・田中2005）・唐橋遺跡（大沼1990）、大津城跡下層遺跡（大津市埋蔵文化財調査センター1997）などを挙げることができる。これらの遺跡の多くは琵琶湖湖岸・内湖岸に位置している。上御殿遺跡も鴨川、青井川、八田川の合流地点に隣接する水運を中心とする交通の中心地であったと考えられる。鉄鉱石の輸送には琵琶湖の水運を利用していた可能性が高い。

（3）「鉄穴」の様相

上御殿遺跡出土鉄鉱石からは不純物である脈石の出土が少ないことから、鉄鉱石の採掘地で鉄鉱石と脈石の分別が行われていることがわかる。また、金属学的分析調査から、上御殿遺跡出土鉄鉱石は焙焼を経た可能性が高いことが報告されており（大澤ほか2003）、鉄鉱石は上御殿遺跡に搬入される前まで、すなわち鉄鉱石採掘地周辺で鉄鉱石の分別作業が行われていたことが判明した。

葛籠尾崎半島南端から東部の湖中に広がる葛籠尾崎湖底遺跡では、1978年に実施された潜水調査で、湖岸から8～17mにかけての位置で鉄鉱石が出土している。出土深度は湖底からマイナス0.15～マイナス1.0m、水面からマイナス1.7～1.9m前後である。出土した鉄鉱石は人頭大のものから粒状のごく小さなものまであり、総重量は42.8kgを測る（中川ほか2003）。金属学的分析調査の結果、鉄鉱石は焙焼等の事前処理が施されており、製鉄原料として高品位であることが判明し、流通品である可能性が高い。

鉄鉱石が出土した地点から西に約450m離れた葛籠尾半島山頂部には、鉄穴と呼ばれる鉄穴遺跡が存在する。詳細は不明であるが、従来から鉄鉱石の採掘跡である可能性が指摘されてきている。鉄穴遺跡と葛籠尾崎湖底遺跡との位置関係から、鉄穴遺跡は「鉄穴」、葛籠尾崎湖底遺跡の鉄鉱石が出土した地点の湖岸は鉄鉱石の積み出し港、出土した鉄鉱石は積み出し船が転覆した結果、湖底に沈んだものである可能性がある。製鉄原料である鉄鉱石が琵琶湖を媒体として船により流通していたことを物語る事例であると言える。

近江の鉄穴については、先に述べた『続日本紀』天平宝字6年（762）の他に、『続日本紀』大宝六年（703）九月辛卯条に「賜四品志紀親王近江国鉄穴」、『続日本紀』天平一四年（742）一二月戊子条に「令近江国司禁断有勢之家専貪貧賤之民不得採用」の記載がある。当時の権力者たちは製鉄原料である鉄鉱石の採掘地としての鉄穴を、競って占有しようとしている様子をみてとれ、鉄穴の占有が鉄生産の掌握を意味していることがわかる。

また、『日本霊異記』下巻一三話に、孝謙天皇の代のこととして美作国英多郡の官の鉄山の説話が収録されている。崩落によって鉄山の穴の口が塞がってしまったが、仏教の信仰に厚かった役夫は生き残れたという話である。この話では役夫が生き残れたのは、この鉄山が横穴をもつ鉄山（鉄穴）であったからだということである。鉄山では「機」といわれる滑車利用の巻き上げ器機も利用されていたようで、奈良時代の官の鉄山は、竪穴・横穴の坑道をもつ大規模な構造であったことが推定される（福田1985）。

鉄鉱石の採掘方法には、露頭にある鉄鉱石を採掘する露天掘り的な採掘方法と、『日本霊異記』でみた竪穴・横穴の坑道をもつ大規模な採掘方法の大きく2つの方法があった推定される。今回検討をおこなった上御殿遺跡から出土した鉄鉱石の分割工程、質の検討からは、後者の様態の鉄山から鉄鉱石が搬入されたのではないかと考えられる。

6　おわりに

以上、上御殿遺跡鉄鉱石集積遺構S79出土鉄鉱石の分割技術・形態的分類の検討からは、原礫（I類）→分割礫（II類）→サイコロ状石核（IIIa類）→板状石核（IV類）→板状石片（Va類）という鉄鉱石の分割工程を復元することができた。更に鉄鉱石の質的分類の検討からは良質な鉄鉱石（A類・B1類）が多く脈石（C1類・C2類・D類）が少ないことが判明した。

上御殿遺跡の鉄鉱石の出土状況は、鉄鉱石採掘地と製鉄遺跡を結ぶ中継地の様相を顕著に示している可能性があることから、更に、製鉄遺跡との関連、鉄鉱石採掘地の具体的様相、さらに鉄鉱石の流通についても考察を行った。製鉄遺跡との関係では国内最大規模を誇る野路小野山遺跡との関係、鉄鉱石採掘地との関係では『続日本紀』や『日本霊異記』にある「鉄穴」との関係が想定されることを述べた。鉄鉱石の流通については琵琶湖の水運が重要な役割を果たしていた可能性を指摘した。

鉄鉱石の分割技術は鉄鉱石製錬の技術系譜や製鉄遺跡の性格、更に鉄鉱石の流通問題と関連しており、古代の鉄生産の技術系譜や展開を考える上で重要な課題である。今後、他遺跡の検討も行いながら再考していきたい。

第7節　木炭窯の形態からみた古代鉄生産の系譜と展開
―滋賀県瀬田丘陵の事例を中心に―

1　はじめに

製鉄遺跡においては、製鉄炉にともなって、製鉄燃料の木炭を生産するための木炭窯が検出されることが多い。本節では滋賀県湖南地域の瀬田丘陵においても検出された製鉄用木炭窯について、形態面からの検討をおこない、製炭技術と製鉄技術の系譜について考察したい。

第 3 章　日本列島各地の製鉄開始期の様相

2　瀬田丘陵製鉄遺跡群における製鉄用木炭窯

　発掘調査の事例を基に製鉄用木炭窯の形態・機能等の検討を行ったものとしては、藤原学氏（1977）、大澤正己氏（1979）、兼康保明氏（1981）、穴澤義功氏（1984・2003）、関清氏（1985・1991）、鋤柄俊夫氏（1988）、飯村均氏（1989）、吉野滋夫氏（1994）、品田高志氏（1994）、上栫武氏（2001）、安間拓巳氏（2007）らの論考がある。

　製鉄用に用いられる還元剤としての燃料は、木炭窯で製炭された木炭である。穴澤義功氏は、日本列島内で発掘調査された木炭窯をその構造から、①横口式木炭窯、②地下式木炭窯、③伏せ焼き式木炭窯と大きく３種類に分類する。そして、横口式木炭窯は、６世紀中頃前後に西日本を中心に朝鮮半島から導入されたこと、分布圏は熊本県から宮城県の範囲で、分布の中心は中国地方の岡山県下であること、構造的特徴としては、地下式と半地下式の両者があり、いずれも溝状の微傾斜をもつ細長い本体の真横に横口という、補助燃焼孔を６孔から13孔程度の数を設けること、生産された木炭の特徴は炭化度が高く、揮発分の少ないこと、高カロリーを発生することのでき、鉄鉱石の還元に向くことを論じた（穴澤2003）。

　この横口式木炭窯と鉄鉱石原料の箱形炉との結びつきの強さから、箱形炉の起源も朝鮮半島のどこかではないかという想定も成り立つ。また、窯体に取りつく横口が酸素供給孔となり、そこから炭を掻き出すことから、白炭を生産していたと想定する研究が多い（兼康1981、上栫2001、安間2007）。鉄製錬のための燃焼・還元用木炭を生産していたことには異論がないことから、横口式木炭窯が製鉄の存在を間接的に示すとみてよい。

　上栫武氏は、横口式木炭窯を形態分類と地域的特徴を抽出し、７世紀後半の横口式木炭窯の拡散状況について考察した。その結果、日本列島の横口式木炭窯は吉備に最古段階の事例が集中しており、７世紀後半に全国に拡散すること、吉備の横口式木炭窯は、煙道に石を積み上げ、粘土で被覆し、窯に平行するように排水用の溝（上方溝）を持つことを明らかにした。しかし、吉備と同様の煙道をもつ横口式木炭窯は他地域にはないこと、上方溝についても７世紀前半の福岡県松丸Ｆ遺跡４号窯で唯一認められる程度で、拡散期である７世紀後半以降の窯跡では確認されていないことを指摘した。上栫氏は、横口式木炭窯と密接な関係があるという箱形炉の拡散が、律令体制の政策によるという研究成果を前提とすると、全国に拡散した横口式木炭窯の系譜は、吉備ではなく、畿内に求めるべきであるという（上栫2001・2004）。上栫氏の見解は、７世紀以降、全国各地に広がった横口式木炭窯の源流は、近江にある可能性を予想させる。

　横口式木炭窯は朝鮮半島でも確認されており、事例は増えつつある。時期は考古地磁気年代測定法により１～４世紀に比定され（成・伊藤・広岡・時枝1998）、日本列島よりかなり遡る。朝鮮半島の横口式木炭窯には、日本の最古段階の横口式木炭窯に認められる特徴（石積みの煙道、上方溝）は見出せない。このことは日本の横口式木炭窯ひいては製鉄技術の系譜を考える上で重要な視点となる。

　以上の木炭窯の研究から、古代の製鉄用木炭窯の平面形態は大きく横口式木炭窯（Ａ型）・半地下式木炭窯（Ｂ型）・地下式木炭窯（Ｃ型）の三つに分類することができる。以下では、発掘調査された瀬田丘陵の木炭窯について、操業年代順に、木炭窯の長さ、床面の幅、傾斜角度、横口の間隔等の構造的特徴の検討を行っていきたいと思う。

216

第7節　木炭窯の形態からみた古代鉄生産の系譜と展開―滋賀県瀬田丘陵の事例を中心に―

(1) 観音堂遺跡木炭窯　A-2型（図170）

　観音堂遺跡は草津市野路町字観音堂に所在し、木瓜原遺跡から野路小野山遺跡へ向かって北西にのびる丘陵の南西斜面に位置する。7世紀第4四半期を前後する時期の木炭窯1基、須恵器窯3基が確認きれたが、製鉄炉は検出されなかった。

　木炭窯は等高線にほぼ平行する方向で構築されている。窯の全長は14m以上で、窯内の傾斜角度は焚口から焚口から二番目の横口付近までは約4°、二番目の横口付近から六番目の横口付近までは約10°である。窯内部の床面幅は0.9m～1.9m、窯の側面谷部には芯々間1.6m～1.7m間隔で6ケ所に幅60cm前後の掻き出し口（横口）がある。その外側は幅2m～3mの側庭部（作業場）となって方形に掘り窪められている。

　天井部の構造は、焚口から6m程までは地山のくり貫きとなっており、地下式窯の形状を呈する。それより奥壁側では、地山を利用するのは側壁だけで天井に粘土を貼る半地下式の窯となる。焼成部の奥壁近くで天井が崩落したと考えられる焼土塊が確認されている。中央部では認められないことから、焼き上がった木炭を取り出す際に、窯側面のかき出し口（横口）からだけでなく、天井の中央部も壊し、そこからも木炭の取り出しがおこなわれたと操業復元できる（藤居1995）。

　当遺跡で検出された須恵器窯の1基の窯体内からは土器が多数出土している。これらの土器群の中で杯蓋は「かえり」を持つものが主体を占めているが、「かえり」を持たないものもある。木炭窯が須恵器窯に切られていることから、木炭窯の操業年代は飛鳥V期以前、7世紀第4四半期から8世紀初頭の間或いはそれ以前の何れかの時期と考えられる（畑中1994）。

　観音堂遺跡で検出された木炭窯は横口式木炭窯の一種と考えられるが、他の横口式木炭窯と比較すると、窯の全長が長い点、傾斜角度が大きい点、窯内部の床面幅が広い点等は構造的に特異な要素である。兼康保明氏は各地で検出されている横口式木炭窯の構造について、炭焼き工程の民俗例を加味し検討した。「窯体内に原木の窯詰めが終わると、横口の掻き出し口は粘土等で塞ぎ炭化が行われた後、掻き出し口を開いて赤熱した状態のまま原木を窯体内より側庭部に掻き出し、水分を含ませた炭の粉や灰を被せて消火する」という機能目的のために、窯体の側面に横口が穿たれたと考察した（兼康1981）。

　兼康氏の復元によれば木炭窯の天井部は壊す必要はない。しかし、調査担当者の所見にあるように、炭の掻き出しの際、横口のみでなく更に天井を破って掻き出した形跡が認められる。したがって、横口式木炭窯本来の操業とはかなり異なった操業状況を復元できそうである。構造・操業復元両面から、観音堂遺跡の木炭窯は、横口式木炭窯の範疇には入るが、特異なものであると判断できる。この形態の木炭窯を瀬田丘陵の木炭窯のA-2型と分類する。

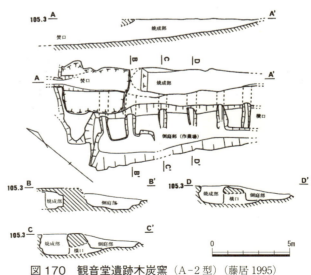

図170　観音堂遺跡木炭窯（A-2型）（藤居1995）

(2) 木瓜原遺跡木炭窯　A-3型（図171）

木瓜原遺跡は草津市野路町に所在し、観音堂遺跡、野路小野山遺跡の所在する丘陵に位置する。8世紀第1四半期を前後する時期の大型の木炭窯1基以上、小型の木炭窯7基以上、製鉄炉1基、須恵器窯1基、鍛冶関連遺構4ヶ所、掩鐘鋳造遺構1ヶ所、製鉄・製陶関連工房数ヶ所が確認された。

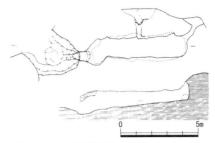

図171　木瓜原遺跡木炭窯（A-3型）
（横田ほか1996）

木炭窯は西に向かう丘陵尾根の北側斜面を利用して設けられた地下式の害窯で、等高線にほぼ平行する方向で構築きれている。窯の全長は7mで、窯内の傾斜角度は約5°である。窯内部の床面幅は1.6m、窯の側面谷部には芯々間約3m間隔で2ヶ所に幅50cm前後の横口がある。天井部の構造は、窯内全体が地山の割り貫きとなっており、地下式窯の形状を呈している（横田ほか1994）。

当遺跡で検出された須恵器窯については畑中英二氏が、灰原下層テラスⅢ出土遺物と最終操業床面出土遺物について、「無台杯身の変遷」と「かえり杯蓋の変遷」という視点から検討を行っている（畑中1994）。畑中氏によれば、須恵器窯の操業年代は平城宮Ⅱ期からⅢ期に比定され、また灰原下層テラスからは製錬滓や鉄塊系遺物が出土しており、テラスは製鉄関連遺構（工房）の可能性が高い。その上に須恵器窯の灰原が堆積していること、製鉄炉の東側の鉄滓・炉壁の堆積層の下層床面直上から、観音堂遺跡で主に出土している「かえり」を持つ杯蓋が出土していること、その資料が須恵器窯操業の後半期には存在しないものと考えられることから、製鉄操業が開始した後に須恵器生産が導入された状況を確認できる。

以上のことから製鉄炉の操業年代は平城宮Ⅱ期から平城京Ⅲ期以前まで、7世紀末頃から8世紀第2四半期或いはそれ以前の何れかの期間と考えられる。木炭窯からは土器の出土が無いため詳細な年代をおさえることはできないが、製鉄炉と木炭窯が同一丘陵に存在していることや、木炭窯に対応する製鉄炉が調査された遺構（SR-01）以外に見当たらないことから、当木炭窯は製鉄炉操業時の何れかの時期に伴ったものであるとみたい。

木瓜原遺跡で検出された木炭窯は非横口式木炭窯の特徴を兼ね備えている。しかし、非横口式木炭窯が基本的には等高線に対して垂直方向に窯を構築していくのに対し、木瓜原遺跡木炭窯は等高線に対してほぼ平行に構築していること、芯々間約3mとやや幅広い感はあるものの谷側に横口が存在していること、谷側は後世の削平を受けており木炭窯操業時には谷側に作業面が存在した可能性も残されていることから、横口式木炭窯の要素も兼ね備えていた木炭窯であると考えられる。本木炭窯は、非横口式木炭窯と横口式木炭窯の両要素を備えた特殊な構造の木炭窯である。この形態の木炭窯を瀬田丘陵の木炭窯のA-3型と分類する。

(3) 野路小野山遺跡第1号木炭窯　A-1型（図172）

野路小野山遺跡は草津市野路町に所在し、8世紀前半頃の木炭窯6基、製鉄炉10基、鍛冶炉1基、工房群の他、管理棟等の性格が比定される整然と配置された掘立柱建物群が確認された。

第1号木炭窯は緩丘陵斜面に設けられた半地下式の横口式木炭窯で、等高線にほぼ平行する方向で構築されている。窯の全長は10mで、床面は焚口から奥壁側8m付近まではフラットな床面であるが、窯体中央部で僅かに窪み、低くなった後、2.5°という緩やかな勾配で上昇してい

第7節　木炭窯の形態からみた古代鉄生産の系譜と展開―滋賀県瀬田丘陵の事例を中心に―

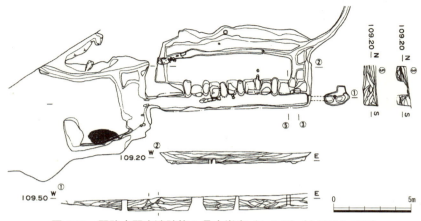

図172　野路小野山遺跡第1号木炭窯（A-1型）（大橋ほか1990）

るというよ　　　　　　　　　　　　　　　　　　　　　　　　うに、床面
傾斜が極めて緩やかで平坦な構造をしている。窯内部の床面幅は60cm前後、窯側面には芯々間
1.1m～1.2mの等間隔で7ヶ所に幅60cm前後の掻き出し口（横口）が穿たれる。窯体谷側は、
窯体主軸に併せ幅3.5m・長さ9.9m・深さ70cm～80cmの側庭部（作業場）となり、船底状に掘
り込まれている。煙道は奥壁中央部からトンネル状に穿ち煙出しへ貫通しており、焚口には左右
両側に割石二石を配している。また、側庭部から前庭部にかけて一条の溝状遺構が付設されてい
る（大橋ほか1990）。

　1号木炭窯の前庭部、側庭部上層埋土から須恵器杯身・蓋片等が出土しており、平城宮Ⅱ期か
らⅢ期に比定されることから、木炭窯の操業年代は8世紀第2四半期を前後する期間と考えられ
る（小森1992）。

　野路小野山遺跡第1号木炭窯は、「10m前後の長さを持つ半地下式で、床面に数度の傾斜を持
ち、焼成部から側面の作業場に通ずる横口を7～8孔持つ構造で、古墳時代中期からみられる箱
形炉技術に伴い出現し、8世紀の前半代まで残存し、福岡県から千葉県まで古手の箱形炉の遺跡
に伴う例が多い」（穴澤1984）という、横口式木炭窯の基本的要素を兼ね備えている。ただし、
古墳時代の横口式木炭窯が比較的急斜面に構築されるのに対し、本遺構は緩斜面に構築されてい
る点は、差異として指摘することができる。この形態の木炭窯を瀬田丘陵の木炭窯のA-1型と
分類する。

(4)　野路小野山遺跡第3号・第4号木炭窯　B型（図173）

　野路小野山遺跡第3号・第4号木炭窯は先に検討した第1号木炭窯の南西約60mに位置する。
第3号・第4号木炭窯は灰原・前庭部を共有しており、2基一連の形態をなしている。いずれも
緩やかな斜面に、等高線に対して直交する形で築かれており、地山を掘り込んでつくられた半地
下式の穴窯である。

　第3号木炭窯の全長は13.8mで、窯内の傾斜角度は約5°である。窯体床面での幅は0.8m～
1mを測る。煙出しは、窯の先端部に設けられていたと考えられている。窯の構造・操業に関し
ては、焚口・燃焼部は地山をトンネル状に掘り抜く、あるいは溝状に掘り込んで、スサ入り粘土
で窯体上部および天井部を構築した後その状態で数回操業した。

219

第3章 日本列島各地の製鉄開始期の様相

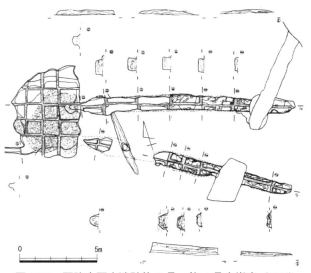

図173 野路小野山遺跡第3号・第4号木炭窯（B型）
（大橋ほか1990）

焼成部は、地山を溝状に掘り込み、その場所に木炭の原材料を詰めた後、窯壁上部と天井部をスサ入り粘土で構築する。焼成した後、天井部を壊して製品を取り出すという工程を1回の操業ごとにおこなっていたと考えられる（大橋ほか1990）。

第3号・第4号木炭窯灰原からは須恵器・土師器片が出土しており、平城宮Ⅱ期からⅢ期に比定されることから、木炭窯の操業年代は8世紀第2四半期頃と考えられる（小森1992）。このように出土遺物からは、先にみた野路小野山遺跡第1号木炭窯との時期差を抽出するのは困難で、8世紀第2四半期頃に第1号・第3号・第4号木炭窯が存在していたと考えられる。

野路小野山遺跡第3号・第4号木炭窯は、平面形態は横口式木炭窯から横口を取り除いた形態を呈しており、奈良時代の初頭に横口式木炭窯と入れ代わるように出現し、平安初期まで残存するタイプの木炭窯である（穴澤1984）。この形態の木炭窯を瀬田丘陵の木炭窯のB型と分類する。

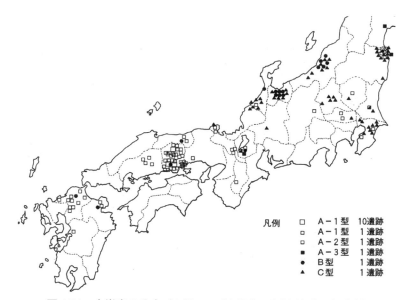

図174 木炭窯の分布（穴澤1992「木炭窯の分布図」を一部改変）

3 他地域における製鉄用木炭窯―瀬田丘陵製鉄遺跡群の事例との関連で―

　前項では瀬田丘陵における木炭窯の形態分類を行ったが、ここでは瀬田丘陵の木炭窯の変遷を検討するため、集成作業が進んでいる中国地方、九州北部、北陸地方、東北南部を含む関東地方及びその周辺地域の6世紀から9世紀にかけての木炭窯変遷の概観したい（図174）。

(1) 中国地方（図175）

　中国地方の製鉄用木炭窯については、行田裕美氏による集成作業がある（行田1992）。行田氏によれば、中国地方の製鉄用木炭窯の大多数はA-1型で占められていると言ってよい。ただし、中国地方の木炭窯が丘陵斜面に設置されるものが多いのに対し、野路小野山遺跡第1号木炭窯は緩斜面に設置されているという点は異なる要素である。なお、中国地方においては、総社市板井砂奥製鉄遺跡第7作業場4号窯状遺構（谷山1991）のような、非横口式のB型の木炭窯は例外的な事例であり、また、A-2型、A-3型の木炭窯も確認されていない。同一遺跡にA-1型と製鉄関連遺構とが存在する事例が多く、A-1型の木炭窯が製鉄と強く結び付いた木炭窯であることを裏付ける。岡山県周辺地域のA-1型の年代・存続期間であるが、木炭窯から土器が出土する事例が少ないことから、年代決定には地磁気測定が実施されることが多い。その成果によれば、中国地方のA-1型の木炭窯は、6世紀代中葉に出現、7世紀に盛行し、8世紀のいずれかの時期には消滅するようである。分布は、岡山市・総社市周辺、津山市周辺に集中し、備後地域ではやや希薄となる。

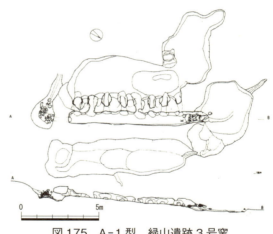

図175　A-1型　緑山遺跡3号窯
（中山1986）

(2) 九州北部

　九州北部の製鉄用木炭窯については、中島圭氏（2008）、小嶋篤氏（2013）らの資料集成・論考がある。製鉄用木炭窯は、福岡平野西部と二日市地峡帯に比較的まとまる状況にある。また、室見川流域や樋井川流域を中心とした油山山麓には、広域に鉄生産関連遺跡が存在しており、今後も検出数が増加すると予想される。

　8世紀中頃までの九州北部の製鉄用木炭窯の多数は横口式木炭窯が占めている。その大多数はA-1型であるが、浦江谷遺跡群第1次調査6区ではA-3型の木炭窯が検出されている（大塚ほか1999）。登り窯式木炭窯は事例数が少ないが、大宰府条坊の外縁域に集中的に分布する傾向がみてとれる。池田遺跡ではB型（栗原1970）、宝満山遺跡群ではC型（岡寺ほか2002）が検出されている。

(3) 北陸地方（図176）

　北陸地方の製鉄用木炭窯については、北陸古代手工業生産史研究会（関ほか1989）や石川考古学研究会（沢辺ほか1993）の集成作業、関清氏（1985・1991）、小嶋芳孝氏（1987）、池野正男

第3章　日本列島各地の製鉄開始期の様相

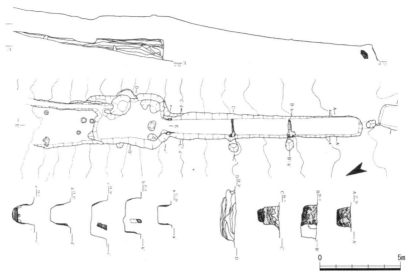

図176　B型　石太郎C遺跡4号炭焼窯（関ほか1983）

氏（1992）、品田高志氏（1994）らの論考がある。それらによれば半地下式のB型から、地下式の「窯の平面形態が羽子板状を呈し焼成室の延長の短い木炭窯」（この形態を木炭窯の分類呼称としてC型として分別する）への時間的推移がみられる。

　このうち8世紀前半より出現するB型は、当概期の北陸地方の製鉄用木炭の大部分を生産していた窯であるといってもよさそうである。しかし、9世紀代にはいるとC型がみられるようになりB型にとって変わる。なお、北陸地方ではA-2型、A-3型の木炭窯は現在のところ見つかっていない。A-1型のものは石川県下で検出きれており、一口に北陸地方と言っても福井県・石川県（北陸西部）と富山県・新潟県（北陸東部）では様相が異なりそうである。

(4) 関東地方及びその周辺地域（図177・178）

　関東地方においては比較的多くの木炭窯が検出されている。そのうちA-1型の木炭窯は長野県佐久市石附窯址群（竹原1982）、埼玉県児玉郡美里町甘粕山遺跡群如来堂D遺跡（駒宮1980）、入間郡大井町東台遺跡（高崎2005）、埼玉県、千葉県山武郡山武町森台古墳群（吉田ほか1983）、木更津市二重山遺跡（神野ほか1997）、栃木県佐野市北山窯跡（大川ほか1976）、福島県原町市島打沢A遺跡（吉野1994）、相馬郡新地町向田A遺跡、洞山F遺跡、洞山G遺跡、洞山H遺跡（寺島ほか1989）等で検出されている。時期は7世紀後半から8世紀前葉のものが多い。

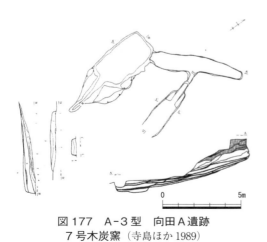

図177　A-3型　向田A遺跡
7号木炭窯（寺島ほか1989）

　A-2型のものはあえて類例を挙げるとすれば、窯の全長が27mと異常に長い茨城県石岡市に所在する粟田かなくそ山遺跡で検出され

第7節　木炭窯の形態からみた古代鉄生産の系譜と展開―滋賀県瀬田丘陵の事例を中心に―

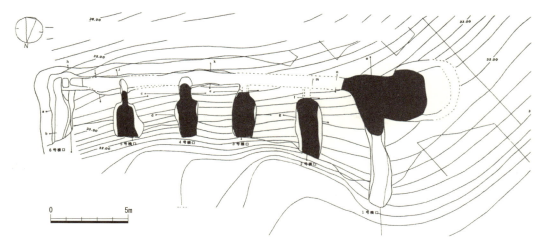

図178　A-2型　粟田かなくそ山遺跡木炭窯（伊東1990）

た木炭窯（伊東1990）を挙げることができる。A-3型のものとして向田A遺跡5号木炭窯、7号木炭窯、宮城県多賀城市柏木遺跡1号木炭窯、2号木炭窯、3号木炭窯、5号木炭窯（石川ほか1988）等を挙げることができる。A-2型・A-3型の操業時期については福島県のものが若干古い時期を想定できるが、8世紀前半を前後する時期に比定することができそうである。8世紀前半以降はC型が主流を占める地域が多い。なおB型については現在のところ当地域では見つかっていないようである。

　以上をまとめると、関東地方及びその周辺地域の木炭窯は、A-1型（7世紀後半を前後する時期）、A-2型・A-3型（7世紀後半から8世紀前半）、C型（8世紀前半以降）と変遷すると考えられる。

4　考察

　ここでは瀬田丘陵の木炭窯の展開を、（ⅰ）鉄生産の伝統的・中心的地域での展開、（ⅱ）地域での独自の展開、（ⅲ）他地域からの技術の導入、という3つの視点から検討していきたい。具体的にはこれまで検討してきた資料をもとに瀬田丘陵の木炭窯の4つの型式の意味付けを行い、次に瀬田丘陵の木炭窯の形態から見た古代鉄生産の系譜と展開について探っていきたい。

(1)　広域の技術伝播と連動性
①A-1型
　A-1型は横口式木炭窯の基本的諸様相を兼ね備えた木炭窯であるといえ、一般的には古墳時代後期に出現する西日本の箱形炉技術に伴い出現・展開し、また7世紀から8世紀前半に東日本に出現する箱形炉にも伴い出現・展開する。その分布は、西から熊本県、大分県、福岡県、鳥取県、広島県、岡山県、兵庫県、京都府、石川県、長野県、千葉県、埼玉県、栃木県、福島県に及んでいるが（穴澤1984）、初期製鉄地帯である九州北部、古代の吉備と言われる地域、兵庫県西部・京都府北部などの畿内周辺部にその分布の中心が認められる。また慶尚南道の検丹里遺跡より2基のA-1型が検出されており（鄭・安1990）、更に韓国では2例の発見があったとの報告もあり、その後、京畿道の旗安里遺跡などでも検出されており、その系譜は少なくとも朝鮮半島南

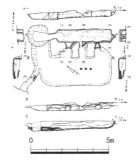

図179 参考 真福寺遺跡
1号窯（鋤柄ほか1986）

部にまで追うことができる。

A-1型は8世紀前半以後、長岡京で発見された例（梶川1985）を最後に、姿を消してしまうようである。長岡京の事例も製鉄炉に伴うものではなく、A-1型本来の製鉄用木炭窯としての機能は8世紀前半でその歴史的使命を終えるのかもしれない。8世紀後半以降横口式木炭窯の出現は確認されているが、小型化が著しく窯の全長が5m前後、横口が4個程度のものが主流を占め、A-1型のものとは形態が非常に異なることがわかる。この小型の横口式木炭窯には鋳造遺跡に伴うことが多く、鋳造技術に伴う製炭技術とみなすこともできる。なおその初現は大阪府真福寺遺跡の奈良時代に比定される木炭窯（図179、鋤柄ほか1986）と考えられる。

A-1型は岡山県周辺地域や九州北部という日本列島の初期製鉄地帯や、関東地方周辺・北陸地方西部等、製鉄用木炭製造技術が他地域から導入された段階で見られることが指摘できよう。このことから、A-1型の出現する遺跡は鉄生産の中心的様相を持つ場合と、鉄生産の中心的地域から技術が導入された場合の2通りの可能性を考えることができる。

② B型

B型の木炭窯は横口式木炭窯の横口を取り除き、ほぼ直線的に長く伸びる形態を呈しており、斜面に直交する形で窯が構築されることを特徴とする。その分布は西から福岡県、大分県、岡山県、鳥取県、石川県、富山県、新潟県などに及んでいる（穴澤1994）。それらを概略するならば、7世紀以前は西日本を中心に、8世紀以後は東日本に分布する状況がみてとれる。以下7世紀以前と8世紀以後の状況についてみていく。

7世紀以前のB型では共伴して出土する土器等の遺物が少なく、詳細な時期決定が難しい場合が多い。しかし、大分県国東市の塩屋伊豫野原遺跡1号窯（高橋1991）、岡山県総社市の板井砂奥製鉄遺跡第7作業場4号窯状遺構（谷山1991）を、時期が判明する事例として挙げることができる。このうち塩屋伊豫野原遺跡ではB型（1号窯）とA-1型（2号窯）が調査されており、2号窯より数m離れた地点で7世紀前半代に比定される須恵器が出土している。考古地磁気年代測定においても1号窯、2号窯共にA.D660±20という7世紀中葉という推定年代が出されている（伊藤・時枝1991）。したがって、塩屋伊豫野原遺跡の1号窯の操業年代が7世紀中葉に比定され、またA-1型と併存していた可能性が高い。

他の7世紀代の西日本の事例については、A-1型とB型が同一遺跡から検出されることが多いことから、両木炭窯による目的とする製品、あるいは原料による使い分けが行われた可能性も捨てきれないが、木炭そのもので証明された例はなく今後の課題となる。ただしA-1型と比較すると格段に少なく、分布の密集も今のところ見受けられない。

8世紀以後の事例は東日本のものが中心で、8世紀代から9世紀前半までのものが大半を占める。前項でみたように大多数は北陸地方で発見されており、北陸地方の製鉄用木炭窯の主流となる。その出現が野路小野山遺跡第3号・第4号木炭窯と同時期かそれ以降であることから、近江と北陸地方との間に木炭製造の技術伝播と連動性を指摘できる。B型は西日本ではA-1型に付属する事例が多いのに対し、東日本ではB型が単独で存在するのが大多数である。野路小野山

第7節 木炭窯の形態からみた古代鉄生産の系譜と展開—滋賀県瀬田丘陵の事例を中心に—

遺跡おけるＢ型の出現が、Ｂ型の木炭窯による木炭生産技術の起点となり、Ｂ型が、それ以前の
Ａ-1型の補助的立場から、製鉄用木炭生産の主力となったとする仮説を、ここでは提示したい。

　なお、8世紀後半から9世紀前半にかけてＢ型は北陸地方、Ｃ型は関東地方・東北南部に分布
がみられる。当該期、北陸地方では縦置きの箱形炉で製鉄が続く。一方、関東地方では半地下式
竪形炉、東北南部では踏み鞴付箱形炉と半地下式竪形炉が出現し、新たな技術で製鉄が行われ
る。縦置きの箱形炉は緩斜面に設置することを、半地下式竪形炉は比較的急斜面に設置すること
を志向する。

　Ｂ型は緩斜面に設置するのに向く。一方、Ｃ型は須恵器窯の床面を緩やかにすることにより開
発されたと考えられ、比較的急斜面に設置することが可能である。Ｂ型・Ｃ型の出現・展開に
は、製鉄技術系譜・製鉄集団と深く関わりがあったことが予想される。

（2）　技術の独自展開の様相

　Ａ-2型の木炭窯は、全長が長い点、傾斜角度が大きい点、窯内部の床面幅が広い点等の構造
的特徴を兼ね備えた横口式木炭窯である。このような特徴をすべて持つ木炭窯は全国的にみても
非常に少ない。Ａ-3型の木炭窯は、斜面に対して斜行して設置される地下式の窯で、焼成室に
横口が1孔付き、横口と焚口前面に作業場が伴い、窯内部の幅は1m前後である。構造的には、
横口式木炭窯と非横口式木炭窯の両要素を併せ持つ木炭窯といえる。

　類例としては前項であげた向田Ａ遺跡と柏木遺跡の2遺跡の事例のみで、飯村均氏は、向田Ａ
遺跡5号木炭窯と7号木炭窯を、「横口式木炭窯」からＣ型の木炭窯に移行する段階で、過渡的
に出現する木炭窯であると考える（飯村1989）。このようにＡ-2型・Ａ-3型両者ともに類例が
少なく、また相馬地域の例のように地域を限定し検討した結果からも短期的・過渡的様相がみて
とれる。以上のことから、Ａ-2型・Ａ-3型は他地域から製鉄用木炭製造技術が導入された後、
地域内で独自に改良（改悪）がなされた段階でみられる木炭窯であると考えられる。

　これらの木炭窯は横口本来の機能低下がみられること、窯内の斜面角度が大きいこと、更に窯
が大型化していること等の要素をみてとれる。以上の要素からは、木炭窯の技術的向上を想定す
ることは難しく、製鉄用木炭の需要の増加による木炭の大量生産を第一の目的とした対処であっ
たと考えられる。当時の相馬地域は、律令体制の蝦夷政策に対する太平洋側における前進基地の
あった地域であり、また柏木遺跡の製鉄が多賀城に付属する形で行われている。これらの製鉄
遺跡は東北経営の要に近接して所在しており、鉄の需要が大きかったことを推定できる。Ａ-2
型・Ａ-3型が1回の操業における木炭の大量生産を目的としたことを裏付ける根拠である。

（3）　瀬田丘陵製鉄遺跡群における古代鉄生産の系譜と展開

　瀬田丘陵の木炭窯については4つに分類することが可能で、それぞれＡ-2型の木炭窯は7
世紀第4四半期から8世紀初頭の間、Ａ-3型の木炭窯は7世紀末から8世紀第2四半期の間、
Ａ-1型とＢ型の木炭窯は8世紀第2四半期を前後する何れかの時期にその操業年代を推定した。
以下それらを基に瀬田丘陵の木炭窯の系譜と展開について検討していきたい。

　形態面からはＡ-1型、Ａ-2型、Ａ-3型は横口式木炭窯に、Ｂ型は非横口式木炭窯に分類が
可能で、更に横口式木炭窯は横口の機能退化という点で、時期を無視して並べるならば、Ａ-1
型、Ａ-2型、Ａ-3型という順に並べることが可能である。しかし実際には、Ａ-2型、Ａ-3
型、Ａ-1型という時期的変遷が確認されている。Ａ-2型からＡ-3型へという時間的推移は横

225

第3章　日本列島各地の製鉄開始期の様相

口の機能退化という流れの中で理解できるが、A−1型の出現はそれ以前の瀬田丘陵での木炭窯変遷の流れと逆行しており、A−2型・A−3型とA−1型との間には断絶があったと考えられる。A−2型からA−3型へという木炭窯の変遷は、関東地方やその周辺でみられる地域内独自の形態変遷の範疇で理解することが可能で、瀬田丘陵の鉄生産開始以降の系譜の中で理解できる。

　一方、A−1型・B型は、それ以前の瀬田丘陵における手工業生産体制とは異なる系譜の中で誕生した木炭型式であると考えられ、他地域からの製鉄用木炭生産技術の導入という段階を設定した方がよさそうである。特にA−1型は、製炭技術としては古くからの製作工程を踏襲していると考えられ、古墳時代に朝鮮半島から伝わった木炭窯の可能性が高い。岡山県や九州北部では8世紀前半頃までA−1型が操業を続けていることから、岡山県や九州北部等の初期製鉄地帯における技術及び技術工人を、瀬田丘陵での製鉄に投入した可能性がある。したがって、瀬田丘陵の製鉄においては、A−3型からA−1型・B型への変遷、すなわち、木瓜原遺跡での製鉄と野路小野山遺跡での製鉄の間に、大きな画期があったと考えられる。そこで以下、両遺跡の比較を行う。

　両遺跡の製鉄炉の構造については、木瓜原遺跡は横置き、野路小野山遺跡のものが縦置きの箱形炉であることが、また製鉄炉の配置に関しては木瓜原遺跡のものが、1基であるのに対し野路小野山遺跡のものが6基も並べて操業を行っていることがすでに指摘されているところである。また、木瓜原遺跡では須恵器窯が併存しているのに対し、野路小野山遺跡では須恵器窯がみられない。このことは、観音堂遺跡で須恵器窯が検出されていることから、観音堂遺跡と木瓜原遺跡との共通性を指摘できる点として、木炭窯の系譜関係との関連で重視したい。

　瀬田丘陵製鉄遺跡群における製鉄の初現は、7世紀後半と考えられる源内峠遺跡（大道ほか2001）であり、鉄単独の生産を行っている。その後、観音堂遺跡、木瓜原遺跡の段階すなわち7世紀末から8世紀初頭を迎えて、鉄生産と須恵器生産が若干の時間差を持ちながら場を共有するという局面を迎える。そして8世紀中頃の野路小野山遺跡の段階には再び鉄単独となる。

　須恵器生産と鉄生産の関係については各地域で異なっているようであるが、両者が同時期、同一遺跡において関連しあっている事例がいくつか報告されている。岐阜県各務原市鵜沼松田古窯址群では昭和46年に発掘調査が行われ、8世紀の須恵器窯址1基、7世紀後半の須恵器窯灰原の一部、6世紀後半の円墳1基などが検出きれているが、調査時における遺跡周辺採集資料のなかに、鉄滓が多量に含まれていることも判明している（渡辺1992）。詳細は不明であるが、須恵器窯跡に近接して製鉄関連遺構・遺物の出土があった事例として注目したい。関東地方では埼玉県鳩山町鳩山窯跡群の第Ⅰ期（8世紀初頭）において鉄生産と須恵器生産が同一地域に展開するものの、第Ⅱ期には分離するようである（穴澤1994）。また福島県新地町の向田A遺跡では、C型の木炭窯を作り替えた当遺跡1期（7世紀後半前後）に比定される須恵器窯が検出されており（寺島ほか1989）、製鉄工人と須恵器生産工人の交流が想定される。

　以上、鉄生産と須恵器生産が同一遺跡内で行われた可能性のある事例を3例みた。各務原市の事例は不確定要素をふくんでいるが、すべて西暦700年を前後する時期の事例であり、観音堂遺跡、木瓜原遺跡の事例とほぼ同時期であることが注目される。鉄生産と須恵器生産という関係からは、瀬田丘陵と東日本の各地域で同じような現象が起きていることを指摘できる。したがって、8世紀前半の何れかの時期に瀬田丘陵や東日本の幾つかの地域で、鉄生産と須恵器生産が場を共有する生産体制から、それぞれが場を分離する生産体制へと変化した可能性が高い。

第8節　古代近江・美濃・尾張の鉄鉱石製錬

このように、木瓜原遺跡と野路小野山遺跡では、木炭窯の形態のみならず、製鉄炉の形態、製鉄炉の配置の仕方、須恵器生産との関係等で相違点が多数あることが確認された。木瓜原遺跡から野路小野山遺跡への変遷の時期、すなわち8世紀前半の何れかの時期に、瀬田丘陵における製鉄をはじめとする手工業生産体制に画期的な変化があったと考えたい。また、瀬田丘陵の事例と連動するかのように、他地域においても手工業生産体制の変革が行われたことを予想したい。

5　おわりに

本節では、瀬田丘陵における製鉄用木炭窯について検討し、A−1型（野路小野山遺跡第1号木炭窯）、A−2型（観音堂遺跡木炭窯）、A−3型（木瓜原遺跡木炭窯）、B型（野路小野山遺跡第3号・第4号木炭窯）の4つに分類した。A−2型とA−3型の木炭窯が、瀬田丘陵で鉄生産が開始されて以来の系譜を継ぐ木炭窯で、瀬田丘陵という一定地域内での独自の形態変遷の中で出現した木炭窯として理解した。一方、A−1型とB型を在来の瀬田丘陵の系譜と別の系譜を継ぐ木炭窯であるとし、その系譜を西日本の初期製鉄地帯から継ぐものと推定した。また木炭窯以外にも鉄生産と須恵器生産との関係から、木瓜原遺跡から野路小野山遺跡への変遷過程において、生産編成の大きな転換がなされたことを推定した。また、それぞれの型式の木炭窯の全国的な展開を概観し、その変遷過程と瀬田丘陵の事例との比較を行い、その類似点と相違点を確認した。

しかし、瀬田丘陵においての木炭窯の検出例は少なく、未知数な部分が多い。A−2型、A−3型の前後の木炭窯の具体的な変遷過程、またA−1型・B型の木炭窯がどのような変遷をしていくのか、今後の調査結果に依るところが大きい。また窯構造の細部の検討、樹種の検討等の課題は残されている。それらの検討を経た後、瀬田丘陵の鉄生産の様相を再検討したい。

第8節　古代近江・美濃・尾張の鉄鉱石製錬

1　はじめに

本節では、近江・美濃・尾張における古代の製鉄遺跡、鉄鉱石出土遺跡、鉱石製錬滓出土遺跡の発掘調査成果を検討する。なお、近江については、これまでに概観したので、本節では、主に美濃・尾張の製鉄関連遺跡の検討をおこない、近江・美濃・尾張における鉄鉱石を原料とする製鉄の実態とその歴史的背景にせまっていきたいと思う。

2　製鉄遺跡

(1)　美濃（図180）

美濃では、現時点においては製鉄遺跡は確認されていないが、製鉄に関わる伝承が少なくない。不破郡垂井町に所在する美濃一ノ宮の南宮大社（仲山金山彦神社）は、古くから製鉄関係業者の尊崇を集め、その代表的存在である。また史料面からは、大宝2年（702）の御野国戸籍や、藤原宮跡出土の「己亥年九月三野国各□〜」の貢進物付札の木簡裏面に『五百木部』という部名が知られている。この『五百木部』については、『伊福部』とも言い、尾張氏と同じく火明命を祖先神とし、「製鉄を通じて、武器の生産・供給を職掌とした軍事的な部」である可能性が高い

227

第3章 日本列島各地の製鉄開始期の様相

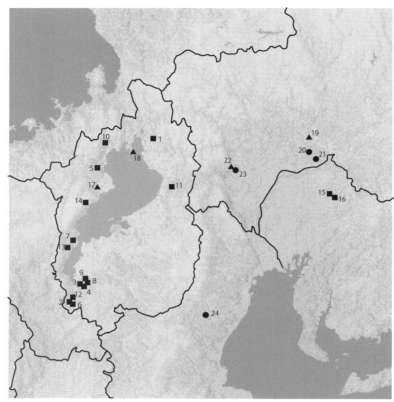

製錬遺跡
　1 古橋遺跡
　2 南郷遺跡
　3 月の輪南流遺跡
　4 源内峠遺跡
　5 東谷遺跡
　6 芋谷南遺跡
　7 滝ヶ谷遺跡
　8 木瓜原遺跡
　9 野路小野山遺跡
　10 北牧野製鉄A遺跡
　11 キドラ遺跡
　12 平津池ノ下遺跡
　13 後山・畦倉遺跡
　14 上仰木遺跡
　15 狩山戸遺跡
　16 西山遺跡

鉄鉱石出土遺跡
　17 上御殿遺跡
　18 葛籠尾崎湖底遺跡
　19 弥勒寺東遺跡

鉱石製錬滓出土遺跡
　20 蘇原東山遺跡群
　21 大牧古墳群

金生山関連遺跡
　22 金生山
　23 遊塚古墳
　24 井田川茶臼山古墳

図180　近江・美濃・尾張の鉱石製錬関連遺跡の位置

とされている（渡辺1992）。

　また、大垣の金生山では赤鉄鉱が多量に採取できることから、赤鉄鉱を用いた製錬の存在、金生山の鉄と壬申の乱の舞台としての美濃との関連性などが検討されてきた。この問題を多角的に論じた八賀晋氏は、美濃では金生山産の良質な赤鉄鉱による一大鉄生産と鍛冶が展開されていた可能性を指摘し、大海人皇子軍が不破道を塞ぎ、近江方が美濃に固執した背景に、これを材とした武器とこれを納めた武器庫の争奪をめぐる攻防があったと推察している（八賀1993）。さらに、赤坂の赤鉄鉱には砒素と銅の含有量が多いことに注目した。金生山に近い遊塚古墳（大垣市青墓・5世紀初頭）や、三重県の井田川茶臼山古墳（亀山市みどり町・6世紀前半）から出土した鉄鏃には、砒素の含有率が高いことから、金生山の鉄を利用したものと推定した（八賀1999）。しかし、この時代の鉄器の始原原料については多様な議論があるところであり（金生山赤鉄鉱研究会2001）、鉄材の流通という観点も含めた研究の深化が求められる。

　(2)　尾張（図180・181、表13）

　尾張で発掘調査が実施された製鉄遺跡は、名古屋市北方20km、篠岡丘陵所在する西山遺跡と狩山戸遺跡の2遺跡で、それぞれ箱形炉が1基検出されている。鉄原料は鉄鉱石である。尾張は猿投山西南麓古窯跡群を有する全国でも有数の須恵器生産地であるが、窯業遺跡に比べ製鉄遺跡の分布は希薄である。以下に狩山戸遺跡と西山遺跡の概要を記す。

表13　近江・美濃・尾張における古代の製錬遺跡（発掘調査実施分）

遺跡No.	遺跡名	製鉄炉の遺構名	所在地	製錬炉 規模	地下構造 規模	地下構造 構築法	原料	時期	備考
1	古橋	製鉄炉	長浜市木之本町古橋	220×50 (外)		地山直接	鉱石	7世紀前半	
2	南郷	製鉄炉	大津市石山内畑町		380×不明×40	炭敷か	鉱石	7世紀中頃	
3	月輪南流		大津市月輪町					7世紀後半	
4	源内峠	4号製鉄炉	大津市瀬田南大萱町	250×50 (内)		地山直接	鉱石	7世紀後半	4→3→2→1号製鉄炉
4	源内峠	3号製鉄炉	大津市瀬田南大萱町	200+×30 (内)	200+×75+×25	重礫敷	鉱石	7世紀後半	4→3→2→1号製鉄炉
4	源内峠	2号製鉄炉	大津市瀬田南大萱町	235×30 (内)	240+×105×18	重礫敷	鉱石	7世紀後半	4→3→2→1号製鉄炉
4	源内峠	1号製鉄炉	大津市瀬田南大萱町	240×20 (塊)	400×160×40	炭敷	鉱石	7世紀後半	4→3→2→1号製鉄炉
5	東谷		高島市今津町大供				鉱石	7世紀後半	
6	芋谷南	製鉄炉	大津市石山南郷町	280×90 (外)	280×90×40	礫敷	鉱石	7世紀後末	
7	滝ヶ谷		大津市真野佐川町				鉱石	7世紀後半～8世紀	
8	木瓜原	製鉄炉SR-01	草津市野路町	280×60 (外)	600×350×70	重炭敷	鉱石	8世紀前半	
9	野路小野山	7号炉	草津市野路町	110+×80 (外)	110+×80×20	地山直接	鉱石	7世紀末～8世紀初頭	未掘
9	野路小野山	8号炉	草津市野路町	140×40		不明	鉱石	7世紀末～8世紀初頭	未掘
9	野路小野山	10号炉	草津市野路町	120×100 (外)		不明	鉱石	7世紀末～8世紀初頭	未掘
9	野路小野山	1号炉	草津市野路町	150×50 (外)	160×150×50	炭敷	鉱石	8世紀中頃	1～6号炉並列
9	野路小野山	2号炉	草津市野路町	100×50 (塊)	270×120×20	礫敷	鉱石	8世紀中頃	1～6号炉並列
9	野路小野山	3号炉	草津市野路町			不明	鉱石	8世紀中頃	1～6号炉並列・未掘
9	野路小野山	4号炉	草津市野路町			不明	鉱石	8世紀中頃	1～6号炉並列・未掘
9	野路小野山	5号炉	草津市野路町			不明	鉱石	8世紀中頃	1～6号炉並列・未掘
9	野路小野山	6号炉	草津市野路町			不明	鉱石	8世紀中頃	1～6号炉並列・未掘
9	野路小野山	9号炉	草津市野路町			不明	鉱石	8世紀中頃	9・11～14号炉並列・未掘
9	野路小野山	11号炉	草津市野路町			不明	鉱石	8世紀中頃	9・11～14号炉並列・未掘
9	野路小野山	12号炉	草津市野路町			不明	鉱石	8世紀中頃	9・11～14号炉並列・未掘
9	野路小野山	13号炉	草津市野路町			不明	鉱石	8世紀中頃	9・11～14号炉並列・未掘
9	野路小野山	14号炉	草津市野路町	140×40 (外)	200×40×40	炭敷	鉱石	8世紀中頃	9・11～14号炉並列
10	北牧野製鉄A	溶鉱炉	高島市マキノ町牧野			不明	鉱石	8世紀	
11	キドラ		彦根市中山町				鉱石	8世紀	
12	平津池ノ下	1号炉	大津市平津・千町	240×60～65 (外)	240×65×30	礫敷	鉱石	8世紀後半	1・2号炉直列
12	平津池ノ下	2号炉	大津市平津・千町	270×60～65 (外)	270×65×30	礫敷	鉱石	8世紀後半	1・2号炉直列
13	後山・畦倉	SX5	大津市北比良		170×70×10	不明	鉱石	8世紀中頃～9世紀	
14	上仰木	製鉄炉1	大津市仰木	230× ?	230× ?×10	不明	鉱石	9世紀後葉～10世紀	
15	狩山戸	製鉄遺構	小牧山小牧山下末		300×80×20	礫敷	鉱石	7世紀後半～8世紀初頭	
16	四川	製鉄炉	春日井市四川町	220×50～70 (外)	270×100×40	礫敷	鉱石	7世紀後半または9世紀	

第3章　日本列島各地の製鉄開始期の様相

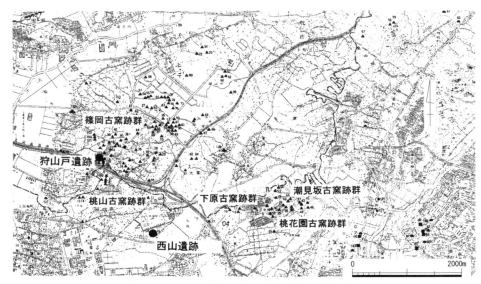

図 181　狩山戸遺跡・西山遺跡周辺の遺跡分布

　①　狩山戸遺跡（小牧市下末、図182・183）

　1985年度、桃山台（桃花台ニュータウン）沿線開発事業に伴う発掘調査（狩山戸地区A群）で、製鉄遺構（箱形炉）が1基検出された。狩山戸地区A群の遺構は丘陵の東斜面、標高50〜52mのほぼ同一標高に、南から篠岡102号窯、篠岡17号窯、篠岡103号窯、製鉄遺構の順に並んで築造されている。古窯跡は全て半地下式の窖窯で、斜面に直交して築かれているが、製鉄遺構は斜面に斜行して築かれ、炉底は緩く傾斜している。製鉄遺構に伴う出土土器が乏しく、排滓坑内から灰釉陶器の破片が1点出土したのみである。ただし、狩山戸地区A群の同一斜面の北に隣接して、7世紀末から8世紀初頭に位置づけられる須恵器窯が1基存在したと推定されており、製鉄遺構と須恵器窯とが並存した可能性も考えられる（中嶋1986）。

　②　西山遺跡（春日井市西山町、図184・185）

　篠岡丘陵の南東側縁辺部、標高43mほどの緩やかな丘陵斜面に立地する。周辺の同一丘陵上には7世紀から12世紀の古窯が100基以上確認されている笹岡古窯跡群や、平安時代を中心とした桃山古窯跡群がある。谷を挟んだ南東側丘陵には6世紀から7世紀を中心とした下原古窯跡群が所在する。下原古窯跡群は6世紀初頭の開窯で、須恵器と須恵質埴輪を併焼しており、味美二子山古墳（全長94m・前方後円墳）へ須恵器と埴輪を供給した窯として知られる。

　西山遺跡の発掘調査は宅地造成に伴うもので、2004年3月に実施されている。発掘調査では、製鉄炉1基と排滓坑や溝状遺構などの付属施設、鋳造関係の溶解炉と想定される遺構が検出されている。出土遺物は鉄鉱石を含む製鉄関連遺物のほか、獣脚鋳型を含む鋳型が確認されている。鋳造関連遺物が、鉄鉱石原料の箱形炉に伴って出土した事例としては珍しい。

　年代比定できる土器などの出土が乏しく、各遺構の年代比定を行う資料が極めて少ない。製鉄炉・排滓坑で確認された土器は9世紀に位置づけられるが、製鉄炉の形態は7世紀後半の近江のものに類似する（村松2017）。

第 8 節　古代近江・美濃・尾張の鉄鉱石製錬

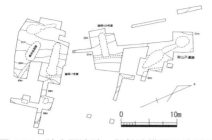

図182　狩山戸遺跡　製鉄遺構周辺地形図
（中嶋1986）

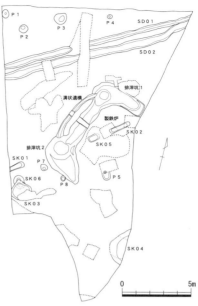

図184　西山遺跡　遺構全体図
（村松2017）

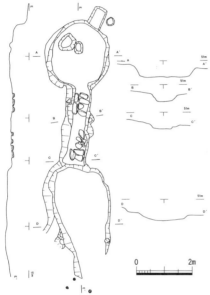

図183　狩山戸遺跡製鉄炉
平面図および断面図（中嶋1986）

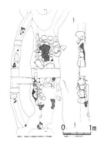

図185　西山遺跡製鉄炉
平面図および見通図（村松2017）

製錬遺跡
1　狩山戸遺跡
2　西山遺跡

鉄鉱石出土遺跡
3　弥勒寺東遺跡

鉄滓出土古墳・古窯跡
4　蘇原東山遺跡群
5　大牧古墳群
6　鵜沼松田古窯跡群
7　御坊山南遺跡

金生山関連古墳・神社
8　金生山
9　遊塚古墳
10　南宮大社

図186　美濃・尾張の鉱石製錬関連遺跡の位置

231

③ 製鉄炉の形態

近江・尾張で検出された製鉄炉は、全て箱形炉に分類される。西山遺跡では横置き、狩山戸遺跡ではやや縦置きの箱形炉が検出されている。原料も鉄鉱石であり、製鉄技術は系譜的には近江につながると考えられる。操業時期が不確定であるが、近江を含め、東日本の箱形炉が、両側排滓から片側排滓を志向することを鑑みると、西山遺跡から狩山戸遺跡へという変遷を追うことができる。

3 鉄鉱石出土遺跡（図187・188）

弥勒寺東遺跡（関市池尻字弥勒寺）からは鉄鉱石（磁鉄鉱）が出土しており、鍛冶遺構も検出されている。鉄鉱石は正倉西3・4北側の正倉院区画溝内（S3E27区）の初期流入土（奈良時代の遺物包含層）から出土した。鉄鉱石は長径5.8cm、中径4.7cm、短径3.5cmの塊で、178.7gを量る。表面に、金属的光沢を放つ黒い正八面体の結晶を析出させており、強力に磁着する。製鉄の原鉱として持ち込まれた可能性があるが、美濃では鉄鉱石（磁鉄鉱）を産出する鉱脈は知られていないという（田中弘2014）。出土鉄鉱石は、本章第6節でおこなった鉄鉱石の分類基準に当てはめるならば、分割技術・形態的分類のⅢb類（不定形石核）、鉄鉱石質的分類のC1類（鉱石粒子が粗く、脈石が全体の半分以下のもの）に該当する。正倉区域には4基の鍛冶遺構（1～4）が、正倉西2～4の下層に展開し、操業時期は7世紀後半～8世紀初頭とみられる。鍛冶遺構は、正倉院が整備される前の「弥勒寺」造営に関わる鉄資源確保のための施設であったと考えられている。なお、鍛冶遺構からは、鉄鉱石以外の製錬系遺物は出土していないようである。

弥勒寺東遺跡は武義郡司ムゲツ氏が造営した武義郡衙跡である可能性が高い。遺跡は、大小の支流を集めながら武義郡を貫流する長良川を利用した水運によって、郡内一円の物資を速やかに集積できる位置にあり、人・物・情報が集まる一大「物資流通センター」としての役割を果たしていたと考えられる（尾関1999）。

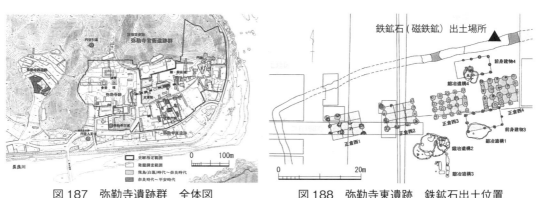

図187　弥勒寺遺跡群　全体図
（田中2014）

図188　弥勒寺東遺跡　鉄鉱石出土位置
（田中2014）

4 鉄滓出土古墳

6世紀後半から8世紀初頭にいたる各務原市内の遺跡では、鵜沼松田古窯跡群、大牧古墳群、蘇原東山（須衛・持田）遺跡群、御坊山南遺跡群から、鉄滓が出土する遺構が確認されている。

このうち、蘇原東山遺跡群では鉱石製錬滓が出土している。

蘇原東山遺跡群（各務原市須衛町・持田町）では1985年から1990年にかけて発掘調査が実施された。そのうち1号石組遺構、6号墳東側周濠内、および13・14号墳石室南側から鉄滓が出土した。金属学的調査により13号墳石室羨道南側から出土した鉄滓2点については鉱石系製錬滓、6号墳東側周濠内から出土した鉄滓1点については含銅磁鉄鉱系原料の鍛錬鍛冶滓であることが判明している（図189）。いずれも7世紀後半代の古墳の供献祭祀に伴うものと考えられる。以上のことから、蘇原東山遺跡群の周辺には、鉄鉱石を原料とする製鉄遺跡が存在していた可能性が高い（渡辺・大澤ほか1999）。また大牧古墳群

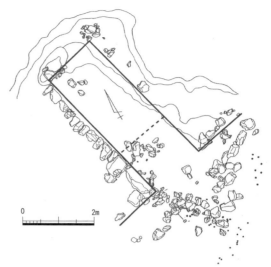

図189　蘇原東山遺跡群　13号墳全体図
（石室羨道南側のドットが鉄滓出土位置）
（渡辺・大澤ほか1999）

（各務原鵜沼）の7世紀後半に属する2号墳の西側周濠内から出土した鉄滓についても、金属学的調査により鉱石系鍛錬鍛冶滓であることが判明している（渡辺・大澤ほか2003）。

渡辺博人氏は各務原市内の製鉄関連遺跡について、7世紀後半代という時期に集中し、これが美濃須衛が爆発的に増加する時期と合うこと、大牧古墳群を除き、いずれも美濃須衛窯の分布域内に所在していること、鉄滓が古墳の葬送儀礼・墓前祭祀にかかわる状態で出土していること等から、須恵器工人と製鉄工人は、同一首長の管掌のもとに、生産基盤を同じくしていた可能性を考えた。そして、美濃須衛窯は奈良時代に入ると官窯的性格を帯びることとから、須恵器と鉄生産の背景には、律令国家による国家的戦略があったと想定した（渡辺1992）。

5　まとめ

以上みてきたように近江・美濃・尾張は、製鉄原料が鉄鉱石であること、製鉄炉の形態も類似し、その変遷も同様の傾向を示すことから、同一製鉄技術圏を形成していたと考えられる。また、日本列島で最も東に位置する、鉄鉱石製錬滓が出土する古墳が存在することから、古墳時代から続く製鉄集団によって製鉄が行われていた可能性が高い。また、西山遺跡では、製錬系遺物と混って、鋳型などの鋳造関連遺物が出土している。国内では鉄鉱石原料の製鉄遺跡で鋳造関連遺物が出土する唯一の遺跡であり、注目される。近江・美濃・美濃は、7世紀後半以降、北陸地方・関東地方・東北南部に伝播する製鉄や鋳造技術の発信地あるいは中継地として位置づけられ、重要な地域であったと考えられる。

第9節　鉄鉱石製錬から砂鉄製錬へ1
　—筑紫と吉備の様相から—

1　はじめに

　6世紀後半は九州北部、中国地方、近畿地方における、箱形炉による鉄鉱石製錬の開始と砂鉄原料への移行期ととらえることができる。砂鉄製錬の技術が日本列島独自のものなのか、中国大陸・朝鮮半島に起源があるのかという問題については長い間、論争が続いている。

　韓国鎮川の石帳里遺跡（4世紀代）や日本列島内の鉄鉱石原料を用いる製鉄遺跡からは、砂鉄粒子大の紛鉱状の鉄鉱石が多量に廃棄されている。紛鉱状の鉄鉱石は、鉄鉱石塊の分割・粉砕時または自然風化のために粉状になったものと考えられる。6世紀後半の製鉄遺跡の発掘調査において、紛鉱状の鉄鉱石を使用した製鉄の状況を証明できれば、日本列島内で比較的容易に採取しやすく、火山性地帯特有の粉状の鉱物資源である砂鉄に原料を特化し、製鉄の範囲を日本列島各地に順次広げていったことも、比較的容易に理解できる（穴澤 2003）。

2　柏原M遺跡から出土した膠着砂鉄

　6世紀後半の操業の可能性がある、福岡市南区柏原M遺跡の原料に関しては、鉄鉱石（中川 1992）と砂鉄（大澤 1992）両方の見解があり結論を得ていない。筆者は1992年9月、1997年9月、2008年10月、2017年3月と数回にわたり、柏原M遺跡の製鉄関連遺物の資料調査を福岡市埋蔵文化財センターで行った。なお、1992年9月の資料調査は穴澤義功氏と共同で行った。当遺跡では砂鉄（鉱石）焼結塊と呼ばれる、原料から金属鉄へ還元される段階途中の遺物が、遺跡全体から多数出土している。砂鉄（鉱石）焼結塊の大きさは2～3cm前後、質量は10～30gのものが多い。

　一般の製鉄遺跡で出土する砂鉄焼結塊は、炉内各部によって凝結の仕方が異なっているが、当遺跡の砂鉄（鉱石）焼結塊は、表面が半還元状態を呈し凝結しているのに対し、内部は非常に細かい均質な粒子状態となっている。また炉壁や炉底塊の表面にも砂状の半還元物質が顕著に付着しており、原料の入れすぎによる炉況の不安定化の状況を反映している可能性が高い。なお、ベンガラ状の鉱石粒を数点発見したが、確実に鉄鉱石と言えるものは発見できなかった。

　この砂鉄（鉱石）焼結塊の分析は化学組成の分析のみが行われており、二酸化チタン、バナジウム、二酸化珪素、酸化アルミニウムの割合が低いとする結果が得られている。二酸化チタン、バナジウムの割合の低さからは博多湾周辺の極底チタン含有砂鉄との関連を、二酸化珪素、酸化アルミニウムの割合の低さからは鉱脈成分が少ないことを、またバナジ

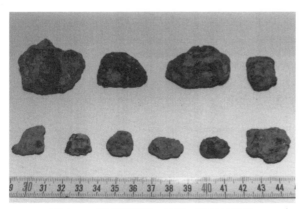

写真5　柏原遺跡群M地区　砂鉄焼結塊
（福岡市埋蔵文化財センター蔵）

ウムの比率が一般に知られている鉄鉱石と比べ高いことなどから、柏原M遺跡から出土した砂鉄（鉱石）焼結塊は、砂鉄の一種である「膠着砂鉄」が破砕され、炉内に装入され焼結した可能性がある。膠着砂鉄は、第三紀以前に堆積した砂鉄が堆積後の続成作用により凝結膠着したもので、山砂鉄に多い（古賀 1962）。

一方、吉備の製鉄遺跡から出土した鉄鉱石資料に、鉱石の生成時の結晶状況により磁鉄鉱の粒子が網目状になっているものがあり、柏原M遺跡出土の砂鉄（鉱石）焼結塊と類似している点や、二酸化チタンの割合が低いことから、磁鉄鉱の粒間の粗いものである可能性もある。柏原M遺跡周辺や他地域において、膠着砂鉄や粒間の粗い磁鉄鉱が存在しているかどうかの検討が今後の課題となろう。

3 柏原M遺跡の発掘調査結果

しかし、ここで重要なことは、柏原M遺跡の資料が膠着砂鉄であれ、粒間の粗い磁鉄鉱であれ、選鉱に際して破砕を必要とするところに共通性を見出すことができる点である。その技術は鉄鉱石の採掘・選鉱の際の破砕に通じるところがあり、鉄鉱石原料を使用する製鉄技術に繋がるものと考える。

柏原M遺跡では、炉底塊の破片、送風孔が穿たれた炉壁や、木舞の痕跡のある炉壁、鉄滓、鉄塊系遺物、鍛冶炉に伴うと考えられる羽口、木炭片、土器等の遺物が出土している。木舞の痕跡のある炉壁の観察から、木舞の材の径は3cm程で、垂直・水平に組まれたものではなく、斜めに組まれていたことを確認できる。炉壁粘土は長さ20cm×15cm程の大きさとし、それを積み重ね炉壁を構築したと考えられる。炉壁粘土にはスサが含まれ、送風孔は円形で、口径は約5cmを測り、下向きに約50°という急角度で穿たれている。炉底塊の破片が数点出土しており、幅は約20cm、厚さ5cmを測る。炉壁・炉底塊からは、炉形は箱形炉と判断できる。操業時期は6世紀後半から10世紀の何れかと報告されているが、製鉄関連遺物からは古手の年代が推定される。

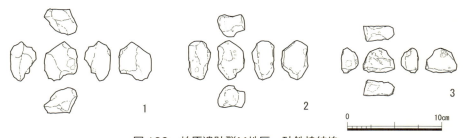

図190　柏原遺跡群M地区　砂鉄焼結塊

4 砂鉄製錬の起源

6世紀後半から7世紀前半の備後の世羅郡世羅町カナクロ谷遺跡（藤野・土佐 1993）、福山市池ノ向製鉄遺跡（福山市教育委員会 1995）、備中の総社市千引カナクロ谷製鉄遺跡（武田 1999）、美作の勝田郡勝央町下坂遺跡（岡本ほか 2008）では、出土製鉄関連遺物の金属学的調査で、鉄鉱石原料を主体的に使用しながら、砂鉄原料起源の遺物が確認された。製鉄の初現期である6世紀後

第3章　日本列島各地の製鉄開始期の様相

半から7世紀前半のごく短期間、両者併用の時期が存在したという想定が可能である。実際、鉱石系の鉄滓と砂鉄系の鉄滓が同一遺跡で出土している備後・美作は、良質の磁鉄鉱が採掘できる備中や近江など、鉄鉱石製錬が盛んな地域ではなく、その周辺地域であることは注目すべき現象である。

　備後・美作でみられる、こうした鉄鉱石製錬から砂鉄製錬へとの過渡期的な現象は、日本列島内の製鉄原料の砂鉄化の起点となったと考えられる。6世紀中頃においては、日本列島の製鉄原料は磁鉄鉱系の鉄鉱石で、朝鮮半島と共通する製鉄原料であった。しかし6世紀後半から7世紀前半になると、鉱脈の地域的偏りや自然露頭採掘の限界性、破砕作業の手間、あるいは、製錬した鉄塊の質的な問題などの理由から、砂鉄の併用、砂鉄製錬技術の確立へと急速に進んだものと考えることができる。

第10節　鉄鉱石製錬から砂鉄製錬へ2
—送風孔が複数個並んだ炉壁の検討から—

1　はじめに

　わが国の鉄づくりは「たたら製鉄」に代表される砂鉄製錬技術によって、約1,500年にわたり発展してきた。しかし、古墳時代後期に西日本の各地域で製鉄が開始された時点で、鉄鉱石（岩鉄）が唯一の鉄原料であったことは、意外に知られていない。中国大陸系の鉄鉱石原料を用いる竪形炉技術の伝統の強い古代東アジアの中で、日本列島の箱形炉における鉄鉱石から砂鉄への転換とその在り方は、極めて特異である。

　穴澤義功氏は、古墳時代後期の製鉄炉の送風について、炉の両長軸側の炉壁基部に、12cm前後の間隔で穿たれた複数の小さな通風孔（通風孔）から人工的に送風が行われたとした（穴澤2003）。しかし、滋賀県内の古代の製鉄遺跡から出土する、箱形炉に伴う炉壁の送風孔間隔は20cm前後が多く、穴澤氏の指摘にある、12cm前後と比較すると、広いという印象をもつ。

　本節では、まず、滋賀県内の製鉄遺跡で出土した送風孔が複数並んだ炉壁を、次に滋賀県以外の製鉄遺跡で出土した同様の炉壁を検討し、送風孔の間隔や、送風孔の形状からみた、鉱石製錬から砂鉄製錬への変遷、箱形炉による古代製鉄技術の特徴などについて考察していきたい。

2　近江で出土した送風孔が複数個並んだ炉壁

　滋賀県内では、源内峠遺跡（滋賀県大津市）、木瓜原遺跡（滋賀県草津市）、東谷遺跡（滋賀県高島市）から送付孔が複数並んだ炉壁が出土している。

(1)　源内峠遺跡　1号製鉄炉の北側炉壁集中部（図191、大道ほか2001）

　源内峠遺跡の1号炉北側炉壁集中部から出土した炉壁群（調査報告書では「鉄滓第2層(1)」として報告）は、炉壁が倒れたような状況で出土した。1号製鉄炉最終操業に伴う遺物群と考えられ、資料の検討を行うには、非常に良好な資料群である。1号製鉄炉は、平面形は隅丸長方形を呈し、炉底には粘土を貼り付けている箱形炉である。操業終了時の炉の内法は、長さ2.4m、幅0.2mに復元できる。操業時期は、おおむね700年前後に比定でき、鉄鉱石を原料とする。以下、出土した送風孔が複数個並んだ資料の概要を記す。

236

第10節 鉄鉱石製錬から砂鉄製錬へ 2―送風孔が複数個並んだ炉壁の検討から―

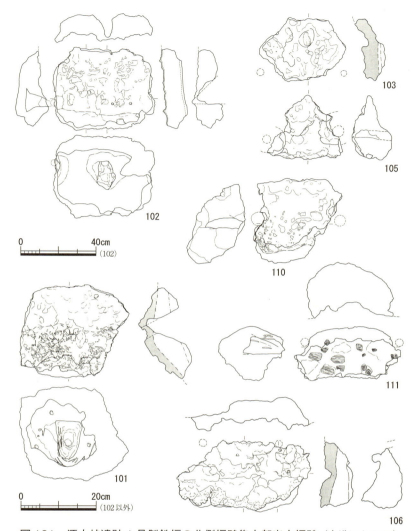

図191 源内峠遺跡1号製鉄炉の北側炉壁集中部出土炉壁（大道ほか2001）

炉壁101 中段下半から下段に位置する、送風孔の遺存する炉壁である。送風孔の形態は、先端では円形、炉壁内では二等辺三角形である。送風孔先端は、内壁のガラス質化によって塞がっている。外壁側で、送風孔に沿ってスサ痕が認められることから、孔を穿った後、送風孔の形状を整えたことがわかる。送風孔上端の穿孔上下角度は29°である。

炉壁102 中段下半から下段に位置する、複数の送風孔が遺存する炉壁である。送風孔は中央と左右両側面の3孔が遺存し、送風孔の芯々間は26cmを測る。送風孔の部分では、内壁が炉内側に若干張り出している。中央の送風孔の形状は二等辺三角形であったと推定される。送風孔に沿って粒子の細かい粘土が貼られていることから、孔を穿った後、送風孔の形状を整えたことがわかる。送風孔上端の上下角度は45°を測る。左側の送風孔では、送風孔右側面の痕跡があり、送風孔上端の2つ折れ（段）の状態を観察することができる。送風孔上端の炉内への上下角度は炉内側では22°、炉外側では60°を測る。送風孔の形状は二等辺三角形と推定される。右側

237

第3章　日本列島各地の製鉄開始期の様相

の送風孔は形状をほとんどとどめていないが、右側面の一部に、酸化による橙色化が認められることから、その右側近くに送風孔が位置するものと推定される。

　炉壁103　中段下半に位置する、送風孔上付近の炉壁である。左右の両側面が炉内に隆起しており、二等辺三角形の送風孔を反映した割れ方によるものであると判断されることから、左右の両側面付近が送風孔の位置であると推定される。送風孔の芯々間は22cm程と推定される。

　炉壁105　中段下半に位置する、送風孔の遺存する炉壁である。左右両側面が、炉内側に筒状に隆起し、右側では送風孔の左側面の痕跡がある。その痕跡は平坦であることから、送風孔の形状は二等辺三角形であると推定される。送風孔の芯々間は19cm程と推定され、約2cmの上下差をもつ。

　炉壁106　下段に位置する炉壁である。上辺右側で炉内側に若干突出する部分があり、その位置で金属鉄が遺存していることから、隆起部の上位に送風孔の下端が位置するものと推定される。送風孔の芯々間は20cm程と推定される。

　炉壁110　中段下半から下段に位置する、送風孔の遺存する炉壁である。左右両側面が炉内側に隆起しており、左側面では、送風孔の右側面の痕跡が観察されることから、左右の炉内側への隆起は送風孔に伴うものと判断される。送風孔の形状は先端では円形、炉壁内では二等辺三角形である。送風孔上端の上下角度は30°弱と推定される。送風孔の芯々間は22cm程と推定される。

　炉壁111　下段に位置する、送風孔の遺存する炉壁である。左側面で、送風孔の右側面の痕跡がある。送風孔の底面は水平、送風孔の側面も平坦であることから、送風孔の形状は、炉壁内では二等辺三角形と推定され、先端では円形である。送風孔の芯々間は25cm程と推定される。

(2)　源内峠遺跡　鉄滓第1層、自然流路23検出時（図192、大道ほか2001）

　鉄滓第1層は、1号製鉄炉操業による製鉄関連遺物の堆積層の上に堆積する、炉壁37・炉底塊38が鉄滓第1層から出土した。自然流路23は、調査区東部で検出した、幅5.6m前後を測る自然流路である。炉壁471は、自然流路23検出時に出土した。

　炉壁37　下段に位置し、2孔の送風孔の遺存する炉壁である。送風孔の部分の内壁は、炉内側に隆起している。送風孔の芯々間はで17cm程と推定される。

　炉底塊38　炉壁縁部に位置する炉底塊である。炉底塊上に炉壁の隆起を確認できる部分が2箇所あり、その部分で送風による波紋を観察することができることから、この部分の炉壁上位に送風孔があったと推定される。送風孔の芯々間は23cm程と推定される。

　炉壁471　下段に位置する、送風孔部分に金属鉄が遺存する炉壁である。内壁では上位左右に隆起が観察される。左右の隆起部に金属鉄が遺存しており、これら2つの突起部の上位に、送風孔が位置していたと推定される。送風孔の芯々間は24cm程と推定される。

(3)　木瓜原遺跡（図192、横田・大道ほか1996）

　木瓜原遺跡では、製鉄炉SR-01の東小口から東に1.5mほど離れた鉱滓溜まり内から炉壁10001が出土した。炉壁10001は木瓜原遺跡の製鉄炉での最終操業に伴う炉壁の可能性が高い。また、SR-02の鉄滓第5層より炉壁1が出土した。製鉄炉SR-01は箱形炉で、炉の平面形は隅丸長方形を呈し、炉底粘土を操業ごとに貼り重ねている。操業終了時の炉内法は、長さ2.85m、幅0.65mに復元できる。また、操業時期は、おおむね715年前後に比定される。SR-02は、

第 10 節　鉄鉱石製錬から砂鉄製錬へ 2 —送風孔が複数個並んだ炉壁の検討から—

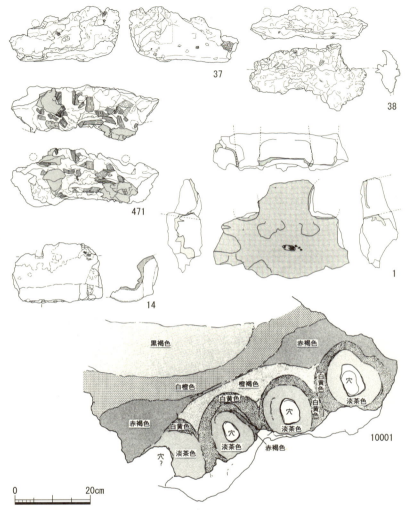

図 192　源内峠遺跡鉄滓第 1 層出土炉壁 (37・38)・自然流路 23 検出時出土炉底塊 (471)、
　　　　木瓜原遺跡出土炉壁 (10001・1)、東谷遺跡出土炉壁 (14)
(37・38・471：大道ほか 2001、10001・1：横田ほか 1996、14：大道ほか 2004)

SR-01 に隣接する、東側の排滓場である。炉壁 1 が出土した鉄滓第 5 層は、排滓場の最下層で、操業時期は、おおむね 700 年前後に比定される。

炉壁 10001　内壁を下に向けた状態で検出された、中段下半から下段に位置する炉壁である。遺物の取り上げは行わず、現地に保存されている。剥離した外面の観察からは、送風孔は 4 箇所確認できる。送風孔の芯々間は 17〜18cm を測る。送風孔の形状は、剥離した外面の観察からは、縦 6〜9cm、横 4〜5cm を測る、二等辺三角形状の形状を呈する。孔の周辺の粘土は他所と発色が異なり、各孔を中心に、淡白黄褐色から赤褐色に同心縁状を描くように発色している。

炉壁 1　下段に位置する、2 個の送風孔が遺存する炉壁である。送風孔の芯々間は 20.0cm を測る。左の孔は内壁で高さ推定 10cm・幅 5.8cm の二等辺三角形状、外壁は高さ推定 10cm・幅 7.2cm の二等辺三角形状、右の孔は内壁で高さ推定 10cm・幅 5.8cm の二等辺三角形状、外

239

第3章　日本列島各地の製鉄開始期の様相

壁で高さ推定 10cm・幅 7.6cm の二等辺三角形状を呈する。送風孔下面の上下角度は左が 8°前後、右が 14°前後を測る。

（4）　東谷遺跡（図 192、大道ほか 2004）

製鉄炉は確認されていないが、炉壁 14 は、製鉄炉の東側の排滓場と推定される場所から出土した。操業時期は、出土木炭の放射性炭素年代測定からは 7 世紀後半を中心とする、6 世紀末から 8 世紀後半という年代が想定されている。

炉壁 14　下段に位置する、2 個の送風孔の遺存する炉壁である。上辺左で、送風孔の下面が遺存しており、幅 2.5cm の平坦面を観察することができることから、送風孔は、三角形か方形であると推定される。送風孔周辺の内壁は環状に隆起しており、光沢のあるガラス質となり、磁着度も高い。上辺右端でも、内壁は環状に隆起しており、磁着度も高いことから、上辺右側に送風孔が位置しているものと推定される。送風孔の芯々間は 17.5cm と推定される。

3　他地域で出土した送風孔が複数個並んだ炉壁

上栫武氏は、箱形炉の送風孔について検討・考察する中で、古代のものに関しては、猿喰池遺跡（岡山県赤磐市）、玉ノ宮地区 D-I 製鉄遺跡（島根県松江市）、キナザコ製鉄遺跡（岡山県津山市）、八熊製鉄遺跡（福岡県糸島市）、大原 D 遺跡（福岡県西区）、下市築地の峯東通第 2 遺跡（鳥取県西伯郡大山町）の 6 遺跡から出土した、送風孔が複数個並んだ炉壁を検討している（上栫 2015）。以下では、それら 6 遺跡から出土した、送風孔が複数並んだ炉壁の概要を記す。

（1）　猿喰池遺跡（白神ほか 2004）

5 基の製鉄炉地下構造が確認された、7 世紀代の製鉄遺跡である。鉄鉱石を原料としている。築炉に際しては炉壁粘土をブロック状に成形して用いた。粘土ブロックの大きさは幅 20cm 程、高さ・厚さは 15cm 程で、製鉄炉の部位によってサイズや形状を変えたと推定される。製鉄炉は箱形炉で、規模は 5 号炉で外法 115×85cm、内法 70×50cm と推測される。当遺跡では、中段下半から下段に位置する、送風孔が 2 個遺存する炉壁（M32）が出土している。M32 は直径 10cm の送風孔 1 個と、それに類似したサイズの送風孔の痕跡 1 個が確認できる。送風孔の芯々間は 27cm 程と推定される。送風孔間の炉壁内部に 3 つの木舞孔がある。送風孔は粘土ブロック側部に位置しており、送風孔は粘土ブロックと木舞を意識していたものと想定されている。当遺跡からは M32 以外にも送風孔のある炉壁が出土しており、孔の直径は 2.5～13cm とかなり幅があり、平均値は 7～8cm と報告されている。送風孔の芯々間は 15～27cm とばらつきがある。送風孔は炉壁破面の側部、上部、下部にみられ、粘土ブロック側部のある炉壁では、送風孔も側部に位置している。

（2）　玉ノ宮地区 D-II 製鉄遺跡（勝部 1992）

箱形炉が確認され、操業当時の原位置を保った状態で炉壁が検出された。片側の炉壁では、送風孔の痕跡が約 14cm 間隔で 5 箇所に観察された。箱形炉の規模は、外形で長さ 125cm 以上、幅 75cm、内法の長さは 125cm 以上、幅 42cm である。操業時期は、熱残留磁気の測定では A.D.690 年±40 年（勝部 1992）、AMS 年代測定では 11 世紀中頃から 13 世紀初頭（東山 2020b）の年代が出されている。原料は砂鉄を使用している。

240

第 10 節　鉄鉱石製錬から砂鉄製錬へ 2—送風孔が複数個並んだ炉壁の検討から—

（3）　キナザコ製鉄遺跡（近藤・宗森 1979）

　箱形炉が確認され、炉床の規模は長辺 60 cm、短辺 40 cm と推定される。上段下半から下段に位置する、送風孔が 3 個並んだ炉壁が出土している。送風孔の形状は三角形である。送風孔は炉内までほぼ直線的に貫通する下部の円錐部分と、頂部が尖る上部の三角錐部分に分かれる。三角錐部分は炉内に向かって窄まる形状であり、中途で下部の円錐部分に合流する。送風孔の芯々間は 12 cm 程である。砂鉄を原料とし、操業時期は 8 世紀後半に比定されている。

（4）　八熊製鉄遺跡（井上ほか 1982）

　7 基の箱形炉が重複して検出された。箱形炉の平面形は長方形で、幅は 50 cm 弱、長さは 100～160 cm を測る。砂鉄を原料とし、操業時期は 8 世紀後半に比定されている。中段から下段に位置する、送風孔が 4 個穿たれた炉壁が 1 点、3 個穿たれた炉壁が 2 点、2 個穿たれた炉壁が 1 点報告されている。送風孔の形状は全て二等辺三角形で、炉壁外面で底辺 4.3～7 cm、高さ 6.9～8.7 cm を測り、炉壁内面で底辺 1.8～3.5 cm、高さ 1.7～5.8 cm を測る。送風孔の芯々間は 9～11 cm を測るものが大半であるが、14 cm のものが 1 点報告されている。送風孔の上下角度は、上に 2.5° 向くものから、下に 16.5° 向くものがあることが報告されている。しかし、送風孔の三角形頂点（上の部分）に沿って送風管を装着すると、40° 前後の急角度が得られる。八熊製鉄遺跡では送風管が 30 数本出土しているが、送風管先端部付近の径は、3.9～4.6 cm（外径）のものが通有で、送風孔に挿入した場合、送風管先端は炉内に出ない。送風管先端にガラス質、鉱滓等の付着が認められないことからも、送風管先端が炉内に露出していなかったことがわかる。また、送風管の中には、体部に粘土を巻いた痕跡のある個体があることから、それらは、送風管を送風孔内に固定するための粘土痕である可能性が高い。

（5）　大原 D 遺跡（松村ほか 1996）

　平面形状は不明瞭ではあるが、箱形炉が複数検出されている。砂鉄を原料とし、操業時期は 8 世紀後半に比定されている。中段から下段に位置する、送風孔が 3 個穿たれた炉壁が 1 点、2 個穿たれた炉壁が 1 点報告されている。送風孔の形状は二等辺三角形で、前者の送風孔のサイズは外壁で底辺が 9.5 cm、高さ 10 cm、送風孔の芯々間は 9.5 cm と 11.5 cm を測る。後者の送風孔のサイズは内壁で底辺が 5.5 cm、高さ 5 cm を測り、送風孔の芯々間は 15 cm と推定されている。大原 D 遺跡でも、八熊製鉄遺跡と同様の送風管が出土している。

（6）　下市築地の峯東通第 2 遺跡（坂本ほか 2013）

　長さ 290 cm、30～45 cm と長大な炉底塊が箱形炉の炉底に残留した状態で出土した。この炉底塊の上面や側部には、送風孔から差し込まれたとみられる工具による圧痕が残されている。この工具痕の間隔は、隣接する箇所で 10～15 cm 前後で、炉壁の送風孔間隔とほぼ対応している。この炉底塊をもとに、内法長 2.6 m、幅 0.45 m、平面形長方形の箱形炉が復元されている。送風孔が複数個並んだ炉壁が多数出土している。送風孔は直径 4 cm の円形で、送風孔の芯々間は 13 cm 前後を測る。箱形炉全体では片側 19 個の送風孔が想定されている。また、送風孔の上下角度については、25° 前後の比較的緩い送風角度と、45° 前後の急な送風角度の二種類が想定されている。砂鉄を原料とし、操業時期は 9 世紀後半に比定されている。

第3章　日本列島各地の製鉄開始期の様相

4　考察

(1)　送風孔の間隔

　以上みてきたように、鉄鉱石を原料とする滋賀県内の製鉄遺跡から出土する炉壁の送風孔の芯々間隔は、源内峠遺跡1号製鉄炉の北側炉壁集中部では19〜26cm、源内峠遺跡鉄滓第1層、自然流路23検出時では17〜24cm、木瓜原遺跡では17〜20cm、東谷遺跡では17.5cm前後である。

　一方、滋賀県以外の地域の製鉄遺跡から出土する炉壁の送風孔の芯々間隔は、鉄鉱石を原料とする猿喰池遺跡では15〜27cmである。砂鉄を原料とする玉ノ宮地区D-Ⅱ製鉄遺跡では14cm前後、キナザコ製鉄遺跡では12cm前後、八熊製鉄遺跡では大半が9〜11cmであるが、14cmのものが1点出土している。大原D遺跡では9.5〜11.5cmと15cm、下市築地の峯東通第2遺跡では13cm前後である。

　以上の検討から、砂鉄を原料とする箱形炉の炉壁の送風孔の間隔は芯々間で、12cm前後であるのに対し、鉄鉱石を原料とするものについては15〜27cmと、20cmを越える数値となる。滋賀県の事例をはじめ、鉄鉱石を原料とする箱形炉の送風孔の間隔は、砂鉄を原料とするものより広いという特徴は、鉄鉱石を原料とする箱形炉の属性の一つと理解できる。日本列島の箱形炉における送風孔間隔を狭くするという技術的革新は、製鉄原料の鉄鉱石から砂鉄へという転換への画期的要因となったと言えよう。

　製鉄原料の鉄鉱石は叩き石と台石により、10cmから2〜3cmの小塊状に打割され、さらに2〜6mm大にまで整粒されたと考えられる（門脇・大道1996）。一方、砂鉄は粉鉱である。砂鉄は高炉（韓国の三韓・三国時代の円筒形炉）（村上2007）では詰まってしまい、また送風力が強いと、飛散してしまう可能性がある。一方、低炉（箱形炉）であれば砂鉄（粉孔）は詰まることがなく、送風力が弱ければ飛散しない。日本列島の箱形炉において送風孔間隔を狭くするという技術的革新の理由として、原料の粒度、すなわち粉鉱である砂鉄の使用が大きく関係していたものと考えられる。原料の粒度と送風力のバランスが重要ということであろう。

(2)　炉壁内の送風孔の形状

　上桁氏は古代の送風孔の形状には円形、楕円形、三角形（本稿では「二等辺三角形（状）」とする）が確認できるとし、送風孔の大きさは、円形タイプは直径3.0〜5.0cm、平均値は3.9cm。楕円形タイプは長軸6.9cm、短軸3.0cm。三角形タイプは短軸幅の3.0〜3.5cmが送風孔として機能していたものとする（上桁2014）。今回検討した滋賀県内の製鉄遺跡から出土した炉壁は二等辺三角形（状）のものが大部分を占め、送風孔の大きさも、上栫氏の推定に合致したものと判断される。

　送風孔の炉壁内での形状を二等辺三角形（状）とする理由として、上栫氏は以下の二つの役割があると考える。一つは炉内部の様子を探る観察孔としての役割である。送風孔から内部を観察するために、送風孔と送風管の間に観察用の隙間が不可欠で、長軸サイズを大きくすることでそれを生じさせたと考える。もう一つは送風孔と観察孔を維持するためと考える。操業の進展に伴い、炉内壁は溶融する。溶融した炉内壁は鉄滓状となり、炉底に向かって垂れ下がって、送風孔および観察孔を塞ぐことがある。その際、ホド突きを用いて送風孔を再生させる。ホド突きを突き入れるための隙間を生成させることが、送風孔の長軸サイズを大きくさせる理由と捉える（上栫2014）。

上栫氏の見解に加え、源内峠遺跡炉壁 102 のように、送風孔上端で二つ折れ（段）が認められる状況から、操業の各段階、あるいは目的とする金属鉄の性質によって、送風管の上下角を変えることを可能にする役割も、送風孔の形状を二等辺三角形（状）にした理由に加えておきたい。箱形炉の送風孔の検討から、送風孔を通して炉内の状況を観察し、時にはホド突きを突き入れるなど、箱形炉の操業には、製鉄工人の炉内への直接的・間接的関与が大きな割合を占めていることを確認できる。このことは、箱形炉の操業を特徴づける基本技術であると言え、韓国の三韓・三国時代の円筒形炉の製鉄技術とは大きく異なる。

5　おわりに

以上、送風孔が複数個並んだ炉壁について、滋賀県内の製鉄遺跡から出土した資料と、滋賀県以外の製鉄遺跡から出土した資料の検討を行った。その結果、滋賀県をはじめ、鉄鉱石を原料とする炉壁の送風孔間隔は、砂鉄を原料とするものと比較し、間隔が広いという結果と、送風孔の形状は二等辺三角形（状）のものが多いということが明かとなった。前者は、箱形炉における、原料の鉄鉱石から砂鉄への転換の画期的要因となったこと。後者は箱形炉の操業においては、製鉄工人の炉内への直接的・間接的関与の割合が大きく、そのことが箱形炉の操業を特徴づける基本技術であるとする考えに至った。ただし、今回は、東日本の箱形炉に伴う資料について検討ができなかったので、いずれ機をみて再考したい。

第 11 節　箱形炉の研究史

第 1 章では、日本古代製鉄の研究は 4 つの段階に区分できるとした。本節では研究段階ごとに箱形炉の研究史を整理することによって、箱型炉の炉形に関する研究課題を抽出したい。

1　国内で製鉄炉の調査が行われていない段階（〜1969 年）

この段階では、わが国においては製鉄遺跡の発掘調査はほとんど行われていない。しかし、鉄製品や鉱滓等の金属学的調査を行うことにより、古代製鉄、鉄製品の流通を推定し、製鉄炉の炉形の想定も行われた。

村上英之助氏は、日本古来の砂鉄製錬法が日本固有のものではなく、南インド、アッサム、カンボジア、中国華南とつらなる、一連の砂鉄製錬法との関連で捉えることができると論じた。炉形の分類に関しては世界史的にみると、シャフト形（shaft type）とハース形（hearth type）の二つに基本的に意味ある分類ができるという。また、送風に関しては、自然風を利用するための築炉・通風機構に、ビルト・イン形（built-in type）とフリー・スタンディング（free standing type）の二つがあるとした。村上氏は、目的とする生成鉄や原料の品位、自然風をどのように利用するかによって、炉形・送風機構が決定づけられるとした（村上 1965）。この製鉄に自然風を利用する見解は、発掘調査で製鉄遺構が検出された際、炉形・送風装置の復元に大きな影響を与えた。長谷川熊彦氏は、炉形の分類にあたり、炉形の平面形プランを重視し、欧州や中国の事例から、日本で最初に現れる製鉄炉は円形の可能性が高いと考えた（長谷川 1965）。

上記の村上氏と長谷川氏の研究は、石川恒太郎氏の考古学的な一連の研究（石川 1959）の再検

討という形でおこなわれたもので、考古学と自然科学の両面から古代製鉄研究が行われたという点で重要である。

　また、先駆的な学際的研究として、和島誠一氏の一連の研究がある。和島氏は日本各地の製鉄遺跡で採集された鉱滓の鉱物組成や化学分析の定量分析値から、緩斜面に築かれた炉と平坦面に築かれた二種類の炉があった推定した。そして、前者は一方向からの風を送る古い時代の形態で、炉内温度は低く不均質となること、後者は両側から鞴で風を送るより進んだ形態で、炉内温度は高温が均質に得られることを考察した[1]（和島 1967）。

　後に、和島氏が基準とした鉱滓の鉱物組成と化学分析の定量分析値に対して、金属学的解釈の訂正が行われたため（道家 1982）、和島氏の論は成り立たなくなってしまった。しかし、鉄生産に対する研究方法や送風方法等に関する視点は、後の研究に生きていくこととなった。

2　国内で製鉄炉の発掘調査が行われるようになった段階（1970～1987年）

　この段階では、製鉄遺跡の発掘調査が行われるようになり、欧州・中国の発掘調査事例・民俗事例及び前段階（製鉄炉の調査が行われていない段階）での研究成果をふまえ、各遺構で炉形復元を行い、炉形の分類まで行うようになった。1960年代後半に行われた滋賀県高島市北牧野製鉄A遺跡、群馬県太田市菅ノ沢製鉄遺跡の発掘調査は、この段階の始期の代表的な調査と言える。

（1）　考古学的研究

　北牧野製鉄A遺跡の調査によって、この遺跡の使用原料が、古来より日本の鉄原料と考えられてきた砂鉄ではなく、鉄鉱石であったことが判明した。また『続日本紀』に見られる「近江鉄穴」が鉄鉱石の採掘場を意味する可能性が高いことも明らかとなった（森 1971）。ただし、遺構は戦時中の屑鉄業者による破壊を受けていたため、詳細な炉形復元は課題となった。

　その後、全国各地で製鉄遺跡の発掘調査がおこなわれるようになり、研究資料も増加した。1980年代前半には、炉形の地域色の抽出、箱形炉と竪形炉の関係・系譜についての議論、炉形を原料・生成物・送風等の関係から探る研究もおこなわれるようになった。この段階においては、光永真一氏、土佐雅彦氏、穴澤義功氏が研究の先鞭をつけた。キナザコ製鉄遺跡の発掘調査に携わった光永真一氏は、古代日本の製鉄炉を大きく箱形炉と「筒形炉」の二つに分類し、前者が西日本に、後者が東日本にそれぞれ偏った分布を示すことを明らかにした（光永 1980）。

　土佐雅彦氏は、日本列島で発掘調査された45遺跡123基以上の製鉄炉について、おおまかに4分類している。その中で炉底の平面形が、100×50cm程の長方形の焼土部や掘りこみとして確認されているものを、長方形箱形炉（B類）と分類した。土佐氏は長方形箱形炉について、操業ごとに炉を構築し直した可能性があること、出現の時期が6世紀末から7世紀初頭にまで遡ることなどを指摘した。分布や変遷については、中国地方や九州北部のものは、徐々に地下構造が発達していくこと、関東地方・北陸地方では、奈良時代に一定の地下構造を備えた大型のものが、唐突に出現することなどを指摘した（土佐 1981）。

　また、長方形箱形炉の性格として、各地の自給をまかなうのみならず、他地域へ供給する鉄素材生産をも担っていたと考えた。一方、半地下式竪形炉の出現により長方形箱形炉の系譜が途絶える地域があることから、長方形箱形炉の技術が各地に拡大したものの、技術者の確保や経営主体、労働編成のあり方などに問題を抱え、長方形箱形炉が十分に根をおろさなかった地域がある

ことを指摘した（土佐 1981）。

　穴澤義功氏は、古代の製鉄技術体系のあり方は、その操業法に密接にかかわる製鉄炉の炉形によって、ある程度類型化してとらえることができるとした。具体的には、地下構造を持たない長方形箱形炉（Ⅰ類）、斜面に埋め込まれた半地下式竪形炉（Ⅱ類）、鉄鉱石を原料とする大形の円形炉（Ⅲ類）の三つの系譜を考えた。Ⅲ類は、炉底が径約 2 m の円形であるという特徴をもち、7・8 世紀における近江の草津市野路小野山遺跡や高島市北牧野製鉄Ａ遺跡、美作・備中に分布が及んでいるとした（穴澤 1982）。

　1984 年には野路小野山遺跡の概報が刊行されている。概報では製鉄炉の構造について、炉底が円形となる竪炉タイプに類似すること、炉に湯道と前庭が付き、さらに長い排滓溝が付くという他に類例のない、特異な構造となると報告されている（大橋ほか 1984）。

　しかし、穴澤氏は概報の記述に対して、概報の図や解説、現地での穴澤の所見ノートの検討から、製鉄炉そのものの認定に疑問を持つ。そして、野路小野山遺跡で検出された製鉄炉はすべて長方形箱形炉に分類されるとした。さらに、自身がそれまで提唱していた鉄鉱石を原料とする大形円形炉（Ⅲ類）の存在を否定し、日本古代の製鉄技術体系のあり方は、操業法と生産鉄種の違いによって、長方形箱形炉（Ⅰ型）と半地下式竪形炉（Ⅱ型）に大別され、さらにⅠ型は以下に示すａ類からｄ類に細分できるとした（穴澤 1984）。

　　Ⅰ型ａ類（大蔵池南型）：中国地方を中心とし地下構造を持たない箱形炉。

　　Ⅰ型ｂ類（門田型）：九州北部を中心とし地下構造を持ち始めた箱形炉

　　Ⅰ型ｃ類（野路小野山型）：近畿地方を中心とし鉄鉱石を原料とすることのできる箱形炉。

　　Ⅰ型ｄ類（石太郎Ｃ型）：北陸地方を中心とし地下構造を充実させた箱形炉。

　また、箱形炉（Ⅰ型）については、「北九州から中国地方を中心に畿内、北陸、南関東にまで分布が認められ、古墳時代中期から始まるわが国の鉄生産の一翼をになう一方、国家的な収奪にも応じ得る高い生産力を備えていた」。また「短い還元帯を特色とするため、強制送風による低チタン系原料の砂鉄や鉱石に向いており、低炭素系素材が多く生産された。また中国地方の近世たたら炉の祖型」であると定義した（穴澤 1984）。

　後に、穴澤氏は野路小野山遺跡の製鉄炉について野路小野山型縦置きタイプという箱形炉の型式設定を行う。野路小野山型縦置きタイプの箱形炉は関東地方を中心に東日本に広く分布していることを指摘し、東日本の箱形炉の源流は、近江にあるとした（穴澤 1987）。

（2）　自然科学的研究

　炉形の差と生成鉄の関係については大澤正己氏が考察している。大澤氏は長方形箱形炉と半地下式竪形炉の両方が存在している遺跡をとりあげ、両者が存在している理由として、長方形箱形炉の目的生成鉄は極低炭素鋼、半地下式竪形炉の目的生成鉄は銑鉄であったと考えた。つまり、製鉄炉の形式は、生産される金属鉄の炭素含有量によって使い分けられると考えたのである（大澤 1982）。

　芹澤正雄氏は、発掘調査等で検出された製鉄炉と呼ばれる炉について検討を加え、野焼炉・横熱窯形炉・火床炉・竪炉の四つに分類し、製鉄炉と鍛冶炉を区別する決定的な要素は、所要の高さをもつ炉壁の有無であるとした。製鉄には、還元雰囲気の保持、酸化鉄と脈石を分離する温度の確保が必要であるとし、いかなる炉が製鉄炉足りうるかとする検討をおこなった。その結果、竪炉は所要の高さが確保され、炉上部から装入した原燃料が、徐々に炉内を下降し、炉下部にい

たる間に還元・造滓・滓の溶解が可能であることから、竪炉こそが、製鉄炉としての機能が発揮される炉形であるとした。さらに、炉高に制約を受ける場合は、側面に複数個の送風孔を設けた箱型が形成されるとし、竪炉を半地下炉体構造炉、箱型の炉を平盤地上築造炉と呼称した（芹澤1983）。現時点の製鉄炉形式に当てはめるならば、半地下式炉体構造炉は竪形炉、平盤地上築造炉は箱形炉に対応する。

(3) 「日本古代の鉄生産」シンポジウム

1987年には、たたら研究会が「日本古代の鉄生産」と題したシンポジウムを開催し（たたら研究会編1991）、穴澤義功氏が、箱形炉は6世紀後半には中国地方に出現、6世紀末〜7世紀初頭には近畿地方（滋賀県）にも分布、7世紀後半には東北南部（福島県）にまで分布を広げたとまとめた（穴澤1991）。

その他、東北地方の状況についての報告した寺島文隆氏は、発掘調査により多数の製鉄炉が検出された福島県相馬郡新地町武井製鉄遺跡群の状況を整理した。武井製鉄遺跡群で検出される長方形箱形炉は横置炉と縦置炉に大別され、両者は、それぞれが一つの技術系譜として追えることができ（寺島1989）、東北地方への技術移植の背景に律令体制の支配拡大があったと説いた（寺島1991）。北陸地方については関清氏が報告し、箱形炉が竪形炉に先行すること、両者で生産する鉄種が異なること、炉形の変化を技術的発展として解釈できるとした（関1991）。

3 考古学・復元実験・金属学の総合研究が行われるようになる段階
（1988年〜）

(1) 東日本の箱形炉について

穴澤義功氏によると、北陸地方、中部地方、関東地方、東北南部における製鉄の開始期は7世紀後半で、長方形箱形炉の技術が導入される。特に愛知県小牧市狩山戸遺跡や福島県相馬郡新地町向田E遺跡などは、草津市野路小野山遺跡を標識とする縦置きの箱形炉からの技術系譜として位置づけられるという（穴澤1994）。つまり、東日本に導入された箱形炉技術の系譜をたどると、近江に行きつくことを示したのである。

① 関東地方の箱形炉について

茨城県石岡市宮平遺跡では、関東・東北地方における製鉄初現期に比定される縦置きの箱形炉が検出されている。佐々木義則氏は茨城県への製鉄導入の様相を概観するとともに、関東・東北地方の縦置き型式の製鉄炉を類別することによって、宮平遺跡の製鉄炉の類型的位置づけを行った（佐々木1990）。

千葉県下の28遺跡の製鉄炉を検討した神野信氏は、箱形炉をA1〜A3類の3つに分類した。神野氏の分類は「横置き」（A1類・A2類）と「縦置き」（A3類）で分け、尾根に設置された「横置き」で排滓溝を伴うものをA2類、排滓溝がないものをA1類として、横置きを細分した。それぞれの系譜についても言及し、A1類については7世紀後半の滋賀県大津市源内峠遺跡や8世紀前半の草津市木瓜原遺跡などの近江の製鉄遺跡、A2類については7世紀の丹後半島の製鉄炉群（増田1996・1997）、A3類については7世紀前半の九州北部に系譜の源流を求めた（神野2005）。

一方、上野の発掘調査で検出された箱形炉を分析した笹澤泰史氏は、上野では、近江以外の吉備の系譜とみられる製鉄技術の痕跡がみられ、上野独自の構造をもつ炉も検出されていることを

明らかにした。したがって、東日本への製鉄技術の導入においては、鉄鉱石を原料とする近江の製鉄技術がそのままもたらされたのではなく、砂鉄原料に熟練した吉備の技術者も関与しながら、東日本で新たな製鉄技術が開発されたと考えた。また、箱形炉の技術的な展開については、炉の設置方法が、概ね横置きから縦置きに変遷し、それは、両側排滓から片側排滓への操業形態の変化を表象していると論じた（笹澤 2016）。

② 東北南部の箱形炉について

安田稔氏は、福島県浜通り地方で発見された武井製鉄遺跡群・大坪地区製鉄遺跡群・金沢地区製鉄遺跡群の7世紀後半から9世紀後半の製鉄炉を3期に分けた。そして、7世紀後半の箱形炉は横置き、8世紀第1四半期から第3四半期は縦置きへと変化し、8世紀第4四半期以降、浜通り特有の踏みフイゴを付設する箱形炉が出現すると整理した（安田 1996）。

能登谷宣康氏は、寺島氏、安田氏らの変遷案をもとに、陸奥南部における製鉄炉の変遷をⅠ～Ⅴ期の5段階に分けて整理した。陸奥南部の製鉄技術は、7世紀後半は、近江の製鉄炉の形態との類似性や吉備の横口式木炭窯の検出例を根拠に、西日本の影響を受けていること、8世紀前半は、常陸系や武蔵系の土器が出土することを根拠に、関東地方の影響を受けていることを指摘した。

(2) 西日本の製鉄炉について

西日本の状況については、松井和幸氏が概括的なまとめをおこなっている（松井 1989）。また、花田勝広氏が畿内の鍛冶、吉備の製鉄と鍛冶、筑紫の製鉄と鍛冶について、概観している（花田1996・2002・2003）。

① 中国地方の製鉄炉について

上栫武氏は、古墳時代後期から中世までの中国地方の箱形炉の地下構造の形態を、Ⅰ～Ⅳ形に大別して検討した。この中で、地下構造の長軸比が2対1に収まるⅠ型が岡山県に偏在し、長軸規模が2対1～6対1の細長いⅣ型が、出雲を中心に美作・備中・安芸・伯耆・出雲・石見地域の広い範囲で検出されているとした。Ⅰ型は、古墳時代後期から終末期を中心に、古代までみられ岡山県総社市奥坂遺跡群や久代製鉄遺跡群など大規模・集中的な生産を担ったとした。一方、Ⅳ型は、7世紀後半以降に東北南部から九州北部で確認されその後、近世初頭まで続く箱形炉であるとした（上栫 2000）。

花田氏は、吉備における鉄生産の実態について検討した。吉備の製鉄炉を、地下構造の形態から、長方形箱形炉（Aタイプ）・方形箱形炉（Bタイプ）・楕円形炉（Cタイプ）・円形炉（Dタイプ）の4タイプに分類した（花田 2005）。Aタイプには千引カナクロ谷4号炉・大蔵池南遺跡1号炉などがあり、総社市・津山市等に分布する。Bタイプには、沖田南遺跡第1作業場2号炉などがあり、吉備南部の大半の製鉄炉がこの形態に含まれるという。Cタイプには、戸の丸山遺跡があり、庄原市等に分布する。Dタイプには白ヶ迫2・3号炉などがあり、三次市・三原市・福山市等に分布する。

このように、吉備の製鉄炉の炉形には、地域差が認められることが判明した。花田氏は炉形の地域差が、鉄鉱石と砂鉄の原料差、製鉄集団の技術系譜に起因し、各タイプの分布エリアが、各地域における集団総括首長の勢力エリアを示しているものと考えた（花田 2005）。

なお、長方形の炉形となるAタイプは丹後や近江など近畿地方周辺部に位置しており、中央政

第3章　日本列島各地の製鉄開始期の様相

権の強い関与を受けたものとする。また、Bタイプは複数の製鉄炉を連続して操業させる備中の大規模製鉄遺跡に多くみられるという。操業のあり方については、周辺施設を含めた工房の実態や群構成から操業規模の相違を抽出した。特に、6世紀末〜7世紀前半における岡山県総社市久代製鉄遺跡群、奥坂製鉄遺跡群などの大規模操業の背景に、倭政権の指導による専業化した大規模な技術の移植を想定した（花田2005）。花田氏の研究は、吉備を小地域単位、遺跡単位に詳細に検証していることが特徴である。また、久代製鉄遺跡群と奥坂製鉄遺跡群の比較検討から、久代製鉄遺跡群は同時期の複数製鉄炉による集中的な製鉄遺跡。奥坂遺跡群は一般的な単位製鉄工房の大規模な製鉄遺跡であると、その性格を区分した（花田2005）。

②　吉備の製鉄炉について

　吉備における古墳時代後期から終末期の製鉄炉は、円形に被熱した地下構造をもつ亜種が備後にみられるものの（上栫2000、安間2007）、その多くは、長辺と短辺に差のない略長方形または楕円形に近い平面形態のもので占められる。一部に長径が短径の2倍近くになる楕円形となるものもある（河瀬1995）。吉備の製鉄炉は傾斜面に立地し、炉の長軸を等高線に平行になるように構築することを特徴とする。

　松井和幸氏は、吉備の製鉄炉の基本的要素について、鉄鉱石を主原料とし、炉の長辺（主面）片側あるいは両側の複数の木呂孔からの送風を行い、左右あるいは片方の小口側底面付近に孔を開け、排滓する構造となることを、その要素として挙げる（松井2001）。

　真鍋成史氏は、7世紀後半以降の箱形炉の炉底に残留した炉底塊を3分類し、①鉧塊が生成、②流れ銑が生成、③操業中のトラブルで小鉄塊が生成した痕跡であるとした。真鍋氏は、大型の箱形炉の炉底に残留した滓に、中国地方の小型の箱形炉と同様の操業の痕跡が見られるとし、7世紀後半以降に各地へ広がった大型の箱形炉は、古墳時代に成立した中国地方の箱形炉の技術系譜であるとした（真鍋2007）。

③　九州北部の製鉄炉について

　九州北部における古墳時代の製鉄炉は不明な点が多い。福岡市南区柏原M遺跡では製鉄炉とされる遺構が検出されている。遺跡は丘陵斜面を大規模に造成した古墳時代後期〜古代の居館跡と位置づけられており、精錬・鍛錬鍛冶炉とされる遺構15基とともに製鉄炉とされる遺構が検出されている。80cm×50cmの長方形の掘形を有する1号炉を製鉄炉地下構造の典型とし、その他9基ほどが製鉄炉と考えられている（山崎1988）。松井和幸氏がその構造に関して検討を加えている（松井2001）。

　また、村上恭通氏も、熊本県荒尾市大藤谷1号遺跡検出の製鉄炉をモデルとした復元実験成果などから、製鉄炉は長方形に近い平面形の自立炉を斜面地に縦置きしており、上方の小口側から羽口に因って送風、下方から排滓するといった構造を考察する。村上氏は、九州北部の古墳時代後期の製鉄炉は「平面形が楕円形ないし隅丸長方形を呈する箱形炉的な概観をもち、前面の小口側より排滓し、反対側に一本羽口を有する構造」となることを想定した。そして、想定した炉について、朝鮮半島社会との緊密な交渉を有した九州北部の特殊性を背景として、三国時代の朝鮮半島でみられる円形炉と共通性があることを指摘した（村上2007）。

　さらに、7世紀初頭の福岡市南区大牟田7号墳直下から発見された製鉄炉は、傾斜面に沿って築かれ、楕円形状を呈する炉（長さ70〜80cm）であるという（柳田編1971）。九州北部の古墳時

代の製鉄炉は、吉備の炉に通有の排滓坑がみられず、また炉の軸が等高線と直交する縦置きである点は、吉備の製鉄炉は横置きが一般的である点で異なる。九州北部の製鉄炉は斜面に沿って、一方の小口から排滓することが意図されていたとみられる。

筑前の8世紀後半を主体とする元岡・桑原遺跡群を検討した菅波正人氏は、炉底の形態・規模・地下構造からⅠ～Ⅲ類に分類し、切り合い関係から製鉄炉が縦置きから横置きに変遷することを示した（菅波2005）。元岡・桑原遺跡の箱形炉は、初期段階から長軸1m未満の規模のもので、幅は40cmから60cmへと大きく変遷する。これに対して村上恭通氏は、元岡・桑原遺跡群の箱形炉は古墳時代後期の箱形炉とは構造が異なるとし、やや大型の箱形炉として筑紫（筑前）地域に導入された箱形炉が必要最小限に小型化したと解釈した（村上2007）。

（3）　日本古代の箱形炉について

村上恭通氏は、663年の白村江の戦いが、日本列島内での鉄生産機構の変化に最大の影響を与えたとした。7世紀後半になると、それぞれの地域で必要となった鉄は、近畿地方（琵琶湖周辺）や中国地方で生産された鉄を再分配するそれまでの様相が、条件が揃って可能であれば、輸送の必要のない現地生産を促す様相に変化したとし、7世紀後半を日本古代製鉄の大きな画期ととらえた。その象徴となる、7世紀後半に各地に広まった鉄アレイ型の「大型箱形炉」を「国家標準型製鉄炉」と呼称した。国家標準型製鉄炉については、7世紀後半に美作・備中起源の製鉄炉が播磨を介して近江の琵琶湖周辺で大形化し、国家標準型の製鉄炉に整えられて各地域に配置されたとした（村上2007）。

箱形炉の分類の呼称は様々であるが、真鍋成史氏と笹澤泰史氏は、初期の平面形が正方形に近い吉備の箱形炉を「小形箱形炉」、飛鳥時代の大型化した箱形炉を「大形箱型炉」と呼ぶ（真鍋2009、笹澤2021）。日本列島内で最初に製鉄が開始された吉備では、7世紀以降も小形箱形炉が使用される。中国地方では、伝統的な小形箱形炉で鉄生産が継続的に行われ、生産量は操業回数で補ったと考えられている（村上2007）。

（4）　出土遺物について

①　自然科学的研究

箱形炉の研究では、製鉄遺跡から出土する生成物などを検討することによって、箱形炉がもつ製鉄技術を追求する研究がある。その中で、考古遺物を対象とした金属学的調査をおこなった研究として、大澤正己氏と佐々木稔氏の一連の研究がある。以下に示すように、二人の金属学者は箱形炉に対して異なる見解を提示している。

大澤正己氏は、遺跡出土遺物の金属学的調査を数多く行い、製鉄史についての総合的な見解を発表した。箱形炉の操業により生じた製鉄関連遺物の金属学的調査からは、箱形炉では砂鉄・鉄鉱石の両方を原料とし使用しているという結果を得た。砂鉄・鉄鉱石のどちらを使用するかは、年代と地域の地質的様相が関係しているという。また、箱形炉による古代製鉄は低温還元に分類され、主に塊錬鉄の生産が行われたことを想定した。さらに、奈良・平安時代の箱形炉による製鉄操業の多様化により、銑鉄生産が本格化する地域も生まれたとする発展過程を考えた（大澤1987・1998・2004）。

佐々木稔氏は、出土遺物の分析結果から炉の生産機能について考察をおこなう中で、箱形炉・竪形炉ともに製鉄炉でなく、銑鉄から鋼を生産する精錬炉と考えた。箱形炉については、遺跡か

第3章　日本列島各地の製鉄開始期の様相

ら出土する炉壁片から炉高を 60 cm 前後と復元し、その規模の箱形炉で砂鉄製錬を行った場合、生成物は銑鉄、鋼、未還元酸化鉄、鉄滓が入り交じった鍋状の産物になることを推測し、箱形炉は砂鉄製錬のための炉ではないと結論付けた（佐々木 2008）。

②　製鉄内容の復元的研究

河瀬正利氏は、近世に中国地方で盛行した、たたら吹き製鉄への系譜を追究する目的で、古墳時代以降の製鉄・鍛冶遺構について概観し、古墳時代・古代・中世における製鉄の各特徴を抽出した。その中で、古墳時代の出土遺物としては、炉内に残留する鉄滓が多いこと、指頭大から拳大に割られた鉄錆の顕著な小鉄塊が多く出土することを指摘した。その要因について、送風装置が貧弱で、炉内での鉄塊と鉄滓との分離がうまく進まなかったことを挙げる。また、古代には原料として赤目系砂鉄を使用することが多いことから、主に銑鉄を生産していたと推察し、鍛冶炉にも大小が存在することから、大型の鍛冶炉を精錬鍛冶用と考えた（河瀬 1991・1995）。

③　生産鉄種に関する研究

穴澤義功氏は、古代の製鉄炉でできた鉄は 10 kg や 20 kg あるような大きな鉄の塊ではなく、平均 5 g 程度の小さい鉄塊を取っていたこと指摘した。その端緒となったのは、千葉県流山市の中ノ坪Ⅰ・Ⅱ遺跡や富士見台Ⅱ遺跡の発掘調査で出土した鉄塊の考古学的な分析である。この両遺跡の発掘調査では、8 世紀前半の製鉄に関わる集落の様相が確認された。製鉄に関連する遺構は竪形炉 1 基、登り窯状の木炭窯群、8〜10 棟の工人の住居址が検出され、各住居址には数多くの滓まじりの鉄塊系遺物が残されていた。鉄塊系遺物の総量は約 4,000 個で、その平均の重量は約 5 g 前後であった。大きさは数 cm から 10 cm 大が多いという（穴澤 2003）。

角田徳幸氏は、島根県邑智郡邑南町の今佐屋山遺跡では、古墳時代の製鉄炉西側の土坑から 2〜4 cm 大に小割りされた鉄塊系遺物が出土し、また製鉄炉からは炉底塊も出土していることから、古墳時代においては、炉底塊内部や周縁に生成された亜共析鋼クラスの小鉄塊を割り取る製鉄方法が主流であったと考えた（角田 1999）。

一方、村上恭通氏や真鍋成史氏らは岡山県津山市大蔵池南遺跡、広島県庄原市戸の丸山遺跡、島根県今佐屋山遺跡出土炉底塊の検討から、炉内に残留する炉底塊は、銑鉄を炉外に流出させた後の残留滓が含まれていると考えた。特に、炉況が良好で、炉内残留滓の上面の流動性が高く、小鉄塊などの鉄分の付着していない炉底塊は、銑鉄が炉外に流出された場合に炉内に残留した滓である可能性が高いとした（村上ほか 2006）。

村上恭通氏らの研究は、伝統的製鉄技術保存者の経験的知見を基礎に、金属学研究者、遺跡調査担当者とともに製鉄実験をおこないながら、古墳時代の製鉄研究が進められたことが重要である。そのような総合的研究の中から、古墳時代後期は鍋鉄系の生産が主流だが、飛鳥時代には銑鉄を炉外に流出させる生産に移行していくという新たな見通しがたてられた（真鍋 2009）。

なお、銑卸し技法では、わずかな排滓しかみられないことが鍛冶実験などから判明している（古瀬 2000）。しかし、大阪府柏原市大県遺跡群など畿内の専業的鍛冶集落では、精錬鍛冶滓が大量に出土している。したがって、畿内の専業的鍛冶集落に持ち込まれた鉄素材は、鍋鉄系の製錬鉄塊系遺物が多くを占めていた可能性が高い。以上のことから、日本列島内で銑鉄生産・鉄鋳造生産・銑卸し技法の様相についての研究が課題となる。この点については、次節および第4章の研究課題の一つとして論を進める。

[註]
(1) 和島氏の研究では、鉱物組成および化合物の定量分析のデータは、湊秀雄氏・佐々木稔氏（湊・佐々木1966）が用いられた。
(2) 伊豆地方の自立炉に関しては、送風技術から箱形炉の一種であると考えられる。

第12節　日本古代製鉄の開始と展開
―7世紀の箱形炉を中心に―

1　はじめに

　本節では、製鉄炉の形態が製鉄の技術的系譜と深い関わりをもつという立場に立ち、これまでの研究の成果を踏まえ、製鉄炉の集成作業を進め、形態分類を行う。対象とするのは7世紀を中心とし、6世紀中頃から8世紀中頃までの日本列島内の製鉄炉、箱形炉である。箱形炉は、炉体の長軸方向に複数の通風孔が設置され、通風と排滓方向を直角に配置することを特徴とする製鉄炉である。箱形炉と竪形炉の最も大きな違いは、送風方法の違いである。つまり、箱形炉は対面送風法であるのに対し、竪形炉は一方送風法であるという相違点である（羽場1996）。

　集成作業にあたっては、穴澤義功氏の集成表を基に（穴澤2004）、各遺跡の報告書等の文献を参考に、集成表を作成した（表14）。炉形態については、箱形炉分類のための基準によって検討した結果を表記した。また、遺跡内で炉の形態の時間的変遷が確認できる場合は、その変遷過程を表記した。箱形炉の時期については、本来は慎重な検討をすべきであるが、今回は概ね報告書の記述に準拠した。

　なお、時期の記述にあたっては6世紀後半から8世紀前半までを5つの時期に区分し、記述した。Ⅰ期が概ね6世紀第2四半期第3四半期、Ⅱ期が概ね6世紀第4四半期から7世紀第1四半期、Ⅲ期が概ね7世紀第2四半期から第3四半期、Ⅳ期が概ね7世紀第4四半期から8世紀第1四半期、Ⅴ期が概ね8世紀第2四半期から第3四半期である。

2　箱形炉分類のための基準

　集成した箱形炉については、以下の分類基準に基づき形態分類を行った。なお、「　」と（　）の部分は集成表（表14）の炉形態の表記に対応する。

分類1：箱形炉の設置方法
「横」：箱形炉の長軸が等高線に平行する、横置きに設置されたもの。
「縦」：箱形炉の長軸が等高線に直交する、縦置きに設置されたもの。
「横尾」：斜面の中位から下位において尾根状に突出する地形の先端部上に、箱形炉長軸を尾根稜線方向に直交させて設置することで、炉長軸両端の排滓溝を斜面下方にのばすもの。広義には横置きに分類できるが、排滓溝を斜面下にのばす構造を重視して「横」と分けておく（神野2005）。
「縦尾」：丘陵尾根部に立地し、箱形炉の長軸が丘陵稜線に直交するもの。

分類2：箱形炉の長さ
箱形炉の長軸内寸については、「50」cm前後、「100」cm前後、「150」cm前後、「200」cm前後の4つに分類した。

第3章　日本列島各地の製鉄開始期の様相

表14　8世紀以前の箱形炉一覧表

No.	遺跡名	所在地	旧国	基数	原料			遺構名	炉形態	時期	報告書・文献
					鉱石	砂鉄	特徴				
1	須川ノケオ遺跡	福岡県朝倉市	筑前	1		○	低チタン	製鉄遺構	縦50地	8世紀	姫野 1999
2	長田遺跡	福岡県朝倉市	筑前	1		○	低チタン	製鉄炉	縦50地	8世紀前半	井上 1994
3	池田遺跡1・2調査区	福岡県大宰府市	筑前	1		○	低チタン	鈩跡	横□□	7世紀	栗原 1970
4	宝満山遺跡第23次1区	福岡県大宰府市	筑前	1		○	低チタン	2号炉	横150炭	8世紀初頭	岡寺ほか 2002
5	コノリ池遺跡	福岡県福岡市	筑前	6		○	低チタン		不明	6世紀後半～末	柳沢 1977
6	野方新池遺跡	福岡県福岡市	筑前	2		○	低チタン		不明	6世紀後半～末	柳沢 1977
7	大牟田古墳群7号墳下層	福岡県福岡市	筑前	1		○	低チタン		不明	6世紀後半～末	柳沢 1977
8	鋤先古墳群A群3次調査	福岡県福岡市	筑前	1		○		製鉄関連遺構093	縦50炭	7世紀か	荒牧・大塚 1997
9	柏原遺跡M地点	福岡県福岡市	筑前	4？		○		第1号炉址	横50炭（長）、縦50炭（2）、縦50□	6世紀末～7世紀	山崎 1988
									縦50炭		
								第10号・第16号炉址	縦50□		
								第11号炉址	横50炭（長）		
10	柏原遺跡K地点	福岡県福岡市	筑前	1？		○		製鉄遺構	縦50□	6世紀末～7世紀	山崎 1987
11	大原A遺跡1次I区	福岡県福岡市	筑前	2		○	低チタン	製鉄関連遺構SX1027・SX1045	横100炭	8世紀前半～中頃	長家ほか 1995
									横100炭		
12	大原A遺跡1次II区	福岡県福岡市	筑前	1		○	低チタン	製鉄関連遺構SX2006	横100炭	8世紀前半	長家 1995
13	大原D遺跡1次I区	福岡県福岡市	筑前	2		○	低チタン	1号遺構	横100炭、　不明	8世紀前半	松村ほか 1996
									不明		
								2号遺構	横100炭		
14	クエゾノ遺跡	福岡県福岡市	筑前	1		○	中チタン	製鉄遺構	縦50□	7～9世紀	常松 1995
15	元岡・桑原遺跡18次調査	福岡県福岡市	筑前	6		○	低チタン	精錬炉SR86・SR223・SR227	横50炭（正）、横50炭（長）、横50炭（円）、縦50炭（3）	7世紀中葉	吉留 2010
									縦50炭		
								精錬炉SR59	横50炭（長）		
								精錬炉SR376	横50炭（円）		
								精錬炉SR442	横50炭（正）		
16	松丸F遺跡	福岡県築上町	豊前	1		○	高チタン	製鉄遺構	縦100重地	6世紀末～7世紀後半	伊崎 1992
17	伊藤田田中遺跡	大分県中津市	豊前	1		○	高チタン	製鉄炉跡	横50地	8世紀前後	小柳ほか 2010
18	高橋佐夜ノ谷II遺跡	愛媛県今治市	伊予	1		○	低チタン	製鉄炉	横200礫	7世紀後半～8世紀前半	櫛部 2007
19	今佐屋山遺跡I区	島根県邑南町	石見	1		○	低チタン	製鉄遺構	横50炭（円）	6世紀後半	角田 1992
20	羽森3遺跡	島根県雲南市	出雲	1		○	低チタン	製鉄炉	横50炭（円）	6世紀後半	田中 1998
21	小丸遺跡	広島県三原市	備後	2	○			SF1・SF2	横50炭（円）	6世紀後半～7世紀前半	松井 1994
22	カナクロ谷遺跡	広島県世羅町	備後	2	◎	○	低チタン	第1号・第2号炉	横50炭（円）	6世紀後半～7世紀前半	藤野・土佐 1993
23	常定峯双遺跡	広島県庄原市	備後	2				A炉・B炉	横50炭（円）	6世紀末～7世紀	潮見ほか 1967
24	戸の丸山製鉄遺跡	広島県庄原市	備後	1		○	低チタン	製鉄炉	横50炭（円）	6世紀末～7世紀初頭	松井 1987

第 12 節　日本古代製鉄の開始と展開—7 世紀の箱形炉を中心に—

No.	遺跡名	所在地	旧国	基数	原料			遺構名	炉形態	時期	報告書・文献
					鉱石	砂鉄	特徴				
25	岡山A遺跡	広島県庄原市	備後	1	○			製鉄炉	横50炭(円)	6世紀後半～7世紀初	曽根ほか1999
26	小和田遺跡	広島県庄原市	備後	4	○			D7-1号・D8-1号炉	横50炭(円)	7世紀後半～8世紀前半	今西2009
27	西山遺跡	広島県庄原市	備後	1	○	○		製鉄炉	横50炭(円)	6世紀後半	
28	白ヶ迫製鉄遺跡	広島県三次市	備後	2		○	低チタン	炉1・炉2	横50炭(円)	6世紀後半	柴田・久保1995
29	池ノ向製鉄遺跡	広島県福山市	備後	2	○	○	高チタン	2号・3号製鉄址	横50炭(円)	6世紀末～7世紀初	福山市教育委員会1995
30	上神代狐穴遺跡	岡山県新見市	備中	7	○			土壙1～4	横50礫(円大)(4)、横50□(円大)(3)	6世紀末	朝倉2004
									横50礫(円大)		
								土壙5～7	横50□(円大)		
31	鉄塊遺跡	岡山県笠岡市	備中	6	◎			1号～6号製鉄炉	横50炭(正)	6世紀末～7世紀前半	安東・奥原2005
32	沖田奥製鉄遺跡	岡山県総社市	備中	10	○			1号製鉄炉	横50炭(円大)→横50炭(正大)→横50炭(正)(8)	7世紀中心、一部6世紀・8世紀	村上1991a
									横50炭(円大)	7世紀初以前	
								2号製鉄炉	横50炭(正大)	7世紀・一部8世紀	
								3号～10号製鉄炉	横50炭(正)		
33	藤原製鉄遺跡	岡山県総社市	備中	3	○			1号～3号製鉄炉	横50炭(正)	8世紀前後	谷山1991a
34	古池奥製鉄遺跡	岡山県総社市	備中	2	○			第1・第2作業場製鉄炉	横50炭(正)	8世紀か	村上1991b
35	大ノ奥製鉄遺跡	岡山県総社市	備中	25	○			1号・5号・10号製鉄炉	横50炭(正)(18)、横50炭(正大)(3)、横50か(4)	7世紀～8世紀	高田1991
									横50炭(正大)		
								2号～4号・6号～9号・13～15号・18～25号製鉄炉	横50炭(正)		
								11号・12号・16号・17号製鉄炉	横50□		
36	板井砂奥製鉄遺跡	岡山県総社市	備中	22	○			第1作業場4号・5号製鉄炉	横50地(2)、横50炭(正)(2)、横50□(18)	8世紀中心	谷山1991b
									横50炭(正)		
								第2作業場2号・5号製鉄炉	横50地		
								第1作業場1号～3号・6号製鉄炉、第2作業場1号・4号製鉄炉、第3作業場1号～4号・6号・7号製鉄炉、第4作業場1号～3号製鉄炉、第5作業場1号製鉄炉、第6作業場製鉄炉	横50□		
37	千引製鉄遺跡	岡山県総社市	備中	4	○			1号・4号製鉄炉	横50礫(正大)→横50礫(長)(2)、横50□(1)	7世紀前半	武田1999
									横50礫(長)		
								2号製鉄炉	横50□		
								3号製鉄炉	横50礫(正大)		

第3章　日本列島各地の製鉄開始期の様相

No.	遺跡名	所在地	旧国	基数	原料			遺構名	炉形態	時期	報告書・文献
					鉱石	砂鉄	特徴				
38	千引カナクロ谷製鉄遺跡	岡山県総社市	備中	4	◎	○	高チタン	1号・4号製鉄炉	横50炭(長大)→横50礫(正大)→横50炭(正)、横50炭(長大)	6世紀中葉~末	武田1999
									横50炭(長大)		
								2号製鉄炉	横50礫(正大)		
								3号製鉄炉	横50炭(正)		
39	宮原谷遺跡	岡山県総社市	備中	4	○			1号製鉄炉	横50炭(正大)(長大)→横50炭(正)、横50□	6世紀末~7世紀前半、8世紀前半	武田1999
									横50□	8世紀前半	
								2号製鉄炉	横50炭(正)		
								3号製鉄炉	横50炭(正大)	6世紀末~7世紀前半	
								4号製鉄炉	横50炭(長大)		
40	くもんめふ遺跡	岡山県総社市	備中	2	○			1号・2号製鉄炉	横50炭(長)	7世紀前半	武田1999
41	林崎遺跡	岡山県総社市	備中	3	○			1号~3号製鉄炉	横50炭(長)	7世紀前半	武田1999
42	新池奥遺跡	岡山県総社市	備中	3	◎	○		1号製鉄炉	横50炭(正大)→横50炭(長)、横50□	8世紀前半	武田1999
									横50□		
								2号製鉄炉	横50炭(長)		
								3号製鉄炉	横50炭(正大)		
43	市後遺跡群	岡山県総社市	備中	5				製鉄炉	横50□(正)	古代	前角2001a
44	中組遺跡	岡山県総社市	備中	2					横50炭(長)→横50炭(正)	詳細不明	前角2001b
								東炉	横50炭(正)		
								西炉	横50炭(長)		
45	白壁奥遺跡	岡山県岡山市	備前	10	○			B調査区 1号製鉄炉	横50炭(長大)→横100炭、横50炭(長大)→横50炭(長)、横50炭(円大)(3)、横50炭(正大)、横50炭(円)、横50□(円)	7世紀	下澤1998
									横50炭(円)		
								B調査区 2号製鉄炉	横50炭(正大)		
								B調査区 3号製鉄炉	横100炭		
								C-1調査区 1号製鉄炉	横50□(円)		
								C-1調査区 2号・3号製鉄炉	横50炭(円大)		
								C-1調査区 4号製鉄炉	横50炭(□)		
								C-1調査区 5号製鉄炉	横50炭(長)		
								C-1調査区 6号製鉄炉	横50炭(長大)		
46	西祖山方前遺跡	岡山県岡山市	備前	1	○			炉・方形土壙	横50炭(長大)	6世紀中葉~後半	神谷1994
47	猪ノ坂南遺跡	岡山県岡山市	備前	1	○			製鉄遺構	横50炭(正大)	6世紀中葉~7世紀前半	河田2020
48	奥池遺跡	岡山県岡山市	備前	2	○			製鉄遺構1	横50炭(長大)→横50炭(正大)	6世紀中葉~7世紀前半	河田2020
									横50炭(正大)	7世紀前半	
								製鉄遺構2	横50炭(長大)	6世紀中葉~後半	

第12節　日本古代製鉄の開始と展開—7世紀の箱形炉を中心に—

No.	遺跡名	所在地	旧国	基数	原料			遺構名	炉形態	時期	報告書・文献
					鉱石	砂鉄	特徴				
49	みそのお遺跡	岡山県岡山市	備前	4	○			A地点　製鉄炉1	横50炭(長)(3)・横50炭(正)	7世紀	河本・山磨・椿真1993
									横50炭(正)		
								B地点　製鉄炉1・2	横50炭(長)		
								C地点　製鉄炉1	横50炭(長)		
50	猿喰池製鉄遺跡	岡山県赤磐市	備前	5	○			1号・4号炉	横50炭(正大)・横50炭(正大)→横50炭(長)(2)→横50炭(正大)	7世紀初	白神2004
									横50炭(正大)		
								2号・3号炉	横50炭(長)		
								5号炉	横50炭(長大)		
51	八ヶ奥製鉄遺跡	岡山県和気町	備前	3	◎	○	高チタン	製鉄炉1	縦50炭(□)→横50炭(□)→横50炭(円)	7世紀	光永2004
									横50炭(円)		
								製鉄炉2	横50炭(正)		
								製鉄炉3	縦50炭(□)		
52	大蔵池南遺跡	岡山県津山市	美作	6		○	高チタン	1号・4号～7号炉址	横50地(長)(4)、横50地(?)、横?	6世紀後半～7世紀前半	森田1982
									横50地		
								2号炉跡	横□		
53	緑山遺跡	岡山県津山市	美作	2		○	低チタン	1号製鉄炉	横50地(長)、横50炭(正)	6世紀後半～7世紀前半	中山1986
									横50地		
								2号製鉄炉	横50炭(正)		
54	一貫西遺跡	岡山県津山市	美作	2		○	低チタン	製鉄遺構	横50地(円)、?	6世紀末～8世紀代	行田1990
55	山根地A遺跡	岡山県津山市	美作	1	○			炉跡1	横50炭(円)	古代(6世紀後半?)	小郷2010
56	城峪城跡	岡山県鏡野町	美作	1		○	低チタン	製鉄炉1	横50炭(円大)	7世紀	佐藤ほか2003
57	久田原遺跡	岡山県鏡野町	美作	1		○	低中チタン	製鉄炉	横50炭(円)	8世紀	小嶋ほか2004
58	高下休場遺跡	岡山県鏡野町	美作	1		○	中チタン	製鉄炉	横50炭(長)	7～8世紀	松本1996
59	下坂遺跡	岡山県勝央町	美作	3	○	○	高チタン	製鉄炉1・2	横50炭(正)(2)、横□	7世紀	岡本ほか2008
									横50炭(正)		
								製鉄炉3	横□		
60	坂遺跡	兵庫県佐用町	播磨	1		○	高チタン	製鉄炉	横100重炭	8世紀中葉	土佐1992
61	カジ屋遺跡	兵庫県佐用町	播磨	1		○	高チタン	製鉄炉	横50炭(長)	7世紀前半	平瀬1992a
								炉床2	横200炭		
								炉床3	横□		
62	横坂丘陵遺跡	兵庫県佐用町	播磨	1		○		製鉄炉	横50地	奈良時代	藤木1994
63	東徳佐遺跡							鉄滓集中	横50地	7世紀後半か	舟引ほか1998
64	西下野製鉄遺跡	兵庫県佐用町	播磨	5		○	低チタン	A地区上部域たたら炉	横200地、横□地(2)、横□炭、横□	8世紀初頭	村上ほか1976
									横□地		
								A地区下部域たたら炉(イ)・(ロ)	横□地		
								B地区上部域たたら炉	横□		
								B地区下部域たたら炉	横200地		

第3章　日本列島各地の製鉄開始期の様相

No.	遺跡名	所在地	旧国	基数	鉱石	砂鉄	特徴	遺構名	炉形態	時期	報告書・文献
65	遠所遺跡通り谷地区O地点	京都府京丹後市	丹後	1		○	高チタン	製鉄炉5	横200礫	6世紀後半	増田・岡崎1997
67	古橋遺跡	滋賀県長浜市	近江	1	○			製鉄炉	横200地	7世紀前半	丸山・濱・喜多1986
68	南郷遺跡	滋賀県大津市	近江	1	○			製鉄炉	横200炭か	7世紀前半	田中・用田1988
69	源内峠遺跡	滋賀県大津市	近江	4	○			1号製鉄炉	横200地→横200重礫→縦200炭	7世紀後半	大道ほか2001
									縦200炭		
								2号・3号製鉄炉	横200重礫		
								4号製鉄炉	横200地		
70	芋谷南遺跡	滋賀県大津市	近江	1	○			製鉄炉	横200礫	7世紀末〜8世紀初頭	青山・大道2019
71	木瓜原遺跡	滋賀県草津市	近江	1	○			製鉄炉　SR-01	横尾200重炭	7世紀末〜8世紀初頭	横田・大道ほか1996
72	野路小野山遺跡	滋賀県草津市	近江	14	○			1号・14号炉	横50地・横50□・縦100□→縦150炭(溝)(2)・縦150礫(溝)・縦150□(溝)(8)	7世紀後半・8世紀中頃	大橋ほか1990、藤居2003、櫻井ほか2007
									縦150炭(溝)	8世紀第2四半期	
								2号炉	縦150礫(溝)		
								3号〜6号・9号・11号〜13号炉	縦150□(溝)		
								7号炉	横50地	7世紀末〜8世紀初頭	
								8号炉	縦100□		
								10号炉	横50□		
73	笹岡向山製鉄遺跡	福井県あわら市	越前	1		○		2号炉	横200炭	7世紀末〜8世紀初頭	木下1995
74	林遺跡	石川県小松市	加賀	1		○	高チタン	1号製鉄炉	縦200炭	8世紀中頃	宮下ほか2003
75	石太郎G遺跡	富山県射水市	越中	1		○	中チタン	1号製鉄炉	横200炭	8世紀前半	池野・関1991
76	石太郎C遺跡	富山県射水市	越中	1		○	中チタン	製鉄炉跡	横200炭	8世紀	関1983
77	東山I遺跡	富山県射水市	越中	1		○	中チタン	製鉄炉	横□	8世紀	神保1983
78	南太閤山II遺跡	富山県射水市	越中	1		○	中チタン	1号製鉄炉	縦200炭	8世紀前半	池野1983
79	狩山戸遺跡	愛知県小牧市	尾張	1	○			製鉄遺構	横200礫	7世紀後半〜8世紀初頭	中嶋1986
80	西山遺跡	愛知県春日井市	尾張	1	○			製鉄炉	横200礫	7世紀後半〜8世紀初頭	村松ほか2017
81	松原田遺跡	群馬県前橋市	上野	1		○		製鉄遺構	縦200地(溝)	7世紀後半	小島1986
82	三ヶ尻西遺跡	群馬県前橋市	上野	2		○		1号・2号炉	横150地	7世紀後半	
83	西野原遺跡	群馬県太田市	上野	4		○	低チタン	1号・2号製鉄炉	横200炭(2)→縦50地(2)	7世紀末	谷藤・笹澤ほか2010
									縦50地		
								3号・4号製鉄炉	横200炭		
84	峯山遺跡	群馬県太田市	上野	3		○	中チタン	I区1号製鉄炉	横□炭→縦150礫(溝)→縦200炭(溝)	7世紀末〜8世紀前半	笹澤2010
									横□炭	7世紀末〜8世紀前半	
								II区1号製鉄炉	縦200炭(溝)	8世紀前半	
								II区2号製鉄炉	縦150礫(溝)		

第12節　日本古代製鉄の開始と展開—7世紀の箱形炉を中心に—

No.	遺跡名	所在地	旧国	基数	原料			遺構名	炉形態	時期	報告書・文献
					鉱石	砂鉄	特徴				
85	箱石遺跡	埼玉県寄居町	武蔵	4	○		低チタン	第2号・　第4号炉	横200重地(2)、横200地	7世紀末～8世紀初頭	赤熊・栗岡2006
									横200重地		
								第3号・　第5号炉	横200地		
86	上郷深田遺跡	神奈川県横浜市	武蔵	1	○			12号炉	縦200炭	7世紀末～8世紀前半	平子1988
87	若林Ⅰ遺跡	千葉県柏市	下総		○			製鉄炉	縦200□(溝)	7世紀後半	穴澤1987
88	松原製鉄遺跡	千葉県柏市	下総	4	○		高チタン	Ⅰ区1号　製鉄炉	縦200重地(2)、縦200□、縦□	7世紀後半	森田ほか2007
									縦□		
								Ⅰ区2号　製鉄炉	縦200□		
								Ⅰ区3号製鉄炉、Ⅱ区製鉄炉	縦200重地		
89	取香和田戸遺跡（空港No.60）	千葉県多古町	下総	2	○		高チタン	7号跡A炉 7号跡B炉	横200地→横50地	8世紀前半	小久貫・新田1994
									横50地		
									横200地		
90	東峰御幸畑西遺跡（空港No.61）	千葉県成田市	下総	3	○		中チタン	1号・2号　製錬炉	縦50炭(3)、縦150炭、縦□地	8世紀前半	麻生ほか2000
									縦50炭(溝)		
								4号製錬炉	縦150炭(溝)		
91	一鍬田甚兵衛山北遺跡（空港No.11）	千葉県多古町	下総	2	○		中チタン	2号・3号　製錬炉	横尾200地(2)	8世紀前半	新田ほか1995
92	尾崎前山遺跡	茨城県八千代町	下総	1	○		中チタン	製鉄炉	縦150炭(溝)	8世紀前葉	阿久津ほか1978、阿久津ほか1979、阿久津ほか1981
93	後谷津遺跡	茨城県ひたちなか市	常陸	1	○		中チタン	製鉄炉	横150地	7世紀後半～8世紀前半	佐々木・住谷1996
94	宮平遺跡	茨城県石岡市	常陸	1	○			製鉄遺構	縦150重地(溝)	8世紀中頃	安藤・佐々木ほか1989
95	粟田かなくそ山製鉄遺跡	茨城県かすみがうら市	常陸	1	○		高チタン	製鉄炉	縦100炭(溝)	8世紀中頃	伊東・根田1990
96	北中谷地遺跡	福島県浪江町	陸奥	1	○		高チタン	110号製鉄炉	横200重地	7世紀後半	工藤ほか2020
97	大船廹A遺跡	福島県南相馬市	陸奥	15	○		高チタン	29号・30号製鉄炉	横尾200重炭、横尾200重地→縦100炭(羽口)(7)-横100炭(羽口)(4)	7世紀第3四半期～8世紀中葉	吉野ほか1995a、吉野ほか1995b
									横尾200重炭	7世紀後半	
								56号・57号製鉄炉	横尾200重地		
								6号・16～19号・41・45号製鉄炉	縦100炭(羽口)	8世紀中葉	
								26号・50号・44号・52号製鉄炉	横100炭(羽口)		
98	大船廹C遺跡	福島県南相馬市	陸奥	5	○		高チタン	1号製鉄炉	横尾200礫(2)・横尾□(2)→横尾□炭	7世紀第3四半期～8世紀前葉	菅原ほか1994
									横尾200礫	7世紀第3四半期～8世紀前葉	
								2号製鉄炉	横尾□炭		
								3号・5号製鉄炉	横尾□	7世紀後半	
								4号製鉄炉	横尾200礫		

第3章　日本列島各地の製鉄開始期の様相

No.	遺跡名	所在地	旧国	基数	鉱石	砂鉄	特徴	遺構名	炉形態	時期	報告書・文献
99	長瀞遺跡	福島県南相馬市	陸奥	12		○	高チタン	11号製鉄炉	横尾200重礫→横尾200地、横尾200重地(3)→縦100炭(羽口)(7)	7世紀第四四半期～8世紀前葉	西山ほか1991、能登谷ほか1992、吉野ほか1995a
									横尾200重礫	7世紀第四四半期～8世紀前葉	
								12号製鉄炉	横尾200地		
								21号・24号・25号製鉄炉	横尾200重地		
								6号・7号・30～34号製鉄炉	縦100炭(羽口)	8世紀中葉	
100	鳥打沢A遺跡	福島県南相馬市	陸奥	7		○	高チタン	11号製鉄炉	横200炭、横尾200重礫(2)、縦100炭(3)→縦100炭(羽口)	7世紀第3四半期～8世紀前葉	安田ほか1994、能登谷ほか1995a
									横200炭	7世紀後半	
								15号・16号製鉄炉	横200重礫		
								8～10号製鉄炉	縦100炭(羽口)	8世紀中葉	
101	鳥打沢B遺跡	福島県南相馬市	陸奥	4		○	高チタン	2号製鉄炉	縦100炭(溝)→縦100炭(羽口)(3)	8世紀前葉～中葉	香川ほか1991
									縦100炭(溝)	8世紀前葉	
								1号・3号・4号製鉄炉	縦100炭(羽口)	8世紀中葉	
102	大森遺跡	福島県相馬市	陸奥	1		○	高チタン	1号製鉄炉	横150地	7世紀後半～8世紀前半	能登谷ほか1995b
103	新沼大迎遺跡	福島県相馬市	陸奥	3				1号・3号・4号製鉄炉		7世紀第四四半期～8世紀前葉	相馬市教育委員会1997
104	向田E遺跡	福島県新地町	陸奥	2		○	高チタン	1号・2号製鉄炉	縦尾200重礫	7世紀第四四半期～8世紀前葉	寺島ほか1989
105	洞山D遺跡	福島県新地町	陸奥	1		○	高チタン	1号製鉄炉	横200重地、横100炭(羽口)	7世紀後半～8世紀中葉	寺島ほか1989
									横200重地	7世紀後半	
								3号・4号製鉄炉	横100炭(羽口)	8世紀中葉	

分類3：地下構造の構築法

「地」：地山に粘土を直接貼る、または数cmの整地土を貼り、その上を炉底とする構築法。粘土を貼る際に、除湿のための燃焼を行うことが多い。

「重」：炉底粘土を操業ごとに貼り重ねる構築法。

「礫」：地下構造の掘形内に礫を敷く構築法。礫の上に炭化物を充填し、その上に粘土を貼り炉底とすることが多い。

「炭」：地下構造の掘形内に炭化物または灰・炭化物などを含む土を充填する構築法。その上に粘土を貼り炉底とすることが多い。

　備考1：横置き炉のうち、箱形炉の長軸内寸が50cm程のものに対しで記入した。

（長）：地下構造の掘形の平面形が長方形状のもの。

（正）：地下構造の掘形の平面形が正方形状のもの。

（円）：地下構造の掘形の平面形が円形、楕円形状のもの。

第12節　日本古代製鉄の開始と展開—7世紀の箱形炉を中心に—

　　（円大）・（正大）・（長大）：掘形の幅が100cm前後で、地下構造の規模が大きいもの。なお、「地」
　　　　については掘形の平面形を正確に把握できないことが多いことから、平面形の認定は
　　　　行っていない。

　　備考2：縦置き炉のうち、斜面下方の排滓溝が接続するものに対し（溝）を付した。
　なお、炉形態の「□」は不明を示す。

　本節でおこなう、箱形炉の系譜関係を探るための検討に関しては、上記分類基準のうち特に分
類1と分類2を重視したい。分類1については炉底の傾斜、排滓方法との関連、分類2について
は送風装置の構造、配置に規制されている可能性が高い。当該期の製鉄においては、送風装置が
製鉄技術の主要素であったことは明白であり、製鉄技術の系譜を追う有力な視点となろう。箱形
炉に伴う送風装置の具体的様相は不明で、今後の課題となる。

　しかし、8世紀以降に出現する半地下式竪形炉の主要な技術的要素が踏み鞴であることから
も、送風装置が製鉄技術系譜を探る重要な視点であることは首肯されよう。箱形炉の長さによ
る分類は、直接的には送風装置との関係で考察されるべきであるが、7世紀前後の製鉄技術の系
譜、製鉄集団の動向、さらには製鉄をめぐる歴史的背景を探る有効な視点となると考える。な
お、日本列島における初期製鉄地域では、それぞれの地域で箱形炉の系統にまとまりが認められ
ることから、箱形炉の大分類（A型・B型・C型・D型・E型）には、出現地域名の型式を付した
（松尾 2021）。

3　型式の設定

（1）　A型（吉備型）

①　A1型（千引カナクロ谷型　横50（長大）（正大）（円大）（図193①②）

　横置きで、炉長軸内寸が50cm程、地下構造の掘形の幅が100cm前後で、地下構造の規模が
大きい箱形炉である。地下構造の掘形内に炭化物か灰・炭化物などを含む土を充填するもの、礫
を敷くものなどがある。今回の検討では横50（長大）、横50（正大）、横50（円大）に分類される
箱形炉が該当する。

　A1型は、I期には総社市千引カナクロ谷製鉄遺跡、岡山市西祖山方前遺跡・猪ノ坂南遺跡・
奥池遺跡。II期には新見市上神代狐穴遺跡、総社市沖田奥製鉄遺跡・宮原谷遺跡、岡山市奥池
遺跡・白壁奥遺跡、赤磐市猿喰池製鉄遺跡。III期には総社市大ノ奥製鉄遺跡・千引製鉄遺跡、
鏡野町城峪城跡。V期には総社市新池奥遺跡で検出されている。分布は備中、備前、美作地域
で、かつて吉備と呼ばれた地域に限定される。遺構の時期はI期からIII期が中心で、A1型は国
内最古の箱形炉型式である。となると、現在の岡山市西部から総社市東部あたりが国内最古の製
鉄地帯となる可能性が高い。原料は、V期の新池奥遺跡で鉄鉱石と一部砂鉄を用いる。それ以外
の遺跡では鉄鉱石を用いており、基本的には鉄鉱石を用いていたことがわかる。

　千引カナクロ谷製鉄遺跡、沖田奥遺跡、猿喰池製鉄遺跡、大ノ奥製鉄遺跡、千引製鉄遺跡、
白壁奥遺跡、新池奥遺跡では同一遺跡内で、地下構造の縮小化と簡略化の様相を確認できる。
A1型は、概ね地下構造の縮小化・簡略化の方向で進み、A2型へと変遷する。また、同一遺跡
内で、地下構造や平面規模の異なる箱形炉が存在している場合が多く、築炉に関して試行錯誤が
行われている様相をみてとれる。

259

第3章　日本列島各地の製鉄開始期の様相

　次に、A1型の起源について、朝鮮半島に求められるか、または日本列島内で開発されたもの
なのか検討していきたい。この点については第2章第5節で触れたが、再確認したい。

　朝鮮半島の三国時代の製鉄炉は、円形の地下構造をもち、一方に鉄滓排出施設をもつものが基
本的な形態で、半地下式構造のものと地上部分に構築されるものが存在する。製鉄炉の規模は、
忠清北道鎮川郡徳山面石帳里遺跡では径115cm（図193③）、慶尚南道密陽市丹場面沙村遺跡で
は径70cmから112cmと大きさにばらつきがあるが、日本列島のものと比較すると規模が大き
い（角田2006）。炉内への送風は、内径20cmから30cmもある屈曲した大形送風管1本を製鉄
炉背部から挿入する方法をとる。A1型と朝鮮半島の三国時代の製鉄炉とは、炉の形態、送風方
法などが大きく異なり、共通点を探し出すのは困難である（村上1997）。A1型の系譜を朝鮮半島
の三国時代の円形炉に求めることはできない。

　そこで、A1型が日本列島内で開発された可能性を検討してみたい。A1型の炉底が明確に検
出された事例としては宮後原遺跡3号製鉄炉がある（図193④）。炉底南側小口部に長さ60cm、
幅45cmの残留滓が遺存していた。残留滓は西側に長さ20cm程の流出滓が取り付いたもの
で、炉内寸は長さ約40cm、幅約30cmと推定される。地下構造は、平面形が長辺110cm、短辺
90cmから70cmのやや歪な方形を呈し、深さ約40cmの土坑で、土坑内には細粒化した炭が充
填される。炉底の規模は、鍛冶炉の炉底（図193⑤）を若干大きくしたようなもので、箱形炉の
構造は、そのような炉底に、還元帯確保のために高さ1m程の炉壁を構築した状態を復元するこ
とができる。送風装置は不明であるが、両長側辺に2個から3個の送風孔を穿ち、そこから鍛冶
作業で使用する鞴で送風したと推定される。

　吉備南部の製鉄と鍛冶は、有機的な関係を持ちながら操業がなされていたことが理解される。
特に、I期からII期において、製鉄遺跡から若干離れた鍛冶関連遺跡において、鉄鉱石や製錬系
鉄塊系遺物（荒鉄）が出土しており、製鉄が鍛冶関連遺跡を拠点として行われていた可能性が高
い。また、美作地域の鉄滓出土古墳を検討した安川豊史氏は、鉄滓の古墳供献の有り方が、5世
紀末以降、鍛冶段階を含めた広義の製鉄に従事する集団にとって、欠かすことのできない埋葬儀
礼の一部として定着したことを示すとともに、製鉄集団が前代の鍛冶集団の中核に組織されて
いったことを物語っていると評価する（安川1992）。吉備南部の古墳出土鉄滓の検討は今後の課
題となるが、生産域・居住域・墳墓域で製鉄集団が鍛冶集団の中核に組織されている可能性があ
る点は重要である。製鉄炉が鍛冶炉の影響を強く受けている可能性の根拠となろう。

　さらに、文献史料からも鍛冶工人が製鉄に関与している様相を確認することができる。花田勝
広氏（花田2002）や亀田修一氏（亀田2005）は、天平11年（739）に記された『備中国大税負死
亡人帳』には「宗部里」に「西漢人部」がいたことや、その他にも「忍海漢部」、「東漢人部」を
付けた、大和や河内の鍛冶遺跡に由来する人物名が記されていることから、吉備南部の製鉄が、
蘇我氏など畿内の有力豪族配下の鍛冶集団の影響下のもとに出現したと考えた。

　②　A2型（板井砂奥型　横50（長）（正））（図193⑥）
　横置きで、炉長軸内寸が50cm程、地下構造の掘形の平面形が長方形、正方形を呈し、A1型
より地下構造が小規模な箱形炉である。地下構造の掘形内に炭化物や灰・炭化物などを含む土を
充填するもの、礫を敷くものがある。今回の検討では横50（長）、横50（正）に分類される箱形
炉が該当する。

第 12 節　日本古代製鉄の開始と展開―7世紀の箱形炉を中心に―

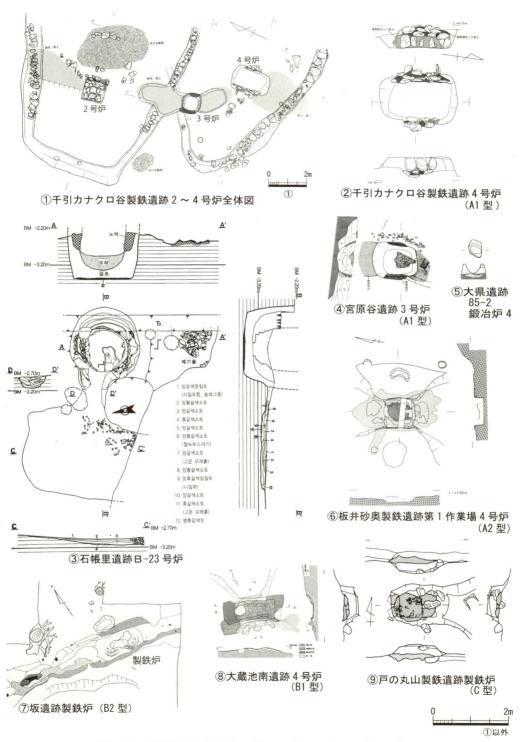

図193　箱形炉の各型式（A1型・A2型・B1型・B2型・C型）
（①②④：武田 1999、③：李榮勲・申鍾煥・尹鍾均・成佐賢 2004、⑤：北野 1988、
⑥：谷山 1991b、⑦：土佐 1992、⑧：森田 1982、⑨：松井 1987）

第 3 章　日本列島各地の製鉄開始期の様相

　A2 型は、Ⅱ期には福岡市柏原遺跡M地点、笠岡市鉄塊遺跡、総社市千引カナクロ谷製鉄遺
跡、赤磐市猿喰池製鉄遺跡、津山市緑山遺跡、佐用町カジ屋遺跡。Ⅲ期には福岡市元岡・桑原遺
跡第 18 次調査、総社市千引製鉄遺跡・くもんめふ遺跡、林崎遺跡、岡山市白壁奥遺跡・みその
お遺跡、佐伯町八ヶ奥製鉄遺跡、勝央町下坂遺跡。Ⅳ期には総社市沖田奥製鉄遺跡、藤原製鉄遺
跡、大ノ奥製鉄遺跡、板井砂奥製鉄遺跡、鏡野町高下休場遺跡。Ⅴ期には総社市沖田奥製鉄遺
跡・藤原製鉄遺跡・古池奥製鉄遺跡・大ノ奥製鉄遺跡・板井砂奥製鉄遺跡[1]・新池奥遺跡で検出
されている。

　A2 型は筑前、備中、備前、美作、播磨地域に分布する。A1 型と同様、かつて吉備と呼ばれ
た地域が分布の中心地である。さらに、吉備とともに、日本の初期製鉄地帯の一つであったと考
えられる筑前や、美作に隣接する播磨地域にも分布している。

　原料は、Ⅱ期の柏原遺跡M地点で砂鉄、Ⅱ期の千引カナクロ谷製鉄遺跡で鉄鉱石と一部高チ
タン砂鉄、Ⅱ期の緑山遺跡で低チタン砂鉄、Ⅲ期の元岡・桑原遺跡 18 次調査で低チタン砂鉄、Ⅲ
期の八ヶ奥製鉄遺跡で鉄鉱石と一部高チタン砂鉄、Ⅱ期のカジ屋遺跡で高チタン砂鉄、Ⅲ期の下
坂遺跡で高チタン砂鉄、Ⅳ期の高下休場遺跡では中チタン砂鉄を用いる。それ以外の遺跡では鉄
鉱石を用いており、概ね鉄鉱石を原料としていたことがわかる。

　沖田奥製鉄遺跡、大ノ奥製鉄遺跡、板井砂奥製鉄遺跡、千引製鉄遺跡、千引カナクロ谷製鉄遺
跡、宮原谷遺跡、新池奥遺跡、白壁奥遺跡、猿喰池製鉄遺跡では同一遺跡内で、地下構造の縮小
化と簡略化の様相を確認できる。A2 型の変遷は、A1 型と同様、概ね地下構造の縮小化と簡略
化の方向で進む。また、A1 型から A2 型へと変遷する事例も多い。さらに、同一遺跡内で地下
構造や平面規模の異なる箱形炉が検出される多い。築炉に関して試行錯誤が行われていた様相を
みてとれる。

（2）　B 型（美作型）

①　B1 型（大蔵池南型　横 50 地）（図 193 ⑧）

　横置きで、炉長軸内寸が 50cm 程、地山に粘土を直接貼る、または数cm の整地土を貼り、そ
の上を炉底とする箱形炉である。地下構造の掘形内に炭化物の充填や、礫敷きを行わない。今回
の検討では横 50 地に分類される箱形炉が該当する。

　B1 型は、Ⅱ期には津山市大蔵池南遺跡・緑山遺跡。Ⅳ期には中津市伊藤田田中遺跡、佐用町
東徳佐遺跡、草津市野路小野山遺跡、多古町取香和田戸遺跡。Ⅴ期には津山市一貫西遺跡、佐用
町横坂丘陵遺跡で検出されている。B1 型は、美作を中心に分布するが、豊前、備中、播磨、近
江、下総地域にも点在している。美作ではⅡ期に多くみられるが、それ以外の地域ではⅣ、Ⅴ期
に点在する。原料はⅡ期の緑山遺跡とⅤ期の一貫西遺跡では低チタン砂鉄、Ⅳ期の伊藤田田中
遺跡と取香和田戸遺跡では高チタン砂鉄、Ⅳ期の野路小野山遺跡では鉄鉱石を用いる。B1 型は
概ね砂鉄を原料として用いる。美作では同一遺跡内からＢ型のみが検出されることが多いことか
ら、Ｂ型はⅡ期の美作で確立された型式であったと推定される。B1 型の系譜については、確実
な根拠を示すことはできないが、備中、備前で開発された A1 型を、砂鉄を原料とするために改
良されたものであるとみたい。

②　B2 型（坂型　横 100 炭）（図 193 ⑦）

　横置きで、炉長軸内寸が 100cm 程、地下構造の掘形内に炭化物または灰・炭化物などを含む

土を充填する箱形炉である。今回の検討では横100炭に分類される箱形炉が該当する。

B2型は、Ⅴ期には福岡市大原A遺跡1次Ⅰ区・大原A遺跡1次Ⅱ区・大原D遺跡1次Ⅰ区、佐用町坂遺跡で検出されている。B2型は筑前地域を中心に、一部、播磨地域にも分布する。原料は筑前では低チタン砂鉄、播磨では高チタン砂鉄を用いており、砂鉄を原料としていたことがわかる。同一遺跡内からB2型のみが検出されることが多く、特に筑前でその傾向が強い。Ⅴ期の播磨または筑前で確立された箱形炉型式であると考えられる。系譜としては、A2型の長軸を伸ばすという発展の中で、出現した型式であると考えられる。

(3) C型（備後型）

① C型（戸の丸山型　横50炭（円））（図193 ⑨）

横置きで、炉長軸内寸が50cm程、地下構造の掘形の平面形が円形、楕円形を呈し、地下構造の掘形内に炭化物または灰・炭化物などを含む土を充填する箱形炉である。今回の検討では横50炭（円）に分類される箱形炉が該当する。

C型は、Ⅱ期には邑南町今佐屋山遺跡Ⅰ区、雲南市羽森3遺跡、三原市小丸遺跡[2]、世羅町カナクロ谷遺跡、庄原市常定峯双遺跡・戸の丸山製鉄遺跡・岡田A遺跡・西山遺跡、三次市白ヶ迫製鉄遺跡、福山市池ノ向製鉄遺跡、津山市山根地A遺跡。Ⅲ期には福岡市元岡・桑原遺跡第18次調査、佐伯町八ヶ奥製鉄遺跡。Ⅳ期には庄原市小和田遺跡。Ⅴ期には鏡野町久田原遺跡で検出されている。C型は備後を中心に分布するが、筑前、石見、出雲、備中、備前、美作と備後周辺地域にもみられる。備後北部から出雲南部、石見南東部にかけての地域ではⅡ期に集中する。それ以外の地域ではⅢ期以降に分布している。原料は、Ⅱ期の小丸遺跡、岡山A遺跡、西山遺跡、山根地A遺跡で鉄鉱石、カナクロ谷遺跡では鉄鉱石と低チタン砂鉄、西山遺跡では鉄鉱石と砂鉄、池ノ向製鉄遺跡では鉄鉱石と高チタン砂鉄を用いる。吉備に所在する遺跡では鉄鉱石を用いる。Ⅲ期の白壁奥遺跡では鉄鉱石、Ⅳ期の小和田遺跡でも鉄鉱石を用いる。それ以外の遺跡では砂鉄を使用しており、低チタン含有砂鉄を用いる場合が大部分である。

C型が検出される製鉄遺跡では、C型のみが検出される遺跡が多い。特にⅡ期ではその傾向が顕著である。この傾向は、同一遺跡内で、多様な地下構造を備えるA1型、A2型が検出されている瀬戸内側の遺跡とは対照的である。C型の使用原料は鉄鉱石や低チタン砂鉄であることが多く、C型は鉄鉱石や低チタン砂鉄に向くと推定される。また、C型の分布地域は、鉄鉱石から砂鉄へという製鉄原料の転換が順調に行われた地域であるといえる。C型の系譜についても、確実な根拠を示すことができないが、備中、備前で開発されたA1型を、砂鉄を原料として使用するために改良された型式であるとみたい。

なお、C型が検出される製鉄遺跡は小規模なものが多い。また、丘陵斜面に構築されることが多く、標高180m以上にあり、吉備に所在するA1型・A2型・B型より概ね高位に位置する。C型は集落や住居に1〜2基が近接して検出されることが多く、C型による製鉄が小規模で自給的なものだったことを示唆している（上栫2000）。

(4) D型（筑紫型）

① D1型（鋤先A型　縦50）（図194 ⑩）

縦置きで、炉長軸内寸が50cm程の箱形炉、今回の検討では縦50に分類される箱形炉が該当する。

第 3 章　日本列島各地の製鉄開始期の様相

　D1 型は、Ⅱ期には福岡市柏原遺跡M地点[3]・K地点。Ⅲ期には福岡市鋤先古墳群A群 3 次調査、福岡市元岡・桑原遺跡第 18 次調査、和気町八ヶ奥製鉄遺跡。Ⅳ期には太田市西野原遺跡。Ⅴ期には朝倉市須川ノケオ遺跡、長田遺跡で検出されている。この他、福岡市クエゾノ遺跡からも検出されており、Ⅲ期からⅤ期のいずれかの時期に比定される。D1 型は九州北部を中心に分布しており、備前と上野地域に点的に分布する。原料はⅡ期の柏原遺跡M地点・K地点、Ⅲ期の鋤先古墳群A群 3 次調査では砂鉄、Ⅲ期の元岡・桑原遺跡第 18 次調査では低チタン砂鉄、八ヶ奥製鉄遺跡では鉄鉱石と高チタン砂鉄、Ⅳ期の西野原遺跡、Ⅴ期の須川ノケオ遺跡、長田遺跡では低チタン砂鉄を用いる。概ね低チタン砂鉄を原料としている。系譜については、D1 型は九州北部での検出例が多いこと、また炉形は不明であるが、福岡市域ではⅠ期に遡る可能性のある製鉄炉が存在していること、D1 型は縦置きで、横置きである中国地方の箱形炉とは系譜が異なると考えられることから、九州北部で出現した型式であるとみたい。

　なお、Ⅲ期の八ヶ奥製鉄遺跡のD1 型の出現は、吉備在来型であるA1 型、A2 型以外の初現事例である。また、Ⅳ期の西野原遺跡のD1 型の出現はE1 型からの変更という形であり、それまで関東地域で広く採用されているE1 型以外の初現事例である。なお、西野原遺跡では 34 トンもの鉄滓が出土しており、大規模な操業が行われていたことが判明している。

　　②　D2 型（松丸F型　縦 100）（図 194 ⑪）
　縦置きで、炉長軸内寸が 100cm 程の箱形炉。今回の検討では縦 100 に分類される箱形炉が該当する。事例が少なく、D1 型の発展形態と考えられることから、D2 型と型式設定した。

　D2 型は、Ⅱ期には築上町松丸F遺跡、Ⅳ期には草津市野路小野山遺跡で検出されている。原料はⅡ期の松丸F遺跡では高チタン砂鉄を、Ⅳ期の野路小野山遺跡では鉄鉱石を用いる。野路小野山遺跡ではⅣ期に縦 100 のD2 型の 8 号炉が検出されている（図 195）。8 号炉の詳細は不明であるが[4]、谷に隣接していることから、下方排滓坑に排滓溝が取り付いていない可能性が高く、E3 型でなくD2 型であると判断した。

　野路小野山遺跡でのD2 型の出現は、Ⅳ期以前の近江の在来型であるE1 型・E2 型以外の初現事例である。D1 型の八ヶ奥製鉄遺跡と西野原遺跡の事例と同様である点は興味深い。D1 型、D2 型という九州北部の型式が、備前、近江、上野地域という当時の主要製鉄地帯、しかも、近畿地方と関東地方で最大規模の製鉄遺跡で出現していることは注目される。6 世紀後半から 8 世紀前半にかけて、九州北部が日本列島内の製鉄の一つの核としての地位をもち、日本列島各地の製鉄に影響を与えたと考えたい。

　近江では野路小野山遺跡でD2 型の出現以降、縦置きで、炉長軸内寸が 150cm 程の縦 150 に分類されるE3 型が主流となる。また、上野地域をはじめとする関東地方でも縦 150、縦 200 に分類されるE3 型が主流となる。このように、東日本においてはD1 型とD2 型の出現は、その後、縦置き炉が主流となっていく東日本の箱形炉の設置方法に影響を与えたといえよう。

　（5）　E 型（近江型）
　　①　E1 型（源内峠型　横 150・200）（図 194 ⑫）
　横置きで、炉長軸内寸が 150cm から 200cm 程、地下構造は各種存在する。今回の検討では横 150・横 200 に分類される箱形炉が該当する。

　E1 型は、Ⅱ期には京丹後市遠所遺跡通り谷地区O地点、長浜市古橋遺跡。Ⅲ期には大津市南

第 12 節 日本古代製鉄の開始と展開—7 世紀の箱形炉を中心に—

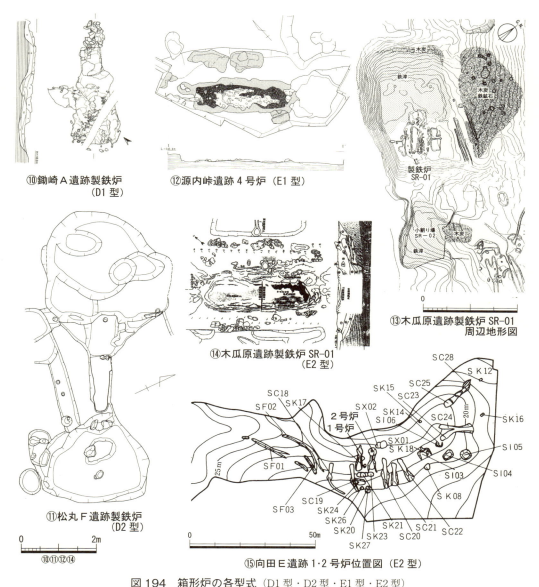

図194 箱形炉の各型式（D1型・D2型・E1型・E2型）
（⑩：荒牧・大塚1997、⑪：伊崎1992、⑫大道ほか2001、⑬⑭：横田ほか1996、⑮：寺島ほか1989）

郷遺跡・源内峠遺跡、前橋市三ヶ尻西遺跡。Ⅳ期には太宰府市宝満山遺跡23次調査Ⅰ区、今治市高橋佐夜ノ谷Ⅱ遺跡、大津市芋谷南遺跡、あわら市笹岡向山製鉄遺跡、小牧市狩山戸遺跡、春日井市西山遺跡、太田市西野原遺跡、峯山遺跡、寄居町箱石遺跡、多古町香取和田戸遺跡、ひたちなか市後谷津遺跡、南相馬市鳥打沢A遺跡、南相馬市大森遺跡、新地町洞山D遺跡。Ⅴ期には佐用町西下野遺跡、射水市石太郎G遺跡、石太郎C遺跡で検出されている。

E1型は、Ⅱ期に近江、丹後地域という畿内周辺地域に出現し、Ⅲ期に上野に、Ⅳ期に西日本では筑前、伊予地域に点的に、東日本では越前、尾張、上野、武蔵、下総、常陸、陸奥南部地域と広範囲に分布する。Ⅴ期には越中にも分布が広まる。分布の状況から、E1型は畿内周辺で出

現し、西日本には点的に、東日本には普遍的に分布したことがみてとれる。東日本各地で最初に採用された箱形炉の型式の多くがE1型である。なお、7世紀代の製鉄の中心地である備後、備中、備前、美作、いわゆる吉備の地域でE1型が全く検出されていない。

原料は、Ⅲ期の三ヶ尻西遺跡、Ⅳ期の笹岡向山製鉄遺跡では砂鉄、Ⅳ期の宝満山遺跡23次1区、高橋佐夜ノ谷Ⅱ遺跡、西野原遺跡、箱石遺跡では低チタン砂鉄、Ⅳ期の峯山遺跡、後谷津遺跡、Ⅴ期の石太郎G遺跡、石太郎C遺跡では中チタン砂鉄、Ⅳ期の鳥打沢A遺跡、大森遺跡、洞山D遺跡、Ⅴ期の取香和田戸遺跡では高チタン砂鉄を用いる。それ以外の近江と尾張では鉄鉱石を用いる。

Ⅲ期・Ⅳ期の源内峠遺跡、Ⅲ期の西野原遺跡、Ⅳ期の峯山遺跡、Ⅴ期の取香和田戸遺跡では同一遺跡内で、型式の変遷が確認されている。源内峠遺跡では、Ⅲ期の横200地、横200重礫、Ⅳ期の縦200炭という変遷が確認されている。同じ瀬田丘陵内の木瓜原遺跡ではⅣ期に横尾200重炭の箱形炉が検出されており、東日本の箱形炉の変遷を考える上で示唆的な調査結果を得ている（大道2007）。西野原遺跡ではE1型から縦50地のD1型、峯山遺跡ではE1型から縦150礫、縦200炭というE3型、取香和田戸遺跡ではE1型から横50地のB1型という変遷が確認されている。いずれもE1型の操業を止めている。

筆者は以前、E1型の祖型について、忠清北道鎮川郡徳山面石帳里遺跡A-4号炉に求められる可能性があることを指摘した（大道ほか2001a）。しかし、その後、石帳里遺跡A-4号炉については、箱形炉と認定するには、送風方法、排滓方法、地下構造など解決すべき疑問点が多いとする意見が出されたこと（角田2006）。また、朝鮮半島においてその後類例が発見されていないことから、E1型の祖型を朝鮮半島の事例に求めることは難しい状況となっている。

E1型については、播磨を介して、美作・備中から近江に導入され、近江の琵琶湖沿岸地域で、国家標準型の製鉄炉形へと整えられ、操業技術や作法等の標準化がおこなわれたとする有力な意見がある（村上2007）。しかし、6世紀後半から8世紀前半、吉備と近江では原料は同じ鉄鉱石を用いながら、吉備では、地下構造が大規模なA1型で製鉄が始まるが、時間の経過とともにA2型が一般化して、さらに地下構造が退化・縮小するという変遷を経る（光永1992）。

一方、近江ではE1型の地下構造は発展し、横置きから縦置きへと技術的な革新が行われるという、吉備とは全く逆の変遷を経る。また、吉備では近江系のE1型、近江では吉備系のA1型・A2型が検出されていない。さらに、近江の製鉄技術の影響を強く受ける東日本において、A1型・A2型がほとんど採用されていない。播磨においては、E1型に分類される佐用町金屋中土居遺跡の製鉄炉の時期について、調査当時は6世紀代まで遡ると考えられていた。しかし、その後、周辺に平安時代の遺構が多いことなどから、同時期の可能性が指摘されている（村上2018）。したがって、6〜7世紀代に美作・備中・播磨地域にはE1型の存在は確認されないこととなる。

このように、吉備と近江の両地域は、6世紀後半から8世紀前半にかけて、日本列島を代表する製鉄地帯でありながら、技術交流の様相があまりみられない。したがって、E1型については、横置きの吉備の箱形炉基礎に、近江または丹後・越前・尾張などの近畿地方およびその周辺地域で開発され、7世紀中頃の近江大津宮遷都の頃に、近江の琵琶湖沿岸である瀬田丘陵で「国家標準型」の製鉄炉へと整えられ、操業技術や作法等の標準化がおこなわれた製鉄炉型式であると考

第12節　日本古代製鉄の開始と展開—7世紀の箱形炉を中心に—

えたい。近江での標準化の背景には、近江では比較的良質な鉄鉱石を得ることができ、箱形炉の技術改良の試行が容易であったことを挙げることができる。

E1型の製鉄操業の具体像について真鍋成史氏は、「大道年号鍛冶絵巻」で描かれた、鍛冶工人が使用する皮韛を複数取り付けて風を炉内に送っている様相から、E1型のような炉長軸の長い箱形炉は、鍛冶炉を長軸方向に複数集めた集合体ととらえ、鍛冶工人の関与が考えられる炉であると考えた（真鍋2009）。E1型は、A1型と同様、鍛冶炉を基に近江または丹後・越前・尾張など近畿地方およびその周辺地域で開発された炉型式であると考えたい。

②　E2型（木瓜原型　横尾150・200、縦尾200）（図194⑬・⑭・⑮）

丘陵尾根先端に立地し、炉の長軸が丘陵稜線に直交する形で設置され、炉長軸内寸が150cmから200cm程の箱形炉である。地下構造は各種存在する。今回の検討では横尾150・横尾200・縦尾200に分類される箱形炉が該当する。

E2型は、Ⅳ期には、草津市木瓜原遺跡、多古町一鍬田甚兵衛山北遺跡、南相馬市大船廻A遺跡・大船廻C遺跡・長瀞遺跡・鳥打沢A遺跡、相馬市新沼大迎遺跡、新地町向田E遺跡で検出されている。原料は、Ⅳ期の木瓜原遺跡で鉄鉱石を用いる他は、全て高チタン砂鉄を用いる。近畿、関東、東北南部では同一地域内でE1型からE2型へとの変遷が確認されている。系譜としては、近畿地方におけるE1型を、丘陵尾根先端に設置するという発展の中で開発された型式であると考え、E2型と型式設定した。

なお、Ⅴ期の新地町向田E遺跡では、丘陵尾根先端でなく丘陵尾根部に立地し、地下構造掘形内が礫敷きで、操業ごとに炉底粘土を貼り重ねる、縦尾200重礫に分類される箱形炉が検出されている（図194⑮）。8世紀前半までの箱形炉では向田E遺跡の事例が唯一であり、今回の検討ではE2型と型式設定を行った。丘陵尾根先端から丘陵尾根部へ、横置きから縦置きへと移行する間に生まれた型式として評価したい。

③　E3型（野路小野山型　縦100・150・200（溝））（図195・196）

縦置きで、炉長軸内寸が100cmから200cm程、地下構造は掘形内に炭化物を充填するものと礫敷きのものがある。今回の検討では縦100（溝）、縦150（溝）、縦200（溝）に分類される箱形炉が該当する。箱形炉の両短辺部に排滓坑を有し、谷側の排滓坑からは溝が斜面下へ向かうように延びるといった形態的特徴をもつ。縦100のD2型に類似するが、D2型には斜面下へ向かう溝が存在していない点がE3型と異なる。

E3型は、Ⅳ期には大津市源内峠遺跡、前橋市松原田遺跡、横浜市上郷深田遺跡、柏市若林Ⅰ遺跡、松原製鉄遺跡、八千代町尾崎前山遺跡、南相馬市鳥打沢B遺跡。Ⅴ期には草津市野路小野山遺跡、太田市峯山遺跡、成田市東峰御幸畑西遺跡、石岡市宮平遺跡、かすみがうら市粟田かなくそ山製鉄遺跡で検出されている。原料はⅣ期の源内峠遺跡、Ⅴ期の野路小野山遺跡では鉄鉱石、Ⅳ期の松原田遺跡、上郷深田遺跡、若林Ⅰ遺跡、Ⅴ期の宮平遺跡では砂鉄、Ⅳ期の尾崎前山遺跡、Ⅴ期の峯山遺跡、東峰御幸畑西遺跡では中チタン砂鉄、Ⅳ期の松原製鉄遺跡、鳥打沢B遺跡では高チタン砂鉄を用いる。

Ⅲ・Ⅳ期の源内峠遺跡、Ⅳ・Ⅴ期の野路小野山遺跡、Ⅴ期の峯山遺跡では同一遺跡内で型式の変遷が確認されている。源内峠遺跡と峯山遺跡では横200のE1型からE3型へ、野路小野山遺跡では横50地のB1型と縦100のD2型からE3型へと変遷している。系譜としては、近江にお

第3章　日本列島各地の製鉄開始期の様相

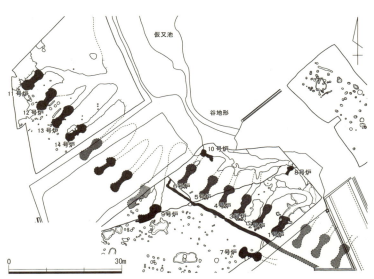

図 195　野路小野山遺跡製鉄炉全体図（櫻井ほか 2007）

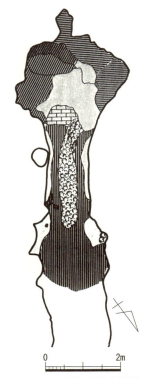

図 196　野路小野山遺跡
2 号炉（E3 型）（大橋ほか 1990）

ける、横置きで長軸内寸が 150cm から 200cm 程の箱形炉を縦置きに設置するという発展の中で開発された型式であるととらえ、E3 型と型式設定した。

(6)　北陸型

Ⅴ期の射水市南太閤山Ⅱ遺跡でも縦 200 炭に分類される箱形炉が検出されている（図 197）。この箱形炉は斜面下方の長軸端部側に一方排滓を行うことが特徴であり、このタイプの箱形炉は 8 世紀第 2 四半期から 9 世紀第 3 四半期に北陸地域で普遍的にみられるものである（渡邊 1998）。今回の検討では北陸型と型式設定し、その展開については第 4 章第 7 節で検討・考察することとする。

(7)　陸奥南部型

島根県古代文化センターによる集成によれば、発掘調査された東北地方の製鉄遺跡および製鉄炉のうち、飛鳥時代から平安時代前半のものは、福島県では 62 遺跡 250 基、宮城県では 10 遺跡 13 基となり、東北南部全体では 72 遺跡 263 基となる（東山 2020a）。このうち福島県の太平洋側（浜通り地域）の製鉄遺跡数・製鉄炉数は、旧国・都道府県別でみても格段に多い。福島県浜通りの製鉄は古代日本最大規模・生産量を誇った可能性が高い（能登谷 2020a）。能登谷宣康氏は、新地町武井地区製鉄遺跡群及び南相馬市金沢地区製鉄遺跡群の調査成果を基に、東北南部における古代の製鉄炉の変遷を提示する（能登谷 2020b）。以下にその内容について私見を交えながら記す。

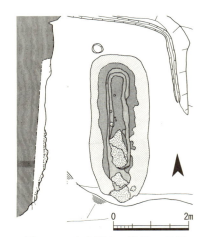

図 197　南太閤山Ⅱ遺跡 1 号炉
（池野 1987）

① 7世紀後半〜8世紀前葉

E1型の類例として、新地町洞山D遺跡1号炉と南相馬市鳥打沢A遺跡11号炉がある。それぞれに横口式木炭窯が近接し、時期は7世紀第3四半期と推測されている。なお、洞山D遺跡1号炉の炉基底部には礫が敷かれている。

E2型では同形状の2〜3基の炉が並列する例が多い。炉掘形の幅が狭い南相馬市大船廹C遺跡3〜5号炉と大船廹A遺跡29・30号炉は7世紀第3四半期と推測される。炉掘形の幅が比較的広い相馬郡新地町向田E遺跡1・2号炉、南相馬市長瀞遺跡11・12号炉、24・25号炉、同市鳥打沢A遺跡15・16号炉、相馬市新沼大迎遺跡1・3・4号炉などは7世紀第4四半期〜8世紀前葉と推測される。なお、向田E遺跡1号炉、長瀞遺跡11号炉、鳥打沢A遺跡15・16号炉の炉基底部には礫が敷かれている。

E3型の類例として、南相馬市鳥打沢B遺跡2号炉（8世紀前葉）がある。斜面に設置されたもので、次の段階の陸奥南部型箱形炉への連続性をうかがわせる。

② 8世紀中葉

丘陵斜面に削り出した平場内に設置される箱形炉で製鉄がおこなわれる。箱形炉の送風施設は炉長辺の両脇に設置されたものと推測され、この時期以降、炉壁下部に内径約3cmの送風用小型羽口が装着される。主に浜通りに分布し、小型羽口が装着される形態の箱形炉を、陸奥南部型と型式設定する。陸奥南部型には縦置きと横置きがあるが、前者が主体をなす。

縦置きの陸奥南部型の掘形は斜面下方側が開口する浅い直線的な溝状となり、斜面下方にのみ排滓される（片側排滓）。前段階で始まった箱形炉の片側排滓化が完成して、製鉄炉と排滓溝が完全に縦置き配置に変わって定式化したと考えられる。炉体は全般に大型化する。類例として、南相馬市鳥打沢A遺跡8〜10号炉、同市鳥井沢B遺跡1〜4号炉、同市長瀞遺跡6・7・30〜34号炉（図198）、同市大船廹A遺跡6・16〜19・41・45号炉などがある。

横置きの陸奥南部型の掘形は斜面下方側が開口する浅い溝状のL字型を呈し、斜面下方に排滓される（片側排滓）。南相馬市大船廹A遺跡26・50号炉、同遺跡44・52号炉、相馬郡新地町洞山D遺跡3・4号炉のそれぞれの2基は同一主軸線上に存在しており、同時存在が推測される。

4 古代鉄生産の諸段階

(1) Ⅰ期（6世紀第2四半期〜第3四半期頃）（図199）

備中と備前地域の境、現在の総社市と岡山市域で日本列島最古級の製鉄遺跡が調査されている。千引カナクロ谷製鉄遺跡、西祖山方前遺跡、猪ノ坂遺跡、奥坂遺跡であり、いずれの遺跡でもA1型が検出されている。原料に鉄鉱石を用いており、原料という点では朝鮮半島との共通性をみてとれる。

A1型が出現するⅠ期の状況を概観してみるならば、対外

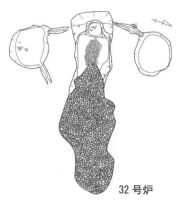

32号炉

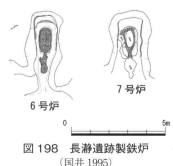

6号炉　7号炉

図198　長瀞遺跡製鉄炉
（国井 1995）

表15　8世紀前半以前の箱形炉の変遷

	北部九州			四国	中国　備後以西					中国　備中・備前						中国　美作		近畿				北陸			東海	関東							東北南部		
	筑前		豊前	伊予	石見	出雲	備後			備中			備前			美作		播磨	丹後	近江		越前	加賀	越中	尾張	上野		武蔵	下総			常陸	陸奥南部		
I期										千引カナクロ谷			西祖山方前	奥池	猪ノ坂南																				
										A1			A1	A 1	A 1																				
										鉱石			鉱石	鉱石	鉱石																				
II期	柏原M		松丸F		今佐屋山I	羽森3	小丸	カナクロ谷	常定峯双	上神代狐穴	沖田奥		猿喰池	奥池		緑山	大蔵池南	カジ屋	遠所通り谷O	古橋															
	D1		D2		C	C	C	C	C	A1	A1		A1	A 1		B1	B1	A2	E 1	E 1															
	砂鉄		高チタン		低チタン	低チタン	鉱石	鉱石と一部低チタン	不明	鉱石	鉱石		鉱石	鉱石		低チタン	高チタン	高チタン	高チタン	鉱石															
	柏原K						戸の丸山	岡山A	西山	宮原谷	千引カナクロ谷		猿喰池			緑山	山根地A																		
	D1						C	C	C	A1	A2		A2			A2	C																		
	砂鉄						低チタン	鉱石	鉱石	鉱石	鉱石と一部高チタン		鉱石			低チタン	鉱石																		
	柏原M						白ヶ迫	池ノ向		鉄塊			白壁奥																						
	A2						C	C		A2			A1																						
	砂鉄						低チタン	鉱石と一部高チタン		鉱石			鉱石																						
III期	鋤先	元岡・桑原18次								大ノ奥	千引		白壁奥	八ヶ奥	みそのお	城峪城				南郷															
	D1	A2								A1	A1		A2	D1	A2	A1				E 1															
	砂鉄	低チタン								鉱石	鉱石		鉱石	鉱石と一部高チタン	鉱石	鉱石				鉱石															
	元岡・桑原18次	元岡・桑原18次								くもんめふ	千引			八ヶ奥		下坂				源内峠						三ヶ尻西									
	D1	C								A2	A2			A2		A2				E 1						E 1									
	低チタン	低チタン								鉱石	鉱石			鉱石と一部高チタン		高チタン				鉱石						砂鉄									
										林崎				八ヶ奥																					
										A2				C																					
										鉱石				鉱石と一部高チタン																					
IV期	宝満山23次I区		伊藤田田中	高橋佐夜ノ谷II			小和田			大ノ奥	沖田奥					高下休場		東徳佐		芋谷南	木瓜原	笹岡向山			西山	西野原	峯山	箱石	取香和田戸			後谷津	鳥打沢A	大森	洞山D
	E 1		B 1	E 1			C			A2	A2					A2		B1		E 1	E 2	E 1			E 1	E 1	E 1	E 1	E 1			E 1	E 1	E 1	E 1
	低チタン		高チタン	低チタン			鉱石			鉱石	鉱石					中チタン				鉱石	鉱石	砂鉄			鉱石	低チタン	中チタン	低チタン	高チタン			中チタン	高チタン	高チタン	高チタン
										藤原	板井砂奥									野路小野山	野路小野山				狩山戸	西野原			取香和田戸	一鍬田甚兵衛山北			鳥打沢A	大船廹A	長瀞
										A2	A2									B1	D2				E 1	D1			B1	E 2			E 2	E 2	E2
										鉱石	鉱石									鉱石	鉱石				鉱石	低チタン			高チタン	中チタン			高チタン	高チタン	高チタン
																				源内峠						松原田		上郷深田	若林I	松原	尾崎前山		大船廹C	向田E	鳥打沢B
																				E 3						E3		E 3	E3	E 3	E3		E 2	E 2	E3
																				鉱石						砂鉄		砂鉄	砂鉄	高チタン	中チタン		高チタン	高チタン	高チタン
V期	須川ノケオ	長田								新池奥						一貫西	久田原	西下野		野路小野山				石太郎G			峯山				東峰御幸畑西	宮平	大船廹A	長瀞	鳥打沢A
	D1	D1								A1						B 1	C	E 1		E 3				E 1			E 3				E3	E 3	陸奥南部	陸奥南部	陸奥南部
	低チタン	低チタン								鉄鉱石と一部砂鉄						低チタン	低中チタン	低チタン		鉱石				中チタン			中チタン				中チタン	砂鉄	高チタン	高チタン	高チタン
	大原A1次I区	大原D1次I区								新池奥	大ノ奥	沖田奥						横坂丘陵						石太郎C								栗田かなくそ山	鳥打沢B	洞山D	
	B 2	B2								A2	A2	A2						B1						E 1								E 3	陸奥南部	陸奥南部	
	低チタン	低チタン								鉱石と一部砂鉄	鉱石	鉱石						砂鉄						中チタン								高チタン	高チタン	高チタン	
	大原A1次II区									板井砂奥	古池奥	藤原						坂					林	南太閤山II											
	B 2									A2	A2	A2						B2					北陸型	北陸型											
	低チタン									鉱石	鉱石	鉱石						高チタン					高チタン	中チタン											

第12節　日本古代製鉄の開始と展開―7世紀の箱形炉を中心に―

図199　Ⅰ期（6世紀第2四半期～第3四半期頃）の箱形炉の分布（番号は、表14のNo.）

図200　Ⅱ期（6世紀第4四半期～7世紀第1四半期頃）の製鉄炉（箱形炉）の分布（番号は表14のNo.）

第 3 章　日本列島各地の製鉄開始期の様相

的には朝鮮半島の動揺、とくにヤマト政権と密接な関係のあった伽耶が滅亡していることは重要
視せねばなるまい。日本列島内では、鉄関連のものに限ってみても、鉄鋌の出土量の激減、古墳
出土鉄滓の鍛冶滓から製錬滓への質的変化（大澤 1983）、柏原市大県遺跡、大県南遺跡、田辺遺
跡などで精錬・鍛錬鍛冶滓が大量に出土する点（北野・真鍋・大道ほか 2002）、各地の在来鍛冶集
団の解体・再編成（花田 2002）をみてとることができる。この一連の現象を、朝鮮半島の動揺を
原因とする鉄資源入手ルートの崩壊と、列島内全体を視野にいれたヤマト政権による、新しい鉄
生産・流通ルートの確保・集中管理の現れであるとみたい（大道 1998）。

　『日本書紀』には、雄略から清寧朝の吉備前津屋、吉備田狭、吉備稚姫を母とする星川皇子な
ど吉備氏関係者の反乱とヤマト政権による鎮圧、その後の安閑から欽明朝の間に吉備各所で屯倉
が設置されたことを記している。そして、製鉄遺跡が多数確認される時期はこの屯倉設置以降で
ある。吉備地域での製鉄の開始においてはヤマト政権による深い関与があったと理解したい。

　しかし、千引カナクロ谷製鉄遺跡で、横 50 炭（長大）、横 50 礫（正大）、横 50 炭（正）と地下
構造がめまぐるしく変化していることや、Ⅱ期以降、A1 型の系譜を引く A2 型も、地下構造が
同一遺跡内で短期間に変化しており、日本列島内での製鉄の開始期には多くの困難が伴ったこと
を想像させる。朝鮮半島の高度な製鉄技術を導入できなかったことや、朝鮮半島と異なり、日本
列島では良質で大量の鉄鉱石の産出に関しては期待できなかったことは、大きな障害として製鉄
工人たちの前に立ちふさがったであろう。A1 型および A2 型による製鉄は、上記のような日本
列島製鉄開始期の試行錯誤の歴史ととらえることができよう。

（2）　Ⅱ期（6 世紀第 4 四半期～7 世紀第 1 四半期頃）（図 200）

　備中、備前、美作、備後、出雲、石見、筑前、豊前、播磨、丹後、近江という中国地方、九州
北部、近畿地方で製鉄が開始される。特に、西日本の鉄生産は活況を呈す。

　備中、備前地域では、A1 型と A2 型で大規模な製鉄が行われる。原料は鉄鉱石を主体として
おり、試行的に地元の高チタン砂鉄を用いるが、操業が不調だったせいか、その後に続かない。
A1 型と A2 型による製鉄は大規模で集中的なものである。また、近接して集落や住居は確認さ
れず、むしろ古墳や横口式木炭窯が近辺に築かれることが多い。古墳からは製錬滓・炉壁片や畿
内産土師器が出土しており、被葬者が直接もしくは間接的に製鉄に従事していたことを示し、少
なくとも 7 世紀後半には被葬者と畿内政権との有機的関係を想定することができる。それは律令
政権下における国・郡司、郷長主導の官採の製鉄に踏襲されると考えられる（上柞 2000）。

　美作では B1 型、A2 型、C 型で製鉄が開始される。原料は鉄鉱石、低チタン砂鉄、高チタン
砂鉄を用いている。美作では高チタン砂鉄が採取されるせいか、多種の箱形炉で操業が行われて
いる。美作の製鉄については、津山市の美作国一宮・中山神社に伝わる肩野物部氏伝承から、大
阪府交野市付近の同氏の影響下のもと、古墳時代後期に入って開始されたと真鍋成史氏は考える
（真鍋 1994）。

　備後、出雲、石見の各地域では C 型で製鉄が開始される。小規模な遺跡が多いが、遺跡数は多
く、製鉄が盛んに行われていたと考えられる。原料は鉄鉱石と低チタン砂鉄を用いており、備
後およびその周辺地域の原料の優位性をみてとれる。C 型の製鉄炉が分布する地域では、丘陵
部において、段丘斜面を段状に成形し、鍛冶工房を設置する集落が各所に出現する。その事例と
しては京都府遠所遺跡群、広島県則清遺跡・大成遺跡・境ヶ谷遺跡・松ヶ迫遺跡、島根県徳見津

遺跡・渋山池遺跡・道ヶ曽根遺跡、鳥取県陰田遺跡などをあげることができる（花田1996、村上1998）。これらの遺跡は、集落の背後に広がる丘陵部の開発を契機に、集落が出現したものと考えられる。したがって、集落に設置された鍛冶工房での主目的は、丘陵開発に必要な鉄器の需要を満たすことにあり、鉄器生産は丘陵開発に伴うものであった可能性が高い。

　以上のことから、C型の製鉄開始の経緯については、5世紀末に丘陵開発を目的とした集落が出現し、Ⅱ期にその集落の中に製鉄が組み込まれたものと理解したい。ただし、その製鉄の目的については、丘陵開発に伴う鉄の需要を満たすことを主たる目的としたのか、さらに広域に鉄素材を流通させることを目的としたのかについては、各遺跡の状況を検討しながら、考察する必要がある。例えば、遠所遺跡群内では6世紀後半の製鉄に伴う鍛冶工房は検出されていない。このような場合の製鉄は、後者の目的の可能性が高いことが予想される。製鉄の目的についての考察においては、製鉄が確認される集落内および周辺地域の鉄器生産の様相の検討が研究課題となろう。

　筑前では、柏原遺跡K地点や鋤先古墳群A群で在来の炉形といえる縦置きのD1型と、横置きのA2型という複数の型式が同一遺跡で採用され、盛んに製鉄が行われる。北部九州では吉備とは異なり、複数型式の箱形炉が検出されることが多い。豊前地域ではD2型で製鉄が始まる。『日本書紀』には継体朝における磐井氏との戦争記事があるが、磐井氏没落後に九州北部で製鉄が始まっていることから、吉備地域と同様に、九州北部の製鉄の開始に倭政権の関与が考えられる。

　土佐雅彦氏は、A2型、B1型、C型、D1型などの小型箱形炉の分布が、調・庸として鉄・鉄鍬を貢納していた中国山地沿いの国々と九州北部であることから、これを倭政権が古墳時代後期以降、鉄の貢納を強制していったことに由来するとしている（土佐1981）。また、真鍋成史氏は、中国山地沿いの国々と九州北部における小型箱形炉による律令期の製鉄は郡司層が主導したものとしている（真鍋2009）。

　播磨ではA2型、E1型で製鉄が開始される。『播磨国風土記』には「鹿庭山」における産鉄記事があり、大撫山製鉄遺跡群を指すものとみられる。カジ屋遺跡は大撫山製鉄遺跡群を構成する製鉄遺跡である。『風土記』の記載を重視すれば、製鉄は6世紀代にまで遡る可能性がある（土佐1994）。大撫山塊ではが高チタン砂鉄が採集される（大澤2005）。丹後と近江ではE1型で製鉄が始まる。

（3）　Ⅲ期（7世紀第2四半期～7世紀第3四半期頃）（図201）

　備中、備前、美作、筑前、播磨、近江、上野という中国地方、九州北部、近畿地方で鉄生産が行われ、関東地方の上野地域で製鉄が始まる。

　備中ではⅡ期から引き続きA1型とA2型で大規模な製鉄が行われる。備前ではA1型、A2型、C型、D1型で製鉄が行われる。八ヶ奥製鉄遺跡では3基箱形炉が検出されているが、D1型、A2型、C型という順でめまぐるしく型式を変えながら、製鉄が行われる。原料は鉄鉱石と一部高チタン砂鉄を用いている。美作地域ではA1型とA2型で製鉄が行われる。

　筑前ではD1型、C型、A2型で製鉄が行われる。元岡・桑原遺跡18次調査では在地型であるD1型のほか、C型、A2型という複数型式の箱形炉が検出されている。Ⅱ期と同様、同一遺跡から複数型式の箱形炉が検出される。

　近江ではⅡ期から引き続きE1型で大規模な製鉄が行われる。特に源内峠遺跡では、横200地の箱形炉、横200重礫の箱形炉が開発され、E1型の国家標準型の整備、操業技術や作法等の標

273

第3章　日本列島各地の製鉄開始期の様相

準化への過程をみてとれる。白村江の戦い、大津宮の造営、朝鮮系移民の受け入れなど、近江が古代史上重要な舞台となるのもこの時期である。

　上野の三ヶ尻西遺跡ではE1型の製鉄が始まる。東日本最古の製鉄遺跡である。三ヶ尻西遺跡で見られる箱形炉2基を1セットとして操業する形態は、東日本の箱形炉導入期の共通した特徴である。また、Ⅲ期・Ⅳ期の製鉄遺跡では、E1型とセットで鍛冶工房を含む工人集落が設けられることが多く、製鉄から鍛冶までの鉄・鉄器生産専業集落が拠点的に作られる（笹澤2007）。なお、群馬県内各地の原料砂鉄の分析結果によると、県内各地の原料砂鉄の二酸化チタン量は2.04〜8.99％で、東日本の他地域と比較すると低めである。東日本最古の製鉄遺跡の出現の背景には、上野の低チタン砂鉄に求めることができるかもしれない。

（4）　Ⅳ期（7世紀第4四半期〜8世紀第1四半期頃）（図202）

　備中、備後、出雲、伊予、筑前、豊前、近江、越前、尾張、上野、武蔵、下総、常陸、陸奥南部という、中国地方、九州北部、近畿地方で製鉄が行われ、新たに四国地方、北陸地方、東海地方、関東地方、東北南部で製鉄が始まる。

　備中ではA2型で製鉄が行われ、地下構造の縮小化・省略化が進む。Ⅳ期以降、日本列島各地で製鉄が開始されていく中で、それまで最も活況を呈していた備中の製鉄は次第に規模縮小に向かうようである（穴澤1994・村上2007・上栫2010）。出雲ではE1型で製鉄が行われる。また、伊予ではE1型で製鉄が始まる。

　筑前の宝満山遺跡ではE1型で製鉄が行われる。宝満山遺跡は太宰府の近くに立地し、太宰府がそれを掌握していた可能性が高い。製鉄操業時期は、太宰府政庁が礎石建ちの本格的な政庁として体制を整える時期に当たる（岡寺ほか2002）。豊前ではB1型で製鉄が行われる。

　近江ではE1型、E2型、E3型、B1型、D2型で製鉄が行われる。芋谷南遺跡ではⅡ期以降続く在来型のE1型が検出されている。しかし、木瓜原遺跡では新たにE2型が開発される。当遺跡では製鉄炉のほか、鍛冶関連遺跡、木炭窯、梵鐘鋳造遺構などが検出されており、総合的熱産工房の様相を呈している（菱田2007）。源内峠遺跡では縦置きのE3型が出現する。また、野路小野山遺跡では、それまで近江では確認されてない、美作系のB1型と、筑紫系のD2型が導入される。この時期、国家標準型としてのE1型が、西日本の低チタン砂鉄採集可能地、東日本の未製鉄地域に移植される。しかし、東日本に広く分布する高チタン砂鉄を製鉄原料として使用するには困難を極めた可能性がある。したがって、新たに高チタン砂鉄が採集される美作系のB1型と九州北部系のD2型が近江に導入され、新たな国家標準型の整備が試行された可能性がある。

　越前ではE1型で製鉄が始まる。また、尾張でもE1型で製鉄が始まる。

　上野ではE1型、D1型、E3型で製鉄が行われる。西野原遺跡ではE1型から九州北部のD1型への変遷が確認され、近江と同様の変遷を辿る。このような箱形炉の小型化への変化は、操業の難しい砂鉄原料への対応と捉えることもできる（笹澤2007）。上野の初期の製鉄遺跡は東山道に面した佐位郡・新田郡を中心に展開しており、近畿地方の影響がその背景にあったと考えられる（赤熊2012）。武蔵の箱石遺跡ではE1型、上郷深田遺跡ではE3型で製鉄が始まる。箱石遺跡の製鉄開始の契機は官衙整備と寺院造営にあると考えられており、技術の系譜は、上野国の影響を強く受けていたものと考えられている（赤熊2012・佐々木2012）。また、上郷深田遺跡のある三浦半島の地は、旧東海道が上総・下総・常陸に通じる起点となる場所であり、畿内政権にとっ

第12節　日本古代製鉄の開始と展開—7世紀の箱形炉を中心に—

図201　Ⅲ期（7世紀第2四半期～第3四半期頃）の製鉄炉（箱形炉）の分布（番号は表14のNo.）

図202　Ⅳ期（7世紀第4四半期～8世紀第1四半期頃）の製鉄炉（箱形炉）の分布（番号は表14のNo.）

第3章 日本列島各地の製鉄開始期の様相

て重要な地域であることが指摘されている（赤熊2012）。下総では北総台地東部でE1型、B1型、E2型、E3型と多様な型式の箱形炉で製鉄が行われる。取香和田戸遺跡ではE1型から美作系のB1型への変遷が確認される。高チタン砂鉄への対応が変遷の理由であると考えられる。また、手賀沼水系西南地域の若林I遺跡と松原製鉄遺跡で、E3型による製鉄が始まる。松原製鉄遺跡では横口式木炭窯も検出されている。下総で検出されたE3型と横口式木炭窯のセット関係は、野路小野山遺跡のような官営工房で採用される在り方として評価されている。手賀沼水系西南地域は下総国府の後背地に位置し、製鉄操業には国の関与が想定されている（神野2005）。常陸の後谷津遺跡ではE1型、陸奥南部ではE1型とE2型で製鉄が始まる。これ以降、陸奥南部は国内有数の製鉄地帯に発展していく。

Ⅳ期の関東地方のE1型は、低チタン砂鉄、中チタン砂鉄を用いるものが多い。また、Ⅳ期は中央と地方の各地で大規模寺院の創建が相次いだ時期であり、釘などに用いる大量の鉄素材が必要となったものと考えられる（佐々木2012）。E1型は短い還元帯を特徴とし、大型であることから、釘などに用いる低炭素含有鉄素材の大量生産に向き、E1型が全国的に普及する理由の一つと考えられる。Ⅳ期は各地域の鉄需要を、近畿や中国地方の供給で補うのではなく、現地の生産で賄う段階に入ったといえる。

（5） Ⅴ期（8世紀第2四半期頃）（図203・204）

備中、美作、筑前、播磨、近江、加賀、越中、上野、下総、陸奥南部という、中国地方、九州北部、近畿地方、北陸地方、関東地方、東北南部で製鉄が行われる。

図203　Ⅴ期（8世紀第2四半期～第3四半期頃）の製鉄炉（箱形炉・半地下式竪形炉）の分布（番号は表14のNo.）

第 12 節　日本古代製鉄の開始と展開—7世紀の箱形炉を中心に—

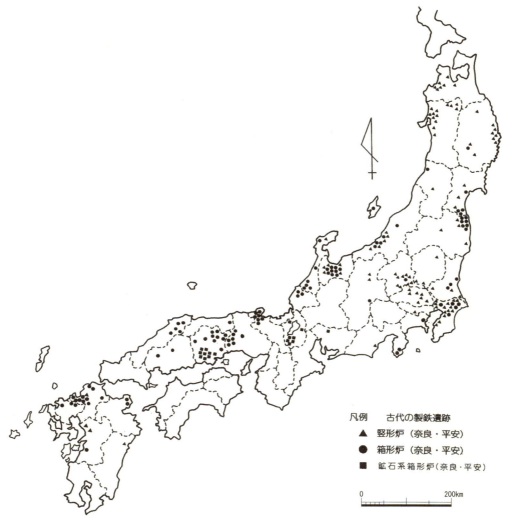

図 204　奈良・平安時代の製鉄遺跡の分布〔発掘調査済み〕（穴澤 2004）

　備中では A1 型、A2 型で製鉄が行われるが、A2 型は地下構造の縮小化・省略化が進む。新池奥遺跡から出土した鉄鉱石は、白灰の脈石を多く含む点など明らかに品質が劣ることが指摘されており、鉄鉱石の減産・枯渇に伴い、備中の鉄生産が衰退していく様相がうかがえる（上椙 2010）。美作地域では B1 型と C 型で製鉄が行われる。

　筑前では D1 型と B2 型で製鉄が行われる。V 期以降、製鉄遺跡は低チタン砂鉄の産地である糸島地域周辺に分布が集中する（岡寺ほか 2002）。

　近江の野路小野山遺跡では E3 型で製鉄が行われる。E3 型は IV 期における当遺跡での試行錯誤によって開発された製鉄炉と考えたい。野路小野山遺跡では、製鉄炉を 9 基並列させ同時に稼働させていた二つのグループが存在していた可能性がある。横口式と半地下式登り窯式という構造の異なる木炭窯や、管理棟と考えられる大型掘立柱遺物も検出されており、非常に良質な鉄鉱石を原料として用いていることが判明している（門脇・大道 1999）。古代においては国内最大規

277

模を誇る製鉄遺跡であり、近江国府との関連と紫香楽宮造営との関連を指摘できる（大道 2011）。

村上恭通氏は、近江で開発された E1 型、E2 型、E3 型を国家標準型と称し、炉の標準となる設計図を各地に配布し、近江地域の瀬田丘陵において技術を実習した工人たちが各地に派遣されたとしている（村上 2007）。また、E1 型、E2 型、E3 型の各地への移植に関しては、『常陸国風土記』の「国司率鍛冶採沙鐵造剣」が示すように、中央から派遣された国司が主導することも多かったと考えられる。なお、播磨では E1 で製鉄が行われる。

加賀では北陸型で製鉄が始まり、越中では北陸型で製鉄が行われる。

上野では峯山遺跡で E1 型から E3 型への変遷が確認される。原料は中チタン砂鉄を用いており、原料対応のための炉形変化と考えられる。下総では、一鍬田甚兵衛山北遺跡で E3 型が検出されている。常陸では E3 型で製鉄が行われる。E3 型が検出されている宮平遺跡と粟田かなくそ山製鉄遺跡では製鉄炉と瓦窯が近接し、同時期に操業していたと考えられることから、鉄生産は国分寺造営に伴う可能性がある。常陸国府が所在する茨城郡における E3 型がいずれも国レベルの施設造作に関わる可能性をもつことは、E3 型の波及において国司の関与があったことを示唆する（佐々木 2012）。また、陸奥南部では陸奥南部型で製鉄が行われる。

関東や東北南部地方に、IV 期に導入された E1 型は、短い還元帯を特徴とするため低チタン砂鉄や鉄鉱石に向くが（穴澤 1984）、東日本に多い、高チタン砂鉄に向かない炉形であったと推定される。送風孔の多い箱形炉は、その送風孔の一つ一つに対して原料や燃料の投入、通風や温度のコントロールをしなければならず、その操業は難しいと考えられる（笹澤 2007）。そのことが、東日本の各地では、E1 型の操業は長続きせず、原料や燃料、また生産する鉄質に大きな影響を受けながら、短期間のうちに各地域にあった製鉄炉を導入・改良・開発していくこととなるのであろう。

5　おわりに

本稿では 7 世紀を中心に、6 世紀中頃から 8 世紀中頃までの箱形炉の検討を行い、A1 型（千引カナクロ谷型）、A2 型（板井砂奥型）、B1 型（大蔵池南型）、B2 型（坂型）、C 型（戸の丸山型）、D1 型（鋤先 A 型）、D2 型（松丸 F 型）、E1 型（源内峠型）、E2 型（木瓜原型）、E3 型（野路小野山型）、北陸型、陸奥南部型と 12 の分類を行った。箱形炉は古墳時代後期に、鍛冶技術を援用し開発されたものであると推定した。A1 型・A2 型・B1 型・B2 型・C 型は吉備を起源とし、主に吉備を中心とする中国地方に分布し、鉄鉱石と低チタン含有砂鉄を用い、6 世紀中頃から 8 世紀前半の鉄生産の主翼を担った。D1 型・D2 型は筑紫を起源とし、九州北部を中心に分布するが、7 世紀後半に、備前、近江、上野の拠点的製鉄遺跡に導入され、東日本では 8 世紀前半の横置き炉から縦置き炉への変化の起点となった。E1 型・E2 型・E3 型は近江および丹後などの近畿地方周辺地域を起源とし、近畿地方を中心に分布するが、7 世紀後半になると西日本では点的に、東日本では各地の製鉄開始とともに普遍的に分布する。東日本に広く分布する中・高チタン砂鉄に対応するため九州北部の縦置きの技術を援用しながら技術開発が行われる。国家標準型の箱形炉と評価されるが、8 世紀前半までは、当時最も製鉄が盛んであった吉備を中心とする中国地域には導入されることはなかった。

8 世紀中頃になると、陸奥南部では E2 型の系譜を引く型式、北陸地方では E3 型の系譜を引く型式がそれぞれの地域で開発される。また、東日本では半地下式竪形炉の製鉄も始まる。吉備

第12節　日本古代製鉄の開始と展開─7世紀の箱形炉を中心に─

を中心とする中国地方、九州北部、近畿地方を核とする7世紀の製鉄の段階から、各地域で独自に技術改良・開発が行われるという新たな製鉄の段階に入ったといえよう。

[註]
（1）板井砂奥製鉄遺跡では、横50炭（正）に分類されるA2型から横50地の箱形炉に変遷している。A2型は地下構造の縮小化・簡略化という方向で変遷しているので、板井砂奥製鉄遺跡で検出された横50地の箱形炉は、美作起源のB型というよりは、A2型の縮小化・簡略化の中で出現した箱形炉であると考えた。

（2）小丸遺跡の製鉄炉（SF1）については弥生時代後期に遡る可能性が指摘されているが、遺構の時期については検討の余地も残されていることから（大道1998）、本稿ではⅡ期の可能性が高いと判断した。

（3）小嶋篤氏は、柏原遺跡M地点1号炉について、「排滓坑が確認できず、報文を読む限りスラッグ1点の出土という状況にある。送風孔の可能性があると記される孔からの送風を想定すると，高温帯は遺構床面近くに形成されることになり、遺構の被熱状況と相反する。松井和幸は送風孔ではなく「排滓孔」と想定するが、遺構残存状態がよいにも関わらず、孔の中が被熱せず鉄滓の検出も記録されていない。本遺構は壁面の粘土貼り付けを除外すれば、遺構形態・規模，被熱，堆積の記述は「製炭土坑」と酷似する（小嶋2013）。以上の点をふまえ、現状では柏原遺跡M地点の炉を「製鉄炉」と認定しない。」とする（小嶋2016）。

（4）8号炉は保存されたため、平面プランの検出のみの調査しか行われていない。

第4章
古代製鉄展開期の様相

第1節　近江湖南地域の鋳造遺跡の様相

1　はじめに

　本節では、湖南地域における飛鳥時代から平安時代前半までの鉄および非鉄金属の鋳造に関わる生産地の実態について、現時点における調査成果と課題について整理し、鋳造技術の検討と鋳造遺跡の類型とその変遷について考えていきたい。

2　鋳造遺跡の事例

(1) 錦織遺跡（大津市錦織二丁目、図205、須崎2004）

　2003年度に行われた調査で鋳型片が出土した（図205）。出土した場所は大津宮の内裏の中心部分からは外れるものの、内裏の一部と考えられ、内裏の後殿的な建物跡から至近の位置、内裏の北限と考えられる。鋳型は鼓状を呈する小型製品の外型で、ほぼ中央で2分割する。下面は平坦、上面はかまぼこ状を呈する。内面にはクロミが残る。大津宮期の所産のものであると推定される。

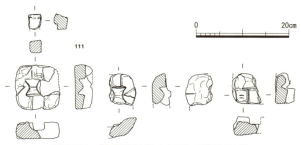

図205　錦織遺跡出土鋳型（須崎2004）

(2) 南滋賀遺跡（湖西線関係遺跡ⅡH区、大津市見世、図206、田辺ほか1973）

　1971・1972年度の発掘調査において、現際川から南60mの調査区（ⅡH区）の微高地に位置するピット群から、7世紀後半の所産と考えられる銅滓、鉄滓、羽口、金銅製止め具などが出土した（図206）。調査区西方に大津宮にかかわる官衙的な遺構が存在した可能性が指摘されている。

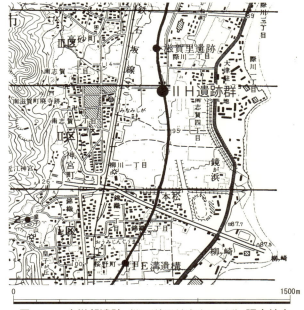

図206　南滋賀遺跡（湖西線関係遺跡ⅡH区）調査地点
（田辺ほか1973）

281

第4章 古代製鉄展開期の様相

(3) 穴太遺跡（大津市唐崎・穴太・弥生町、図207・208、仲川ほか2001・田中2016）

1973・1984・1986年度に穴太廃寺の主要伽藍と周辺部が発掘調査され、主要伽藍区再建寺院金堂跡北側の土石流埋土内からトリベ、羽口、不定形な銅片などの鋳造関連遺物が出土した（図207）。坩堝（トリベ）は直径15cm前後の椀形を呈し、平均的容量は約150cc、1口の坩堝（トリベ）で約1.3kgの溶銅を溜めることができたと推測される。羽口は先端孔径の平均が2.2～2.5cmを測るが、3.0cm、4.0cmのものもある。青銅器生産に伴うと推定される遺構として、主要伽藍区関西電力鉄塔移設地で第1・第2焼成坑、西寺域区3区トレンチ中央北端で焼成土坑、西寺域区北トレンチで検出された焼土面がある。第1・第2焼土坑は鋳造関連遺構として検討が必要である。焼成土坑については、報告書では銅製品製作のための炉の可能性を指摘するが、鋳造土坑の基礎部分の可能性を、焼土面については鋳造関連遺構の可能性がある。これらの遺構は7世紀第3四半期の所産と考えられ、焼成遺構については溶解炉を用いた鋳造を、それ以外については坩堝炉を用いた小型の青銅製品を鋳造する工房の存在を推定できる。

また1992年度には、穴太廃寺の推定創建寺域西南隅（B地区）が発掘調査され、土石流の堆積を確認した。その堆積土は焼土を多く含み、再利用目的の青銅板材とともに炉壁がまとまって出土した。大口径羽口（図208）は下方にやや屈曲し、先端部の孔径は6cmを測る。調査地の西側は寺域内あるいは寺域西接範囲となり、その範囲において溶解炉を用いた、大型の青銅製品を鋳造する工房の存在を推定できる。その時期は7世紀後半から平安時代のいずれかの時期と考えられる。

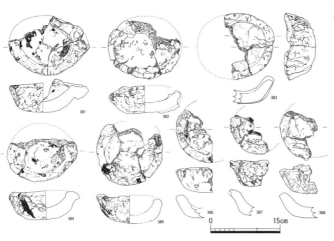

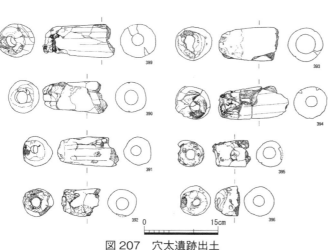

図207 穴太遺跡出土 坩堝（トリベ）・羽口（仲川ほか2001）

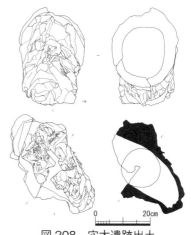

図208 穴太遺跡出土 送風孔付き炉壁（田中2016）

第1節　近江湖南地域の鋳造遺跡の様相

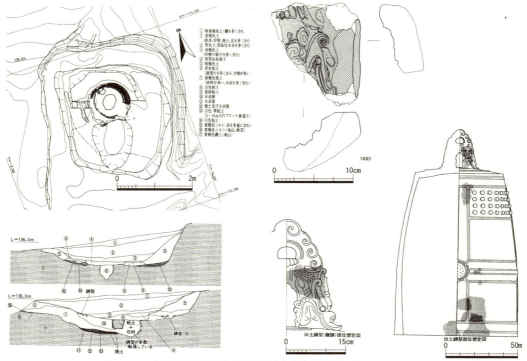

図209　木瓜原遺跡梵鐘鋳造土坑及び出土鋳型（横田ほか 1996）

(4)　木瓜原遺跡（草津市野路町、図209、横田ほか 1996）

　瀬田丘陵の北西に向かう斜面に位置し、1991・1992年度に発掘調査が行われた。調査では青銅の梵鐘鋳造土坑1基が検出されたほか、製鉄炉、鍛冶関連遺構、木炭窯、須恵器窯、土師器窯などを検出した。梵鐘鋳造土坑は縦4.6m・横3.7mを測る平面方形で、底面に鋳型が据えられていた（図209）。底型は直径1.8mの不整円形を呈し、白褐色の粘土盤となる。底型の上面は直径約85cm、幅3.5cmの円形、帯状の黒色～黒褐色の硬質粘土となり、この部分が梵鐘の駒爪の底面と接していた面と考えられる。底型の中央部には直径30～45cm、深さ40cmを測る竪穴が設けられる。この竪穴は内壁を20～30cm大の石材を骨材にして、粘土で固め、底型側面に設けられた焚き口状の施設につながる。底型下位で定盤や掛木などの痕跡を確認できなかったこと、鋳型の下方部の周りは白色粘土で覆われていることから、鋳型の固定方法は鋳造土坑内に土を充填させ、鋳型を埋めることにより行われたと考えられる。梵鐘鋳造土坑から梵鐘龍頭鋳型（外型）、梵鐘鋳型（外型）、炉壁、黒煙化木炭などが出土している。出土炉壁から、炉内径約50cmの円筒状の溶解炉で鋳造が行われたことを想定できる。

(5)　榊差遺跡（草津市野路町・南笠町、田中 2019）

　調査地は、複数の生産遺跡が所在する瀬田丘陵生産遺跡群の琵琶湖側の先端部に位置し、南西には笠寺廃寺が所在する。2015～2019年度の発掘調査では広範囲にわたって鋳造関連遺物が出土し、特に2018年度の榊差遺跡、2019年度の黒土遺跡の調査では奈良時代の鋳造関連遺構が多数検出された。平成30年度の榊差遺跡の鋳造関係の調査成果については以下の通り速報的にまとめられている（田中 2019）。遺構としては鋳込み坑①②③、廃棄土坑、溝状遺構などを検出したこ

283

と。鋳込み坑①は隅丸方形の掘形で、中子が鋳込みを行った状態のまま残存していたこと。鋳込み坑②は一辺約1m前後の方形の掘形が確認され、下部約10cmが残存していたこと。遺物としては獣脚鋳型片が300点近く出土し、7種類に分類されること。光背とみられる鋳型も出土したこと。炉壁、鉱滓が大量に出土していること。土器の出土は少量であるが8世紀前葉頃の特徴を示すこと。溶解炉を用いた大・中型製品の鋳造を主体に操業が行われていたことを推定できる。

詳細については、隣接する黒土遺跡とともに報告書が刊行されたので（岡田・田中ほか2022）稿を改め、両遺跡の発掘調査内容の検討、遺跡の性格等にいついて考察したい。

(6) **西海道遺跡**（草津市南笠町、図210、藤居2013）

2002～2005年度に発掘調査が実施された。白鳳期から平安時代中頃の笠寺廃寺の寺院造営に関わるとみられる鋳造関連遺構や瓦窯が、伽藍推定範囲の西約150mの位置で検出された。鋳造関連遺構は平面形が一辺1.6～2.0mの方形で、全体に掘り窪めた後、中央に直径35cm、深さ13cmの円筒形土坑を掘削し、その土坑に向かって各角の四方向から丸瓦が差し込まれていた（図210）。報告書ではこの遺構を炉跡としているが、鋳造土坑の底型であるとみたい。比較遺構として、川原寺寺域北限の調査で検出された鉄釜鋳造土坑SX599の基礎構造（松村ほか2004）をあげる。遺構の所属時期については7世紀末～8世紀初頭と推定されている。

(7) **鍛冶屋敷遺跡**（甲賀市信楽町黄瀬、大道ほか2004、大道2013）

鍛冶屋敷遺跡の発掘調査成果と調査成果から派生する課題については、本章第2・3節で検討・考察する。

(8) **関津遺跡**（大津市関津地先、図211、藤﨑2010）

丘陵中央に位置する調査区で、7世紀後半から8世紀に比定される鋳銅遺構が検出されている。遺構内全体に被熱が認められ、内部からは炭化物、羽口、坩堝（トリベ）、「和同開珎」の細片、銅滓が出土した。和同開珎は3枚以上あることを確認している。接合可能な和同開珎の「和」の左上には鋳バリが残る。また、「同」、「開」の字の中央付近には湯まわりが悪かった影響による丸い孔を確認することができる。なお、破面の状況からは鏨状の工具で和同開珎を刻んだ様子をみてとれる。以上の観察結果を総合的に判断すると、鋳銅

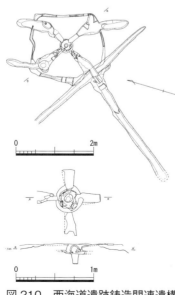

図210　西海道遺跡鋳造関連遺構
（藤居2013）

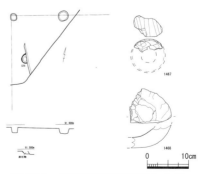

図211　関津遺跡鋳銅遺構および
出土羽口・坩堝（トリベ）
（藤﨑2010）

遺構では不良銭を切り刻んで、銅製品のリサイクルのための鋳造を意図していたものと考えられる。鋳バリや湯まわりの悪い不良銭は広く流通していたとは考えられないので、当該遺構かその周辺で和同開珎を私鋳していた場所が存在していた可能性が高い。あるいは、不良銭を当該遺構に持ち込む特別な流通経路があった可能性もある（大道ほか 2011）。

(9) 瀬田廃寺（大津市神領三丁目・野郷原一丁目、大道ほか 2011）

2000 年度に行われた発掘調査で、寺域内西側で 8 世紀後半の梵鐘鋳造土坑が検出されている。この遺構は東西 2.3m 以上、南北 2.4m の平面隅丸方形で、残存深は 0.45m である。床面に 2 条の溝があり、その両側には円形の穴が連なる。炭が多量に混入した埋土からは、瓦、炉壁、大口径羽口の破片が出土しており、溶解炉を用いた梵鐘鋳造が行われていたことがわかる。

(10) 矢倉口遺跡（草津市東矢倉、図 212、草津市 1985・1989、櫻井 2009a、大道ほか 2011）

矢倉口遺跡では奈良時代中頃から後半にかけての井戸から木沓や皇朝十二銭が出土している。また、1985・1989 年度の発掘調査では、奈良時代に比定される容器の鋳型、炉壁片、金鉗、坩堝（トリベ）、板状土製品などが多量に出土している。一部の遺物に銅の付着がみられる。銅の溶融には坩堝炉の使用と、小型の溶解炉の使用の二通りの方法を確認できる。溶解炉の送風孔は炉壁と一体で作られている。板状土製品は中央に円孔が穿たれ、底面や側面が強く火を受ける。板状土製品は坩堝と組み合わせ炉壁の代わりに用いたものと推定される。

(11) 岡田追分遺跡（草津市追分町、図 213、櫻井 2009b）

鋳造関連遺構は 2007 年度のは発掘調査で、谷に

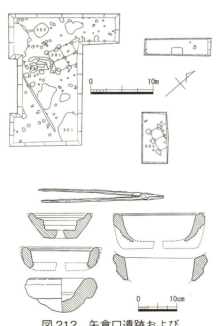

図 212　矢倉口遺跡および
出土金鉗・坩堝（トリベ）・鋳型
（草津市 1985・1989）

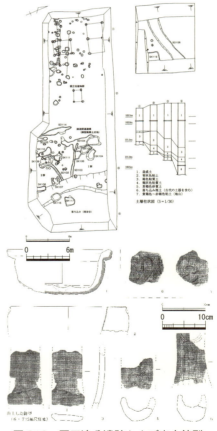

図 213　岡田追分遺跡および出土鋳型
（櫻井 2009b）

第4章　古代製鉄展開期の様相

接した緩やかな傾斜地で検出された。遺構の機能は明確ではないが、防湿・排水のための小溝、破砕した木炭や炉壁を充填した浅い土坑が検出された。出土遺物は鋳型、炉壁、鉄滓などで、鋳型は鍋の中子、羽釜外型、獣脚がある。中子は全体の8割が残存し、端部は幅木がみられる良好な資料である。獣脚は脚先と二重の突線を表現する大型のものである。唐草文のある鋳型は、福島県向田A遺跡で出土している唐草文タイプの獣脚に相当すると考えられる。共伴した土器から、これらの遺構・遺物は9世紀前半に位置づけられる。

(12) 石山国分遺跡（大津市光ヶ丘・田辺町・国分一丁目、図214・215、青山・大道ほか2002）

調査地は台地上に位置し、保良宮、国昌寺、近江国分尼寺の推定地である。1992・1993年度

図214　石山国分遺跡（青山・大道ほか2002）

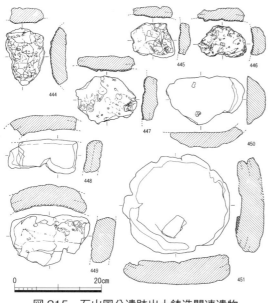

図215　石山国分遺跡出土鋳造関連遺物
（青山・大道ほか2002）

に実施した第3・4次調査では、奈良時代の掘立柱建物跡・溝跡・竪穴住居跡と鍛冶関連遺物等、9世紀中頃の掘立柱建物・溝跡・土坑と鋳造・鍛冶関連遺物等を検出した（図214・215）。9世紀中頃のSK41〜49・51・53およびSX52から、羽口、炉壁、銅塊、銅製品、銅を含む鉱滓、板状の滓、鋳型、黒鉛化木炭などが出土している（図215）。炉壁が大量に出土していること、口径10cm以上と推定される大口径羽口も出土していること、報告書で「坩堝または取瓶」としたものは、溶解炉の炉壁下部の可能性が高いことから、G・H・J区において、溶解炉を用いた銅製品の鋳造が行われたと考えられる。特に、SK41は不整形の土坑に溝が取り付く遺構で、鋳造土坑の

第 1 節　近江湖南地域の鋳造遺跡の様相

可能性がある。9世紀中頃の操業は仏具などの銅鋳物製作が中心で、鉄鍛冶は銅鋳造に付随する形で存在したと考えられる。国昌寺や近江国分寺・国分尼寺に、風鐸や梵鐘などの製品を供給した可能性がある。

(13)　長尾遺跡（大津市滋賀里町、図216、林1984）

調査地は崇福寺跡の東側、1977年度の発掘調査で、平安時代の崇福寺か梵釈寺にかかる工房があったことが判明した。検出された鋳造関連遺構は梵鐘鋳造土坑（2号・4号遺構）等で、平安時代初期の操業と考えられる（図216）。2号遺構（梵鐘鋳造土坑）は床面が水平で、東西方向に二条の溝がある。その両端には円形の浅いピットが連なり、掛木の痕跡であると考えられる。また、床面全体が青灰色粘土を薄く貼った状態であったことから、定盤痕跡の可能性がある。土坑内からは木炭や灰、銅付着炉壁、銅滓、焼土、礫、銅板片などが出土した。4号遺構（梵鐘鋳造

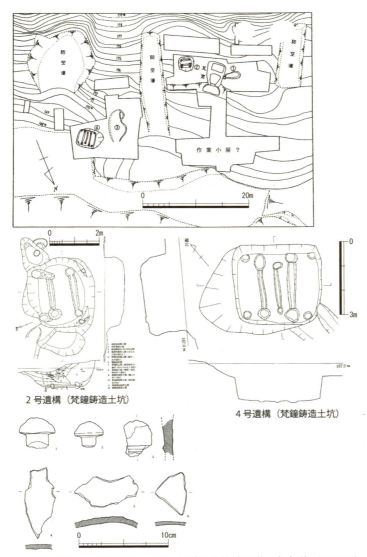

図216　長尾遺跡、梵鐘鋳造土坑および出土梵鐘の乳・銅板片（林1984）

第4章　古代製鉄展開期の様相

土坑）は床面が水平で、両端に円形の浅いピットが連なる三条の浅い溝があり、掛木の痕跡であると考えられる。土坑内からは木炭や灰、梵鐘の乳、銅板片、梵鐘の鋳型、銅付着炉壁、羽口、銅滓、礫などが大量に出土した。なお、1号遺構、3号遺構は溶解炉関連施設と推定されているが、その種別については検討の余地がある。これらの遺構では、溶解炉を用いた大型銅製品の鋳造が行われたと考えられる。

（14）　中村遺跡（栗東市御園・上砥山、図217、(財) 栗東町1989　近藤1990）

1989年度に行われた発掘調査のA地区で、8世紀末〜11世紀の遺構群の中から鋳造関連遺構が検出された。鉄を溶かすための溶解炉と推定される遺構2基、木炭焼成土坑と推定される遺構、排滓坑が存在する。鋳造関連遺構とその周辺からは炉壁、鉱滓、土器類の他、鋳型片もコンテナ1箱分程出土している（図217）。鋳造関連遺構のうち小型円形土坑は2号炉に切られるが、床面に東西方向に二条の溝があることを確認でき、掛木の可能性を検討したい。出土土器は9世紀代に比定され、鋳造遺構の時期もこの頃のものと考えられる。鋳型には獣脚鋳型、獣脚蓋鋳

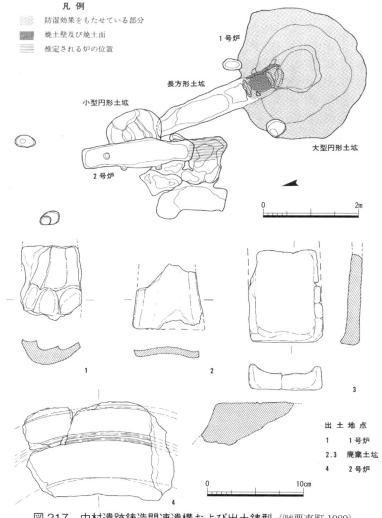

図217　中村遺跡鋳造関連遺構および出土鋳型（(財)栗東町1989）

第1節　近江湖南地域の鋳造遺跡の様相

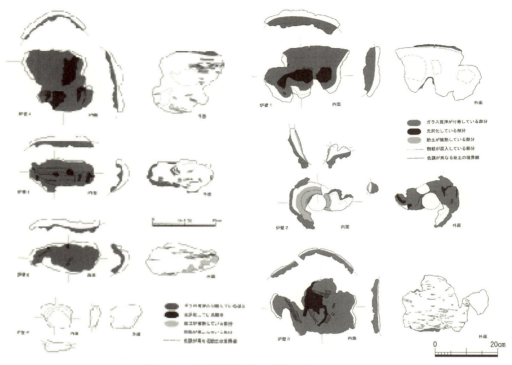

図218　東辻戸遺跡出土炉壁（木下2012）

型、円形容器状鋳型、箱形容器状鋳型等がある。これらの遺構では溶解炉を用いた中型製品の鋳造が行われたものと考えられる。金勝寺との関係や、旧栗太郡に展開する鋳造遺跡の中での検討が課題となる。

(15) 東辻戸遺跡（守山市今宿、図218・219、木下2012）

調査地は、野洲川が形成する扇状地上、古代東山道の推定ルートに位置している。2012年度の発掘調査で、溶解炉の炉壁が溝S10と溝S51から計11,510g出土した（図218）。鉱滓が出土していないことから、操業は精錬ではなく、溶解炉を用いた大型品の鋳造が行われたものと推定される。操業の時期については明確ではなく、7世紀後半から10世紀前葉のいずれかの時期と推定されている。炉壁は粘土紐の巻き上げによって成形され、下段（炉底部）の粘土には籾殻を、中段の粘土にはスサを混和しており、少なくとも上・下二段以上で構成される円筒炉であると想定

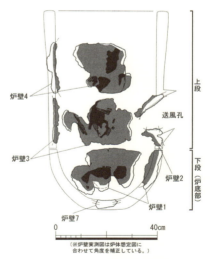

図219　東辻戸遺跡溶解炉
復元想定図（木下2012）

される（図219）。炉の規模は、下段（炉底部）に位置する炉壁の外径が約45cmと推測されている。送風孔は中段付近に穿たれ、送風孔の先端径は約6.0cmを測る。下段（炉底部）の容積を推計すると、内径38cm、残存高15cmとなり、溶解した金属の容量は570mℓとなる。金属製品の供給先としては、守山市内の寺院や官衙関連施設である益須寺遺跡（東辻戸遺跡から直線距離で

289

第4章　古代製鉄展開期の様相

約1.0km)、東門院遺跡（同約0.5km)、二ノ畦遺跡（同約1.5km）を候補となる。金属製品は東山道を介して供給されたと考えられる。

(16)　夕日ヶ丘北遺跡（野洲市大篠原、図220・221　木戸ほか2007）

　鋳造関連遺物の出土はないが、O地区掘立柱建物0002、0013付近から鋳鉄製獣脚が、朱にまみれた状態で出土した。9世紀半ばから後半の所産と考えられる。出土資料の類例は、多摩市多摩ニュータウン遺跡91A出土三足獣脚付き鉄鍋（（財）東京都埋蔵文化財センター1986）、多賀城市山王遺跡（菅原ほか1996）・市川橋遺跡（千葉2003）、流山市西平井根郷遺跡出土鉄製獣脚（折原ほか2004）がある。

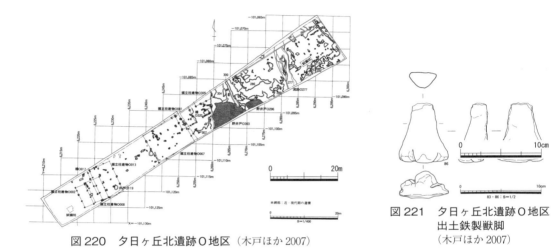

図220　夕日ヶ丘北遺跡O地区（木戸ほか2007）

図221　夕日ヶ丘北遺跡O地区出土鉄製獣脚（木戸ほか2007）

(17)　崇福寺跡（大津市滋賀里町、図222・223、梶原2002）

　塔跡東斜面（B地点）と弥勒堂南東方平坦地（D地点）において、青銅製品や鍛冶鋳銅関連遺物が採集されている（図222・223）。塔跡東斜面では梵鐘の破片、水煙の破片、擦管と想定され

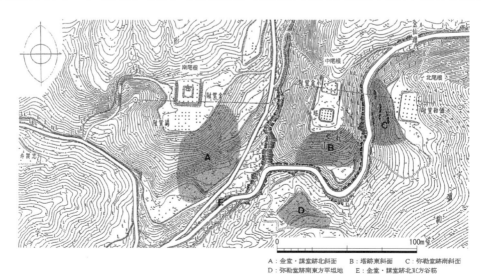

A：金堂・講堂跡北斜面　B：塔跡東斜面　C：弥勒堂跡南斜面
D：弥勒堂跡南東方平坦地　E：金堂・講堂跡北方谷筋

図222　崇福寺跡（梶原2002）

290

第1節　近江湖南地域の鋳造遺跡の様相

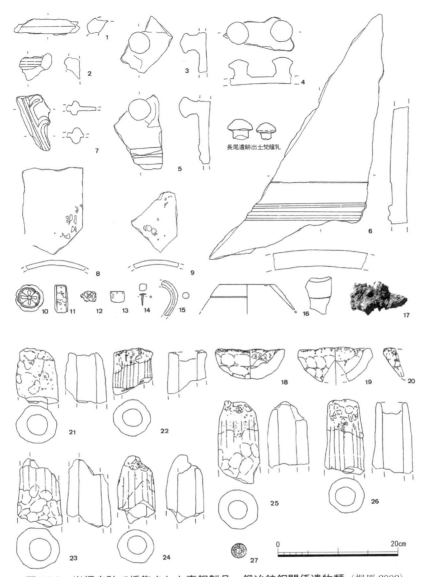

図223　崇福寺跡で採集された青銅製品・鍛冶鋳銅関係遺物類（梶原2002）

る円柱状銅製品、諸仏具の破片、銅滓が採集されている。これらの遺物は中尾根近傍に鋳銅工房があり、その原料として運び込まれたものと想定されている。梶原義実氏は供給された経緯として①長尾遺跡で鋳造した銅製品の失敗品が持ち込まれた、②『扶桑略記』天智天皇条の「鐘一口高六尺」と関連する鐘楼が、地滑り等で崩れ、そこで使われていた梵鐘・相輪が持ち込まれたとする二つの可能性を指摘する。塔跡東斜面では炉壁・鋳型・坩堝などは採集されていないことから、青銅器生産の実態の詳細は不明であるが、臨時的な工房の存在が推定される。操業は長尾遺跡と同時期、崇福寺の堂塔整備期と想定される。一方、弥勒堂南東方平坦地では鋳銅用の坩堝片、孔径約3～3.5cmの羽口、鍛冶滓、土器類が多数採集されている。羽口に関しては、古代の鍛冶用羽口の孔径は2cm程のものが一般的であること、青銅器生産に伴う羽口先端に鉄滓が付

291

着する例もあることから、鋳銅用の羽口である可能性がある。8世紀半ばから11世紀頃までの長期間、坩堝炉を用いた小型銅製品を鋳造作業が行われた、継続的な工房の存在が推定される。

3　まとめ

(1)　鋳造技術の現状と課題

　金属の溶解方法については、穴太遺跡、関津遺跡、矢倉口遺跡、崇福寺跡で、錦織遺跡、南滋賀遺跡では坩堝炉を用いた鋳造が行われていたと考えられる。一方、穴太遺跡、木瓜原遺跡、榊差遺跡、鍛冶屋敷遺跡、瀬田廃寺、矢倉口遺跡、岡田追分遺跡、石山国分遺跡、長尾遺跡、中村遺跡、東辻戸遺跡は溶解炉を用いた鋳造が行われていたと考えられる。坩堝炉を用いた鋳造を行っている確実な遺構の検出例は県内にはなく、その復元は今後の課題となる。また、溶解炉や送風施設の確実な検出例は県内には鍛冶屋敷遺跡しかなく、炉壁や羽口の形態・孔径等の観察・検討から、溶解炉や送風方法の復元を行っていくことも今後の課題となる。

(2)　鋳造遺跡の変遷

　神崎勝氏は飛鳥・白鳳時代から平安時代前・中期までの鋳造遺跡の種類として、官司関連遺跡、寺院所属の工房、東国型の鋳造遺跡、官衙関連の鋳造遺跡に分けられるとした（神崎2006）。

　飛鳥・白鳳時代の官司関連遺跡としては錦織遺跡、南滋賀遺跡、寺院付属の工房としては穴太遺跡、西海道遺跡が分類される。奈良時代の寺院所属の工房としては穴太遺跡、鍛冶屋敷遺跡、瀬田廃寺、東国型の鋳造遺跡としては木瓜原遺跡、官衙関連の鋳造遺跡としては榊差遺跡、黒土遺跡が分類される。平安時代前半の寺院所属の工房としては石山国分遺跡、長尾遺跡、中村遺跡、崇福寺跡、官衙関連の鋳造遺跡としては矢倉口遺跡、岡田追分遺跡、東辻戸遺跡が分類される。なお、鍛冶屋敷遺跡と鍛冶屋敷遺跡を引き継いだとみられる東大寺での鋳造は、8世紀前半としては最高峰の技術を備え、工房の規模が大きく、大仏をはじめとする大型鋳物の鋳造に関わっており、半恒久的な鋳所あるいは工人組織との関連を窺わせる。また、榊差遺跡と黒土遺跡は鋳造遺跡としては大規模であり、官衙関連の鋳造遺跡の範疇には収まりきれない生産規模を感じる。その類型設定についても今後の課題としたい。

第2節　大仏造立をめぐる銅精錬・鋳造
―鍛冶屋敷遺跡の発掘調査―

1　はじめに

　鍛冶屋敷遺跡は滋賀県甲賀市信楽町黄瀬に所在する。甲賀寺推定地の史跡紫香楽宮跡内裏野地区から北東約450mの位置にあり、江戸時代から鋳造に関する遺跡であることが知られていた（図224）。新名神高速道路建設に伴って、滋賀県教育委員会・（財）滋賀県文化財保護協会が2002年8月から2004年3月に約6,000m²を対象に発掘調査を実施した。発掘調査によって、奈良時代中頃の銅の鋳造工房の姿が明らかとなり、2006年3月には発掘調査報告書が刊行された（大道・畑中ほか2006）。

　その後、鍛冶屋敷遺跡から出土した資料の一部については、2007年6月1日に滋賀県の有形文化財（考古資料）に指定されている（滋賀県指定有形文化財考古資料　鍛冶屋敷遺跡出土遺物）。県

第2節 大仏造立をめぐる銅精錬・鋳造―鍛冶屋敷遺跡の発掘調査―

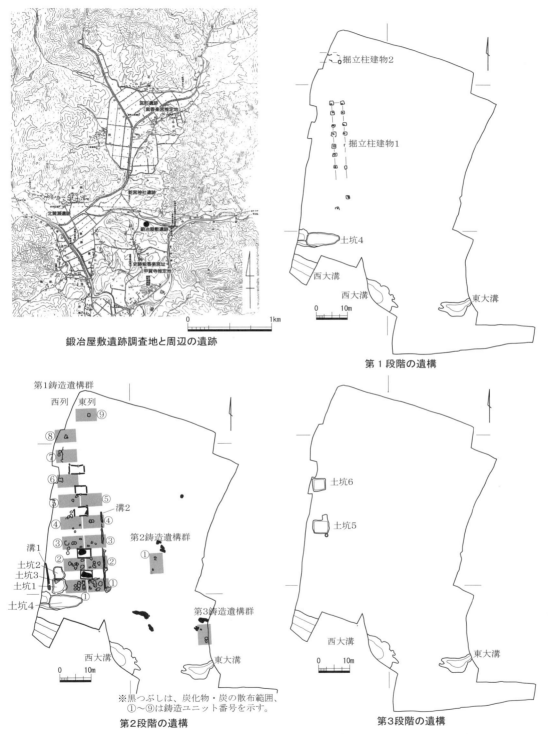

図224 鍛冶屋敷遺跡調査地と周辺の遺跡・遺構の変遷（大道・畑中ほか 2006）

第4章　古代製鉄展開期の様相

指定資料の資料番号と発掘調査報告書の遺物番号との対応関係、県指定資料の概要、および、資料に対する若干の見解については拙稿において示した（大道 2013）。また、鍛冶屋敷遺跡は2010年8月に、史跡紫香楽宮跡鍛冶屋敷地区として国の史跡に指定されている。

2　発掘調査の概要

調査の結果、検出した奈良時代の主な遺構は、銅の溶解関係遺構11基、送風施設10基、鋳込み遺構14基、建物7棟である。坩堝などを用いた小規模な鋳造の痕跡は認められず、いずれも溶解炉を用いた、大量の銅素材を扱う鋳造関連の工程がなされたものと考えられる。遺構の切り合い関係から、検出した遺構は、大きく3つの段階を経ていることが判る。以下、主要遺構および出土した金属生産関連遺物（表16・17）について、第1、第2、第3段階の順に概要を記す。

（1）　第1段階の遺構

第1段階の遺構としては、掘立柱建物1、2と土坑4がある（図224）。

①　掘立柱建物1

（遺構）　第2段階の遺構を構成する際に施された盛り土によってその大部分が埋められており、遺構全体の様相は明らかではない。一辺1mの掘形に直径30cm程度の柱を据えた1間（約3.6m）×9間以上（約36m以上）の南北に細長い建物である。この建物の南北列は、北から約3.0m、約4.2m、約3.0m、約4.2mの繰り返しで構成されている。遺構の主軸は、北に対して約3度西に振る。本遺構は第2段階以降の鋳造遺構群と平面的に重複するにも関わらず、柱掘方には鋳造関連遺物の出土はみられない。1カ所のみ柱掘方を断ち割ったところ、黄色粘土と黄色砂質土の互層を確認し、丁寧に突き固められていたことが判明した。以上の点から、本遺構は鋳造作業が行われる前に廃絶したことがわかる。なお、本遺構については、1間（約3.0m）×1間（約3.6m）の掘立柱建物が約4.2m間隔で南北に5棟以上並んでいたと復元することも可能である。

②　掘立柱建物2

（遺構）　本遺構は掘立柱建物1の北側約13mの位置で検出した。南側、東側、北側へ延びないことから、調査区外である西側へと延びる可能性が高い。遺構は1間（約3.0m）×1間以上（約3.6m以上）の規模である。遺構の主軸は、北に対し約3度西に振る。掘立柱建物1の延長線上に位置し、遺構主軸も概ね同様であることから、本遺構は、掘立柱建物1と一連のものである可能性が高い。なお、本遺構も、1間（約3.0m）×1間（約3.6m）の掘立柱建物が一定間隔で東西に並んでいたと復元することも可能である。

③　土坑4

（遺構）　本遺構の埋土は炭化物が多く混じる黒色系の土層が堆積している。第2段階の盛土が本遺構の一部を覆っていることから、掘立柱建物1・2廃絶後に土坑が掘削され、第2段階においても機能し続けたことを推測できる。本遺構から出土した金属生産関連遺物を生成・排出した溶解関係遺構は発掘調査では検出されておらず、盛土の下に存在している可能性が高い。埋土は上下2層に大別され、内容物に違いが認められる。

（遺物）　下層から出土した金属生産関連遺物の特徴としては、鉱滓が大量に出土しており、その大部分は流動滓である。ただし、塊状滓等他の鉱滓も一定量出土している。出土した金属生産関連遺物は銅精錬の過程で生じた副産物の可能性が高い。下層から出土した金属生産関連遺物の

294

第2節　大仏造立をめぐる銅精錬・鋳造—鍛冶屋敷遺跡の発掘調査—

表16　鍛冶屋敷遺跡遺構別出土金属生産関連遺物構成（単位：kg）

段階	遺構	銅塊系遺物	鉄塊系遺物	黒鉛化木炭	鉱滓	炉壁	鋳型・粘土ブロック	総重量	時期細分
第1段階	土坑4下層	0.86 1%	2.43 3%	8.53 11%	41.77 54%	16.77 22%	7.47 10%	77.83	第1段階後半
第1段階	土坑4上層	10.58 8%	2.47 2%	17.07 13%	46.57 36%	48.06 37%	5.74 4%	130.49	第1段階後半
第2段階	土坑1〜3	7.56 2%	16.69 5%	15.42 4%	33.42 10%	239.04 69%	35.80 10%	347.93	第2段階前半
第2段階	第1鋳造遺構群 西列ユニット	1.75 1%	9.15 4%	8.92 3%	4.61 2%	225.65 87%	7.84 3%	257.92	第2段階前半・後半
第2段階	第1鋳造遺構群 西列第7・8ユニット周辺	5.71 4%	5.08 3%	11.71 8%	8.75 6%	88.48 61%	26.31 18%	146.04	第2段階前半・後半
第2段階	第1鋳造遺構群 東列ユニット	13.96 19%	1.81 3%	3.34 5%	19.51 27%	26.32 37%	6.75 9%	71.69	第2段階後半
第2段階	溝1	1.67 19%	0.03 0%	0.20 2%	2.90 33%	0.26 3%	3.80 43%	8.86	第2段階後半か
第2段階	第2鋳造遺構群 第1ユニット	1.11 1%	8.22 11%	15.77 20%	6.50 8%	43.72 56%	2.11 3%	77.43	第2段階後半以降
第3段階	土坑5	9.05 4%	14.52 6%	15.16 6%	11.86 5%	127.22 52%	66.71 27%	244.52	第3段階
第3段階	土坑6	9.18 2%	10.6 3%	26.05 6%	7.52 2%	148.92 36%	210.98 51%	413.25	第3段階
第3段階	土坑5南側周辺	1.12 1%	10.38 10%	15.04 14%	13.63 13%	63.10 59%	2.84 3%	106.11	第3段階
第3段階	土坑5北側周辺	3.54 2%	16.97 9%	3.35 2%	13.87 7%	118.05 64%	30.03 16%	185.81	第3段階
	調査時出土全量	70.92 3%	104.34 5%	147.17 7%	235.10 11%	1191.8 55%	408.73 19%	2158.09	

表17　鍛冶屋敷遺跡遺構別出土鉱滓構成（単位：g）

段階	出土場所	流動滓	塊状滓	炉底塊	厚板状滓	薄板状滓	ガラス滓	再結合滓	白色滓	椀状滓	滓総重量	時期細分
第1段階	土坑4下層	40,787 98%	157 0%	397 1%	 0%	 0%	118 1%	270 0%	41 0%	 0%	41,770	第1段階後半
第1段階	土坑4上層	40,041 86%	4,373 9%	784 2%	42 0%	41 0%	1,226 3%	61 0%	3 0%	 0%	46,570	第1段階後半
第2段階	土坑1〜3	24,716 74%	3,166 9%	2,794 8%	809 2%	0 0%	501 1%	1,274 4%	18 0%	142 0%	33,420	第2段階前半
第2段階	第1鋳造遺構群 西列ユニット	3,695 80%	511 11%	160 3%	0 0%	0 0%	243 5%	0 0%	0 0%	0 0%	4,610	第2段階前半・後半
第2段階	第1鋳造遺構群 西列第7・8ユニット周辺	5,699 65%	1,121 13%	546 6%	537 6%	122 1%	 0%	724 8%	 0%	 0%	8,750	第2段階前半・後半
第2段階	第1鋳造遺構群 東列ユニット	13,867 72%	3,291 17%	0 0%	1,282 7%	349 2%	519 3%	57 0%	25 0%	0 0%	19,390	第2段階後半
第2段階	溝1	1,351 47%	355 12%		301 10%	724 25%	 0%	120 4%	50 2%	 0%	2,900	第2段階後半か
第3段階	土坑5	10,277 87%	677 6%	 0%	 0%	 0%	86 1%	480 4%	340 3%	 0%	11,860	第3段階
第3段階	土坑6	5,330 71%	1,066 14%		500 7%	 0%	229 3%	260 3%	135 2%	 0%	7,520	第3段階
第3段階	土坑5南側周辺	11,811 87%	493 4%	554 4%	444 3%	58 0%	 0%	75 1%	195 1%	 0%	13,630	第3段階
第3段階	土坑5北側周辺	7,303 53%	2,258 16%	1,233 9%	2,144 15%	269 2%	223 2%	234 2%	207 1%	0 0%	13,870	第3段階
	調査時出土全量	186,323 80%	20,243 9%	7,349 3%	8,299 4%	1,738 1%	3,679 2%	3,090 1%	1,237 1%	142 0%	232,100	

第4章　古代製鉄展開期の様相

特徴としては、銅塊系遺物は、主として金属銅と金属銅の緑青で構成されるものと、滓の中に大ぶりの金属銅を含むものが一定量出土している。一方、鉄塊系遺物の出土量比率は少ない。

（2）　第2段階の遺構

第2段階の遺構は、盛土が設けられて鋳造遺構が配置された第1鋳造遺構群（西列第1～第8、東列第1～第5・第9ユニット、第1・2ユニット間掘立柱建物、第2・3ユニット間掘立柱建物、第4・5ユニット間掘立柱建物、第5・6ユニット間掘立柱建物、第6・7ユニット間掘立柱建物、土坑1、土坑2、土坑3、溝1）、第2鋳造遺構群第1ユニット、第3鋳造遺構群第1ユニット等がある。各ユニットからは送風施設、溶解関係遺構、鋳込み遺構をはじめとしてそれらに付属する遺構を検出した（図224）。

①　第1鋳造遺構群

（遺構）　長さ3m程度の送風施設と、直径1m弱の溶解炉、一辺1m以内の円形・方形・六角形の鋳込み遺構のユニットが、南北に9基（約7m前後の間隔で延長約60m）、東西2列に整然と配置されている。なお、これらのユニットの間では、1間（2.0～2.5m）×2間（2.4～3.0m）の小規模な掘立柱建物を検出している。その範囲において炭の散布を見いだせる事例があることから、掘立柱建物は資材置き場として用いられたものと想定できる。東西を区画するものとしては、西端の溝1と東端の溝2があり、東西に約18m隔たっている。第2段階のユニット間の掘立柱建物は、第1段階の掘立柱建物1の短い柱間（約3m）の幅におさまっており、平面的には重複している。また、鋳造ユニットの南北幅は同じく第1段階の掘立柱建物1の長い柱間（約4.2m）の幅におさまっている。以上の点から、第1段階の掘立柱建物1の割付に準拠して第2段階第1鋳造遺構群が配置されていることがわかる。

（遺物）　出土した金属生産関連遺物の特徴を、西列第7・8ユニット周辺以外の西列ユニットの全体的な傾向、西列第7・8ユニット周辺、東列ユニットの全体的な傾向として以下に記す。

第7・8ユニット周辺以外の西列ユニットから出土した金属生産関連遺物は、主に西列ユニットにおける金属生産に起因する。ただし、盛土の下、調査区外、あるいは後世の削平により消滅した遺構に起因する遺物も混じっている可能性は高い。出土した金属生産関連遺物の特徴としては、銅塊系遺物、鉄塊系遺物の出土量比率は低い。

西列第7・8ユニット周辺から出土した金属生産関連遺物は、主に西列第7、8ユニットにおける金属生産に起因する。ただし、調査区外、あるいは後世の削平により消滅した遺構に起因する遺物も混じっている可能性が高い。出土した金属生産関連遺物の特徴としては、銅塊系遺物は、主として金属銅と金属銅の緑青で構成されるものと、滓の中に大ぶりの金属銅を含むものが一定量出土している。鉄塊系遺物は、黒鉛化木炭と混在するものが大量に出土している。鉱滓は比較的多く出土しており、流動滓がその多くを占めるが、塊状滓等他の鉱滓も一定量出土している。

東列ユニットから出土した金属生産関連遺物は、東列ユニットにおける金属生産に起因する。発掘調査状況からは、後世の削平により消滅した遺構に起因する遺物の混入は少ないと判断できる。出土した金属生産関連遺物の特徴としては、銅塊系遺物は主として金属銅と金属銅の緑青で構成されるものが多く出土している。鉄塊系遺物の出土量比率は低い。黒鉛化木炭の出土量も少ない。鉱滓の出土量も少なく、銅滓の可能性の高い板状滓が一定量出土している。

② 土坑1・2・3

（遺構）　第1鋳造遺構群西列第1、2ユニットと溝1の間に位置する。3基の土坑の切り合い関係から、土坑3→土坑1→土坑2の順に掘削、埋没したことがわかる。これらの土坑を覆っている土層からは「二竈領」と墨書された須恵器杯蓋が出土している。本遺構から出土した金属生産関連遺物の出自遺構は、第1鋳造遺構群西列第2ユニット、第2段階の盛土の下、調査区外、あるいは後世の削平により消滅した遺構と考えられ、複数の遺構に起因する遺物が混じっている可能性が高い。

（遺物）　出土した金属生産関連遺物の特徴としては、鉱滓が比較的多く出土しており、流動滓がその多くを占めるが、塊状滓等他の鉱滓も一定量出土している。なお、土坑1では銅塊系遺物の出土量比率が低い。

③ 溝1

（遺構）　第1鋳造遺構群の西を画する溝であると考えられる。遺構の主軸は北に対して約5度西に振る。本遺構で出土した金属生産関連遺物の出自遺構は、今回の調査では検出していない。盛土の下、調査区外、あるいは後世の削平により消滅している可能性がある。

（遺物）　出土した金属生産関連遺物の特徴としては、銅塊系遺物の出土量比率は高い。鉄塊系遺物の出土量比率は低い。黒鉛化木炭の出土も少量である。鉱滓の出土量は少ないが、銅滓の可能性の高い板状滓が一定量出土している。

④ 溝2

（遺構）　第1鋳造遺構群の東を画する溝であると考えられる。遺構の主軸は北に対して約3度西に振る。東列の鋳造ユニットの南東方向に土坑が設けられており、埋土の状況を見る限りでは、溝と同時期に並存していたようである。

⑤ 第2鋳造遺構群

（遺構）　第1鋳造遺構群東列を画する溝2から東側に位置し、送風施設・溶解炉・鋳込み遺構のユニットが確認できる。第1鋳造遺構群とは異なり、施設は南北方向に配置されている。第2鋳造遺構群では確実なユニットは1単位のみを検出するに留まったが、第2鋳造遺構群軸線上には炭溜まりや炉壁片などを廃棄した痕跡が顕著にみられることから、本来は軸線上に複数のユニットが配置されていたことが想定される。

（遺物）　第1ユニット南側周辺から出土した金属生産関連遺物の特徴を記す。本遺構から出土した出自遺構は、第1ユニットが主体であると考えられるが、後世の削平により消滅した遺構も含まれる可能性はある。出土した金属生産関連遺物の特徴としては、銅塊系遺物の出土量比率は低く、鉄塊系遺物、黒鉛化木炭の出土量比率は高い。鉱滓は比較的多く出土しており、流動滓がその多くを占めるが、塊状滓等他の鉱滓も一定量出土している。

⑥ 第3鋳造遺構群

（遺構）　第2鋳造遺構群の東側に位置する。鋳込み遺構と考えられる土坑1基とその周辺に炭の散布が認められるのみである。第1、2鋳造遺構群と同様に南北主軸をとることから、計画的に配置されていたと想定される。

（3）　第3段階の遺構

第3段階の遺構としては、遺構の前後関係から、第1段階および第2段階の遺構群よりも後出するものを指す。明らかに前後関係のある遺構としては、調査区西端中程に位置する同一軸線上に並

第4章 古代製鉄展開期の様相

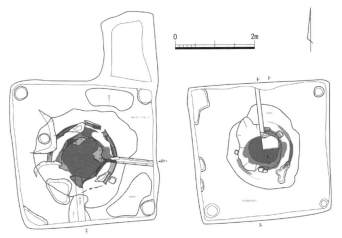

図225 鍛冶屋敷遺跡第3段階鋳造関係の土坑
（大道・畑中ほか2006）

ぶ土坑5・6の2基を第3段階の遺構とする（図224・225）。

（遺構）第3段階は、第2段階の遺構群を破壊しつつ、一辺4.0mの大型の土坑（鋳込み遺構）によって大型品を鋳造していたものと推定される。土坑5では台座状の器物、土坑6では梵鐘を鋳造していると推測できるが、鋳込まれた製品の詳細については検討の余地を残す。第1段階の掘立柱建物1の西側から更に西側へ約4.5mのところに位置し、土坑5の東西主軸は第2段階の第1鋳造遺構群鋳造ユニット3と4の間に、土坑6の東西主軸は第2段階の第1鋳造遺構群鋳造ユニット5と6の間に位置している。以上のことから、第3段階の遺構も第1段階の掘立柱建物1によって作成された割付に準拠していることがわかる。

土坑5で鋳造された器物は、基部外径約1.75mである。土坑6で鋳造されたとみられる器物は、基部外径約1.75mである。ここで鋳造された器物が梵鐘であるならば、現存する奈良時代までの梵鐘の中では東大寺の梵鐘に次ぐ大きさとなる。特筆すべきことは、中子（内型）が落とし込まれた状態で出土しており、中子の形状の判明する希有な事例となっている。なお、これらの遺構は、下部のみ鋳型や炉壁片で埋められているが、1m以上の厚さの自然堆積を確認できる。第3段階の鋳造作業以降に作業が行われなかったことを示唆しているとみられることから、第3段階は、鍛冶屋敷遺跡での鋳造作業の最終段階であった可能性が高い。

（遺物）土坑5と土坑6から出土した金属生産関連遺物の特徴を記す。

土坑5と土坑6から出土した金属生産関連遺物の出自遺構は、後世の削平により消滅している可能性が高い。その他、土盛の下、調査区外、第2段階第1鋳造遺構群西列第3・4ユニットの遺物も混入している可能性はある。出土した金属生産関連遺物の特徴としては、銅塊系遺物は、鉱滓の中に大ぶりの金属銅を含むものが大量に出土している。土坑5と土坑6から出土しているこれら銅塊系遺物は、強磁性の遺物であることから、当初は鉄塊系遺物に分類した。しかし、表面全体に黄緑色の粉が付着しており、鉄塊表面に一般的にみられる酸化土砂とは色調が若干異なる点や、蛍光X線分析をした結果、銅元素が検出されることから、最終的には銅塊系遺物として分類した。鉄塊系遺物は、鉱滓の中に大ぶりの金属鉄を含むもの、黒鉛化木炭と混在するものが大量に出土している。また、黒鉛化木炭も大量に出土している。鉱滓は比較的多く出土しており、流動滓がその多くを占めるが、塊状滓等他の鉱滓も一定量出土している。

なお、土坑5と土坑6周辺の土坑5南側周辺、土坑5北側周辺から出土した金属生産関連遺物の特徴は、鋳型の出土が少ないという点を除けば、土坑5と土坑6の金属生産関連遺物の出土傾向と類似している。

3 遺構・遺構群における操業の実態の検討

(1) 第2段階鋳造遺構群の分類

第2段階においては、第1鋳造遺構群において14セット、第2鋳造遺構群において1セット、第3鋳造遺構群において1セット、計16セットの鋳造ユニットを検出した。以下、第2段階の前半、後半について、第1鋳造遺構群の溶解関係遺構を中心に、その概要を記す。

第2段階前半の遺構は、土坑1〜3、第1鋳造遺構群西列第1ユニット溶解関係遺構1・第2ユニット溶解関係遺構1・第3ユニット溶解関係遺構1・第5ユニット溶解関係遺構1（図224・226）。第2段階後半の遺構は、第1鋳造遺構群西列第1ユニット溶解関係遺構2・第2ユニット溶解関係遺構2・第3ユニット溶解関係遺構2、西列第4〜8ユニット、東列第1〜5ユニット、溝1である（図226・227）。

なお、第2段階の鋳造ユニットを、溶解関係遺構床面部分・基礎部分、送風施設、溶解関係遺構前面土坑の各構造、送風施設と溶解関係遺構との距離、溶解関係遺構と溶解関係遺構前面土坑との距離などの要素で検討すると、遺構説明で示すA〜E類の5つに分類できる（表18）。

① 第2段階前半

第1鋳造遺構群西列第1・2・3・5ユニットは、以下に示すように、第1鋳造遺構群西列第1ユニット溶解関係遺構1はA類、第1鋳造遺構群西列第2ユニット溶解関係遺構1、西列第3ユニット溶解関係遺構1、西列第5ユニット溶解関係遺構1はB類に分類される（図226・228〜230）。

A類：溶解関係遺構の基礎には石材を使用していない。西列第1ユニット溶解関係遺構1は長軸約0.65m、短軸約0.55mの平面不整円形を呈し、床面は粘土貼りで、被熱により中心部は還元化、周辺部は酸化している。具体的な送風方法は不明で、踏み鞴状の送風施設、あるいはそれとは異なる構造の送風施設で強制送風が行われたと考えられる。A類の検出が、表土除去後の

表18 鍛冶屋敷遺跡 第2段階第1鋳造遺構群の分類表

		A類	B類	C類	D類	E類
溶解関係遺構の基礎		石材使用せず、床面粘土貼り	石材使用せず、床面粘土貼り	床と背面に石材、粘土保定	床と背面に石材、粘土保定	床に石材
送風方法	送風施設	不明	不明（踏み鞴状？）	踏み鞴状	踏み鞴状	踏み鞴状
	土坑（長辺）	－	－	約2.66m	約2.66〜2.93m	約2.52m
	土坑（短辺）	－	－	約0.83m	約0.76〜0.83m	約0.77m
	溶解関係遺構との距離	－	－	約1.15m	約0.95〜1.10m	約0.95〜1.17m
前面土坑	有無	有	有	有	有	有
	溶解関係遺構との距離	約1.0m	約1.90〜2.35m	約1.2m	約2.65〜3.03m	約1.57〜1.85m
遺構		西列第1ユニット溶解関係遺構1	西列第2ユニット溶解関係遺構1第3ユニット溶解関係遺構1第5ユニット溶解関係遺構1	西列第1ユニット溶解関係遺構2	西列第2ユニット溶解関係遺構2第3ユニット溶解関係遺構2第8ユニット溶解関係遺構1	東列第1ユニット溶解関係遺構1第2ユニット溶解関係遺構1第3ユニット溶解関係遺構1
時期		第2段階前半	第2段階前半	第2段階後半	第2段階後半	第2段階後半
主な工程		銅精錬	銅精錬	銅精錬	銅精錬	銅精錬・鋳造

遺構検出のみで留めていることから、先行する送風装置を検出し得なかったことも考慮に入れておきたい。溶解関係遺構前面に土坑が存在し、溶解関係遺構の中心と溶解関係遺構前面土坑との距離は、西列第1ユニットでは約1.0mである。

B類：溶解関係遺構の基礎には石材を使用していない。西列第2ユニット溶解関係遺構1は直径約0.7mの平面不整円形、西列第3ユニット溶解関係遺構1は長軸約0.89m、短軸約0.67mの平面不整円形、西列第5ユニット溶解関係遺構1は長軸約0.6m、短軸約0.4mの平面楕円形を呈し、床面は粘土貼りで、被熱により中心部は還元化、周辺部は酸化している。また床面からは銅粒が出土している。溶解関係遺構の平面規模が大きいことが特徴である。

送風施設については、踏み鞴状送風施設の溶解関係遺構側長辺と溶解関係遺構の中心との距離は1.64〜1.82mである。この距離は、後で述べるC類の1.2m、D類の0.95〜1.10m、E類の0.95〜1.17mと比べ極めて長いことがわかる。B類の送風施設については発掘調査報告書（大道・畑中ほか2006）では、踏み鞴状送風施設で送風を行ったと考えた。しかし、踏み鞴状送風施設と溶解関係遺構とが異常に離れていると判断されることから、検出された踏み鞴状送風施設とは異なる送風施設の検討の余地があることをここでは指摘しておきたい。

溶解関係遺構前面に土坑が存在し、溶解関係遺構の中心と溶解関係遺構前面土坑との距離は、西列第2ユニットでは約1.9m、西列第3ユニットでは約2.35m、西列第5ユニットでは約1.82mである。

② 第2段階後半

第2段階後半の遺構は、第1鋳造遺構群西列第1・2・3・8ユニット・東列第1・2・3ユニットで、以下に示すように、第1鋳造遺構群西列第1ユニット溶解関係遺構2はC類、第1鋳造遺構群西列第2ユニット溶解関係遺構2、西列第3ユニット溶解関係遺構2、西列第8ユニット溶解関係遺構はD類、第1鋳造遺構群東列第1ユニット溶解関係遺構1、東列第2ユニット溶解関係遺構1、東列第3ユニット溶解関係遺構1はE類に分類される（図226〜230）。

また、第1鋳造遺構群東列第4ユニットでは、全体的に削平が著しく、遺構の遺存状況が悪かったが、平面三日月状を呈する遺構（送風施設）と、鋳型が据えられた遺構（土坑1）を検出した。土坑1東半は、平面円形を呈し、直径約0.75m、深さ約0.18mの規模である。土坑外縁には底面から約0.10mの高さに鋳型が据えられたままの状態で出土している。鍛冶屋敷遺跡の発掘調査においては、鋳込み遺構と想定したものの中で、唯一鋳型が原位置で出土した事例である（図227）。なお、土坑1西半は溶解関係遺構の基礎の可能性がある。

C類：溶解関係遺構の基礎に石材を使用し、床と背面にL字状に組み粘土によって保定している。送風方法は踏み鞴状の送風施設で行ったものと考えられる。西列第1ユニットの踏み鞴状の送風施設の規模は、底部のみの検出であることから推計となるが、長辺約2.80m、短辺約0.73mを測る。踏み鞴状送風施設の溶解関係遺構側長辺と溶解関係遺構の中心との距離は約1.15mである。溶解関係遺構前面に土坑を伴い、溶解関係遺構の中心と溶解関係遺構前面土坑の中心との距離は約1.20mである。

D類：溶解関係遺構の基礎に石材を使用し、床と背面にL字状に組み粘土によって保定している。送風方法は踏み鞴状の送風施設で行ったものと考えられる。踏み板状の送風施設の規模は、遺構の削平が著しいことから推計となるが、西列第2ユニットで長辺約2.66m、短辺約

第2節 大仏造立をめぐる銅精錬・鋳造—鍛冶屋敷遺跡の発掘調査—

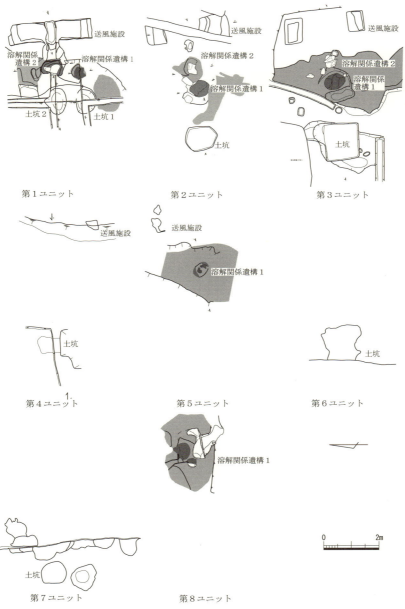

図226 鍛冶屋敷遺跡 第2段階第1鋳造遺構群西列ユニット（大道・畑中ほか2006）

0.83m、西列第3ユニットで長辺約2.93m、短辺約0.76mを測る。踏み鞴状送風施設の溶解関係遺構側長辺と溶解関係遺構の中心との距離は、西列第2ユニットでは約1.10m、西列第3ユニットでは0.95mである。溶解関係遺構前面に土坑を伴い、溶解関係遺構の中心と溶解関係遺構前面土坑との距離は西列第2ユニットでは約2.65m、西列第3ユニットでは約3.30m、西列第5ユニットでは約1.82mである。

　E類：溶解関係遺構の基礎に石材を使用し、床に埋設している。送風方法は踏み鞴状の送風施設で行ったものと考えられる。踏み板状の送風施設の規模は、遺構の削平が著しいことか

301

第4章 古代製鉄展開期の様相

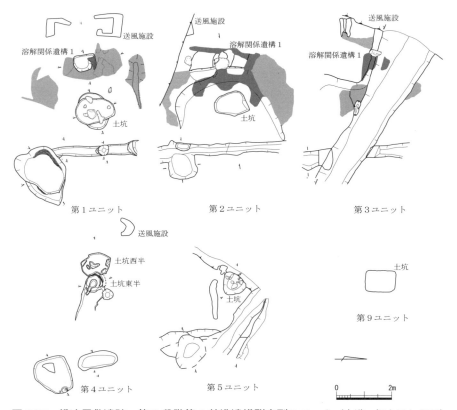

図227 鍛冶屋敷遺跡 第2段階第1鋳造遺構群東列ユニット（大道・畑中ほか2006）

ら推計となるが、東列第1ユニットで長辺約2.52m、短辺約0.77mを測る。踏み鞴状送風施設の溶解関係遺構側長辺と溶解関係遺構の中心との距離は、東列第1ユニットでは約0.97m、東列第2ユニットでは1.17m、東列第3ユニットでは約0.95mである。溶解関係遺構前面に土坑を伴い、溶解関係遺構の中心と溶解関係遺構前面土坑の中心との距離は、東列第1ユニットでは約1.85m、東列第2ユニットでは約1.57mである。

（2）鍛冶屋敷型の型式設定

第2段階の第1鋳造遺構群の溶解関係遺構を、溶解関係遺構の基礎、送風方法、前面土坑という視点からみていくと、A〜E類の5つに分類できること。そして、第2段階前半にはA類・B類による銅精錬、第2段階後半にはC類・D類・E類による西列で銅精錬、東列で銅製品の鋳造という操業が主として行われた可能性が高いことが判明した。溶解関係遺構の基礎については、A類・B類では床面粘土貼りであること、C類・D類・E類では床と背面にL字状に石材を組み、粘土によって保定し、その中に炉を構築していることが判明した。

送風方法については、A類・B類は不明である。A類・B類の検出が、表土除去後の遺構検出のみで留めていることから、送風施設を検出し得なかったことも考慮に入れる必要はある。しかし、第2段階後半に比定されるC類・D類・E類に伴い検出されている踏み鞴状送風施設と同じ構造でない可能性がある。

C類・D類・E類で検出した送風施設は、踏み鞴状の送風に関わる遺構の基礎部分で、移動

第2節 大仏造立をめぐる銅精錬・鋳造―鍛冶屋敷遺跡の発掘調査―

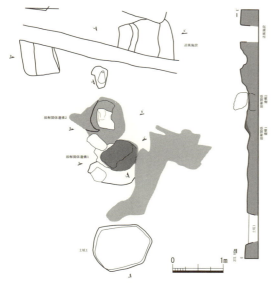

図228 鍛冶屋敷遺跡 第1鋳造遺構群
西列第2ユニット平面図・断面図
（大道・畑中ほか2006）

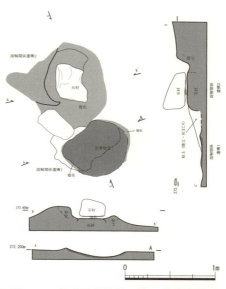

図229 鍛冶屋敷遺跡 第1鋳造遺構群
西列第2ユニット溶解関係遺構1・2
平面図・断面図（大道・畑中ほか2006）

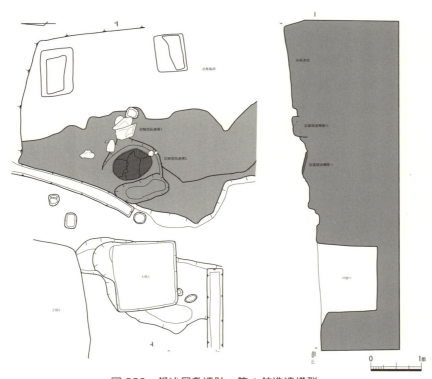

図230 鍛冶屋敷遺跡 第1鋳造遺構群
西列第3ユニット平面図・断面図（大道・畑中ほか2006）

303

可能なものではなく、地面に据え付けられたものであると考えられる。その規模は長辺約 2.52～2.93 m、短辺約 0.76～0.83 m、踏み鞴状送風施設の溶解関係遺構側長辺と溶解関係遺構の中心との距離は約 0.95～1.17 m であり、踏み鞴状の送風施設の規模と送風施設と、溶解関連遺構の平面的位置関係には、規格性をみてとることができる。

前面土坑については、溶解関係遺構の中心と溶解関係遺構前面土坑の中心との距離によって、A類・C類が約 1.0～1.2 m、E類が 1.57～1.85 m、B類が 1.90～2.35 m、D類が 2.65～3.03 m に分かれる。前面土坑については、鋳造土坑（鋳込み遺構）、精錬した銅を流し込む場所、作業場、排滓坑の可能性がある。前面土坑の性格の検討については、今後の課題としたい。

以上、第2段階の第1鋳造遺構群の溶解関係遺構の検討から、銅の溶解関係遺構は、A類・B類とC類・D類・E類の二つに分類できる。A類・B類の溶解炉の炉底の規模・形状は、長軸約 0.6～0.89 m、短軸 0.4～0.7 m の平面不整円形、楕円形を呈し、底面は粘土貼りである。このような型式の溶解炉を「鍛冶屋敷1型」と型式設定する。

一方、C類・D類・E類は、溶解炉の基礎に石材を使用し、床と背面にL字状に組み、粘土によって保定し、その上に溶解炉を設置する。送風施設は長辺 2.52～2.93 m、短辺 0.76～0.83 m の地山据え付け型踏み鞴とする。踏み鞴土坑の溶解炉側長辺と溶解炉中心の距離は 0.95～1.17 m を測る。このような型式の溶解炉を「鍛冶屋敷2型」と型式設定する。

鍛冶屋敷1型は第2段階前半、鍛冶屋敷2型は第2段階後半に比定される。したがって、鍛冶屋敷遺跡においては、まず、鍛冶屋敷1型の銅精錬用の溶解炉が導入または開発され、第2段階後半に鍛冶屋敷2型の銅精錬用の溶解炉が導入または開発されたということになる。

第2段階後半、鍛冶屋敷遺跡で踏み鞴が出現し、踏み鞴を送風施設とする半地下式の炉、鍛冶屋敷2型で銅の精錬・溶解を行う。鍛冶屋敷2型の出現により紫香楽での大仏造営、および大仏造営が東大寺に移った後の鋳造工程が軌道にのったと判断される。このことから、紫香楽での大仏造営工程の中で、定型化した踏み鞴を導入あるいは開発したことを、技術的に高く評価したい。

4 操業の実態

今回の調査で検出された遺構を、金属生産という視点から整理すると、第1段階後半、第2段階前半、第2段階後半、第2段階以降、第3段階に区分できる。以下では各段階に区分される金属生産関係遺構・金属生産関連遺物の様相を記す。

（1）第1段階後半

第1段階の遺構は土坑4がある。土坑4から出土した金属生産関連遺物の出自遺構は今回の調査では検出していない。盛土の下または調査区外に存在している可能性が高く、後世の削平により消滅している可能性もある。鉱滓が大量に出土しており、操業は、不純物を多く含む銅素材の精錬を主体的に行っていたと考えられる。

（2）第2段階前半

第2段階前半の遺構は土坑1～3、第1鋳造遺構群西列第1ユニット鋳造関係遺構1関連遺構群、第2ユニット鋳造関係遺構1関連遺構群、第3ユニット鋳造関係遺構1関連遺構群、第5ユニット鋳造関係遺構1関連遺構群である。

土坑1～3から出土した金属生産関連遺物の出自遺構は、盛土の下、調査区外、あるいは後世

の削平により消滅した可能性が高い。溶解関係遺構はＡ類とＢ類に分類される。出土した金属生産関連遺物の傾向としては、鉱滓、銅関連、鉄関連遺物が一定量出土しており、この時期の溶解関係遺構では、銅の精錬を主体的に行っていたと考えられる。ただし、第１段階と比較すると銅素材に含まれる不純物の割合は減少している。なお、第１鋳造遺構群西列第７・８ユニット周辺から出土した金属生産関連遺物の出土傾向は、第２段階前半の出土傾向と類似しており、操業は銅精錬を主に行っていたと考えられる。

　以上の調査結果から、第２段階前半には鍛冶屋敷１型溶解炉による銅精錬が主に行われたと考えられる。

（3）　第２段階後半

　第２段階後半の遺構は第１鋳造遺構群西列第１ユニット鋳造関係遺構２関連遺構群、西列第２ユニット鋳造関係遺構２関連遺構群、西列第３ユニット鋳造関係遺構２関連遺構群、西列ユニット４～８、東列ユニットが考えられる。溶解関係遺構はＣ類、Ｄ類、Ｅ類に分類される。出土した金属生産関連遺物の傾向としては、鉱滓、銅関連、鉄関連遺物が一定量出土しており、操業は、銅の精錬を主に行っていたと考えられる。しかし、第１鋳造遺構群東列ユニットでは銅関連遺物が中心で、鉱滓も少なく、操業は銅鋳造を主に行っていたと考えられる。

　以上の調査結果から、第２段階後半には鍛冶屋敷２型溶解炉により、西列ユニットでは主に銅精錬が、東列ユニットでは主に銅鋳造が行われたと考えられる。

（4）　第３段階

　第３段階の遺構は土坑５、土坑６がある。両遺構は大型製品の鋳込みに関わる遺構である。ただし、当該遺構上層・中層から出土した金属生産関連遺物の中には、銅関連遺物、鉄関連遺物および鉱滓が一定量含まれており、土坑５、土坑６における鋳込み作業に伴う遺物以外の、銅精錬に伴う遺物が一定量含まれていることがわかる。なお、土坑５と土坑６の下層からは鋳型が出土しており、鋳型表面の蛍光Ｘ線分析からは銅元素が検出されている。

　以上の調査結果から、第３段階においては銅精錬、大型銅製品の鋳造の両方が行われていたと考えられる。

5　考察―大仏造営事業との関連から―

　以上の調査結果から、鍛冶屋敷遺跡で検出した遺構群は、近隣に位置する甲賀寺もしくは紫香楽宮の造営に伴う大型銅製品を製作する工房であったことが明らかとなった。

　第１段階の掘立柱建物１、２は、全体像は明らかではないが、大型の銅製品の製作に先立つ施設であり、その中心施設はより西側に展開するものと想定される。遺構の性格としては、時期的な問題や立地、遺構の規模から勘案すると、大仏造営に関わる施設であったとみて大過ないだろう。今後の隣接地における発掘調査に期待したい。

　第１段階後半と第２段階前半においては、鍛冶屋敷１型の溶解炉による銅精錬が大規模に行われている様相を確認できる。

　第２段階後半には、多くの工人達と高い鋳造技術を内包しながら、新たに導入あるいは開発された鍛冶屋敷２型の溶解炉によって、銅精錬が集中的に行われていることが明らかとなった。ただし、第１鋳造遺構群東列ユニットでは、鍛冶屋敷２型溶解炉による銅製品の鋳造も行われてい

るようである。なお、第2段階の銅精錬・溶解炉の配置状況や、その技術内容を考慮するなら
ば、第2段階後半のいずれかの時期に、甲賀寺での大仏造営作業が停止した可能性が高い。しか
し、停止後しばらくは、大仏鋳造用に集められた銅素材の精錬が続いたものと思われる。

　鍛冶屋敷遺跡の第2段階後半以降の性格を考えるためには、甲賀寺での大仏造営作業が停止さ
れ、甲賀寺自体の性格が変容した以降も、当初に設けられた場所で生産が継続された可能性を考
えておく必要がある。更に、天平19年の正倉院文書に、甲可寺造仏所で制作されていた三尊仏
が東大寺へと移送されている記事が存在している点を勘案すると、東大寺において大仏造営が開
始された天平17年8月以降も、東大寺所用の仏像・仏具等を紫香楽で造りつづけていた可能性
が高い。

　第2段階後半の第1鋳造遺構群から出土する土器は、平城京との関わりを想定できるものも出
土するが、近江在地産のものが主体を占めるようになり、造営主体の変化を想定させる。更に、
第2段階前半までは銅精錬主体の操業が行われていたのに対し、第2段階後半の第1鋳造遺構群
東列ユニット群では銅製品の鋳造が行われていたことが確認される。第2段階後半の早い段階
に、鍛冶屋敷遺跡の性格が大きく変化したと考えられる。

　第3段階には、土坑5、6において大型銅製品の鋳造が行われる。ただし、出土遺物の様相か
らは周辺で銅精錬作業も想定される。なお、木炭の樹種同定の結果からは、第2段階までは広葉
樹を主としていたものの、第3段階に入ると広葉樹と針葉樹の比率がほぼ同じになるという。こ
の現象に対する解釈は大きく2つある。1つは第2段階と第3段階とでは鋳造方法に大きな相違
点があり、第3段階においては持続力はないものの火付きの良い針葉樹がより多く求められるよ
うになった可能性。もう1つは、第2段階と第3段階とでは木炭の生産と供給の在り方に変化が
生じ、本来は第2段階の在り方を踏襲したかったものの、針葉樹がより多く混じってしまうこと
になった可能性がある。この点については今後の課題としたい。

6　まとめ

　検出した遺構は、以下で示すように第1段階、第2段階、第3段階という大きく3つの段階を
経ていることが判明した。第1段階から第3段階の遺構は奈良時代中頃、紫香楽宮期を前後する
短期間に収まるものと考えられる。遺構および出土遺物の検討から、鍛冶屋敷遺跡の各段階での
操業は以下のように復元できる。

　　第1段階前半：掘立柱建物1・2が建てられる。
　　第1段階後半：土坑4周辺で銅精錬。
　　第2段階前半：第1鋳造遺構群西列ユニットで銅精錬。
　　第2段階後半：第1鋳造遺構群西列・東列ユニットで銅精錬と銅製品鋳造。
　　第2段階後半以降：第2鋳造遺構群で銅精錬。
　　　（第1鋳造遺構群とは主軸を異にする。以降、在地産土器類が主体になる。）
　　第3段階：土坑5、土坑6周辺で銅精錬。土坑5・土坑6で大型銅製品鋳造。
　　　（在地産土器類が主体となる。木炭樹種が変化する。）

　以上の結果をまとめると、鍛冶屋敷遺跡では荒銅精錬（精製）を主体とする操業が行われ、特
に第2段階まではその傾向が顕著であるといえよう。状況証拠と今日知りうる歴史的事象を積極

的に結びつけると、第2段階後半のある段階までは紫香楽で開始された盧舎那仏造営のための荒銅精錬が鍛冶屋敷遺跡で行われた可能性が高いと考えられる。

　また、紫香楽での盧舎那仏造営停止後の天平19年（747）正月19日の甲可寺造仏所牒に、甲賀寺造仏所で制作されていた三尊仏が東大寺へと移送されている記事があることを勘案すると、紫香楽での盧舎那仏造営が停止した天平17年5月以降も、東大寺所用の仏具等を紫香楽で作り続けた可能性は大いに考慮する必要があるだろう。とすると、第2段階後半の銅製品鋳造が行われた段階、第3段階の鍛冶屋敷遺跡は、紫香楽での盧舎那仏造営停止後の甲賀寺造仏所、あるいは史跡紫香楽宮跡内裏野地区の寺院遺構が近江国分寺である可能性が高いことから、鍛冶屋敷遺跡は国分寺の工房へと変容したと考えることもできるであろう。

第3節　古代の銅精錬・溶解炉の復元
―鍛冶屋敷遺跡の事例から―

1　はじめに

　本節では、まず前節で検討した滋賀県甲賀市鍛冶屋敷遺跡で検出された銅の溶解炉を、遺構・遺物から検討することによって、その復元案を提示する。そして、復元した溶解炉内での金属反応を検討した後、鍛冶屋敷遺跡での操業実態を推定し、復元した溶解炉のもつ歴史的意義について迫っていきたいと思う。

2　銅精錬・溶解炉の復元案

(1)　銅精錬・溶解炉の検出状況

　鍛冶屋敷遺跡では全期間通して金属生産が行われていたようであるが、送風施設、溶解関係遺構、土坑を一つの単位とする鋳造ユニットを検出したのは第2段階のみである。第2段階の遺構は、第1段階の掘立柱建物などが除去された後、第1段階の遺構上に盛り土が行われ、その盛り土上に設置される。盛り土上に設置された鋳造遺構群は、第1段階の掘立柱建物の割付に準拠して配置されている（図231）。

　第2段階においては、第1鋳造遺構群において14セット、第2鋳造遺構群において1セット、第3鋳造遺構群において1セットの計16セットの鋳造ユニットが検出されている。検出された鋳造ユニットは、送風施設と溶解関係遺構については後世の削平を受けており、溶解関係遺構については操業後の破壊により遺存状況は良好ではなかった。唯一、第1鋳造遺構群西列第1ユニットで検出した送風施設において、踏フイゴ土坑の最深部を確定することができ、また、溶解関係遺構も遺存状況が比較的良好であった。そこで今回は、第1鋳造遺構群西列第1ユニットを復元モデルとし、溶解炉と付随する施設の復元案を考えていくこととする。

(2)　第1鋳造遺構群西列第1ユニットの概要（図232）

　西列第1ユニットは、西列の最南端に当たる。東側の盛り土上に長方形を呈する遺構（送風施設）、盛り土の縁辺である中程北側に石材をL字に組んで粘土で保定した遺構（溶解関係遺構2）、盛り土の下である西側に平面楕円形の土坑（土坑2）が設置される。遺構保存の関係から、送風施設は完掘、溶解関係遺構は平面検出、土坑に関しては遺構土層堆積状況確認畦以外の全ての埋

307

第4章 古代製鉄展開期の様相

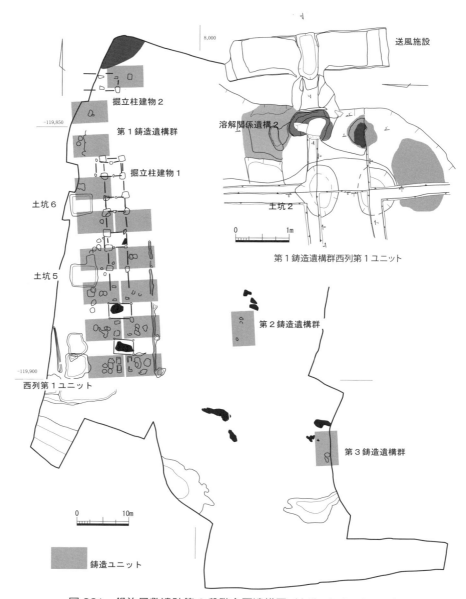

図231 鍛冶屋敷遺跡第2段階主要遺構図（大道・畑中ほか2006）

土を掘削、前庭部の排滓場に関しては土層堆積確認トレンチのみ掘削を行った。

① 送風施設

　送風施設と考えられる土坑状の遺構は鋳造ユニットの最も東側に位置する。平面長方形を呈し、長辺約3.0m、短辺約0.73mの規模である。長辺の端部では、幅約0.15mの締まりのない黄褐色細砂と、幅約0.24mの小礫を含む非常に堅くしまっている黄色粘土が充填されている。長辺には、木棺直葬墓の木質部に類似した灰白色の痕跡がみられる。その他の部分は灰褐色土である。中央部には掘り込みがあったようで周辺部よりもやや深く凹んでいる。当該遺構は位置関係からみて踏み鞴状の送風に関わる遺構の基礎部分であると考えられる。

308

第3節 古代の銅精錬・溶解炉の復元―鍛冶屋敷遺跡の事例から―

② 溶解関係遺構2

溶解炉と考えられる遺構は盛り土縁辺上に位置する。石材を溶解炉床と背面にL字状に組み粘土によって保定している。床に据えられた石材の横幅は約0.33m、長さは約0.45mを測り、背面に立てられた石材の横幅は約0.48m、高さは0.29mを測る。石材は熱を受けて赤色を呈し、保定のために用いられた粘土は熱を帯びて橙色を呈する。なお、石材が直接熱を受けていないことと、遺構の損傷が少ないことから、当該遺構は溶解炉そのものではなく、溶解炉の基礎であった可能性が高い。

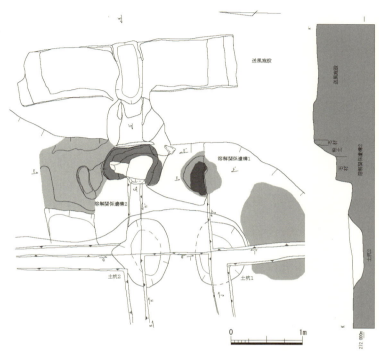

図232 第1鋳造遺構群西列第1ユニット
（大道・畑中ほか2006）

③ 土坑2

土坑2は盛り土下西側に位置する。平面不整楕円形を呈し、長軸約1.0m、短軸約0.8m、深さ約0.2mの規模である。埋土は炭混じりの暗褐色土である。埋土および周辺から銅の湯玉が出土しているが、鋳型は出土していない。

(3) 炉壁等の遺物

次に、出土した炉壁を中心とする遺物の観察から溶解炉本体の復元を進める。

鍛冶屋敷遺跡の調査では、炉壁は1,197kg出土し、金属生産関連遺物総重量の53%を占める。出土した炉壁は、いわゆるこしき炉と呼ばれる大型炉を構成するもののみであり、小型炉の炉壁や坩堝は出土していない。

炉壁内面のガラス質滓の状況や厚さ、磁性、残存金属、粘土の混和材等の炉壁の諸特徴の検討から、溶解炉の炉壁は、炉頂および上段（上半・下半）、中段（上半・下半）、炉底の各部位に分けられる。中段と炉底の間に粘土帯（クライ）を挟むことから、溶解炉の炉壁は炉底と上・中段の二段構成であったと推定される。

各段の炉壁内面の特徴は、炉頂および上段上半は、被熱を受け橙色に酸化し、部分的に灰色に還元している程度である。上段下半は被熱を強く受け還元層も厚くなり、半溶融状態になりかかっているものもみられる。

中段と上段との間には粘土接合面はあるが、粘土帯（クライ）はない。中段は溶解状態の違いから上半と下半に細分できる。炉壁内面の特徴は、中段上半はガラス質滓が薄く、平坦で均質的

309

第4章 古代製鉄展開期の様相

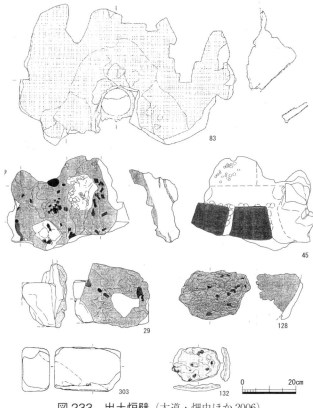

図233　出土炉壁（大道・畑中ほか2006）

である。中段下半は被熱による溶解が進みガラス質滓は厚くなる。ガラス質滓は凹凸が激しく、垂れ下がりもみられ、木炭の噛み込みも目立つ。中段下半は炉壁の侵食が最も激しく、背面側に位置するものの多くには粘土貼り付け補修痕がみられる。

炉底は「ル」に当たり、溶融状態になった金属「湯」が溜まる部分で半球状を呈する。肩部の接合面付近は湯溜りの上面で、炉壁内面にはガラス質滓が環状に厚く張り出して付着している。炉底の部分の出土は極めて少ない。

以下では、出土した炉壁のうち溶解炉の復元に特に有効だと考えられる6点（報告書番号29・45・83・128・132・303）について観察・検討し、溶解炉の復元を進めていきたい（図233）。

①　溶解炉の炉底（132）

上面は光沢の無い淡黄色の白色滓、中側は銀色の黒鉛化木炭となる。白色滓の厚さは10mm前後、黒鉛化木炭の厚さは5mm前後を測る。白色滓には黒鉛化木炭が付着し、金属鉄粒の散在が認められ、わずかに磁性がある。粘土には籾殻が疎らに混和される。内面、外面ともに中側の黒鉛化木炭層から発生した放射状の割れ目を確認できる。

②　溶解炉の炉底上半（128）

内面は光沢の有る緑黒色のガラス質滓となり、ガラス質滓の厚さは160mm前後を測る。ガラス質滓上面は平坦であり、木炭痕や黒鉛化木炭が密にみられる。黒鉛化木炭の中には磁性をもつ金属鉄の残存を確認できる。ガラス質滓下面は、幅約一センチメートルの滴下滓の集合体となっており、滴下滓の間には木炭痕が密にみられる。磁性は無く、金属も残存していない。外面では粘土接合痕を確認でき、粘土接合痕より上の粘土には籾殻が密に、粘土接合痕より下の粘土には籾殻が僅かに混和される。粘土接合痕の位置が炉壁中段と炉底との境となり、その部分の内径は約45cmとなる。

③　溶解炉前面中段下半～炉底（303）

ほぼ完形品の粘土ブロック。法量は、長軸25.5cm、短軸17.7cm、厚さ10.7cm、重量6,630gを測る。粘土には籾殻が混和される。

第3節　古代の銅精錬・溶解炉の復元―鍛冶屋敷遺跡の事例から―

④　溶解炉前面の中段下半（29）

　粘土ブロックの平坦面に、厚さ2.5cmほど粘土を貼り付け炉内面として使用したものである。上面には積み重ねられていた粘土ブロックの一部が張り付いている。内面は光沢の有る暗緑色のガラス質滓となり、ガラス質滓の厚さは5mm前後を測る。磁性は無く、金属も残存していない。粘土には籾殻が混和されている。粘土ブロックの大きさは、長軸28.0cm、短軸17.0cm、厚さ13.5cmを測り、横方向に寝かした状態で積み重ねることによって炉体を構成していたと考えられる。

⑤　溶解炉背面の中段下半（45）

　送風孔右下の中段下半に位置する。外面の観察から、炉壁下半部の構築方法については、基礎に一辺10cm程の立方体の花崗岩を円形に並べ、花崗岩の上に高さ9cm前後の明黄褐色粘土を帯状に載せ、その上に縦12cm、横23cm程の粘土ブロックを横置きに積み重ねたと考えられる。送風孔下端から中段基礎までの高さは28cm前後に復元できる。内面は、木炭痕が密に付着する光沢の無い黒色のガラス質滓となる。ガラス質滓の厚さは10mm前後を測る。所々に上から落ちてきた炉壁の付着が見てとれる。下端では暗緑色の滴下するガラス質滓となり、磁性を持ち、黒鉛化木炭の中に金属鉄が散在する。送風孔下の溶解炉背面では三層の粘土の重なりを確認することができる。これら三層の粘土は、送風孔下部分補修と羽口の固定に起因すると考えられる。

⑥　溶解炉背面の中段上半（83）

　送風孔の中に羽口が装着されている。装着された羽口先端部は円形で、内径13.2cm、外径18.5cmを測る。送風角度は45°前後と推定される。羽口は先端部に向かって孔径を若干窄まらせている。羽口先端部は折れており、本来はもう少し炉内に突き出ていたと考えられる。炉壁内面は、送風孔上部では光沢の無い深緑色のガラス質滓となる。ガラス質滓の厚さは7mm前後で、磁性は無く、金属も残存していない。送風孔の両脇では光沢の有る、流動的な黒色のガラス質滓となる。送風孔の直ぐ脇ではわずかに磁性がある。送風孔から15cm以上離れた周辺部分では光沢の無い淡黄色のガラス質滓となる。外面では、羽口から外へ向かって、羽口粘土、送風孔粘土、送風孔を固定するための粘土、炉壁粘土を確認することができる。送風孔粘土と送風孔を固定する粘土には籾殻、炉壁の粘土にはスサが混和される。

（4）　溶解炉の復元案

　以上の検討結果をふまえ導き出された溶解炉の復元案を図234で示す。復元案の根拠は以下のとおりである。

①　溶解炉背面の復元

　溶解炉背面の中段下半（45）の高さについては、（45）に付着する花崗岩の上端の高さを溶解関係遺構背面に設置されている石材の上端の高さに揃えた。（45）の位置を確定することにより、溶解炉背面の中段上半（83）の位置も確定できる。なお（45）と（83）を確定することにより復元できた溶解炉の炉背面の形状は、長岡宮跡（第1次春宮坊内裏南方官衙、山中1984）出土炉壁の形状と類似する。また、送風孔の高さについては、（45）を根拠に中段下半基礎から上28cmとしたが、長岡京出土の炉壁における送風孔の高さも中段下半基礎から上約30cmと推定することができ、ほぼ同様の数値となっている。

311

第4章 古代製鉄展開期の様相

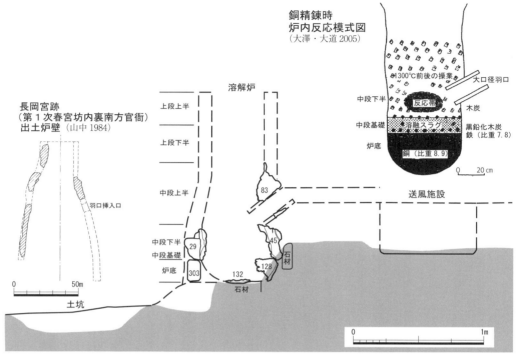

図 234　復元した溶解炉と関連図

② 溶解炉の中段下半基礎付近の内径

　中段基礎の炉壁は多数出土している。残存する形状から復元できる内径は50cm前後が大部分を占める。したがって、溶解炉の中段基礎付近の内径は50cm前後であると考えられる。なお、中段基礎の炉壁の内径が1mほどになるものが数点出土しているが、それらは、操業終了直後に溶解炉を崩すことによって生じた折れ曲がりなどによって、本来の形状を留めていないものの計測値である可能性が高い。

③ 溶解炉の縦断面の形状

　中段下半（45）と中段上半（83）の形状、および長岡宮跡（第1次春宮坊内裏南方官衙、山中1984）出土炉壁を参考にフラスコ状に復元した。

④ 溶解炉の横断面の形状

　上段の横断面形は円形と推定される。内径を導き出させる資料は出土していないが、中段の復元内径50cmより狭いと推定されることから、40cm程に復元した。中段の横断面形は、溶解炉背面に羽口が装着されることから、羽口部分が突き出るハート形に復元した。中段下半（基礎）の横断面形は円形、内径は50cm程に復元できる。

⑤ 溶解炉の高さ

　同時期の粘土ブロックを使用しない製鉄炉である箱形炉の高さは1m程であると推定される。粘土ブロックを使用した溶解炉は、粘土ブロックを使用しない箱形炉よりは炉高は高いと考えら、溶解炉の高さは一応150cm程に復元した。

第3節　古代の銅精錬・溶解炉の復元―鍛冶屋敷遺跡の事例から―

⑥　溶解炉の構築部材

前面については、炉底から中段は粘土ブロックの積み上げ、上段はスサを混和した粘土。背面については炉底から中段基礎は石材、中段は粘土ブロックの積み上げ、上段はスサを混和した粘土で構築した推定される。

3　溶解炉の炉内反応

鍛冶屋敷遺跡から出土する炉壁の内面は酸化土砂の付着が著しい。一般的な銅の鋳造遺跡から出土する炉壁と比較すると特異な印象を受ける。したがって、鍛冶屋敷遺跡で検出された溶解関係遺構で金属生産に関するいかなる作業が行われていたのか、具体的には溶解炉の復元と炉内反応の検討が、発掘調査当初から大きな課題となっていた。

鍛冶屋敷遺跡の発掘調査結果から、鍛冶屋敷遺跡は甲賀寺において用いられた大型銅製品を製作した官営工房であった可能性が高いことが判明した。ここで注目されるのは、銅鋳造場に「鉄」が存在することである。この鉄の存在からは、（ⅰ）銅、鉄両方の鋳込み作業、（ⅱ）銅鋳造工房であるが「鉄」は銅素材の不純物であったとする2つの説を導き出すことができる。

鍛冶屋敷遺跡で出土した鉄関連遺物のそれぞれを単体で検討していくならば、その全てが銅精錬、銅製品生産における派生物との決めつけは避けるべきだろう。鍛冶屋敷遺跡では、銅製品の生産のみでなく、鉄製品を生産する作業もともに行われていた可能性を検討しながら結論は出すべきと考える。ただし、銅鋳造以外に鉄関連の生産を成立させようとする時に以下の①〜⑧の要素が邪魔をする。

①鉄鉱石が出土していない、②鉄鉱石焼結塊の付着する炉壁が出土していない、③出土した炉壁内面のガラス質滓は磁性を殆ど帯びていない、④大口径羽口の出土のみで、鍛冶羽口の出土がない、⑤メタル度特L（☆）の鉄塊系遺物の出土が極端に多く、その鉄塊も大多数が黒鉛化木炭である、⑥椀形滓が殆ど出土していない、⑦流動滓の性状が鉄製錬で排出される流動滓と異なる、⑧製鉄遺構、鍛冶遺構の検出がない、など鉄・鉄器生産が行われた可能性に消極的にならざるを得ない要素が存在していることも事実である。

大澤正己氏は、鍛冶屋敷遺跡出土の遺構別遺物構成と金属学的調査結果を総合し、銅鋳造場に「鉄」が存在する理由を考察したその考察の中で、銅・鉄・硫黄の三元系状態図と、鍛冶屋敷遺跡で検出された溶解炉の銅精錬時の炉内模式図を提示した（図235〜237、大澤・大道2005）。考察の中で、特に注目されたのは銅関連生産遺跡に「鉄」が存在することであった（図235）。鍛冶屋敷遺跡の報告書作成段階では、鍛冶屋敷遺跡で「鉄」が存在することについては、（1）鍛冶屋敷遺跡が銅・鉄両方に関連する生産遺跡であった、（2）鍛冶屋敷遺跡は銅生産関連遺跡で、「鉄」は銅精錬の際に排出された不純物であったとする二つの説が導き出された。二つの説の併記となった理由として、出土した「銅・鉄共存」金属塊に含まれる「鉄」に対し、銅素材の不純物であるとする認識がとれなかったこと、「銅・鉄共存」金属塊のCu含有量の多寡が問題となったこと、さらに大型滓（700〜1,300g）が出土していることが挙げられる（大澤・鈴木2006）。ただし、鍛冶屋敷遺跡で検出される鉄の非金属介在物は斑銅鉱固溶体（マット、Cu-Fe-S相）を含むことから、鍛冶屋敷遺跡は銅関連生産遺跡であるとの主張は検討課題として残された。

報告書刊行後、古代長登銅山の発掘担当者である池田善文氏による円形竪形炉による酸化銅鉱

313

第4章 古代製鉄展開期の様相

```
┌──────┐
│ 銅鉱石 │    硫化銅鉱（黄銅鉱：$CuFeS_2$）
└──────┘    酸化銅鉱（赤銅鉱：$Cu_2O$）
    ↓       硫砒銅鉱（$3Cu_2S \cdot As_2S_5$）
 （焙焼）    ※長登・大切製錬遺跡：
    ↓         酸化銅鉱（孔雀石付着ザクロ石スカルン）＋含銅褐鉄 ⇒ 井澤英二他
┌──────┐
│ 製 錬 │    現代自熔炉炉内反応（イメージ用参考データ）
└──────┘    $CuFeS_2 + SiO_2 + O_2 → Cu_2S \cdot FeS + 2FeO \cdot SiO_2 + SO_2 +$ 反応熱
    ↓        銅精鉱  珪酸  酸素       鈹           鍰         ガス
             ｛※Matte中の酸化脱鉄中にマグネタイト（$Fe_3O_4$）相を生ずる場合あり
              炉況不良時 ⇒ スラグ粘性・融点を高め銅損失                   ｝
┌──────┐
│ 精 錬 │    $Cu_2S \cdot FeS + SiO_2 + O_2 → Cu + 2FeO \cdot SiO_2 + SO_2 +$ 反応熱
└──────┘       鈹     珪酸  酸素  粗銅       鍰         ガス
    ↓
          鍛冶屋敷遺跡 ⇒ 銅鋳造工房ながら鉄塊系遺物出土
┌──────────┐
│ 含鉄粗銅塊 │ ← 鈹（Matte）・金属砒化物（speiss）含む
│ ─原料銅─ │
└──────────┘  ┌─ 出土遺物の特徴 ─────────────────────────┐
    ↓         │ ①滓の鉱物相：含銅ファイヤライト（Fayalite ： $2FeO \cdot SiO_2$）│
 再溶解        │           含鉄ファイヤライト（Fayalite ： $2FeO \cdot SiO_2$）│
（鉄・硫黄除去）│           含銅ウスタイト（Wüstite：FeO）              │
 ─黒鉛化木炭大量│           含鉄ウスタイト（Wüstite：FeO）              │
    ↓         │ ②緑青吹き黒鉛化木炭：各遺構に対してほぼ平均的に分布    │
┌──────┐   │ ③銅塊（金属砒化物含み）：As、Sb、Ag、Sn含み           │
│ 鋳込み │   │ ④鉄塊：非金属介在物　含銅硫化物、銅Matte、As、Ag含     │
└──────┘   └────────────────────────────────────┘
```

鈹（Matte） ①化合物 → 例えば$(Cu_2S)_2 \cdot FeS$
　　　　　　②共融的混合物　$FeS-Cu_2S$
　　　　　　③固溶体　Cu_2S-FeS、Cu_2S-As_2S

金属砒化物（speiss）　主成分　：　As、Sb、Fe、Ni、Co、Cu
　　　　　　　　　　　副成分　：　Pb、Ag、Au、Zn、Bi、S

図235　産銅・鋳造工程における鉄の存在
（大澤・大道 2005）

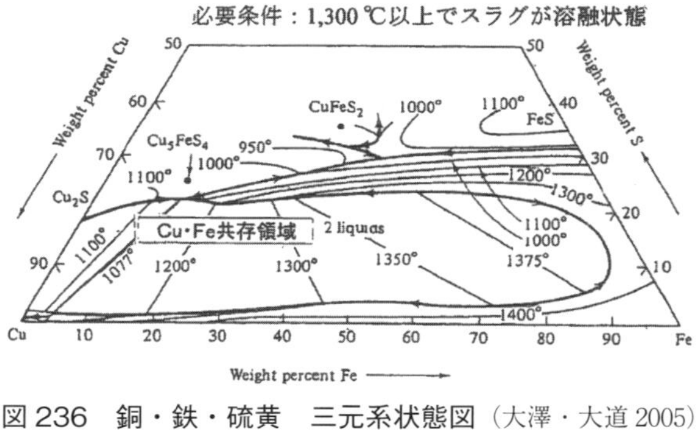

必要条件：1,300℃以上でスラグが溶融状態

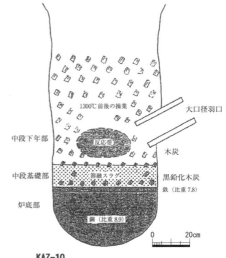

KAZ-10
炉底塊：直径16cm前後、
　　　　厚さ4.3cmを測る椀状滓
KAZ-27
銅塊：直径12cm前後の円盤破片

ガラス滓：円盤状

図237　銅精錬時炉内模式図
（大澤・大道 2005）

図236　銅・鉄・硫黄　三元系状態図（大澤・大道 2005）
　　　Schlegel and Schuller（1952）（植田晃一氏御教示）

製錬復元実験（池田2008）。井澤英二氏による古代長登銅山の鉱滓に含まれる鉄塊、古代銅製錬再現実験で副生した鉄塊、鍛冶屋敷遺跡出土鉄塊に関する三者の構成相の比較検討（井澤2008）。植田晃一氏による、銅―鉄―硫黄三元系状態図（図236）を用いた竪形炉による酸化銅鉱製錬の炉内反応の解明が行われた（植田2008）。それらの研究成果をふまえ、大澤氏は古代・中世銅製錬・精錬工程の模式図（図237）を発表した。大澤氏は古代・中世の荒銅は、不純物に鉄を共伴したものが顕著であるとし、鍛冶屋敷遺跡で出土した鉄については、精錬（精製）工程の際に不純物として排出されたものであるとした（大澤2009a・b）。

　以上、酸化銅鉱製錬・精錬における鉄の存在の検討から、鍛冶屋敷遺跡での「鉄」の存在は、酸化銅鉱製錬で生産した荒銅の精錬（精製）工程において排出されたものであると判断される。したがって、鍛冶屋敷遺跡における溶解炉では、銅の精錬工程を主体に行っていた可能性が高いという結論に達した（大道・大澤2005、大道2009）。

4　まとめ―復元した溶解炉から見えてくるもの―

　鍛冶屋敷遺跡では第2段階後半から第3段階において、今回復元した溶解炉を使用したと考えられる。鍛冶屋敷遺跡では、今回復元した溶解炉は荒銅精錬（精製）のためと、大型銅製品を鋳造するためにも使用されたということになる。

　1988年東大寺大仏殿西回廊隣接地で奈良時代の大仏鋳造に関わる発掘調査が実施された（中井ほか1998）。奈良時代の大仏鋳造に用いられた溶解炉は、今回復元した溶解炉に類似するものが用いられた可能性が高いと考えるが、その検証については今後の課題としたい。

　また、今回復元した溶解炉の系譜の源流についても今後の課題としたい。ただし、今回の復元過程において検討した粘土ブロックの存在が一つの鍵となると考える。粘土ブロックは、長軸25cm、短軸17cm、厚さ11cm程の直方体の粘土を煉瓦状に焼成したもので、溶解炉の炉壁構築材として積み上げ使用した。

　古代日本においては、生粘土にスサなどを混ぜ直方体に成形し、積み上げることにより溶解炉や製鉄炉を構築した事例はある。しかし、鍛冶屋敷遺跡でみられるように、煉瓦状に焼成したものを積み上げることによって、溶解炉や製鉄炉の炉壁を構築した報告例は無いようである。一方、中国大陸では銅や鉄の生産に伴う炉の炉壁に、煉瓦状に焼成した粘土ブロックを積み上げた事例がある。したがって、鍛冶屋敷遺跡の溶解炉には、中国大陸での先進的な炉の構築方法が用いられた可能性がある。

　送風施設の踏み鞴、築炉構築財に粘土ブロックを使用することなど、国外からの技術移植の有無についての検討は今後の課題とし残る。しかし、復元された銅精錬・溶解炉は、紫香楽での大仏造りが本格的に進捗していたことを示す資料と言えよう。

第4章　古代製鉄展開期の様相

第4節　竪形炉の研究史

1　竪形炉とは

　日本列島の製鉄炉は技術的特徴から箱形炉と竪形炉の2種類に大別することができる。竪形炉は8世紀前半に関東や東北の多賀城周辺に、新しく導入された製鉄技術で、以後急速に、東日本の全域や九州を中心に普及していく。出現期の竪形炉は、踏み鞴施設と大口径羽口（通風管）を一本用いた筒状の背の高い土製の炉体を持ち、通風と排滓方向を直線的に配置することを特徴とする製鉄技術であった。特に、竪形炉は踏み鞴とセットで出現していることは、最新の送風技術が製鉄に導入された様相を示している。

2　1987年までの研究動向

(1)　菅ノ沢製鉄遺跡の発掘調査

　古代製鉄に関する考古学的研究は、製鉄遺跡の発掘調査に端を発するべきものである。特に、群馬県菅ノ沢製鉄遺跡の調査（飯島・穴澤1969、1971）は発掘調査を実施することによって竪形炉を検出した上で、製鉄技術の水準を押さえようと試みたところを大きく評価することができる。菅ノ沢製鉄遺跡の調査では、遺存状況の良好な竪形炉を検出することができ、竪形炉に対する本格的な研究の第一歩となった。と同時に、発掘調査で得られた製鉄関連遺物を自然科学的分析に供し、考古学と自然科学的分析の成果を合わせた遺跡の評価を行ったことは、その後の製鉄遺跡の調査の先鞭となった。

(2)　竪形炉の分類

　1980年代は、資料の増加に伴い、製鉄遺跡研究が大きく飛躍した時期であり、土佐雅彦氏、穴澤義功氏の両名がその先鞭をつけた。

　土佐氏は、日本全国で発掘調査された45遺跡123基以上の製鉄炉およびその痕跡をおおまかに4分類している。その中で、円筒状や方柱状をなし炉断面に比べ炉高が高く、斜面に炉体を組みこむ点を特徴とする製鉄炉を半地下式竪形炉と分類した。土佐氏は半地下式竪形炉を更に、菅ノ沢型、西浦北型、大館森山・西原型の3つに細分し、それぞれの技術的系譜を論じた。また、半地下式竪形炉を律令体制下で、新たに各地で開始された、自給的な製鉄の形態を支えた中核的な製鉄炉であると考えた。また、分布状況から、半地下式竪形炉の果たした自給的な役割を律令体制周縁部におけるものと理解し、畿内〜瀬戸内沿岸部を中心とする西日本の鉄需給関係とは様相が異なり、半地下式竪形炉による製鉄は鉄器生産までの過程がより密接に結びついていた可能性があると推測した（土佐1981）。

　穴澤氏は、古代製鉄炉を長方形箱形炉と半地下式竪型炉に大別し、更に、半地下式竪形炉を以下の5つに細分した。

　　Ⅱ型a類（菅ノ沢型）：関東北部を中心とし斜面に埋め込まれた半地下式竪形炉。
　　Ⅱ型b類（上野赤坂A型・南太閣山型）：北陸地方を中心とし炉底に傾斜をもたせた半地下式
　　　　　　竪形炉。
　　Ⅱ型c類（西浦北型）：関東地方から東北北部にまで分布を拡げる平地式の竪形炉。

Ⅱ型d類（西原型）：九州中部を中心とする炉床の狭い竪形炉。

Ⅱ型e類（大館森山型）：東北北部を中心とし炉底が極端に小さい竪形炉。

時期は奈良時代初頭から平安時代末、分布地域は九州中部や北陸地方、関東地方、東北北部、原料は東日本に多い難還元性の高チタン砂鉄、技術的特徴としては長い還元帯と自然吸気を利用した長時間操業が可能である点、加工に自由のきく高炭素系鉄素材を多く生産した点を挙げる。なお、性格については、どちらかといえば自給を中心とする東日本の製鉄をささえたとものであるとした（穴澤 1984）。

（3）　シンポジウム『日本古代の鉄生産』

1987 年には、たたら研究会が「日本古代の鉄生産」と題したシンポジウムを開催した。シンポジウムでは、各地域（東北、関東、北陸・中部、近畿、中国、九州）の製鉄、鍛冶遺構と鉄研究の現状報告が、それぞれの地域で活躍する研究者により行われた。シンポジウムの大きな成果は、日本全体の状況を地域ごとに詳細に把握できたことである（たたら研究会編 1991）。

竪形炉に関する報告は、東北地方について報告した寺島文隆氏、北陸地方について発表した関清氏の中で触れられている。寺島氏は、炉形の形式学的変化や送風装置を明らかにした福島県内の遺跡の調査例を中心に、東北地方全般の報告を行った（寺島 1991）。また、北陸地方について報告した関氏は、竪形炉が箱形炉に後出すること、炉形と生成物との関係から竪形炉を鋳鉄生産用の炉であるとの考えを提示した（関清 1991）。なお、関氏は 1984 年に（関 1984）、寺島氏は 1989 年に地域の発掘調査に根ざした論考を発表している（寺島 1989）。

（4）　箱形炉との系譜的関係

箱形炉との系譜的関係については、第 3 章第 1 節 2 -（2）で論じた。

3　1988 年度以降の研究動向

（1）　各地の竪形炉

1980 年代後半に入ると開発に伴う大規模な発掘調査が数多く実施され、製鉄遺跡が全国各地で調査されるとともに、竪形炉の検出も増加する。以下、地域ごとに調査・研究の状況を概観していきたい。

①　東北地方

1999 年、鉄器文化研究会が『東北地方にみる律令国家と鉄・鉄器生産』と題した研究集会を開催し、福島県（能登谷 1999）、岩手県（八木 1999）、秋田県（磯村・泉田 1999）、宮城県（平間 1999）、山形県（高桑 1999）、青森県（浅田 1999）の各県の発表が行われた。1990 年代後半、東北地方は律令期前後の鉄・鉄器生産関連遺跡の発掘調査の蓄積が、国内で最も進んだ地域の一つであった。特に福島県相馬地域は製鉄遺跡の調査規模が全国的にみて最大で、研究成果が蓄積したことから、律令期前後の汎日本的な鉄・鉄器生産の研究を牽引した。そのような状況の中で、東北各県の調査・研究結果をまとめ、全国に発信した意義は大きい。

福島県相馬地域では、金沢地区遺跡群において 8 世紀中葉から 9 世紀前葉に比定される竪形炉を 10 基、武井地区遺跡群向田Ｃ・Ｄ遺跡において 8 世紀後半から 9 世紀前半に比定される竪形炉を 1 基、武井地区遺跡群向田Ａ遺跡において 8 世紀後半から 9 世紀前半に比定される竪形炉を 2 基、西地区遺跡群山田Ａ遺跡において 9 世紀前半の竪形炉を 1 基検出している（能登谷 1999）。

317

福島県金沢地区遺跡群の報告の中では、123 基検出された 7 世紀後半から 10 世紀前葉にかけての製鉄炉の変遷をまとめている（能登谷 2005）。8 世紀中葉に竪形炉が出現し、8 世紀後葉になると、箱形炉の炉背部に竪形炉と同規模の踏み鞴が付随する、箱形炉の炉本体と竪形炉の送風施設が融合する新しい型式の製鉄炉が生まれるという変遷がみられる。また、福島県武井地区遺跡群・西地区遺跡群では、鋳造関連遺構・遺物を伴う遺跡において竪形炉が検出されている。竪形炉の系譜と変遷、鉄・鉄器生産の中での位置付け、生産目的の鉄種、工人集団や経営主体の性格を検討する上で、多くの手がかりが含まれていると考えられる。

なお、松井和幸氏は、福島県金沢地区遺跡群の製鉄炉の変遷のあり方を、独自の鉄製錬が発達する地域ととらえた。そして、東日本の中でも半地下式竪形炉の発達しない地域があることに注目した（松井 2001）。

　② 関東地方

関東地方の古代の竪形炉の発掘調査・考古学的研究は千葉県が先進的である。この背景には、製鉄遺跡で多量に出土する鉄滓に着目し、それまで金属学的調査に一方的に依存してきた鉄滓の分析と検討を、一定の基準に基づき考古学的手法を用いて本格的に行った穴澤義功氏の製鉄調査指導によるところが大きい。中でも花前Ⅰ・Ⅱ遺跡の発掘調査（郷堀・田井ほか 1985）と富士見台第Ⅱ遺跡C地点の発掘調査（小栗 1988、1992）では、製鉄遺跡の「製品」とされる鉄塊系遺物を抽出し、そのあり方を追うことで製鉄遺跡内における具体的な操業内容・工程・技術レベルを復元し、製鉄遺跡調査・研究の方向性を示した。

神野信氏は、1990 年代以降、資料の蓄積が進む中で、房総半島の古代製鉄のあり方を再評価する中で、竪形炉に関する検討・考察を行った。8 世紀前半の竪形炉が検出された富士見台第Ⅱ遺跡C地点と二重山遺跡で、転用羽口が使用されていることを、大口径の専用羽口使用前の初現的様相と評価した。また生成鉄も低炭素系の鉄塊が多く、炉内温度が低く、不安定な操業レベルであった可能性が高いとした。一方、9 世紀以降になると、生成鉄は高炭素寄りの製品が主体を占めるようになり、炉高のある竪形炉の特徴を活かした安定した高温操業が達成されるようになったとした。竪形炉の経営主体としては、8 世紀代は律令体制中枢部、9 世紀以降は寺院あるいはそれと密接な関係を有する在地の有力階層を想定した（神野 2005）。

千葉県以外の発掘調査としては、埼玉県東台製鉄遺跡と大山遺跡の事例が注目される。東台製鉄遺跡は、8 世紀中葉から 9 世紀初頭に比定され、遺存状態の良好な竪形炉が検出されている。緻密な発掘調査が実施されており、調査報告書では、初現期の竪形炉の構築方法、羽口構築方法などの考察が行われている。なお、銅・鉄両方の鋳造関連遺物も出土しており、竪形炉と鋳造が同一遺跡内で存在する関東最古級の事例として注目される（高崎 2005）。また、大山遺跡では、8 世紀後半に比定される竪形炉が検出されており、炉を構築する際に、あらかじめ送風孔を開けて炉と一体に構築する形態であることが判明した。このような事例は全国的にみても類例が少ない（栗岡 2005）。

上野では、竪形炉出現以降、箱形炉が見られなくなることが明らかになっており（笹澤 2007）、土佐雅彦氏らが指摘してきたように（土佐 1981）、竪形炉の出現により箱形炉の系譜が途絶える地域あるといえる。

③ 北陸地方

北陸地方の古代の竪形炉の検討を行ったものとして、関清氏と渡邊朋和氏の論考がある。関氏は、北陸地方では9世紀に竪形炉が出現し、その出現を銑鉄生産と関連付けて考えた（関1996）。一方、新潟県の事例を中心に北陸地方全体の古代製鉄を考察した渡邊氏は、北陸地方の竪形炉は、9世紀第2四半期に新潟県と富山県に出現し、同時に踏み鞴も導入されたこと、富山県内では竪形炉の出現とほぼ同時期に鋳造遺跡が検出されていることから、竪形炉の導入は銑鉄の生産を目的にしたものと考えることができるが、新潟県内では鋳造遺構は検出されていないことから、竪形炉と鋳造を短絡的に結びつけられることはできないと考えた（渡邊1998）。

④ 九州地方

九州地方の古代の竪形炉の検討を行ったものとして、勢田廣行氏、村上恭通氏、藤本啓二氏の論考がある。熊本県金山・樺製鉄遺跡群の発掘調査で、炉の後背部にふいご座を伴う半地下式竪形炉が検出されている。これは、九州地方唯一の踏み鞴座の検出事例である。金山・樺製鉄遺跡群は9世紀に開始され、13世紀初頭まで存続したことが判明している（勢田1996）。村上氏は、熊本県を中心とする製鉄研究成果を整理し、熊本県に分布する西原型製鉄炉といわれる竪形炉が、九州地方の広範な地域で操業されていた可能性を示唆した（村上恭1997）。藤本氏は、小型の西原型製鉄炉を用いた製錬によって、鉄塊系遺物から鉄素材の生産までを同一集団が行うことが九州地方の製鉄体制の特徴であるとし、東日本から九州地方への竪形炉技術伝播の追求が重要な研究課題であるとした（藤本1998）。

西原型の竪形炉の系譜を、東日本の半地下式竪形炉・小型自立炉に求めるべきか、中国大陸や朝鮮半島に求めるべきか、あるいは自生的に生まれてきたものなのかが検討すべき課題である。

（2） 竪形炉の生成鉄と実験的研究

半地下式竪形炉の生成鉄に関しては、炉内に小鉄塊が生成されたとする説と、銑鉄と鉧が混在して生成されたとする説がある。

千葉県流山市の中ノ坪Ⅰ・Ⅱ遺跡・富士見台Ⅱ遺跡の発掘調査において、半地下式竪形炉の周辺に位置し、8世紀前半に比定される住居址から、平均重量約5gの滓まじりの鉄塊系遺物が大量に出土した（小栗1992）。穴澤義功氏は、両遺跡の鉄塊系遺物の出土状況を根拠として、古代の製鉄炉でできた鉄は、10kgや20kgあるような大きな鉄の塊でなく、炉内生成物から割り取った平均5g程度の小さい鉄塊であったと考えた（穴澤2003）。

こうした製鉄工人の残した半地下式竪形炉周辺や住居址群から出土する鉄塊系遺物の検出例はその後増加し、当時の製鉄の実態が明らかとなってきている。平安時代に比定される埼玉県の猿貝北遺跡（山本禎1985）や大山遺跡（高橋一夫ほか1979）からは約20kgもある、鉄を内部に残す炉底塊が発掘されている。特に、猿貝北遺跡からは、スラグ分に3層の金属鉄がサンドイッチ状になった46.5kgの鉄塊が出土した（山本1985、高塚ほか1984）。穴澤氏は、大型の鉄塊は鍛冶操業に回されず廃棄されたものであり、平安時代においても、半地下式竪形炉でできる生成鉄はルッペ状の鉄塊であったと想定している（穴澤1992）。

松井和幸氏は、埼玉県川口市の猿貝北遺跡で、大型の鉄塊が他の鉄滓とともに出土したことについて、宝暦～安永年間以前は大形の鉧は処理できずに放置されていた（高橋・高尾1997）ことを根拠に。猿貝北遺跡で出土した大形鉄塊を、当時の技術では処理できなかったため廃棄され

第4章　古代製鉄展開期の様相

たものであろうとした。そして、半地下式竪形炉では、銑鉄と鉧が混在する生成物を得ることを目的に操業が行われ、その技術水準は、村上英之助氏が唱える〈半〉間接製鋼法（村上英1992）に相当すると考えた（松井2001b）。

製鉄遺跡で生産された鉄塊は、遺跡から持ち出されており、遺跡内に存在していない可能性が高い。しかし、猿貝北遺跡や大山遺跡で出土した20kg以上前後もある含鉄炉底塊の存在は、当概期の半地下式竪形炉には、20kg以上もある含鉄炉底塊を生成するだけの技術力が内包されていたことを裏付ける。

（3）鋼精錬炉との評価について

福田豊彦氏、赤沼英男氏、佐々木稔氏らは、半地下式竪形炉や円筒形の炉は鉄製錬炉ではなく、他地域からもたらされた鉄素材としての銑鉄を、鋼に処理するための鋼精錬炉であると考えた（福田1995、赤沼1995、佐々木稔2006）。佐々木氏は、日本列島においては中世まで、中国漢代の間接製鋼法である炒鋼法が普及していたとする（佐々木1985）。

青森県鰺ヶ沢町の杢沢遺跡と新潟県新発田市の北沢遺跡で検出された、円筒形炉から出土した鉄滓を分析した赤沼英男氏は、従来製鉄炉として把握されていた炉は、銑鉄素材を鋼に加工するための炉であるとした（赤沼1995）。しかし、松井和幸氏は、東日本や九州地方に分布する半地下式竪形炉が鋼精錬炉であるならば、その原料素材である銑鉄を中国大陸や朝鮮半島あるいは西日本から輸入したとする考古資料からの裏付けが必要であるが、その根拠がないことから、赤沼氏の唱える半地下式竪形炉が鋼精錬炉とする見解を否定した（松井2001b）。

半地下式竪形炉は、製鉄のみならず、精錬、溶解といったいろいろな作業に使用された可能性がある。実験考古学的手法も援用させながら、検討すべき課題である。

第5節　半地下式竪形炉の系譜

1　はじめに

本節は、日本列島における半地下式竪形炉の系譜の解明を目的とする。出現期の竪形炉は、踏み鞴施設と大口径羽口（通風管）を一本用いた筒状の背の高い土製の炉体を持ち、通風と排滓方向を直線的に配置することを特徴とする。以下では、踏み鞴という最新の送風技術が導入された竪形炉を半地下式竪形炉と呼び、論を進めることとする。半地下式竪形炉が踏み鞴とセットで出現していることは、最新の送風技術が製鉄に導入されたとみてよく、踏み鞴がいかなる様相を経て製鉄技術に汲み込まれていったのかという変遷の解明は、古代日本の製鉄技術の系譜と変遷を考えていく上で、非常に重要な課題であると考える。

以下では、送風関連遺構である踏み鞴と、踏み鞴に伴う代表的遺物である大口径羽口について、まず出現期である8世紀前半の半地下式竪形炉と8世紀の半地下式竪形炉以外の事例を比較・検討し、半地下式竪形炉の系譜について解明していきたい。

2　半地下式竪形炉の系譜についての研究史

半地下式竪形炉の起源については、東北アジアに起源を求める見解（以下（1））、朝鮮半島に求

める見解（以下（2））、国内で出現したとする見解（以下（3）（4）（5）（6））がある。

（1）　東北アジア起源論

　村上英之助氏は、8世紀後半から9世紀にかけて鉄鋳造に関わる遺跡が東北南部、関東地方、北陸地方にみられ、それらの遺跡では半地下式竪形炉（シャフト炉）が検出されることが多いこと、獣脚鋳型の出土が多いこと、獣面・獣脚意匠が東北アジアにおいて嗜好されていることを傍証として、東日本の半地下式竪形炉（シャフト炉）の起源を、渤海に代表される東北アジアに求めた（村上1990）。村上恭通氏も、自身の東アジアでの発掘・資料調査から、「築炉に省力化をはかった半地下式構造は唐代の中国に見られる構造である」とし、半地下式竪形炉が朝鮮半島にないことから、唐の製鉄技術が渤海に流出し、渤海を経由して日本列島に伝わったものと考えた（村上2016）。

　8世紀以前における、中国東北地方から沿海州に分布する製鉄炉と東日本に分布する半地下式竪形炉を、構築方法・送風施設等からの比較検討することが研究課題となる。

（2）　朝鮮半島起源論

　穴澤義功氏は、半地下式竪形炉の起源ははっきりしないが、大陸側の本格的な製鉄炉とは断絶が大きく、朝鮮半島南部の精錬鍛冶炉の一種を製鉄炉に転用した可能性が高いとした（穴澤1994）。しかし、近年は、朝鮮半島の調査例の中に、日本で検出された竪形炉と極めて類似しているものが確認され、律令国家により直接的な技術導入が図られた可能性が高いとしている（穴澤2003）。

　赤熊浩一氏も、7世紀後半から8世紀にかけて、渡来人を東国へと移配したこと等の歴史的背景があることから、渡来人が半地下式竪形炉を朝鮮半島から伝えたと考えた（赤熊2006）。

（3）　箱形炉を起源とする国内出現論

　高橋一夫氏は、半地下式竪形炉を、長方形箱形炉の発展形態とし、同一の技術系譜上に置くにはためらいを感じるとしながらも、長方形箱形炉の影響を間接的に受けながら、東国で発生した製鉄炉であると考えた（高橋1983）。高橋氏は、1970年代に埼玉県大山遺跡において、竪形炉を複数基含む大規模な製鉄遺跡の発掘調査を担当した経験（高橋1979）を基に、竪形炉の製鉄技術系譜論を展開した。

（4）　鋳造用溶解炉を起源とする国内出現論

　山中章氏は、8世紀後半の長岡京内の金属（器）生産関係資料を検討した。その結果、鋳造用溶解炉が、8世紀後半の平城京や長岡京に存在していたことを確認し、半地下式竪形炉の系譜を鋳造用溶解炉に求めた。そして、桓武朝期における律令国家による東北地方への軍事的制圧などを契機として、製鉄用の半地下式竪形炉と鋳造用溶解炉が、東日本に意図的に導入されたと考えた（山中1993）。

　出現期である8世紀前半の半地下式竪形炉の系譜を、平城京後半期および長岡京期の鋳造用溶解炉に求めることは検討に値する。すなわち、平城京後半期以降、千葉県、富山県、福島県などでは、半地下式竪形炉と鉄鋳造との関連を確認できる。8世紀中頃に、半地下式竪形炉をめぐる経営主体、目的とする生産鉄種など、製鉄技術に画期を求めることができそうである。

（5）　円筒形炉を起源とする国内起源論

　松井和幸氏は、半地下式竪形炉の起源は明らかでないが、日本列島外での分布が確認されて

いないこと、東日本において、炉背部の踏み鞴や土製羽口を装着する方法に工夫が見られること、原料はすべて砂鉄であることを根拠に、半地下式竪形炉は、チタン分の高い砂鉄を還元するのにより適した炉形として、関東地方およびその周辺で開発された可能性が高いとした。また、日本列島外にその起源を求めることができないならば、西日本に分布する円筒形炉に、踏み鞴を付設することによって生まれた可能性があると考えた（松井2001a）。現状では西日本の円筒形炉と東日本の半地下式竪形炉の出現には時期差が存在しており、両者を直接結び付ける資料の発見と、両者の比較検討による系譜的つながりを確認する作業が必要となる。

(6) 送風方法は朝鮮半島・炉構築方法は箱形炉を起源とする国内起源論

　笹澤泰史氏は、関東地方を中心とした東日本の半地下式竪形炉の構造や遺物を検討し、半地下式竪形炉に前代の箱形炉の技術の痕跡が見られることから、半地下式竪形炉は完全な外来系の製鉄炉ではなく、東日本で開発された製鉄炉であると考えた。具体的には、半地下式竪形炉における焼成した送風管による炉背部からの送風は、朝鮮半島からの技術系譜、炉の平面形や使用する炉材などは箱形炉から継承された技術系譜であると考えた（笹澤2016）。

3　半地下式竪形炉の事例

(1) 中ノ坪第Ⅰ・第Ⅱ遺跡（千葉県流山市東深井中ノ坪、川根1983）

　台地上に立地し、半地下式竪形炉1基・竪穴住居跡10基などが検出された。炉は第Ⅱ遺跡の南斜面に立地し、炉前面の作業場からは多量の砂鉄・鉄滓・炉壁等が出土している。炉の立地する第Ⅱ遺跡から浅い谷をはさんで南に対峙する第Ⅰ遺跡からは竪穴住居跡が10基検出され、住居跡内から金属鉄を含む多量の小割り鉄滓が出土しており、製鉄炉との有機的関係が指摘されている。所属時期は第Ⅰ遺跡住居跡出土土器から8世紀前半に比定される。

(2) 富士見台第Ⅱ遺跡C地点（千葉県流山市富士見台、小栗1987）

　台地縁辺部に立地し、半地下式竪形炉1基・木炭窯7基・竪穴住居跡8基・祭祀遺構1箇所などが検出された。集落の特徴としては、全竪穴住居跡から10g未満の小鉄塊・鉄滓が出土していること、土器等の遺物の出土がほとんどなく生活感に乏しいこと、住居の造りが粗雑であること、占有面積の割に遺構数が少なく閑散とした状況であること等、を挙げることができる。以上の状況から当遺跡は集落の存続期間は短期間で、製鉄集落であると考えられる。

　送風関連遺構としては、炉の奥壁中央で、約15cm炉内方向への突出が認められ、この上端部が羽口の装着位置であることが判明した。羽口の装着部分では、甕形土師器の頸部から胴上半を固定したうえ、粘土を筒状の曲面を持たせて被覆し、羽口を受けるソケットの役割をした構造が認められる。甕形土器の上半部は炉内に落ち込んでおり、合わせると10cm以上の径を測り、大口径羽口であったことがわかる。ハート形の炉形は、燃焼と送風の関係を考慮して設計されたこと、および送風作業は炉の背後で行われたことが判明した。

(3) 一鍬田甚兵衛山北遺跡（空港№11遺跡）（千葉県多古町一鍬田、小久貫1995）

　丘陵斜面に立地し、半地下式竪形炉1基・箱形炉1基・鍛冶工房跡1基・竪穴住居跡10基・木炭窯11基などが検出された。製鉄操業時期は出土土器から8世紀前半に比定されている。炉の上方の作業場において踏みフイゴに伴う土坑を検出した。大口径羽口等の送風関連遺物は出土していない。

(4) 山ノ下製鉄遺跡 （千葉県木更津市矢那字山ノ下、中能1995）

　台地縁辺の斜面部に立地し、半地下式竪形炉8基・竪穴状遺構14基・道路状遺構2基・土塁状遺構1基などが検出された。製鉄関連遺物としては鉄塊系遺物・鉄滓・炉壁・大口径羽口・砂鉄・木炭が出土している。調査報告書では、遺跡の時期は土器等の遺物の出土が極めて少なかったことから、確認した半地下式竪形炉の形態と操業時の製鉄技術等の状況によって8世紀初頭に比定できるとしている。

　送風関連遺構は削平を受けながらも、踏み鞴に伴う土坑を、8号炉奥壁から50cm程のところで検出している。形状は長軸232cm×短軸77cmの長方形を呈し、深さは検出面から20cmを測る。東側の壁際には、やや大型の鉄滓等が整然と配されており、送風装置構築の際に用いられたものと判断される。送風関連遺物としては、大口径羽口が各製鉄炉に伴って出土しており、口径は約23.0～25.6cmを測り、比較的急角度で炉に装着されていたことが推定される（図238）。

(5) 二重山遺跡 （千葉県木更津市矢那、神野ほか1997）

　丘陵先端部に立地し、半地下式竪形炉1基・横口式木炭窯11基・鉄滓集中出土地点2箇所・鍛冶工房跡4基・竪穴住居跡5基以上が検出された。製鉄関連遺構群の形成時期は、竪穴住居跡（SI-16）出土の内面暗文をもつ杯型土器と東海系の須恵器高台付杯から8世紀前半に比定されている。

　送風関連遺構としては、溝により大きく削平を受けているが踏み鞴に伴う土坑を検出している。土坑埋土に多量の木炭細片を含むことが特徴的である。送風関連遺物としては大口径羽口が出土している。なお、SW-2からは大口径羽口の基部片が出土している。外径は約16.0cmに復元でき、基底部に鋭利なヘラ状工具で台形に切り込みを入れている。外面の被熱痕から、台形の切り込みを下にし、下方に約60°の角度で炉に挿入されたと考えられる。また大口径羽口に転用された甕形土器も出土している。竪穴建物SI-4・19からは内面に布目圧痕の観察される大口径羽口が出土しており、瓦製作技法と共通する技術的要素が認められ、注目される（図239）。

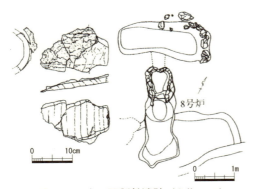
図238　山ノ下製鉄遺跡（中能1995）

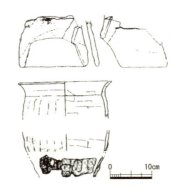
図239　二重山遺跡（神野ほか1997）

(6) 柏木遺跡 （宮城県多賀城市大代、石川ほか1988）

　丘陵に立地し、半地下式竪形炉4基・木炭窯6基・竪穴住居跡4基などが検出された。製鉄遺構の年代については遺構内から出土した土師器杯・甕と須恵器甕の年代観から、8世紀前を中心にした年代におさまるものと判断される。

第4章　古代製鉄展開期の様相

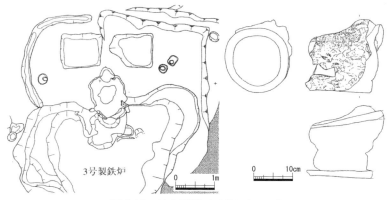

図240　柏木遺跡（石川ほか1988）

　送風関連遺構としては、4基の半地下式竪形炉の奥壁側にある上部平場において、踏みフイゴに伴う土坑を検出している。炉の中軸延長線上に横穴状ピットを設け、その両側に左右対称の方形状土坑を配置しており、方形状土坑の規模はいずれも長辺100cm・短辺90cm・検出面からの深さは40cm前後を測る。なお、3号製鉄炉の奥壁上位では径20cmの楕円形のスサ入り粘土で作られた貫通孔が炉内下向き約30°の角度で残存していた。この貫通孔は炉内から出土した大口径羽口を装着した孔と考えられ、大口径羽口が炉背からの送風に関係するものであることが判明した。

　大口径羽口は推定内径12～15cmの土管状を呈するもので、吸気部側がラッパ状に開き、先端にいくほど窄まるという形態的特徴を持つ。大部分が破片となって各炉排滓場から多数出土している。内面に布目圧痕のあるものと、ないものとが出土しており、前者が出土量の大半を占めている。内面に布目圧痕のある大口径羽口は、円柱状の型に布をかぶせ粘土紐を積み上げて製作したものと考えられる（図240）。

4　半地下式竪形炉以外の事例

　ここでは、半地下式竪形炉の出現する8世紀前半を前後する時期における、踏み鞴および大口径羽口が検出されている遺跡について、半地下式竪形炉以外の事例について概観する。

（1）鍛冶屋敷遺跡（滋賀県信楽町黄瀬、大道・畑中ほか2006）

　鍛冶屋敷遺跡の発掘調査成果については、本章第2・3節で論じた。

　なお、送風関連遺物として、大口径羽口が西列第3ユニット鋳込み遺構（図241-1）、土坑2（図241-2・3）などから出土している。大口径羽口は炉壁に装着されており、孔径約15cmと推定される直線羽口であり、比較的急角度で炉に装着されていたことが推定される。

（2）平城京跡左京七条一坊十六坪（奈良県奈良市七条町、加藤ほか1997）

　東一坊大路西側溝SD6400では、奈良時代前半から平安時代末の各層から大口径羽口、羽口、坩堝、炉壁、鉱滓などの鋳造関連遺物が出土している。調査では鋳造関連遺構は検出されていない。

　大口径羽口は孔径8cmの直線羽口で、供伴する炉壁から比較的大型の溶解炉に装着されたものと推定される。大口径羽口は、天平宝字7年（763）の年紀をもつ木簡や土馬の他、奈良時代末か

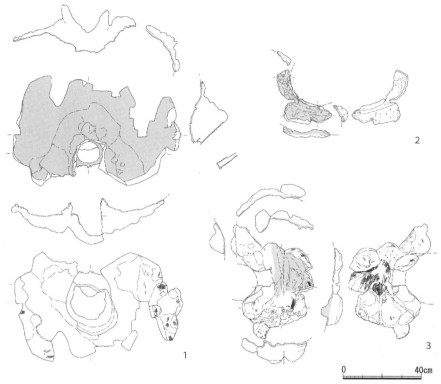
図241　鍛冶屋敷遺跡出土送風孔付炉壁（大道・畑中ほか2006）

ら12世紀までの土器の出土する道路側溝埋土の暗灰色砂層から出土している。廃棄位置からの二次的移動や混入の可能性も考慮する必要はある。

(3) 長岡京跡右京六条三坊七町（京都府長岡京市天神、石尾1994・野島1995）

右京第440・474次調査で大口径羽口・炉壁などの鋳造・精錬関連遺物が出土している。時期は長岡京期の8世紀後半に比定され、調査地周辺で鉄鋳造か鉄精錬作業が行われていたことが推定される。出土した大口径羽口の内径は11cmほどに復元できる。

(4) 長岡京跡右京六条三坊二町（京都府長岡京市天神、小田桐1994）

七町の東側に位置し、右京447次調査において、12基の円形あるいは楕円形に近い平面形の土坑が検出されている。それらの土坑は溶解炉の基礎構造掘形や作業場であると推定される。また大口径羽口や炉壁などの鋳造関連遺物が出土している。操業時期は長岡京期の8世紀後半を中心とする時期に比定される。調査地において、大口径羽口が取り付く溶解炉で鉄鋳造または鉄精錬が行われたものと推定される。出土した大口径羽口の内径は9.5～11.0cm前後で、炉壁と羽口との角度は水平角から15°前後の傾斜をもち、内壁から15cmほどの長さで残存しているものもある。

5　系譜について

(1) 半地下式竪形炉の系譜についての検討

まず、半地下式竪形炉と溶解炉について送風関連遺構・遺物を中心に検討してみる。半地下式

竪形炉では炉の後方（斜面土手）に送風関連遺構が付帯する。送風関連遺構は、「鞴座」（「踏み鞴」を設置した空間）といわれる送風施設の一部と考えられる遺構である。長方形の竪穴状に掘り込み、底面中央に凸面を設けた上に、踏み板を渡す形式を呈する。シーソーの要領で踏むことにより、多量の空気の流れを発生させ、大口径羽口を通して製錬炉内に風を送り込むことを復元できる。

　溶解炉に伴う踏み鞴の検出例は鍛冶屋敷遺跡のみである（鍛冶屋敷2型）。溶解炉の設置位置が半地下式竪形炉のように急な斜面地に設置されず、緩やかな斜面に設置されていることから、送風関連遺構の設置レベルが半地下式竪形炉より低くなっている。溶解炉においては、大口径羽口の炉内での位置が、半地下式竪形炉より低い位置に設置されており、半地下式竪形炉と溶解炉の送風施設相違点となる。しかし、溶解炉から踏み鞴土坑までの距離や、踏みフイゴ土坑の規模については、半地下式竪形炉との類似性を指摘することができる。また、遺物に関しても、直線的な大口径羽口をやや角度をもって炉に装着していることが復元でき、半地下式竪形炉と溶解炉の類似性をみてとれる。

　したがって、送風関連遺構・遺物の検討からは半地下式竪形炉と溶解炉には技術的類似点が多く、系譜を追うことが可能であると判断される。

　ところで、出現期の半地下式竪形炉の様相を送風関連遺構・遺物を中心に検討していくと、技術的に稚拙な点や試行錯誤的な状況が行われている点をいくつか確認できる。富士見台第II遺跡や二重山遺跡において甕形土器を大口径羽口に転用しており、専用羽口を使用していない点は送風方法の試行錯誤的状況がみてとれ、半地下式竪形炉の操業としては揺籃期の様相と捉えることができる。

　また、送風の不調が関連している可能性のある操業失敗例として二重山遺跡SW-2がある。排滓場と推定されるSW-2からは炉壁片・被熱砂鉄が多量に出土している。これは操業不調の結果と考えられ、出土した多量の被熱砂鉄は、溶解していないにも関わらず多量の砂鉄が投入され続けたことを示している。また、滓・鉄塊系遺物の金属学的調査においても炭素量が一定しない小塊鉄が生産されていたと指摘されており、製鉄技術水準の未熟さを示している。さらに、山ノ下製鉄遺跡においては炉材粘土の耐火度が1,420℃と低めで、高背炉体に対する熱効果の問題までを十分に機能しきっていないとの指摘がある。出現期の8世紀前半段階の半地下式竪形炉の操業は新技術導入の揺籃期であって、試行錯誤の操業状態が窺われ、技術的に稚拙であるといえ、確立した技術が東日本に導入されたとは考えにくい。

　なお、第2章第4節でみたように、韓国では三国時代の製鉄関連遺跡の発掘調査が行われているが、踏み鞴遺構は検出されていない。製鉄炉・溶解炉ともに自立的な炉であり、直線・曲線と両方の大口径羽口が出土しているなど、半地下式竪形炉とは形態的に断絶が大きく、直接的な系譜関係を追うことはできない。

(2)　銅精錬・溶解炉（鍛冶屋敷2型）と半地下式竪形炉との比較検討

　これまで、鍛冶屋敷2型の銅精錬・溶解炉と半地下式竪形炉について、主に送風施設と送風管等の炉への設置方法を比較した。本章第3節では鍛冶屋敷2型の復元案を示したので、それを基に、福島県浜通り地域の最古級（8世紀中葉）の半地下式竪形炉である福島県南相馬市横大道製鉄遺跡4・5号製鉄炉跡（門脇ほか2010）と比較し、鍛冶屋敷2型との類似点・相違点を抽出するとともに、東日本の半地下式竪形炉出現期における送風技術を考えるための基準を提示したい

第 5 節　半地下式竪形炉の系譜

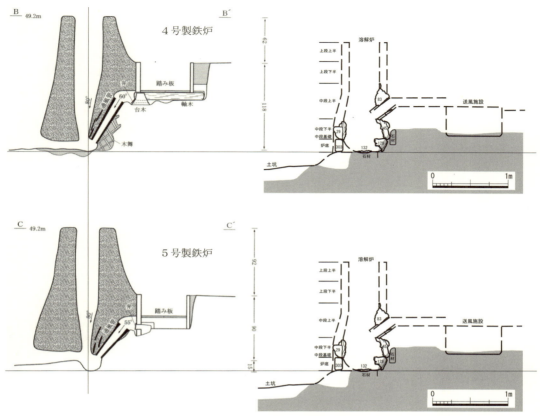

図 242　半地下式竪形炉と鍛冶屋敷 2 型銅精錬・溶解炉　断面図の比較
左：横大道製鉄遺跡（門脇ほか 2010）、右：鍛冶屋敷遺跡（大道・畑中ほか 2006）

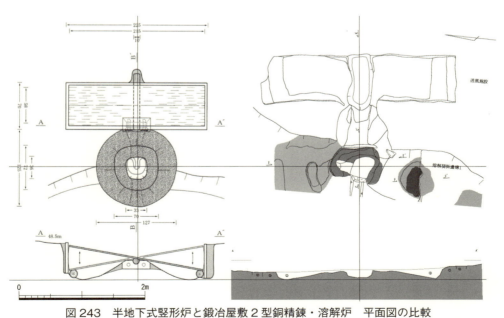

図 243　半地下式竪形炉と鍛冶屋敷 2 型銅精錬・溶解炉　平面図の比較
左：横大道遺跡 4 号炉（門脇ほか 2010）、右：鍛冶屋敷遺跡第 1 鋳造遺構群西列第 1 ユニット（大道・畑中ほか 2006）

（図242・243）。

　半地下式竪形炉では鍛冶屋敷2型の銅精錬・溶解炉と同様、炉の後方（斜面土手）に送風施設が付帯する。発掘調査においては、送風施設は「鞴座」（「踏み鞴」を設置した空間）といわれる送風施設の一部と考えられる遺構として検出される。遺構は、地面を長方形の竪穴状に掘り込み、底面中央に凸面を設けた上で検出される。

　今回行った横大道製鉄遺跡4・5号炉と鍛冶屋敷2型の銅精錬・溶解炉との比較においては、送風施設である踏み鞴の平面規模は同規模、送風施設の設置レベルがほぼ同位であるという結果を得た。一方、炉から踏み鞴までの距離は、横大道製鉄遺跡4・5号炉は鍛冶屋敷2型の銅精錬・溶解炉と比較し、短いという結果となっている。炉から踏み鞴までの距離が両者で異なっている理由としては、半地下式竪形炉の大口径羽口による送風は、炉底に向け約55〜60°と急角度で行われたと復元されているのに対し、鍛冶屋敷2型の大口径羽口による送風は、炉内に向け約45°と比較的緩やかな角度で行われたと復元されていることに起因していると考えられる。

　鉄の製錬と銅の精錬・溶解という、異種の金属、別工程であるにも関わらず、送風施設である踏み鞴の規模、踏み鞴の設置レベル、踏み鞴と炉までの距離について類似性が認められることは、東日本の出現期の半地下式竪形炉と鍛冶屋敷型の溶解炉（精錬炉）との間に技術的関連性があると考えてよいであろう。鍛冶屋敷遺跡における鍛冶屋敷2型の精錬炉の誕生には、送風施設として踏み鞴を開発・採用したことが最大の要因となったと考えられる。鍛冶屋敷遺跡の遺物の出土状況からは、第2段階後半、鍛冶屋敷2型による銅精錬の開始とともに、大仏造立に関わる銅精錬が軌道に乗ったと推測されることから、踏み鞴の開発も鍛冶屋敷遺跡で行われた可能性を提起したい。

　以上の検討結果から、送風施設としての踏み鞴と大口径羽口は、都城およびその周辺で金属溶解用として導入・開発され、その技術が製鉄炉に応用され、半地下式竪形炉が東日本で開発されたものと考えたい。

6　まとめにかえて―半地下式竪形炉開発の理由―

　8世紀代の半地下式竪形炉と溶解炉の送風関連遺構・遺物を検討した結果、都城およびその周辺における溶解炉の技術を応用して、東日本で半地下式竪形炉が開発されたという結論に達した。そこで、最後に東日本で半地下式竪形炉が開発された理由について考察を行い、本節のまとめとしたい。

　第一の理由として、東日本に多い難還元性の高チタン砂鉄の存在を挙げる。古墳時代後期に国内に導入・開発された箱形炉は、7世紀後半から8世紀前半にかけて北陸・関東・東北南部に導入されるが、操業は長続きせず、短期間のうちに半地下式竪形炉および踏み鞴付箱形炉に取って代わる。この変遷は、箱形炉は炉高1m程と低炉であり、短い還元帯を特色とするため、高チタン系砂鉄に向いていなかったことが理由であろう。

　第二の理由として、当時の鉄生産は国司などによる国家主導型の生産体制が敷かれていたことを挙げる。『常陸国風土記』や『日本霊異記』などには国司が専門工人に鉄を採らせる記事がみえる。また、発掘調査では須恵器窯跡と製鉄関連遺構が共存して発見される例や、木炭窯の構造が須恵器窯や瓦窯と似ている例があり、製鉄集団と窯業集団との関連や、異種の手工業生産を統

括する国家主導型の生産体制の存在が窺われる。二重山遺跡の竪穴建物 SI-4・19、柏木遺跡の製鉄関連遺構からは、内面に布目痕の認められる大口径羽口が出土している。これら大口径羽口は円柱状の型に布をかぶせ、粘土紐を積み上げて製作したものと考えられる。この製作技法は古代の丸瓦の製作に通じるもので、製鉄集団と窯業集団との関連を示す事例である。

　第三の理由として、国分寺・国分尼寺造営などの国家仏教政策推進のため、律令国家が銅を中心とする鋳造技術を全国各地域への拡散したことを挙げる。事実、8世紀中頃以降、国分寺・国分尼寺を中心として全国的に寺院付属金属関係工房の検出例が増加する（杉山1985）。

　さらに、王臣家や国司が、半地下式竪形炉で生産した鉄を、鋳造用溶解炉を用いて獣脚付き羽釜・鍋を製作し、蝦夷あるいは渤海・靺鞨との私的交易に流用したとする説もある（野島1998）。鋳造に向く高炭素系鉄素材を生産できる半地下式竪形炉の開発・改良が求められた可能性もある。

　8世紀の半地下式竪形炉と鋳造用溶解炉に伴う、踏み鞴と大口径羽口について比較した結果、半地下式竪形炉の系譜を鋳造用溶解炉に求めることができた。しかし、踏み鞴がどのような経緯で鋳造用溶解炉に伴う送風施設となったのかについては十分に論ずることができなかった。今後、8世紀以前の鋳造用溶解炉の成立と変遷について再考してみたい。

第6節　古代の鉄鋳造遺跡と鋳鉄素材

　本節では、日本列島における古代鉄鋳造遺跡を概観し、その鉄鋳造技術の実態について考察していきたい。さらに、日本列島内での鋳鉄素材生産がいつから、どのような経緯を経たのかについても考えていきたい。考察を進めるにあたっては、真鍋成史氏（2007・2009）、神崎勝氏（2006）、穴澤義功氏（2015b・2018）、穴澤義功氏・熊坂正史氏（2013）、上栫武氏（2021）の先行研究を特に参考にした。

1　古代鉄鋳造遺跡

　日本列島における鉄鋳造関連遺跡は、7世紀末以降に確認できる。ここでは本章第1節・第2節で扱った近江湖南地域以外の鉄鋳造関連遺跡について概括する（図244・表19）。

（1）古代鉄鋳造遺跡の概要

①　近畿地方の鉄鋳造遺跡（近江湖南地域を除く）

　川原寺跡（図245・246）　大和の高市郡明日香村に所在し、飛鳥川西岸に位置する寺院跡である。飛鳥藤原第119-5次調査では、川原寺域北部で寺の創建・営繕のための工房跡が検出されている。北に延びる丘陵東裾に造成された工房跡では、金属加工に関連する鍛冶や銅鋳造用の炉跡が30基以上確認され、坩堝や羽口、砥石などの遺物が多量に出土した。炉跡群西の丘陵側では、上記の金属工房群を埋め戻して造営された鋳造土坑が確認されている（松村・冨永ほか2004、松村2005）。

　鋳造土坑の平面形は一辺約280cmの隅丸方形を呈し、残存深度は40cmである。土坑の中央部には径40cm、深さ10cmの窪みがあり、窪みから四方に幅15〜20cmの溝が延びる。溝の先端には一辺55〜75cm、深さ30cmの不整方形の土坑が付設しており、ガス抜き施設などと考えられている。鋳造土坑の中央部では、ほぼ原位置を保った状態で鋳型が検出されており、鋳型の形

第4章　古代製鉄展開期の様相

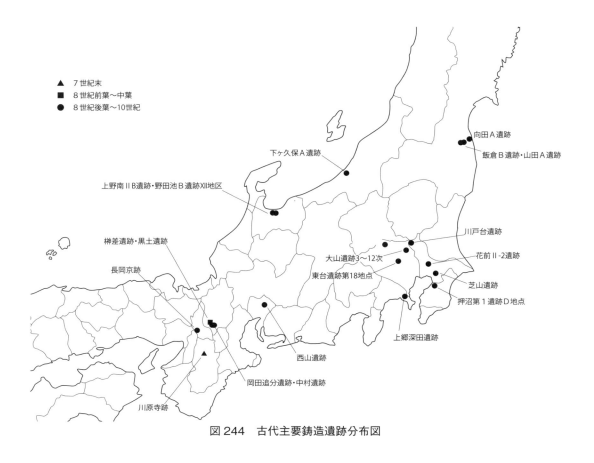

図244　古代主要鋳造遺跡分布図

状から、鐙を持つ羽釜を製造していたことが判明した。鋳型は外型と中子を組み合わせて使用するもので、外型は鐙を境に上下に分割される。口縁部側の外型は土坑内に据えられた状態で出土し、底部側の外型は細片として確認された。外型は籾殻を混入した粘土で作られ、表面0.3cmはきめ細かい砂質土が塗られている。また、内面には板状の木型（挽型）を回転させた痕跡が観察される。中子は基礎部分が残存する。鋳造土坑より離れた地点では溶解炉壁片を一括投棄した土坑が検出され、溶解炉壁片および鋳型の付着物の分析から、鋳鉄に関わる遺構であることが確認されている。なお、鋳型から復元される羽釜の口径は87.2cmと推定され、鋳造土坑では川原寺に建設された湯屋で使用する湯釜を鋳造した可能性が指摘されている（杉山2004）。

　鋳造土坑の一部が8世紀の建物により壊されていること、金属工房跡との関連より、鋳造土坑は7世紀末に比定されている。

　長岡京跡（図247）　長岡京跡は山城の長岡京市に所在する。延暦3(784)年から延暦13年まで営まれ、都城内の複数個所で鋳造関連遺構・遺物が確認されている。鋳造された製品は、宮都の運営などに供された可能性が指摘されている（山中1993・野島1998・2014）。

　長岡京跡右京六条三坊七町（図248）　長岡京跡右京六条三坊七町の北西にあたる長岡京跡右京第440次調査では、第2トレンチ土坑SK44023・SK44024とその周辺、右京第474次調査では第1トレンチSD474102上面から、長岡京期の炉壁や大口径羽口が出土した（石尾1994、野島

第6節　古代の鉄鋳造遺跡と鋳鉄素材

表19　古代主要鉄鋳造遺跡一覧

No.	遺跡名	旧国	所在地	時期	鋳鉄供給製鉄炉	木炭窯	溶解炉等		鋳型、（鋳物製品）
1	川原寺跡	大和	奈良県明日香村	7世紀末				銅鉄	大型羽釜
2	長岡京跡	山城	京都府向日市	8世紀後葉		横口式？	溶解炉		扉金具・車軸受、（雨壺）
3	榊差遺跡	近江	滋賀県草津市	8世紀前半				銅鉄	獣脚・光背
4	岡田追分遺跡	近江	滋賀県草津市	9世紀前半					羽釜・鍋・獣脚
5	中村遺跡	近江	滋賀県栗東市	8世紀末～11世紀					羽釜・獣脚
6	上野南ⅡB遺跡	越中	富山県富山市	9世紀中頃～後半	半地下式竪形炉	半地下式	銅溶解炉	銅鉄	鍋・獣脚・梵鐘・火舎
7	野田池B遺跡Ⅻ地区	越中	富山県富山市	9世紀前半	半地下式竪形炉	地下式			鍋・獣脚、（柄付き鍋）
8	下ヶ久保A遺跡	越後	新潟県柏崎市	9世紀後半～10世紀前半	半地下式竪形炉		溶解炉	銅鉄	鍋・獣脚・把手
9	西山遺跡	尾張	愛知県春日井市	9世紀後半					鍋・獣脚、（鍋破片）
10	上郷深田遺跡	相模	神奈川県横浜市	9世紀	半地下式竪形炉		溶解炉	銅鉄	獣脚
11	菅原遺跡	武蔵	埼玉県深谷市	9世紀後半	半地下式竪形炉				鍋・獣脚・把手
12	大山遺跡3～12次	武蔵	埼玉県伊奈町	9世紀後半～10世紀前半	半地下式竪形炉				鍋・獣脚
13	東台遺跡第18地点	武蔵	埼玉県ふじみの市	8世紀後葉～9世紀初頭	半地下式竪形炉	横口式・地下式		銅鉄	羽釜・鍋・獣脚・仏具
14	押沼第1遺跡D地点	上総	千葉県市原市	9世紀後半	半地下式竪形炉	地下式	溶解炉か		鍋・獣脚・把手・板状
15	川戸台遺跡	下総	茨城県古河市	9世紀後半	半地下式竪形炉	地下式	溶解炉	銅鉄	羽釜・把手付片口鍋・獣脚・梵鐘・風鐸
16	花前Ⅱ-2遺跡	下総	千葉県柏市	9世紀第3四半期	半地下式竪形炉		精錬鍛冶炉		把手付鍋・獣脚付鍋・獣脚・把手
17	芝山遺跡	下総	千葉県八千代市	9世紀後半～10世紀前半	半地下式竪形炉か				不明品
18	向田A遺跡	陸奥	福島県相馬市	9世紀後半	半地下式竪形炉	地下式	溶解炉		羽釜・鍋・獣脚・梵鐘
19	山田A遺跡	陸奥	福島県相馬市	9世紀前半	半地下式竪形炉踏み鞴付箱形炉	横口式（短）地下式		銅鉄	鍋・獣脚・梵鐘・風鐸・香炉
20	猪倉B遺跡	陸奥	福島県相馬市	9世紀後半	踏み鞴付箱形炉	地下式	溶解炉		獣脚・鍋・羽釜

1995)。炉壁内面に銅滓と思われるものが肉眼では認められないことから、炉壁や大口径羽口は鉄精錬炉または鉄鋳造用溶解炉を構成するものと判断されている。

　右京六条三坊七町では、右京第109次調査においても、炉壁集積遺構SX10903から長岡京期の炉壁片が多数出土している（小田桐1983）。出土した炉壁片は、鉄精錬炉または鉄鋳造用溶解炉を構成するものである可能性が高い。

　長岡京跡右京六条三坊二町（図249・250）　七町の東側、右京六条三坊二町では、右京第447次調査において、鋳造関連施設とされる遺構群が検出されている（小田桐1994）。この調査では、12基の円形あるいは楕円形に近い土坑が検出されている。報告書では、これら12基の土坑全てが竪形炉を据え付ける半地下式施設の基底部であるとしている。土坑には鉄滓層の堆積があり、

第4章 古代製鉄展開期の様相

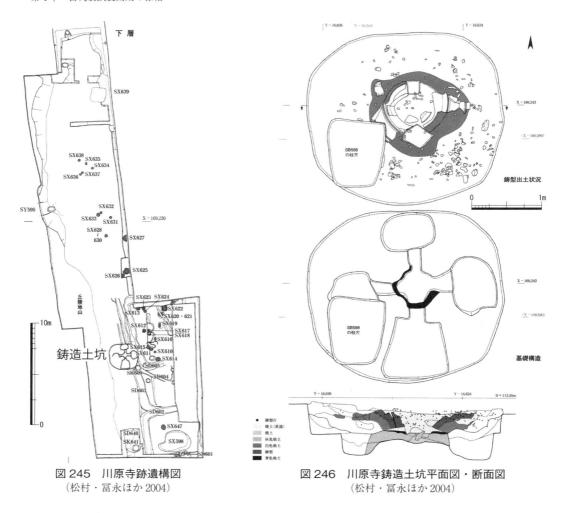

図245　川原寺跡遺構図
（松村・冨永ほか2004）

図246　川原寺鋳造土坑平面図・断面図
（松村・冨永ほか2004）

炉壁片などが多く出土する土坑（SX44734他）と、鉄滓層が認められず、北あるいは南側に溝状に伸びる溝を付設する土坑（SX4470他）とがある。野島永氏は前者を鋳込みの作業場、後者を溶解炉の基礎構造掘方とみる（野島2014）。

　右京第447号調査の鋳造関連遺構から出土した大口径羽口の内径は9.5～11.0cm前後に収斂する。溶解炉の内径は24cm前後に復元されるが、ややいびつで正円にはならない。出土遺物からは、内径約30cmの円筒形の自立炉に、背部から大口径羽口を挿入した炉に復元できる。復元された自立炉は、炉壁付着物の分析結果（内田1994）を考慮すると鉄鋳造用溶解炉の可能性が高い（野島2014）。

　長岡宮跡周辺（内裏南方官衙）（図251）　宮第128次調査では調査地西端の整地層中より、軒瓦、平・丸瓦に混じって大量の炉壁が出土した。炉壁は、半地下式竪形炉と同形態の精錬炉の一部と考えられ、内面の溶解状況や屈曲率から、炉頂部1点、炉背部2点、炉胸部1点、炉側部9点、炉背上部孔1点の一部が残存していると判断された（山中1984）。山中章氏は、平面形状がハート形をなし、鞴羽口の挿入口を背面上部に設置する、断面が縦長の台形状をなす筒型炉（いわゆる「半地下式竪形炉」）を復元した（山中1984・1993、図251A-1）。

第6節　古代の鉄鋳造遺跡と鋳鉄素材

長岡宮跡周辺（宮城東面街区、左京二条二坊八町）（図251・252）　左京第14次調査において炉壁、雨壺の鋳型、羽口、鉄滓などが出土している（國下ほか2003）。炉壁は、直径約50cmで粘土紐巻き上げ痕が明瞭に残る椀形の形状を呈する。鉄鋳造溶解炉の下部（底部）の可能性が高い（図251A-2）。鋳型は雨壺鋳型36点（雄型10点・雌型26点、図252-2・3）と用途不明の直方体状の鋳型破片がある（山中1993）。

長岡宮跡周辺（朝堂院西第四堂南面回廊）（図252）　宮第116次調査では、朝堂院西第四堂南面回廊の雨落溝の排水溝（SD1606）から鋳鉄鋳物の雨壺が出土している（図252-1）。また、雨壺鋳型も出土しており、鉄製鋳物の雨壺とほぼ同規模であることから、鉄鋳造用鋳型と考えられる（野島1998）。

長岡宮跡周辺（朝堂院西方官衙地区）　宮第326次調査では溶解炉を構成する炉壁、宮第267次調査では大口径羽口が出土している（山中・秋山1993、山中1996）。

長岡京跡における鉄鋳造遺跡の様相　長岡京では、朝堂院西方官衙を中心とした地域、金属鋳造工房官司とされる左京二条二坊八町、鋳造関連遺構を検出した右京六条三坊三町周辺の三地域において、鉄鋳造関連遺構・遺物が出土している。出土鋳型には建造物の扉金具や車軸受があり、野島永氏は朝堂院などの宮中建造物の荘厳化のための部材、皇親女性などの腰車や高位貴族の牛車などの車具部品が製造された可能性を指摘している（野島2014）。

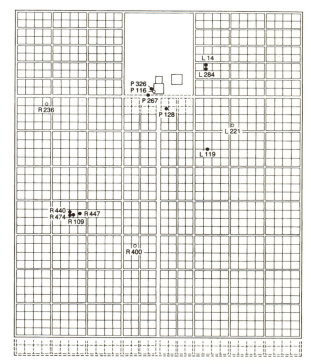

図247　長岡京跡における鋳造関連遺物出土地点
（野島1998）（●：炉壁・大口径羽口出土地　○：鋳鉄遺物製品出土地）（P：宮城　L：左京域　R：右京域（数字は調査次数）

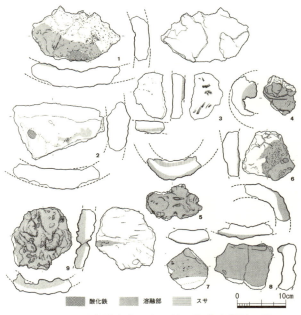

図248　長岡京跡右京六条三坊七町出土炉壁・羽口
（野島1998）（1～3・8：右京第474次調査SD474102、4・6：右京第440次調査SK44023周辺、5：右京第440次調査SK44024、7：右京第474次調査1tr.包含層）

第4章 古代製鉄展開期の様相

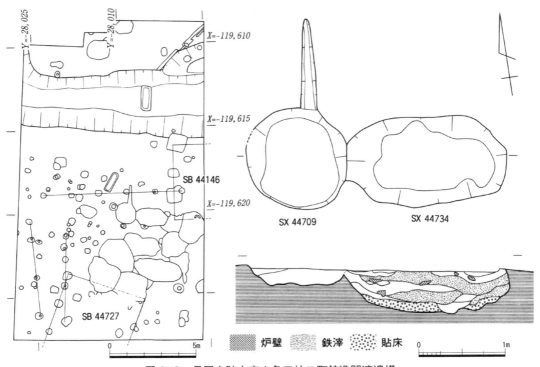

図249 長岡京跡右京六条三坊二町鋳造関連遺構
（右京第447次調査）（小田桐1994・野島1998）

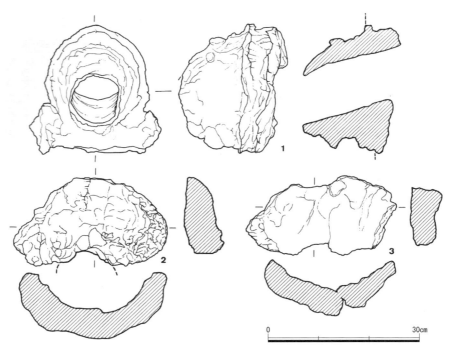

図250 長岡京跡右京六条三坊二町出土炉壁・羽口
（右京第447次調査）（小田桐1994・野島1998）

第6節　古代の鉄鋳造遺跡と鋳鉄素材

②　北陸地方の鉄鋳造遺跡

越中、越後において鉄鋳造遺跡が確認されている。以下、主な鉄鋳造遺跡の概要を記す。

上野南ⅡB遺跡（図253・254）　越中の射水市に所在する製鉄関連遺跡である。遺構は、谷の西側斜面に木炭窯（半地下式）3基、製鉄炉（半地下式竪形炉）4基以上とその作業場とそれに伴う掘立柱建物4棟、東側斜面で木炭窯（半地下式）2基が検出されている。遺物の多くは、製鉄炉と作業場・排滓場からの出土で、須恵器・土師器・鉄滓・鋳型・鉄製品・羽口・炉壁などがある。出土した鋳型には容器、獣脚、梵鐘がある。容器の鋳型には外型と中子があり、火舎の鋳型も含まれる。容器鋳型の外型の中には炭化物が付着したものがあり、溶解炉の炉底に転用したものと考えられる（池野ほか1991）。

鋳込み口に付着した溶解鉄が白銑鉄であることが確認されている。また、半地下式竪形炉で銑鉄を生産したことを実証する小鉄塊も検出されている。半地下式竪形炉の原料砂鉄は二酸化チタン7.5％前後の中チタン砂鉄である

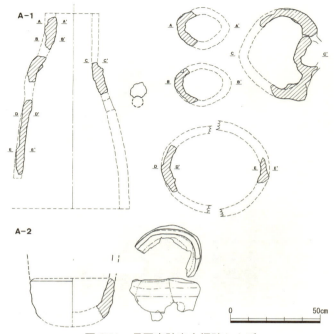

図251　長岡京跡出土炉壁および
筒形炉復元図（山中1993）

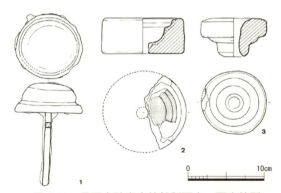

図252　長岡京跡出土鋳鉄製雨壺・雨壺鋳型
（1：宮第116次調査　2・3：左京第14次）
（野島1998）1. 雨壺　2. 雨壺雌型　3. 雨壺雄型

（大澤1991）。以上のことから当該遺跡では、鉄鋳造を行っていたと考えられる。銅鋳造用溶解炉や梵鐘鋳型も確認されており、銅鉄兼業の鋳造生産が行われたものと判断される。操業時期は9世紀中頃から後半である。

野田池B遺跡ⅩⅡ地区（図255・256）　越中の富山市に所在する製鉄関連遺跡で、太閤山カントリークラブの建設に伴い発掘調査が行われた、7ヶ所の製鉄関連遺跡の一つである。鋳造関連遺跡は舌状台地の東側の裾部に位置し、斜面上より半地下式竪形炉1基（S-01）、掘立柱建物2棟（SB01・02）、土坑16基（SK01～09）、北西向き斜面上より地下式木炭窯1基（S-02）が検出されている。これらの遺構は、鋳込み遺構と推定されるSX01を囲むように構築されている。発

335

第4章 古代製鉄展開期の様相

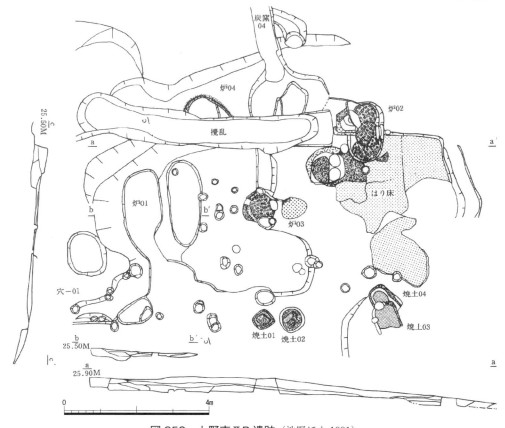

図253 上野南ⅡB遺跡（池野ほか1991）

掘調査では鋳型（鍋型・獣脚）、炉壁、鉄滓、須恵器、土師器、鉄製品、砥石等が整理箱で500箱以上出土し、鋳造関連遺物としては多量の容器や鍋に加えて獣脚等の鋳型が出土した。また、柄付き鉄鍋の完形品も1点出土した。当遺跡で製作した獣脚と鍋の復元案が示されている（折原1997、図256）。

調査報告書では、S-02で生産した炭を用いてS-01で製錬を行い、そこで生産した鉄塊を同遺構で溶解した後に、SX01において鋳込んだ可能性を考える。また、SX02・03は平面形が方形で、底面および覆土中に鋳型や炉壁を多く含むことから、「型ばらし兼仕上げ土坑」であると推定する。さらに、作業場の上段に所在する不定形な土坑（SX04〜07）は粘土採掘坑、SB01・02は作業小屋と判断され、資材置き場、鋳型製作場、鋳型乾燥場の存在が推定される。操業年代は9世紀前半と推定されている（桐谷・肥田1997）。

下ヶ久保A遺跡（図257〜261）　越後の柏崎市に所在する軽井川南製鉄遺跡群の全39遺跡唯一の鋳造遺跡である。遺跡は沢の西側に接する一つの尾根先端に位置する。発掘調査では斜面上方から下方に向かって、鋳込み場と推定される空間を2箇所（SX-11・SX-101）、型外し等の作業を行ったと推定される作業場1箇所、鋳造作業の廃棄場と考えられるSX-10・SX-129を検出した（図257・258）。SX-11とSX-101からは鋳造用溶解炉、鋳込み場、踏み鞴痕跡の可能性がある土坑が検出されている。

第6節　古代の鉄鋳造遺跡と鋳鉄素材

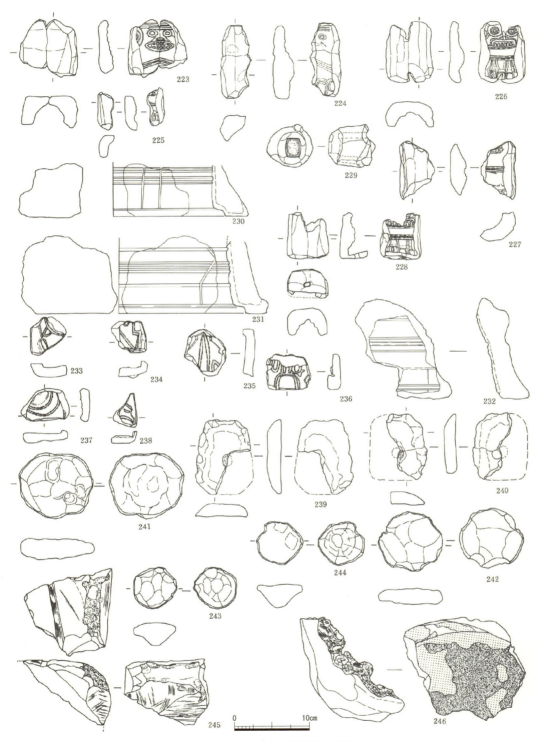

図254　上野南ⅡB遺跡出土鋳型
（223～228：獣脚、230～238：梵鐘鋳型、229・239～246：その他）（池野ほか1991）

337

第4章　古代製鉄展開期の様相

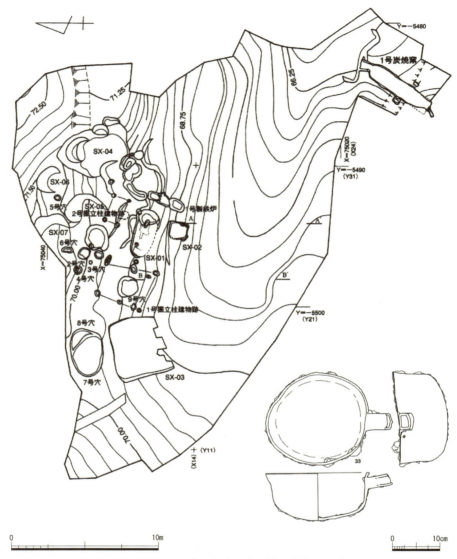

図255　野田池Ｂ遺跡Ⅻ地区検出遺構および
出土柄付き鉄鍋（桐谷・肥田1997）

　当遺跡では軽井川南遺跡群の中では、比較的多くの土器が出土している。特徴的な土器として、焼成前から孔が開いている土師質の筒状土製品（図259-29・30）がある。類例は越中の射水市赤坂Ｃ遺跡出土品にみられる（上野ほか2001）。なお、赤坂Ｃ遺跡では北陸地方で唯一、短い横口式木炭窯が検出されており、鋳造工人集団の系譜を考える上で注視したい。なお鋳造は、概ね9世紀後半〜10世紀前半に行われたものと推定される（平吹2019）。
　鋳造関連遺物は2.5t出土しており、炉壁が最も多く、鉄塊系遺物の比率も高いことから、鉄鋳造が行われたことを想定できる。鉄塊系遺物は小型のものが主体であるが、こぶし大サイズの大鉄塊も1点発見されている（図259-179）。金属学的調査を実施した14点のうち11点は、滓の付着が少ない鋳鉄と判断されている。鉄塊系遺物の3点（図259-174・178・183）は板状を呈し、

第6節　古代の鉄鋳造遺跡と鋳鉄素材

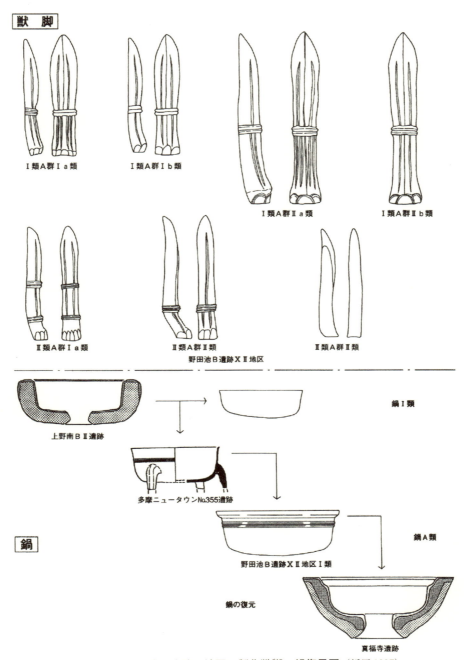

図256　野田池B遺跡XII地区　製作獣脚・鍋復元図（折原1997）

鋳物素材の可能性が指摘されている。なお、大鉄塊は、鋳鉄ではなく高炭素鋼に分類される。
　下ヶ久保C遺跡では半地下式竪形炉から取り出された鉄塊の一部と考えられる約17kgの大鉄塊が出土しており、金属学的分析からは、鋳物の素材に適した銑鉄であることが判明している（田邉ほか2010）。下ヶ久保A遺跡の鋳造における原料鉄素材は、軽井川南製鉄遺跡群内の半地下式竪形炉で生産された銑鉄素材が用いられている可能性が高い。銅の2点（図259-184・185）は

339

第4章　古代製鉄展開期の様相

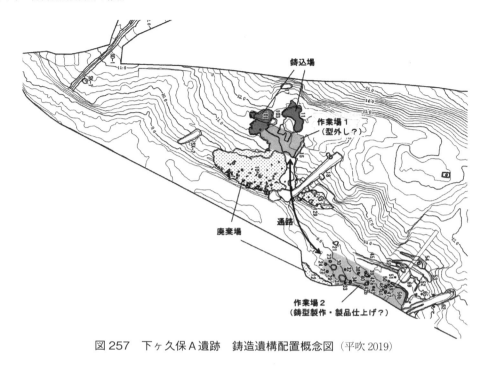

図 257　下ヶ久保A遺跡　鋳造遺構配置概念図（平吹 2019）

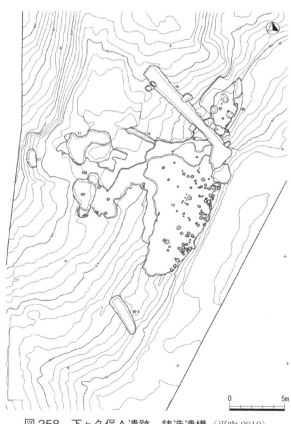

図 258　下ヶ久保A遺跡　鋳造遺構（平吹 2019）

第6節 古代の鉄鋳造遺跡と鋳鉄素材

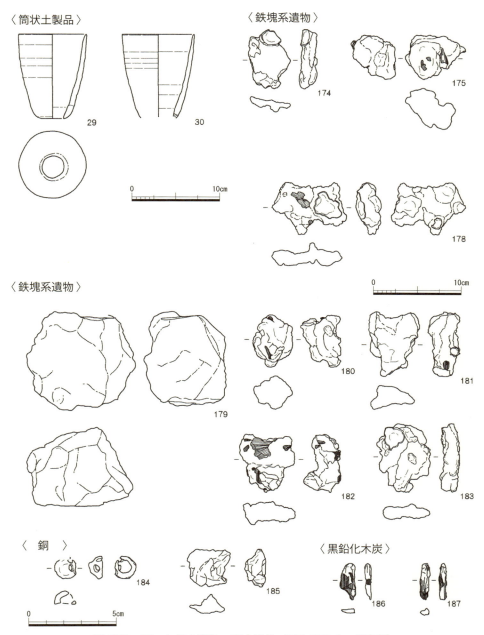

図259 下ヶ久保A遺跡 出土遺物（平吹2019を一部改変）

銅合金であるという。

　出土した炉壁底部（図260-146〜148）の直径は38cmから46cmと幅があり、製作する製品の大きさにより、材料を供給する炉の大きさにもバラエティーがあったと判断される。炉壁底部（図260-147）には、炉底より上約20cmの位置に、直径約3cmの円形の孔がみられ、溶解した鉄や滓を流し出す注口と考えられる。炉壁炉底の内面には、炉底上20cmの所で滓が輪状に付着しており、鋳造操業最終時の喫水線と想定される。以上のことから、溶解炉内では銑鉄を溶解

341

第4章 古代製鉄展開期の様相

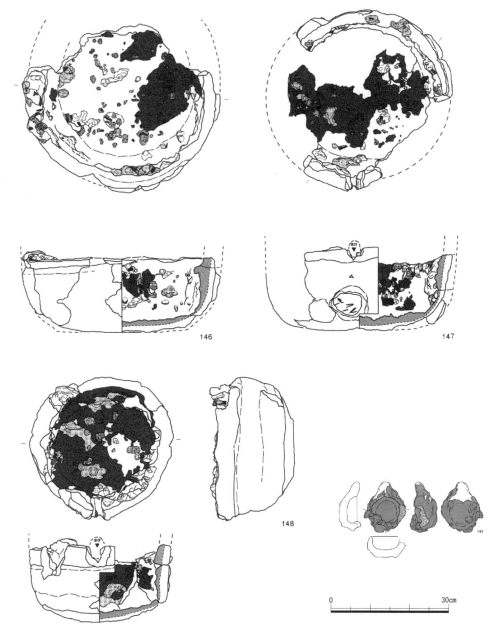

図260　下ヶ久保A遺跡　出土炉壁底部・取鍋（平吹2019を一部改変）

し、炉底から20cm程度まで、約25,000m²（25ℓ）の銑鉄を生成したことを復元できる。

出土した大口径羽口の内径は10〜15cmと推定され、溶解炉中段に大口径羽口が1本取り付き、踏み鞴と同力・同量の送風が行える送風装置が用いられたと推定されている。溶解炉中段から上段にかけての炉壁も出土しており、高さ5cm前後のドーナツ状の壁材を積み上げ筒状の炉体を作っている。溶解炉は高さ1.5m程度の自立した炉であったことが復元されている。

鋳型は重量で約30kg出土している。鍋・釜の製作に伴う鋳型にほぼ限定される（図261）。種

第6節　古代の鉄鋳造遺跡と鋳鉄素材

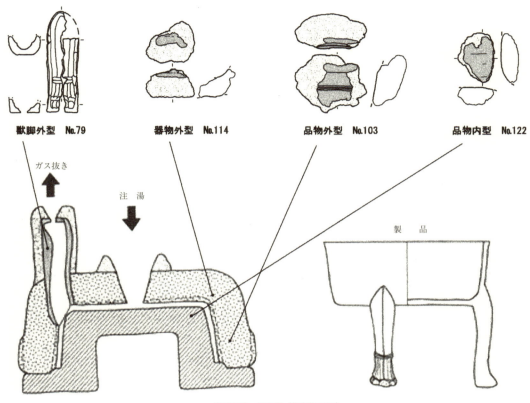

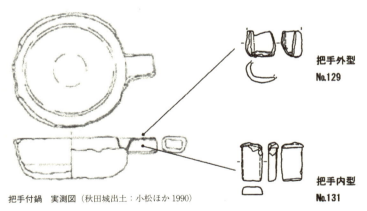

図261　下ヶ久保A遺跡　出土鋳型と鋳造製品想定図（平吹2019を一部改変）

別としては獣脚、器物、把手、湯口がみられる。把手付鍋は秋田城（小松ほか1990）や多賀城（岡田ほか1972）などで製品が出土しており、城柵が供給地の一つと考えられる。把手付鍋は軍団兵士が傾向する装備品の一つであり（穴澤・長谷川2015）、下ヶ久保A遺跡でも蝦夷政策のための軍事用物資が生産されていた可能性がある。獣脚付鍋については寺院・官衙での消費が想定される高級品である。

343

以上のことから、下ヶ久保A遺跡では、溶解炉による銑鉄の溶解、トリベ（図260）を用いた鋳込みが行われていたと考えられる。

③　東海地方の鉄鋳造遺跡

　主な鉄鋳造遺跡としては、尾張地域の春日井市西山遺跡がある。

　西山遺跡（図262・263）　尾張の春日井市に所在する製鉄関連遺跡である。遺跡は笹岡丘陵の南東側縁辺部の段丘上、標高約42mの緩やかな南東斜面に立地する。製鉄関連遺構としては、製鉄炉1基と鋳造関連遺構（SK03・06）が検出されている（村松ほか2017）。製鉄炉は、近江型箱形炉（E1型）に分類され、原料に鉄鉱石を用いている。鋳造関連遺構SK03は1.5m×1.3mの隅丸方形の土坑、鋳造関連遺構SK06は1.0m×0.7mの楕円形の土坑である。鋳造関連遺物としては溶解炉の炉壁、鋳型、炉内滓、流動滓、黒鉛化木炭、鉄製品（鋳造品）、大口径羽口、ガラス質滓、鉄塊系遺物などが出土している。鋳型には容器型鋳型の外型片、容器型鋳型外型の口縁部破片、有段口縁の容器型鋳型の外型片、容器型鋳型の中子片、桶状鋳型の外型片、獣脚鋳型の外

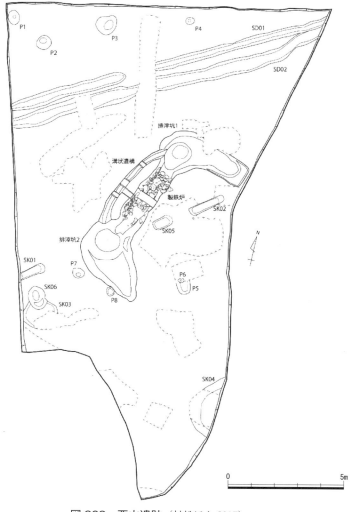

図262　西山遺跡（村松ほか2017）

第 6 節　古代の鉄鋳造遺跡と鋳鉄素材

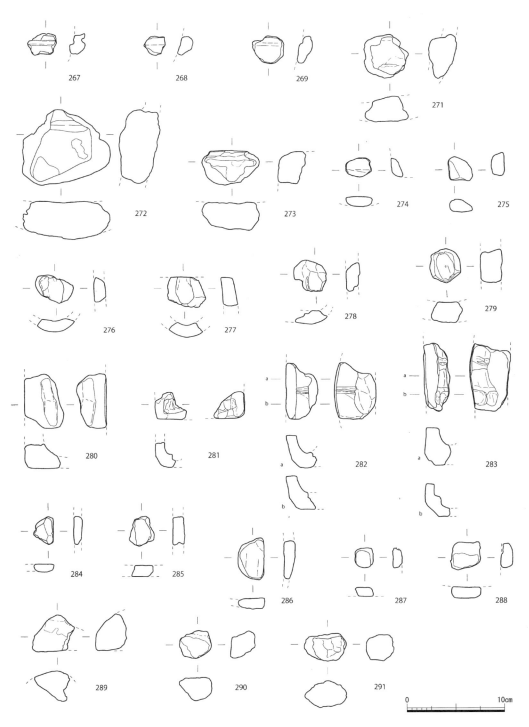

267～269・271・272：鋳型（外型・鍋）/273：鋳型（母型・外型・鍋）/274：鋳型（中子・鍋?）/275～283：鋳型（外型・小物・獣脚）/284～286：鋳型（外型・小物・フタ）/287・288：鋳型（小物・不明）/289：鋳型（小物・中子）/290・291：鋳型（不明）

図 263　西山遺跡　出土鋳型（村松ほか 2017）

型などがある。また、鉄製品には薄手の容器（鉄鍋）の可能性のある破片がある。鋳造は9世紀
後半に行われたと推定される。

　　④　関東地方の鉄鋳造遺跡

　相模、上野、武蔵、上総、下総においては鉄鋳造遺跡が確認されている。以下、主な鉄鋳造遺
跡の概要を記す。

　　上郷深田遺跡（図264）　相模の横浜市栄区に所在する、7世紀後半から9世紀後半の製鉄関
連遺跡である（平子1988）。発掘調査では、南東向きの急斜面をひな壇状に削りだした平場から、
製鉄関連の炉18基と鍛冶炉を有する竪穴状遺構などを検出した。製鉄・鍛冶・鋳造の遺物は、9
世紀代とみられる下段上層から銅滓や獣脚鋳型などが出土しており、2・5・6号炉については鋳
造用溶解炉の可能性が高い。また、半地下式竪形炉に類似する炉群（1～6号炉）と鍛冶炉（7号
炉）を伴う竪穴、砂鉄置場を伴う竪穴も検出されている。

　　菅原遺跡　武蔵の深谷市に所在する、9世紀後半の製鉄・鋳造遺跡である（大屋・新屋1996）。
半地下式竪形炉1基と排滓場が検出されている。出土鋳型は極めて多趣で、柄付き片口鍋と獣脚
付き鍋が目立ち、栓状鋳型や坩堝も出土している。

　　大山遺跡3～12次（図265・266）　武蔵の北足立郡伊奈町に所在する、8世紀前半から10世
紀前半にかけての大規模な製鉄・製炭・鍛冶・鋳造遺跡である（赤熊2012a）。台地上には広範囲
に工人集落があり、斜面部には各種の生産施設を順次設けている。製鉄炉は半地下式竪形炉であ
る。鋳造遺構そのものは不明であるが、遺跡南部（3次調査区D区）に集中するかたちで多数の
鋳型片が出土した。出土した鋳型には鍋や獣脚が確認されている（高橋ほか1979）。

　　東台遺跡第18地点（図267・268）　武蔵のふじみ野市に所在する製鉄関連遺跡で、低位台地
の縁辺部に立地する。発掘調査では半地下式竪形炉7基、横口付炭窯1基、炭窯9基などが検
出されている（高崎2005）。鋳造関連遺物には羽釜や鍋、獣脚などの鋳型や溶解炉片などがあり、
鋳型の特徴から銅・鉄両方の鋳造が想定されている。仏具鋳型なども出土しており、全般に特殊
な形態の鋳型が多い。地下式の大型木炭窯（4号木炭窯）の煙道の補強材として、ほぼ完形の羽
釜の鋳型外型が使用されている。鋳造操業は製鉄遺跡存続期間（8世紀中頃～9世紀初頭）の後半
段階に行われている。

　　押沼第1遺跡D地点（図269）　上総の市原市に所在する製鉄関連遺跡で、村田川中流域北岸
の小谷が、樹枝状に入り組んだ最奥部の台地斜面（D地点）に立地する（黒沢ほか2003）。半地下
式竪形炉3基（1・4・5号炉）と特殊な炉2基（2・3号炉）、木炭窯1基、粘土採掘坑2箇所が確
認されている。2・3号炉の斜面側にはマウンド状を呈する鋳型廃棄場が検出され、また2・3号
炉の作業面でも鋳型や大口径羽口などが出土していることから、2・3号炉は溶解炉として利用
された可能性が指摘されている。鋳型の出土量が極めて多く、鍋、獣脚、鍋把手、板状品など各
種の鋳型が出土している。製鉄から鉄鋳造まで一貫して操業を行った遺跡と考えられる。操業時
期は9世紀後半に比定されている。

　　川戸台遺跡（図270・2）　下総の古河市に所在する製鉄関連遺跡で、台地の先端部に位置す
る（新堀・熊坂ほか2012、穴澤・熊坂2013、長谷川・穴澤2015）。製鉄・鋳造関連遺構と考えられる
炉跡4基、工房跡2箇所、木炭窯1基などが確認されている。調査区の中央付近の工房域で、鋳
造用溶解炉の基底部と推定される遺構2基、鍛冶炉様の遺構2基が確認されている。4.5t以上出

第6節 古代の鉄鋳造遺跡と鋳鉄素材

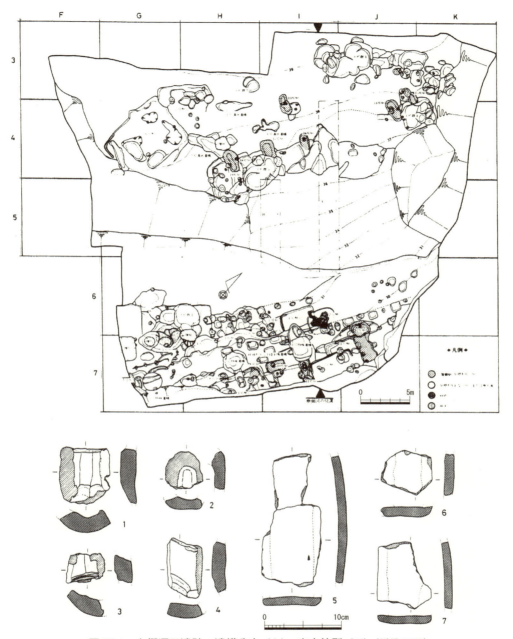

図264 上郷深田遺跡 遺構分布（上）・出土鋳型（下）（平子1988）

土した製鉄関連遺物は製錬系と鋳造系に二分される。製錬系の遺物は半地下式竪形炉に伴うものであり、鋳造系の遺物には溶解炉の炉壁片、大口径羽口、滓類、鋳型（羽釜、把手付片口鍋、獣脚付鍋、梵鐘、風鐸など）、小型坩堝などがある。操業時期は9世紀後半、短期間・集中的に製鉄と鋳造を行っていたと推察される。

　花前Ⅱ-2遺跡（図272～274）　下総の柏市に所在する製鉄関連遺跡で、遺構は斜面部を造作し設営されている（郷堀ほか1985）。半地下式竪形炉6基、精錬鍛冶炉3基が確認されている。

第4章 古代製鉄展開期の様相

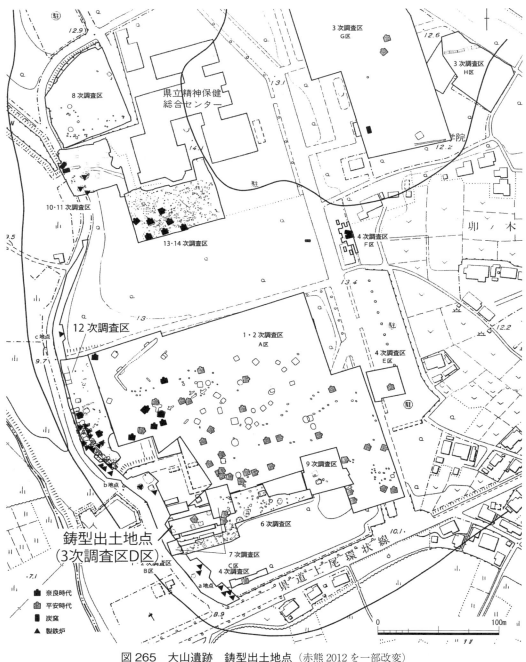

図265 大山遺跡 鋳型出土地点（赤熊2012を一部改変）

精錬鍛冶炉は直径60cm前後の地床炉で、半地下式竪形炉の炉壁を再利用する事例や、半地下式竪形炉を切って構築する事例がある。ただし、明確な鋳造用溶解炉は確認されていない。鋳造関係遺物としては、鋳型（容器、獣脚）や坩堝が出土しており、獣脚鋳型が大部分を占める。また鉄製獣脚も出土している。花前Ⅱ-2遺跡では、製鉄から精錬・鍛造及び鋳造が行われた遺跡と考えられる。操業時期は9世紀第3四半期と推定される。

第6節　古代の鉄鋳造遺跡と鋳鉄素材

図266　大山遺跡　出土鋳型（高橋ほか1979）

芝山遺跡（図275・276）　下総の八千代市に所在し、製鉄関連遺構は台地縁辺部に立地する。半地下式竪形炉と推定される製鉄炉跡1基を検出し、製鉄炉跡から鍋鋳型などが出土している。鋳造関連遺構は検出されていない（落合1989・1991）。また、鍛冶炉を伴う住居跡が検出されていることから、当遺跡で製鉄・鋳造・鍛冶の作業が平行して行われていたことを推定できる。しかし、その規模は比較的小規模で、鋳造の操業時期は9世紀後半から10世紀前半頃と推定される。

⑤　東北地方の鉄鋳造遺跡

陸奥、出羽において鉄鋳造遺跡が確認されている。以下、主な鉄鋳造遺跡の概要を記す。

向田A遺跡（図277～280）　福島県相馬市に所在する製鉄関連遺跡で、丘陵頂部の平坦部に住居跡、南斜面に製鉄炉7基、木炭窯16基、須恵器窯1基、沢部を整地した場所に鋳造遺構が築かれている。鋳造関連遺構は、鉄鋳造に関わる鋳造用溶解炉、鋳型焼成場、鋳型等廃棄場などが確認されている（寺島ほか1989、小暮1997）。

第 4 章 古代製鉄展開期の様相

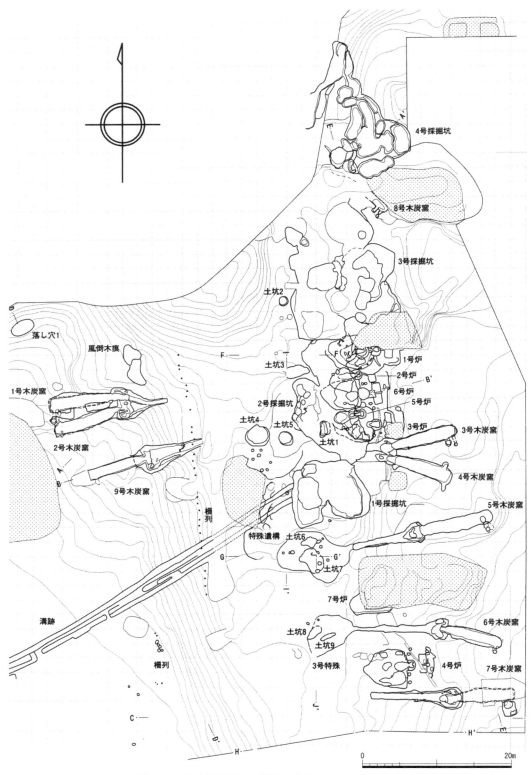

図 267 東台遺跡第 18 地点（高崎 2005 を一部改変）

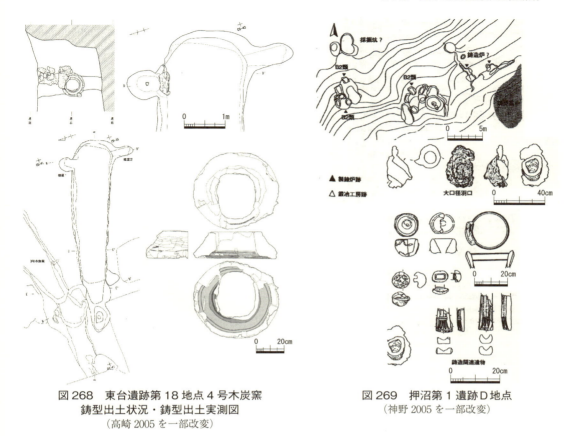

図268 東台遺跡第18地点4号木炭窯
鋳型出土状況・鋳型出土実測図
（高崎2005を一部改変）

図269 押沼第1遺跡D地点
（神野2005を一部改変）

 出土した鋳型には獣脚、獣脚蓋、器物、梵鐘などがある。操業時の鋳型の組み合わせ方は、外型と中子を組み合わせるものと、外型と中子を組み合わせさらに外型に別パーツを組み合わせるものに大別される。なお、トリベも出土している。また、長さの短い横口式木炭窯が1基、近接する5～7号竪穴建物跡からは鋳型、5号建物跡からは半地下式竪形炉で用いる大口径羽口が出土している。
 以上の発掘調査結果から、向田A遺跡では半地下式竪形炉で銑鉄を生産、工房で鋳型を生成・焼成し、鋳造場で製品を製作、工房で仕上げを行っていたことを復元できる。鋳造の操業は8世紀末から9世紀後半にかけて行われ、特に9世紀前半が最盛期であったと推定される。
 山田A遺跡（図281～283） 福島県相馬市に所在する製鉄関連遺跡で、斜面部を中心に7か所の遺構集中区域があり、遺構集中区域1で鋳造遺構4基と製鉄炉2基、木炭窯4基、遺構集中区域2で鋳造遺構1基、木炭窯2基、遺構集中区域4で鋳造遺構1基、製鉄炉1基がそれぞれ検出されている（小暮ほか1997）。以下では鋳造遺構が検出された遺構集中区域Iについて触れておく（図283）。
 遺構集中区域1は標高42～44mの緩斜面に形成されている。遺構群は大きく3段階に分別され、第3段階はさらに4細分される。第1段階に所属する遺構は1号鋳造遺構、3号製鉄炉D面（半地下式竪形炉）、14号木炭窯（横口式）である。第2段階に所属する遺構は2号鋳造遺構、1号製鉄炉B面（踏み鞴付箱形炉）、3号製鉄炉C面（半地下式竪形炉）、6号木炭窯C面（登窯式）であ

第4章　古代製鉄展開期の様相

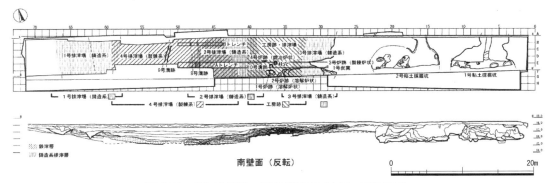

図270　川戸台遺跡　遺構配置図（穴澤・熊坂2013）

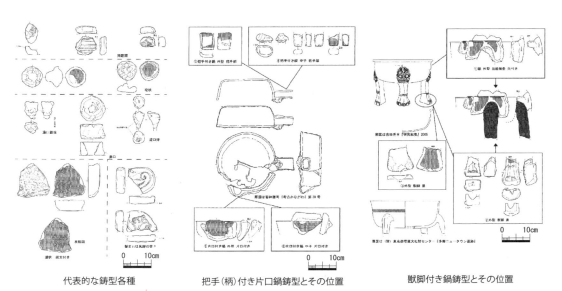

代表的な鋳型各種　　　　把手(柄)付き片口鍋鋳型とその位置　　　獣脚付き鍋鋳型とその位置

図271　川戸台遺跡　出土鋳型とその位置
（穴澤・熊坂2013）

る。第3段階①に所属する遺構は1号製鉄炉A面（踏み鞴付箱形炉）、3号製鉄炉B面、6号木炭窯A面とB面、40号土坑である。第3段階②に所属する遺構は3号製鉄炉A面（半地下式竪形炉）、5号木炭窯（横口式）である。第3段階③に所属する遺構は3号鋳造遺構である。第3段階④に所属する遺構は4号鋳造遺構である。

以上の遺構集中区域1の発掘調査結果からは、半地下式竪形炉1基、踏み鞴付箱形炉1基、鋳造遺構4基が構築・操業された様相を確認でき、半地下式竪形炉と踏み鞴付箱形炉により生産された銑鉄を使用した鋳造鉄器製造が想定される（小暮1997・吉田2006）。鋳造関連遺物としては鋳型（鍋、獣脚、梵鐘、風鐸、香炉）や大口径羽口、羽口、炉壁、トリベ、銅滓などが出土している。操業は9世紀前半と推定される。

猪倉B遺跡（図284・285）　福島県相馬市に所在する製鉄遺跡で、相馬丘陵の先端部に位置する。南西約200mに山田A遺跡が確認されている。鋳造の規模は山田A遺跡と比較すると小規模である（能登谷ほか1996）。

第 6 節　古代の鉄鋳造遺跡と鋳鉄素材

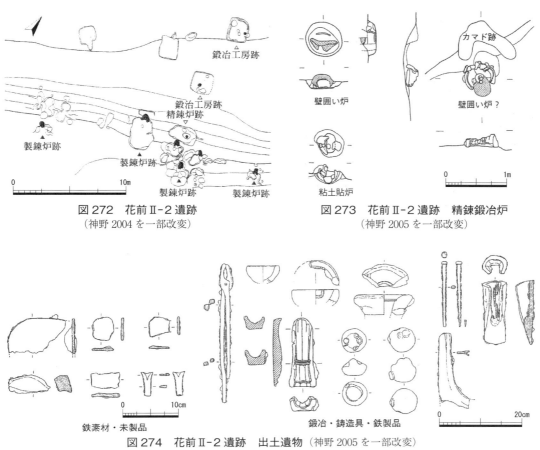

図272　花前Ⅱ-2遺跡
（神野2004を一部改変）

図273　花前Ⅱ-2遺跡　精錬鍛冶炉
（神野2005を一部改変）

図274　花前Ⅱ-2遺跡　出土遺物（神野2005を一部改変）

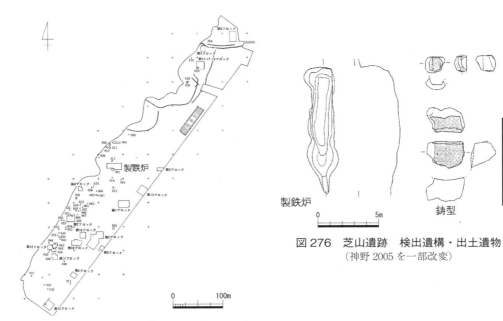

図275　芝山遺跡　遺構配置図（落合1989）

図276　芝山遺跡　検出遺構・出土遺物
（神野2005を一部改変）

353

第4章　古代製鉄展開期の様相

遺構集中区域Ⅰでは谷の南向き斜面の中位において踏み鞴付箱形炉1基、鋳造遺構2基、地下式木炭窯1基が重複して検出されている。鋳造用溶解炉は箱形炉に重複することから、同時操業ではない。鋳造用溶解炉の東側で、鋳込み作業などが行われたことを想定できる。また、踏み鞴付箱形炉の南東に隣接して精錬鍛冶を行った可能性がある遺構も見つかっている。以上の発掘調査成果から、猪倉B遺跡では、踏み鞴付箱形炉で生産された鉄素材の精錬鍛冶と鉄鋳造が行われたと考えられる。鋳型は獣脚・鍋・羽釜が出土しており、獣脚付火舎・鍋・羽釜の3器種が製作されていたことがうかがえる。操業時期は9世紀後半に比定されている。

（2）　古代鉄鋳造の生産体制

本章第1節、第2節、本節において、主に平安時代前半までの鉄鋳造関連遺跡について概観した。それらをもとに、古代の鉄鋳造技術と鉄鋳造遺跡の操業形態について検討したい。

①　7世紀末

7世紀末に比定される川原寺跡では鉄製羽釜を鋳込んだ鋳造土坑が検出され、関連遺物も多く出土しており、生産工程が復元されている（冨永2004）。まず大型の鋳造土坑を掘削し、その中央部に窪みを設け、そこから四方に溝を付設させて先端に小土坑を掘削する。外型は木型（挽型）を回転させることで挽き出す。鋳造土坑の底部中央の窪みに鋳型を配置して、それを粘土で覆って固定する。粘土で鋳型を被覆して固定する技法は中世の大型羽釜鋳造では想定されておらず、中世には梵鐘鋳造と同様に掛木を鋳型の上下に掛けて縄で縛ることでガスの圧力により鋳型がずれるのを防ぐ方法が想定されている（五十川1990・1992）。鋳型を設置した後、高い地点に溶解炉を築いて、高低差を利用して溶鉄を注する。そして、冷固後に鋳型を壊して製品を取り出す。

②　8世紀前半

8世紀代の鉄鋳造に関する考古学的情報も断片的であるが、本章第1節で検討したように近年、近江の湖南地域において鉄鋳造遺跡と報告される発掘調査事例が増加している。

榊差遺跡と隣接する黒土遺跡では、2015年～2019年度に広範囲にわたって発掘調査が行われ、鋳造関連遺跡が広範囲にわたって発見されている。炉壁・鉱滓が大量に出土していること、鋳型も出土しており、溶解炉を用いた大・中型製品の鋳造を主体に操業が行われていたことが判明している。操業時期は8世紀前葉頃であると推定されている（岡田ほか2022）。

南西に所在する笠寺廃寺の寺院工房の可能性も指摘されているが、それは当てはまらないと考える。8世紀前半の鋳造遺跡としては極めて大規模であり、他地域でみられる官衙関連の鋳造遺跡の範疇には収まりきれない生産規模を感じる。近江では、紫香楽での大仏造営に関わる鋳造遺跡である鍛冶屋敷遺跡が存在するが、規模という点からみると、鍛冶屋敷遺跡の状況に近いと考えられる。半恒久的な鋳所と工人組織の存在を窺わせる。発掘調査結果の検討・考察については今後の課題としたい。

③　8世紀後半～10世紀

長岡京跡では建造物の扉金具や牛車などの車具部品の鋳型が出土しているが、これらの鋳型は長岡京跡に限られる。このことについて野島永氏は、中央と地方での鉄鋳造の生産目的が異なっていたことを考えている（野島2014）。さらに上栫武氏は、中央と地方とでは操業体制も相違すると考える（上栫2021）。律令体制下では大蔵省所管の典鋳司に属する雑工部や雑工戸が金・銀・銅・鉄の鋳造を行い、宮内省の被官である鍛冶司に属する鍛部、鍛戸が銅・鉄の雑器の鍛造

第6節 古代の鉄鋳造遺跡と鋳鉄素材

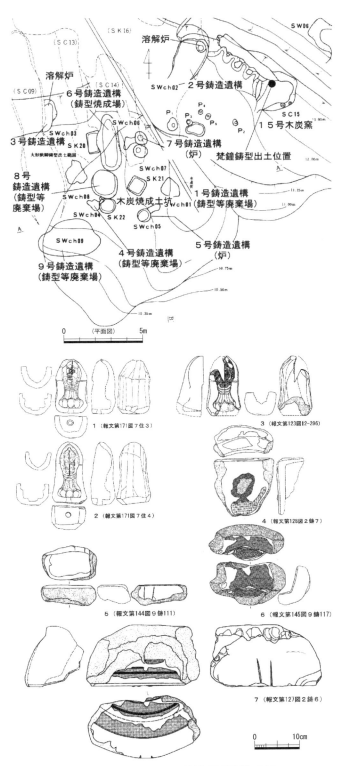

図277 向田A遺跡 鋳造関連遺構（上）・
出土獣脚付容器（羽釜タイプ）復元鋳型（下）（寺島ほか1989・吉田2006）

第 4 章　古代製鉄展開期の様相

図 278　向田 A 遺跡　遺構配置図（吉田 2006）

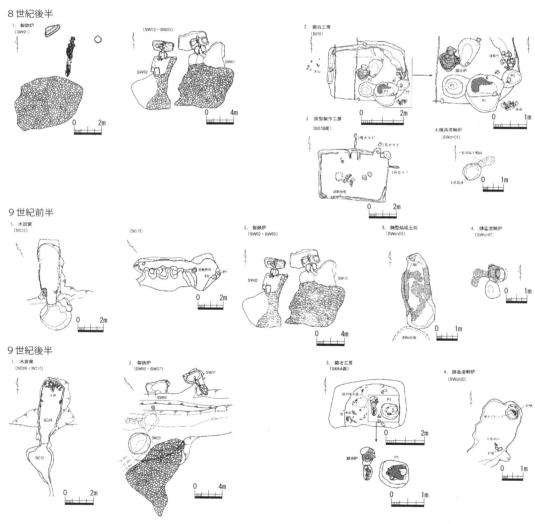

図 279　向田 A 遺跡　製鉄・鋳造関連遺構の変遷
（小暮 1997 を一部改変）

第6節 古代の鉄鋳造遺跡と鋳鉄素材

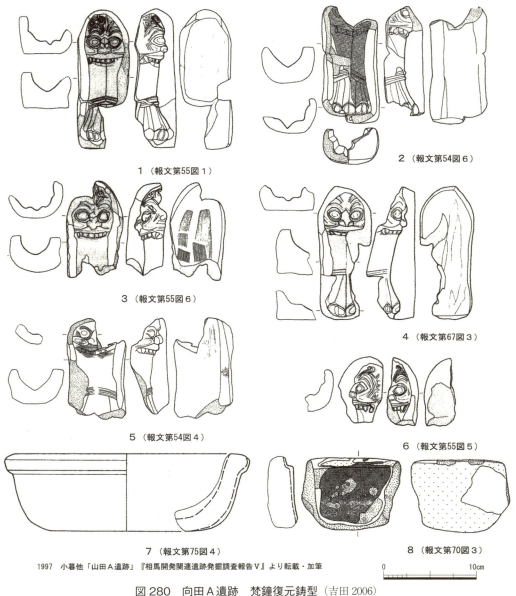

1 （報文第55図1）
2 （報文第54図6）
3 （報文第55図6）
4 （報文第67図3）
5 （報文第54図4）
6 （報文第55図5）
7 （報文第75図4）
8 （報文第70図3）

1997 小暮他「山田Ａ遺跡」『相馬開発関連遺跡発掘調査報告Ｖ』より転載・加筆

図280　向田Ａ遺跡　梵鐘復元鋳型（吉田2006）

を実施する。神亀5年（728）に典鋳司は内匠寮に吸収されるが、天平勝宝4年（752）以降に再び設置されることになったという（網野1983）。当然のことながら、このような確固たる生産体制は地方では敷かれていないのであろう。ただ、上記のような生産体制と長岡京跡で確認された鋳造関連遺構・遺物との関連性を検証することは困難である。ここでは、中央と地方では鋳造の目的に加えて操業体制も異なることを指摘するに留めたい（上栫2021）。

　8世紀後期〜9世紀には鉄鋳造技術が広域に拡散され、東北南部、関東地方、北陸地方でも鉄鋳造関連遺構・遺物が確認されるようになる。製鉄操業を行っている遺跡に鋳造工人が入り込んで鋳造操業を行うと考えられる事例が多い。当該期の鉄鋳造は、素材鉄の生産に依拠した生産体

357

第4章 古代製鉄展開期の様相

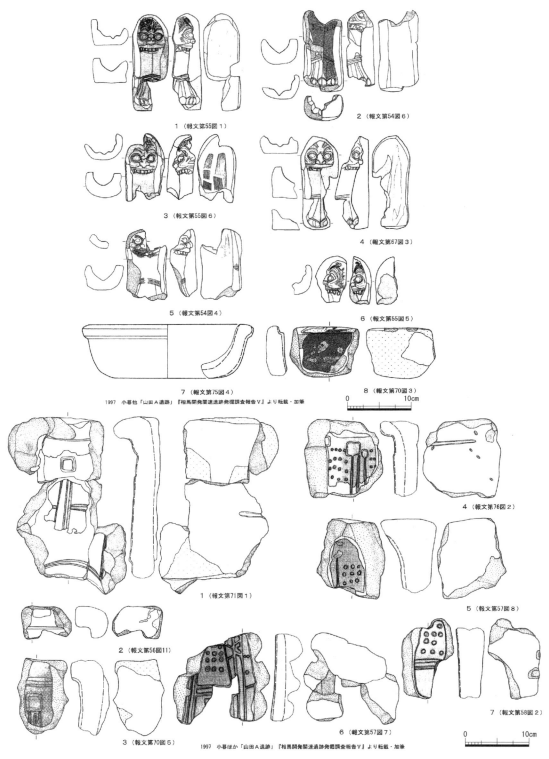

図281 山田A遺跡　獣脚付容器（獅噛タイプ）復元鋳型（上）・
風鐸復元鋳型（下）（吉田2006）

第6節 古代の鉄鋳造遺跡と鋳鉄素材

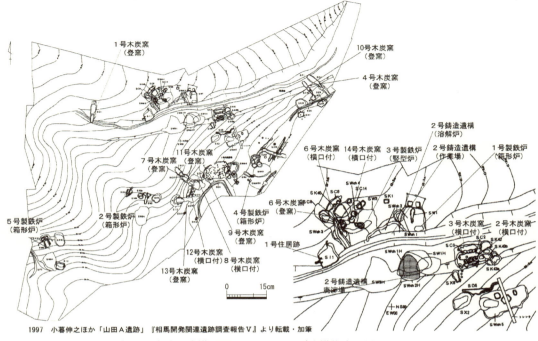

図282 山田A遺跡 遺構配置図（左）および遺構集中区域1（右）（吉田2006）

制の中で行われたことが推察される。遠距離の鋳造遺跡で類似した鋳型が出土することから、鋳造は自生的なものではなく同一技術の拡散が想起され、その背景に共通する製鉄技術の存在・系譜を見て取れる。

当該期に鋳造された製品は比較的小型の容器が主体で、小型梵鐘も鋳造する。製品の供給先としては寺院や官衙が想定され、需要に応じた集中的な生産が行われたものと推測される。小暮伸之氏は向田A遺跡と山田A遺跡の遺構や遺物のあり方を比較検討し、それぞれで異なった豪族あるいは富裕層によって鋳造生産が統括され、それは製品の供給先である寺院の差違に結びつくことを推察している（小暮1997）。しかしながら、五十川伸矢氏と野島氏は出土している鋳型片などの鋳造関連資料の多さから、生産された鋳鉄製品のすべてが在地寺院に収納される仏具とすることに懐疑的で、日常の煮炊きで使用する製品を基本とした生産体制を想定している（五十川1992、野島2014）。

（3）鉄鋳造遺跡の分類

神崎勝氏は飛鳥・白鳳時代から平安時代前・中期までの鋳造遺跡の種類として、官司関連遺跡、寺院付属の工房、東国型の鋳造遺跡、官衙関連の鋳造遺跡に分けられるとする（神崎2006）。また、上栫武氏は古代後半～中世においては、各地の社寺などの求めに応じて鋳物師がその地に出張して鋳造を実施する、出吹や出職と呼称される生産形態（A類）と、鋳物師の住宅を職場として鋳造を実施する生産形態（B類）の2つのスタイルがあったとした（上栫2021）。以下、神崎氏、上栫氏の生産体制の分類から、古代の鉄鋳造遺跡について分類と変遷を試みたい。

359

第4章 古代製鉄展開期の様相

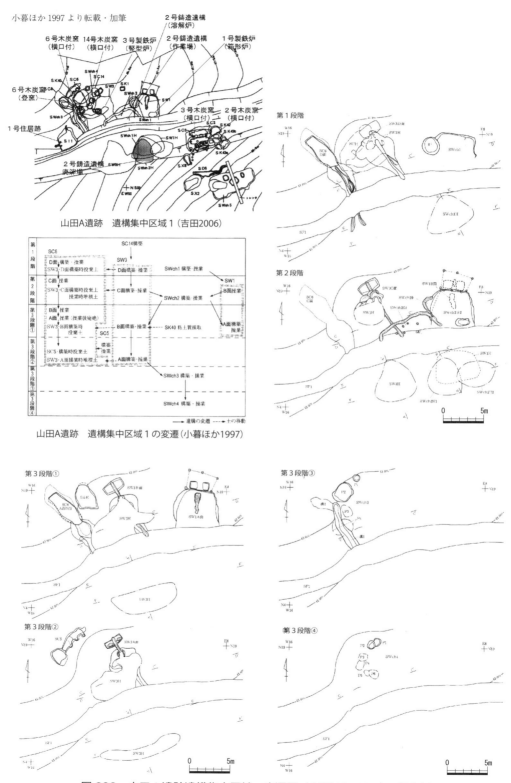

図283 山田A遺跡遺構集中区域 変遷図（小暮ほか1997を一部改変）

第6節　古代の鉄鋳造遺跡と鋳鉄素材

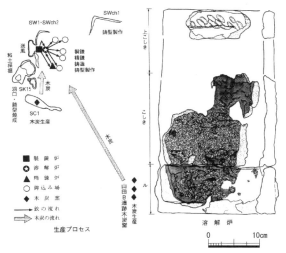

図 284　猪倉Ｂ遺跡遺構集中区域１における生産プロセスと溶解炉復元図（能登谷1997）

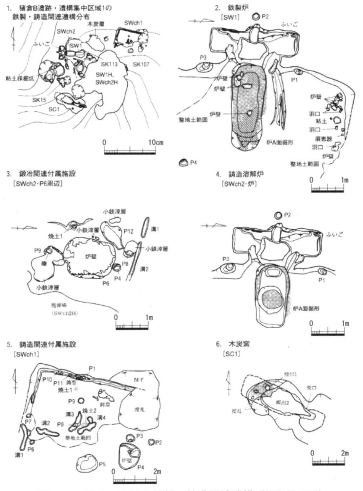

図 285　猪倉Ｂ遺跡の製鉄・鋳造関連遺構（能登谷1997）

361

第4章　古代製鉄展開期の様相

（4）　鉄鋳造遺跡の変遷

①　7世紀末

川原寺跡（7世紀末）での羽釜鋳造は工人を招聘しての操業と考えられる。したがって川原寺跡は「寺院付属の工房・Ａ類」に分類される。

②　8世紀前半

榊差遺跡と黒土遺跡の両遺跡（8世紀前半）の鉄鋳造は、鋳物師の居住地である官衙での鉄鋳造と考えられることから、「官衙関連の鋳造遺跡・Ｂ類」に分類される。しかし、鋳造遺構が広く分布していること、各鋳造遺構の規模が大規模であり、全体でみるとその生産規模が非常に大規模となること、当該期、背後に展開する瀬田丘陵製鉄遺跡群の木瓜原遺跡や野路小野山遺跡で、国家標準型製鉄炉と呼ばれる近江型箱形炉（E2型・E3型）による製鉄が行われていること等を考慮すると、栗太郡衙クラスが関連する鋳造遺跡とは考えられない。最低でも近江国府レベル、あるいは、東日本全体を視野に入れた律令国家が直接関与する鉄鋳造であると判断される。鉄鋳造ではないが、紫香楽での大仏造営に関連する鍛冶屋敷遺跡や、鍛冶屋敷遺跡を引き継いだとみられる東大寺での鋳造体制と同等の性格を持った鋳造遺跡の可能性を指摘したい。

③　8世紀後半〜10世紀

長岡京跡（8世紀後葉）での建造物の扉金具や牛車などの車具部品の鉄鋳造は、鋳物師の居住地である官司での鉄鋳造と考えられることから、「官司関連遺跡・Ｂ類」に分類される。

近江では中村遺跡（9世紀）が「寺院所属の工房・Ａ類」、岡田追分遺跡（9世紀前半）、東辻戸遺跡（7世紀後半〜10世紀前葉）が「官衙関連の鋳造遺跡・Ｂ類」に分類される。

尾張の西山遺跡（9世紀後半）では、当該期に西山遺跡およびその周辺地域で製鉄が行われていない可能性が高いことから、鉄素材の搬入については近江と同様、他地域から搬入されていた可能性があるので、鉄鋳造遺跡の分類は近江と同様、「官衙関連の鋳造遺跡・Ｂ類」となる。

北陸地方の越中の上野南ⅡＢ遺跡（9世紀後半）、野田池Ｂ遺跡（9世紀後半）。越後の下ヶ久保Ａ遺跡（9〜10世紀）。関東地方の相模の上郷深田遺跡（9世紀）、武蔵の大山遺跡3〜12次調査（9世紀後半〜10世紀前半）、東台遺跡第18地点（8世紀後葉〜9世紀初頭）、菅原遺跡（9世紀後半）、台耕地遺跡（9世紀第3四半期）、猿貝北遺跡（10世紀後半）。上総の押沼第1遺跡Ｄ遺跡（9世紀後半）。下総の芝山遺跡（9世紀後半〜10世紀前半）、花前Ⅱ-2遺跡（9世紀第3四半期）、川戸台遺跡（9世紀後半）。東北南部の向田Ａ遺跡（8世紀後葉〜9世紀後半・9世紀前半が最盛期）、山田Ａ遺跡（9世紀前半）、猪倉Ｂ遺跡（9世紀後半）で鉄鋳造が確認されている。製鉄操業を行っている遺跡に鋳造工人が入り込んで鋳造操業を行うと考えられる事例が多い。製鉄遺跡での鉄鋳造は鋳物師の居住地におけるＢ類の操業形態と考えられる（上栫2021）。したがって、当該期の北陸地方、関東地方、東北南部の鉄鋳造は、「東国型の鋳造遺跡・Ｂ類」に分類できる。

（5）　小結

長谷川渉氏・穴澤義功氏の研究によると、奈良時代から平安時代中期までの主要な（鉄）鋳造関連遺跡としては、37遺跡あるという（長谷川・穴澤2015）。37遺跡のうち、鋳型が出土している鋳造遺跡は33ヶ所、残る4遺跡が出土鋳型と近い形態をもつ、全形のわかる鍋鋳造品が出土した遺跡である。日本列島全体から見ると、平安時代の東日本においては、大規模な製鉄遺跡の中に。鉄系の鋳造遺跡が共存、あるいは入り込む傾向が顕著で、平安時代後期の大宰府域を除く

と、相対的に銅製品鋳造を主体とする西日本の様相とは異なる。鋳造遺跡の分布は、京・近江を起点に東海道沿いと北陸道沿いに点々と認められ、北端は当時の律令国家の領域内であった、越後西部と陸奥南部を結ぶ範囲にまで広がる。

　古代の鉄鋳造遺跡は東日本を中心とし、8世紀末に出現し、9世紀後半に最盛期を迎え、10世紀後半には中世に向かい変質を始める。また、都城周辺と近江において比較的早く出現し、陸奥南部、関東地方、北陸地方各地の製鉄遺跡群に展開していることが読み取れる。

　以下、古代の鉄鋳造遺跡を年代順に整理すると、以下のとおりとなる。

① 8世紀前半から9世紀初頭には、近江湖南地域の草津市周辺、さらには古代の長岡京域で鋳造遺跡が確認される。

② 東日本に鋳造遺跡が出現するのは8世紀第3四半期以降のことで、いずれも大規模な製鉄遺跡の中に存在する。最盛期は9世紀に入ってからで、10世紀初頭までは確認することができる。

③ 鋳造遺跡を証明できる溶解炉片や各種の鋳型が出土した製鉄・鋳造遺跡は関東地方、東北南部、北陸地方の3か所に集中している。

　したがって、関東地方など東日本の製鉄遺跡の展開の背景には、古代律令国家の諸政策（寺院・官衙・官道・墾田・軍団・対蝦夷戦争等）があり、政策の遂行にあたり、製鉄・鋳造遺跡が、重要な役割を果たしていたことを理解できる。

2　古代の鋳鉄素材

　日本における鉄鋳造関連資料は7世紀末以降に確認されるようになるものの、8世紀代までの調査事例は限られており、不詳な点が多い。鉄鋳造技術は天皇家や寺院に関連する可能性が高く。地域的にも限られた技術展開を果たしたものと考えられる。鉄鋳造技術が導入されたということは、当然のことながら銑鉄素材が存在していたことも示す。その場合、銑鉄素材を輸入に頼っていたのか、国内で生産していたかの検討が必要となる。

　これまで論じてきた通り、7世紀末段階においては、西日本では箱形炉による製鉄が展開し、近江では国家標準型箱形炉が開発され、東日本各地では国家標準型箱形炉が導入され、製鉄が開始される。8世紀中頃には関東地方、東北南部で半地下式竪形炉が導入され、生産鉄種についての議論もいくつか認められるようになる。

　8世紀後半から9世紀には鉄鋳造技術が広域に拡散するが、製鉄操業を実施している遺跡に鋳造工人が入り込んで鋳造操業を実施する「東国型の鋳造遺跡・B類」の操業形態が多く、素材鉄生産に依拠した生産体制が整備されたと推察される。しかしながら、7世紀末から8世紀前半の鉄鋳造関連遺跡は、製鉄遺跡とは離れた場所で確認されており、素材鉄に関する議論が必要である。

　以下では鉄関連遺物を基にした生産鉄種の議論をまとめ、古代の日本列島における銑鉄生産の開始と展開に関して論じたい。

（1）　7世紀以前の箱形炉で生産される鉄種について

　本書では、7世紀中頃以前においては、日本列島内で鉄鋳造遺跡が発見されていないこと、同一遺跡内で箱形炉による製鉄操業の試行錯誤が行われていることが多いこと、箱形炉では操業の失敗・トラブルに起因する炉底塊の出土が多いことを確認した。上記の理由から、8世紀中頃以

第4章　古代製鉄展開期の様相

前の日本列島においては、箱形炉で鉄鋳造のための銑鉄狙いの製鉄が、技術的に確立していたとすることに対し、慎重な立場をとってきた。第3章第1節でみたように、操業後に炉内に残留した炉底塊（炉内残留滓）の観察からは、製鉄炉の炉形・炉況の復原が可能である。また、炉底塊以外の出土遺物も重要な情報を具備する。

備後の庄原市戸の丸山製鉄遺跡では、炉底部に残留して冷固したと考えられる炉底塊が出土している（松井ほか1987、図128）。炉底塊は直径約36cmで、上面はほぼ水平となり、底部は椀鉢状に膨らむ。厚さは7cmである。四方には突出部があり、排滓孔から排滓溝に流出している状況が分かる。炉壁粘土が嵌入していることから、松井和幸氏は炉底塊を操業停止時に炉内に残留したものと判断し、さらに「表面は滑らかであることから、鉄は炉床に溜まったのではなく、炉の外へ流し出した」と推測している（松井ほか1987）。ただ、炉跡周辺で確認された土坑から、磁性を帯びて赤褐色に錆びた親指頭大から小児の拳大程の鉄塊が総量約1,800g出土しており、これらについて炉内で生成されたものと評価している（松井1991・2001）。

河瀬正利氏は近世中国地方で盛行したたたら吹製鉄の系譜を追求するなかで、古墳時代以降の製鉄・鍛冶遺構について概括し、出土遺物や遺構の特徴から古代以前の製鉄内容の復元を行った（河瀬1991・1995）。そして、古墳時代の製鉄関連遺物には炉底塊など、炉内に残留する鉄滓が多いこと、指頭大から拳大に割られた鉄錆の顕著な小鉄塊が多いことを指摘し、送風が不十分で、炉内で鉄塊と鉄滓との分離がうまく進まなかったことを要因と捉えた。また、古代には赤目系砂鉄を原料とすることが多く、銑鉄を生産していたと推察した。

出雲の邑智郡邑南町今佐屋山遺跡で古墳時代と中世の製鉄遺構を発掘調査した角田徳幸氏は（角田ほか1992）、古墳時代の製鉄技術についての見解を示している（角田1999）。古墳時代後期後葉の製鉄炉跡が確認された今佐屋山遺跡Ⅰ区では、炉底の西側土坑から2～4cm大に小割りされた鉄塊系遺物が出土し、炉底塊が残留した状態で製鉄炉が検出された。炉底塊は平面隅丸方形状で、対角線上に隅部が2か所残存し、操業最終段階の炉内法は長さ38cm、幅45cmと判断できる。さらに、炉の片側は凸字状に突出しており、排滓孔部分となる（角田2016）。角田氏は、古墳時代の製鉄は、炉底塊内部や周縁に生成した亜共析鋼クラスの小鉄塊を割り取る方法が一般的であると考えた。

遺跡出土の製鉄関連遺物の金属学的調査を多く手がけた大澤正己氏は、鉄滓の金属学的調査から、製鉄原料には砂鉄と鉄鉱石があり、生産鉄種は、製鉄原料・送風施設・炉形に影響を受けることを指摘し、箱形炉による生産は低温還元によると判断できることから、初期の箱形炉による生産鉄種は塊錬鉄であると考えた。そして、鉄生産の多様化により、8・9世紀には半地下式竪形炉による銑鉄生産が本格化する発展過程を復元した（大澤1987・1998・2004）。

村上恭通氏は、炉内外生成物に加えて炉壁の観察や炉床部の状況を考慮に入れた総合的な判断から、古墳時代の製鉄技術について検討している（村上2007）。村上氏は古墳時代における中国地方の製鉄炉底の状況には、①還元色の滑らかな面のうえに炉底塊が存在する場合と、②炉底から炉壁下部内面が溶融して全体的にガラス化した状況で遺存する場合があることを指摘した。備前の岡山県赤磐市八ケ奥製鉄遺跡で出土した事例（下津ほか2004）は②に相当するとし、「鉄滓の下に生成した熔鉄がまず炉外に抽出され、その後、流動性のある鉄滓も炉外へ排出された」と考え（村上2007）、古墳時代に比定される八ケ奥製鉄遺跡の箱形炉で銑鉄生産が行われた可能

性を指摘した。ただ、村上氏自身も述べているように、遺構・遺物の総合的解釈を試行した地域は中国地方に限られるため、条件が異なる資料・地域については、初期の箱形炉による生産鉄種が、小鉄塊や炭素分の低い塊錬鉄であった可能性は否定し切れないとした。また、操業が常に成功するとは限らず、失敗した操業時の生成物が遺物として出土する場合も考えた。

真鍋成史氏は、第3章第3節でふれたように、古代製鉄炉跡で出土した炉底塊を分類してそれぞれが生成された状況について考察した（真鍋2007・2009）。真鍋氏は炉底塊を4分類し、炉底全体に広がり、小口中央にのみ排滓痕を有する箱形炉の残留滓を2類とし、2類の生産鉄種を銑鉄であると考えた。真鍋氏は炉底塊の検討から古墳時代の箱形炉による銑鉄生産に言及した。

上記の炉底塊の検討・考察から、半地下式竪形炉導入以前の箱形炉による銑鉄生産の可能性を説いたのは村上氏（2007）、真鍋氏（2007・2009）である。村上氏と真鍋氏の見解は製鉄関連資料の詳細な調査により形成され（真鍋・大道・北野・村上2006）、実験的手法での検証が試行されている。この際の製鉄関連資料に関する詳細調査では、戸の丸山製鉄遺跡や今佐屋山遺跡Ⅰ区、八ヶ奥製鉄遺跡で出土した炉底塊の検討から銑鉄生産の可能性が導き出されている。ただし、備中の総社市板井砂奥製鉄遺跡、備後の庄原市小和田遺跡、近江の大津市源内峠遺跡、長浜市古橋遺跡で出土した炉底塊の観察からは鉧の生成が導き出されている。

本書では、日本列島における7世紀以前の鉄鋳造遺跡が確認されていないこと、韓国の三国時代や東日本の8世紀後半以降においては、製鉄遺跡に鉄鋳造遺跡を伴うことが多いこと等を根拠に、7世紀以前の箱形炉の生産鉄種として銑鉄をあげることには否定的にならざるを得ない。なお、箱形炉による銑鉄生産を考えるため愛媛大学で実施した2号炉の製鉄結果が参考になる（北野・上栫2006）。発掘調査結果、金属学的調査、製鉄実験結果を総合的に研究することが必要である。

（2）　7世紀末〜8世紀前半の日本列島における鋳鉄素材生産の可能性

鉄鋳造の開始が確認されている7世紀末には、日本列島において製鉄操業も実施されている。製鉄遺跡が確認されている地域は九州北部、中国地方、四国地方、近畿地方、北陸地方、東海地方、関東地方、東北南部で、いずれも箱形炉による操業である。7世紀末の鉄鋳造が確認されている川原寺跡は大和に所在するが、当該期の製鉄遺跡は大和においては確認されておらず、素材鉄は遠方から搬入されたものと判断される。

8世紀前半の鉄鋳造が確認されている榊差遺跡・黒土遺跡は、近江の粟太郡に所在し、瀬田丘陵の先端部付近に位置する。当該期においては瀬田丘陵製鉄遺跡群の木瓜原遺跡と野路小野山遺跡で製鉄操業が行われている。木瓜原遺跡で生成された鉄は軟質な極低炭素鋼から靭性をもつ鋼の共析鋼、高炭素域の銑鉄まで存在すると報告されている（大澤1996）。8世紀前葉に比定される木瓜原遺跡で高炭素域の銑鉄が確認されたことは注目されるが、軟質な極低炭素鋼から靭性をもつ鋼の共析鋼の存在も提示されており、主目的とされた鉄の性状について議論を深める必要がある。

榊差遺跡では古代東山道跡が確認されている（岡田ほか2022）。東山道は近江国庁を起点として、当初は多賀城までを結ぶ主要道であることから、榊差遺跡は交通の要衝に所在し素材鉄を含めた文物の流入に適した環境にあったと評価できる。榊差遺跡への素材銑鉄の供給元については、近隣の瀬田丘陵製鉄遺跡群からの可能性と朝鮮半島を含めた近江以外遠隔地からの可能性と

第4章　古代製鉄展開期の様相

いう、2つの可能性を議論していく必要がある。

　8世紀中葉の東日本に、半地下式竪形炉が導入される以前の製鉄は、箱形炉による操業が中心である。踏み鞴を導入する以前の箱形炉による操業で、銑鉄ねらいの生産が可能か否を考察する研究が今後必要である。

(3)　8世紀後半以降の古代鋳鉄素材生産の実態

①　長岡京跡での鉄鋳造関連資料

　8世紀後葉には長岡京跡で鉄鋳造関連資料が確認できる。長岡京跡は山背の乙訓郡に所在し、近隣で製鉄遺跡は確認されていない。ただし、都城であるため日本列島各地の物資が流入する環境にあり、鉄素材の搬入は比較的容易と考える。素材鉄と考えられる「鉄」は1連や1延というまとまりで納税され、都城内や寺院などの造営現場に投入されたと指摘されている（安間2007）。鉄の性状については、「鍬」は鍛鉄使用、「鉄」は検討を要する。『常陸国風土記』の「香島郡」には、香島天大神に幣として奉納した品々のなかに「枚鉄」10連、「錬鉄」10連と見える。潮見浩氏は錬鉄を鉄鋌と評価し、枚鉄も鉄素材の可能性があるとして銑鉄素材の可能性を想定している（潮見1982）。長岡京跡で確認された鉄鋳造関連資料は銑鉄素材の流入を示し、中央に貢納される「鉄」に銑鉄が含まれることを示唆する。なお、都城内に流入した鉄素材は、貢納品だけとは限らない。

②　古代の鋳鉄素材生産技術の実態

　当該期の鉄鋳造遺跡は東日本の北陸地方、関東地方、東北南部で確認されており、製鉄操業を実施している遺跡に鋳造工人が入り込んで鋳造作業を実施する「東国型の鋳造遺跡・B類」の操業形態が大多数である。また鋳鉄素材は、同一遺跡あるいは近接する製鉄遺跡で生産された素材を搬入したと考えられる。

　製鉄炉　鋳鉄素材を生産した製鉄炉の炉形については、尾張の西山遺跡は不明であるが、陸奥南部の猪倉B遺跡では踏み鞴付き箱形炉、それ以外の北陸地方、関東地方、陸奥南部の製鉄炉は全て半地下式竪形炉の可能性が高い。半地下式竪形炉は炉還元帯の長い竪型の製鉄炉であり、吸炭反応で銑鉄製造が可能となる。半地下式竪形炉は関東地方・東北南部では8世紀中頃、北陸地方では9世紀第2四半期頃に導入される。鉄鋳造の盛期は、概ね関東地方・東北南部では9世紀代、北陸地方は9世紀後半から10世紀前半である。したがって、各地域に半地下式竪形炉が導入されてから若干の時間を経た後に、鋳鉄素材の生産が可能となった様相を確認できる。

　砂鉄原料　関東地方・東北南部の製鉄では高チタン含有砂鉄を原料とする。分析された砂鉄の二酸化チタン含有量は、陸奥南部の太平洋沿岸地域の22%前後、房総の12〜18%前後、武蔵北部の10%前後、北陸地方の8%前後と高い値を示している（大澤1988）。冶金学の分野では8%以下は鉧押し（炉内に鉄の塊を作る操業）、8%以上は銑押し（鋳鉄を炉外に出す操業）に向くといった研究がある（久保ほか2010）。その研究によれば、鉄鋳造遺跡の周辺で採取される砂鉄は鋳鉄生産に向くと言える。ただし、チタン含有量の高い砂鉄は難還元性砂鉄と呼ばれるように、その処理に高い製鉄技術を要する原料である。

　木炭窯　燃料の木炭は関東地方・東北南部では半地下式木炭窯、北陸地方では地下式木炭窯で生産されることが多い。ただし、越中では共伴する木炭窯は短い横口式木炭窯と地下式木炭窯が混在する（赤坂C遺跡Ⅳ地区）。また、山田A遺跡でも短い横口式木炭窯が共伴する。短い横口

366

式木炭窯は、南河内郡美原町真福寺遺跡（鋤柄ほか1986）、四日市市岡山窯跡（四日市市1971）でも検出されている。さらに、東台遺跡では横口式木炭窯が検出されている。

鉄鋳造遺跡が多数発見されている武蔵では、横口式木炭窯が関東地方で最も多く検出されている。短い横口式木炭窯あるいは横口式木炭窯で木炭を生産する技術者集団と鋳造技術者集団との関連の強さ、あるいは横口式木炭窯で生産される木炭が鉄鋳造に向けに行なわれた可能性も考えたい。なお、山田A遺跡では須恵器窯を転用・改良した地下式木炭窯が検出されており、須恵器工人と鉄鋳造工人との交流の痕跡をみてとることができる。

半地下式竪形炉出現の意義　半地下式竪形炉は箱形炉の高さの約2倍を確保することが可能である。また踏み鞴は、それまでの送風装置より強力で安定的な送風ができる。半地下式竪形炉という新技術の導入により、炉内の広い範囲を高温に、また安定的に温度管理することが可能となり、鉄の吸炭効果も向上したと考えられる。半地下式竪形炉の出現は、東日本に広く分布するチタン含有量の高い難還元性砂鉄を製鉄可能の原料とした。各地の鉄鋳造が半地下式竪形炉導入直後ではなく、約半世紀後に可能となっている状況は、半地下式竪形炉によるチタン含有量の高い難還元性砂鉄による鋳鉄生産への、わが祖先の製鉄技術開発の努力の期間・姿であると考えられる。したがって、日本列島の自前の鋳鉄素材生産は、早くて長岡京期（784〜794年）頃、地域は関東地方か東北南部のいずれかの地域であったと結論付けたい。これにより、わが国は鉄鍛冶・鉄鋳造の両素材鉄の生産を自前で生産することが可能となる。中国大陸並の鍛造と鋳造の技術が完全に国内に出揃ったことになる。

第7節　日本古代製鉄の展開期の様相

1　はじめに

本節では、奈良時代後半から平安時代の前半、概ね8世紀後半から10世紀までにおける、日本列島各地の製鉄遺跡の様相を概観し、当該期における、各地の製鉄技術と生産鉄の特徴、鉄素材の流通の様相について考察する。また、当該期の製鉄の技術移転のあり方についても解明していきたい。

2　近畿地方

（1）　はじめに

島根県古代文化センターによる集成によれば、発掘調査された近畿地方の製鉄遺跡および製鉄炉のうち、飛鳥時代から平安時代前半のものは、近江では12遺跡28基、播磨では13遺跡17基、丹後では4遺跡18基となり、近畿地方全体では29遺跡63基となる（東山2020a）。

（2）　分布

兵庫県、京都府、滋賀県では製鉄遺跡が分布し、発掘調査も行われている。一方、和歌山県、奈良県、大阪府では製鉄遺跡は確認されていない。畿内では、山城（山背）の京都市山科区において製鉄遺跡が存在する。一方、大和・河内・和泉・摂津では確認されていない。

兵庫県では、播磨北西部の佐用郡佐用町、宍粟市に製鉄遺跡が集中し、古代の製鉄遺跡と認識

第4章　古代製鉄展開期の様相

されているのは約30遺跡である。製鉄遺跡の分布と発掘調査事例は、佐用町の大撫山周辺や千種川流域に集中する。製鉄遺跡の分布は、『播磨風土記』讃容郡条に記された、「鹿庭山」周辺の鉄生産の記載とほぼ整合する。また、『播磨国風土記』の宍禾郡御方里（宍粟市内）や敷草村（宍粟市千草町周辺）でも「生鉄」の記載があり、当該期の製鉄遺跡の存在が知られている。さらに、播磨北西部の鉄生産を裏付ける史料に大官大寺から出土した木簡「＜讃容郡驛里鉄十連」（木簡番号3632）がある（村上泰2018）。

　京都府下の製鉄遺跡は、近江に接する京都市山科区以外の山城（山背）・丹波では確認されておらず、丹後に集中する。丹後の製鉄遺跡は、1985年以降の遠所遺跡群の発掘調査を契機として、その数が飛躍的に増加し、約50遺跡存在する（増田1996）。

　滋賀県（近江）では、湖東、甲賀地域を除くほぼ全域に製鉄遺跡が分布している。11の製鉄遺跡群が存在しており、発掘調査事例は、湖南地域の大津市・草津市域に集中する。

（3）　時期

　播磨では、7世紀後半の佐用郡南光町東徳佐遺跡（舟引ほか1998）、8世紀初頭の佐用郡佐用町西下野製鉄遺跡（村上ほか1976）、8世紀中頃の佐用町永谷C遺跡（土佐1992）、8世紀後半の佐用町永谷B遺跡（平瀬1992）、佐用町山平B遺跡（土佐1992）、平安時代の佐用町金屋中土居遺跡[1]が知られている。その他、7世紀の操業が推定される佐用町カジ屋遺跡（平瀬1992）では、製鉄炉を囲む形で馬蹄形の周溝が巡っている。これに類似した製鉄遺構として、岡山県総社市奥坂遺跡群の千引カナクロ谷製鉄遺跡4号炉がある。この4号炉の年代は6世紀中頃に比定されており、同じ形の周溝をもつ両遺跡の類似性から、カジ屋遺跡の年代は7世紀以前に遡る可能性もある（村上2018）。佐用町坂遺跡（土佐1992）は放射性炭素年代測定値から奈良時代、佐用町横坂丘陵遺跡（藤木1994）は奈良時代、佐用町山平A遺跡（平瀬2012）・本位田権現谷B遺跡・本位田魚ヶ鼻遺跡（B区）・本位田高田遺跡（藤木2003）は奈良時代から平安時代に比定される。『播磨国風土記』の産鉄記事は、奈良時代初期の播磨における製鉄遺跡の様相を理解する上で重要である（土佐1994）。

　丹後では、6世紀後半の京丹後市遠所遺跡通り谷地区O地点（増田ほか1997）、8世紀中頃から後半の京丹後市黒部遺跡仲谷地区B地点（増田ほか1996）、8世紀後半の京丹後市遠所遺跡鴨谷地区E地点（増田ほか1997）・遠所遺跡鴨谷地区S地点・遠所遺跡茗荷谷地区A地点（増田ほか1997）・ニゴレ遺跡F地区（岡崎1994・1995）、芋谷遺跡（増田1994）、8世紀後半から9世紀初頭の黒部遺跡仲谷地区A地点（増田ほか1996）、8世紀後半から9世紀前半の黒部遺跡長芝原地区K地点・黒部遺跡長芝原地区L地点（岡崎1997）、9世紀前半の黒部遺跡石熊地区（河野1995）、9世紀のニゴレ遺跡C地区（岡崎1994・1995）、10世紀前半のニゴレ遺跡D地区（岡崎1994・1995）が知られる。

　近江[2]では、6世紀末から7世紀前半の古橋遺跡、7世紀中頃の大津市南郷遺跡、7世紀後半の大津市源内峠遺跡、高島市東谷遺跡、7世紀末から8世紀初頭の大津市芋谷南遺跡、草津市木瓜原遺跡・野路小野山遺跡、8世紀の高島市北牧野製鉄A遺跡、彦根市キドラ遺跡、8世紀中頃の野路小野山遺跡、8世紀中頃から9世紀の大津市後山・畦倉遺跡、8世紀後半の大津市平津池ノ下遺跡、9世紀後葉から10世紀の大津市上仰木遺跡が知られる。『日本書紀』天智天皇9年（670）「是歳造水碓而冶鉄」は、近江大津宮周辺で「水碓」を用いた製鉄が行われていたことを

368

示す資料で（中井 2000）、7世紀後半の近江および京都府山科区の製鉄遺跡の様相・性格を考察する上で重要である。

近畿地方のうち、丹後と近江での鉄生産は10世紀頃までのようである。中国地方においては11世紀が大形化した製鉄炉地下構造の出現期と考えられており、播磨以外の近畿地方の製鉄遺跡の消滅は、中国地方の製鉄技術の発展と関連がありそうである。

（4）原料

製鉄原料には、鉄鉱石と砂鉄がある。近江・山城では鉄鉱石を、播磨・丹後では砂鉄を使用している。砂鉄には、二酸化チタンの含有量によって低チタン（含有）砂鉄、中チタン（含有）砂鉄、高チタン（含有）砂鉄がある（大澤 1988）。

播磨では、低チタン砂鉄を使用している製鉄遺跡として西下野製鉄遺跡などがある。高チタン砂鉄を使用している製鉄遺跡としてカジ屋遺跡、永谷B遺跡、永谷C遺跡、山平B遺跡、金屋中土居遺跡、坂遺跡などがある。播磨の製鉄遺跡は、西下野製鉄遺跡は旧宍粟郡、それ以外は佐用郡に属す。宍粟郡には、中央部をほぼ東西のベルト状をなして花崗岩地帯が分布しており、この一帯から産出された山砂鉄や川砂鉄が製鉄原料となったものと考えられる。花崗岩中の鉄鉱物については、宍粟郡域（山陰帯）の磁鉄鉱系と佐用郡域（山陽帯）のチタン鉄鉱系といった大別も可能である（土佐 1994）。

丹後では、低チタン砂鉄を使用している製鉄遺跡としてニゴレ遺跡D地区がある。低・中・高チタン砂鉄を使用している製鉄遺跡として遠所遺跡通り谷地区O地点、遠所遺跡鴨谷地区E地点、遠所遺跡茗荷谷地区A地点がある。中チタン砂鉄を使用している製鉄遺跡として黒部遺跡長芝原地区K地点、黒部遺跡長芝原地区L地点がある。高チタン砂鉄を使用している製鉄遺跡として遠所遺跡鴨谷地区S地点、ニゴレ遺跡F地区、ニゴレ遺跡C地区がある。

近江では、全ての製鉄遺跡で鉄鉱石を使用している。鉄鉱石は磁鉄鉱を主体としたものである。製錬滓等の製鉄関連遺物の金属学的分析結果によると、リンとカルシウムの相関から、リン濃度の高い湖南地域、リンをほとんど含まない湖北地域に大きく分けられる。ただし、リンをほとんど含まない湖北地域でも、古橋遺跡と北牧野製鉄A遺跡ではカルシウム濃度に違いがあり、両遺跡では異なった鉱床からなる鉄鉱石を使用していた可能性がある。また、木瓜原遺跡では湖南・湖北双方の特徴を有する鉄鉱石が搬入されていたことなどが判明している（高塚ほか 1997）。一方、野路小野山遺跡から出土した鉄鉱石は極めて良質であり、鉄鉱石の金属学的分析結果によると湖北地域から産出する鉄鉱石の特徴を有する。

（5）製鉄炉の形態

以下では、第3章第12節で行った製鉄炉の型式分類を踏襲した形で、古墳時代から平安時代前半における、近畿地方の製鉄炉の形態分類を行い、今後、製鉄遺跡を検討するための基準としたい。

箱形炉A2型（吉備型　板井砂奥型、図286）[3]　播磨のカジ屋遺跡で検出されている。

箱形炉B1型（美作型・大蔵池南型、図286）　は播磨の東徳佐遺跡、横坂丘陵遺跡。近江の野路小野山遺跡で検出されている。

箱形炉B2型（美作型・坂型、図286）　播磨の坂遺跡、永谷C遺跡。丹後の遠所遺跡遺跡茗谷地区A地点で検出されている。

第 4 章　古代製鉄展開期の様相

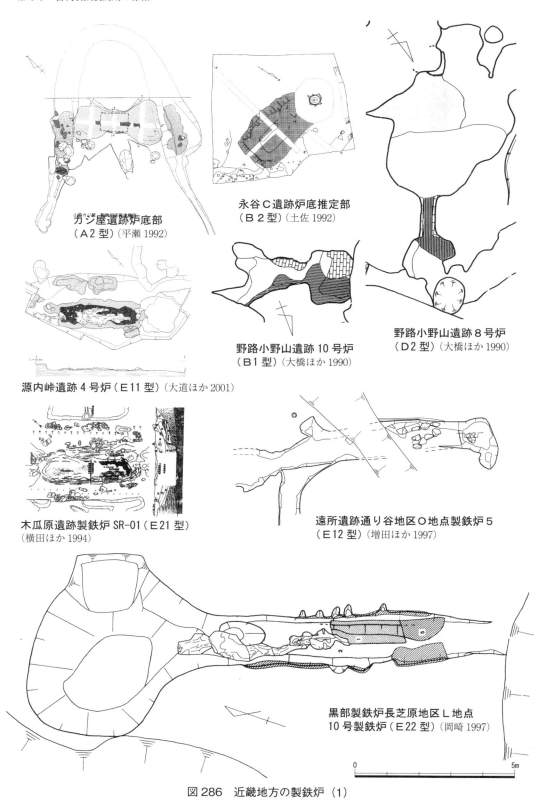

図 286　近畿地方の製鉄炉（1）

第7節　日本古代製鉄の展開期の様相

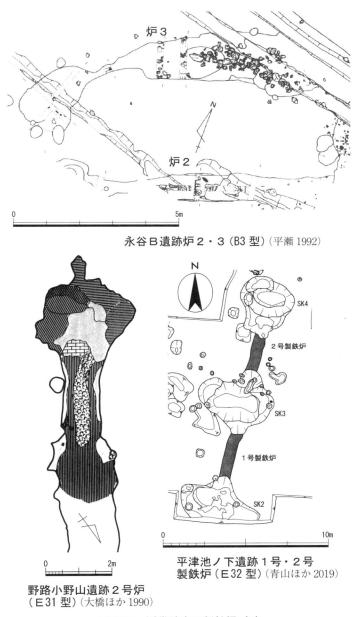

永谷B遺跡炉2・3（B3型）（平瀬1992）

野路小野山遺跡2号炉
（E31型）（大橋ほか1990）

平津池ノ下遺跡1号・2号
製鉄炉（E32型）（青山ほか2019）

図287　近畿地方の製鉄炉（2）

箱形炉B3型（美作型・下市築地ノ峯東通第2型、図287）　横置きで、炉長軸内寸が2m前後の規模をもち、平面形が細長い長方形の箱形炉で、第3章第12節で行った型式分類では、E1型（近江型・源内峠型）に分類した。

しかし、①美作型箱形炉（B型）の編年から、B1型、B2型、B3型と、炉長軸を伸ばすという技術の方向性を確認できること、②この型式の分布が8世紀後半以降の、美作およびその周辺の播磨・伯耆・出雲の低チタン砂鉄地帯にみられること、③近江型箱形炉（E型）の編年および砂鉄への対応としては、縦置きという技術の方向性を確認できること、④播磨においては、佐用

371

第4章　古代製鉄展開期の様相

郡佐用町の西下野製鉄遺跡で、8世紀初頭に比定される近江型箱形炉（E1型）が検出されているが、一時的な技術導入であった可能性がある等の理由から、佐用郡佐用町の永谷B遺跡炉2・炉3（横200礫）、金屋中居遺跡炉床2（横200炭）のような形態の箱形炉については、新たに美作型箱形炉（B3型）と型式設定したい。なお、播磨の事例はいずれも、幅が一定の細長い溝の中に炉の地下構造を造り、排滓は両小口から溝の中に行う形態の箱形炉である。

　　箱形炉 D2 型（筑紫型・松丸F型）[4]　野路小野山遺跡（8号炉）で検出されている。

　　箱形炉 E11 型（近江1型・源内峠型、図286）・**E12 型**（丹後1型・遠所型、図286）　は、第3章第12節で行った形態分類ではE1型（近江1型・源内峠型）を、横置きで、炉長軸内寸が2m前後の規模をもち、平面形がやや細長い長方形を呈する箱形炉とした。E1型には、炉部分の両小口側に、土坑ないし排滓痕跡を広く遺す、鉄アレイ型の掘形をともなう箱形炉と、幅が一定の細長い溝の中に炉の地下構造を造り、排滓は両小口から溝の中に行う形態の箱形炉の2種類があるとの指摘がある（村上恭2007）。そこでここでは、前者をE11型（近江1型・源内峠型）、後者をE12型（丹後1型・遠所型）と新たに型式設定を行う。

　　E11型は、近江の古橋遺跡、南郷遺跡、源内峠遺跡（2・3・4号炉）、芋谷南遺跡、後山・畦倉遺跡、上仰木遺跡で検出されている。また、E12型は、播磨の西下野製鉄遺跡B地区下部域。丹後の遠所遺跡通り谷地区O地点、黒部遺跡仲谷地区B地点、遠所遺跡鴨谷地区S地点、黒部遺跡仲谷地区A地点（1・2号製鉄炉）、黒部遺跡石熊地区、ニゴレ遺跡C地区で検出されている。

　　箱形炉 E21 型（近江2型・木瓜原型、図286）・**E22 型**（丹後2型・黒部型、図286）　第3章第12節で行った形態分類ではE2型（近江2型・木瓜原型）を、丘陵尾根先端に立地し、炉の長軸が丘陵稜線に直交する形で設置され、炉長軸内寸が150cmから200cm程の箱形炉とした。第3章第12節の形態分類は8世紀中頃までの箱形炉を検討したものであった。しかし8世紀後半以降には、立地は同様でありながら、炉長軸内寸が100cm程の箱形炉が存在している。そこで、炉長軸内寸が150cmから200cm程の箱形炉をE21型（近江2型・木瓜原型）、炉長軸内寸が100cmほどの箱形炉をE22型（丹後2型・黒部型）と新たに型式設定を行う。

　　E21型は、近江の木瓜原遺跡。丹後の遠所遺跡鴨谷地区E地点、遠所遺跡鴨谷地区S地点、芋谷遺跡で検出されている。また、E22型は、丹後の黒部遺跡長芝原地区K地点、黒部遺跡長芝原地区L地点で検出されている。

　　箱形炉 E31 型（近江3型・野路小野山型、図287）・**E32 型**（近江4型・平津池ノ下型、図287）第3章第12節で行った形態分類ではE3型（近江3型・野路小野山型）を、縦置きで、炉長軸内寸が100cmから200cm程、地下構造は掘方内に炭化物を充填するものと、礫敷きのものがあり、炉の両短辺部に排滓坑を有し、谷側の排滓坑からは溝が、斜面下に向かうように延びるといった形態的特徴をもつ箱形炉とした。第3章第12節の形態分類は8世紀中頃までの製鉄炉を検討したものである。しかし8世紀後半以降、製鉄炉の形態は同様でありながら、谷側の排滓坑に溝が取り付かない箱形炉が存在している。したがって、排滓坑に溝がとりつく箱形炉をE31型（近江3型・野路小野山型）、排滓坑に溝がとりつかない箱形炉をE32型（近江4型・平津池ノ下型）と新たに型式設定を行う。

　　E31型は、近江の源内峠遺跡（1号製鉄炉）、野路小野山遺跡（1〜6・11〜14号炉）で検出されている。また、E32型は、丹後の黒部遺跡仲谷地区A地点（3号製鉄炉）、近江の平津池ノ下遺跡

で検出されている。

3　中国・四国地方

(1)　製鉄遺跡の概要

①　中国地方

島根県古代文化センターによる集成によれば、発掘調査された中国地方の製鉄遺跡および製鉄炉のうち、飛鳥時代から平安時代前半のものは、石見では1遺跡1基、出雲では6遺跡4基、伯耆では4遺跡4基、備後では11遺跡21期、備中では16遺跡100基、備前では11遺跡31基、美作では19遺跡39基となり、中国地方全体では68遺跡200基となる（東山2020a）。

備前・備中・備後・美作　製鉄遺跡の分布は、8世紀代は前段階の分布をおおよそ踏襲し、備前や備中南部で確認されるが、9世紀以降には備中南部の製鉄遺跡は激減する（上栫2020）。

潮見浩氏は平城宮出土木簡資料から、8世紀を中心とする備中・美作・備後における鉄生産と調庸鉄貢納の様相を整理した（潮見1982）。貢納は鍬の形で行われているので、製鉄・精錬・鍛錬鍛冶が同一地域内で行われていたと考えられる。村上恭通氏は、奈良時代の備中・美作においては、伝統的な小型の箱形炉で製鉄を行い、生産した鉄は、周辺に鍛冶工房を構え、製品生産を行っていたと考える（村上2007）。

出雲・伯耆　山陰地方では古墳時代後期以降、奈良時代後半に至るまで製鉄炉の検出例が少ない。出雲の松江市玉ノ宮D-Ⅱ遺跡では、1988年に玉湯町教育委員会によって発掘調査が行われ、製鉄炉が検出された。製鉄操業の年代については、C14年代測定の結果からAD890±200年と推定されている。また、玉ノ宮D-Ⅰ遺跡では、1991年に島根大学を主体とした発掘調査で、製鉄炉が検出された。操業年代については、熱残留磁気年代測定の結果からAD690±40と推定されている（勝部1992）。

島根県古代文化センターが行ったテーマ研究「たたら製鉄の成立過程」では、玉ノ宮D-Ⅱ遺跡と玉ノ宮D-1遺跡から出土した木炭片についてAMS年代測定を行っている。前者の操業年代は11世紀中頃から13世紀初頭、後者の操業年代は10世紀から11世紀後半と13世紀代の年代が得られている（東山2020b）。

雲南市瀧坂遺跡（米田ほか2009）・槇ヶ垰遺跡（目次ほか2004）でも製鉄炉は検出されていないが、製鉄遺跡の発掘調査が実施されている。前者は8世紀後半、後者は10世紀前半の操業が推定されている。

伯耆では、倉吉市勝負谷遺跡（坂本2018）で8世紀後半に比定される箱形炉、西伯郡大山町下市築地ノ峯東通第2遺跡（坂本ほか2013）で9世紀後半に比定される箱形炉、大山町赤坂小丸山遺跡（坂本ほか2014）で10世紀から13世紀に比定される箱形炉が検出されている。

製鉄遺跡の立地　中国地方でも備後とその西の安芸・岩見、北の出雲、東の伯耆・丹後で発見されている鍛冶遺構は、丘陵斜面のテラス状遺構に設けられたものが多い。鍛冶遺構は基本的に非竪穴系で、流動滓や炉壁など製錬系遺物が出土する。製錬鉄塊系遺物が鍛冶遺構に持ち込まれ、小割り、精錬鍛冶、鍛錬鍛冶が行われたことが推定される（大道2000）。

製鉄遺跡は生活の場から離れて分布することが多いが、美作においては、津山市九番丁場遺跡（重根ほか2002）、苫田郡鏡野町久田原遺跡（小嶋ほか2004）のように、集落内で製鉄が行われた

事例も確認できる。また、8世紀代には美作の美作市高本遺跡（井上ほか1975）のように、公的施設の一角に生産場が形成された遺跡（官衙内製鉄）も確認されている。律令政権による地域開発に関連する生産体制がとられたと考えられる（上栫2020）。

② 四国地方

四国地方における、古墳時代から平安時代前半までの発掘調査された製鉄遺跡は1遺跡で、7世紀後半から8世紀前半に比定される伊予の今治市高橋佐夜ノ谷Ⅱ遺跡（櫛部2007）である（櫛部2006）。

伊予の文献史料　平野邦雄氏は、東大寺や国分寺の建立のために、天平～宝亀年間（730～780年）、伊予国人大直氏上が「鍬二四四四口」貢納したという記事を根拠に、伊予の土豪層がかなりの手工業生産品を蓄えていたと指摘している（平野1963）。高橋佐夜ノ谷Ⅱ遺跡で検出された国家標準型箱形炉（E1型）の導入が契機となり、製鉄技術がこの地域に広がった可能性が考えられる（村上恭2007）。

8世紀代の鍛冶　高橋佐夜ノ谷Ⅱ遺跡が立地する日高丘陵では、高橋板敷Ⅰ遺跡（櫛部2008）、別名端谷Ⅰ遺跡、別名寺谷Ⅰ遺跡（池尻・和田2007）において、8世紀代に比定される複数の鍛冶炉が検出されている。これらの遺跡では墨書土器、赤色塗彩土器をはじめ官営的な色彩の濃い遺物が出土している。鍛冶炉は地上式建物の内部に複数設置されるが、近畿地方や東日本でみられる連房式鍛冶工房における鉄器生産の様相とは異なっている（村上2007）。

（2）製鉄原料

8世紀代の製鉄原料は、前段階と同様に鉄鉱石・砂鉄ともに使用しているが、鉱石製錬は徐々に衰退する。備中の総社市奥坂遺跡群では6世紀後半～7世紀前半まで高品位磁鉄鉱を使用するが、8世紀初頭になると貧鉱の使用に移行する。大澤正己氏は「8世紀代は、高品位磁鉄鉱の露頭鉱脈は枯渇気味になり、これに代わって砂鉄主流へと変化する」と考えた（大澤1999）。この状況と関連するように、備中南部の製鉄は8世紀後半には衰退し、9世紀以降には不明瞭となる。したがって、使用可能な鉄鉱石の枯渇が備中南部における製鉄の衰退を導いたと推測される。上栫武氏は、9世紀以降は砂鉄製錬が主流となり、このことが中国地方における製鉄遺跡の分布変化に結びついたと考えた（上栫2020）。

（3）製鉄炉の形態と技術

① 箱形炉の分類

吉備や中国地方における製鉄炉の分類案については、松井和幸氏（松井1989・1991・2001）、河瀬正利氏（河瀬1990・1995）、花田勝広氏（花田1996・2002）らによって提示されている。上記の研究成果をうけて、上栫武氏は製鉄炉地下構造の分類案を下記のとおり提示した（上栫2013）。

地下構造Ⅰ型　炉床や地下構造が長幅比1：1～2：1の方形もしくは長方形で、6世紀後葉～8世紀に主流の構造である。吉備に分布の中心がある。構築する製鉄炉は方形箱形炉と推測する。地下構造を持つタイプ（1-1型）と炉底部をわずかに掘りくぼめるが小口部は立ちあがらない溝状炉底（1-2型）に大別できる。本論の炉形態に対応させるならば、概ねⅠ-1型は地下構造の規模により箱形炉A1型と箱形炉A2型に、Ⅰ-2型は箱形炉B1型に相当する。

地下構造Ⅱ型　地下構造の長幅比が1：1～2：1で、平面円形もしくは楕円形を呈する。構築する製鉄炉は円筒炉と推測する。6世紀後葉～7世紀末に構築され、備後（広島県東部）・備中

北西部（岡山県北西部）に分布する。製鉄炉の形態は箱形炉 C 型に相当する。

　　地下構造Ⅲ型　炉底や地下構造の長幅比が 2：1 より長大なタイプで、長方形箱形炉を築造すると推測する。製鉄炉の形態は箱形炉 B3 型に相当する。なお、箱形炉 B3 型については本節の近畿地方のところで予察的な検討と新たな形式設定を行った。

　　② 　箱形炉の変遷

　8 世紀の中国地方では前代からの継承技術による操業、吉備では地下構造Ⅰ型（箱形炉 A2 型・B1 型）、備後では地下構造Ⅱ型（箱形炉 C 型）による鉄生産が行われる。8 世紀後半から 9 世紀前半においては、美作では美作市の高本遺跡（井上ほか 1995）、伯耆では倉吉市の勝負谷遺跡（坂本 2018）、西伯郡大山町の下市築地ノ峯東通第 2 遺跡（図 288、坂本ほか 2013）など、9 世紀後半から 10 世紀においては、出雲では松江市の玉ノ宮 D-Ⅱ遺跡（勝部 1992・田中 1994）、伯耆では西伯郡大山町の赤坂小丸山遺跡（坂本ほか 2014）などで地下構造Ⅲ型の箱形炉が検出されている。

　　③ 　地下構造Ⅲ型の評価

　地下構造Ⅲ型の初出は美作市（旧英田郡作東町）の高本遺跡で、郡ないしは郷の倉院と考えられる掘立柱建物群による官衙の一角で検出されている。『日本霊異記』下巻十三話に、孝謙天皇の代（749～758）のこととして美作国英多郡の官の鉄山の説話が収録されている。その内容からは、奈良時代の官営の鉄山は、竪穴・横穴の坑道をもつ大規模な構造であったことが推定される。美作国英多郡の官衙である高本遺跡において、近江型（箱形炉 E1 型）に比定される地下構造Ⅲ型の製鉄炉が出現していることと、英多郡に官営鉄山（鉄穴）が設置されていることとは関係があると考える。高本遺跡の製鉄炉は奈良時代から平安時代と比定されているが、『日本霊異記』下巻十三話の孝謙天皇の在位との関連から、年代的には孝謙天皇在位頃の操業と考えたい。

　さらに、奈良時代前半以前の吉備の製鉄遺跡では、横口式木炭窯が検出されることが多いが、

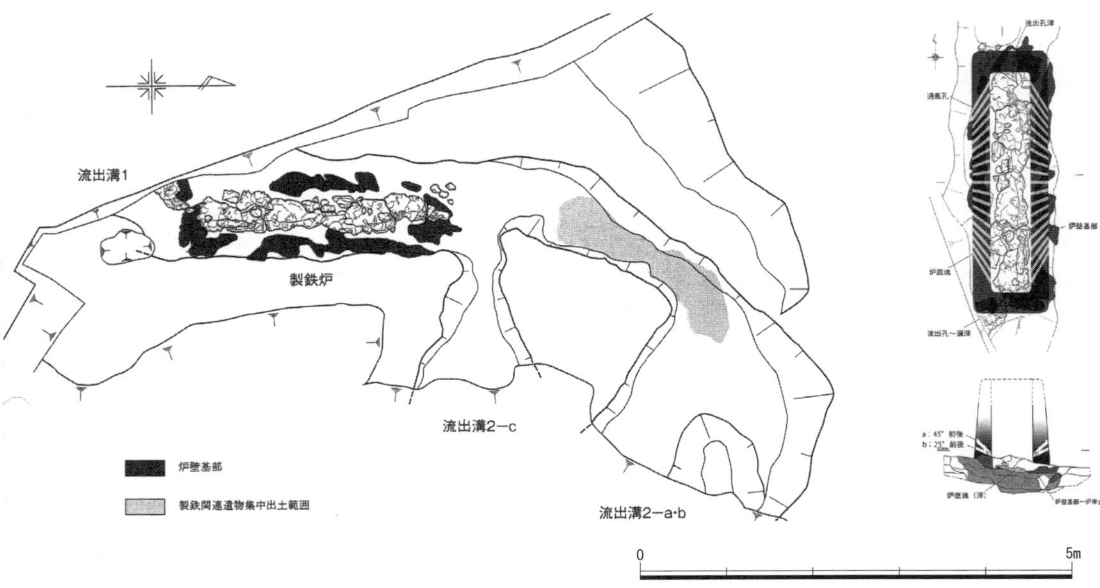

図 288　下市築地ノ峯東通第 2 遺跡　テラス 1 製鉄炉（左）と
製鉄炉復元図（右）（坂本ほか 2013）

奈良時代後半以降の製鉄遺跡では横口式木炭窯の検出は激減する。燃料の生産・供給体制にも変化がみられる。したがって、奈良時代後半の吉備では、官営鉄山（鉄穴）の設置、国家標準型製鉄炉の導入、燃料の木炭・供給体制の変化など様々な現象をみてとれる。以上の変化の背景には、律令体制による吉備の鉄生産体制への大掛かりなてこ入れがあったと考えたい。

地下構造Ⅲ型の箱形炉は、平安時代以降、一部、播磨や丹後などの近畿地方にも分布するが、その分布は中国地方に限られてくる。地下構造Ⅲ型は編年的・地域的にその変遷を追うならば、近江型（箱形炉E1型）の導入を契機とし、箱形炉B1型箱形炉の長軸を伸ばすという技術的変遷の中で、具体的にはB1型→B2型→地下構造Ⅲ型と変遷したと考えるのが妥当と考える。したがって、本書では、奈良時代後半以降、中国地方および播磨で検出される地下構造Ⅲ型の箱形炉を、B3型（下市築地ノ峯東通第2遺跡型）と新たに型式設定する。

4　九州地方

(1) 製鉄遺跡の概要

島根県古代文化センターによる集成によれば、発掘調査された九州地方の製鉄遺跡および製鉄炉のうち、飛鳥時代から平安時代前半のものは、大隅地域では1遺跡0基、肥後地域では1遺跡1基、肥前地域では1遺跡0基、筑前地域では44遺跡119基、豊後地域では3遺跡2基となり、九州地方全体では50遺跡122基となる（東山2020a）。

①　8世紀後半の製鉄遺跡

九州地方では、8世紀代に入ると製鉄炉の発掘調査事例が増加する。確認事例の大半は福岡市及びその周辺である。炉形はほぼ箱形炉に限られ、両小口側に排滓坑を有するものが主体となる。まとまった遺跡群内で数基〜20基製鉄炉が確認される遺跡と大規模製鉄遺跡が、8世紀後半代の限られた時期に集中する傾向がある。9世紀には炉数は減少し九州地方での箱形炉は基本的に終焉を迎える（長家2020）。原料は筑前の太宰府市日焼遺跡（平島ほか2005）、豊前の田川郡香春町宮原金山遺跡（下原2012）で鉄鉱石、それ以外では砂鉄を使用している。

②　9世紀以降の製鉄遺跡

概要　9世紀に西原型竪形炉が出現し、これと入れ替わるように箱形炉は急速に姿を消す。九州地方で確認される竪形炉は、9世紀前半に位置づけられる肥後の荒尾市大藤1号谷遺跡1号製錬炉を初現とする（勢田ほか1992、図289）。また、九州の竪形炉の典型例としては肥後の玉名郡玉東町西原製鉄遺跡1

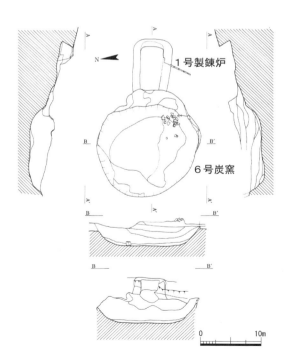

図289　大藤1号谷遺跡
1号製錬炉（勢田ほか1992）

号炉で、「西原型」の標識名になった竪形炉として知られている（土佐1981・穴澤1984）。「西原型」は炉底が前後に長く、幅の狭い炉体を特色とする竪形炉であるが、平安時代末〜鎌倉時代（12〜13世紀）を最盛期として、豊後の国東半島、肥前地域の島原半島、肥後西部の有明海沿岸部、薩摩・大隅などの高チタン砂鉄産地に分布する（長家2020）。

筑前　福岡市・糸島市周辺を中心として低チタン砂鉄を使用した西原型竪形炉が確認されている。福岡市東区湯ヶ浦遺跡（穴澤1997）、福岡市南区内野原田遺跡（池田1992）で検出された西原型竪形炉は袖石を有する。糸島市吉森遺跡（村上2013）では近隣で産出する低チタン砂鉄ではなく、高チタン砂鉄が使用されている。豊前の宮原金山遺跡では、10世紀後半〜13世紀前半に位置づけられる、鉄鉱石原料の袖石を有する西原型竪形炉が確認されている。

肥後　古代〜中世の竪形炉が集中して確認され、熊本県内では分布調査等により約60カ所の製鉄遺跡が知られている。特に小岱山製鉄遺跡群（荒尾市・玉名市・玉名郡南関町）、三の岳製鉄遺跡群（玉名郡玉東町）、大岳製鉄遺跡群（宇城市）の3か所に集中し、平安時代〜鎌倉時代における九州最大規模の製鉄遺跡群を形成している。小岱山製鉄遺跡群では、大藤1号谷遺跡1号製錬炉が9世紀前半に位置づけられ（図289、勢田ほか1992）、現在までのところ九州地方で確認された最も古い竪形炉である。

薩摩・大隅　薩摩の南九州市小坂ノ上遺跡では、製錬滓が埋納された奈良時代末の蔵骨器が発見されており、該期にさかのぼる製鉄遺跡の存在が想定される（中山・上田1995）。奄美諸島の喜界島では、近年、製鉄関連遺跡の発見が続き、喜界町大ウフ遺跡（野崎ほか2013）・崩リ遺跡（松原・村上2018）では、島外から持ち込まれた高チタン砂鉄が出土している。炉跡も検出されており、平安時代後期の製鉄・精錬鍛冶・鍛錬鍛冶という大規模な一貫生産が行われた可能性がある。ただし、喜界島の遺跡から出土する砂鉄については、鍛冶作業時における酸化促進剤の可能性も指摘されている。大隅の鹿屋市川久保遺跡では、7世紀後半〜8世紀の竪形炉系の製鉄炉が検出されている（岩永ほか2023）。また、日向の志布志市上苑遺跡からは、6世紀末〜7世紀の土器とともに製錬滓が出土しているという（相美2021）。

（2）　製鉄炉の形態と技術

①　製鉄炉分類の研究小史

2000年以降、元岡・桑原遺跡群（菅波2011）をはじめとする大規模発掘調査により、九州北部各地で製鉄遺跡の存在が明らかとなってきた。長家伸氏は8世紀と9世紀の製鉄の変化を「箱形炉から竪形炉の転換」という画期として評価する（長家2004）。さらに、村上恭通氏は、九州北部はで、多孔送風・両側排滓の箱形炉の普及以前（6世紀後半〜7世紀初頭）から、単孔送風・片側排滓の製鉄炉（自立炉）が存在した可能性を提示した（村上恭2007）。また、下原祥裕氏は、香春岳周辺に鉄鉱石を製鉄原料とする竪形炉が存在することを明らかにした（下原2012）。

元岡・桑原遺跡群では、約50基の製鉄炉が検出されているが（菅波ほか2005、菅波2006）、8世紀後半以降の製鉄炉は、地下構造の掘方と炉底の長さが短くなる傾向にある。炉底規模は長さ40〜130cm、幅30〜80cmで、形態は規模、地下構造から次の3つに分類されている。

　Ⅰ類：縦置きで、炉底の幅が40cm前後の箱形炉。
　Ⅱ類：縦置きで、炉底の幅が60cm前後の地下構造をもつ箱形炉。
　Ⅲ類：横置きで、Ⅱ類と同様・同規模の箱形炉。

第4章 古代製鉄展開期の様相

表20 九州地方の製鉄炉の分類（小嶋2016一部改変）

分類		基底部構造	基底部規模（長軸×短軸）	炉の設置方法	排滓方法	送風方法	送風関連遺構	通風管材質	送風孔形態	事例	本分類
箱形炉	I-1	掘り方内を焼成した後に、真砂土や焼土・炭を充填。	約1.5×0.4m	縦置き	両側	多孔	-	-	円	松丸F	D2
	I-2	箱形炉I-1類と同様。	約1.5×0.4m	横置き	両側	多孔	-	-	円	宝満山	E1
	I-3	箱形炉I-1類と同様。	約0.6×0.4m	縦置き	両側	多孔	-	土製	円	元岡I類	D1
	II-1	掘り方内に粘土を貼った後、十分に焼固め、真砂土や焼土・炭を充填。	約0.8×0.6m	縦置き	両側	多孔	土坑	土製木製	円・三角	元岡II類	D1
	II-2	箱形炉II-1類と同様。	約0.8×0.6m	横置き	両側	多孔	土坑	-	-	金武	A2
	III	箱形炉II-1類と同様。	約1.0×0.6m	横置き	両側	多孔	-	土製	円・三角	元岡III類	B2
竪形炉	I	基底部床面が若干傾斜する。掘り方内部で焼成後、石・粘土・焼土・炭で充填。	約0.9×0.5m	縦置き	片側	単孔	-	土製（羽口）	円	宮原金山	西原型竪形炉
	II	竪形炉I類と同様。	約1.0×0.6m	縦置き	片側	単孔	踏み鞴座	土製（羽口）	円	狐谷	半地下式竪形炉

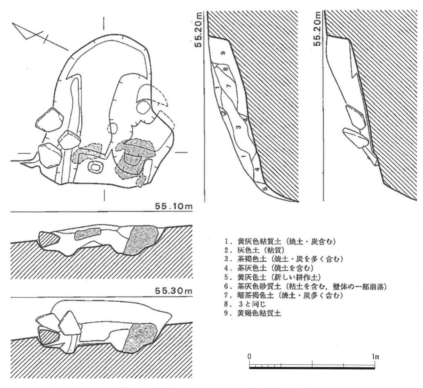

図290 長田遺跡製鉄炉（井上1994）

遺構の切り合い関係からI類からII類・III類への変遷がたどれるという（菅波2006）。

② 箱形炉の分類と変遷

小嶋篤氏は九州北部の製鉄炉を対象に型式分類を行い、各遺跡での製鉄炉の操業状況を明らかにした上で、型式の存続時期や併行関係を明らかにした（小嶋2016、表20）。なお、表20において小嶋氏と本論での製鉄炉分類の対応を示した。

元岡・桑原遺跡群では、「箱形炉I-3類・元岡I類⇒箱形炉II-1類・元岡II類⇒箱形炉III

類・元岡Ⅲ類」、八熊製鉄遺跡では、「箱形炉Ⅰ-3類⇒箱形炉Ⅲ類」の変遷が明らかとなった。室見川中流域の金武遺跡群では、扇状地下方から上方へと、おおまかな新旧関係が認められ、扇状地下方に縦置きの箱形炉Ⅰ-3類、Ⅱ-1類が多く、扇状地上方に横置きの箱形炉Ⅱ-2塁・箱形炉Ⅲ類が集中する。

　以上の結果から、箱形炉の遺構属性は、①地下構造の大型化、②縦置きから横置きへという変遷がみてとれる。さらに時系列上の変化が強く反映している属性として、地下構造が細長い形状となる傾向がある。また、各箱形炉の存続時期は、箱形炉Ⅰ-1類・箱形炉Ⅰ-2類が7世紀後半～8世紀前半、箱形炉Ⅰ-3類が8世紀中頃～後半、箱形炉Ⅱ-1類・箱形炉Ⅱ-2類が8世紀後半、箱形炉Ⅲ類が8世紀後半～9世紀となる（小嶋2016）。以上の結果から、8世紀後半以降の箱形炉の形態の変遷は以下の通り整理できる。

　　8世紀中頃～後半：箱形炉D1型（箱形炉Ⅰ-3類）
　　8世紀後半：箱形炉D1型（箱形炉Ⅱ-1類）・箱形炉A2型（箱形炉Ⅱ-2類）
　　8世紀後半～9世紀前半：箱形炉B2型（箱形炉Ⅲ類）

　なお、元岡・桑原遺跡群では、金属学的調査結果から、高炭素鋼から一部白鋳鉄組織を呈するものが多数確認され、刃金原料に適した高炭素鋼指向の操業が推測されている。8世紀中頃から9世紀前半にかけての糸島半島周辺の製鉄は、8世紀中頃の新羅との関係悪化を端緒とする、大宰府の武器整備のための製鉄との指摘がある（菅波2011）。

③　竪形炉の分類と変遷

　竪形炉Ⅰ類は、炉内規模が、本論で型式設定した「半地下式竪形炉」より小さく、踏み鞴座が伴わない、単孔送風・片側排滓の竪形炉系の自立炉で、「西原型竪形炉」（土佐1981・穴澤1984）の一種と考えられる。炉底が傾斜し、炉門部に石材を立てることが特徴である。

　大藤1号谷遺跡で9世紀の操業、宮原金山遺跡で10世紀後半から13世紀前半の操業が推定されている。筑前の朝倉市長田遺跡（8世紀前半を上限）は、従来は箱形炉D1型の箱形炉と認知されてきた（図290）。しかし小嶋氏は、宮原金山遺跡の発掘調査成果を基にすると竪形炉Ⅰ類と識別できるとする（小嶋2016）。村上氏は、九州北部では箱形炉の普及以前（6世紀後半～7世紀初頭）から、単孔送風・片側排滓の製鉄炉（自立炉）が存在した可能性を提示している（村上2007）。また長家氏も、長田遺跡検出の製鉄炉跡を炉形状から、袖石を有する竪形炉である可能性が高いとする（長家2020）。

⑤　今後の課題

　長田遺跡のように、九州地方には製鉄炉の炉形の認定が難しい事例が存在する。また九州地方は国外からの製鉄技術導入を図り易いという地理的条件から、他地域では見られない製鉄炉の存在が明らかになる可能性もある。これまで日本列島において最初に出現する竪形炉は、強力送風が可能である踏み鞴を伴う単孔送風・片側排滓を基本技術とすると言われてきた。しかし、九州地方では踏み鞴以外の送風施設を伴う竪形炉が確認されつつあり、その技術系譜と実態把握が今後の課題となる。

　近年、大隅の鹿屋市川久保遺跡で7世紀後半～8世紀の製鉄炉が検出された（岩永ほか2023、村上恭2023）。踏み鞴跡は検出されておらず、村上氏が提唱する単孔送風・片側排滓の製鉄炉（自立炉）の可能性が高い。

第4章　古代製鉄展開期の様相

　九州地方の箱形炉が縦置きを基本としていることを含め、箱形炉出現以前、あるいは踏み鞴を伴う半地下式竪形炉が日本列島に出現する以前に、村上氏が提示する単孔送風・片側排滓の自立炉が九州地方に存在していたのかどうかという検討は、日本列島における製鉄の開始と展開を考える上で重要である。九州北部の縦置き箱形炉の出現と、いわゆる西原型竪形炉と呼ばれる、九州地方の単孔送風・片側排滓の自立炉の出現契機や、技術系譜の源流と展開の解明については、今後の課題としたい。

5　東海地方

(1)　製鉄遺跡の分布と時期
　島根県古代文化センターによる集成によれば、発掘調査された東海地方の製鉄遺跡および製鉄炉のうち、飛鳥時代から平安時代前半のものは、尾張では2遺跡2基、駿河では1遺跡0基、伊豆では2遺跡5基となり、東海地方全体では5遺跡7基となる（東山2020a）。
　ただし本節で対象とする8世紀後半から10世紀までの製鉄炉は、東海地方では確認されていない。なお、美濃では、鉄鉱石系の製錬滓や鍛冶滓の出土例があり、今後、製鉄遺跡が発見される可能性がある（大道2014b）。また、伊勢の四日市市岡山窯跡（四日市市1971）では、奈良時代後期の横口式木炭窯が1基検出されており、今後、製鉄遺跡が発見される可能性はある。しかし、東海地方全体としては製鉄関連遺跡の数は少ない。

(2)　製鉄原料
　美濃・尾張と三河以東では、原料の面で鉄鉱石と砂鉄という違いがある。尾張には、フォッサマグナ地帯が分布しており、そこに特有の接触交代鉱床に由来する鉄鉱石が偏在する。一方、三河以東では火山の噴出物から分離された塩基性の砂鉄が、小河川の流域や河口部で確認される。

6　北陸地方

(1)　製鉄遺跡の概要
　島根県古代文化センターによる集成によれば、発掘調査された北陸地方の製鉄遺跡および製鉄炉のうち、飛鳥時代から平安時代前半のものは、越前では1遺跡1基、加賀では6遺跡7基、能登では2遺跡5基、越中では58遺跡131基、越後では29遺跡39基となり、北陸地方全体では96遺跡183基となる（東山2020a）。
　北陸地方における古代製鉄遺跡の研究は、関清氏らによって進められた。関氏により、越中の射水丘陵製鉄遺跡群の発掘調査成果をもとに、製鉄炉・木炭窯の型式分類・変遷案が示された（関1984・1985・1989・1991）。一方、越後でも金津丘陵製鉄遺跡群・藤橋東遺跡群・軽井川南製鉄遺跡群等の発掘調査により、越中の製鉄遺跡とは類似するものの、越中では明確に位置付けられなかった製鉄炉や木炭窯が存在することが明らかとなってきた。
　渡邊朋和氏は北陸地方から東北地方の日本海側における、古代から13世紀までの製鉄炉や木炭窯の編年作業を行った。その結果、10世紀から13世紀にかけて同一系譜にあたると考えられる製鉄炉（炉形態・炉構造）や地下式木炭窯が、越前から出羽まで広範に分布していることを明らかにした（渡邊1989）。以下、西から各地域別に概観する。

① 越前

越前では、越前北部の金津製鉄遺跡群が確認されているが、敦賀市域でも今後製鉄遺跡群が見つかる可能性がある。越前では、あわら市の笹岡向山遺跡で製鉄炉が2基検出されている。2号炉は箱形炉E1型に分類される製鉄炉である。操業年代は7世紀後半と推定され、現状では北陸地方最古の製鉄炉に位置づけられる。1号炉はコ字形排水溝が巡る半地下式竪形炉で、5m前後の地下式木炭窯が伴う。所属時期は11世紀末から12世紀末と推定される（木下哲1995）。

② 加賀

南から、加賀南部の橋立製鉄遺跡群、南加賀製鉄遺跡群、加賀北部の宇ノ木製鉄遺跡の3遺跡群が確認されている。

林製鉄遺跡は小松市南東部に位置する。蓮台寺・木場地区及び粟津地区から那谷地区にかけての9kmにかけて広がる南加賀製鉄遺跡群に所在する。平野部や潟に面する標高20〜30mの低丘陵地帯に立地する。発掘調査は1989〜1992年に行われ、A地区（8世紀中頃）・B地区（9世紀末〜12世紀前半）・C地区（9世紀前半〜後半）に分かれ、製鉄炉2基、鍛冶炉3基、埋設鋳型2基、木炭窯4基などが検出された。

この中でも、B地区では製鉄炉1基、竈状遺構、埋設鋳型2基、鍛冶炉1基、木炭窯1基などが見つかっている。これらの遺構は出土土器などから10世紀初頭〜11世紀後半とされている。製鉄炉はコの字状排水溝が廻る中につくられ、炉背後に踏み鞴が伴う半地下式竪形炉である。半地下式竪形炉としては地下構造を持たない古い様相を示す。木炭窯は地下式で燃焼部の全長が5.9m程で、当該期の北陸地方でよくみられる形態の木炭窯である。この木炭窯は東北地方日本海側の古代末期にみられる製鉄用木炭窯の祖形となるものと考えられている（久田ほか1993、望月2003）。

小松市の木場遺跡B地区では、10世紀前後に比定される半地下式竪形炉（1号製鉄炉）、9〜10世紀に比定される踏み鞴付箱形炉（2号製鉄炉）、H地区では8世紀後半に比定される横口式木炭窯（1号炭窯A窯）が検出されている（小松市1991）。

③ 能登

能登半島中部の門前剣地製鉄遺跡群、穴水製鉄遺跡群で製鉄遺跡が確認されている。石川県下では約260か所以上の製鉄遺跡の存在が知られており、そのうちの半数近くが能登半島の輪島市域で発見されている。

道下中山製鉄遺跡は輪島市に位置し、北陸型箱形炉が3基（SK1〜3）、半地下式竪形炉が1基（1号製鉄炉）検出されている。北陸型箱形炉の操業時期は出土した土師器と年代測定結果から、奈良時代後期の8世紀代、一部は9世紀前半に下ると推定されている。半地下式竪形炉は、平安時代中期の10世紀代の操業と推定される。また、半地下式と地下式の木炭窯も検出されている。

道下中山製鉄遺跡が所在する門前町諸岡地区では38カ所の製鉄遺跡と5カ所の木炭窯が確認されており、能登地域でも有数の鉄生産地として注目されている。門前町各地で採集した鉄滓を、穴澤義功氏が分類しており、箱形炉系製鉄炉（8世紀）は4遺跡、竪形炉系製鉄炉（9〜13世紀）は18遺跡分布しているという（國守ほか2003）。

④ 越中

越中で製鉄炉が検出されているのは、富山市域を中心にした射水丘陵製鉄遺跡群、東側の平野部にある上市製鉄遺跡群の2か所である。

第4章　古代製鉄展開期の様相

　射水丘陵製鉄遺跡群は、富山市から射水市にかけての東西10km、南北7kmの範囲に広がる。射水丘陵では、分布調査等により製鉄関連遺跡186遺跡、製鉄炉128基、木炭窯430基が確認されている。製鉄関連遺跡は射水丘陵の中央を流れる下条川右岸に集中し、製鉄遺跡の年代は8世紀〜13世紀頃。8世紀前半に箱形炉で操業が始まり、8世紀末頃には半地下式竪形炉の操業も始まる。操業には越中国府が関与するとされている。古代においては以下のⅠ期〜Ⅲ期に分けられる（渡邊2020）。

　Ⅰ期（8世紀初頭〜中葉）：箱形炉E1型・北陸型箱形炉で製鉄、大形地下式木炭窯が伴う。遺跡数は少ない。

　Ⅱ期（8世紀中葉〜9世紀中葉）：北陸型箱形炉で製鉄、長さ10m前後の大形半地下式木炭窯が伴い、製鉄の最盛期と考えられる。現状では、8世紀末に比定される赤坂C遺跡XV地区S06製鉄炉（上野ほか2001）が最古の半地下式竪形炉と考えられる。また、箱形炉は横置き型から縦置き型に推移したと考えられてきたが、8世紀終末頃の石太郎Ⅰ遺跡（池野ほか1992）では、縦置き型から横置き型へという推移がみられることから、当該期には、一時的に横置きの箱形炉が出現するようである。

　Ⅲ期（9世紀中葉〜10世紀代）：箱形炉が消滅し、半地下式竪形炉の製鉄に変わる。半地下式木炭窯と地下式木炭窯が伴う。鋳造は当該期から開始する。

　⑤　越後

　越後で製鉄炉が検出されている地域は5箇所ある。南から順に、頸城郡の吉川製鉄遺跡群、柏崎市の軽井川・藤橋製鉄遺跡群、高志郡の島崎川流域製鉄遺跡群、新潟市東部にある金津丘陵製鉄遺跡群（蒲原郡）、新発田市の笹神丘陵製鉄遺跡群である。その他、最近では旧沼垂郡北部からも製鉄炉が検出されている。

　軽井川南遺跡群は柏崎市軽井川、標高約20〜30mの低丘陵の台地が樹枝状に延びた地点に立地する。2003〜2006年に35遺跡を発掘調査し、そのうち22遺跡が製鉄関連遺跡であることが判明した。越後地域最大規模の製鉄遺跡群である。隣接する藤橋東遺跡群とともに古代三嶋郡域だけでなく、その郡域をこえた製鉄を担っていたと考えられる。本遺跡群の製鉄は8世紀代に操業が始まり、終焉は12世紀代と推定される。軽井川南遺跡群では製鉄炉24基（北陸型箱形炉6基・半地下式竪形炉18基）、木炭窯111基（半地下式43基・地下式68基）が発掘調査されている。遺跡毎に見ると、北陸型箱形炉と半地下式木炭窯の組み合わせから、半地下式竪形炉と地下式木炭窯の組み合わせに移りかわったことがわかる。下ヶ久保A遺跡では鋳造が確認されている（平石・品田2021）。

　藤橋東遺跡群は柏崎市藤橋低丘陵の台地が枝状となっている地点に立地する。1993・1994年に11遺跡を発掘調査し、そのうち6遺跡が古代の製鉄関連遺跡であることが判明した。古代の製鉄関連遺跡6遺跡から製鉄炉6基（北陸型箱形炉1基・踏み鞴付箱形炉3基・半地下式竪形炉2基）、木炭窯19基（半地下式10基・地下式9基）のほか、鍛冶炉、竪穴建物などが見つかっている。9世紀代の箱形炉と半地下式木炭窯の組合せから、10世紀代に半地下式竪形炉と地下式木炭窯の組合せに移行し、12世紀代に終焉を迎えたと考えられる。呑作E遺跡SX1、網田瀬A遺跡SX570、網田瀬E遺跡SX7（図291）では、山側に踏み鞴を伴う箱形炉（踏み鞴付箱形炉）が検出されている。操業時期は9世紀前半と推定される。踏み鞴付箱形炉は、越後では柏崎市の大沢遺跡B地点でも発見されており、4例全て柏崎市域で見つかっていることになる（平石・品田

382

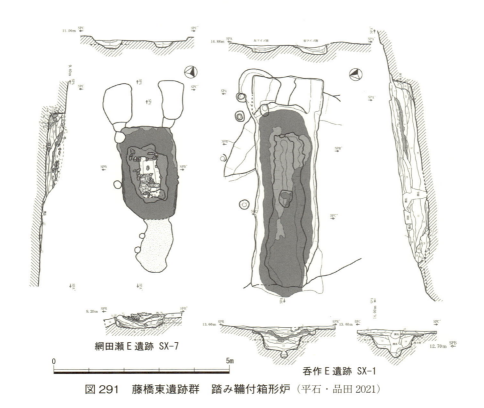

図291　藤橋東遺跡群　踏み鞴付箱形炉（平石・品田 2021）

2021)。

　金津丘陵製鉄遺跡群は新潟市金津、南北約450m・東西約650mの範囲の丘陵斜面に立地する。発掘調査は1989～1991年に行われた。発掘調査の結果、当遺跡群は、8世紀から12世紀の製錬・精錬鍛冶を主体とする、7地点からなる製鉄関連遺跡群であることが判明した。製鉄関連遺構としては、製鉄炉7基（北陸型箱形炉・半地下式竪形炉）や木炭窯（半地下式・地下式）20基以上、砂鉄置場・炭置場、伏せ焼きの炭窯である焼土坑がある。鉄滓は総重量で約9.2t出土し、この中には鉄塊192kg（大半は指頭大）、砂鉄528kgが含まれる。製鉄は8世紀代に、北陸型箱形炉と10m以上の半地下式木炭窯による操業で始まり、9世紀代になると半地下式竪形炉に替わる。11世紀頃からは半地下式竪形炉と地下式木炭窯を主とした操業となり、12世紀末には操業終焉をむかえる（渡邊1998）。

（2）製鉄遺跡の時期

　8世紀第2四半期になると、加賀・能登・越中・越後に北陸型箱形炉が一斉に現れる。共伴する木炭窯には半地下と地下式とが混在するが、主体は半地下式である。その後、箱形炉は9世紀第3四半期まで存続する。一方、半地下式竪形炉は8世紀末を初現とし、9世紀第2四半期には加賀・能登・越中・越後に導入される。半地下式竪形炉に伴う木炭窯は地下式である。また、9世紀後半から10世紀の前半段階に、製鉄遺跡群の中に鋳造遺跡が出現する。鋳造遺跡に共伴する木炭窯は、短い横口式と地下式とが混在する。

第4章　古代製鉄展開期の様相

（3）製鉄原料

　発掘調査歴のあるすべての製鉄遺跡で砂鉄原料を用いている。ただし、越前の敦賀市公文名與門下遺跡の発掘調査で、7〜8世紀代の遺構から鉄鉱石が出土している（中野2006）。当遺跡からは製鉄炉は検出されておらず、鍛冶集落であることが判明している。今後、越前南部で、鉄鉱石を原料とする近江型箱形炉が検出される可能性がある。また、越前南部は鉄鉱石製錬と砂鉄製錬の境界地であることから、鉄鉱石製錬から砂鉄製錬への過渡的状況を示す製鉄遺跡が発見される可能性もある。

（4）　製鉄炉の形態と技術

①　製鉄炉分類

　北陸地方の製鉄炉・木炭窯の型式分類・編年については、射水丘陵製鉄遺跡群の発掘調査成果を基に、型式分類・編年案を示した関清氏の研究がある（関1989・1991）。また、穴澤義功氏は、日本列島全域の研究の中で北陸地方の製鉄炉について、箱形炉については、「北陸を中心とし地下構造を充実させた長方形箱形炉の石太郎C型（I型d類）」、竪形炉については、「北陸を中心とし炉床に傾斜を持たせた上野赤坂A型（II型b類）」と製鉄炉の型式設定を行った（穴澤1984・1997）。

　上記の研究成果をうけて、渡邊朋和氏は、新潟県内の製鉄炉を主とし、北陸地方全体を視野に入れた製鉄炉の形態分類案を、以下のとおり提示した（渡邊1998・2006）。

　I類（箱形炉）：縦置きで、厚い木炭の地下構造を持ち、炉の長軸端部一方から排滓するものをIA類、横置きに構築されるものをIB類とする。

　II類（竪形炉）：炉底に地下構造のないものをIIA類、炉底に粘土を貼るものをIIB類、炉底に木炭の地下構造を持つものをIIC類、炉底に鉄滓等の地下構造を持つものをIID類とする。

　近年、平吹靖氏は、柏崎平野南部丘陵の製鉄遺跡群から検出された竪形炉の整理を行い、分類案を提示している（平吹・品田2021）。なお、北陸地方では竪形炉に大口径羽口が伴う事例はなく、大入遺跡C地点（渡邊1998）や富山県小杉町赤坂遺跡第5号製鉄炉（原田・稲垣1997）では、炉壁とは粘土を変え、炉壁造り付け羽口としている。北陸地方では炉壁造り付けの羽口が一般的だったようである。10世紀までの北陸地方の製鉄炉の分類、および本論での製鉄炉分類の対応

表21　北陸地方の製鉄炉の分類（渡邊1998・2006、平吹2021に拠り、一部改変）

渡邊氏分類 （1998・2006）	炉形態	福井・石川・富山県の時期	福井・石川・富山の事例	平吹氏分類（2021）	柏崎平野南部丘陵の時期	柏崎平野南部丘陵の事例	新潟県の時代（柏崎平野南部丘陵以外）	本書の分類
IA1類	縦置きの箱形炉。炉背後に踏み鞴座を持つ。	9世紀前半頃				網田瀬ESX-7		踏み鞴付箱形炉
IA2類	縦置きの箱形炉送風施設明らかでない。	8世紀第2〜9世紀第3四半期	南太閤山II1号炉					北陸型箱形炉
IB	横置きの箱形炉	8世紀代に限定か	石太郎G1号炉					箱形炉E1型
IIA	炉底下に地下構造のない半地下式竪形炉。	9世紀第2〜第4四半期頃					居村A1号炉（9世紀第2〜第4四半期頃）	半地下式竪形炉
IIB	炉底に粘土を貼る半地下式竪形炉。	9世紀第2四半期〜12世紀	石太郎G2号炉	IIB	2期10世紀初頭〜11世紀中頃	千刈C東区1・2号炉	大入A1号炉（8世紀後葉〜9世紀初頭）	半地下式竪形炉
IIC	炉底下に木炭の地下構造がある。			IIA1	1期9世紀後半頃	下ヶ久保E1・2号炉	居村DSW1号炉（11〜12世紀）	半地下式竪形炉

第7節 日本古代製鉄の展開期の様相

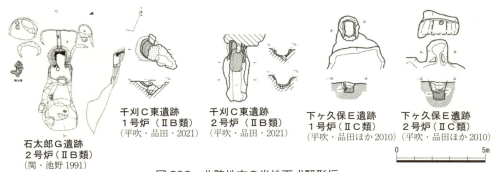

図292 北陸地方の半地下式竪形炉

については表21で示した（図292）。

② 箱形炉の変遷

北陸型箱形炉 Ⅰ類の箱形炉は7世紀第4四半期から9世紀第3四半期の年代幅を持ち、その中でも、横置きのⅠB類は時期的に8世紀代に限定される可能性が高い。横置きの箱形炉は越後で検出されていない。なお、ⅠB類は、第3章第12節で型式設定した箱形炉E1型に相当する。

縦置きのⅠA類は8世紀前半に出現し、9世紀第3四半期を下限とし、北陸地方全域でほぼ同じ時期に終焉を迎える。渡邊氏は、北陸地方の箱形炉の特徴として、一方に排滓する箱形炉が多いことを挙げる。北陸地方でみられる一方に排滓する箱形炉の傾向を、箱形炉技術の方向性として重視したい。なお、ⅠA類は、第3章第12節で型式設定した北陸型箱形炉に相当する。

踏み鞴付箱形炉 北陸地方で踏み鞴座が伴う確実な例は9世紀前半頃のⅠA類で、柏崎市藤橋東遺跡群周辺に限定され、渡邊氏は東北南部からの影響を考える（渡邊2020）。網田瀬E遺跡で踏み鞴座の付く箱形炉が出現するのは9世紀前半頃である。北陸地方では箱形炉・竪形炉ともに羽口は用いられていないことは、箱形炉と竪形炉に羽口を用いる東北南部の製鉄技術との相違点である。しかし、箱形炉の横置きから縦置きへの変化、箱形炉への踏み鞴の導入などは、汎東日本的な情報の伝達があったことを窺わせる。

③ 竪形炉の変遷

渡邊氏は、9世紀第2四半期頃に越後や越中では、Ⅱ類の竪形炉による製鉄も開始され、同時に踏み鞴も導入されたと考える。また、検出遺構の重複関係から、ⅡA類（炉底下に地下構造のない竪形炉）→ⅡB類（炉底に粘土を貼る竪形炉）→ⅡD類（炉底下に鉄滓等の地下構造をもつ竪形炉）の大局的な変遷を想定する（渡邊1998・2006）。ⅡA類・ⅡB類の竪形炉には共に9世紀第2四半期から第4四半期の遺物が伴っており、明確な年代差を持たないが、両者は相対的な前後関係はあるようである。ただし、柏崎平野南部丘陵の製鉄遺跡では、ⅡC類（炉底下に木炭の地下構造をもつ箱形炉）の竪形炉が9世紀後半に出現し、その後、10世紀初頭にはⅡB類の竪形炉に移行する。当該地域では、踏み鞴付箱形炉も検出されており、製鉄開始の契機、製鉄技術系譜の探求を今後の課題としたい。

なお、越中では、竪形炉の出現とほぼ同時に鋳造遺跡が検出されており、竪形炉の導入は鋳造用の銑鉄の生産を副次的な目的としたものと考えられている（関1989）。また、越後でも軽井川

南製鉄遺跡群で古代の鋳造遺構が検出されている。しかし、渡邊氏は竪形炉と鉄鋳造を短絡的に結び付けて良いかは検討する必要があるとする（渡邊 2006）。

7 甲信地方

(1) 製鉄遺跡の分布と時期

古墳時代から平安時代前半までの発掘調査された製鉄遺跡数と製鉄炉数は 4 遺跡 25 基で、全て信濃の発掘調査事例である。甲斐では製鉄遺跡の発掘調査事例がない。このほか製鉄に関連する可能性のあるものとして、信濃の松本市の中山古墳群で検出された地下式木炭窯（直井ほか 2004）がある。製鉄遺跡は 10 世紀以降に見られる。大町市の五十畑遺跡（篠崎ほか 1984）、千曲市の清水製鉄遺跡（上田ほか 1997）、長野市の松原遺跡（飯島ほか 1993）などは、千曲川などの主要河川が作り出した丘陵上や平野部に多く分布する。この地域では 10 世紀以降、中世において小規模な製鉄が行われた可能性がある（穴澤 2020a）。

(2) 製鉄原料

信濃地域の製鉄原料は砂鉄が用いられている。なお、製鉄遺跡の分布状況や遺跡の立地から見ると、河川敷に堆積した限られた砂鉄を用いている可能性が高そうである（穴澤 2020a）。

(3) 製鉄炉の形態と技術

10 世紀以降の製鉄炉の形態は、自立型の小型竪形炉である（図 293、上田ほか 1997）。送風には小型の羽口を用い、炉前には小さな前庭部が検出される場合が多い。なお、ほぼ同時期に上野・武蔵の境界地帯でも類似する製鉄炉が一定数、発掘調査されており、地域的・技術的に関連性が想定できる。信濃と上野・武蔵のどちらが先行するかは不明で、今後の検討課題である。

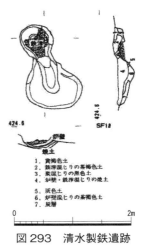

図 293 清水製鉄遺跡 SF18（上田ほか 1997）

8 関東地方

(1) 製鉄遺跡の分布

島根県古代文化センターによる集成によれば、発掘調査された関東地方の製鉄遺跡および製鉄炉のうち、飛鳥時代から平安時代前半のものは、相模では 1 遺跡 14 基、武蔵では 15 遺跡 81 基、上総では 8 遺跡 20 基、下総では 19 遺跡 30 基、常陸では 6 遺跡 7 基、下野では 1 遺跡 0 基、上野では 28 遺跡 58 基となり、関東地方全体では 78 遺跡 152 基となる（東山 2020a）。発掘調査された製鉄遺跡は、上野・武蔵・下総での調査例は多く、下野・相模・上総・常陸での調査例は少ない。相模と武蔵南部では製鉄遺跡の存在自体が希薄で調査例も、上郷深田遺跡のみである（穴澤 2020b）。

(2) 製鉄遺跡の時期

関東地方には、8 世紀第 2 四半期に、新たに導入された半地下式竪形炉が、下総や上野西南部に出現したのち、10 世紀前半までの 200 年間は半地下式竪形炉単独の時代となり、関東地方の製鉄を一手に担う。分布域は荒川・大日川・利根川・鬼怒川流域から、常陸・下総の内陸部に

まで広がっている。また、10世紀後半から11世紀前半にかけては、竪形炉系の小型自立炉が上野・武蔵の境界地帯の平野部に展開する（穴澤2020b）。

（3）製鉄原料

全ての製鉄遺跡で砂鉄を用いている。製鉄遺跡の場所・立地は、主要河川沿いと内陸部の二者がある。前者の製鉄遺跡では、主要河川の河川敷や低丘陵の裾を流れる小川で採取された砂鉄を、後者の製鉄遺跡では、霞ケ浦や手賀沼、たたら沼などの内陸湖沼で採取された砂鉄が入手先であったと考えられる。また関東地方は、北関東が火山地帯であるため安山岩主体の火山噴出物から塩基性砂鉄が抽出される。また下野・常陸・武蔵の一部地域では花崗岩系の基盤から酸性砂鉄が抽出される。各河川で淘汰・混合された砂鉄が下流域に堆積する。製鉄遺跡の分布、生成鉄の種類に砂鉄の性質の特徴が現れる（穴澤2020b）。

（4）製鉄炉の形態と技術

8世紀後半以降、関東地方では箱形炉系と竪形炉系の二つの製鉄炉で製鉄が行われる。8世紀初頭に箱形炉E3型の技術が導入され、8世紀第3四半期までは製鉄操業が確認される。なお、上総の市原市押沼大六天遺跡（黒澤ほか2003）では9世紀前半と推定される箱形炉E1型が検出されているので、関東地方では9世紀前半頃まで、箱形炉による製鉄が行われた地域が存在していた可能性はある。

一方、竪形炉は8世紀第2四半期に、半地下式竪形炉が下総や上野西南部に出現する。半地下式竪形炉は炉腹の径を徐々に絞りながら、10世紀前半まで存続する（図294）。その後、10世紀後半から11世紀前半にかけては、竪形炉系の小型自立炉が上野・武蔵地域の境界地帯の平野部に展開する（図295）。類似した製鉄炉は長野県中部でも確認されており、両者は時期的にも近く、相互の技術的、人的交流を想定できる（穴澤2020・笹澤2021）。

（5）半地下式竪形炉に伴う鍛冶

上野の渋川市諏訪ノ木Ⅵ遺跡では、精錬鍛冶主体の排滓場が検出されており、椀形鍛冶滓、羽口を中心とする3,723点（319.4kg）の鉄関連遺物が出土した。排滓場は伴出した土器から、8世紀中頃を中心に、9世紀後半までの間に形成されたものと推定されている（笹澤2006a・b）。発掘調査で出土した鉄関連遺物の内訳は、椀形鍛冶滓と羽口で全体の96％を占める。椀形鍛冶滓は、1kg以上の椀形鍛冶滓6点（7.4kg、3％）、500g以上の1kg未満の椀形鍛冶滓91点（49.3kg、20％）、250g以上500g未満の椀形鍛冶滓340点（85.9kg、34％）、125g以上250g未満の椀形鍛冶滓451点（52.3kg、20％）、125g未満の椀形鍛冶

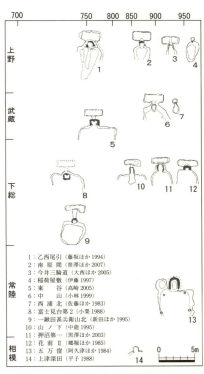

図294 関東地方の竪形炉の変遷
（笹澤2021を一部改変）

図295 津久田上安城遺跡製鉄炉（小林2009）

第4章 古代製鉄展開期の様相

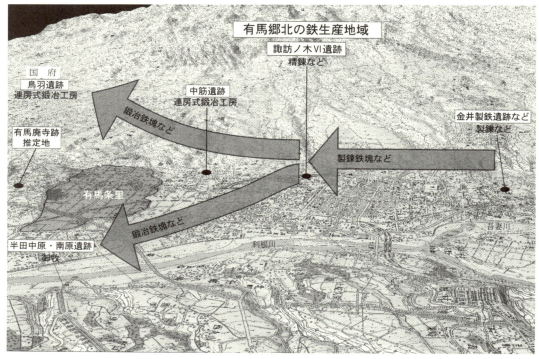

図296 半地下式竪形炉導入期の上野国群馬郡有馬郷北部の鉄・鉄器生産システム想定図
((公財)群馬県埋蔵文化財調査事業団 笹澤2006)

滓1,300点(57.1kg、23%)に分類でき、鍛冶関連遺物の中でも大型から中型の椀形鍛冶滓の比率が高いことが判明している(笹澤2006a・b)。

また、金属学的調査の結果、諏訪ノ木Ⅵ遺跡では、鍛冶の中でも精錬鍛冶が主体的に行われていることが明らかとなった(大澤・鈴木2006b)。出土した椀形鍛冶滓は、比較的定型化し、磁着がほとんどないという特徴を持つことから、操業や鍛冶工程が規格・管理化され、除滓と成分調整の工程が定式化されていた可能性がある。諏訪ノ木Ⅵ遺跡では、除滓と成分調整が専業的に行われていることがわかる。

諏訪ノ木Ⅵ遺跡は、半地下式竪形炉を検出した金井製鉄遺跡(井上・大江ほか1975)の南約2kmに位置する。また、金井製鉄遺跡と諏訪ノ木Ⅵ遺跡の間には、金井前原遺跡や金井下新田遺跡など、半地下式竪形炉や半地下式竪形炉に伴う鉄滓が出土している遺跡があり、8世紀後半から9世紀の半地下式竪形炉による製鉄が盛んに行われた地域であることが明らかになっている。

出現期の半地下式竪形炉では、炉外流出滓の出土量が少ないこと、炉底に生成した生産物を取り出した痕跡を確認することができることから、炉底に滓を溜め込んで、鉄と滓が混じる塊を生産したと考えられている。そのような鉄と滓の混じる塊を小割りした鉄塊(製錬鉄塊)を精錬すると、サイズの大きい、表面が赤く錆びつく椀形鍛冶滓が生じる。したがって、諏訪ノ木Ⅵ遺跡では、周辺の半地下式竪形炉で生産した製錬鉄塊の除滓を専業的に行い、不純物の含まれない鉄素材を出荷する大規模な精錬鍛冶専業工房であると考えられる(図296)。

半地下式竪形炉で生産した滓混じりの製錬鉄塊は、たたら製鉄で生成されるような鋼や銑の混

在した大形の鉄塊よりも小割りし易く、扱いやすかったと考えられる。半地下式竪形炉で生産した製錬鉄塊の扱いやすさが、多くの一般集落内への鉄器や鍛冶の普及を促したと考える。

(6) 半地下式竪形炉の生成鉄

諏訪ノ木VI遺跡の精錬鍛冶に持ち込まれた製錬鉄塊には、不純物が多く含まれていることから、初現期の半地下式竪形炉は、滓と鉄を完全に分離できるような製鉄炉ではなかったと推定される。しかし、半地下式竪形炉の炉高は約2mに復元でき、箱形炉の約2倍炉高を確保する。また、踏み鞴から大口径羽口を経て、炉内に大量の送風を行うことができることから、炉の全体的な高温化が可能で、銑鉄を生産することが可能な炉内環境を確保できたと言える。笹澤泰史氏は、操業最終段階において、炉底に不純物混じりの鉄塊が生成されたとしても、操業途中で出銑していた可能性を考える必要があるとする（笹澤2021）。

銑鉄が生成されれば、銑鉄の「堅いが割れやすい」性質から、鍛冶で使用するのに向く大きさに小割りすることが、大型の鋼を小割りすることより容易である。小割りした銑鉄は、精錬鍛冶において炭素量の調整を行えば、利器に必要な鋼を得ることができる。

関東地方では、鉄鋳造遺跡は8世紀後半に出現し、最盛期は9世紀から10世紀初頭である。関東地方の鉄鋳造遺跡は大規模な製鉄遺跡に伴う形で検出されることが多い。鋳造遺跡に搬入される銑鉄の生産は、関東地方では半地下式竪形炉で行われていたと考えられる。したがって、半地下式竪形炉で銑鉄生産が軌道にのったのは9世紀頃からであった可能性が高い。

9世紀に、半地下式竪形炉で銑鉄生産が可能となると、比較的容易に鋼を得ることのできることとなり、鉄素材の流通がより活発となった。半地下式竪形炉で銑鉄生産が可能となる9世紀代が、多くの一般集落内へ、鉄器や鍛冶の普及を促す画期となったと考えられる。

9　東北南部

(1) 製鉄遺跡の概要

東北地方については、東北南部（福島県・宮城県・山形県）と東北北部（岩手県・青森県・秋田県）の順に、8世紀から10世紀までの製鉄遺跡の様相をみていく。なお、製鉄遺跡の概要については、第3章第12節でふれたので、そちらを参照されたい。

(2) 製鉄遺跡の分布

東北南部の古代製鉄遺跡の分布の中心は、福島県浜通りの北半から宮城県の南端にかけての地域である。南相馬市・相馬市・相馬郡新地町域の低丘陵における分布が特に濃密で、南側のいわき市でも一定の発掘調査例がある。宮城県側では南端部の亘理郡山元町が、分布の中心となり、県中部の太平洋側に位置する多賀城市・宮城郡利府町でも若干の発掘調査例がある（穴澤2018）。

福島県の浜通り地方には古代の製鉄関連遺跡が多く存在するが、その中でも北部に当たる相馬地方には210を超える製鉄関連遺跡が存在し、国内でも有数の製鉄関連遺跡集中地区である。相馬郡新地町武井地区製鉄遺跡群、相馬市大坪地区製鉄遺跡群、南相馬市金沢地区製鉄遺跡群・川子地区製鉄遺跡群・割田地区製鉄遺跡群・蛭沢製鉄遺跡群・川内廻遺跡群・横大道製鉄遺跡群などが発掘調査され、横大道製鉄遺跡は2011年2月に国史跡に指定された。一方、双葉地方やいわき地方でも、双葉郡浪江町北中谷地遺跡（工藤ほか2020）・太刀洗遺跡（吉野ほか2006）、富岡町後作B遺跡（山田・三瓶2004）、楢葉町南代遺跡（山本ほか2017）、いわき市磐出館跡（末永ほか

2014）・清水遺跡（末永ほか 1999）などが発掘調査されている（能登谷 2020b）。

（3）製鉄原料

福島県浜通り北部から宮城県南部までの地域では、古代製鉄の原料として、チタン量の極めて高い浜砂鉄を使用している（穴澤 2018）。

（4）東北南部の製鉄炉の形態と技術

能登谷宣康氏は、新地町武井地区製鉄遺跡群及び南相馬市金沢地区製鉄遺跡群の調査成果を基に、東北南部における古代の製鉄炉の変遷を提示する（能登谷 2020b）。以下、8世紀後半以降について、その内容について記す。

① 8世紀中葉

丘陵斜面を削り出した平場内に設置される縦置きの陸奥南部型箱形炉と、新たに導入された大口径羽口と踏み鞴座付きで、丘陵斜面に設置される半地下式竪形炉で製鉄が行われる。半地下式竪形炉は、本章第5節で論じたように、近江の甲賀市鍛冶屋敷遺跡の銅精錬炉からの直接的技術移転、または関東地方を経由して当該地に導入されたものと考えられる。類例として、南相馬市長瀞遺跡 10・22 号炉（能登谷ほか 1992）、同市横大道製鉄遺跡 4〜9 号炉、宮城県多賀城市柏木遺跡 1〜4 号炉などがある。

② 8世紀後葉〜9世紀前葉

8世紀中葉から引き続き、箱形炉と半地下式竪形炉で製鉄が行われる。

箱形炉は縦置きと横置きが存在するが、前者が圧倒的に多い。縦置きの箱形炉は 8 世紀中葉の陸奥南部型箱形炉と同様、丘陵斜面に削り出した平場内に設置され、掘形は斜面下方側が開口する浅い直線的な溝状となり、斜面下方にのみ排滓される（片側排滓）。また、半地下式竪形炉に付随していた踏み鞴が、箱形炉の斜面上位側に設置され、箱形炉の両側に小型羽口を連装した「踏み鞴付箱形炉」が誕生する。

踏み鞴付箱形炉は南相馬市長瀞遺跡、同市大船廻A遺跡、同市鳥打沢A遺跡など多数検出されている。排滓量の増加を確認できることから、生産力が向上したと考えられる。鳥打沢A遺跡では作業場内に 2・7 号炉が 2 基並列し（吉田 1990）、大船廻A遺跡では 3・34 号炉、4・13 号炉、8・12 号炉、32・33 号炉、37・38 号炉が 2 基並列、35・36・43 号炉は 3 基が並列している（安田ほか 1995）。横置きの箱形炉は相馬市大森遺跡 2・3 号炉のみが確認されている。これらは丘陵頂部に設置され、同一主軸線上に隣接するが、新旧関係がある。また、炉には羽口を装着せず、炉壁の下部に送風孔を穿っている。事例としては、相馬郡新地町向田G遺跡 1 号炉がある（寺島ほか 1989）。

半地下式竪形炉の平面形は隅丸長方形が基調となる。当該期の類例として南相馬市長瀞遺跡 2・3 号炉（吉町・猪狩ほか 1991）、同市南入A遺跡 1 号炉（西山ほか 1991）、同市鳥打沢B遺跡 1 号炉（猪狩ほか 1991）などがある。

③ 9世紀中葉〜10世紀後半

8世紀後葉から 9 世紀前葉の箱形炉と比較し外見は小型となる。炉掘形は一方が開口する長大な溝状ないしは長方形状の土坑となる。炉掘形は深くなり、基礎構造の充実が図られる。また、炉壁下部に設置される羽口の間隔が狭くなり、羽口の数も多くなる。なお、相馬郡新地町向田A遺跡 6・7 号炉のような横置きの箱形炉も存在する。

④　10世紀前葉～10世紀末

10世紀後半には、小型羽口により3方向から送風を行う小型の製鉄炉が、南相馬市天化沢A遺跡（能登谷ほか2016）から検出されている。この地域に定着した技術か不明であるが、類似した小型の製鉄炉が関東北部や三陸地方で存在する事から、そのいずれかからの技術移入の可能性もある。その後、浜通りでの古代製鉄は一旦途絶えるが、12世紀後半以降、地下構造が方形となる中世型の製鉄炉が出現する（穴澤2018）。

（6）　歴史的背景

これらの遺跡は、7世紀後半以降、中央政権による東北開発・支配が活発化することにより、その一環としての鉄器・鉄の現地生産が行われる過程で営まれたものと推測される。特に、8世紀後葉に中央政権が本格的な蝦夷征伐に乗り出し、8世紀後葉以降、鉄生産量が増大化するのはこの蝦夷征伐や、その後のさらなる東北開発・支配と連動していると推測される。

10　東北北部

（1）　製鉄遺跡の概要

島根県古代文化センターによる集成によれば、発掘調査された東北地方の製鉄遺跡および製鉄炉のうち、奈良時代から平安時代前半のものは、岩手県では8遺跡28基、青森県では20遺跡88基、秋田県では23遺跡75基となり、東北北部では51遺跡191基となる（東山2020a・能登谷2020a）。

（2）　製鉄遺跡の分布

東北北部の古代製鉄遺跡の分布は秋田県北部の日本海側から内陸部に一つの集中地帯がある。青森県側に入ると、西部の岩木山麓から東部の八戸地域にまで遺跡は広がるが、集中地帯の中心は西部の津軽地域である。岩手県の三陸側では、太平洋側の釜石市から久慈市までの間が濃密な分布を示し発掘調査例も多い。中でも、宮古市と山田町が発掘調査件数としでは特に目立っている。製鉄遺跡の数も際立って多い（能登谷2020a）。

（3）　製鉄遺跡の時期

岩手県の三陸地方では8世紀後半に竪形炉系の製鉄炉による製鉄が開始され、最盛期を迎えるのは、9世紀後半から10世紀前葉にかけてである（能登谷2020a）。

秋田県では9世紀中頃、踏み鞴を伴う半地下式竪形炉で製鉄が開始される（能登谷2020a）。その後、9世紀後半から10世紀にかけて、秋田県北部沿岸地域を中心として小型馬蹄形の竪形炉による小規模な製鉄が行われる。10世紀後半から11世紀には秋田県北部の沿岸から内陸の地域および青森県津軽地方で前期と同様の小型馬蹄形の竪形炉により製鉄が盛んに行われる。

（4）　製鉄原料

製鉄原料には砂鉄を用いているが、秋田県・青森県・岩手県下でそれぞれ性質が微妙に異なっている。秋田県下では段丘の基部にある砂層の一部から採取をした砂鉄や、中小の河川や海岸で得られたチタン分が高めの塩基性砂鉄を用いている。青森県下では岩木山麓を中心に火山性の噴出物から水流により分離・淘汰された、塩基性の砂鉄を中小の河川や海岸部から得ているものと考えられ、チタン分は高めである。一方、岩手県の三陸地方では基盤岩が花崗岩質のために、チタン分の低い酸性砂鉄が河川や海岸で採取出来て、これを製鉄に用いている。また、その結果

第4章 古代製鉄展開期の様相

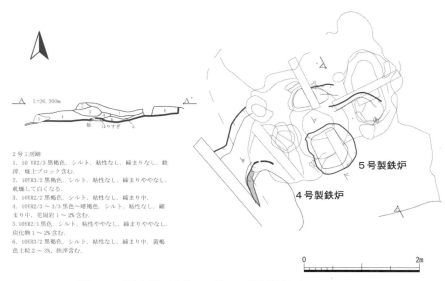

図297　間木戸Ⅴ遺跡　4号・5号製鉄炉（佐藤ほか2015）

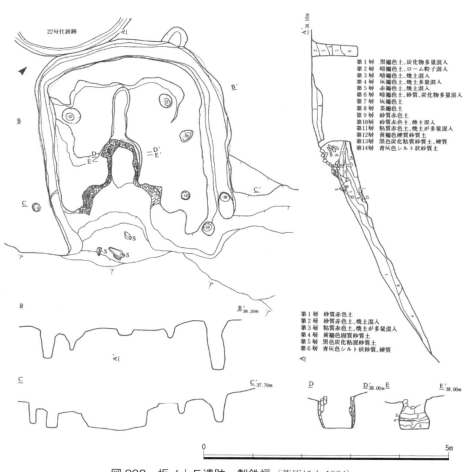

図298　坂ノ上E遺跡　製鉄炉（菅原ほか1984）

として、製鉄遺跡の分布が花崗岩地帯に極めて限定されるという三陸地方での製鉄の特色が明瞭に示されている。

（5）　製鉄炉の形態と技術

　8世紀後半から始まる岩手県三陸地方の製鉄技術は、踏み鞴を伴わない小型の竪形炉技術で、送風には羽口を用い、炉は大半が斜面に構築されているが、時期が下ると平坦面にも築かれる様になる。炉の平面形は円形または、前後に長い楕円形を呈し、斜面下方には小さな前庭部を伴う事が多い（図297）。一方、9世紀中頃から出現する秋田・青森県側の小型の竪形炉は、狭小な逆U字状の平面形を呈し、炉背側に長めの羽口を一本装着する形態の製鉄炉である（図298）。なお、秋田県大館市の大館野遺跡からは通常と異なり、長軸側の中央部が開口する。製鉄炉の立地は斜面が多いが、平地に構築されている場合もある。

　三陸地方で製鉄が開始されたのは、東北南部で箱形炉による製鉄が開始された7世紀後半から約1世紀後である。また、多賀城以南に踏み鞴付きの半地下式竪形炉が導入された8世紀中頃から四半世紀後のことでもある。炉形は小型円形で斜面に構築されている。しかし、踏み鞴を伴っていないことから、東北南部の半地下式竪形炉とは、送風施設・技術において大きく異なっている。送風施設の違いが炉形にも影響していると考えられることから、三陸地方で特有な形の竪形炉系製鉄技術が生み出された可能性がある。また、津軽地方で製鉄が開始されたのは、三陸地方で製鉄が開始された時期より1世紀程後である。小型の円形と小型で逆U字状という平面形の違いはあるが、用いられている羽口の形態が類似している点から、技術的な系譜関係を想定できるかも知れない。今後の課題となる。

［註］
(1) 調査当時は6世紀代まで遡ると考えらえていたが（平瀬1992）、その後、周辺に平安時代の遺構が多いことなどから、平安時代の可能性が指摘されている（村上泰2018）。
(2) 近江の製鉄遺跡の概要・引用文献・参考文献は第1章第2節を参照。
(3) A1型（千引カナクロ谷型）は横置きで、炉長軸内寸が50cm程、地下構造の掘形の平面形が長方形、正方形を呈し、地下構造の幅が100cm前後で、地下構造の規模が大きい箱形炉である。地下構造の掘形内に炭化物または灰・炭化物などを含む土を充填するものや、礫を敷くものなどがある。A1型は近畿地方では検出されていない。
(4) C型（戸の丸山型）は横置きで、炉長軸内寸が50cm程、地下構造の掘形の平面形が円形、楕円形を呈し、地下構造の掘形内に炭化物または灰・炭化物などを含む土を充填する箱形炉である。また、D1型は縦置きで、炉長軸内寸が50cm程の箱形炉である。C型とD1型は近畿地方では検出されていない。

第5章
日本古代製鉄の開始と展開

　本書では、近江から日本列島全体へという視点で、古代製鉄の実態について、考古学的研究方法を用いて論じてきた。また古代製鉄と関連の深い原料鉱石の採鉱、燃料木炭の製炭、鍛冶・鋳造という鉄器生産、非鉄金属の製錬・精錬・金属器生産についても、古代製鉄との関連で論じてきた。本章では、近江から日本列島全体へという視点で、これまで論じてきた古墳時代から平安時代前半における製鉄関連の各段階の考古資料（遺跡・遺構・遺物）から得られた成果を受けて、古墳時代から平安時代前半に至る製鉄の変遷を通史的に整理していきたい。さらに、日本古代製鉄の考古学的研究からみた、古代日本の国家形成・社会発展の道程についても論じたい。

　なお、本章の時期の記述にあたっては6世紀後半から10世紀までを、以下の7つの時期に区分し記述した。

　　Ⅰ期：概ね6世紀第2四半期～第3四半期（古墳時代後期中葉）
　　Ⅱ期：概ね6世紀第4四半期～7世紀第1四半期（古墳時代後期後葉～飛鳥時代前期）
　　Ⅲ期：概ね7世紀第2四半期～第3四半期（飛鳥時代中期）
　　Ⅳ期：概ね7世紀第4四半期～8世紀第1四半期（飛鳥時代後期～奈良時代前期）
　　Ⅴ期：概ね8世紀第2四半期～第3四半期（奈良時代中期）
　　Ⅵ期：概ね8世紀第4四半期～9世紀前半（奈良時代後期～平安時代前期前半）
　　Ⅶ期：概ね9世紀後半～10世紀（平安時代前期後半～前半）

表22　箱形炉の分類

大分類	小分類	製鉄炉設置方法	製鉄炉長軸内寸	炉・地下構造平面形	地下構造の掘形内充填物	備考
吉備型	A1型（千引カナクロ谷型）	横置き	50cm程	長方形 正方形 円形	灰 炭化物 礫敷き	炉地下構造の幅 100cm前後
	A2型（板井砂奥型）	横置き	50cm程	長方形 正方形	灰 炭化物 礫敷き	
美作型	B1型（大蔵池南型）	横置き	50cm程	長方形 正方形	地山に 粘土貼り	
	B2型（大原A型・坂型）	横置き	100cm程	長方形	炭 炭化物	
	B3型（下市築地ノ峯東通第2型）	横置き	200cm程	長方形	炭 炭化物	
備後型	C型（戸の丸山型）	横置き	50cm程	円形 楕円形	炭 炭化物	
筑紫型	D1型（鋤崎A型）	縦置き	50cm程	正方形 長方形 楕円形	各種あり	
	D2型（松丸F型）	縦置き	100cm程	長方形	各種あり	
近江型	E1型（源内峠型）	横置き	150～200cm程	長方形	各種あり	
	E2型（木瓜原型）	尾根稜線に直交	150～200cm程	長方形	各種あり	
	E3型（野路小野山型）	縦置き	100～200cm程	長方形	各種あり	谷側排滓坑に溝が取り付く

第5章 日本古代製鉄の開始と展開

また、箱形炉の分類については表22で、古代日本における主に製鉄炉の形態からみた製鉄技術の編年については図299で示した。

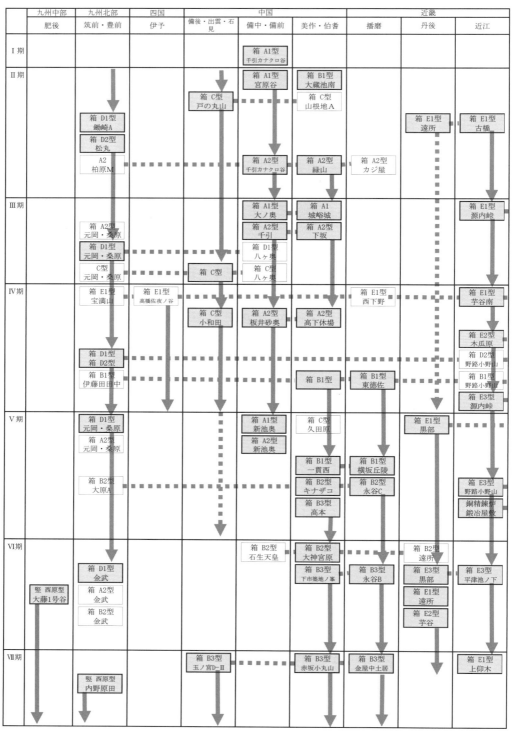

図299 古代日本の製鉄技術

北陸		東海	関東		東北	
越前・加賀・越中	越後	尾張	上野・武蔵・相模・常陸	上総・下総	陸奥南部	陸奥北部
			箱 E1型 三ヶ尻西			
箱 E1型 笹岡向山		箱 E1型 西山	箱 E1型 西野原	箱 E1型 取香和田戸	箱 E1型 鳥打沢A	
				箱 E2型 一鍬田甚兵衛山	箱 E2型 鳥打沢A	
			箱 D1型 西野原	B1型 取香和田戸		
			箱 E3型 西野原	箱 E3型 松原	箱 E3型 鳥打沢B	
箱 E1型 石太郎G					箱 陸奥南部型 大船迫A	
箱 北陸型 南太閤山II	箱 北陸型 谷地A					
			箱 E3型 宮平	箱 E3型 東峯御幸畑西		
			竪 半地下式 乙西尾引	竪 半地下式 富士見台	竪 半地下式 柏木	
			竪 半地下式 東台	竪 半地下式 山ノ下	竪 半地下式 横大道	
箱 北陸型 小杉丸山	箱 北陸型 居村E			箱 E1型 押沼第六天	箱 踏鞴付 山田A	
	箱 踏鞴付 呑作EV					
竪 半地下式 南太閤山2	竪 半地下式 網田瀬E		竪 半地下式 大山11	竪 半地下式 花前II	竪 半地下式 山田A	竪 大館森山型 間木戸V
					箱 踏鞴付 割田	
竪 半地下式 石太郎G	竪 半地下式 網田瀬C6		竪 半地下式 菅ノ沢	竪 半地下式 ムグリ		竪 半地下式 坂ノ上E
			竪 西浦北型 津久田上安城	竪 西浦北型 千潟桜井	竪 大館森山型 嶺山C	竪 大館森山型 杢沢

（製鉄炉）の編年

第5章　日本古代製鉄の開始と展開

第1節　開始期—箱形炉での製鉄—

Ⅰ期（6世紀第2四半期～6世紀第3四半期　古墳時代後期中葉）

（1）　最古の製鉄遺跡

　第2章において、近江を中心とする古墳時代の鍛冶、古墳出土鉄滓について、また、吉備南部を中心とする日本列島各地の古墳時代後期の製鉄・鍛冶の様相について、考古学的に検討・考察をおこなった。その結果、日本列島の製鉄の開始は、6世紀中頃に現在の総社市と岡山市西部で始まった可能性が高いという結論に至った。

　日本列島で最も古い製鉄遺跡は備前・備中、現在の総社市東部から岡山市西部にかけての地域に集中する。6世紀中頃の製鉄炉が検出されたのは、総社市の千引カナクロ谷遺跡と岡山市の猪ノ坂南遺跡・奥池遺跡・西祖山方前遺跡である。原料は鉄鉱石を用いており、朝鮮半島の製鉄との共通性をみてとれる。検出された製鉄炉の形態は吉備型箱形炉（A1型）である。日本列島に出現する箱形炉は、朝鮮半島の大型の円形自立炉の構造と大きく異なり、その技術系譜を朝鮮半島に求めることはできない。したがって、朝鮮半島の製鉄技術が日本列島に直接入ってきたとは言い難い。日本列島最古の製鉄炉の形態である吉備型箱形炉（A1型）は、河内の柏原市大県遺跡85–2次調査で検出された鍛冶炉3などをモデルとして、日本列島内で開発された製鉄技術であると考える。

（2）　加耶諸国の滅亡

　6世紀中頃に日本列島内で製鉄が開始する歴史的背景には、倭政権と鉄を通じて密接な関係のあった加耶諸国の滅亡があったと考える。古墳時代中期まで、加耶諸国は日本列島への鉄素材の供給地であった。また、当時東アジアの盟主であった中国および朝鮮半島の先進文明国であった百済と倭を繋ぐパイプとしての役割も果たしていた。加耶諸国は6世紀、新羅により領土を侵食され、562年には新羅の侵攻により滅亡する。

　このような朝鮮半島南部の状況により、加耶諸国で生産されていた鉄の輸入は困難となり、加耶諸国にあった中国、百済との交流拠点も崩壊したと考えられる。さらに鉄は重要な戦略物資であることから、加耶諸国の領域を支配下に置いた新羅は、製鉄技術を自国のものとし、他国とくに倭政権へ流失することを防いだと考えられる。朝鮮半島からの鉄素材の輸入ができなくなり、当時、製鉄技術を持っていなかった倭政権は、日本列島内で製鉄技術を開発せざるを得ない状況となったのである。

（3）　箱形炉の変遷

　朝鮮半島の高度な製鉄技術を導入できなかったこと、朝鮮半島と異なり、日本列島では良質で大量の鉄鉱石の産出に関して期待できなかったことは、日本列島の製鉄開始にあたって大きな障害となったと考えられる。発掘調査により、箱形炉の地下構造は同一遺跡内で短期間にめまぐるしく変化することが判明してきている。6世紀中頃から、半地下式竪形炉が日本列島に出現する8世紀中頃までの約200年間、古代日本の製鉄を担った箱形炉は、操業の試行錯誤が続く。日本列島各地の遺跡でみられる箱形炉の技術革新・操業の試行錯誤の様相には、古墳時代後期、飛鳥時代、奈良時代前半における、日本古代国家の政策が色濃く反映している。

第1節 開始期—箱形炉での製鉄—

（4） 鉄鋌の消長

　朝鮮半島における鉄鋌が出土する古墳の分布は、新羅の南の領域と加耶諸国の領域に集中する。また製鉄遺跡も鉄鋌が出土する古墳の分布域とほぼ重なっている。「鉄鋌＝鉄素材」とする見解に関しては議論がなされてはいるが、鉄素材の生産・流通・保有を示す資料であることには概ね賛同を得られるところであろう。そうであれば、倭政権は、鉄鋌を始めとする鉄器の多くを朝鮮半島南部から輸入するなど、加耶諸国と交流を密にしていたと言える。古墳時代後期になると、製鉄以外にも、鉄鋌の出土が日本列島内でも朝鮮半島南部でも激減する。このことは、朝鮮半島南部からの鉄鋌の輸出、日本列島への鉄鋌の輸入が減少したことを意味すると考える。

（5） 古墳出土鉄滓

　古墳時代後期の製鉄との関連で注目される遺物として、供献鉄滓（供献鉄塊とすべきものも含まれている）とも呼ばれる古墳出土鉄滓がある。鉄滓出土古墳は肥（肥後・肥前）、筑紫（筑前・筑後）、豊（豊後）、出雲、伯耆、吉備（備後・備中・備前・美作）、摂津、河内、大和、丹波（丹後）、山背、近江、美濃に分布する。そのうち吉備と筑紫の鉄滓出土古墳の数は他地域を圧倒しており、古墳時代後期の製鉄遺跡もこの両地域に集中する。

　以上の様相から、古墳時代後期においては、鉄滓出土古墳と製鉄遺跡の関係は強いと考えられる。吉備と筑紫の古墳出土鉄滓は、6世紀前半までは鍛冶滓、6世紀後半から7世紀前半になると製錬滓が副葬される傾向にある。鍛冶滓から製錬滓への質的変化は吉備と筑紫において特に顕著である。古墳出土鉄滓の質的変化からも、6世紀後半に製鉄が始まったと考える。

（6） 鍛冶集団との関わり

　6世紀前半までは古墳に鍛冶滓が副葬されること、寺口忍海古墳群のように、鍛冶工人との関りが深いと考えられる古墳に鍛冶関連遺物が副葬されていることなどから、鉄滓出土古墳の被葬者は鍛冶との関係が強いと考えられる。そのような古墳が6世紀後半から7世紀前半に製錬滓を副葬するようになるということは、製鉄が鍛冶集団、あるいは鍛冶集団を管理・掌握する支配者層によって行われていることを示すと考える。日本列島の製鉄は、鍛冶集団の強い影響下で開始された可能性が高い。

（7） 鍛冶工房

　古墳時代中期には、鉄鋌が、後の畿内と呼ばれる大和・河内などの古墳から集中的に出土する。そして、この地域からは、多くの鍛冶遺構が発見されている。ところが、古墳時代後期になると鉄鋌の出土が激減し、さらに6世紀後半になると、大和の天理市布留群布留遺跡、御所市忍海群脇田遺跡、河内の柏原市大県群大県遺跡・大県南遺跡、交野市森群森遺跡に鍛冶遺構が集中する。畿内においては鍛冶遺構が非常に限られた遺跡・遺跡群に集中するようになり、上記の遺跡の中でも大県群大県遺跡・大県南遺跡と森群森遺跡が大規模化する。近江でも、古墳時代中期には県内各地の拠点的集落の中で鍛冶遺構が検出されるが、6世紀後半になると栗東市域を中心とする湖南地域に集中化する。しかし、7世紀になると、再び多くの遺跡で鍛冶遺構が検出されるようになる。

（8） 精錬鍛冶

　大県遺跡群大県遺跡・大県南遺跡や森群森遺跡群では、6世紀後半になると鍛冶関連遺物の出土量が激増する。その理由としては、鉄鋌のような不純物の少ない鉄素材ではなく、製錬鉄塊系

399

遺物のような不純物を多く含む鉄素材が大県遺跡群や森遺跡群に持ち込まれ、精錬鍛冶が大規模に行われたことが挙げられる。なお大県遺跡では陶質土器や韓式系土器などが大量に出土しており、精錬鍛冶への渡来系の人々の関与が大きかったと考えられる。

6世紀代に比定される吉備の総社市窪木薬師遺跡は精錬鍛冶・鍛錬鍛冶が盛んにおこなわれ、鉄素材や鉄器を生産した鍛冶専業集落である。製鉄遺跡ではないのにも関わらず、製鉄原料の鉄鉱石が一定量出土しており、この地域の製鉄は鍛冶専業集落を核として、鍛冶専業集落が鉄鉱石の採掘・製鉄に関与している様相がみてとれる。規模は小さくなるが、総社市・岡山市には製鉄遺跡ではないにも関わらず、鉄鉱石が出土する6世紀後半から7世紀前半にかけての鍛冶遺跡が多数存在している。当該地域の鍛冶遺跡の様相からは、製鉄と鍛冶の有機的な関係をみることができる。

（9）　倭政権の関与

『日本書紀』には、雄略から清寧朝の吉備前津屋、吉備田狭、吉備稚姫を母とする星川皇子など吉備氏関係者の反乱と倭政権による鎮圧、その後の安閑から欽明朝の間に吉備各所で屯倉が設置された記述がある（坂本ほか1965）。製鉄遺跡が多数確認される時期はこの屯倉設置以降であり、吉備での製鉄の開始には、倭政権による強い関与があったと理解したい。

（10）　歴史的意義

6世紀中頃における鉄・鉄器生産・流通経路の様相からは、西日本を中心とした在来鍛冶集団の解体・再編成の様相をみてとることができる。この一連の現象を、朝鮮半島の動揺を原因とする鉄資源入手経路の不安定化に端を発する、日本列島全体を視野に入れた倭政権による、新しい鉄・鉄器生産・流通経路の確保・集中管理の現れであるとみたい。この鉄・鉄器生産・流通経路の不安定化は、古墳時代の終焉を、また新しい時代の萌芽という歴史的評価を与えることができるかもしれない。

Ⅱ期（6世紀第4四半期〜7世紀第1四半期　古墳時代後期後葉〜飛鳥時代前期）

近江をはじめ、近畿地方の播磨・丹波（丹後）、中国地方の吉備（備中・備前・美作・備後）・出雲・石見、九州北部の筑紫（筑前）・豊（豊前）で製鉄が行われる。特に、西日本の製鉄は活況を呈する。

（1）　近畿地方

近江では長浜市古橋遺跡、丹後では京丹後市遠所遺跡通り谷地区O地点・鴨谷地区E地点において、近江型箱形炉（E1型）が検出されており、製鉄が始まる。近江では鉄鉱石、丹後では高チタン砂鉄を用いる。なお、上記遺跡の出土土器からは、Ⅱ期の操業を認めることができる。しかし、古橋遺跡の製鉄の年代については7世紀中頃まで下るとする見解があり、両遺跡の操業時期については、共伴土器、製鉄技術水準、製鉄炉に伴う木炭窯の型式編年作業、理化学的年代測定など多方面からの再検討が必要であると考える。Ⅱ期以前の近江と丹後の製鉄のより詳しい様相については、中国地方・九州北部の様相と対比しながら、再検討することを今後の課題としたい。

播磨では美作型箱形炉（B2型）で製鉄が開始される。『播磨国風土記』には「鹿庭山」における産鉄記事があり、大撫山製鉄遺跡群を指すものとみられる。佐用郡佐用町坂遺跡、カジ屋遺跡は大撫山製鉄遺跡群を構成する製鉄遺跡で、「風土記」の記載を重視すれば、製鉄はⅡ期にまで遡る可能性がある。なお、大撫山塊では高チタン砂鉄が採集される。

（2）　中国地方

　備中・備前では吉備型箱形炉（A1 型・A2 型）で大規模な製鉄が行われる。原料は鉄鉱石を主体としており、試行的に地元の高チタン砂鉄を用いるが、操業が不調だったせいか、その後に続かない。吉備型箱形炉が検出される製鉄遺跡では、近接して集住域が確認されることが少なく、むしろ古墳や横口式木炭窯が検出されることが多い。古墳からは製錬滓・炉壁、畿内産土師器が出土することもあり、被葬者が鉄生産と関係していたことを示す。また、7世紀後半には被葬者と畿内政権との有機的関係を想定することができる。それは律令政権下における国・郡司、郷長主導の官採の鉄生産に踏襲されると考えられる（上栫 2000）。

　美作では美作型箱形炉（B1 型）を主体に、吉備型箱形炉（A2 型）、備後型箱形炉（C型）で製鉄が開始される。原料は鉄鉱石、低チタン砂鉄、高チタン砂鉄を用いている。美作では高チタン砂鉄が採取されるせいか、多種の箱形炉で操業が行われている。真鍋成史氏は美作の製鉄について、津山市の美作国一宮・中山神社に伝わる肩野物部氏伝承を根拠に、大阪府交野市付近の同氏の影響下のもと、古墳時代後期に開始されたと考える（真鍋 1994）。

　備後・出雲・石見各地では備後型箱形炉（C型）で製鉄が開始される。小規模な遺跡が多いが、遺跡数は多く、製鉄が盛んに行われていたと考えられる。原料は鉄鉱石と低チタン砂鉄を用いており、高チタン砂鉄の使用が少ないことを特徴として挙げることができる。

（3）　九州地方

　筑前では、鋤崎A遺跡で九州北部が起源と考えられる縦置きの筑紫型箱形炉（D1 型）が、柏原M遺跡で横置きの吉備型箱形炉（A2 型）という複数の型式が採用され、盛んに製鉄が行われる。九州北部では吉備とは異なり、複数型式の箱形炉が検出されることが多い。豊前では筑紫型箱形炉（D2 型）で製鉄が始まる。なお、豊後の国東市塩屋伊豫野原遺跡（高橋 1991）、浜崎寺山遺跡（藤本 1993）、肥後の八代市うその谷遺跡（吉永ほか 1996）で横口式木炭窯が検出されている。豊後と肥後では製鉄炉は検出されていないが、Ⅱ期以降の製鉄遺跡の存在が想定できる。

　『日本書紀』には継体朝における磐井との戦争記事があるが、磐井没落後に九州北部で製鉄が始まっていることから、吉備と同様に、九州北部の製鉄の開始に倭政権の関与が考えられる。

（4）　小型箱形炉

　土佐雅彦氏は、吉備型箱形炉（A2 型）、美作型箱形炉（B型）、備後型箱形炉（C型）、筑紫型箱形炉（D1 型）などの小型箱形炉の分布が、調・庸として鉄・鉄鍬を貢納していた中国山地沿いの国々と九州北部であることから、これを倭政権が古墳時代後期以降、鉄の貢納を強制していったことに由来するとしている（土佐 1981）。また、真鍋成史氏は、中国山地沿いの国々と九州北部における小型箱形炉による律令期の製鉄は、郡司層が主導したものとしている（真鍋 2009）。

（5）　砂鉄製錬の起源

　Ⅱ期の操業の可能性のある福岡市南区柏原M遺跡では、板状の膠着砂鉄を、大きさ 2～3mm に割ったものを、原料に使用している可能性を確認した。膠着砂鉄を破砕して使用することは、鉄鉱石を破砕して使用することに通じる。Ⅱ期の備後・美作の製鉄遺跡では、鉄鉱石を主体的に使用しながら、砂鉄も使用している。Ⅱ期のごく短期間、両者併用の時期が存在した可能性がある。備後・美作は、良質な鉄鉱石（磁鉄鉱）が採掘できる備中や近江ほど、鉄鉱石製錬が盛んではない。原料の砂鉄化が、良質な鉄鉱石を採掘できる備中の周辺地域で確認されていることを重

第5章　日本古代製鉄の開始と展開

視したい。Ⅱ期には、鉱脈の地域的偏りや自然露頭採掘の限界性、破砕作業の手間、あるいは、製錬した鉄塊の質的な問題などの理由から、砂鉄の併用、砂鉄製錬技術の確立が急速に進んだと考えたい。

Ⅲ期（7世紀第2四半期〜7世紀第3四半期　飛鳥時代中期）

近畿地方では、近江で製鉄が盛んに行われる。また、中国地方では備中・備前・美作、北部九州では筑前で製鉄が行われる。Ⅲ期には新たに関東地方の上野でも製鉄が始まる。

（1）近畿地方

近江ではⅡ期から引き続き近江型箱形炉（E1型）で大規模な製鉄が行われる。7世紀後半の操業が推定される大津市源内峠遺跡では、4基の製鉄炉を検出した。4基の製鉄炉は4号炉、3号炉、2号炉、1号炉の順に築炉される。炉底の規模は、4基ともに長軸約2.5m、短軸約0.3mを測り、平面形は細長い隅丸長方形で、炉底には粘土を貼りつけている。しかし、地下構造は4基全て異なっており、地下構造については以下のような変遷をみてとれる。

① 最も古い4号炉は、円礫が密に含まれる土層を選地し、その上に築炉する。

② 3号炉は直径15cm程のチャート円礫を充填・敷き並べ、その上に築炉する。

③ 2号炉は3号炉に重ねるように、直径10cm程のチャート円礫を充填・敷き並べ、その上に築炉する。

④ 最も新しい1号炉は、排滓場を整地・造成、平坦地を形成し、製鉄炉より一回り大きい土坑を掘り込み、その中に木炭や木炭混じりの砂質土を充填、その上に築炉する。なお、木炭は炉長軸方向に並べたような痕跡が確認されるとともに、炉壁基部には大型の鉄滓・炉壁が設置され、炉壁基部の補強材の役割を果たしたと考えられる。

源内峠遺跡では、①〜③は横置きの箱形炉（E1型）、④は縦置きの箱形炉（E3型）で、E1型からE3型への変遷が確認された。しかし、1号炉は失敗操業であったと考えられ、源内峠遺跡において縦置きの技術が確立したかは不明である。また、①の築炉方法は、岩盤に炉底粘土を貼り築炉する長浜市古橋遺跡に、④の築炉方法は木瓜原遺跡に通じるところがある。したがって製鉄炉の築炉方法の類似性を重視するならば、古橋遺跡の製鉄炉の操業時期をⅢ期とする細川修平氏の見解は検討に値する（細川2015）。一方、源内峠遺跡1号炉については、木瓜原遺跡の操業時期に近いⅣ期とすることも可能かもしれない。

近江型箱形炉（E1型）の製鉄炉は国家標準型製鉄炉と呼ばれ、近江で整備、操業技術や作法等の標準化が行われたと評価されている。源内峠遺跡の発掘調査からは、炉体の外見や製鉄原料が同じであっても、築炉や操業技術、横置きから縦置き、両側排滓から片側排滓に向かう等、箱形炉技術の絶え間ない改良の様相をみてとることができる。この状況が国家標準型製鉄炉の実態と言え、Ⅳ期にも続いていく。

（2）中国地方

備中ではⅡ期から引き続き吉備型箱形炉（A1型・A2型）で大規模な製鉄が行われる。原料は鉄鉱石を用いる。備前では吉備型箱形炉（A1型・A2型）を主流とし、備後型箱形炉（C型）、筑紫型箱形炉（D1型）でも製鉄が行われる。原料は和気郡和気町八ケ奥製鉄遺跡では鉄鉱石と一部高チタン砂鉄を用いるが、それ以外の遺跡では鉄鉱石を用いる。八ケ奥製鉄遺跡では3基箱

形炉が検出されているが、筑紫型箱形炉（D1型）、吉備型箱形炉（A2型）、備後型箱形炉（C型）という順でめまぐるしく型式を変え製鉄を行う。銑鉄生産を行っていた可能性を指摘する説もあるが（村上2007、真鍋2007・2009）、砂鉄原料への対応、築炉や操業技術に対して様々な試行がなされている状況を示しているとみたい。美作では吉備型箱形炉（A1型・A2型）で製鉄が行われる。原料は鉄鉱石を用いる。

（3）九州北部

筑前では筑紫型箱形炉（D1型）、備後型箱形炉（C型）、吉備型箱形炉（A2型）で製鉄が行われる。原料は低チタン砂鉄を用いる。元岡・桑原遺跡18次調査では在地型である筑紫型箱形炉（D1型）のほか、備後型箱形炉（C型）、吉備型箱形炉（A2型）という複数型式の箱形炉が検出されている。Ⅱ期と同様、同一遺跡から複数型式の箱形炉が検出されており、築炉や操業技術に対して様々な試行がなされているものと考える。

（4）関東地方

上野では前橋市三ヶ尻西遺跡において近江型箱形炉（E1型）で製鉄が始まる。三ヶ尻西遺跡で見られる箱形炉2基を1セットとして操業する形態は、東日本の箱形炉導入期に多くみられる特徴である。また、上野のⅢ期〜Ⅳ期の製鉄遺跡では、近江型箱形炉（E1型）と鍛冶工房がセットで検出されることが多い。製鉄を拠点とし鉄器生産までを生業とする集落が展開した可能性が高い（笹澤2007）。なお、群馬県内各地に分布する砂鉄の分析結果によると、二酸化チタン量は2.04〜8.99％で、東日本の他地域と比較すると低めである。東日本最古の製鉄遺跡の出現の背景には、上野の低チタン砂鉄に求めることができるかもしれない。

三ヶ尻遺跡のある前橋市は上毛野に位置する。上毛野は東山道からの東日本の玄関口にあたり、古墳時代でも早い段階から畿内との結びつきが強く、対蝦夷政策の拠点として位置づけられてきた（前澤1986）。こうした理由から上毛野は、古墳時代から東国政策の要として倭政権と密接な関係がある。上毛野が東日本にはじめて製鉄技術を導入する拠点に選ばれたのは上記の理由であったと考えられる（笹澤2021）。

（5）Ⅲ期の製鉄技術の評価

日本書紀の皇極天皇元年（642）の項に、「皇極天皇元年四月乙未、蘇我大臣、畝傍の家に百済の翹岐等を喚びて、親ら対いて語話す。仍て馬一疋、鐵二十鋌賜ふ。ただ塞上に喚はず」という記述がある（坂本ほか1965）。この記述は、蘇我蝦夷の居館において、百済からの使者である蝦夷岐らに対し、鉄製品（鉄鋌）の贈呈が行われたことを記したもので、Ⅲ期の日本列島における製鉄技術が、百済の水準に近づいたことを示していると考えられる（吉田2013）。

この記事のⅢ期は、日本列島内で箱形炉が出現して約100年を経た時期であり、製鉄技術が安定期に入ったととらえることもできる。しかし、Ⅲ期の主要製鉄地域である、吉備、九州北部、近江においては、築炉や操業技術に対して様々な試行がなされている様相をみてとれる。したがって、Ⅲ期の製鉄については、それぞれの地域に適合した原・燃料を、箱形炉に適応させるため活発な技術改良・試行が行われた段階であると評価できる。

（6）歴史的背景

7世紀中頃は古代日本における激動の時代である。朝鮮半島では4世紀以来、高句麗・百済・新羅の三国が対立していたが、この時期に最終段階を迎える。斉明天皇6年（660）には新羅は

第5章　日本古代製鉄の開始と展開

唐と組み百済を滅ぼす。百済と友好関係にあった倭政権は、滅亡した百済を救済しようと朝鮮半島に出兵するが、天智天皇2年（663）の白村江の戦いで唐と新羅の連合軍に大敗した。この大敗を契機に、倭政権は急速に中央集権国家建設へと進むこととなる。天智天皇5年（666）には、中大兄皇子は都を近江大津へ移し、その翌年の天智天皇6年（667）には即位した。

（7）　近江遷都の理由

なぜ、この時期に近江に都を遷したのか。その都はどのようなものだったのか。これを解く鍵は、近江のもつ特性や地理的・地理的条件の中で考える必要がある。近江遷都の理由については、近江が①防御性が高く軍事的に優位な地域であること、②水陸交通の要衝であること、③高句麗との密接な連携を保持できる地域であること、④農業生産・鉄生産が豊かな地域であること、⑤古墳時代から渡来人が集住であること、⑥旧勢力とのしがらみからの脱却が可能な地域であること、等が考えられる。

これまでみてきたように、近江は鉄生産が盛んであった。『日本書紀』天智天皇9年（670）是歳の条には「是歳造水碓而冶鉄」という、近江大津宮周辺で最新技術を用いて製鉄を行ったとする記事ある。製鉄遺跡は、近江のほぼ全域に認められ、湖南地域の瀬田丘陵や南郷一帯では、7世紀後半から8世紀にかけて、大規模な製鉄遺跡が数多く存在する。東日本の開発や製鉄をはじめとする様々な生産技術の核・拠点として、近江は重要な役割を果たしたと考える。近江遷都を解く鍵が、国家標準型と呼ばれる近江の製鉄にあると結論づけたい。

Ⅳ期（7世紀第4四半期〜8世紀第1四半期　飛鳥時代後期〜奈良時代前期）

近江では、Ⅲ期から引き続き大規模な製鉄が行われる。また播磨でも製鉄が行われる。中国地方の備中・備後・出雲、四国地方の伊予、九州北部の筑前・豊前、北陸地方の越前、東海地方の尾張、関東地方の上野・武蔵・相模・下総・常陸、東北南部の陸奥南部で製鉄が導入され、行われる。Ⅳ期には新たに四国地方、北陸地方、東海地方、上野以外の関東地方、東北南部で製鉄が始まる。

（1）　近畿地方

近江では近江型箱形炉（E1型・E2型・E3型）、美作型箱形炉（B1型）、筑紫型箱形炉（D2型）で製鉄が行われる。原料は鉄鉱石を用いる。大津市芋谷南遺跡ではⅡ期以降続く在来型の近江型箱形炉（E1型）が検出されている。しかし、草津市木瓜原遺跡では新たに近江型箱形炉（E2型）、大津市源内峠遺跡では縦置きの近江型箱形炉（E3型）が試行される。また、野路小野山遺跡では、それまで近江では確認されてない、美作型箱形炉（B1型）と筑紫型箱形炉（D2型）が導入され、新たな国家標準型の整備が試行される。この時期、国家標準型製鉄炉としての近江型箱形炉（E1型）が、西日本の低チタン砂鉄採集可能地、東日本の未製鉄地域に移植される。

しかし、近江型箱形炉（E1型）は、東日本に広く分布する高チタン砂鉄を製鉄原料として使用するに苦慮したようである。V期には、野路小野山遺跡で縦置きの近江型箱形炉（E3型）が開発されるが、Ⅳ期における野路小野山遺跡での試行錯誤の結実とみたい。

播磨では美作型箱形炉（B1型）、近江型箱形炉で製鉄が行われる。

（2）　中国・四国地方

備中では吉備型箱形炉（A2型）で製鉄が行われ、地下構造の縮小化・省略化が進む。原料は

404

鉄鉱石を用いる。備後では備後型箱形炉（C型）で製鉄が行われる。原料は鉄鉱石を用いる。美作では吉備型箱形炉（A2型）で製鉄が行われる。原料に中チタン砂鉄を用いる。

　Ⅳ期以降、日本列島各地で製鉄が開始されていく中で、それまで最も活況を呈していた吉備（備前・備中・備後・美作）の製鉄は、次第に規模縮小に向かうようである（上栫2010）。伊予では近江型箱形炉（E1型）で製鉄が始まる。原料は低チタン砂鉄を用いる。

（3）　九州北部

　筑前の宝満山遺跡では近江型箱形炉（E1型）で製鉄が行われる。原料は低チタン砂鉄を用いる。宝満山遺跡は大宰府の近くに立地し、大宰府がそれを掌握していた可能性が高い。製鉄操業時期は、大宰府政庁が礎石建ちの本格的な政庁として体制を整える時期に当たる。豊前では美作型箱形炉（B1型）で製鉄が行われる。原料は高チタン砂鉄を用いる。

（4）　北陸・東海地方

　越前では近江型箱形炉（E1型）で製鉄が始まる。原料は砂鉄を用いる。また、尾張でも近江系箱形炉（E1型）で製鉄が始まる。原料は鉄鉱石を用いる。製鉄遺跡ではないが、越前の敦賀市公文名輿門下遺跡の発掘調査では、7～8世紀代の遺構から鉄鉱石が多量に出土する（中野2006）。今後、近江と同様に、鉄鉱石を原料とする近江型箱形炉が、敦賀市周辺で検出される可能性が高い。

　北陸・東海地方では、敦賀市、小牧市・春日井市において鉄鉱石を原料とする近江型箱形炉（E1型）が分布している可能性が高い。これらの地域は、北陸地方（北陸道）、東海地方（東山道・東海道）への起点地域にあたり、近江およびその周辺地域は近江型箱形炉の試行と技術伝播の経路を考える上で重視すべき地域となる。

　なお、近江型箱形炉（E1型）が展開する近江・山背・越前・尾張は、継体大王の擁立にあたって経済的な基盤となった地域である。Ⅳ期とは時期的な差はあるが、近江型箱形炉の分布する地域が同じ歴史的背景を持つという点については、製鉄技術の系譜を考える上で重視したい。

（5）　関東地方

　上野では近江型箱形炉（E1型）、筑紫型箱形炉（D1型）、近江型箱形炉（E3型）で製鉄が行われる。原料は低～中チタン砂鉄を用いる。太田市西野原遺跡では近江型箱形炉（E1型）から筑紫型箱形炉（D1型）への変遷が確認され、近江の瀬田丘陵製鉄遺跡群内の箱形炉の変遷と類似していることがみてとれる。箱形炉の小型化・縦置き化は、操業の難しい高チタン砂鉄原料への対応と捉えることができる（笹澤2007）。上野の開始期の製鉄遺跡が、東山道に面した佐位郡・新田郡を中心に分布してることは、箱形炉の小型化には王権の関与があったことを彷彿させる（赤熊2012b）。

　武蔵の大里郡寄居町箱石遺跡では近江型箱形炉（E1型）で製鉄が始まる。原料は低チタン砂鉄を用いる。製鉄開始の契機は官衙整備と寺院造営に、製鉄技術は、上野地域の影響を強く受けていたものと考えられている（赤熊2012b、佐々木2012）。相模の横浜市栄区上郷深田遺跡では近江型箱形炉（E3型）で製鉄が始まる。原料は砂鉄を用いる。上郷深田遺跡のある三浦半島の地は、東海道が上総国・下総国・常陸国に通じる起点となる場所であり、王権にとって重要な地域であることが指摘されている（赤熊2012b）。

　下総では、北総台地東部で近江型箱形炉（E1型）、美作型箱形炉（B1型）、近江型箱形炉（E2

型）、近江型箱形炉（E3 型）と多様な型式の箱形炉で製鉄が行われる。香取郡多古町取香和田戸遺跡では近江型箱形炉（E1 型）から美作系型箱形炉（B1 型）への変遷が確認できる。高チタン砂鉄への対応が変遷の理由であると考えられる。手賀沼水系西南地域の柏市若林Ⅰ遺跡と松原製鉄遺跡で、近江型箱形炉（E3 型）による製鉄が始まる。原料は高チタン砂鉄を用いる。松原製鉄遺跡では横口式木炭窯も検出されている。下総で検出された近江型箱形炉（E3 型）と横口式木炭窯のセット関係は、野路小野山遺跡のような官営工房で採用される在り方として評価されている。手賀沼水系西南地域は下総国府の後背地に位置し、製鉄操業には国の関与が想定されている（神野 2005）。常陸のひたちなか市後谷津遺跡では近江型箱形炉（E1 型）が検出されている。原料は中チタン砂鉄を用いている。

　このように関東地方の各地では、Ⅳ期前半に横置きの近江系箱形炉（E1 型）で製鉄が始まり、Ⅳ期後半には縦置きの近江系箱形炉（E3 型）に変わる。縦置きの箱形炉での製鉄は少なくともⅤ期まで継続するようである。

（6）　東北南部

　陸奥南部の福島県浜通り地域から宮城県南部の地域に、近江系箱形炉（E1 型）の技術と横口式木炭窯が最初に導入されるのは 7 世紀後半である。次いで、近江系箱形炉（E2 型）が 8 世紀前半の短期間出現する。原料は高チタン砂鉄を用いる。陸奥南部における箱形炉の築炉方法や設置方法の変化は、近江や関東地方の変化とほぼ一致している。Ⅳ期以降、陸奥南部の福島県浜通り地域は国内有数の製鉄地帯に発展していく。

　福島県浜通り地域の製鉄技術については、近江系の製鉄技術が関東地方各地を玉突き状に経由しながら、伝播したとみられていた（穴澤 2018、笹澤 2016・2021）。しかし、Ⅳ期の福島県浜通り地域の製鉄は、近江の瀬田丘陵製生産遺跡群の製鉄遺跡へ派遣された工人が伝習を受け、帰郷する方法で直接導入された可能性がある（菅原 2011）。

（7）　砂鉄原料

　Ⅳ期の関東地方の近江型箱形炉（E1 型）は、原料は低チタン砂鉄、中チタン砂鉄を用いるものが多い。また、Ⅳ期は各地で大規模寺院の創建が相次いだ時期であり、釘などに用いる大量の鉄素材が必要となったものと考えられる（佐々木 2012）。近江型箱形炉（E1 型）は短い還元帯を特徴とし、大型であることから、釘などに用いる低炭素含有鉄素材の大量生産に向く。このことが、近江型箱形炉（E1 型）が全国的に普及する理由の一つと考えられる。Ⅳ期になると各地域の鉄需要を、近畿地方や中国地方の供給で補うのではなく、現地の生産で賄う段階に入ったといえよう。

　『常陸風土記』遺文に残る、「国司率鍛冶採沙鐵造剣」という記事は、景雲 4 年（704）頃の砂鉄精錬に関連する記録である。当時の常陸国における製鉄は国司主導で行われ浜砂鉄を使用していることを知ることのできる重要な史料である。

（8）　近江型箱形炉の展開

　西日本では、近江型箱形炉（E1 型）が筑前、伊予に点在する。7 世紀代の製鉄の中心地である吉備では近江型箱形炉（E1 型）の分布が全くみられない。東日本では、近江型箱形炉（E1 型）が越前・尾張・上野・武蔵・常陸、東北南部の陸奥南部の各地域に分布し、東日本各地で最初に採用された製鉄炉型式の大部分が近江型箱形炉（E1 型）であることがわかる。近江型箱形炉

（E2 型）は陸奥南部に分布し、両地域ともに同一地域内で、近江型箱形炉が E1 型から E2 型へと変遷していることを確認できる。近江型箱形炉（E3 型）は上野・武蔵・下総に分布する。近江型箱形炉（E3 型）は横口式木炭窯とセットで検出されることが多く、野路小野山遺跡のような官営工房で採用される在り方として評価できる。

（9）連房式鍛冶工房

Ⅳ期に製鉄が活発化する近畿地方や東日本では、鍛冶遺構にも大きな変化が現れる。弥生時代以来の古代の鍛冶遺構は、方形の普遍的な竪穴状の遺構（竪穴建物）に、鍛冶炉が 1 基伴うことが基本である。それに対し、Ⅳ期から近畿地方や東日本に現れる連房式鍛冶工房は、長大な長屋状の建物の中に、鍛冶炉が多数、並ぶように設けられた、いわば工場のような形態の工房である。連房式鍛冶工房は飛鳥時代から奈良時代を経て、平安時代の初めまで続く。全国で 26 ヶ所の検出例が確認されており、鍛冶遺構の数は 33 基を数える（穴澤 2018）。

Ⅳ期の連房式鍛冶工房が検出されている遺跡としては、近畿地方では大和の高市郡明日香村飛鳥池遺跡（小池ほか 2021・2022）と奈良市平城京左京三条一坊一坪の朱雀大路緑地工房（小池ほか 2024）がある。関東地方では武蔵の深谷市熊野遺跡（鳥羽 2001）・東京都北区御殿前遺（西澤ほか 2017）跡、常陸の鹿嶋市春内遺跡（風間・宮崎 1997a）・片岡遺跡（KT72・KT74・KC45、宮崎 1995・1996、風間・宮崎 1997b）がある。東北南部では陸奥南部の郡山市清水台遺跡（柳沼ほか 1993・1997）、仙台市太白区郡山遺跡（木村 1991）がある。

熊野遺跡は初期評衙、御殿前遺跡は豊島郡衙、春内遺跡・片岡遺跡は鹿島郡衙、清水台遺跡は安積郡衙の可能性が指摘されている。検出された連房式鍛冶工房は地方官衙の創建期の鍛冶遺構であることが多い。また、東日本各地で製鉄が開始することと強い関連性をもつ、大型の官営鍛冶専業工房と評価できる。

（10）鋳造遺跡

Ⅲ期から始まる鋳物の生産はⅣ期になると、にわかに活況を呈する。その最大の特徴は、梵鐘や仏像などの大型鋳物の出現である。当該期の鋳造遺跡は、大和・河内・筑前・近江の各地で見つかっている。

大和の高市郡明日香村川原寺跡や橿原市田中廃寺跡（竹田・露口 1993）では、寺院所要の大釜や梵鐘が鋳造され、高市郡明日香村飛鳥池遺跡や水落遺跡、平吉遺跡（丹羽・降幡 2010）などでも小型品の鋳造が行われた（小池 2002）。飛鳥・藤原地域ではこれら以外の遺跡からも、鋳型・羽口・坩堝などが出土する。河内では丹比郡に堺市美原区太井遺跡（鋤柄 1990・江浦ほか 1996）があり、長尾街道付近に柏原市田辺遺跡（北野・大道ほか 2002）、また難波京の朱雀大路沿いに大阪市天王寺区細工谷遺跡（岡村ほか 1999）、竹内街道沿いに羽曳野市野中寺遺跡や伊賀南遺跡（笠井ほか 1988）がある。両遺跡は野中寺に関連する遺跡と考えられる。筑前では大宰府・観世音寺周辺で鋳造が始められる（狭川 1994）。

近江の草津市木瓜原遺跡では古代製鉄遺跡群の一角で梵鐘を鋳造している。また近年、草津市榊差遺跡・黒土遺跡で大規模な鋳造遺跡が東山道沿いで発見されており、大型品から小型品まで様々な製品を製作していることが判明してきている。近江の鋳造遺跡は、同時代の他地域の遺跡とはやや異質である。

第5章　日本古代製鉄の開始と展開

（11）　鉄鋳造遺跡

　Ⅳ期の鉄鋳造遺跡としては、大和地域の川原寺跡、近江の榊差遺跡・黒土遺跡が知られている。神崎勝は、当該期の鋳造遺跡を考える上で注意すべき点として、「古代の鋳造がその当初から青銅製鋳物と鉄製鋳物の生産をほぼ同時に開始した点。あるいはむしろ鉄製鋳物が先行した可能性」を指摘する。

　紫香楽宮期（742〜745）前後の甲賀市鍛冶屋敷遺跡出土金属生産関連遺物における銅・鉄共存についての検討・考察は第4章第7節で行った。日本古代の酸化銅を、長登遺跡で想定される竪形炉で還元製錬した場合、銅・鉄共存金属塊が生じる。この銅・鉄共存金属塊は、再溶解により銅の純度は向上し（7少数1桁以下、植田2008）、鉄の一部は木炭と置換して金属鉄となった可能性が考えられる。更に酸化雰囲気から鉄は酸化鉄（ウスタイト：FeO）に変化するので、銅関連遺跡で鍛冶滓的傾向をもつ滓が出土するという（大澤2009a）。

　2006年に刊行された鍛冶屋敷遺跡の報告書の金属学的分析結果には、出土した「鉄」は鉄鋳物の産物とする見方と、銅の精製過程の廃棄物の可能性が列記された（大澤・鈴木2006a）。しかし、2008年、井澤英二氏は鍛冶屋敷遺跡の鉄塊は鉄中非金属介在物の硫化物相は硫黄の分析誤差が大きいながらも Cu-Fe-S 系状態図にかけて斑銅鉱（Cu-Fe-S）固溶体と磁硫鉄鉱固容体の中に収まるとして、銅関連遺物に位置づけられた（井澤2008）。なお、鋳型内面の顕微鏡写真において銅粒の付着を確認している。

　また、桜井市山田寺から移されてきた685年開眼供養の興福寺仏頭および7世紀末ないし8世紀初期の作とみられる興福寺東金堂脇侍には、蛍光X線分析が行われている。その結果によれば、両者には2%前後の鉄が含まれ、ともに全体に磁石反応が認められたという（藤岡2019）。日本産の酸化銅を用い、製錬・精錬技術が不十分なため鉄が残存したものであろう。鍛冶屋敷遺跡における、銅・鉄共存金属塊の出土状況を裏付ける結果であると判断される。川原寺跡、榊差遺跡・黒土遺跡では鉄鋳造遺跡として報告がなされているが、確実に銅関連遺物（銅・鉄共存金属塊）も出土している。国内産銅が流通する古代日本において、どのような基準・方法をもって鉄鋳造遺跡・銅鋳造遺跡と認定するのかは、今後の議論すべき課題である。

（12）　歴史的意義（中央集権国家の成立）

　天智天皇2年（663）の白村江での敗戦以降、天智天皇6年（667）の近江遷都、天武天皇元年（672）の壬申の乱を経て天武・持統朝期までに中央集権国家が確立していく。中央集権国家は近江型箱形炉を日本列島各地に設置することで鉄の増産をはかった。地方には、中央に富を集める様々な施設が整備される。そのためには多くの鉄が必要であった。近江型箱形炉は、地方で必要となった国府や評衙（郡衙）の造営や駅路、条里制水田の整備で必要な鉄製農工具、防人や蝦夷征討といった軍備で必要な武器・武具の素材である鉄を生産した。

　古墳時代を通じて倭政権は、鉄を再配分することで地方豪族を統制した。飛鳥時代になると畿内の中央集権国家は各地域に製鉄技術を伝えることで、不足する鉄を補充した。「琵琶湖沿岸地域で製鉄炉の開発と改良を行い、また製鉄操業の実習を通じて技術者を養成し、大量の鉄材を必要とした大事業が行われる地域へ標準型製鉄炉の設計図を携えた技術者を派遣する体制が完成した」（村上2007）と村上恭通氏が主張するⅣ期の全国的な製鉄技術の共有の状況こそ、中央集権国家の体制が進展していく証といえよう。

408

第2節　展開期—箱形炉と竪形炉での製鉄—

第2節　展開期—箱形炉と竪形炉での製鉄—

V期（8世紀第2四半期〜8世紀第3四半期　奈良時代中期）

　V期の近江には、古代日本を代表する製鉄遺跡、草津市野路小野山遺跡がある。また、製鉄遺跡ではないが、紫香楽宮での大仏造営に関わる甲賀市鍛冶屋敷遺跡もある。近江以外では、近畿地方では播磨・丹後、中国地方では備後・備前・美作、九州地方では大隅・筑前・豊前、北陸地方では加賀・能登・越中・越後、関東地方では武蔵・常陸・上野、陸奥南部、陸奥北部（三陸地方）においても、発掘調査により製鉄が行われていたことが確認されている。V期の段階には関東地方・東北南部において半地下式竪形炉が出現することから、箱形炉と半地下式竪形炉の様相を分け、記述を進めていきたい。

（1）　箱形炉の様相

a　近畿地方

　8世紀中頃、近江では野路小野山遺跡で製鉄が行われる。野路小野山遺跡では、近江型箱形炉（E3型）を9基並列させ同時に稼働させていた二つのグループが存在していた可能性がある。また、非常に良質な鉄鉱石を原料として用いていることが判明している。2種類の大炭窯が検出され、管理棟と考えられる大型掘立柱建物も存在し、古代においては国内最大規模を誇る製鉄遺跡である。国家標準型製鉄炉と呼ばれる箱形炉の技術的到達点を示すと考えられ、近江国府との関連と紫香楽宮造営との関連を指摘できる。

　Ⅲ期の源内峠遺跡（箱形炉E1型）から始まり、Ⅳ期の源内峠遺跡（箱形炉E3型）・木瓜原遺跡（箱形炉E2型）・野路小野山遺跡（箱形炉B型・D1型）、V期の野路小野山遺跡（箱形炉E3型）へと至る瀬田丘陵製鉄遺跡群における製鉄炉の変遷は、国家標準型製鉄炉の具体的変遷を現わしている。3遺跡の発掘調査成果からは、両側排滓から片側排滓に向かう箱形炉の技術革新の流れ、築炉や操業技術に対する様々な試行の様相を、連続的に追うことができる。

　丹後では近江型箱形炉（E1型）で製鉄が行われる。遠所遺跡・黒部遺跡・芋谷遺跡・ニゴレ遺跡などからなる丹後の製鉄は、V期からⅥ期にかけて最盛期を迎える。原料は低〜高チタン砂鉄と様々な砂鉄を用いる。播磨では美作型箱形炉（B1型・B2型）で製鉄が行われる。原料は高チタン砂鉄を用いる。

b　中国地方

　備中では吉備型箱形炉（A1型・A2型）で製鉄が行われるが、地下構造の縮小化・省略化が進む。原料は鉄鉱石を用いる。新池奥遺跡から出土した鉄鉱石は、白灰の脈石を多く含む点など明らかに品質が劣ることが指摘されている。その背景には製鉄原料として使用可能な高品位磁鉄鉱の露頭鉱脈での鉄鉱石が、枯渇しだした様相をみてとれる。

　美作では美作型箱形炉（B1型・B2型・B3型）、備後型箱形炉（C型）で製鉄が行われる。原料は低チタン砂鉄を用いる。美作市高本遺跡での箱形炉B3型の出現は、近江型箱形炉（E1型）の導入を契機とし、美作型箱形炉の長軸を伸ばすという技術的変遷の中で誕生した製鉄炉であると考える。

　備中・備後・美作ではⅣ期からⅥ期まで調庸鉄の貢納が行われていることが想定されている。

409

したがって、一地域内で製鉄と精錬・鍛錬鍛冶が連動して行われていたと考えられる。また、主に吉備型箱形炉（A2型）・美作型箱形炉（B1型・B2型）という小型の箱形炉で製鉄が行われた理由を村上恭通氏は、「定期的、安定的な生産が必要とされる」ため、「伝統的かつリスクの少ない小規模な」箱形炉での操業が行われたと説明する（村上2007）。製鉄遺跡の周辺に鍛冶工房を構え、製品生産までの工程を行う小地域が形成され、その小地域が備中・備後・美作という範囲で多数分布していたものと考えられる。

c 九州北部

筑前では筑紫型箱形炉（D1型）と美作型箱形炉（B2型）で製鉄が行われる。当該期の製鉄遺跡は低チタン砂鉄の産地である糸島地域周辺に分布が集中する（岡寺ほか2002）。8世紀後半に最盛期となる元岡・桑原遺跡群は、50基程の製鉄炉が検出されている古代九州最大の製鉄遺跡群である。九州北部の箱形炉は縦置きを基本とするが、元岡・桑原遺跡群では縦置きから横置きへと変化している。

元岡・桑原遺跡群をはじめとする糸島地域周辺に分布する製鉄遺跡は、8世紀中頃の新羅との関係悪化等による、大宰府による武器整備等との関連が指摘されている。豊前の宮原金山遺跡では当該期の製鉄炉は検出されていないが、箱形炉由来の製錬滓・炉壁等が出土している。原料は鉄鉱石を用いている。

d 北陸地方

加賀では南加賀製鉄遺跡群の林遺跡A地区で北陸型箱形炉による製鉄が行われる。原料は高チタン砂鉄を用いる。越中では射水丘陵製鉄遺跡群で北陸型箱形炉による大規模な製鉄が行われる。原料は北陸地方では比較的チタン分の低い中チタン砂鉄を用いる。木炭窯は10m前後もある大形の半地下式木炭窯を伴う。当該期の射水丘陵製鉄遺跡群では、北陸型箱形炉によって、安定的な製鉄が行われていた様相をみてとれる。

e 関東地方

上野では峯山遺跡で近江型箱形炉（E1型）から近江型箱形炉（E3型）への変遷が確認される。原料は中チタン砂鉄を用いており、原料対応のための炉形変化と考えられる。

常陸では近江型箱形炉（E3型）で製鉄が行われる。石岡市宮平遺跡とかすみがうら市粟田かなくそ山遺跡では製鉄炉と瓦窯が近接し、同時期に操業していたと考えられることから、製鉄は国分寺造営に伴う可能性がある。常陸国府が所在する茨城郡における近江型箱形炉（E3型）がいずれも国レベルの施設造営に関わる可能性をもつことは、近江型箱形炉（E3型）の波及において国司の関与があったことを示唆する（佐々木2012）。このように関東地方のV期の箱形炉は、縦置きに統一されるようである。

笹澤泰史氏は、近江型箱形炉（E1型）から近江型箱形炉（E3型）への変遷について、両側排滓から片側排滓への技術変遷を表象していると考える（笹澤2021）。太田市峯山遺跡2区2号製鉄炉は、縦置きの箱形炉の排滓場（作業場）の構造が特徴的で、上位の排滓場では製錬鉄塊系遺物の荒割を行い、下位では排滓を行っている。近江型箱形炉（E3型）のように長軸方向の長い箱形炉の操業においては、流動性の高い滓を安定的に炉外に排出する必要がある。片側排滓は製鉄で排出される、数トンの滓を谷部に排滓するのに向く。排滓の安定化のために製鉄炉を縦置きにした可能性が高いと考えられる。

第2節 展開期―箱形炉と竪形炉での製鉄―

f 東北南部

陸奥南部の福島県浜通り地域では、8世紀中頃以降は、炉体・排滓坑・排水溝が縦置きに配置された、当該地特有の箱形炉に変化する。Ⅴ期までの箱形炉の設置方法の変化は、近江や関東地方とほぼ同様で、近江や関東各地からの技術的な影響を逐次受けていることを確認できる。

(2) 半地下式竪形炉の様相

a 鍛冶屋敷遺跡の銅精錬炉・溶解炉

古代の鋳造用溶解炉については地上に構築されることが多いせいか、発掘調査において遺構として検出されることは稀である。しかし、鍛冶屋敷遺跡の発掘調査では、遺存状況が比較的良好な溶解炉関係の遺構を16セット検出した。

その中でも第1鋳造遺構群西列第1ユニットでは、送風施設である踏み鞴土坑と、炉と推定される溶解関係遺構の遺存状況が良好で、踏み鞴と炉それぞれの配置・規模・構造の情報を遺構から得ることができた。また、出土した炉壁から炉の上部構造についても一定の情報を得ることができたので、鍛冶屋敷遺跡の銅精錬炉・溶解炉と付随する送風施設の復元案については第4章第3節で提示した。

b 半地下式竪形炉の起源・系譜

第4章第5節では、出現期である8世紀前半の半地下式竪形炉と、鍛冶屋敷遺跡の発掘調査成果をもとに復元した銅精錬炉・溶解炉を比較検討した。その結果、半地下式竪形炉と鍛冶屋敷遺跡の溶解炉には形態的・技術的類似点が多く、系譜を追うことが可能であるとする結論に至った。

また、半地下式竪形炉は、関東地方や東北南部に分布する高チタンの難還元性砂鉄原料を効率的に製錬するために、①強力送風が可能な踏み鞴を採用する、②半地下式とすることで箱形炉以上に炉高を確保するために開発されたと考えた。半地下式竪形炉の原型は鍛冶屋敷遺跡の銅精錬・溶解炉であり、半地下式竪形炉の原型は大仏造立という国家的プロジェクトの中で開発された、非常に高度な技術であるということになる。8世紀中頃に関東地方や東北南部に出現する半地下式竪形炉は、以上のような歴史的背景を持つことから、その製鉄技術の導入にあたっては、王権による政策が色濃く表れていると考える。

c 九州地方

筑前の朝倉市長田遺跡で検出された製鉄炉は、筑紫型箱形炉（D1型）と認知されてきた。しかし、長田遺跡の製鉄炉については炉形状から、袖石を有する竪形炉である可能性が高いとする意見が出ている。したがって、長田遺跡の製鉄炉の炉形態は、①箱形炉、②単孔送風・片側排滓の製鉄炉（自立炉）、③8世紀中頃に関東地方で出現する半地下式竪形炉、④竪形炉Ⅱ類（「西原型」竪形炉）の4つの可能性がある。時期決定、出土鉄滓全体に占める流動滓の比率とその外面観察による検討など、今後も注視すべき事例と言えよう。

大隅の鹿屋市川久保遺跡では、7世紀後半から8世紀の製鉄炉が検出されている。製鉄炉の検討、形態と技術的考察等は今後の課題としたい。

d 関東地方

Ⅴ期には踏み鞴付きの半地下式竪形炉の技術が新たに導入される。下総と上野に出現したのち、平安時代末期まで関東地方の製鉄は半地下式竪形炉単独の時代となる。上野の半地下式竪形炉の初現は8世紀前半代と推定される藤岡市下日野金井遺跡（古郡2005）である。ついで8世紀

第5章　日本古代製鉄の開始と展開

中頃の資料には前橋市乙西尾引遺跡（藤坂1994）や渋川市金井遺跡（井上ほか1975）の発掘調査例がある。原料は砂鉄を用いるが、砂鉄に含まれるチタン量は関東地方の中では低めである。下総の半地下式竪形炉の初現は8世紀第2四半期と推定される流山市富士見台Ⅱ遺跡や中ノ坪遺跡である。また地下式木炭窯を6基伴っている。縦置きの箱形炉が検出されている柏市松原遺跡とともに、東日本に最も早く導入された地下式木炭窯の事例と言われている（穴澤2018）。原料は高チタン砂鉄を用いる。

　武蔵の半地下式竪形炉の初現は8世紀第2四半期と推定されているが、上野と下総より若干遅れて出現するようである。桶川市宮の脇遺跡（橋本1990）、北足立郡伊奈町大山遺跡第12次、ふじみの市東台遺跡18地点などで検出されている。東台遺跡18地点では、8世紀第3四半期以降に鋳造も開始する。また、多くの遺跡で地下式木炭窯を伴う。原料は高チタン砂鉄を用いる。

e　東北南部

　8世紀中頃には関東地方と同様、大口径羽口と踏み鞴座付きの半地下式竪形炉の技術が一部地域に導入される。類例としては、横大道製鉄遺跡4〜9号炉、長瀞遺跡10・22号炉、柏木遺跡1〜4号炉などがある。

　8世紀中頃に陸奥南部に出現する半地下式竪形炉は、国家レベルの政策を達成するために導入された可能性が高い。Ⅴ期の半地下式竪形炉の出現は、藤原仲麻呂政権が推進した東北政策の関与の一つの現れであるとも考えられる。

（3）　鍛冶

a　半地下式竪形炉に伴う精錬鍛冶

　出現期の半地下式竪形炉は、炉外流出滓の出土量が少ないこと、炉底に生成した生産物を取り出した痕跡を確認することができることから、炉底に滓を溜め込んで、鉄と滓が混じる塊を生産したと考えられる。そのような鉄と滓の混じる塊を小割りした製錬鉄塊系遺物は、たたら製鉄で生成されるような鋼や銑の混在した大形の鉄塊より小割りし易く、扱いやすかったと考えられる。半地下式竪形炉で生産した製錬鉄塊の扱いやすさが、多くの一般集落内への鉄器や鍛冶の普及を促したと考える。半地下式竪形炉で生産した製錬鉄塊を精錬すると、サイズの大きい、表面が赤く錆びつく椀形鍛冶滓が生じる。

b　連房式鍛冶工房

　Ⅴ期の近畿地方で連房式鍛冶工房が検出されている遺跡としては、大和地域の奈良市平城宮馬寮推定地がある（山本ほか1985）。

　Ⅴ期の関東地方での連房式鍛冶工房が検出されている遺跡としては、上野の前橋市・高崎市の鳥羽遺跡（綿貫1988）、渋川市中筋遺跡（小林ほか1993）、武蔵の児玉郡上川町および上里町の皂樹原・檜下遺跡（篠崎1991）、下総の市川市下総国分遺跡（石田1990）、市川市和洋学園国府台キャンパス内遺跡（寺村・駒見1998）がある。鳥羽遺跡は上野国府推定地に隣接し、国府と強い関連が想定される遺跡である。皂樹原・檜下遺跡は加美郡の郷家、下総国分遺跡は下総国分寺・国分尼寺あるいは下総国府に関連する遺跡である。和洋学園国府台キャンパス内遺跡は下総国府と関連すると考えられる遺跡である。検出された連房式鍛冶工房は国府などの官衙、国分寺・国分尼寺などの寺院に関連があり、連房式鍛冶工房での鍛冶操業は官主導のもとで行われたものと考えられる。

Ⅴ期の東北地方での連房鍛冶工房が検出されている遺跡としては、出羽の秋田城跡がある（小松ほか1994）。秋田城跡は古代の城柵遺跡と考えられる（工藤1989）。8世紀後半には出羽国府が置かれたと推定されることから、秋田城内の連房式鍛冶工房での鍛冶操業は官主導で行われたものと考えられる。

Ⅵ期（8世紀第4四半期～9世紀前半　奈良時代後期～平安時代前期前半）

Ⅵ期の近江の発掘調査された製鉄遺跡としては、大津市平津池ノ下遺跡、後山・畦倉遺跡などがある。また、近畿地方の播磨・丹後、中国地方の出雲・伯耆・備後・備前・美作、九州地方の肥後・肥前・筑前、北陸地方の加賀・能登・越中・越後、東海地方の伊豆、関東地方の相模・武蔵・上総・下総・常陸・上野、東北地方の陸奥南部・陸奥北部・出羽など全国各地で製鉄が行われる。Ⅵ期は、古代においては最も広い範囲でかつ盛んに製鉄が行われた時期と言える。

（1）　近畿地方

近江では大津市後山・畦倉遺跡で近江型箱形炉（E1型）、平津池ノ下型箱形炉が検出されている。原料は鉄鉱石を用いる。

丹後では近江型箱形炉（E1型・E2型）と美作型箱形炉（B2型）で製鉄が行われる。京丹後市遠所遺跡・黒部遺跡・芋谷遺跡・ニゴレ遺跡などで製鉄が行われ、丹後では製鉄最盛期を迎える。原料は低～高チタン砂鉄と様々な砂鉄を用いる。播磨では美作型箱形炉（B3型）で製鉄が行われる。原料は高チタン砂鉄を用いる。

（2）　中国地方

備前では美作型箱形炉（B2型）で製鉄が行われるが、地下構造の簡略化が進む。製鉄原料は低チタン砂鉄を用いる。備前の製鉄原料は、高品位磁鉄鉱の露頭鉱脈が枯渇気味となったことからか、砂鉄へと変化する。備前は、原料の砂鉄化が比較的順調に進んだ地域と考えられる。

備後では備後型箱形炉（C型）で製鉄が行われる。庄原市金田石谷遺跡では砂鉄を用いる。備後の製鉄も8世紀後半には衰退し9世紀は不明瞭になることから、吉備の他地域と同様、その背景には製鉄原料として使用可能な高品位磁鉄鉱の露頭鉱脈の枯渇があったと考える。

美作では美作型箱形炉（B2型）で製鉄が行われる。原料は低チタン砂鉄を用いる。美作の製鉄の原料は、高品位磁鉄鉱の露頭鉱脈が枯渇気味となったことから、砂鉄へと変化する。美作は、美作も、原料の砂鉄化が順調に進んだ地域と考えられる。

伯耆では西伯郡大山町下市築地ノ峯東第2遺跡で、美作型箱形炉（B3型）の製鉄炉が検出されている。原料は中チタン砂鉄を用いる。製鉄炉から、長さ290cm、幅30～45cmと長大な炉底塊が出土している。伯耆では中世の製鉄遺跡が確認されていることから、下市築地ノ峯東第2遺跡の製鉄炉が、伯耆の古代から中世に至る技術系譜の中でどのように位置付けられるか等、中世箱形炉との比較検討が今後の課題となる。

（3）　九州地方

筑前ではⅤ期から引き続き、8世紀後半は筑紫型箱形炉（D1型）・吉備型箱形炉（A2型）、8世紀後半から9世紀前半には吉備型箱形炉（A2型）で製鉄が行われる。当該期の製鉄遺跡は低チタン砂鉄の産地である糸島地域周辺に分布が集中する。8世紀後半に最盛期となる福岡市西区元岡・桑原遺跡群では50基程の製鉄炉が検出されており、古代九州最大の製鉄遺跡群である。九

州北部の箱形炉は縦置きを基本とするが、元岡・桑原遺跡群では縦置きから横置きへと変化している（菅波 2006）。九州北部では 8 世紀後半製鉄が盛んになる。

9 世紀には竪形炉が出現し、これと入れ替わるように箱形炉は急速に姿を消す。九州地方で確認された竪形炉は、9 世紀前半に位置づけられる肥後の荒尾市の大藤 1 号谷遺跡 1 号製鉄炉を初現とする。村上恭通氏は、九州北部では箱形炉の普及以前から、単孔送風・片側排滓の製鉄炉（自立炉）が存在した可能性を指摘している（村上 2007）。村上氏が提示する単孔送風・片側排滓と大藤 1 号谷遺跡 1 号製鉄炉との技術的・系譜的関係の整理・解明は、九州地方での竪形炉および製鉄開始の歴史的意義を考える上での鍵となる。

（4） 北陸地方

北陸地方では北陸型箱形炉、踏み鞴付箱形炉、半地下式竪形炉で製鉄が行われる。原料は砂鉄を用いる。北陸型箱形炉は 8 世紀第 2 四半期から 9 世紀第 3 四半期の年代幅をもち、Ⅵ期の北陸地方の主要製鉄技術である。踏み鞴付箱形炉は 9 世紀前半頃の越後の柏崎市藤崎東遺跡群周辺に限定される。踏み鞴付箱形炉の出現は、汎東日本的な情報の伝達があったことを窺わせるものと言える。

越後では 8 世紀末、越中では 9 世紀第 2 四半期頃に半地下式竪形炉が導入される。原料は高チタン砂鉄を用いる。

（5） 関東地方

安房以外の関東地方各地において、半地下式竪形炉で盛んに製鉄が行われる。原料は高チタン砂鉄を用いる。ただし、上野の砂鉄に含まれるチタン量は関東地方の中では低めである。箱形炉については、上総の市原市押沼大六天遺跡で、9 世紀前半に比定される近江型箱形炉（E1 型）が検出されている。このことから、9 世紀前半までは、関東地方において、箱形炉で製鉄が行われた地域が存在していた可能性はある。

（6） 東北地方

東北南部では陸奥南部型箱形炉、踏み鞴付箱形炉、半地下式竪形炉で製鉄が行われる。原料は高チタン砂鉄を用いる。8 世紀後半には、福島県から宮城県にかけての浜通り地域において、Ⅴ期に導入された半地下式竪形炉に付属する踏み鞴を、縦置き箱形炉に取り入れて、踏み鞴付箱形炉が成立する。次いで、8 世紀末から 9 世紀前半にかけて炉の両側に小型羽口を連装した踏み鞴付箱形炉が成立する。この二つの画期が、東北南部における技術的革新期と考えられ、生産性が格段に向上する。

一方、半地下式竪形炉の検出例は、箱形炉の検出例と比較し極めて少ない。また、東北南部の半地下式竪形炉の特徴として、炉の平面形が隅丸長方形を呈することを挙げることができる。

東北北部では岩手県の三陸地方で、踏み鞴を伴わない小型の竪形炉系技術で製鉄が開始する。原料は低チタン砂鉄を用いる。

（7） 連房式鍛冶工房

上野の前橋市芳賀東部遺跡（唐澤ほか 1984）、相模の平塚市坪ノ内遺跡（林原 1996）、常陸の石岡市鹿ノ子 C 遺跡（川井 1983、小杉山・曽根 2011）、陸奥南部の西白河郡泉崎村関和久遺跡（木本 1983、長島ほか 1994）で連房式鍛冶工房が検出されている。Ⅵ期までは、寺院・官衙の造営や対蝦夷戦争の備えのために、東日本の各国々で鍛造鉄製品を生産するという、律令国家による鉄・

鉄器生産が盛んに行われている。

（8） 鉄鋳造遺跡

近畿地方では、山背の長岡京跡（8世紀後葉）、近江の栗東市中村遺跡（9世紀）、岡田追分遺跡（9世紀前半）、東辻戸遺跡（7世紀後半～10世紀前葉）で鉄鋳造が確認されている。関東地方では、上野のみどり市馬見岡遺跡（8世紀中頃～9世紀、萩谷1993）、武蔵のふじみの市東台遺跡（8世紀中頃～9世紀初頭）、東北南部では相馬市向田A遺跡（8世紀後葉～9世紀後半・9世紀前半が最盛期）、山田A遺跡（9世紀前半～中頃）、山田B遺跡（9世紀前半）で鉄鋳造が確認されている。関東地方・東北南部では、製鉄操業を行っている遺跡に鋳造工人が入り込んで鋳造操業を行うと考えられる事例が多い。

（9） 歴史的意義

Ⅵ期は、「日本列島内では、限られた地方だけでなく、鉄資源のある場所では必要があれば鉄生産をおこなうようになり、したがって鉄の性質、さらには鉄器製作の技術や製品の種類に地方的な特色が見られるようにになった。」（森1974）の段階であると言える。この背景には、Ⅴ期に半地下式竪形炉が出現し、東日本に広く分布するチタン分の高い難還元砂鉄を、製鉄原料として使いこなすことが可能となったことが挙げられる。ただし、連房式鍛冶工房が存在していること、鉄鋳造遺跡が、関東地方・東北南部の代表的な製鉄遺跡群の中に突然現れること、仏具などを鋳造していることなどからは、各地方側からの要望というよりは、中央政権からの政策的・強制的な意味合いの強い製鉄であったと考えられる。しかし、結果的には、生産鉄の性質、鉄器製作の技術や製品の種類に地方的な特色が現れるきっかけとなった。

関東地方・東北南部の鉄鋳造遺跡が、半地下式竪形炉が導入されるⅤ期ではなく、若干時間を経たⅥ期に出現すること、また代表的な製鉄遺跡群の中に、突然のように現れることを重視したい。上記の考古学的成果からは、地域の核となる代表的な製鉄遺跡群の中で、砂鉄原料の選択や、半地下式竪形炉の技術・操業の改良が行われ、その結果、半地下式竪形炉による鉄鋳物向きの鉄素材が開発されたと考えたい。全国各地で製鉄が行われることにより、結果として、大陸並みの鍛造と鋳造の技術が、国内に出揃うこととなったのである。

Ⅶ期（9世紀後半～10世紀　平安時代前期後半～平安時代中期前半）

近畿地方の近江播磨・丹後、中国地方の出雲・伯耆・美作、九州北部の筑前・豊前、北陸地方の加賀・越中・越後、東海地方の伊豆、甲信地方の信濃、関東地方の武蔵・上総・下総・下野・上野、東北地方の陸奥南部・陸奥北部・出羽など全国各地で製鉄が行われる。Ⅵ期とともに、古代においては最も広い範囲でかつ盛んに製鉄が行われた時期と言える。

（1） 近畿地方

近江では、9世紀後半から10世紀に比定される大津市上仰木遺跡で、近江型箱形炉（E1型）が検出されている。原料は鉄鉱石を用いる。古代の近江では、上仰木遺跡より後の製鉄遺跡は確認されておらず、近江の製鉄は衰退する。衰退の背景には官営鉄山（鉄穴）の閉山、製鉄原料として使用可能な高品位磁鉄鉱の露頭鉱脈の枯渇があったと考えられる。近江は10世紀をもって、製鉄の終焉を迎える可能性が高い。

丹後では、京丹後市ニゴレ遺跡D地区で10世紀前半に比定される製鉄炉が検出されているが、

415

製鉄炉の形態は不明である。原料は低チタン砂鉄を用いる。Ⅶ期に入り、丹後の製鉄は衰退が著しい。丹後では、10世紀後半以降の製鉄遺跡が発見されていないことから、11世紀以降、製鉄が行われていない可能性が高い。播磨では美作型箱形炉（B3型）で製鉄が行われる。原料は高チタン砂鉄を用いる。播磨では、製鉄炉は検出されていないが、製鉄遺跡は存続すること、12世紀後半以降、製鉄が盛んになることから、今後、Ⅶ期の製鉄遺跡が確認される可能性がある。

（2）　中国地方

美作では苫田郡奥津町大神宮原№25遺跡・№26遺跡で、美作型箱形炉（B2型・B3型）が検出されている。原料は中チタン砂鉄を用いる。炉長軸内寸が100cmから200cm程の製鉄炉が多数検出されており、Ⅵ期の製鉄炉より炉の長軸が長くなる。炉の長軸を長くすることが、古代から中世に向かう箱形炉の技術改良の方向性であった可能性が高い。美作では中世の製鉄遺跡が確認されていることから、大神宮原遺跡の製鉄炉が、美作の古代から中世に至る技術系譜の中での位置付け等、中世箱形炉との比較検討が今後の課題となる。

伯耆では西伯郡大山町赤坂小丸山遺跡で、美作型箱形炉（B3型）の製鉄炉が検出されている。原料は低チタン砂鉄を用いる。

出雲では、松江市玉ノ宮遺跡D-1区で、美作型箱形炉（B3型）の製鉄炉が検出されている。原料は低チタン砂鉄を用いる。1991年の発掘調査に伴って熱残留磁気年代測定が行われており、操業年代はAD690±40と推定されている（伊藤・時枝1992）。一方、島根県古代文化センターが実施したテーマ研究事業「たたら製鉄の成立過程」でも、製鉄炉地下構造内と排滓場で採取された木炭片のAMS年代測定を行っており、前者では10世紀から11世紀前半、後者では13世紀代の年代値が得られた（東山2020c）。時期評価について検討すべき課題が残るといえよう。

（3）　九州地方

筑前では小型自立炉で製鉄が行われる。原料は砂鉄を用いる。豊前でも小型自立炉で製鉄が行われる。原料は鉄鉱石を用いる。Ⅶ期には、筑前と豊前以外の地域でも製鉄炉が検出される可能性は高い。なお、九州地方の製鉄遺跡では、福岡県西部、佐賀県では低チタン砂鉄、福岡県東部および南部、熊本県、大分県、長崎県、鹿児島県では中～高チタン砂鉄が用いられることが多い（鈴木2011）。

（4）　北陸地方

北陸型箱形炉は9世紀第3四半期を下限とし、北陸地方全域でほぼ同じ時期に終焉を迎える。その後、北陸型箱形炉と入れ替わるように、半地下式竪形炉での製鉄が始まる。原料は高チタン砂鉄を用いる。半地下式竪形炉の出現期である9世紀後半、越中の射水市射水丘陵製鉄遺跡群およびその周辺、越後の柏崎市軽井川南製鉄遺跡群で鉄鋳造遺跡が発見されている。北陸地方の半地下式竪形炉の導入は、鋳造用銑鉄の生産を副次的な目的としたものと考えたい。半地下式竪形炉の原料砂鉄・炉およびその関連施設・生産鉄種と製鉄遺跡と鋳造遺跡との関連の検討について、今後進めていきたい。

（5）　関東・甲信地方

安房と相模以外の関東地方各地において、半地下式竪形炉で盛んに製鉄が行われる。原料は高チタン砂鉄を用いる。ただし、上野地域の砂鉄に含まれるチタン量は関東地方の中では低めである。10世紀後半から11世紀前半にかけては、竪形炉系の小型自立炉が上野・武蔵地域の境界地

帯の平野部に展開する。

信濃では、竪形炉系の小型自立炉で製鉄が行われる。原料は高チタン砂鉄を用いる。信濃と上野・武蔵地域の境界地帯に分布する竪形炉系の小型自立炉は類似しており、相互の技術的、人的交流を想定できる。

(6) 東北地方

東北南部では踏み鞴付箱形炉で製鉄が行われる。原料は高チタン砂鉄を用いる。Ⅶ期の踏み鞴付箱形炉は、炉底の長さが200cmを超えるものがあり、Ⅵ期と比較すると大型化が図られる。これに伴い、踏み鞴の大きさもⅥ期のものに比べて一回り大きくなる。技術的には習熟期を迎え、この時期の箱形炉からは鋳鉄の塊が多く出土する。しかし、9世紀中葉以降、浜通り地方においては製鉄炉の数が減少し、箱形炉での製鉄操業は10世紀前葉をもって終焉を迎える。

陸奥北部の三陸地方では、踏み鞴を伴わない小型の竪形炉系技術で製鉄が行われる。最盛期は9世紀後半から10世紀前葉である。原料は低チタン砂鉄を用いる。

出羽では9世紀中頃、半地下式竪形炉で製鉄が開始される。原料は高チタン砂鉄を用いる。その後、9世紀後半から10世紀にかけて、秋田県北部沿岸地域を中心として小型馬蹄形の竪形炉による小規模な製鉄が行われる。10世紀後半から11世紀には秋田県北部の沿岸から内陸の地域および青森県津軽地方で小型馬蹄形の竪形炉により製鉄が盛んに行われる。

(7) 連房式鍛冶工房

相模の平塚市六ノ域遺跡で連房式鍛冶工房が検出されている（柏木2009）。Ⅵ期までは、関東地方・東北地方の各地で連房式鍛冶工房が検出されていたが、Ⅶ期は六ノ域遺跡の事例のみである。特に、東北地方において連房式鍛冶工房がみられなくなること、および東北南部の浜通り地方での製鉄が終焉を迎えることから、対蝦夷戦争の終焉を意味しているのかもしれない。

(8) 銑鉄生産

半地下式竪形炉の炉高は2m程に復元され、箱形炉の炉高1.2mより倍近い炉高、還元帯の高さを確保している。炉高が高いために銑鉄が生産されやすい炉内環境であったと言える。最終段階は炉底に不純物混じりの鉄塊が生成されていたとしても、途中で出銑していた可能性はある。銑鉄が生成されれば、銑鉄の特徴である「堅いが割れやすい」性質から、鍛冶に向く大きさに割り取ることは、大型の鋼を小割りすることより容易である。精錬鍛冶で炭素量の調整を行えば、利器に必要な鋼を得ることができる。

鉄鋳造遺跡の検討から、半地下式竪形炉で銑鉄生産が可能となったのは9世紀頃からで、比較的容易に鋼を供結できるようになり、鉄素材の流通がより活発となったと考えられる。半地下式竪形炉で銑鉄生産が可能となる9世紀代が、多くの集落内へ、鉄器や鍛冶の普及を促す画期となったと考えられる。

(9) 鉄鋳造遺跡

北陸地方では、越中の富山市三熊内山窯跡（9世紀、古川1992）、射水市上野南ⅡB遺跡（9世紀中葉以降）、綿打池A遺跡（9世紀後半、林寺1986）、恩坊池A・B遺跡（9世紀、原田ほか2001）、野田池B-Ⅻ遺跡（9世紀後半）、越後の柏崎市下ヶ久保A遺跡（9世紀後半〜10世紀前半）で鉄鋳造が確認されている。

関東地方では、相模の横浜市上郷深田遺跡（9世紀後半）、上野の前橋市三ツ俣遺跡（平安時代、

第5章　日本古代製鉄の開始と展開

能登・梅津 2004）、勢多郡橘村房谷戸Ⅱ遺跡（10世紀前半、萩谷 1993）、武蔵の深谷市菅原遺跡
（9世紀後半〜10世紀）、台耕地遺跡（9世紀第3四半期〜10世紀、酒井 1984）、北足立郡伊奈町大山
遺跡（8世紀前半〜10世紀）、川口市猿貝北遺跡（10世紀後半）、上総の市原市押沼1遺跡D地点
（9世紀後半）、下総の古河市川戸台遺跡（9世紀後半）、柏市花前Ⅱ遺跡（8世紀第3四半期〜11世
紀）、習志野市芝山遺跡（9〜10世紀）で鉄鋳造が確認されている。

　東北南部では、南相馬市荻原遺跡（9世紀後半、門脇・三浦・吉田ほか 2010）、向田D遺跡（平
安時代）、猪倉B遺跡（9世紀後半）、東北北部では花巻市大瀬川A・B遺跡（9世紀後葉、三上ほか
1981）で鉄鋳造が確認されている。

（10）　歴史的意義

　Ⅶ期は、Ⅵ期に引き続き「日本列島内では、限られた地方だけでなく、鉄資源のある場所では
必要があれば鉄生産をおこなうようになり、したがって鉄の性質、さらには鉄器製作の技術や製
品の種類に地方的な特色が見られるようになった。」（森 1974）の段階であると言える。しかし、
初期製鉄地帯の吉備、近江の製鉄は終焉を迎えるようである。その背景には、官営鉄山（鉄穴）
の閉山、製鉄原料として使用可能な高品位磁鉄鉱の露頭鉱脈の枯渇があったと考えられる。同じ
く初期製鉄地帯であった丹後、筑前でも箱形炉による製鉄がみられなくなる。

　箱形炉による製鉄は、伯耆・出雲・美作北部・播磨など中国地方、主に日本海側の低チタン砂
鉄が採集される地域で確認されている。製鉄炉は長軸が長くなる傾向があり、本書では横置きの
美作型箱形炉（B3型）として炉形の分類をおこなった。美作型箱形炉（B3型）は、中国地方で
広く分布する横置きの小形箱形炉の炉長軸を長くするという技術的発展の中で開発されたと考え
る。Ⅶ期の箱形炉については、古代末から中世における箱形炉との関係を検討した上で、その技
術的変遷、目的鉄種等を考察することが必要である。今後の課題としたい。

　北陸地方、関東地方、東北南部、出羽では、半地下式竪形炉による製鉄の最盛期を迎える。ま
た、関東地方、東北南部ではⅥ期以降、北陸地方ではⅦ期以降、鉄鋳造が最盛期を迎える。鉄鋳
造の盛行の背景には、関東地方・北陸地方では高チタン砂鉄を原料として、半地下式竪形炉によ
る銑鉄生産が、東北南部では超高チタン砂鉄を原料として、半地下式竪形炉と踏み鞴付箱形炉に
よる銑鉄生産が軌道に乗ったことを挙げることができる。銑鉄生産が可能となったことにより、
比較的容易に鋼を得ることが可能となり、鉄素材の流通が活発となった。その結果、多くの集落
へ、鉄器や鍛冶の普及を促すこととなった。

　九州地方では小型自立炉、信濃と上野・武蔵地域の境界地帯では竪形炉系の小型自立炉、岩手
県三陸地方では踏み鞴を伴わない小型の竪形炉系自立炉、秋田県北部沿岸地域から内陸の地域と
青森県津軽地域では小型馬蹄形の竪形炉で製鉄が盛んに行われる。

　一方、国内最大規模を誇った福島県浜通り地域の製鉄は終息に向かい、連房式鍛冶工房も東北
地方ではみられなくなる。その理由として、中央集権国家の鉄・鉄器生産に対する政策の転換や、
鉄・鉄器生産体制の統制の解除が進んだことを挙げる。Ⅶ期を、森浩一氏のいう「日本列島内で
は、限られた地方だけでなく、鉄資源のある場所では必要があれば鉄生産をおこなうようになり、
したがって鉄の性質、さらには鉄器製作の技術や製品の種類に地方的な特色が見られるように
なった。」という製鉄が、日本列島の各地域が主体となり、行われるようになった段階と評価した
い。Ⅶ期に至り、大陸並みの鍛造と鋳造の技術が、国内各地域に出揃うこととなったのである。

第6章
結　語

　本書では、近江から日本列島全体へという視点で、古代製鉄の実態について、主に考古学的研究方法を用いて論じてきた。日本古代製鉄の動向を連続的に把握できる考古学的資料は多くないが、近江から日本列島へという視点から、日本古代の製鉄をみていくと、日本古代製鉄の動向を解く鍵は、近江の製鉄関連遺跡の内容に端的に現れていることに気づかされる。以下では、近江から日本列島へという視点からみた、日本古代製鉄の発展段階と画期は大きく7つの段階があることを論じ、本書の総括としたい。

Ⅰ期（6世紀第2四半期〜6世紀第3四半期　古墳時代後期中葉）

　本書では、近江の古墳時代における鍛冶・古墳出土鉄滓について検討・考察をおこなった。また、比較資料として、6世紀中頃の製鉄遺跡の存在が確実視される総社市・岡山市（吉備中心部）の鍛冶関連遺跡の検討・考察もおこなった。近江と吉備の様相を比較すると、近江に当該期に製鉄遺跡が存在した可能性は低い。日本列島における製鉄開始の議論は、6世紀中頃の吉備の様相の把握が起点となる。

　最古の製鉄遺跡は総社市の千引カナクロ谷遺跡であり、岡山市の西祖山方前遺跡、猪ノ坂南遺跡、奥池遺跡もその候補地となる。原料は鉄鉱石を用いており、製鉄炉は吉備型箱形炉（A1型）に分類される。吉備型箱形炉は、柏原市大県遺跡85-2次調査で検出された鍛冶炉3などをモデルとして、吉備で生まれた、特殊な製鉄炉であると考えられる。

　日本列島における製鉄開始の背景には、加耶諸国の滅亡など、朝鮮半島の動揺に原因があり、日本列島における製鉄遺跡の出現は、鉄資源入手経路の不安定化に端を発する、日本列島全体を視野に入れた倭政権による、新しい鉄・鉄器生産・流通経路の確保・集中管理の現れであるとみたい。この鉄・鉄器生産・流通経路の不安定化は、古墳時代の終焉を、また新しい時代の萌芽を導いたという歴史的評価を与えることができるかもしれない。

　日本列島で生まれた箱形炉は、中世には、鉄の生産量を増やすために長軸方向に容量を広げる形で発達し、近世には、いわゆる「たたら製鉄法」として我が国を代表する砂鉄製錬技術と発展した。吉備において、わが祖先の努力の末に生み出された、日本独自の箱形炉による製鉄技術が、日本の製鉄という基幹産業の技術的方向性や「日本刀」など日本独自の芸術品を生み出すこととなるのである。

Ⅱ期（6世紀第4四半期〜7世紀第1四半期　古墳時代後期〜飛鳥時代前期）

　近江と丹後では、長浜市古橋遺跡、京丹後市遠所遺跡通り谷地区O地点・鴨谷地区E地点で、近江型箱形炉（E1型）が検出されている。発掘調査報告書や論文によれば、この時期に製鉄が開始されたことになる。しかし、上記の遺跡の操業年代については、もう少し時期が下るのではないかとする意見もあり、他地域の様相と比較検討しながら、近江型箱形炉出現の契機の様相を

第6章 結 語

再検討・考察する必要がある。

　この時期は、吉備中心部の備中・備前では鉄鉱石製錬が行われるが、吉備の周縁部である美作・播磨・備後、丹後・出雲および九州北部で、原料の砂鉄化が進む段階である。本書では、福岡市柏原M遺跡から出土した「膠着砂鉄」の検討、吉備の製鉄遺跡から、紛鉱状の鉄鉱石が出土している状況を確認した。この製鉄原料の砂鉄化の現象を、鉄鉱石製錬から砂鉄製錬へという過度的な状況の中で生まれた現象をとらえ、砂鉄製錬の起源は日本列島内にあると考えた。

　こうした鉄鉱石製錬から砂鉄製錬へとの過渡的な現象は、日本列島内の製鉄原料の砂鉄化の流れを決定づけた。鉄鉱石の地域的偏りや自然露頭採掘の限界性、生産鉄種の質的な問題、箱形炉との相性等の理由から、鉄鉱石と砂鉄の併用、砂鉄製錬技術の確立へと急速に技術発展したものと考えられる。日本書紀の皇極天皇元年（742）の項に、蘇我蝦夷が百済の使者に鉄を贈ったという記録などは、西日本での砂鉄製錬が順調に進んでいることを裏付ける記事と言える。

III期（7世紀第2四半期〜7世紀第3四半期　飛鳥時代中期）

　国家標準型製鉄炉と呼ばれる箱形炉が、近江大津宮近くの瀬田丘陵生産遺跡群で開発される段階である。この段階の国家標準型製鉄炉の炉形は近江型箱形炉（E1型）に分類される。大津市源内峠遺跡では、炉体の外見や製鉄原料は同じでありながら、築炉や操業技術、横置きから縦置き、両側排滓から片側排滓に向かう、箱形炉技術の絶え間ない改革を試みた様相を見てとることができる。このような製鉄操業の試行錯誤的状況が近江型箱形炉の国家標準化の実態といえ、V期まで続く。

　近江型箱形炉（E1型）の製鉄操業の歴史的背景には、白村江の戦い（663年）や近江遷都などがある。白村江での大敗は国家存亡の危機となったが、それを契機として急速に中央集権化が進んだ。古墳時代から飛鳥時代前半までは、倭政権は鉄生産・流通を畿内で管理し、鉄を再分配することで地方豪族を統制した。しかし、白村江の大敗を契機として中央集権化が急速に進んだ結果、中央集権国家は鉄生産・流通体制を大きく転換したと考えられる。それぞれの地域に製鉄技術を伝えることで、不足した鉄を補おうとしたのである。製鉄技術の共有こそ、日本が統一国家となった証といえよう。

　近江の源内峠遺跡、木瓜原遺跡、野路小野山遺跡などの製鉄遺跡は、東日本の開発や製鉄をはじめとする様々な生産技術の核・拠点として、重要な役割を果たした。国家標準型製鉄炉と呼ばれる近江型箱形炉出現は、近江遷都が契機となり、その基盤は近江に集住する国際的感覚豊かな渡来人の存在と、東日本に繋がる地域的特性にあったと考えられる。

IV期（7世紀第4四半期〜8世紀第1四半期　飛鳥時代後期〜奈良時代前期）

　近江の製鉄技術が基盤となり、東日本でも近江型箱形炉（E1型・E2型・E3型）で製鉄が開始する段階。北陸・東海地方では越前・尾張、関東地方、陸奥南部で近江型箱形炉で製鉄が行われる。陸奥南部の浜通り地域の製鉄技術については、関東地方各地を玉突き状に経由しながら、伝播したとみられていた。しかし、陸奥南部浜通り地域の製鉄は、近江の瀬田丘陵生産遺跡群などの製鉄遺跡へ派遣された工人が伝習を受け、帰郷する方法で、近江の製鉄技術が直接導入された可能性がある。古代日本最大級の陸奥南部浜通り地域の製鉄は、中央の王権が直接管理のもとに

始まったと考える。一方、西日本では中国地方は吉備型箱形炉（A2型）、美作型箱形炉（B1型・B2型）、備後型箱形炉（C型）、九州北部では主に筑紫型箱形炉（D1型・D2型）で製鉄が行われる。西日本各地では、前段階から引き継いで伝統的な箱形炉で操業が行われた。

東日本には、難還元砂鉄である高チタン砂鉄が広く分布する。近江型箱形炉は高チタン砂鉄を原料として使用するには向かない炉形であった可能性がある。その解決策として、近江および東日本では、横置きから縦置き、両側排滓から片側排滓へという技術的改良が行われる。その際、縦置きを特徴とし九州北部を起源とする筑紫型箱形炉（D1型・D2型）の技術移入が行われたと考える。近江および東日本各地では、目まぐるしい製鉄炉の形態変遷を確認でき、試行錯誤的な製鉄の様相をみてとれる。この状況の結実が、野路小野山遺跡で開発された縦置きの近江型箱形炉（E3型）であると評価したい。

中央の王権は近江型箱形炉を、前段階まで製鉄が行われていなかった地域に拡散させることにより、鉄の増産を図った。また、防人や蝦夷征討といった国家的大事業においては、近江で製鉄操業を実習、技術者の養成を行い、標準型製鉄炉の設計図を携えた技術者を各地に派遣するという体制が整えられたと考える。まさに近江の製鉄が古代国家の国づくりを支えたのである。

V期（8世紀第2四半期〜8世紀第3四半期　奈良時代中期）

近江において国家標準型製鉄炉と呼ばれる近江型箱形炉が完成するとともに、半地下式竪形炉が開発された段階。近江では、古代最大規模を誇る草津市野路小野山遺跡で製鉄が行われる。また、製鉄遺跡ではないが、紫香楽宮での大仏鋳造に関わる甲賀市鍛冶屋敷遺跡で銅精錬・鋳造が行われる。野路小野山遺跡と鍛冶屋敷遺跡はともに、炉を9基並列させ同時に稼働させた二つのグループが存在していたと復元できる。鍛冶屋敷遺跡では「二竈領」の墨書土器が出土しており、炉の数およびそれぞれの炉および関与する工人が、組織的に認識されていたことを裏付ける。

野路小野山遺跡と鍛冶屋敷遺跡はともに、紫香楽宮造営および大仏鋳造という国家的プロジェクトのために組織化された大規模工房であると判断される。なお、鍛冶屋敷遺跡で踏み鞴が出現し、そのことにより銅の精錬・溶解が軌道にのったと判断されることから、紫香楽での大仏造営工程の中でも、定型化した踏み鞴を導入あるいは開発したことを、技術的に高く評価できる。

半地下式竪形炉の起源・系譜については、日本列島外から直接導入されたとする見解が多い。しかし、本論第4章第5節で検討したように、半地下式竪形炉の起源については、新たに型式設定した鍛冶屋敷2型の銅精錬・溶解炉に求めるに至った。具体的には、関東地方や東北南部に分布する高チタン砂鉄の難還元性砂鉄原料を効率的に製錬するために、①強力送風が可能な踏み鞴を採用する。②半地下式とすることで箱形炉以上に炉高を確保する、新たな「半地下式竪形炉」の製鉄技術が、国内で開発されたと考える。半地下式竪形炉は、8世紀中頃には東北南部にまで分布が広がる。その背景には対蝦夷政策があり、8世紀中頃の東北南部における半地下式竪形炉の出現は、関東地方を経由する玉突き式ではなく、直接的に技術移転が行われた可能性が高いと考える。

この時期の近江における製鉄・非鉄金属の生産には藤原仲麻呂政権が直接的に関与した可能性が高い。政権が国外の技術を導入し近江で開発した技術を、各地に直接的に移植したと考える。

第6章 結 語

Ⅵ期（8世紀第4四半期〜9世紀前半　奈良時代後期〜平安時代前期前半）

　近江では製鉄がおこなわれているが、Ⅴ期ほど、他地域に影響を与えていない。一方で、鍛冶屋敷遺跡でみられたような大量送風が可能な踏み鞴付銅精錬・溶解炉が、半地下式竪形炉として製鉄に応用される。このことにより、東日本では送風に踏み鞴を用いた半地下式竪形炉と踏み鞴付箱形炉により製鉄が開始される。半地下式竪形炉・踏み鞴付箱形炉では、踏み鞴の送風により炉内の広い範囲での高温化が可能となり鉄生産量の増加をもたらすとともに、高チタン砂鉄との関連から銑鉄生産も可能となった。

　Ⅵ期は、古代においては最も広い範囲でかつ盛んに製鉄が行われた段階である。九州北部、近畿地方（丹後・播磨）、北陸地方、関東地方、東北南部では古代で最も製鉄が盛んに行われる。Ⅵ期後半には中国地方と近畿地方以外では、箱形炉による製鉄が衰退する。箱形炉と入れ替わるように、九州北部では小型自立炉、関東地方では半地下式竪形炉で製鉄が行われるようになる。北陸地方では縦置きの北陸型箱形炉と半地下式竪形炉で製鉄が行われる。踏み鞴付箱形炉が検出されるは、柏崎市域の9世紀前半のみと地域的・時期的に限定される。東北南部では、踏み鞴付箱形炉が主流となり、陸奥南部型箱形炉・踏み鞴箱形炉・半地下式竪形炉が時期的・地域的に限定された形で分布する。踏み鞴を使用したことによって、難還元砂鉄の高チタン砂鉄への対応は解決したようである。半地下式竪形炉は、箱形炉ほどの頻繁な製鉄操業の試行錯誤がみられない。半地下式竪形炉は、ある程度技術が確立した形で製鉄に導入されたと考えられる。

　Ⅵ期に至り、鉄資源のある場所では、必要があれば鉄生産を行うことが可能になったと言える。しかし、この時期には鹿ノ子C遺跡など関東地方と東北南部に官衙的性格の濃い大規模な連房式鍛冶工房群が存在していること、鉄鋳造遺跡が、関東地方・東北南部の代表的な製鉄遺跡群中に突然現れること、主に仏具などを鋳造していることなどから、各地方側からの要望というよりは、中央政権からの政策的・強制的な製鉄であった様相を呈する。

　関東地方・東北南部において地域の核となる代表的な製鉄遺跡群の中で、砂鉄原料の選択や、半地下式竪形炉の技術・操業の工夫がなされた結果、半地下式竪形炉によって鉄鋳物向きの鉄素材が開発されたと考えたい。全国各地で製鉄が行われることにより、結果として、大陸並みの鍛造と鋳造の技術が完全に日本国内に出揃うこととなったのである。

Ⅶ期（9世紀後半〜10世紀　平安時代前期後半〜平安時代中期前半）

　近江では、9世紀後半〜10世紀に比定される大津市上仰木遺跡で近江型箱形炉（E1型）の製鉄炉が検出されている。9世紀中葉以降に寺院としての体裁を整えていった延暦寺の造営との関連が指摘されている。近江ではⅦ期以降、製鉄は衰退するようで、上仰木遺跡より後の製鉄遺跡は古代では確認されていない。その理由としては官営鉄山（鉄穴）の閉山、製鉄原料として使用可能な高品位磁鉄鉱の露頭鉱脈の枯渇があったと考えられる。全国的にみても、筑前の香春町宮原金山遺跡で鉄鉱石を原料とする小型自立炉が見つかっているのみで、古代の鉄鉱石製錬は終焉を迎えるようである。古代を代表する近江の製鉄の終了する時期をもって、古代製鉄の終焉の時期をⅦ期に求めたい。

　近江以外の状況に目を向けるならば、Ⅶ期はⅥ期とともに、古代においては最も広い範囲でか

つ盛んに製鉄が行われた時期と言える。箱形炉による製鉄は、伯耆、出雲、美作北部、播磨など中国地方、主に日本海側の低チタン砂鉄が採集される地域で確認されている。長袖内寸が2m程の細長い型式の箱形炉で第3章第12節では、この型式の箱形炉を近江系箱形炉（E1型）と分類した。しかし、Ⅶ期の箱形炉は低チタン砂鉄使用を基本とし、分布も古代の砂鉄製錬発祥の地である吉備周縁部にみられること、中国地方で広く分布する横置きの小形箱形炉の炉長軸を長くするという、技術的発展の中で生まれた箱形炉ととらえることができることから、Ⅵ期・Ⅶ期に美作周辺で検出される、炉の内寸が2m程ある細長い形態の箱形炉を美作型箱形炉（B3型）と新たに型式設定した。美作型箱形炉（B3型）の出現にあたり、近江型箱形炉との技術交流の様相については、古代末から中世における箱形炉との比較検討を行なうことにより、その技術的変遷を考察することを今後の課題としたい。

　日本各地で製鉄が盛んに行われる一方で、国内最大規模の製鉄を誇った福島県浜通り地域の製鉄も終息に向かい、連房式鍛冶工房も東北地方では見られなくなる。中央集権国家の鉄・鉄器生産に対する政策の転換や、生産体制の統制の解除が進んだものと考えたい。Ⅶ期をもって、森浩一氏のいう「鉄資源のある場所では必要があれば鉄生産を行うようになり、したがって、鉄の性質、さらには鉄器製作の技術や製品の種類に地方的な特色が見られるようになった。」という製鉄が、日本列島の各地域が主体となって行うことができるようになった段階に至ったとも評価できる。森氏のいう上記の製鉄の在り方を、中世的な製鉄と評価するならば、Ⅶ期は中世的な製鉄の萌芽期として積極的にとらえることもできる。

参考文献

【あ】

相美伊久雄 2021 『上苑 A 遺跡 2』志布志市教育委員会

青木香津江・佐々木勝 1998「桜井市纒向 102 次（勝山古墳第 1 次）発掘調査概報―勝山池改修に伴う―」
『奈良県遺跡調査概報 1997 年度』奈良県立橿原考古学研究所

青木和夫・稲岡耕二・笹山晴生・白藤礼幸校注 1995『新日本古典文学大系　続日本紀』3　岩波書店

青山　均・大道和人ほか 2002『石山国分遺跡発掘調査報告書―大津市南消防署・青嵐保育園建設に伴う―』
大津市教育委員会

青山　均・大道和人 2019『埋蔵文化財発掘調査集報Ⅷ　平津池ノ下遺跡　芋谷南遺跡』大津市教育委員会

青山　均ほか 2022『埋蔵文化財発掘調査集報Ⅷ　平津池ノ下遺跡　南滋賀遺跡　大津城跡』大津市教育
委員会

赤熊浩一 2006「新羅建郡と古代武蔵国の鉄生産」『埼玉の考古学Ⅱ』埼玉考古学会　591-606 頁

赤熊浩一 2012a『大山遺跡　第 12 次』（財）埼玉県埋蔵文化財調査事業団

赤熊浩一 2012b「古代武蔵国の律令的鉄生産の様相」『たたら研究』第 51 号　たたら研究会　47-56 頁

赤熊浩一・栗岡　潤 2006『箱石遺跡Ⅲ』（財）埼玉県埋蔵文化財調査事業団

明石雅夫・平井昭司 2002「微量不純物分析による鉄素材の原産地同定の可能性について」『たたら研究』
第 42 号　たたら研究会　83-95 頁

赤沼英男 1995「いわゆる半地下式竪形炉の性格の再検討―杢沢・北沢両遺跡出土遺物の金属学的解析結果
から―」『たたら研究』第 35 号　たたら研究会　11-18 頁

阿久津久・網野善彦・石井　進・井原　聡・後藤忠俊・福田豊彦 1980「東国の鉄―古代・中世の製鉄技
法とその周辺」（座談会）『月刊百科』216 号　6-38 頁

阿久津久・田中秀文 1984『茨城県花館ゴマンクボ製鉄遺跡発掘調査報告』美野里町教育委員会

阿久津久ほか 1978「茨城県八千代町尾崎前山製鉄遺跡の発掘と研究―日本製鉄技術史上の研究―」『人文
論叢』No.4　東京工業大学　147-164 頁

阿久津久ほか 1979「茨城県八千代町尾崎前山製鉄遺跡の発掘　第 2 報」『人文論叢』No.5　東京工業大学
193-258 頁

阿久津久ほか 1981『尾崎前山』八千代町教育委員会

阿児雄之・亀井宏行・大竹浩之 2004「磁気探査結果報告」『東谷遺跡』滋賀県教育委員会・（財）滋賀県文
化財保護協会　54-58 頁

朝倉秀昭 2004「上神代狐穴遺跡」『上神代狐穴遺跡京坊たたら遺跡』岡山県教育委員会

浅田智晴 1999「青森県内における鉄・鉄器生産の現状」『1999 年度（第 6 回）鉄器文化研究集会　東北地
方にみる律令国家と鉄・鉄器生産』鉄器文化研究会　60-69 頁

東　　潮 1987「鉄鋌の基礎的研究」『考古学論考』第 12 冊　奈良県立橿原考古学研究所　70-179 頁

東　　潮 1991「鉄素材論」『古墳時代の研究　5 生産と流通Ⅱ』雄山閣　22-36 頁

東　　潮 1999『古代東アジアの鉄と倭』渓水社

麻生正信ほか 2000『新東京国際空港埋職文化財発掘調査報告 XⅢ―束峰御幸畑西世跡（空港 No.61 遺跡）』
（財）千葉県文化財センター

穴澤義功 1982「鉄生産の発展とその系譜」『日本歴史地図』原始・古代編（下）　柏書房　159-163 頁

穴澤義功 1984「製鉄遺跡からみた鉄生産の展開」『季刊考古学』第 8 号　雄山閣　47-52 頁

穴澤義功 1987「関東地方を中心とした古代製鉄遺跡研究の現状と課題」『日本古代の鉄生産』1987 年度た
たら研究会大会資料　たたら研究会

穴澤義功 1991「各地域の製錬・鍛冶遺構と鉄研究の現状　関東地方」『日本古代の鉄生産』たたら研究会編
六興出版　86-99 頁

穴澤義功 1992「製鉄遺跡から実験炉へ」『千葉県立房総風土記の丘年報』15　千葉県立房総風土記の丘
108-119 頁

穴澤義功 1992「日本古代の鉄生産」『シンポジウム・九州古代の鉄生産をさぐる』シンポジウム九州古代

参考文献

　　　の鉄生産をさぐる実行委員会
穴澤義功 1994a「表 1　製鉄遺跡の諸要素」『国立歴史民俗博物館研究報告』第 58 集　国立歴史民俗博物館
穴澤義功 1994b「奈良国立文化財研究所　平成 6 年度埋蔵文化財発掘技術者特別研修「製鉄調査課程」』
　　　奈良国立文化財研究所
穴澤義功 1994c「古代東国の鉄生産」『第 2 回企画展図録　古代東国の産業―那須地方の窯業と製鉄業』
　　　栃木県立なす風土記の丘資料館　54-63 頁
穴澤義功 1995「鉄関連遺物の調査法」『国立歴史民俗博物館研究報告　第 58 集』国立歴史博物館　14-22 頁
穴澤義功 1997「東日本における中世の鉄生産」『平成 9 年度たたら研究会大会資料集』たたら研究会
　　　40-48 頁
穴澤義功 2000『平成 12 年度奈良国立文化財研究所・発掘技術者専門研修「生産遺跡調査課程」資料』奈
　　　良国立文化財研究所
穴澤義功 2002「前近代製鉄実験の歴史的概観」『「前近代製鉄実験」研究グループ　キックオフ・シンポ
　　　ジウム論文集』(社)日本鉄鋼協会　社会鉄鋼工学部会「鉄の歴史―その技術と文化―」フォー
　　　ラム　1-24 頁
穴澤義功 2003「古代製鉄に関する考古学的考察」『近世たたら製鉄の歴史』丸善プラネット
穴澤義功 2004「日本古代の鉄生産」『国立歴史民俗博物館研究報告』第 110 集　国立歴史民俗博物館
穴澤義功 2005「鉄鉱石を原料とした古代製鉄遺跡とその技術を俯瞰する」『第 14 回フォーラム講演会
　　　「鉄鉱石によるたたら製鉄法の歴史」予稿集』(社)日本鉄鋼協会　社会鉄鋼工学部会「鉄の歴史
　　　―その技術と文化―」フォーラム　1-34 頁
穴澤義功 2007「金属考古学の夜明け―製鉄遺跡の調査と解析をめぐって―」『「鉄の歴史―その技術と
　　　文化―」設立 10 周年記念講演論文集―回顧と展望―』(社)日本鉄鋼協会　社会鉄鋼工学部会
　　　「鉄の歴史―その技術と文化」フォーラム　59-82 頁
穴澤義功 2015a「鉄関連遺跡出土資料の整理と分析―福岡・宮原金山遺跡を中心に―」『遙かなる和鉄』
　　　慶友社　91-119 頁
穴澤義功 2015b「鋳造遺跡の整理・解析から見た技と課題」『鋳造遺跡研究資料 2015』鋳造遺跡研究会
　　　28-45 頁
穴澤義功 2018「東日本を中心にした古代の鉄づくりの歴史とその背景」『那須のくろがね―集落の開発と
　　　鉄生産―』大田原市なす風土記の丘湯津上資料館　1-15 頁
穴澤義功 2020a「東海・甲信地方」『たたら製鉄の成立過程』島根県古代文化センター　39-42 頁
穴澤義功 2020b「関東地方」『たたら製鉄の成立過程』島根県古代文化センター　43-47 頁
穴澤義功・熊坂正史 2013「古河市川戸台遺跡―古代東国の鋳造遺跡―」『鋳造遺跡研究資料 2013』鋳造
　　　遺跡研究会　32-41 頁
天辰正義・穴澤義功・平井昭司・藤尾慎一郎編 2005『鉄関連遺物の分析評価に関する研究会報告―鉄関
　　　連遺物の発掘・整理から分析調査・保存まで―』(社)日本鉄鋼協会　社会鉄鋼工学部会「鉄の
　　　歴史―その技術と文化―」フォーラム　鉄関連遺物の分析評価研究グループ
雨森智美 2008「高野遺跡」『1988 年度　栗東町埋蔵文化財発掘調査　資料集』(財)栗東市文化体育振興事業団
雨森智美 2014「栗東市における古墳時代の鍛冶―栗東市蜂屋遺跡を中心に―」『栗東歴史民俗博物館紀要』
　　　第 20 号　栗東歴史民俗博物館　11-19 頁
新井　宏 2001「鉄生産の開始時期」(1)(2)『BOUNDARY』17 巻 2・3 号　7-13 頁
荒牧宏行・大塚紀宣 1997「鋤先古墳群 A 群 3 次調査」『鋤先古墳群 2』福岡市教育委員会
安藤敏孝・佐々木義則ほか 1989『宮平遺跡発掘調査概報』石岡市教育委員会
安東康宏・奥原加奈子 2005『鉄塊遺跡』笠岡市教育委員会
安間拓巳 2007『日本古代鉄器生産の考古学的研究』漢水社
飯島武次・穴澤義功 1969「群馬県太田市菅ノ沢製鉄遺構」『考古学雑誌』第 55 巻第 2 号　日本考古学会
　　　43-64 頁
飯島武次・穴澤義功 1971「群馬県太田市菅ノ沢製鉄遺構の補足調査と化学的検討」『考古学雑誌』第 56
　　　巻第 3 号　日本考古学会　61-80 頁

飯島哲也 1993『松原遺跡Ⅲ』長野市教育委員会

飯田賢一 1968「近代製鉄技術史研究の立場からみたたたら製鉄について」『たたら研究』第 14 号　たたら研究会　26-42 頁

飯村　均 1989「木炭窯」『相馬開発関連遺跡調査報告Ⅰ』(株)福島県文化センター

飯村　均 2005『律令国家の対蝦夷対策・相馬の製鉄遺跡群』新泉社

行田裕美 1988『深田河内遺跡―津山中核工業団地埋蔵文化財発掘調査報告 2―』津山市土地開発公社・津山市教育委員会

行田裕美 1990『一貫西遺跡』津山市教育委員会

行田裕美 1992「製炭窯」『吉備の考古学的研究(下)』山陽新聞社　655-675 頁

行田裕美・保田義治・小郷利幸 1993『大畑遺跡―津山中核工業団地埋蔵文化財発掘調査報告 7―』津山市土地開発公社・津山市教育委員会

行時志郎ほか 1995『荻鶴遺跡』日田町教育委員会

池尻伸吾・和田正人 2007『別名端谷 1 遺跡・別名端谷 2 遺跡・別名成ルノ谷遺跡・別名寺谷 1 遺跡・別名寺谷 2 遺跡』(財)愛媛県埋蔵文化財調査センター

池田祐司 1992「内野原田 1 次」『福岡市埋蔵文化財年報 vol.5 1990 年度』福岡市教育委員会

池田善文 2008「古代銅製錬復元実験の経過報告」『古代銅製錬復元実験報告書―第 21 回国民文化祭やまぐち 2006：シンポジウム「文化資料の活用」―』第 21 回国民文化祭美東町実行委員会・美東町教育委員会　6-28 頁

池野正男 1983「南太閤山Ⅱ遺跡」『都市計画街路七美・太閤山・高岡線内遺跡群調査概要』富山県教育委員会

池野正男・関　清 1991『石太郎 G 遺跡　石太郎 J 遺跡』富山県埋蔵文化財センター

池野正男ほか 1991『上野南遺跡群発掘調査報告』小杉町教育委員会

池野正男ほか 1992『石太郎Ⅰ遺跡・石太郎 J 遺跡』富山県埋蔵文化財センター

伊崎俊秋 1992「松丸 F 逝跡」『城井谷Ⅰ』築城町教育委員会

井澤英二 2008「古代銅製錬実験 0611 の鉱石と製錬産物の相と化学組成について」『古代銅製錬復元実験報告書―第 21 回国民文化祭やまぐち 2006：シンポジウム「文化資料の活用」―』第 21 回国民文化祭美東町実行委員会・美東町教育委員会　50-61 頁

石尾政信 1994「長岡京跡右京第 440 次発掘調査概要（7ANKNZ-4 地区）『京都府遺跡調査概報』第 58 冊 (財)京都府埋蔵文化財調査研究センター

石川恒太郎 1942「上代の製銅遺跡に就いて」『考古学雑誌』第 32 巻第 12 号　日本考古学会　32-52 頁

石川恒太郎 1959『日本古代の銅鉄の精錬遺蹟に関する研究』角川書店

石川俊英・相沢清利ほか 1988「柏木遺跡」『昭和 62 年度発掘調査報告書』多賀城市埋蔵文化財調査センター

石川俊英・相沢清利ほか 1989『柏木遺跡Ⅱ―古代製鉄炉の発掘調査報告書―』多賀城市埋蔵文化財調査センター

石崎俊哉 1984「多摩ニュータウンNo.390」『多摩ニュータウン遺跡―昭和 58 年度―』第 2 分冊　(財)東京都埋蔵文化財センター

石田　勝 1990「下総国分遺跡」『市川市内遺跡群発掘調査報告』市川市教育委員会

五十川伸矢 1990「中世前半の大型鋳鉄物」『京都大学構内遺跡調査研究年報 1987 年度』京都大学埋蔵文化財研究センター　127-142 頁

五十川伸矢 1992「古代・中世の鋳鉄鋳物」『国立歴史民俗博物館研究報告』第 46 集　国立歴史民俗博物　1-78 頁

磯村　亨・泉田　健 1999「秋田県の製鉄遺跡」『1999 年度（第 6 回）鉄器文化研究集会　東北地方にみる律令国家と鉄・鉄器生産』鉄器文化研究会　32-37 頁

伊東重敏 1990『粟田かなくそ山製鉄遺跡調査報告』新治郡千代田村教育委員会　高倉・粟田地区埋蔵文化財発掘調査会

伊藤晴明・時枝克安 1991「塩屋伊豫野原遺跡登窯の考古地磁気法による年代推定」『大分空港道路建設に伴う発掘調査報告書Ⅰ』大分県教育委員会

伊藤晴明・時枝克安 1992「玉湯町玉ノ宮地区製鉄遺跡の考古地磁気推定年代」『古代金属生産の地域的特性

参考文献

に関する研究―山陰地方の銅・鉄を中心として―』島根大学山陰地域研究総合センター

伊藤　実 1997『滝前C遺跡・稲荷屋敷遺跡』藤岡市教育委員会

井上唯雄・大江正行ほか 1975『金井製鉄遺跡』渋川市教育委員会

井上　弘ほか 1975「高本遺跡」『中国縦貫自動車道建設に伴う発掘調査5』岡山県教育委員会

井上祐弘ほか 1982『八熊製鉄遺跡・大牟田遺跡』志摩町教育委員会

井上裕弘 1994『九州縦断自動車道関係埋蔵文化財調査報告―30―』福岡県教育委員会

猪狩英究ほか 1991「鳥打沢B遺跡」『原町火力発電所関連遺跡調査報告Ⅱ』（財）福島県文化センター

今西隆行 2009『庄原市上野総合公園遺跡群Ⅱ　小和田遺跡』庄原市教育委員会

岩﨑志保 2004「調査資料の分析」『岡山大学埋蔵文化財調査研究センター紀要2003』37-46頁

岩永勇亮ほか 2023『川久保遺跡5　A地点　縄文時代後期・晩期・古墳・近世編』（公財）鹿児島県文化振興
　　　財団埋蔵文化財センター

植田晃一 2008「古代長登銅山における製錬法の復元実験―これまでの調査・研究と国民文化祭の古代銅
　　　製錬復元実験―」『古代銅製錬復元実験報告書―第21回国民文化祭やまぐち2006：シンポジウ
　　　ム「文化資料の活用」―』第21回国民文化祭美東町実行委員会・美東町教育委員会　29-49頁

植田文雄 1993『斗西遺跡（2次調査）』能登川町教育委員会

上田　真ほか 1997『清水製鉄遺跡・大穴遺跡』（財）長野県埋蔵文化財センター

上野　章・原田義範・肥田順一・松田政基・桐谷　優・折原洋一 2001『太閤山カントリークラブ造成地
　　　内遺跡群発掘調査報告』小杉町教育委員会

内田俊秀 1994「付論SX44729-B出土炉壁付着物の検討」『長岡京市文化財調査報告書』第32冊　（財）
　　　長岡京市埋蔵文化財センター　27-28頁

宇垣匡雅ほか 1999『原尾島遺跡（藤原光町三丁目地区）』岡山県教育委員会

宇垣匡雅・河田健司 2001「北口遺跡」『岡山市埋蔵文化財調査の概要1999（平成11年度）』岡山市教育委員会

内山敏行ほか 1998「関東地域の古墳時代の竪穴鍛冶遺構」『新郭古墳群・新郭遺跡・下り遺跡』栃木県教育
　　　委員会・（財）栃木県文化振興事業団　518-528頁

上栫　武 2000「日本前近代の鉄生産―中国地方製鉄遺跡の地下構造を中心として―」『製鉄史論文集
　　　たたら研究会創立40周年記念論集』たたら研究会　173-194頁

上栫　武 2001a「横口付窯跡の基礎的研究」『たたら研究』第41号　たたら研究会　12-34頁

上栫　武 2001b「箱形炉の研究史」『日本列島における初期製鉄・鍛冶技術に関する実証的研究　平成15
　　　年度～平成17年度（2003～2005年度）科学研究費補助金基盤研究（B）　研究成果報告書』愛媛
　　　大学法文学部　3-18頁

上栫　武 2004「横口付窯跡による生産内容の復元」『考古論集』河瀬正利先生退官記念論文集編集委員会

上栫　武 2006「古墳時代製鉄炉の復元と製鉄実験　日刀保たたらの予備操業」『日本列島における初期製
　　　鉄・鍛冶技術に関する実証的研究　平成15年度～平成17年度（2003～2005年度）科学研究費補
　　　助金（基盤研究B）研究成果報告書』愛媛大学法文学部　131-138頁

上栫　武 2010「古代吉備における鉄生産の衰退」『考古学研究』第56巻第4号　考古学研究会　77-88頁

上栫　武 2013「古代吉備の鉄生産」『古文化談叢』70　九州古文化研究会　157-179頁

上栫　武 2015「岡山県猿喰池製鉄遺跡の製鉄炉と技術継承論」『文化財と技術』第7号　特定非営利活動
　　　法人工芸文化研究所　40-62頁

上栫　武 2020「中国・四国地方」『たたら製鉄の成立過程』島根県古代文化センター　13-20頁

上栫　武 2021「日本古代の鉄鋳造と素材鉄」『文化財と技術』第10号　特定非営利活動法人工芸文化研
　　　究所　59-74頁

江浦　洋ほか 1996『太井遺跡』（財）大阪府文化財調査研究センター

大岡由紀子 1998「吉身北遺跡の調査（第16次調査）」『守山市文化財調査報告書第66冊　平成8・9年度
　　　国庫補助対象遺跡発掘調査報告書』守山市教育委員会

大岡由紀子 2005『金森東遺跡（第30次）・金森遺跡（第2次）発掘調査概要報告書』守山市教育委員会

大阪府立近つ飛鳥博物館 2020『平成22年度秋季特別展　鉄とヤマト王権』（大阪府立近つ飛鳥博物館図録
　　　52）』20頁

大崎康文 2003『北牧野古墳群』滋賀県教育委員会・（財）滋賀県文化財保護協会

大川　清ほか 1976「北山窯跡付炭窯」『下野の古代窯業遺跡』栃木県教育委員会

大澤正己 1977「福岡平野を中心に出土した鉱滓の分析」『広石古墳群』福岡市教育委員会　195-217 頁

大澤正己 1979「大山遺跡を中心とした埼玉県下出土の製鉄関係遺物分析調査」（『埼玉県立がんセンター
　　　埋蔵文化財発掘調査報告大山』埼玉県教育委員会　321-365 頁

大澤正己 1982「千葉県下遺跡出土の製鉄関連遺物の分析調査」『千葉県文化財センター研究紀要』7
　　　（財）千葉県文化財センター　147-209 頁

大澤正己 1983「古墳出土鉄滓からみた古代製鉄」『日本製鉄史論集　たたら研究会創立 25 周年記念論集』
　　　たたら研究会　85-164 頁

大澤正己 1986「潤崎遺跡祭祀土壙出土鉄滓の金属学的調査」『潤崎遺跡』（財）北九州市教育文化事業団
　　　埋蔵文化財調査室　125-137 頁

大澤正己 1988「日本古代製錬遺構出土鉄滓の金属学的調査」『たたら研究』第 29 号　たたら研究会　21-34 頁

大澤正己 1991「上野南遺跡群出土の製鉄・銅関連遺物の金属学的調査」『上野南遺跡群発掘調査報告』
　　　小杉町教育委員会　134-167 頁

大澤正己 1992「冶金学からみた古代鉄生産」『九州古代の鉄生産をさぐる』シンポジウム九州古代の鉄を
　　　さぐる実行委員会

大澤正己 1993a「窪木薬師遺跡出土鍛冶関連遺物の金属学的調査」『窪木薬師遺跡』岡山県教育委員会
　　　284-401 頁

大澤正己 1993b「房総風土記の丘「鉄づくり」実験品の化学組成と耐火度調査結果」千葉県立房総風土記
　　　の丘年報 16』千葉県立房総風土記の丘　29-38 頁

大澤正己 1993c「韓国の鉄生産―慶州市所在・隍城洞遺跡概報に寄せて―」『古代学評論』第 3 号　古代
　　　を考える会　103-129 頁

大澤正己 1994「古墳時代初頭・沖塚遺跡鍛冶工房出土遺物の金属学的調査」『八千代市沖塚遺跡・上の台
　　　遺跡他』（財）千葉県文化財センター　250-304 頁

大澤正己 1995a「荻鶴遺跡鍛冶関連遺物の金属学的調査」『荻鶴遺跡』日田町教育委員会　64-90 頁

大澤正己 1995b「春日市の鉄の歴史」『春日市史　上巻』春日市　903-987 頁

大澤正己 1996「西裏遺跡出土鍛冶関連遺物の金属学的調査」『西裏遺跡』栃木県教育委員会・（財）栃木県
　　　文化振興事業団　273-289 頁

大澤正己 1998a「新郭遺跡出土鍛冶関連遺物の金属学的調査」『新郭古墳群・新郭遺跡・下り遺跡』栃木
　　　県教育委員会・（財）栃木県文化振興事業団　539-572 頁

大澤正己 1998b「西日本における初期鉄器製作　鉄生産に関する金属学的研究」『西日本から見た製鉄の
　　　歴史』（社）日本鉄鋼協会　7-37 頁

大澤正己 1999「奥坂製鉄遺跡群出土製鉄関連遺物の金属学的調査」『奥坂遺跡群』総社市教育委員会
　　　427-489 頁

大澤正己 2004「金属組織学からみた日本列島と朝鮮半島の鉄」『国立歴史民俗博物館研究報告』第 110 集
　　　国立歴史民俗博物館　89-122 頁

大澤正己 2005「生栖遺跡出土鍛冶関連遺物の金属学的調査」『生栖遺跡』兵庫県教育委員会　25-40 頁

大澤正己 2009a「長光遺跡出土銅製錬滓の分析調査」『長光遺跡、殿町山ノ方遺跡』香春町教育委員会　32-43 頁

大澤正己 2009b「古代鉄を巡る我が想い―初期鉄器文化と鉄の生い立ち（酸化銅鉱の製錬副産物の可能性）―」
　　　『長野県考古学会誌』129 号　長野県考古学会

大澤正己・大道和人 2005「滋賀県甲賀市鍛冶屋敷遺跡の調査―「鉄」をめぐる解釈について―」『鋳造遺
　　　跡研究資料 2005』鋳造遺跡研究会　2-11 頁

大澤正己・鈴木稔 2001「源内峠遺跡出土製鉄関連遺物の金属学的調査」『源内峠遺跡』滋賀県教育委員会・
　　　（財）滋賀県文化財保護協会　261-349 頁

大澤正己・鈴木瑞穂 2006a「鍛冶屋敷遺跡出土遺物の金属学的調査」『鍛冶屋敷遺跡』滋賀県教育委員会
　　　231-288 頁

大澤正己・鈴木瑞穂 2006b「諏訪ノ木遺跡出土鍛冶関連遺物の金属学的調査」『諏訪ノ木遺跡』（財）群馬

参考文献

県埋蔵文化財調査事業団　213-260 頁

大澤正己・中西章夫 2006「日本における初期製鉄遺跡出土遺物の金属学的調査」『日本列島における初期製鉄・鍛冶技術に関する実証的研究　平成 15 年度～平成 17 年度（2003～2005 年度）科学研究費補助金（基盤研究 B）研究成果報告書』愛媛大学法文学部　351-396 頁

大澤正己・長家　伸 2005「隍城洞（江辺路遺跡）出土の鋳造鍛冶関連遺物の金属学的調査」『慶州隍城洞遺跡Ⅲ―江辺路 3-A 工区開設区間内発掘調査報告書―』韓国文化財保護財団

大塚紀宣ほか 1999『室見が丘―金武・西入部地区開発に伴う埋蔵文化財の調査―』福岡市教育委員会

大西雅広ほか 2005『今井三騎道遺跡　今井見切塚遺跡―歴史時代編―』（財）群馬県埋蔵文化財調査事業団

大津市埋蔵文化財調査センター 1997「遺跡紹介 2　大津城跡下層遺構」『埋蔵文化財調査センターだより　大津むかし・むかーし』第 3 号

大沼芳幸 1992『唐橋遺跡』滋賀県教育委員会・（財）滋賀県文化財保護協会

大沼芳幸 2006「古代国家を支えた近江の生産遺跡」『月刊文化財』499 号　第一法規株式会社　37-41 頁

大橋信弥 1990「野洲川下流域の古代豪族の動向―近江古代豪族ノート 4―」『紀要』第 3 号　（財）滋賀県文化財保護協会　57-75 頁

大橋信弥・別所健二・大崎隆志・谷口智樹 1984『野路小野山遺跡発掘調査概報』滋賀県教育委員会・草津市教育委員会

大橋信弥・別所健二・平井寿一・大崎隆志・松村　浩 1990『野路小野山遺跡発掘調査報告書』滋賀県教育委員会・草津市教育委員会・（財）滋賀県文化財保護協会

大道和人 1994a「高島郡の鉄生産とその周辺」『紀要』第 7 号　（財）滋賀県文化財保護協会　61-65 頁

大道和人 1994b「出土遺物からみた北牧野製鉄 A 遺跡の炉形―古代日本の製鉄技術の系譜に関する一考察―」『同志社大学考古学シリーズⅥ　考古学と信仰』同志社大学考古学シリーズ刊行会　617-633 頁

大道和人 1995a「古墳時代の鍛冶工房」『紀要』第 8 号　（財）滋賀県文化財保護協会　11-18 頁

大道和人 1995b「木炭窯の形態からみた古代鉄生産の系譜と展開に関する予察―滋賀県瀬田丘陵の事例を中心に―」『紀要』第 8 号　（財）滋賀県文化財保護協会　106-120 頁

大道和人 1996「鉄鉱石の採掘地と製鉄遺跡の関係についての試論―滋賀県の事例を中心に―」『紀要』第 9 号　（財）滋賀県文化財保護協会　164-178 頁

大道和人 1998a「滋賀県内の古墳出土鉄滓」『斉頼塚古墳』マキノ遺跡群調査団・マキノ町教育委員会　107-126 頁

大道和人 1998b「日本列島における製鉄開始の状況」『古代探求　森浩一 70 の疑問』中央公論社　350-354 頁

大道和人 1998c「中性子放射化分析結果について」『斉頼塚古墳』マキノ遺跡群調査団・マキノ町教育委員会　127-136 頁

大道和人 1999「古墳出土鉄滓に関する基礎的検討―寺口忍海古墳群の事例を中心に―」『同志社大学考古学シリーズⅦ　考古学に学ぶ』同志社大学考古学シリーズ刊行会　499-514 頁

大道和人 2000「製鉄技術の導入―遠所遺跡群をめぐって―」『季刊考古学・別冊 10　丹後の弥生王墓と巨大古墳』雄山閣　115-121 頁

大道和人 2001a「滋賀県内の古墳時代の鍛冶について」『西田弘先生米寿記念論集　近江の考古と歴史』西田弘先生米寿記念論集刊行会編　135-141 頁

大道和人 2001b「古墳時代後期の製鉄の一様相」『平成 13 年度春季特別展　韓国より渡り来て―古代国家の形成と渡来人―』滋賀県立安土城考古博物館　84-85 頁

大道和人 2002「近畿地方における古代の鉄生産」『畿内地域における鉄と銅の技術と文化の展開』社団法人日本鉄鋼協会　学会部門社会鉄鋼工学部会編　47-60 頁

大道和人 2003「半地下式竪形炉の系譜」『考古学に学ぶⅡ』（同志社大学考古学シリーズⅧ）　同志社大学考古学シリーズ刊行会　511-524 頁

大道和人 2004「滋賀県の製鉄遺跡調査の現状と課題」『人間文化』15 号　滋賀県立大学人間文化学部　74-78 頁

大道和人 2006a「竪形炉の研究史」『日本列島における初期製鉄・鍛冶技術に関する実証的研究―本文編―　平成 15 年度～平成 17 年度（2003～2005 年度）科学研究費補助金（基盤研究 B）研究成果報告書』

愛媛大学法文学部　19-30頁

大道和人 2006b「滋賀県甲賀市鍛冶屋敷遺跡の調査―操業実態の検討を中心に―」『鋳造遺跡研究会資料2006』鋳造遺跡研究会　3-22頁

大道和人 2007「製鉄炉の形態からみた瀬田丘陵生産遺跡群の鉄生産」『考古学に学ぶⅢ』（同志社大学考古学シリーズⅨ）　同志社大学考古学シリーズ刊行会　525-538頁

大道和人 2009a「湖底出土の鉄鉱石」『滋賀県立安土城考古博物館第38回企画展・（財）滋賀県文化財保護協会第24回調査成果展　水中考古学の世界―びわこ湖底の遺跡を掘る―』滋賀県立安土城考古博物館　44頁

大道和人 2009b「紫香楽宮関連鍛冶屋敷遺跡における銅の生産技術」『近畿地方の鉄と銅の歴史を探る』社団法人日本鉄鋼協会　学会部門　社会鉄鋼工学部会　33-44頁

大道和人 2010a「近江・山城における鍛冶と製鉄」『鍛冶研究会シンポジウム2010　韓鍛冶と倭鍛冶―古墳時代における鍛冶工の系譜―』鍛冶研究会事務局　59-68頁

大道和人 2010b「古代の溶解炉の復元―鍛冶屋敷遺跡の事例から―」『考古学は何を語れるか』（同志社大学考古学シリーズⅩ）　同志社大学考古学シリーズ刊行会　385-400頁

大道和人 2011a「製鉄炉の設置方法について―源内峠遺跡1号製鉄炉の検討―」『紀要』第24号　（財）滋賀県文化財保護協会　73-80頁

大道和人 2011b「近江国府をめぐる二つの製鉄遺跡―木瓜原遺跡と野路小野山遺跡―」『大国近江の壮麗な国府』滋賀県立安土城考古博物館　68-70頁

大道和人 2013「滋賀県指定有形文化財考古資料　鍛冶屋敷遺跡出土遺物について」『紀要』第21号　滋賀県立安土城考古博物館　1-16頁

大道和人 2014a「日本古代鉄生産の開始と展開―7世紀の箱形炉を中心に―」『たたら研究』第53号　たたら研究会　1-22頁

大道和人 2014b「古代近江の鉄生産―技術系譜と背景―」『栗東歴史民俗博物館紀要』第20号　栗東歴史民俗博物館　57-62頁

大道和人 2014c「古代近江・美濃・尾張の鉄鉱石製錬遺跡」『「鉄の技術と歴史」研究フォーラム　第168回秋季講演大会シンポジウム論文集「東海地方における鉄と金属の技術と文化」』（一社）日本鉄鋼協会　総合企画部門　鉄鋼プレゼンス研究調査委員会　1-12頁

大道和人 2015「鉄鉱石に関する分割工程と質からの検討―滋賀県高島市上御殿遺跡の事例を中心に―」『同志社大学考古学シリーズⅪ　森浩一先生に学ぶ』同志社大学考古学シリーズ刊行会　607-621頁

大道和人 2018a「鉄鉱石製錬から砂鉄製錬へ―滋賀県内で出土した送風孔が複数個並んだ炉壁の検討から―」『同志社大学考古学シリーズⅫ　実証の考古学』同志社大学考古学シリーズ刊行会　503-516頁

大道和人 2018b「森先生と古代の製鉄」『第6回東海学シンポジウム2018　三角縁神獣鏡を考える　森浩一古代学を読み解くⅡ』NPO法人東海学センター　1-17頁

大道和人 2020「日本の鉄生産の起源と画期」『森浩一古代学をつなぐ』新泉社　169-199頁

大道和人 2021a「近江南部の古代鋳造遺跡調査の現状と課題」『滋賀県立大学考古学研究室論集　考古学研究室25周年・中井均先生退職記念』滋賀県立大学考古学研究室　167-176頁

大道和人 2021b「鍛冶屋敷遺跡の銅精錬・溶解炉と東日本の半地下竪形炉について」『鋳造遺跡研究資料2021』鋳造遺跡研究会

大道和人・大澤正己 2005a「滋賀県甲賀市鍛冶屋敷遺跡の調査―「鉄」をめぐる解釈について―」『鋳造遺跡研究資料2005』鋳造遺跡研究会

大道和人・畑中英二・大澤正己・鈴木瑞穂ほか 2006『鍛冶屋敷遺跡』滋賀県教育委員会

大道和人ほか 2001a『源内峠遺跡』滋賀県教育委員会・（財）滋賀県文化財保護協会

大道和人ほか 2004『東谷遺跡』滋賀県教育委員会・（財）滋賀県文化財保護協会

大屋道則・新屋雅明 1996『菅原遺跡』（財）埼玉県埋蔵文化財調査事業団

岡崎　敬 1956「日本における初期鉄製品の問題」『考古学雑誌』第42巻第1号　日本考古学会　14-29頁

岡崎研一 1994「ニゴレ遺跡」『京都府遺跡調査概報』第59冊　（財）京都府埋蔵文化財調査研究センター

岡崎研一 1995「ニゴレ遺跡」『京都府遺跡調査概報』第59冊　（財）京都府埋蔵文化財調査研究センター

参考文献

岡崎研一 1996「ニゴレ遺跡で見る製鉄遺構について」『京都府埋蔵文化財論集　第3集』(財)京都府埋蔵文化財調査研究センター　433-440頁

岡崎研一 1997「黒部遺跡（長芝原地区）」『京都府遺跡調査概報』第76冊　京都府埋蔵文化財調査研究センター

岡崎研一・増田孝彦 1992「国営農地開発事業（丹後東部地区）関係遺跡昭和62・63、平成3年度発掘調査概要　遠所古墳群」『京都府遺跡調査概報』第50冊　(財)京都府埋蔵文化財調査研究センター

岡田茂弘ほか 1972『多賀城跡―昭和46年度発掘調査概報』宮城県多賀城調査研究所

岡田雅人 2021「滋賀県草津市黒土遺跡の鋳造関連遺構群について」『鋳造遺跡研究会資料2021』鋳造遺跡研究会　16-27頁

岡田雅人・田中雪樹野・福田由美子・花田勝広 2022『榊差遺跡・榊差古墳群・黒土遺跡・南笠古墳群発掘調査報告書』草津市教育委員会

岡寺　良ほか 2002『宝満山遺跡群　浦ノ田遺跡Ⅲ』福岡県教育委員会

小笠原好彦 1988「生活と文化のあけぼの」『栗東の歴史』第1巻　栗東町　48-77頁

岡村勝行 1999『細工谷遺跡発掘調査報告1』(財)大阪市文化財協会

岡本明朗 1970「日本における古代製鉄技術に関する一考察―鉄鉱石・砂鉄・水碓など―」『日本製鉄史論』たたら研究会　140-154頁

岡本泰典ほか 2008「下坂遺跡」『大河内遺跡　稲穂遺跡　下坂遺跡』岡山県教育委員会

奥野和夫・真鍋成史 1990『森遺跡Ⅱ』交野市教育委員会

奥野利夫・村川義行・三宅博士 2001『和鋼博物館総合案内』和鋼博物館

小熊秀明 1987『比良ゴルフ倶楽部造成工事に伴う埋蔵文化財発掘調査報告書』志賀町教育委員会

奥村俊久 1984『通り浦遺跡・剣塚遺跡』筑紫野市教育委員会

奥山誠義 2006「出土鋳型からのシリコン製の製品の復元および市川橋遺跡出土獣脚のX線分析顕微鏡による分析結果について」『福島県文化センター白河館　研究紀要2005』(財)福島県文化振興事業団・福島県文化財センター白河館（まほろん）　41-45頁

小栗信一郎 1988「千葉県富士見台第Ⅱ遺跡C地点」『日本考古学年報39　1986年度版』日本考古学協会　433-439頁

小栗信一郎 1992「富士見台第Ⅱ遺跡C地点の調査と整理方法」『千葉県立房総風土記の丘年報』15　千葉県立房総風土記の丘　84-93頁

小栗信一郎・小林信一・山口直樹・山口浩郎・穴澤義功・石塚洋一郎・大澤正己 1992「シンポジウム　古代製鉄研究の現状（記録集）」『千葉県立房総風土記の丘年報15』千葉県立房総風土記の丘　81-160頁

小郷利幸 2010『山根地A遺跡　下石屋遺跡』津山市教育委員会

尾関　章 1999「古代日本の刃物の文化」『新修　関市史　刃物産業編』関市教育委員会　195-220頁

小田桐淳 1983「右京第109次（7ANKNZ地区）調査概報」『長岡京市文化財調査報告書』第32冊　(財)長岡京市埋蔵文化財センター

小田桐淳 1994「長岡京右京第四四七次（7ANKNZ-6地区）調査概要」『長岡京市文化財調査報告書』第32冊　長岡京市教育委員会

落合章雄 1989『八千代市沖ノ台遺跡・芝山遺跡』東葉高速鉄道株式会社・(財)千葉県文化財センター

落合章雄 1991「八千代市芝山遺跡出土の鋳型について」『研究連絡誌』第31号　(財)千葉県文化財センター　19-22頁

尾上元規 1993「古墳時代鉄鏃の地域性」『考古学研究』第40巻第1号　考古学研究会　61-85頁

尾上元規 1995「古墳時代後期における鉄鏃の地域性形成について」『古代吉備』17　古代吉備研究会　105-115頁

小畑弘己ほか 1993『博多37―博多遺跡群第65次発掘調査概報―』福岡市教育委員会

折原洋一 1997「鋳型の検討」『富山市太閤山カントリークラブ地内遺跡群発掘調査報告書(2)』富山市教育委員会

折原　覚ほか 2004『流山市西平井・鰭ヶ崎地区土地区画整理事業地内埋蔵文化財発掘調査概報Ⅰ』流山市教育委員会

折原　覚 2008「鉄製獣脚について考える―千葉県流山市西平井根郷遺跡出土資料から―」『生産の考古学Ⅱ』
　　　　倉田芳郎先生追悼論文集編集委員会　261-271 頁

【か】

香川慎一ほか 1991「鳥打沢B遺跡」『原町火力発電所関連遺跡調査報告Ⅱ』（財）福島県文化センター

賀川光夫 1951「大分県佐伯市下城遺跡より発見された製鉄趾と鉄器について」『貝塚』第 33 号　1-2 頁

賀川光夫 1954「豊後国下城弥生式遺跡における鉄器遺物の編年に関する一考察」『大分県地方史』創刊号
　　　　大分県地方史研究会　20-30 頁

角田徳幸 1992「今佐屋山遺跡」『中国横断自動車道広島浜田線建設予定地内　埋蔵文化財発掘調査報告書Ⅳ』
　　　　島根県古代文化センター・島根県埋蔵文化財調査センター

角田徳幸 1999「山陰における古代・中世の鉄生産」『地域に根ざして』田中義昭先生退官記念事業会
　　　　133-150 頁

角田徳幸 2006「韓国における製鉄遺跡研究の現状と課題」『古代文化研究』第 14 号　島根県古代文化セ
　　　　ンター　51-80 頁

角田徳幸 2014『たたら吹製鉄の成立と展開』清文堂出版

角田徳幸 2016「今佐屋山遺跡」『島根県における古代・中世製鉄遺跡の基礎的研究』島根県古代文化セン
　　　　ター・島根県埋蔵文化財調査センター　4-15 頁

笠井敏光ほか 1988『古市遺跡群Ⅸ』羽曳野市教育委員会

風間和秀・宮崎美和子 1997a『春内遺跡』（財）鹿島町文化スポーツ振興財団

風間和秀・宮崎美和子 1997b『片岡遺跡発掘調査報告書Ⅲ』（財）鹿嶋市文化スポーツ振興財団

梶川敏夫 1985『ケシ山窯跡群発掘調査概要報告』（財）京都市埋蔵文化財センター

梶原義実 2002 「最古の官営山寺・崇福寺（滋賀県）―その造営と維持―」『佛教藝術』265 号　毎日新聞社
　　　　96-118 頁

柏木義治 2009『湘南新道関連遺跡Ⅳ　坪ノ内遺跡・六ノ域遺跡』（財）かながわ考古学財団

柏田有香 2009「京都盆地における変革期の弥生集落―鉄器生産遺構の発見―」『古代文化』第 61 巻第 3 号
　　　　80-87 頁

加藤由美子・岩松和光・竹部祐介・南波　守・松井奈緒子 2009『五千石遺跡―3 区発掘調査概報―』長
　　　　岡市教育委員会

桂　　敬 1980「たたら製鉄炉内の化学反応と製鉄」『月刊百科』218 号　平凡社　14-17 頁

桂　　敬・北山憲三・宗　秀彦 1981「古代製鉄の化学的研究・その一」「倉林式古代製鉄法の復元実験
　　　　（観察）」『東京工業大学人文論叢』No. 6 1980　239-268 頁

桂　　敬・福田豊彦 1985「広島県と滋賀県における岩鉄製錬」『日本歴史』448 号　日本歴史学会　1-25 頁

勝部　衛 1992「玉湯町玉ノ宮製鉄遺跡群の調査」『山陰地方における古代金属生産の研究』古代金属生産
　　　　研究会　31-40 頁

加藤真二ほか 1997『平城京左京七条一坊十五・十六坪』奈良国立文化財研究所

門脇秀典・大道和人 1999「出土鉄鉱石に関する分割技法と粒度からの検討―木瓜原遺跡 SR-02 の事例を
　　　　中心に―」『紀要』第 12 号　（財）滋賀県文化財保護協会　42-53 頁

門脇秀典ほか 2010『常磐自動車道遺跡調査報告 60　横大道遺跡』（財）福島県文化振興事業団

門脇秀典・三浦武司・吉田秀享ほか 2010『常磐自動車道遺跡調査報告 59』（財）福島県文化振興事業団

兼康保明 1981「古代白炭焼成窯の復元」『考古学研究』第 27 巻第 4 号　考古学研究会　73-85 頁

兼康保明・河原喜久男・青谷恭一 1987「古代製鉄のあと」『マキノ町誌』マキノ町誌編さん委員会　127-140 頁

神谷正義 1994『西祖山方前遺跡　西祖橋本（御休幼稚園）遺跡』岡山市教育委員会

神野　信 2004「鉄器生産と鉄器普及」『千葉県の歴史　資料編　考古 4（遺跡・遺構・遺物）』（財）千葉県
　　　　史料研究財団　950-961 頁

神野　信 2005「房総半島における古代製錬遺跡」『千葉県文化財センター研究紀要 24　30 周年記念論集』
　　　　（財）千葉県文化財センター　305-331 頁

神野　信ほか 1997『矢那川ダム埋蔵文化財調査報告書 1―木更津市二重山遺跡』（財）千葉県文化財セン
　　　　ター

参考文献

亀田修一 2000a「鉄と渡来人―古墳時代の吉備を対象として―」『福岡大学総合研究所報』第240号　福岡大学総合研究所　165-184頁

亀田修一 2000b「古代吉備の鉄と鉄器生産」『長船町史』刀剣通史編　長船町　43-129頁

亀田修一 2005「吉備の渡来人と鉄生産」『ヤマト王権と渡来人』（日本考古学協会　2003年　滋賀県大会シンポジウム2）　サンライズ出版　228-248頁

唐澤保之ほか 1984『芳賀東部団地遺跡Ⅰ（古墳～平安時代編その1）』前橋市教育委員会

川井正一 1983『鹿ノ子C遺跡』（財）茨城県教育財団

川越哲志 1968「鉄および鉄器生産の起源をめぐって」『たたら研究』第14号　たたら研究会　7-15頁

川越哲志 1975「金属器の製作と技術」『古代史発掘』4　講談社　104-116頁

川越哲志 1993『弥生時代の鉄器文化』雄山閣

河瀬正利 1990「中国地方におけるたたら製鉄の展開」『叢書　近代日本の技術と社会2』平凡社　11-76頁

河瀬正利 1991「中国地方における砂鉄製錬法の成立とその展開―炉床構造を中心として―」『瀬戸内海地域史研究』3　瀬戸内海地域史研究会　39-75頁

河瀬正利 1995『たたら吹製鉄の技術と構造の考古学的研究』渓水社

河瀬正利・安間拓巳 2004「広島県賀茂郡栄町見土路製鉄遺跡の発掘調査」『中国地方古代・中世村落の歴史的景観の復元的研究　課題番号　12301021　平成12年度～平成15年度科学研究費補助金（基礎研究（A）(2) 研究成果報告書』91-113頁

河田健司 2020『津高団地遺跡群―古墳・生産遺跡編』岡山市教育委員会

川根正教 1983「研究報告2. 東深井中ノ坪の現場から―中ノ坪第Ⅰ・第Ⅱ遺跡の調査―」『年報』No.5　流山市立流山市郷土資料館　32-33頁

河野隆一 1995「黒部製鉄遺跡（石熊地区）平成5年度」『京都府遺跡調査概報』第65冊　（財）京都府埋蔵文化財調査研究センター

神崎　勝 2006『冶金考古学概論』雄山閣

木﨑康弘ほか 1993『狩尾遺跡群』熊本県教育委員会

岸　俊男 1978「「白髪部五十戸」の貢進物付札」『古代史論叢』上巻　井上光貞博士還暦記念会編　吉川弘文館　655-709頁

北野　重 1988『大県遺跡―堅下小学校屋内運動場に伴う―』1985年度柏原市文化財概報1988-Ⅱ　柏原市教育委員会

北野　重ほか 2001『古代たたら（製鉄）とカヌチ（鍛冶）―記録集―』柏原市教育委員会

北野　重 2006「古代鍛冶の研究史」『日本列島における初期製鉄・鍛冶技術に関する実証的研究　平成15年度～平成17年度（2003～2005年度）科学研究費補助金（基盤研究B）研究成果報告書』愛媛大学法文学部　31-46頁

北野　重・上栫　武 2006「古墳時代製鉄炉の復元と製鉄実験　愛媛大学実験製鉄炉　2号炉」『日本列島における初期製鉄・鍛冶技術に関する実証的研究　平成15年度～平成17年度（2003～2005年度）科学研究費補助金（基盤研究B）研究成果報告書』愛媛大学法文学部　163-198頁

北野　重・真鍋成史 2003「製鉄・鍛冶復元実験の現状と課題」『第9回鉄器文化研究集会　鉄器研究の方向性を探る―刀剣研究をケーススタディとして』21-39頁

北野　重・真鍋成史・大道和人ほか 2002『田辺遺跡―国分中学校プール建設に伴う遺物編―』柏原市教育委員会

木戸雅寿 1986『県道高野・守山線特殊改良工事に伴う　高野遺跡発掘調査報告書』滋賀県教育委員会・（財）滋賀県文化財保護協会

木戸雅寿ほか 2007『夕日ヶ丘北遺跡・大篠原西遺跡』滋賀県教育委員会・（財）滋賀県文化財保護協会

キナザコ製鉄遺跡調査団 1979『キナザコ製鉄遺跡』加茂町教育委員会

木下保明ほか 1981『旭山古墳群発掘調査報告』（財）京都市埋蔵文化財研究所

木下哲夫 1995「笹岡向山製鉄遺跡」『金津町埋蔵文化財調査概要』金津町教育委員会

木下義信 2012『東辻戸遺跡発掘調査報告書』守山市教育委員会

木本元治 1983『関和久上町遺跡Ⅰ』福島県教育委員会

参考文献

清永欣吾・森　浩一対談 1987「鉄―弥生時代に可能だった製鉄技術」『古代技術の復権』小学館　180-199 頁

桐谷　優・肥田順一 1997「野田池 B 遺跡XII地区」『富山市太閤山カントリークラブ地内遺跡群発掘調査報告書（2）』富山市教育委員会

金　一圭（武末純一・訳）2006「隍城洞遺跡の製鋼技術について」『七隈史学』第 7 号　七隈史学会　169-186 頁

金　武重 2004『華城旗安里製鉄遺跡発掘調査の成果と意義』『鉄器文化の多角的探究』鉄器文化研究会　143-154 頁

金生山赤鉄鉱研究会 2001『金生山の赤鉄鉱と日本古代史』

草津市教育委員会 1985『草津の古代を掘る』（昭和 60 年度草津市遺跡発掘調査報告会資料）

草津市教育委員会 1989『草津の古代を掘る』（平成元年度草津市遺跡発掘調査報告書資料）

草原孝典ほか 1997『吉野口遺跡』岡山市教育委員会

草原孝典ほか 2008『赤田東遺跡』岡山市教育委員会

櫛部大作 2007『高橋佐夜ノ谷II遺跡』今治市教育委員会

櫛部大作 2008『高橋板敷 I ・ II 遺跡』今治市教育委員会

葛原秀雄 1990『滋賀県高島郡今津町内遺跡分布調査報告書』今津町教育委員会

葛原秀雄 1998『妙見山遺跡発掘調査概要報告書』今津町教育委員会

葛原秀雄 2004『弘川佃・葭元遺跡発掘調査概要報告書』今津町教育委員会

葛原秀雄 2010『弘部野南海道遺跡―南樫地区の調査―』高島市教育委員会

工藤雅樹 2000『古代蝦夷』ニュー・サイエンス社

工藤基志 2020『北中谷地遺跡』浪江町教育委員会

国井秀紀 1995「大船迫 A 遺跡」『原町火力発電所関連遺跡発掘調査報告書V』（財）福島県文化センター

國下多美樹ほか 2003「長岡京跡左京第 14 次（7ANEJS 地区）左京二条二坊八町、石田遺跡発掘調査報告」『長岡京跡発掘調査研究所調査報告書』長岡京跡発掘調査研究所・（財）向日市埋蔵文化財センター

國守　剛 2003『道下中山製鉄遺跡』門前町教育委員会

久保義博・久保田邦親 2010「真砂砂鉄と赤目砂鉄の分類―たたら製鉄実験から明らかになったチタン鉄鋼の役割」『たたら研究』第 50 号　たたら研究会　29-39 頁

窪田蔵郎 1973『鉄の考古学』雄山閣

熊本県立装飾古墳館 1999『平成 11 年度前期企画展　古代たたら製鉄―復元の記録―』

栗岡　潤 2005『大山遺跡　第 10・11 次　埼玉県立精神医療センター施設整備事業関係埋蔵文化財発掘調査報告書』（財）埼玉県埋蔵文化財調査事業団

栗原和彦 1970『福岡南バイパス関係埋蔵文化財調査報告―第 1 集―』福岡県教育委員会

栗本政志 2004「滝ヶ谷遺跡」『大津市埋蔵文化財調査年報―平成 14（2002）年度―』大津市教育委員会

黒板勝美 1965『国史体系第十二巻』吉川弘文館

黒坂秀樹 1986「玉類・石敷遺構を持った竪穴住居跡　高月町　高月南遺跡」『滋賀文化財だより』（財）滋賀県文化財保護協会　1 頁

黒坂秀樹 1987「高月南遺跡発掘調査概要」『息長氏論叢』第三輯　息長氏研究会　32-43 頁

黒坂秀樹 2006「古保利古墳群 3」『高月の主要古墳II』高月町教育委員会

黒坂秀樹・沢村治郎 2010『高月南遺跡 I 』高月町教育委員会・長浜市教育委員会

黒澤　崇ほか 2003『千原台ニュータウンIX―市原市押沼第 1・第 2 遺跡（上層）―』（財）千葉県文化財センター

小池伸彦 2002「飛鳥の工房二態」『文化財論叢III　奈良文化財研究所創立 50 周年記念論文集』奈良文化財研究所　119-128 頁

小池伸彦 2015「平城京左京三条一坊一坪出土鍛冶工房跡の調査と平城宮・京の冶金工房」『条里制・古代都市研究』第 30 号　条里制・古代都市研究会　68-85 頁

小池伸彦 2017「古代冶金考古学研究史抄」『古代日本とその周辺地域における手工業生産の基礎研究』（改訂増補版）大阪大学大学院文学研究科考古学研究室　199-210 頁

小池伸彦ほか 2021『飛鳥池遺跡発掘調査報告　本文編〔 I 〕―生産工房関係遺物』奈良文化財研究所

小池伸彦ほか 2022『飛鳥池遺跡発掘調査報告　本文編〔III〕―遺跡・遺構―』奈良文化財研究所

参考文献

小池伸彦ほか 2024『平城京左京三条一坊一・二・八坪発掘調査報告』奈良文化財研究所

郷堀英司・田井知二 1985『常磐自動車道埋蔵文化財調査報告書Ⅲ ―花前Ⅱ-1・花前Ⅱ-2・矢船―』
　　日本道路公団東京第一建設局・(財)千葉県埋蔵文化財センター

古賀正美 1962「砂鉄および硫黄滓」『鉄鋼便覧』日本鉄鋼協会

小暮伸之 1997「相馬地域の鋳造」『相馬開発関連遺跡調査報告Ⅴ』(財)福島県文化センター

小暮伸之ほか 1997「山田A遺跡」『相馬開発関連遺跡調査報告Ⅴ』(財)福島県文化センター

国立歴史民俗博物館 1994a『国立歴史民俗博物館研究報告　第58集　日本・韓国の鉄生産技術〈調査編1〉』

国立歴史民俗博物館 1994b『国立歴史民俗博物館研究報告　第58集　日本・韓国の鉄生産技術〈調査編2〉』

小久貫隆史・新田浩三 1995『新東京国際空港埋蔵文化財発掘調査報告書Ⅸ ――鍬田甚兵衛山北遺跡
　　（空港№11遺跡）―』(財)千葉県文化財センター

小嶋　篤 2009「鉄滓出土古墳の研究―九州地域―」『古文化談叢』第61集　九州古文化研究会　139-167頁

小嶋　篤 2010「鉄滓出土古墳の研究―中国・畿内地域―」『『還暦、還暦？、還暦！』武末純一先生還暦
　　記念献呈文集・研究集』　武末純一先生還暦記念事業会　193-216頁

小嶋　篤 2013「九州北部の木炭生産―製炭土坑の研究―」『福岡大学考古学論集2』福岡大学考古学研究室
　　375-406頁

小嶋　篤 2016「九州北部の鉄生産」『考古学は科学か　下　田中良之先生追悼論文集』田中良之先生追悼
　　論文集編集委員会　863-883頁

小島純一 1986『深津地区遺跡群』粕川村教育委員会

小嶋芳孝 1987「能登半島の古代鉄生産序説」『同志社大学考古学シリーズⅢ　考古学と地域文化』同志社大
　　学考古学シリーズ刊行会　467-479頁

小島睦夫・岩崎　茂 1996「阿比留遺跡」『守山市文化財調査報告書第59冊―小御門遺跡発掘調査報告書―・
　　―阿比留遺跡発掘調査報告書―』守山市教育委員会

小嶋善邦ほか 2004『久田原遺跡　久田原古墳群』岡山県教育委員会

小杉山大輔・曾根俊雄 2011「鹿ノ子遺跡について」『第14回　古代官衙・集落研究会報告書　官衙・
　　集落と鉄』奈良文化財研究所　43-92頁

小松市教育委員会埋蔵文化財調査室 1991『小松市埋蔵文化財調査だより　第1号』

小林　修 2009『津久田上安城遺跡』渋川市教育委員会

小林信一ほか 1993「序説」『千原台ニュータウンⅤ』(財)千葉県文化財センター

小林　高 1999『中山遺跡（第1次・第2次）』寄居町遺跡調査会

小林正夫ほか 1990『秋田城跡　平成元年度秋田城跡発掘調査概報』秋田市教育委員会・秋田城調査事務所

小松正夫ほか 1994『秋田城跡（平成5年度）』秋田市教育委員会・秋田城跡調査事務所

小林良光ほか 1993『中筋遺跡第7次発掘調査報告書』渋川市教育委員会

駒宮史朗ほか 1980「甘粕山」『関越自動車道関係埋蔵文化財発掘調査報告10』埼玉県教育委員会

小森俊寛 1992「概説」『古代の土器1都城の土器集成』古代の土器研究会編　1-14頁

小柳和宏ほか 2010『伊藤田田中遺跡　屋敷田遺跡』大分県教育庁埋蔵文化財センター

近藤　滋 1978『源内峠遺跡試掘調査報告書』滋賀県教育委員会・(財)滋賀県文化財保護協会

近藤　広 1990「古代の鋳造関連遺構と鋳型の発見―滋賀県栗太郡栗東町・中村遺跡―」『滋賀考古』第4号
　　滋賀考古学研究会　38-41頁

近藤　広 1991「古墳時代における渡来人の動向と中央政権との関連―近江出土の装飾付須恵器から―」
　　『滋賀考古』第6号　滋賀考古学研究会　64-69頁

近藤　広 1994「岩畑遺跡」『栗東町埋蔵文化財調査　1992年度年報Ⅱ―岩畑遺跡・狐塚古墳群・山田窯跡』
　　(財)栗東町文化体育振興事業団

近藤　広 1996「辻遺跡」『栗東町埋蔵文化財調査　1995年度年報』栗東町教育委員会・(財)栗東町文化
　　体育振興事業団

近藤　広 1997「辻遺跡」『栗東町埋蔵文化財調査　1996年度年報』栗東町教育委員会・(財)栗東町文化
　　体育振興事業団

近藤　広 2010『下鈎遺跡発掘調査報告書』栗東市教育委員会・(財)栗東市文化体育振興事業団

近藤　広 2011「古墳時代集落における鉄器と玉作の様相―近江栗太郡の動向」『古代文化』第 62 巻第 4 号
　　　　（財）古代学協会　35-52 頁
近藤　広ほか 2012『辻遺跡発掘調査報告書　平成 23 年度 1 次調査』栗東市教育委員会・（財）栗東市体育
　　　　協会
近藤　広ほか 2020『高野遺跡発掘調査報告書　平成 31 年度 1 次調査』栗東市教育委員会・（公財）栗東市
　　　　体育協会
近藤義郎 1962「弥生文化論」『岩波講座日本歴史』第 1 巻　原始および古代 1　岩波書店　139-188 頁
近藤義郎・宗森英之ほか 1979『キナザコ製鉄遺跡』加茂町教育委員会
【さ】
（財）栗東町文化体育振興事業団 1989　「中村遺跡㊴」『埋蔵文化財発掘調査　1989 年年報』
斎藤　弘ほか 1996『西裏遺跡』栃木県教育委員会・（財）栃木県文化振興事業団
佐伯純也ほか 1996『阿須波道と垂水頓宮―国史跡垂水頓宮及び周辺地域の総合調査報告』滋賀県土山町
佐伯英樹 1997「岩畑遺跡」『栗東町埋蔵文化財調査発掘調査 1996 年度年報』（財）栗東町文化体育振興事業団
佐伯英樹 2000「野尻遺跡」『栗東町埋蔵文化財発掘調査 1998 年度年報』栗東市教育委員会・（財）栗東市
　　　　文化体育振興事業団
酒井清治 1984『台耕地（Ⅱ）』埼玉県埋蔵文化財調査事業団
坂本太郎・家永三郎・井上光貞・大野晋校注 1965『日本古典文学大系 68『日本書紀』下』
坂本嘉和 2018「勝負谷製鉄遺跡」『新鳥取県史（資料編）　考古 3　飛鳥・奈良時代以降』鳥取県立公文書館
　　　　県史編さん室　265-266 頁
坂本嘉和ほか 2013『下市築地ノ峯東通第 2 遺跡』鳥取県埋蔵文化財センター
坂本嘉和ほか 2014『赤坂小丸山遺跡』鳥取県埋蔵文化財センター
狭川真一 1994「大宰府の鋳造品生産」『考古学ジャーナル』No. 372　ニューサイエンス社　19-25 頁
櫻井拓馬 2006『野路小野山製鉄遺跡発掘調査概報』草津市教育委員会
櫻井拓馬 2009a「滋賀県湖南地域の古代製鉄と鋳造技術について」『社会鉄鋼工学部会　2009 年度秋季講
　　　　演大会シンポジウム論文集』（社）日本鉄鋼協会　学会部門社会鉄鋼工学部会編　21-32 頁
櫻井拓馬 2009b「岡田追分遺跡」『草津市文化財年報 16』草津市教育委員会
櫻井拓馬ほか 2007『野路小野山製鉄遺跡範囲確認発掘調査報告書』草津市教育委員会
佐々木稔 1985「ふたたび古代の炒鋼法について」『たたら研究』第 27 号　たたら研究会　40-50 頁
佐々木稔 2006「日本刀の成立過程」『古代刀と鉄の科学』雄山閣　219-237 頁
佐々木稔 2008『鉄の時代史』雄山閣
佐々木義則 1990「石岡市宮平遺跡製鉄遺構」『婆良岐考古』第 12 号　婆良岐考古同人会　22-36 頁
佐々木義則 2012「関東における寺院・官衙の造作と鉄生産―7・8 世紀の様相―」『たたら研究』第 51 号
　　　　たたら研究会　1-16 頁
佐々木義則・住谷光男 1996『後谷津製鉄遺跡―第 2 次調査報告書―』ひたちなか市教育委員会
笹澤泰史 2006a『諏訪ノ木Ⅵ遺跡』（財）群馬県埋蔵文化財調査事業団
笹澤泰史 2006b「古代上野国群馬郡有馬郷の鉄生産」『研究紀要』24　（財）群馬県埋蔵文化財調査事業団
　　　　79-96 頁
笹澤泰史 2007a「群馬県における古代製鉄遺跡の出現と展開―その研究序説として―」『研究紀要』25
　　　　（財）群馬県埋蔵文化財調査事業団　61-80 頁
笹澤泰史 2007b『南原間遺跡』（財）群馬県埋蔵文化財調査事業団
笹澤泰史 2010『峯山遺跡Ⅱ（古墳時代以降綿）―飛鳥時代から奈良時代の製鉄遺跡―』（財）群馬県埋蔵文
　　　　化財調査事業団
笹澤泰史 2016「東日本の古代製鉄技術の展開―箱形炉の導入から竪形炉への変遷―」『研究紀要』34
　　　　（公財）群馬県埋蔵文化財調査事業団　47-66 頁
笹澤泰史 2021『鉄が語る群馬の古代史』みやま文庫
笹田朋孝 2013『北海道における鉄文化の考古学的研究―鉄ならびに鉄器の生産と普及を中心として―』
　　　　北海道出版企画センター

437

参考文献

笹田朋孝・村上恭通 2006a「古墳時代製鉄炉の復元と製鉄実験　愛媛大学実験製鉄炉　1号炉」『日本列島における初期製鉄・鍛冶技術に関する実証的研究　平成15年度～平成17年度（2003～2005年度）科学研究費補助金（基盤研究B）研究成果報告書』愛媛大学法文学部　144-162頁

笹田朋孝・村上恭通 2006b「三韓・三国時代製鉄炉・精錬炉関連資料の検討と復元実験　製鉄実験』『日本列島における初期製鉄・鍛冶技術に関する実証的研究　平成15年度～平成17年度（2003～2005年度）科学研究費補助金（基盤研究B）研究成果報告書』愛媛大学法文学部　298-302頁

佐藤あゆみほか 2015『間木戸II遺跡・間木戸V遺跡発掘調査報告書』（公財）岩手県文化振興事業団埋蔵文化財センター

佐藤忠雄ほか 1983『西浦北・宮西』岡部町教育委員会

佐藤寛介ほか 2003「城峪城跡」『河内構え跡　河内城跡　ナル林遺跡　久田上原城跡　北条高下遺跡　峪畑遺跡　岡遺跡　比丘尼ケ城跡　城峪城跡　札ノ尾遺跡』岡山県教育委員会

猿向敏一・佐伯英樹・藤岡英礼・松村　浩 2009『辻遺跡発掘調査報告書』栗東市教育委員会・（財）栗東市文化体育振興事業団

沢辺利明・宮下幸夫・木立雅朗・近間　強ほか 1993「製鉄・窯業遺跡の調査（第3次調査～第4次調査）」『石川県生産遺跡分布調査報告書（昭和63年度～平成4年度）―県費補助事業実績報告一』石川考古学研究会　105-180頁

潮見　浩 1970「わが国古代における製鉄研究をめぐって」『日本製鉄史論』たたら研究会　155-172頁

潮見　浩 1972「製鉄遺跡・鉄器における自然科学的分野の問題点」『考古学と自然科学』第5号　41-46頁

潮見　浩 1975「最近の鉄研究をめぐって」『考古学研究』第22巻第2号　考古学研究会　56-62頁

潮見　浩 1982『東アジアの初期鉄器文化』吉川弘文館

潮見　浩 1989「鉄の生産をめぐって」『考古学ジャーナル』No.313　ニュー・サイエンス社　2-4頁

潮見　浩ほか 1967『常定峯双遺跡群の発掘調査報告』広島県教育委員会

潮見　浩・和島誠一 1966「鉄および鉄器生産」『日本考古学V　古墳時代（下）』河出書房　11-24頁

滋賀県教育委員会 1970a『第2次宅地造成等規制地域内遺跡分布調査報告書』

滋賀県教育委員会 1970b『国道1号線・京滋バイパス予定路線内遺跡分布調査概要報告書』

滋賀県教育委員会 1985『昭和58年度滋賀県文化財調査年報』

滋賀県教育委員会 1997『平成7年度滋賀県文化財調査年報』

滋賀県教育委員会・草津市教育委員会・大津市教育委員会・（財）滋賀県文化財保護協会　2006『近江歴史探訪マップ8　国づくりを支えた焔―古代国家と瀬田丘陵生産遺跡群―』

滋賀県高等学校理科教育研究会地学部会編 1980a『改訂滋賀県　地学のガイド（上）』コロナ社

滋賀県高等学校理科教育研究会地学部会編 1980b『改訂滋賀県　地学のガイド（下）』コロナ社

重根弘和ほか 2002『立石遺跡・大開遺跡・六番丁場遺跡・九番丁場遺跡』岡山県教育委員会

篠崎　潔 1991『皂樹原・檜下遺跡III』皂樹原・檜下遺跡調査会

篠崎健一郎ほか 1984『五十畑』大町市教育委員会

品田高志 1994「越後のおける古代鉄生産の系譜と展開―木炭窯の形態からみた若干の検討一」『新潟考古学談話会会報』第13号　新潟考古学談話会　17-23頁

柴田　治・久保一臣 1995『白ヶ迫製鉄遺跡』三良坂町教育委員会

柴田英樹ほか 2004『百間川原尾島遺跡6』岡山県教育委員会

島崎　東ほか 1993『窪木薬師遺跡』岡山県教育委員会

島根県古代文化センター 2020『たたら製鉄の成立過程』

下澤公明ほか 1998「白壁奥遺跡」『岡山県埋蔵文化財調査報告128』岡山県教育委員会

下澤公明ほか 2004『八ケ奥遺跡・八ケ奥製鉄遺跡・岡遺跡・小坂古墳群・才地古墳群・才地遺跡』岡山県教育委員会

下原幸裕 2012『宮原金山遺跡―遺構・土器篇―』九州歴史資料館

沼南町教育委員会「若林I遺跡現地説明会資料」

白石　聡 2002「鍛冶遺構出土の鉄滓」『松木広田遺跡（松木遺跡群）I』今治市教育委員会

白神賢士ほか 2004『猿喰池製鉄遺跡』熊山町教育委員会

神保孝造 1983「東山 I 遺跡」『都市計画街路　七美・太閤山・高岡線内遺跡群発掘調査概要』富山県教育
　　　　委員会

末永成清ほか 1999『清水遺跡』（財）いわき市教育文化事業団

末永成清ほか 2014『磐出館跡―横口付木炭窯群の調査概報―』いわき市教育委員会

末永雅雄 1931『日本上代の武器』弘文堂

末永雅雄・小林行雄・藤岡謙二郎 1943『大和唐古彌生式遺跡の研究』京都帝国大学文学部

菅波正人 2006『元岡桑原遺跡群 7』福岡市教育委員会

菅波正人 2011「福岡市元岡・桑原遺跡群の概要―奈良時代の大規模製鉄遺跡―」『第 14 回　古代官衙・
　　　　集落研究会報告書　官衙・集落と鉄』奈良国立文化財研究所　27-42 頁

菅波正人ほか 2005『元岡桑原遺跡群 4』福岡市教育委員会

菅原俊行・安田忠市 1984「坂ノ上 E 遺跡」『秋田臨空港新都市開発関係埋蔵文化財発掘調査報告書』秋田市
　　　　教育委員会

菅原文也ほか 1987『向田 C・D 遺跡　向田経塚』新地町教育委員会

菅原祥夫 2011「宇多・行方郡の鉄生産と近江」『研究紀要 2010』福島県文化財センター白河館　33-56 頁

菅原祥夫 2019「藤原仲麻呂政権期の陸奥国と近江国―製鉄・飛雲文をめぐって―」『福島考古』第 61 号
　　　　福島県考古学会　63-72 頁

菅原祥夫ほか 1994「大船廻 C 遺跡」『原町火力発電所関連遺跡調査報告Ⅳ』（財）福島県文化センター

菅原弘樹ほか 1996　『山王遺跡Ⅳ　多賀前地区考察編』宮城県教育委員会

杉原荘介 1956「弥生式文化―農耕生活の発達」『日本文化史体系』1 巻　小学館　164-181 頁

鋤柄俊夫 1988「古代白炭窯の構造と変遷」（『同志社大学考古学シリーズⅣ　考古学と技術』同志社大学
　　　　考古学シリーズ刊行会　417-424 頁

鋤柄俊夫 1990「まとめ」『太井遺跡（その 4）・日置荘遺跡（その 1-2）』大阪府教育委員会・（財）大阪府文
　　　　化財センター

鋤柄俊夫ほか 1986『真福寺遺跡―調査の概要―』大阪府教育委員会・（財）大阪文化財センター

杉山　洋 1985「寺院付属の金属関係工房」『佛教藝術』第 148 号　毎日新聞　112-134 頁

杉山　洋 1990「奈良時代の金属器生産―銅器生産遺跡を通してみた考古学的素描―」『佛教藝術』第 190 号
　　　　毎日新聞　47-72 頁

杉山　洋 2004「古代寺院の鋳鉄製品」『飛鳥の湯屋』飛鳥資料館　19-23 頁

鈴木康二・中川治美・大道和人ほか 2003「葛籠尾崎湖底遺跡・寺ヶ浦遺跡」『琵琶湖開発事業関連埋蔵文
　　　　財発掘調査報告書 7　琵琶湖北東部の湖底・湖岸遺跡』滋賀県教育委員会・（財）滋賀県文化財保護
　　　　協会

鈴木瑞穂 2008『イラストでみる　はるか昔の鉄を追って―「鉄の歴史」探偵団がゆく―』電気書院

鈴木瑞穂 2011「分析からみた古代の鉄生産技術」『第 14 回　古代官衙・集落研究会報告書　官衙・集落と鉄』
　　　　奈良文化財研究所　93-114 頁

須崎雪博 1985a『山の神遺跡発掘調査報告書』大津市教育委員会

須崎雪博 1985b『山の神遺跡発掘調査報告書Ⅱ』大津市教育委員会

須崎雪博 2004『錦織遺跡発掘調査概要報告書―重要遺跡錦織遺跡（大津宮跡）に係る確認調査―』大津市
　　　　教育委員会

須崎雪博・田中久雄 2005『山ノ神遺跡発掘調査報告書Ⅲ―重要遺跡山ノ神遺跡に係る確認調査―』大津市
　　　　教育委員会

諏訪間順ほか 1987『千代南原遺跡第Ⅳ地点』小田原市教育委員会

成　亨美・伊藤清明・広岡公夫・時枝克安 1998「横口付窯跡（日本、韓国、中国）」『日本文化財科学学会
　　　　第 15 回大会　研究発表要旨集』日本文化財科学学会　18-19 頁

勢田廣行ほか 1992『金山・樺製鉄遺跡群調査報告書』荒尾市教育委員会・九州リゾート株式会社

関　清 1983「石太郎 C 遺跡」『県民公園太閤山ランド内遺跡群調査報告(2)』富山県教育委員会

関　清 1984「富山県における古代の製鉄炉」『大境』第 8 号　富山考古学会　83-94 頁

関　清 1985「製鉄用炭窯とその意義」『大境』第 9 号　富山考古学会　37-56 頁

参考文献

関　　清 1991a「最近の調査成果に見る古代鉄生産の課題と展望」『大境』第 13 号　富山考古学会　14-16 頁

関　　清 1991b「各地域の製錬・鍛冶遺構と鉄研究の現状　北陸・中部地方」『日本古代の鉄生産』たたら研究会編　六興出版　100-112 頁

関　　清 1996「古代末の北陸―富山湾岸部の遺跡群―」『季刊考古学』第 57 号　雄山閣　30-32 頁

関　　清・池野正男 1991『ジャパンエキスポ関連遺跡群発掘調査報告書 I　石太郎 G 遺跡・石太郎 J 遺跡』富山県埋蔵文化財センター

関　　清ほか 1989「北陸における鉄生産」『北陸の古代手工業生産』北陸古代手工業生産史研究会　125-160 頁

関　　清・宮田進一・久々忠義 1983「石太郎 C 遺跡」『県民公園太閤山ランド内遺跡群調査報告 (2)』富山県教育委員会

関口　満ほか 2007『尻替遺跡―田村・沖宿土地区画整理事業に伴う埋蔵文化財発掘調査報告書』土浦市遺跡調査会

関野　克 1949「木工具の考察」『登呂』日本考古学協会

瀬口眞司 2007『後山・畦倉遺跡』滋賀県教育委員会・（財）滋賀県文化財保護協会

芹澤正雄 1978「採集鉄滓による北牧野製鉄遺跡の考察と「水碓」の解釈について」『たたら研究会』第 22 号　たたら研究会　475-481 頁

芹澤正雄 1983「古代製鉄炉炉形論考」『日本製鉄史論集』たたら研究会　165-190 頁

千歳則雄 1974『逢坂山製鉄遺跡群研究資料―京都市東山区、滋賀県大津市・草津市』

相馬市教育委員会 1997『新沼大迎遺跡発掘調査現地説明会資料』

曽根　猛ほか 1999『国営備北丘陵公園整備事業に係る埋蔵文化財発掘調査報告書』（財）広島県埋蔵文化財調査センター

【た】

高居芳美 1992「倭人伝の時代　出土遺物と地域交流」『息長氏論叢』第六輯　息長氏研究会　62-89 頁

高桑　登 1999「山形県内の鉄・鉄器生産」『1999 年度（第 6 回）鉄器文化研究集会　東北地方にみる律令国家と鉄・鉄器生産』鉄器文化研究会　51-59 頁

高崎直成 2005『東台製鉄遺跡　東台遺跡 IV（第 15・18 地点）』大井町教育委員会・大井町遺跡調査会

高田明人 1991「大ノ奥製鉄遺跡」『水島機械金属工業団地協同組合　西団地内遺跡群』総社市教育委員会

高田恭一・下澤公明 2008『百間川荒尾島遺跡 7・百間川二の荒手遺跡』岡山県教育委員会

高塚秀治・片桐麻希子・斉藤　努 1997「古代近江製鉄関連遺物の自然科学的研究」『考古学と自然科学』第 35 号　日本文化財科学会　1-18 頁

高塚秀治・後藤忠俊・阿久津久・川野辺渉・岡本真美・田中秀文・本蔵義守・飯田賢一・福田豊彦・道家達将 1981「茨城県八千代町尾崎前山製鉄遺跡の発掘と研究・第三報」（付、阿久津久「尾崎前山製鉄遺跡出土土器図録」）『東京工業大学人文論叢』No. 6　1980　269-304 頁

高塚秀治ほか 1984「埼玉県出土の鉄滓と鉄塊」『研究紀要』（財）埼玉県埋蔵文化財調査事業団　101-112 頁

高橋一夫 1983「古代の製鉄」『講座・日本技術の社会史　第 5 巻　採鉱と冶金』日本評論社　7-28 頁

高橋一夫ほか 1979『埼玉県立がんセンター埋蔵文化財発掘調査報告　大山』埼玉県教育委員会

高橋恒夫 1981「茨城県八千代町尾崎前山の古代製鉄遺跡鉄滓の金属組織学」『東京工業大学人文論叢』No. 6　1980　305-324 頁

高橋　徹 1991「塩屋伊豫野原遺跡」『大分空港道路建設に伴う発掘調査報告書 I』大分県教育委員会

高谷和生ほか 1987『下山西遺跡』熊本県教育員会

武井博明 1968「近世鉄山業史研究の問題意識」『たたら研究』第 14 号　たたら研究会　16-19 頁

竹田正則・露口真広 1993「田中廃寺（第 2 次）の調査」『橿原市埋蔵文化財発掘調査概報　平成 4 年度』橿原市教育委員会

武田恭彰 1999『奥坂遺跡群』総社市教育委員会

武田恭彰 2000「山田地区県営ほ場整備事業に伴う発掘調査 (5)」『総社市埋蔵文化財調査年報 10（平成 11 年度）』総社市教育委員会

武田恭彰 2001「山田地区県営ほ場整備事業に伴う発掘調査 (6)」『総社市埋蔵文化財調査年報 11（平成 12 年度）』

総社市教育委員会

竹原　学 1982『佐久市石附遺跡発掘調査報告書』佐久市教育委員会

たたら研究会 1987『日本古代の鉄生産―1987年度たたら研究会大会資料』

たたら研究会編 1991『日本古代の鉄生産』六興出版

田口　勇・穴澤義功 1994「付論　本研究関係用語解説」『国立歴史民俗博物館研究報告』第59集　国立
　　　歴史民俗博物館　337-367頁

田中聡一・松見祐二 2014『天手長男神社遺跡・市史跡カラカミ遺跡2次』壱岐市教育委員会

田中久雄 2016『穴太遺跡・穴太飼込古墳群発掘調査報告書』大津市教育委員会

田中弘志 2014『国指定史跡　弥勒寺官衙遺跡群　弥勒寺東遺跡2　正倉区域』関市教育委員会

田中迪亮 1998『羽森第2・羽森第3遺跡発掘調査報告書』掛合町教育委員会

田中雪樹野 2019「滋賀県草津市榊差遺跡の古代鋳物生産」『鋳造遺跡研究資料』2019　鋳造遺跡研究会
　　　50-59頁

田中義昭 1994「山陰地方における古代鉄生産の展開について」『道重哲男先生退官記念論集　歴史・地域・
　　　教育』島根大学教育学部社会科研究室

田中義昭 1995「古代鉄生産（箱形炉）の復元的実験（Ⅰ）」「古代製鉄復元実験 過程記録と炉内生成物について
　　　（Ⅱ）」『第14回横田たたら研究会　発表要旨』横田史談会

田中勝弘・用田政晴 1988『南郷遺跡発掘調査報告書』滋賀県教育委員会・（財）滋賀県文化財保護協会

田邉一元ほか 2010『軽井川南遺跡群Ⅲ』柏崎市教育委員会

田辺昭三 1956「生産力発展の諸段階―弥生時代における鉄器について」『私たちの考古学』11号　考古学
　　　研究会　5-13頁

田辺昭三 1981『須恵器大成』角川書店

田辺昭三ほか 1973　『湖西線関係遺跡発掘調査報告書』滋賀県教育委員会

谷藤保彦・笹澤泰史ほか 2010『西野原遺跡(5)(7)』（財）群馬県埋蔵文化財調査事業団

谷山雅彦 1991a「藤原製鉄遺跡」『水島機械金属工業団地協同組合　西団地内遺跡群』総社市教育委員会

谷山雅彦 1991b「板井砂奥製鉄遺跡」『水島機械金属工業団地共同組合西団地内遺跡群』総社市教育委員会

俵　国一 1917「日本刀の有する化学成分」『鉄と鋼』第3年第11号　日本鉄鋼協会　24-28頁

俵　国一 1919a「古直刀について」『鉄と鋼』第5年第7号　日本鉄鋼協会　1-8頁

俵　国一 1919b「再び古墳発掘の直刀に就き」『鉄と鋼』第5年第8号　日本鉄鋼協会　55-73頁

俵　国一 1933『古来の砂鉄製錬法』丸善

俵　国一 1953『日本刀の科学的研究』日立評論社

千賀　久ほか 1988『寺口忍海古墳群』新庄町教育委員会・奈良県立橿原考古学研究所

千葉孝弥 2003　『市川橋遺跡―城南土地区画整備事業に伴う発掘調査概報5―』多賀城市埋蔵文化財調査
　　　センター

通産省工業審議会鉱山部会編 1966『国内鉄鉱鋼原料調査』第4報

塚本浩司 2016「改革のメタル　神秘の素材」『大阪府立弥生文化博物館図録58　開館25周年記念　平成28年
　　　度春季特別展　鉄の弥生時代―鉄器は社会を変えたのか？―』大阪府立弥生文化博物館　10-11頁

辻　一信・北原隆男 1979「滋賀県下のおもな鉱物・鉱床」『滋賀県の自然総合学術調査研究報告』滋賀自然
　　　環境研究会　479-541頁

辻　広志 1992「中主町・木部天神前古墳の調査」『滋賀考古』第8号　滋賀考古学研会　41-49頁

津野　仁 1994「鍛冶関連遺物」『金山遺跡Ⅱ』栃木県教育委員会・（財）栃木県文化振興事業団

津野　仁ほか 1993『金山遺跡Ⅰ――一般国道4号（新4号国道）改築に伴う埋蔵文化財調査―』栃木県教
　　　育委員会・（財）栃木県文化振興事業団

常松幹雄 1995『クエゾノ遺跡』桐岡市教育委員会

椿　真治・河本　清・山磨康平 1993『みそのお遺跡』岡山県教育委員会

鄭　澄元・安　在略 1990「蔚州検丹里遺跡」『考古学研究』第37巻第2号　考古学研究会

寺沢　薫 1986「畿内古式土師器の編年と2、3の問題」『矢部遺跡―国道24号線橿原バイパス建設に伴う
　　　遺跡調査報告（Ⅱ）』奈良県立橿原考古学研究所

参考文献

寺島文隆 1989「古代・中世の製鉄遺跡（東日本）『考古学ジャーナル』No.313　ニュー・サイエンス社　5-10頁
寺島文隆 1991「各地域の製錬・鍛冶遺構と鉄研究の現状　東北地方」『日本古代の鉄生産』たたら研究会編
　　　　六興出版　73-85頁
寺島文隆ほか 1989「向田E遺跡」「洞山C・D・E遺跡」『相馬開発関連遺跡調査報告I』（財）福島県文化
　　　　センター
寺島文隆・安田　稔 1996「福島県金沢地区製鉄遺跡群」『月刊文化財』396号　文化庁　39-47頁
寺島文隆・安田　稔・吉田秀吉 1989「向田A遺跡」「向田G遺跡」『相馬開発関連遺跡調査報告I』（財）
　　　　福島県文化センター
寺村光晴・駒見和夫 1998『下総国分台II―和洋学園国分台キャンパス内遺跡第2次調査概報―』和洋学園
天理大学附属天理図書館編 2017『新天理図書館善本叢書　第7巻　和名類聚抄　高山寺本』八木書店
東京工業大学製鉄史研究会 1982『古代日本の鉄と社会』平凡社
土佐雅彦 1981「日本古代製鉄遺跡に関する研究序説」『たたら研究』第24号　たたら研究会　12-34頁
土佐雅彦 1986「1 塩・鉄の生産　B鉄」『日本歴史考古学を学ぶ（下）』19-36頁
土佐雅寿 1992「永谷C遺跡」「山平B遺跡」「坂遺跡」『製鉄遺跡I（佐用郡）』兵庫県教育委員会
土佐雅彦 1994「播磨の鉄」『風土記の考古学②　播磨国風土記の巻』同成社　205-228頁
戸塚洋輔・鈴木瑞穂 2018『稲部遺跡第14次発掘調査報告書』彦根市教育委員会
富田八右衛門 1952『近江伊香郡志』江北図書館
冨永里菜 2004「川原寺の鉄釜鋳造土坑」『飛鳥の湯屋』飛鳥資料館　15-18頁
冨山正明 1998「福井県林・藤島遺跡出土の鉄製品―弥生時代後期の玉作り工具を中心に―」『東日本に
　　　　おける鉄器文化の受容と展開』第4回鉄器文化研究集会発表要旨集　鉄器文化研究会
鳥羽政之 2001『熊野遺跡I』岡部町遺跡調査会
【な】
直井雅尚ほか 2004『長野県松本市　中山古墳群・鍬形原遺跡・鍬形原砦址』松本市教育委員会
中井一夫・久野雄一郎・和田　萃 1988『東大寺大仏西廻廊隣接地の発掘調査』東大寺・奈良県立橿原考古
　　　　学研究所
中井正幸 1983『大岩たたら跡』京都考古学研究会
中井正幸 2000「山階製鉄考―『日本書紀』天智九年「是歳造水碓而冶鉄」に関する一考察―」『製鉄史論文集
　　　　たたら研究会創立40周年記念』たたら研究会　117-134頁
中江　彰 1979『南市東遺跡発掘調査概報』安曇川町教育委員会
中江　彰 1980『南市東遺跡発掘調査概報』安曇川町教育委員会
中江　彰 1982『南市東遺跡発掘調査概報』安曇川町教育委員会
中川治美・岩橋隆浩・中村智孝・横田洋三・濱　　修・大道和人ほか 2013『天神畑遺跡・上御殿遺跡』滋
　　　　賀県教育委員会・（公財）滋賀県文化財保護協会
仲川　靖・林　博通・中川正人 2001　『穴太遺跡発掘調査報告書IV』滋賀県教育委員会・（財）滋賀県文化
　　　　財保護協会
長島雄一ほか 1994『関和久上町遺跡』福島県教育委員会
中島　圭 2008「福岡県内における製鉄・鍛冶の様相」『牛頸本堂遺跡群VII』大野城市教育委員会
中嶋　隆 1986『桃花台沿線開発事業地区内発掘調査概要報告書(2)』小牧市教育委員会
中田祝夫校注・訳者 1995『新編日本古典文学全集10　日本霊異記』小学館
中野拓郎 2006『公文名與門下遺跡』敦賀市教育委員会
中能　隆 1995『山ノ下製鉄遺跡』上総新研究開発土地区画整理組合・（財）君津郡市文化財センター
中村健二・大道和人ほか 1993『尼子遺跡』滋賀県教育委員会・（財）滋賀県文化財保護会
中村健二・中村智孝 2019『上御殿遺跡』滋賀県教育委員会・（公財）滋賀県文化財保護協会
中村智孝・大道和人 2004『敏満寺遺跡』滋賀県教育委員会・（財）滋賀県文化財保護協会
中村智孝ほか 1997『日置前遺跡発掘調査報告書II』滋賀県教育委員会・（財）滋賀県文化財保護協会
中村　浩ほか 1988「野洲郡中主町木部天神前古墳出土品」東京国立博物館編『東京国立博物館図版目録
　　　　（古墳遺物編近畿I）』東京美術　117-121頁

中山平次郎 1917a「九州北部に於ける先史原史両時代中間期間の遺物について（一）」『考古学雑誌』第7巻
　　　　第10号　日本考古学会　1-38頁
中山平次郎 1917b「九州北部に於ける先史原史両時代中間期間の遺物について（二）」『考古学雑誌』第7巻
　　　　第11号　日本考古学会　1-34頁
中山平次郎 1917c「九州北部に於ける先史原史両時代中間期間の遺物について（三）」『考古学雑誌』第8巻
　　　　第1号　日本考古学会　16-41頁
中山平次郎 1917d「九州北部に於ける先史原史両時代中間期間の遺物について（四）」『考古学雑誌』第8巻
　　　　第3号　日本考古学会　15-47頁
中山俊紀ほか 1986『緑山遺跡』津山市教育委員会
中山光夫 1992「解説　西日本の古代鉄生産遺跡」『九州古代の鉄生産をさぐる』シンポジウム九州古代の
　　　　鉄をさぐる実行委員会
中山光夫・上田　耕 1995「小坂ノ上遺跡出土の古代の蔵骨器と埋納鉄滓について」『ミュージアム知覧紀要』
　　　　第1号　ミュージアム知覧　1-20頁
長家　伸 1995『大原A遺跡2』福岡市教育委員会
長家　伸 2004「8～9世紀の鉄生産についての概要」『第7回西海道古代官衙研究会資料集』西海道古代官衙
　　　　研究会　121-125頁
長家　伸 2020「九州地方」『たたら製鉄の成立過程』島根県古代文化センター　5-12頁
長家　伸ほか 1995『大原A遺跡1』福岡市教育委員会
新潟市文化財センター 2017『鐵（てつ）―北陸における鉄生産―　解説パンフレット』
新堀　哲・熊坂正史ほか 2021『川戸台遺跡』古河市・古河市教育委員会・（株）武蔵文化財研究所
西　幸子 2020「滋賀県湖南地域の馬具生産の検討」『福岡大学考古学論集3―武末純一先生退職記念―』
　　　　武末純一先生退職記念事業会　429-443頁
西川博孝 1982「成田市取香製鉄遺跡の調査」『研究紀要』7　（財）千葉県文化財センター
西澤　明ほか 2017『御殿前遺跡』（公財）東京都スポーツ文化事業団東京都埋蔵文化財センター
西山眞理子ほか 1991「長瀞遺跡」『原町火力発電所関連遺跡調査報告Ⅱ』（財）福島県文化センター
新田浩三ほか 1995『新東京国際空港埋蔵文化財発掘調査報告書Ⅸ　―鍬田甚兵術山北遺跡（空港No.11遺跡』
　　　　（財）千葉県文化財センター
仁藤敦史 2021『藤原仲麻呂』中央公論新社
日本鉄鋼協会編 1971『たたら製鉄の復元とその鉧について　たたら製鉄復元計画委員会報告』（社）日本
　　　　鉄鋼協会　たたら製鉄復元計画委員会
丹羽崇史・降幡順子 2010「平吉遺跡出土鋳造関連遺物の調査」『東アジア金属工芸史の研究12　平吉遺跡
　　　　出土鋳造関連遺物の調査　奈良市出土鏡の調査』奈良文化財研究所飛鳥資料館　1-17頁
野崎貴博 2003『津島岡大遺跡12』岡山大学埋蔵文化財調査研究センター
野﨑拓司・松原信之・澄田直敏 2013『大ウフ遺跡　半田遺跡』喜界町教育委員会
野島　永 1995「長岡京跡右京第四七四次発掘調査概要（7ANKNZ-7地区）」『京都府遺跡調査概要』第66
　　　　冊　（財）京都府埋蔵文化財調査研究センター
野島　永 1997「弥生・古墳時代の鉄器生産の一様相」『たたら研究』第38号　たたら研究会　1-34頁
野島　永 1998「長岡京の鋳造用溶解炉をめぐって―鋳鉄鋳物生産の様相―」『京都府埋蔵文化財情報』
　　　　第69冊　（財）京都府埋蔵文化財調査研究センター　17-24頁
野島　永 2009『初期国家形成過程の鉄器文化』雄山閣
野島　永 2012「生産と流通Ⅴ　製鉄・鍛冶」『古墳時代研究の現状と課題　下　社会・政治構造及び生産
　　　　流通研究』同成社　89-106頁
野島　永 2014「日本古代における鉄器鋳造をめぐって」『考古学からみた中世鋳物師の総合研究』北九州市
　　　　立自然史歴史博物館　1-13頁
野島　永・河野一隆 1997「丹後国営農地開発事業（東部・西部地区）関係遺跡　平成8年度発掘調査概要
　　　　奈具岡遺跡（第7・8次）『京都府遺跡調査概報』第76冊　（財）京都府埋蔵文化財調査研究センター
能登　健・梅澤克典 2004「友成遺跡出土の錫杖頭鋳型について」『群馬県立歴史博物館紀要』第25号

参考文献

群馬県立歴史博物館　61-78頁

能登谷宣康 1997「飯倉B遺跡の平安時代の遺物について」『相馬開発関連遺跡発掘調査報告Ⅴ』（財）福島県文化センター

能登谷宣康 1999「福島県における製鉄・鍛冶遺跡の調査研究の現状」『1999年度（第6回）鉄器文化研究集会　東北地方にみる律令国家と鉄・鉄器生産』鉄器文化研究会　1-14頁

能登谷宣康 2005「金沢地区の古代鉄生産」『福島考古』福島県考古学会　135-150頁

能登谷宣康 2020a「東北地方」『たたら製鉄の成立過程』島根県古代文化センター　51-58頁

能登谷宣康 2020b「福島県の製鉄関連遺跡」『企画展「ふくしま鉄ものがたり」関連行事　シンポジウム「鉄の道をたどる」予稿集』福島県文化財センター白河館　1-12頁

能登谷宣康ほか 1992「長瀞遺跡」『原町火力発電所関連遺跡調査報告Ⅲ』（財）福島県文化センター

能登谷宣康ほか 1995a「鳥打沢A遺跡」『原町火力発電所関連遺跡調査報告Ⅳ』（財）福島県文化センター

能登谷宣康ほか 1995b「大森遺跡」『一般国道6号相馬バイパス遺跡発掘調査報告Ⅰ』（財）福島県文化センター

能登谷宣康ほか 1996「飯倉B遺跡」『相馬開発関連遺跡発掘調査報告書Ⅳ』（財）福島県文化センター

能登谷宣康ほか 2016『農山漁村地域復興基盤総合整備事業関連遺跡調査報告1　天化沢A遺跡』（公財）福島県文化振興財団

乗岡　実 1991「岡山市域における最近の発掘調査」『古代吉備』第13集　古代吉備研究会　49-51頁

【は】

萩谷千明 1993『笠懸町内遺跡』笠懸町教育委員会

橋本富夫 1990『宮ノ脇遺跡』東部遺跡群発掘調査会

長谷川熊彦 1965「独乙La-Tène時代の自然通風直接製鉄炉復元操業実験」『たたら研究』第12号　たたら研究会　1-12頁

長谷川熊彦 1968「欧州における古代直接製鉄の復元操業実験」『鉄と鋼』第54年第11号　日本鉄鋼協会　67-82頁

長谷川熊彦 1977『わが国古代製鉄と日本刀』技術書院

長谷川熊彦・芹澤正雄・天田誠一 1978「自然通風炉による古代製鉄法復元実験について」『鉄の鋼』第64年第3号　日本鉄鋼協会　497-505頁

長谷川熊彦・和島誠一 1967「たたら製鉄鉱滓の研究」『資源科学研究所彙報』68号　95-113頁

長谷川渉・穴澤義功 2015「茨城県古河市川戸台遺跡（大規模な鋳造遺跡の調査を中心に）」『第29回フォーラム講演会論文集　最新の古代製鉄関連遺跡調査・研究特集』（一社）日本鉄鋼協会　鉄鋼プレゼンス研究調査委員会「鉄の技術と歴史」研究フォーラム　30-42頁

長谷部善一ほか 1999『平成11年度前期企画展　古代たたら製鉄―復元の記録―』熊本県立装飾古墳館

畑中英二 1993「滋賀県笠山古窯出土遺物の紹介」『紀要』第6号　（財）滋賀県文化財保護協会　45-59頁

畑中英二 1994a「滋賀県下における律令期須恵器生産の動向に関する検討」『紀要』第2号　滋賀県立安土城考古博物館　11-36頁

畑中英二 1994b「滋賀県における古代の土器様相・その1―湖南地域における無台杯身・かえり杯の変遷を中心に―」『紀要』第7号　（財）滋賀県文化財保護協会　104-125頁

畑中英二 1995a「須恵器杯Hを中心とした出土遺物の時間軸上の位置付け―古墳時代須恵器の地域色の発現について―」『大通寺古墳群』滋賀県教育委員会・（財）滋賀県文化財保護協会

畑中英二 1995b「滋賀県下における手工業生産―7世紀後半代の様相を中心に―」『北陸古代土器研究』第5号　北陸古代土器研究会　57-87頁

畑中英二 2006「第5章　まとめ　第1節　事実関係の整理　(3)土器類について」『鍛冶屋敷遺跡』滋賀県教育委員会

畑中英二 2010『上仰木遺跡』滋賀県教育委員会・（財）滋賀県文化財保護協会

八賀　晋 1993「「不破道を塞ぐ」考」『論苑　考古学』天山舎　501-529頁

八賀　晋 1999「古代の鉄生産について―美濃・金生山の鉄をめぐって―」『学叢』第21号　京都国立博物館　501-529頁

花田勝広 1989「倭政権と鍛冶工房―畿内の鍛冶専業集落を中心に―」『考古学研究』第 36 巻第 3 号　考古学研究会　67-97 頁

花田勝広 1996「吉備政権と鍛冶工房―古墳時代を中心に―」『考古学研究』第 43 巻第 1 号考古学研究会　77-103 頁

花田勝広 2002『古代の鉄生産と渡来人―倭政権の形成と生産組織―』雄山閣　77-103 頁

花田勝広 2003「古墳時代の鍛冶と製鉄」『吉備の鉄　真金吹く吉備の実態』考古学研究会　131-154 頁

花田勝広 2004「韓鍛冶と渡来工人集団」『国立歴史民俗博物館研究報告』第 110 集　国立歴史民俗博物館　55-71 頁

花田勝広 2005「鉱物の採集と精錬工房」『列島の古代史 2　暮らしと生業』岩波書店　207-247 頁

花田勝広・阪口英毅 2012「鉄と鉄製品」『講座日本の考古学 8　古墳時代（下）』青木書店　99-147 頁

羽場睦美 1996「伊那谷における製鉄実験」『信州の人と鉄』信濃毎日新聞社　193-251 頁

羽場睦美 2002「古代竪形製錬炉の完全復元　中間報告―8～9 世紀福島県長瀞 3 号炉製鉄炉の復元操業―」『「前近代製鉄実験」研究グループ　キックオフ・シンポジウム論文集』（社）日本鉄鋼協会　社会鉄鋼工学部会「鉄の歴史―その技術と文化―」フォーラム　129-140 頁

林　　純 1988「近江における金属の生産と流通」『近江の鋳物師 2』滋賀県教育委員会　205-234 頁

林　大智 2002「鍛冶関連資料について」『小松市一針 B 遺跡・一針 C 遺跡』石川県教育委員会・（財）石川県埋蔵文化財センター

林　博通 1984「長尾遺跡の梵鐘鋳造跡」『古代研究』27　（財）元興寺文化財研究所　41-51 頁

林　博通・細川修平・畑中英二・大道和人・中村智孝・掘　真人・辻川哲朗・山中由紀子・平井昭司・白井忠雄 1998『斉頼塚古墳』マキノ製鉄遺跡群調査団

林寺厳州 1986「小杉町錦内池遺跡の紹介」『大境』第 10 号　富山考古学会　195-200 頁

林原利明 1996「平塚市坪ノ内遺跡」『第 20 回神奈川県遺跡調査・研究発表会発表要旨』神奈川県考古学会

坂　　靖 2009『古墳時代の遺跡学―ヤマト王権の支配構造と埴輪文化―』雄山閣

原島礼二 1974「文献にあらわれた鉄」『日本古代文化の探求・鉄』社会思想社　181-200 頁

原田義範・稲垣尚美 1997『赤坂遺跡発掘調査報告』小杉町教育委員会

原田義範ほか 2001『太閤山カントリークラブ造成地内遺跡群発掘調査報告書』小杉町教育委員会

伴野幸一 2006「近江地域」『古式土師器の年代学』（財）大阪文化財センター　49-66 頁

東山信治 2020a「製鉄遺跡の消長からみた日本列島における鉄生産の展開」『たたら製鉄の成立過程』島根県古代文化センター　59-64 頁

東山信治 2020b「出雲地方沿岸部の製鉄遺跡―宍道湖南岸域及び島根半島を中心に―」『たたら製鉄の成立過程』島根県古代文化センター　161-182 頁

樋口清之 1943「第 2 章　農業」『日本古代産業史』四海書房　247-336 頁

樋口清之 1961「古代湖北の鉄文化」『歴史』第 9 号　滋賀県立長浜北高等学校歴史部　3-5 頁

比佐陽一郎 2010「北部九州における古墳時代前期の鍛冶関連資料―博多遺跡群出土資料を中心に―」『韓鍛冶と倭鍛冶―古墳時代における鍛冶工の系譜―』鍛冶研究会シンポジウム 2010　鍛冶研究会事務局　1-18 頁

久田正弘ほか 1993『小松市林遺跡』石川県埋蔵文化財保存協会

菱田哲郎 2007『シリーズ：諸文明の起源 14　古代日本　国家形成の考古学』京都大学学術出版会

姫野健太郎 1999『須川ノケオ遺跡』朝倉町教育委員会

百人委員会 1979『製鉄遺構を伴った小原下遺跡調査報告』

平井寿一 1993「岩畑遺跡」『栗東町埋蔵文化財発掘調査 1992 年度年報』（財）栗東町文化体育振興事業団

平井美典 1987『琵琶湖大橋有料道路建設工事に伴う　栗東町高野遺跡発掘調査報告書』滋賀県教育委員会・（財）滋賀県文化財保護協会

平井美典・大道和人・中川正人 2011『大国近江の壮麗な国府』滋賀県立安土城考古博物館

平子順一 1988『横浜市栄区上郷町　上郷深田遺跡発掘調査概報』横浜市埋蔵文化財調査委員会

平島義孝ほか 2005『大宰府・佐野地区遺跡群 20　佐野地区区画整理事業に伴う埋蔵文化財調査報告書　日焼遺跡第 7 次』大宰府市教育委員会

参考文献

平瀬順一 1992「カジ屋遺跡」「永谷Ｂ遺跡」「金屋中土居遺跡」『製鉄遺跡Ⅰ（佐用郡）』兵庫県教育委員会

平瀬順一 2012「山平Ａ製鉄遺跡」『昭和62年度埋蔵文化財調査年報』佐用町教育委員会

平野邦雄 1963「日本古代における古代鉱業と手工業」『古代史講座9　古代の商業と工業』学生社　158-187頁

平吹　靖・品田高志・中野　純・石橋夏樹ほか『軽井川南遺跡群Ⅰ』柏崎市教育委員会

平吹　靖 2019『軽井川南遺跡群Ⅴ』柏崎市教育委員会

平吹　靖・品田高志 2021『軽井川南遺跡群Ⅵ』柏崎市教育委員会

平間亮輔 1999「宮城県における律令期の鉄・鉄器生産関連遺跡」『1999年度（第6回）鉄器文化研究集会　東北地方にみる律令期と鉄・鉄器生産』鉄器文化研究会　38-50頁

広瀬和雄 1995「横口式石槨の編年と系譜」『考古学雑誌』第80巻第4号　日本考古学会　34-74頁

弘田和司ほか 1996「古墳群の調査」『西大沢古墳群・畑ノ平古墳群・虫尾遺跡・黒土中世墓・茂平古墓・茂平城』岡山県教育委員会

福田豊彦 1985「日本古代鉄生産の諸様相―中世製鉄の前提として―」『日本史研究』280号　日本史研究会　29-51頁

福田豊彦 1982「文献史料より見た古代の製鉄―製鉄史における九世紀関東の位置」『日本古代の鉄と社会』平凡社　163-189頁

福田豊彦 1995「鉄を中心にみた北方世界―海を渡った鉄」『中世の風景を読む　第1巻　蝦夷の世界と北方交易』新人物往来社　153-198頁

福田正継ほか 1996『田益新田遺跡　西山古墳群』岡山県教育委員会

福山市教育委員会 1995『池ノ向製鉄遺跡』

藤居　朗 1995「草津市観音堂遺跡の調査結果からみた瀬田丘陵の鉄生産」『滋賀考古』第13号　滋賀考古学研究会　21-26頁

藤居　朗 2003a『野路小野山製鉄遺跡発掘調査報告書（平成12年度分）』草津市教育委員会

藤居　朗 2005「近江の渡来人と鉄生産」『ヤマト王権と渡来人』（日本考古学協会2003年度滋賀大会シンポジウム2）　サンライズ出版　249-272頁

藤居　朗 2013『西海道遺跡・笠寺廃寺・南笠古墳群発掘調査報告書』草津市教育委員

藤尾慎一郎 1991「書評　たたら研究会編『日本古代の鉄生産』」『考古学雑誌』第77巻第2号　日本考古学会　99-108頁

藤尾慎一郎 2013『弥生文化像の新構築』吉川弘文館

藤尾慎一郎 2017「金属器との出会い」『国立歴史民俗博物館研究叢書1　弥生時代って、どんな時代だったのか？』朝倉書店　59-87頁

藤尾慎一郎 2019「製鉄のはじまり」『ここが変わる！　日本の考古学―先史・古代史研究の最前線―』吉川弘文館　125-128頁

藤尾慎一郎・斎藤　努 1995「日本・韓国の鉄生産技術〈調査編〉補遺」『国立歴史民俗博物館研究報告』第66集　国立歴史民俗博物館

藤岡英礼 2008『出庭古墳群』栗東市教育委員会・（財）栗東市文化体育振興事業団

藤岡　穣 2019「古代寺院の仏像」『シリーズ古代史をひらく　古代寺院』岩波書店　135-191頁

藤木　透 1994「横坂丘陵遺跡」『製鉄遺跡Ⅱ』（波賀町）　兵庫県教育委員会

藤木　透 2003「本位田権現谷Ｂ遺跡」『平成7年度　埋蔵文化財調査年報』佐用郡教育委員会

藤坂和延 1994「乙西尾引遺跡」『乙西尾引遺跡・西天神遺跡・芝崎遺跡』大胡町教育委員会

藤﨑髙志 1994『越前塚遺跡・大塚遺跡』滋賀県教育委員会・（財）滋賀県文化財保護協会

藤﨑髙志 2010『関津遺跡Ⅲ』滋賀県教育委員会・（財）滋賀県文化財保護協会

藤田　等 1974「鉄器の出現は何を物語っているか」『日本考古学の視点』上　日本書籍　246-257頁

藤野次史・土佐雅彦 1993「カナクロ谷製鉄遺跡」『中国地方製鉄遺跡の研究』渓水社　40-56頁

藤本啓二 1993『浜崎寺山遺跡』国東町歴史民俗資料館

藤本啓二 1998「九州における古代・中世の製鉄遺跡」『西日本から見た製鉄の歴史』（社）日本鉄鋼協会社会鉄鋼工学部会　48-64頁

藤原彰子ほか「見尾西遺跡」『灰塚ダム建設に伴う埋蔵文化財発掘調査報告書（Ⅲ）』（財）広島県埋蔵文化財調査センター

藤原　学 1977「木炭窯をめぐって―大師山遺跡検出の5．6号焼土に関する考察―」『河内長野大師山』関西大学文学部考古学研究第5冊

舟引通健ほか 1998「東徳佐遺跡」『平成8年度埋蔵文化財調査年報』佐用郡教育委員会

古川知明 1992『富山市三熊内山窯跡発掘調査概要』富山市教育委員会

古郡正志 2005『G1 藤岡市下日野金井窯址群　G4 金山下遺跡・金山下古墳群　G3 平井詰城』藤岡市教育委員会

古瀬清秀 1991「鉄器の生産」『古墳時代の研究』5・生産と流通　雄山閣　37-53頁

古瀬清秀 1993「大矢製鉄遺跡」『中国地方製鉄遺跡の研究』渓水社　23-39頁

古瀬清秀 2000『わが国における鍛冶の研究』平成9年度～平成11年度科学研究費補助金基盤研究（C）（2）研究成果報告書

古瀬清秀 2002「鍛冶実験と鉄滓から見た日本古代の鉄鍛冶」『わが国における鍛冶の研究　平成9年度～平成11年度科学研究費補助金基盤研究（C）（2）』

古瀬清秀 2004「鉄滓から見た鉄鍛冶技術」『考古論集』河瀬正利先生退官記念論文集　河瀬正利先生退官事業会　583-598頁

古瀬清秀 2005「考古学から見た鉄製錬鍛冶」『考古論集―川越哲志先生退官記念論文集―』川越哲志先生退官記念事業会　503-510頁

別所健二 1993「野路小野山遺跡の調査成果から」『シンポジウム・鐵冶かす近江の古代―木瓜原遺跡の評価をめぐって　発表要旨』（財）滋賀県文化財保護協会　21-30頁

細川修平 1995「高島郡における製鉄の問題から―6世紀を考える為の序章―」『紀要』第8号　（財）滋賀県文化財保護協会　84-92頁

細川修平 1996a『芝原遺跡』滋賀県教育委員会・（財）滋賀県文化財保護協会

細川修平 1996b「5世紀の琵琶湖周辺―古墳時代システム論への序曲―」『滋賀考古』第16号　滋賀考古学研究会　1～36頁

細川修平 1997a『木之本町田部古墳群発掘調査報告書』滋賀県教育委員会・（財）滋賀県文化財保護協会

細川修平 1997b『安曇川町下五反田遺跡発掘調査報告書』滋賀県教育委員会・（財）滋賀県文化財保護協会

細川修平 2015「湖北地域における製鉄遺跡と政治的センター」『淡海文化財論叢　第七輯』淡海文化財論叢刊行会　56-61頁

細川修平・田中咲子・畑中英二・大道和人・二ノ宮早緒里 2005『植遺跡』滋賀県教育委員会・（財）滋賀県文化財保護協会

細川修平・畑中英二 1996「渡来人関係資料集成」『いにしえの渡りびと―近江・河内・大和の渡来人―』（財）滋賀県文化財保護協会・滋賀県立安土城考古博物館　資1-資-171

本田修平 1997『キドラ遺跡』彦根市教育委員会

【ま】

前角和夫 2001a「県営ほ場整備事業原地区に伴う発掘調査概要報告（付・B区試掘調査）」『総社市埋蔵文化財調査年報11（平成12年度）』総社市教育委員会

前角和夫 2001b「岡山納整センター造成事業に伴う市後遺跡群の発掘調査概要報告」『総社市埋蔵文化財調査年報11（平成12年度）』総社市教育委員会

前澤和之 1986「古代上野国の動向とその基調　東国経営の回廊地帯」『内陸の生活と文化』地方史研究協議会編　雄山閣　109-134頁

正岡睦夫ほか 1984『百間川原尾島遺跡2』岡山県教育委員会

増田孝司 1994「芋谷遺跡」『京都府遺跡調査概報』第60冊　（財）京都府埋蔵文化財調査研究センター

増田孝彦 1996「丹後地域の古代製鉄遺跡に関する問題」『京都府埋蔵文化財論集』第3集　（財）京都府埋蔵文化財調査研究センター　419-432頁

増田孝彦・岡崎研一ほか 1997『遠所遺跡』（財）京都府埋蔵文化財調査研究センター

増田孝彦・岡崎研一・柴　暁彦 1996「黒部遺跡平成6・7年度発掘調査概要」『京都府遺跡調査概報』第73

参考文献

　　　　　冊　（財）京都府埋蔵文化財調査研究センター

松浦俊和 1997「古代豪族と古墳」『今津町史』第一巻古代・中世　今津町　106-156 頁

松井和幸 1986「鉄生産の問題」『論争・学説日本の考古学　4 弥生時代』雄山閣　111-134 頁

松井和幸 1989「古代・中世の製鉄遺跡（西日本）」『考古学ジャーナル』№ 313　ニュー・サイエンス社　11-15 頁

松井和幸 1991「中国・四国地方」『日本古代の鉄生産』六興出版　129-140 頁

松井和幸 1994「小丸遺跡」『山陽自動車道建設に伴う埋蔵文化財発掘調査報告（XI）』（財）広島県埋蔵文化財
　　　　　センター

松井和幸 2001『日本古代の鉄文化』雄山閣

松井和幸 2016「弥生時代鉄製錬の可能性―熊本県阿蘇のリモナイト―」『広島大学大学院文学研究科
　　　　　考古学研究室 50 周年記念論文集・文集』広島大学考古学研究室 50 周年記念論文集・文集刊行会
　　　　　231-246 頁

松井和幸 2022『鉄の日本史―邪馬台国から八幡製鐵所開所まで―』筑摩書房

松井和幸ほか 1987『戸の丸山製鉄遺跡発掘調査報告書』（財）広島県埋蔵文化財調査センター

松尾充晶 2019「砂鉄採取方法の変化―鉄穴流しが鉄生産を変えた―」『島根県立古代歴史博物館企画展
　　　　　たたら―鉄の国　出雲の実像―』島根県古代出雲歴史博物館

松尾充晶 2023「古墳時代の鉄生産からみた出雲と吉備」『島根県古代文化センター研究論集　第 30 集
　　　　　古代出雲と吉備の交流』島根県古代文化センター　193-200 頁

松崎元樹 1990「丘陵地における古代鉄器生産の諸問題―多摩ミュータウン遺跡群の検討―」『東京都埋
　　　　　蔵文化財センター研究論集』東京都埋蔵文化財センター　35-93 頁

松澤　修 1983『獅子ヶ鼻 B 遺跡発掘調査報告書』滋賀県教育委員会・（財）滋賀県文化財保護協会

松原高広 1968「鉄山業史研究の現代的意義―農業生産力の発展とタタラ製鉄―」『たたら研究』第 14 号
　　　　　たたら研究会　43-58 頁

松原信之・村上恭通ほか 2018『崩リ遺跡』喜界町教育委員会

松村恵司 2005「川原寺寺域北端の寺院工房」『鋳造遺跡研究資料 2005』鋳造遺跡研究会　12-25 頁

松村恵司・富永里菜・箱崎和久・渡部圭一郎・前岡孝彰・飛田恵美子・小谷徳彦・筧　和也・竹内　亮
　　　　　2004『川原寺寺域北限の調査―飛鳥藤原大 119―5 次発掘調査報告―』奈良文化財研究所

松村　浩 2002「亀塚古墳」『続日本古墳大辞典』東京堂出版　136 頁

松村道博ほか 1996『大原 D 遺跡群 1』福岡市教育委員会

松本和男 1993「富原西奥古墳」『岡山県埋蔵文化財発掘調査報告 83』岡山県教育委員会

松本和男 1996「高下休場遺跡・西屋 A 遺跡」奥津町教育委員会

松本健郎 1992「熊本県の製鉄遺跡」『金山・樺製鉄遺跡群』荒尾市教育委員会

真鍋成史 1994「肩野物部氏と鉄・鉄器生産―社寺縁起を中心に―」『考古学と信仰』（同志社大学考古学シ
　　　　　リーズ VI）同志社大学考古学シリーズ刊行会　593-602 頁

真鍋成史 1997『森遺跡 V』交野市教育委員会

真鍋成史 1998「岡山県誕生寺川流域の製鉄関連遺物の調査」『古代交野と鉄』I　交野市教育委員会　106-
　　　　　119 頁

真鍋成史 2000『古代交野と鉄 II（大阪府交野市森遺跡出土鍛冶関連遺物の調査報告・考古観察編』交野市
　　　　　教育委員会

真鍋成史 2003a「鍛冶関連遺物」『考古資料大観　第 7 巻　弥生・古墳時代　鉄・金銅製品』小学館　274-280 頁

真鍋成史 2003b「西日本における古墳時代後期の製錬・鍛冶遺跡の検討」『考古学に学ぶ II』（同志社大学
　　　　　考古学シリーズ VIII）同志社大学考古学シリーズ刊行会　343-353 頁

真鍋成史 2006「製鉄実験の研究史」『日本列島における初期製鉄・鍛冶技術に関する実証的研究　平成 15
　　　　　年度～平成 17 年度（2003～2005 年度）科学研究費補助金（基盤研究 B）研究成果報告書』愛媛大学
　　　　　法文学部　47-67 頁

真鍋成史 2007「製鉄炉出土の残留滓について」『考古学に学ぶ III』（同志社大学考古学シリーズ IX）　同志社
　　　　　大学考古学シリーズ刊行会　509-524 頁

真鍋成史 2009「製鉄炉に残された鉄滓からみた古代日本の鉄生産」『古代学研究』第 182 号　古代学研究会

12-27 頁

真鍋成史 2017「鍛冶遺跡出土の刀剣について」『古代武器研究』vol.13　古代武器研究会・山口大学考古学研究室　29-38 頁

真鍋成史 2022「鍛冶実験の成果と理化学分析・田辺天神山遺跡出土例との比較」『近畿地方における弥生時代～古墳時代初頭の金属器生産と社会』（国立歴史民俗博物館共同研究公開セミナー発表要旨集）国立歴史民俗博物館

真鍋成史 2023「交野の鉄をめぐる金属学的調査の世界」『交野の文化財 V　交野の王墓と鉄器生産』交野市教育委員会　60-70 頁

真鍋成史・大道和人 2006「古墳時代製鉄炉の復元と製鉄実験　愛媛大学実験製鉄炉　3 号炉」『日本列島における初期製鉄・鍛冶技術に関する実証的研究　平成 15 年度～平成 17 年度（2003～2005 年度）科学研究費補助金（基盤研究 B）研究成果報告書』愛媛大学法文学部　199-227 頁

真鍋成史・大道和人・北野　重・村上恭通 2006「古墳時代製鉄関連資料の検討結果」『日本列島における初期製鉄・鍛冶技術に関する実証的研究　平成 15 年度～平成 17 年度（2003～2005 年度）科学研究費補助金（基盤研究 B）研究成果報告書』愛媛大学法文学部　93-118 頁

真鍋成史ほか 2002『古墳時代の鉄製錬・鍛冶再現実験記録─平成 9 年、11 年度実施イベント「古代の鉄づくり・たたら」より─』交野市教育委員会

丸山竜平 1980「近江製鉄史序論」『日本史論叢』第 8 輯　日本史論叢会　1-26 頁

丸山竜平 1983「近江製鉄史試論─記紀からみた和邇・鉄・王権」『日本製鉄史論集』たたら研究会　239-264 頁

丸山竜平 1990「湖北における鉄生産・予察」『息長氏論叢』第五輯　息長氏研究会　49-54 頁

丸山竜平 1991「各地域の製錬・鍛冶遺構と鉄研究の現状　近畿地方」たたら研究会編『日本古代の鉄生産』六興出版　113-128 頁

丸山竜平・秋田裕穀ほか 1969「穴太野添古墳群発掘調査報告」『滋賀県文化財調査報告書』第 4 冊　滋賀県教育委員会

丸山竜平・小熊秀明 1996「鉄と須恵器の生産」『志賀町史』第一巻　志賀町　228-252 頁

丸山竜平・潰　修・喜多貞裕 1986「滋賀県下における製鉄遺跡の諸問題」『考古学雑誌』第 72 巻第 2 号　日本考古学会　54-76 頁

丸山竜平ほか 1971『国道 161 号線高島バイパス遺跡分布調査概要報告書』滋賀県教育委員会

三上　昭ほか 1981『東北縦貫自動車道関係埋蔵文化財調査報告書Ⅷ』岩手県教育委員会

造酒　豊・横田洋三ほか 1988『横尾山古墳群発掘調査報告書』滋賀県教育委員会・（財）滋賀県文化財保護協会

道家達将 1982「まとめ─尾崎前山への道」『古代日本の鉄と社会』平凡社　293-321 頁

道上祥武 2021「鉄器生産工程に関する基本事項」『ヒストリア』第 284 号　2-5 頁

光永真一 1992a「製鉄炉・鍛冶炉」『吉備の考古学的研究（下）』山陽新聞社　637-654 頁

光永真一 1992b「製鉄と鉄鍛冶」『吉備の考古学的研究（下）』山陽新聞社　247-262 頁

光永真一 2003『たたら製鉄』吉備人出版

光永真一 2004「八ヶ奥製鉄遺跡」『八ヶ遺跡・八ヶ奥製鉄遺跡・岡遺跡・小坂古墳群・才地古墳群・才地遺跡　主要地方道佐伯長船線（美作岡山道）道路建築に伴う発掘調査 2』岡山県教育委員会

光永真一ほか 1979「キナザコ製鉄遺跡」加茂町教育委員会

湊　哲夫 1997「日本における製鉄起源をめぐって」『津山市郷土博物館特別展図録第 11 冊　製鉄の起源をさぐる』津山郷土博物館　43-53 頁

湊　秀雄・佐々木稔 1968「タタラ製鉄鉱滓の鉱物組成と製錬条件について」『たたら研究』第 14 号　たたら研究　88-100 頁

宮崎敬士・村上恭通ほか 2010『小野原遺跡群』熊本県教育委員会　20-28 頁

宮崎幹也 1990a『法勝寺遺跡』近江町教育委員会

宮崎幹也 1990b『高溝遺跡』近江町教育委員会

宮崎幹也 1990c『顔戸遺跡』近江町教育委員会

宮崎幹也 1992「滋賀県かにおけるカマドの導入と普及」『滋賀考古』第 8 号　滋賀考古学研究会　20-28 頁

参考文献

宮崎美和子 1995『鹿島町内遺跡発掘調査報告 XVI』鹿島町教育委員会

宮崎美和子 1996『鹿島町内遺跡埋蔵文化財発掘調査報告 17』鹿島市教育委員会

宮崎泰史 2006「陶邑窯跡群　須恵器編年対象表」『年代のものさし—陶邑の須恵器—』大阪府立近つ飛鳥博物館　65頁

宮下幸夫ほか 2003『林製鉄遺跡』小松市教育委員会

宮本幸雄ほか 1982『富山県滑川市安田・寺町遺跡発掘調査報告書』滑川市教育委員会

向井義郎 1970「はしがき」『日本製鉄史論』中外凸版印刷　1-3頁

村上　敦 2013『吉森遺跡Ⅲ』糸島市教育委員会

村上英之助 1962a「日本の古代鉄生産に関するノート—石川恒太郎氏の業績にふれて—」『たたら研究』第 8 号　たたら研究会　14-21頁

村上英之助 1962b「月の輪古墳出土鉄器の原料について」『たたら研究』第 9 号　たたら研究会　1-8頁

村上英之助 1963「石川恒太郎氏の批判を読んで」『たたら研究』第 10 号　たたら研究会　12-13頁

村上英之助 1965「日本古代の砂鉄製錬の系統」『たたら研究』第 12 号　たたら研究会　13-17頁

村上英之助 1990「古代東国に出現するシャフト炉の系譜」『たたら研究』第 31 号　たたら研究会　1-16頁

村上英之助 1992「（続）佐々木氏の「炒鋼」説を疑う」『たたら研究』第 32・33 号　たたら研究会　82-87頁

村上幸雄 1991a「沖田奥製鉄遺跡」『水島機械金属工業団地協同組合西団地内遺跡群』総社市教育委員会

村上幸雄 1991b「古池奥製鉄遺跡」『水島機械金属工業団地協同組合西団地内遺跡群』総社市教育委員会

村上伸二 2012「関東における古代から中世にかけての鋳造操業について」『たたら研究』第 51 号　たたら研究会　17-32頁

村上紘揚ほか 1976『中国縦貫自動車道建設に伴う埋蔵文化財調査報告書（佐用郡）』兵庫県教育委員会

村上泰樹 2018「播磨北西部の古代鉄生産研究の現状と幾つかの視点」『ひょうご歴史研究室紀要』第 3 号　兵庫県立歴史博物館ひょうご歴史研究室　84-100頁

村上恭通 1992「中九州における弥生時代鉄器の地域性」『考古学雑誌』第 77 巻第 3 号　日本考古学会　63-88頁

村上恭通 1994「弥生時代における鍛冶遺構の研究」『考古学研究』第 41 巻第 3 号　考古学研究会　60-87頁

村上恭通 1997a「原三国・三国時代における鉄技術の研究—日韓技術比較の前提として—」『青丘学術論集』第 11 集　（財）韓国文化研究振興財団　7-79頁

村上恭通 1997b「肥後における鉄研究の成果と展望」『肥後考古』第 10 号　肥後考古学会　7-19頁

村上恭通 1998『倭人と鉄の考古学』青木書店

村上恭通 2004「古墳時代の鉄器生産と社会構造」『考古学研究会 50 周年記念論文集　文化の多様性と比較考古学』考古学研究会　67-79頁

村上恭通 2006a「研究の目的」『日本列島における初期製鉄・鍛冶技術に関する実証的研究　平成 15 年度〜平成 17 年度（2003〜2005 年度）科学研究費補助金（基盤研究 B）研究成果報告書』愛媛大学法文学部　1-2頁

村上恭通 2006b「古墳時代の製鉄・鍛冶技術に関する総合的考察」『日本列島における初期製鉄・鍛冶技術に関する実証的研究　平成 15 年度〜平成 17 年度（2003〜2005 年度）科学研究費補助金（基盤研究 B）研究成果報告書』愛媛大学法文学部　415-421頁

村上恭通 2006c「三韓・三国時代製鉄炉・精錬炉関連資料の検討と復元実験　研究の経過、製鉄炉の検討と復元」『日本列島における初期製鉄・鍛冶技術に関する実証的研究　平成 15 年度〜平成 17 年度（2003〜2005 年度）科学研究費補助金（基盤研究 B）研究成果報告書』愛媛大学法文学部　295-298頁

村上恭通 2007『古代国家成立過程と鉄器生産』青木書店

村上恭通 2012「鉄鍛冶」『古墳時代の考古学 5　時代を支えた生産と技術』同成社　142-153頁

村上恭通 2016「鉄器生産」『季刊考古学』137 号　雄山閣　17-21頁

村上恭通 2023「川久保遺跡の製鉄炉の構造と規模」『川久保遺跡 5　A 地点　縄文時代後期・晩期・古墳・近世編』（公財）鹿児島県文化振興財団埋蔵文化財調査センター

村上恭通・北野　重・真鍋成史・大道和人 2004「古墳時代後期製鉄技術の復元過程」『製鉄文化の多角的研究　鉄器文化研究集会第 10 回記念大会』鉄器文化研究会　129-142頁

村上恭通・笹田朋孝 2006「古墳時代製鉄炉の復元と製鉄実験　愛媛大学実験製鉄炉　4 号炉」『日本列島

における初期製鉄・鍛冶技術に関する実証的研究　平成 15 年度〜平成 17 年度（2003〜2005 年度）
　　科学研究費補助金（基盤研究 B）研究成果報告書』愛媛大学法文学部　229-254 頁

村上恭通ほか 2006『日本列島における初期製鉄・鍛冶技術に関する実証的研究　平成 15 年度〜平成 17 年度
　　（2003〜2005 年度）科学研究費補助金（基盤研究 B）研究成果報告書』愛媛大学法文学部

村松一秀・穴澤義功・大澤正己・鈴木瑞穂 2017『西山遺跡』春日井市教育委員会

目次健一ほか 2004『槇ヶ垰遺跡』島根県教育委員会

望月精司 2003『林製鉄遺跡』小松市教育委員会

森　浩一 1959「古墳出土の鉄鋌について」『古代学研究』第 21・22 号　古代学研究会　1-20 頁

森　浩一 1965「生産用具の製作」『大系日本史叢書 10　産業史 I』山川出版会　73-119 頁

森　浩一 1971「滋賀県北牧野製鉄遺跡調査報告」『若狭・近江・讃岐・阿波における古代生産遺跡の調査』
　　同志社大学文学部文化学科

森　浩一 1983「稲と鉄の渡来をめぐって―民俗文化の伝統を再評価する」森浩一編『日本民俗文化体系 3
　　稲と鉄―さまざまな王権の基盤―』小学館　7-55 頁

森　浩一 1998「敗戦後の考古学」『僕は考古学に鍛えられた』筑摩書房　41-82 頁

森　浩一・炭田知子 1974「考古学から見た鉄」森浩一編集『日本古代文化の探究　鉄』社会思想社　11-84 頁

森　浩一・林屋辰三郎 1974「対談・日本古代文化と鉄」森浩一編集『日本古代文化の探究　鉄』社会思想社
　　295-318 頁

守岡利栄 2003『古志本郷遺跡 VI ― K 区の調査―』島根県教育庁埋蔵文化財調査センター

森田友子 1982「大蔵池南製鉄遺跡」『稼山遺跡群（久米開発事業に伴う埋蔵文化財発掘調査報告書（4）』久米
　　開発事業に伴う文化財調査委員会

森田信博ほか 2007『湘南台遺跡群発掘調査報告 I　松原製鉄遺跡』柏市遺跡調査会

森本六爾 1943『日本考古学研究』桑名文星堂

【や】

八木光則「岩手県における律令期の鉄・鉄器生産」『1999 年度（第 6 回）鉄器文化研究集会　東北地方に
　　みる律令国家と鉄・鉄器生産』鉄器文化研究会　15-31 頁

安川豊史 1992「古墳時代における美作の特質一群小墳の動向と評価一」『吉備の考古学的研究（下）』山陽
　　新聞社　157-182 頁

安田　稔 1988「鋳型」『相馬開発関連遺跡発掘調査報告 I』（財）福島県文化センター

安田　稔 1991「長瀞遺跡」『原町火力発電所関連遺跡調査報告 II』（財）福島県文化センター

安田　稔ほか 1992『原町火力発電所発掘調査報告書 III』福島県教育委員会・（財）福島県文化センター

安田　稔ほか 1994「鳥打沢 A 遺跡」『原町火力発電所関連遺跡調査報告 IV』（財）福島県文化センター

安田　稔ほか 1995「大船廹 A 遺跡」『原町火力発電所関連遺跡調査報告 V』（財）福島県文化センター

柳沢一男 1977「福岡平野を中心とした古代製鉄について」『広石古墳群』福岡市教育委員会

柳田純考 1971『和白遺跡群発掘調査報告書』福岡市教育委員会

柳沼賢治ほか 1993『清水台遺跡―第 16 次 A 地点調査報告―』郡山市教育委員会・（財）郡山市文化財発掘
　　調査事業団

柳沼賢治ほか 1997『清水台遺跡―第 18・19・20 次調査報告―』郡山市教育委員会・（財）郡山市文化財
　　発掘調査事業団

柳原麻子 2021『南滋賀遺跡（河越地区）発掘調査報告書』大津市教育委員会

山内登貴夫 1975『和鋼風土記―出雲のたたら師』角川書店

山形秀樹 2004「第 6 章　放射性炭素年代測定」『東谷遺跡』滋賀県教育委員会・（財）滋賀県文化財保護協会
　　59-60 頁

山口譲治 1993『博多 36―博多遺跡群第 59 次調査報告』福岡市教育委員会

山口直樹 1991「考古学講座について(2)―「鉄づくり」開催と記録報告―」『千葉県立房総風土記の丘年報』
　　14　千葉県立房総風土記の丘　114-166 頁

山口直樹 1992「考古学講座について(3)―「鉄づくり」開催と記録報告―」『千葉県立房総風土記の丘年報』
　　15　千葉県立房総風土記の丘　52-80 頁

参考文献

山崎純男 1987『柏原遺跡群Ⅲ―柏原K・L遺跡・中世居館址と中世水田の調査―』福岡市教育委員会

山崎純男 1988『柏原遺跡群Ⅵ―古墳・古代遺跡M遺跡の調査―』福岡市教育委員会

山田　廣・三瓶秀文 2004『後作B遺跡』富岡市教育委員会

山中　章 1984「1　長岡宮第127次（7AN-5E-7地区）～朝堂院南方、乙訓郡衙～発掘調査概要」『向日市埋蔵文化財調査報告書第31集』向日市教育委員会

山中　章 1993「長岡京の金属（器）生産」『考古論集　潮見浩先生退官記念論文集』潮見浩先生退官記念事業会

山中　章 1996「長岡遷都時の「地鎮祭跡」長岡宮跡第326次（7ANEYT-2地区）」長岡京連絡協議会 No.96-05

山中　章・秋山浩三 1993「長岡宮跡第267次（7AN15U地区朝堂院西方官衙、乙訓郡衙発掘調査概要)」『向日市埋蔵文化財調査報告書』第36集　（財)向日市埋蔵文化財センター・向日市教育委員会

山根　航 2018『鍛冶の郷―大県と田辺』柏原市立歴史資料館

山根　航 2021「大県遺跡における鍛冶技術」『ヒストリア』第284号　大阪歴史学会　6-16頁

山元　出ほか 2017『県道広野小高線関連遺跡発掘調査報告1　南代遺跡』（公財)福島県文化振興財団

山本悦世・岩﨑志保 2003『津島岡大遺跡11』岡山大学埋蔵文化財調査研究センター

山本忠尚ほか 1985『平城宮発掘調査報告ⅩⅡ―馬寮地域の調査』奈良国立文化財研究所

山本　禎 1985『猿貝北・道上・新町口　国道298号線関係埋蔵文化財発掘調査報告書―Ⅰ―』（財)埼玉県埋蔵文化財調査事業団

横田洋三・畑中英二・大道和人ほか 1994『木瓜原遺跡』滋賀県教育委員会・（財)滋賀県文化財保護協会

吉岡金市 1973「北陸古代製鉄史に関する調査研究」『金沢経済大学経済開発研究所　昭和47年度研究報告』73―3　71-109頁

吉田　功 1990「鳥打沢A遺跡」『原町火力発電所関連遺跡調査報告Ⅰ』（財)福島県文化センター

吉田正一ほか 1994『池田遺跡』熊本県教育委員会

吉田章一郎ほか 1983『千葉県山武町森台古墳群の調査』青山学院大学森台遺跡発掘調査団

吉田知史 2021「交野市森遺跡の変遷」『ヒストリア』第284号　大阪歴史学会　17-38頁

吉田秀享 2005「まほろんイベント「鉄づくり」報告―まほろん1号炉による操業について―」『福島県文化財センター白河館研究紀要2004』（財)福島県文化振興財団・福島県文化財センター白河館（まほろん）　1-24頁

吉田秀享 2006「平安時代の鋳鉄製品―出土鋳型からの研究復元―」『福島県文化財センター白河館研究紀要2005』（財)福島県文化振興事業団・福島県文化財センター白河館（まほろん）　1-40頁

吉田秀享 2013「蘇我蝦夷が贈った鉄」『文化財と技術』第5号　工芸文化研究所　1-10頁

吉田秀享 2017「鉄製梵鐘」『モノと技術の古代史金属編』吉川弘文館　191-222頁

吉留秀敏 2010『元岡・桑原遺跡群16』福岡市教育委員会

米田克彦 2009『六重城南遺跡　瀧坂遺跡鉄穴内遺跡』島根県教育委員会

吉永　明ほか 1996『薬師堂跡・うその谷窯跡』八代市教育委員会

吉野滋夫・猪狩英究ほか 1991「長瀞遺跡」『原町火力発電所関連遺跡調査報告Ⅱ』（財)福島県文化センター

吉野滋夫 1994「横口付木炭窯について」『原町火力発電所関連遺跡調査報告Ⅳ』（財)福島県文化センター

吉野滋夫ほか 1995a「大船廼A遺跡」『原町火力発電所関連遺跡調査報告Ⅵ』（財)福島県文化センター

吉野滋夫ほか 1995b「大船廼A遺跡」「長瀞遺跡」『原町火力発電所関連遺跡調査報告Ⅴ』（財)福島県文化センター

吉野滋夫ほか 2006「太刀洗遺跡（2次調査)」『常磐自動車道遺跡調査報告44』（財)福島県文化振興事業団

四日市市教育委員会 1971『岡山古窯址群発掘調査報告』

【ら・わ】

栗東市教育委員会・（財)栗東市文化体育振興事業団 2009「蜂屋遺跡」『1989年度栗東町埋蔵文化財発掘調査資料集』

栗東町教育委員会・（財)栗東町文化体育振興事業団 2001「岩畑遺跡」『1984年度栗東町埋蔵文化財発掘調査資料集』

和島誠一 1960「鉄器の成分」『月の輪古墳』　231-257頁
和島誠一 1957「西日本における古代鉄器中の炭素量」『資源科学研究所彙報』48号　53-56頁
和島誠一 1967「製鉄技術の展開」『日本の考古学Ⅵ　歴史時代（上）』河出書房新社　65-85頁
和島誠一 1973『日本考古学の発達と科学的精神』和島誠一著作集刊行会
渡辺健治ほか 1974『狐塚遺跡発掘調査報告』津山市教育委員会
渡邊朋和 1998『金津丘陵製鉄遺跡群発掘調査報告書Ⅲ』新津市教育委員会
渡邊朋和 2006「北陸の鉄生産」『日本海域歴史体系　全五巻　第二巻　古代篇』清文堂　335-339頁
渡邊朋和 2020「北陸地方」『たたら製鉄の成立過程』島根県古代文化センター　31-38頁
渡辺博人 1992「各務原の製鉄関連遺跡」『岐阜県郷土資料研究協議会会報』第63号　8-9頁
渡辺博人・大澤正己ほか 1999『蘇原東山遺跡群発掘調査報告書』各務原市埋蔵文化財調査センター
渡辺博人・大澤正己ほか 2003『大牧1号墳発掘調査報告書』各務原市埋蔵文化財調査センター
渡邊恵理子・米田克彦ほか 2023『百間川原尾島遺跡』岡山県教育委員会
綿貫邦男 1988『鳥羽遺跡　Ⅰ・J・K区』群馬県教育委員会・（財）群馬県埋蔵文化財調査事業団

【韓国語】
畿甸文化財研究院 2003『華城發安里마을遺跡・旗安里製鉄遺跡発掘調査』
金　一圭 2001「慶州隍城洞江辺路遺跡」『韓国農耕文化の形成』第25回韓国考古学全国大会遺跡調査発表
金　珠南ほか 2001『慶州市隍城洞537―2賃貸アパート新築敷地発掘調査報告書』韓国文化財保護財団
金　珠南ほか 2002『慶州隍城洞遺跡―537-1・10、537-4、525-8、544-1・6番地発掘調査報告書―』韓国
　　　文化財保護財団
金　珠南ほか 2005『慶州隍城洞遺跡Ⅲ・Ⅳ―江辺路3-A工区開設区間内発掘調査報告書―』韓国文化財
　　　保護財団
金　鍾徹・金　世基・李　世主 2000『慶州隍城洞遺跡Ⅴ』啓明大学博物館
徐　五善・権　五榮・咸　舜燮 1991「天安清堂洞第二次発掘調査報告書」『松菊里Ⅳ』国立博物館学術古蹟
　　　調査報告第23冊　国立中央博物館
宋　桂鉉・河　仁秀 1990『東萊福泉洞萊城遺跡』釜山直轄市立博物館
孫　明助・尹　邰映 2001『密陽沙村製鉄遺跡』国立金海博物館
孫　明助 2002「韓国古代の鉄生産―新羅・百済・加耶―」『第5回歴博国際シンポジウム　古代東アジア
　　　における倭と加耶の交流』国立歴史民俗博物館
沈　奉謹・李　東注 2000『梁山勿禁遺跡』東亜大学校博物館
鄭　澄元・申　敬澈 1983『東萊福泉洞古墳群Ⅰ』釜山大学校博物館
朴　東白 1990『馬山縣洞遺蹟』昌原大学博物館学術調査報告第3冊　昌原大学博物館
朴　文珠 1999『慶州隍城洞遺跡524―9番地溶解炉跡』国立慶州博物館
朴　成澤 2000「勿禁地域出土鉄滓の金属学的分析」『梁山勿禁遺跡』東亜大学博物館
李　白圭・李　在煥・金　充喜 2000『慶州隍城洞遺跡Ⅲ』慶北大学博物館
李　榮勲ほか 1996『韓国古代鉄生産遺跡発掘調査―中間結果報告―』国立清州博物館・産業科学技術研究所
李　榮勲ほか 1997『韓国古代鉄生産遺跡発掘調査―鎭川石帳里遺跡―』国立清州博物館・浦項産業科学
　　　研究院
李　榮勲・申　鍾煥・尹　鍾均・成　在賢 2004『鎭川石帳里鉄生産遺跡発掘調査報告書』国立清州博物館
　　　校博物館遺蹟調査報告14順）釜山大学校博物館
李　榮勲・孫　明助ほか 2000『慶州隍城洞遺跡Ⅰ』国立慶州博物館
林　孝澤 1985「副葬鉄鋌考」『東義史学』20　東義大学校史学会
隍城洞遺跡発掘調査団 1990『慶州隍城洞遺跡第1次発掘調査概報』国立慶州博物館

あ と が き

　本書は、2022 年度に同志社大学に提出した博士論文『日本古代製鉄の考古学的研究—近江から日本列島へ—』を骨子とし、内容に加除補訂を加えたものである。各節を構成する論文の初出は以下の通りである。

序　章
　第 1 節、新稿。第 2 節、新稿。第 3 節、新稿。
第 1 章　日本古代製鉄の研究動向
　第 1 節、新稿。第 2 節、大道 2004 を加筆補訂。第 3 節、新稿。第 4 節、新稿。
第 2 章　日本古代製鉄の開始について
　第 1 節、新稿。第 2 節、大道 2001 と大道 2010 年を加筆補訂。第 3 節、新稿。第 4 節、大道 2001 を加筆補訂。
第 3 章　日本列島各地の製鉄開始期の様相
　第 1 節、大道 1994 を加筆補訂。第 2 節、大道 2007 を加筆補訂。第 3 節、大道 2011 を加筆補訂。第 4 節、大道 1996 を加筆補訂。第 5 節、門脇・大道 1999 を加筆補訂。第 6 節、大道 2015 を加筆補訂。第 7 節、大道 1995 を加筆補訂。第 8 節、大道 2014 を加筆補訂。第 9 節、新稿。第 10 節、大道 2018 を加筆補訂。第 11 節、新稿。第 12 節、大道 2014 加筆補訂。
第 4 章　古代製鉄展開期の様相
　第 1 節、大道 2021 を加筆補訂。第 2 節、大道 2006 を加筆補訂。第 3 節、大道和人 2010 を加筆補訂。第 4 節、大道 2006 を加筆補訂。第 5 節、大道 2003 を加筆補訂。第 6 節、新稿。第 7 節、新稿。
第 5 章　日本古代製鉄の開始と展開
　第 1 節、新稿。第 2 節、新稿。
第 6 章　結語、新稿。

　最後に、本書をまとめるにあたっては、多くの方々からのご指導をいただいたことを記したい。
　同志社大学文学部考古学研究室と大学院文学研究科で都合 7 年間、森浩一先生、松藤和人先生、辰巳和弘先生にご指導をいただいた。1987 年 4 月に大学に入学後、森先生の「考古学」を受講し、天皇陵古墳の比定の問題や遺跡保存問題などに触れるとともに、発掘調査の新聞報道に関心をもつことや現地説明会に参加することの重要性を知った。また、大学では同期である青柳泰介氏、池田正弘氏、江介也氏、日高慎氏、深澤敦仁氏、比佐陽一郎氏とともに考古学を学んだ。1 回生の時には静岡県旧引佐町谷津古墳の測量調査、2 回生の時には滋賀県旧志賀町北小松古墳群の発掘調査に参加させていただいた。2 回生の冬からは、奈良県各地の発掘調査に参加させていただき、今尾文昭氏にお世話になった。卒業論文「関東地方における古代の鍛冶遺構」は松藤先生にご指導をいただいた。

455

あとがき

　大学院進学後は、製鉄・鉄器生産の研究を進めた。修士課程1回生の時には福島県旧原町市長瀞遺跡、福島県新地町山田A遺跡、滋賀県草津市木瓜原遺跡の発掘調査に参加させていただき、安田稔氏、寺島文隆氏、吉田秀享氏、小暮伸之氏、横田洋三氏、畑中英二氏にお世話になった。2回生の時には長野県阿智村の財団法人野外教育センターで半地下式竪形炉の製鉄実験、福岡市西区大原A遺跡の発掘調査、島根県旧横田町の日刀保たたら敷地内で行われた、島根大学山陰地域・汽水域センター古代金属生産グループの製鉄実験に参加させていただき、羽場睦美氏、佐々木勝氏、長家伸氏、田中義昭先生、松本岩男氏にお世話になった。

　修士課程1回生の森先生の講義の単位レポートは、本書の第3章第1節のもととなる「北牧野製鉄A遺跡の炉底塊」、修士論文は第3章第12節のもととなる「日本古代鉄生産の開始と展開」を提出した。単位レポート、修士論文作成にあたっては、森先生、松藤先生、辰巳先生をはじめ、中国地方の製鉄遺跡の資料調査では田中義昭先生、古瀬清秀先生、角田徳幸氏に、また関東地方、九州地方の資料調査では穴澤義功氏、大澤正己氏にご指導をいただいた。

　博士課程に進学後は、群馬県旧粕川村三ヶ尻西遺跡、交野市森遺跡、柏崎市網田瀬A遺跡の発掘調査に参加させていただき、小島純一氏、星克典氏、真鍋成史氏、奥野和夫氏、品田高志氏、三井田忠明氏にお世話になった。

　1994年に滋賀県に職を得てからは、財団法人（現公益財団法人）滋賀県文化財保護協会で県内各地の発掘調査を担当した。1997〜1998年度には大津市源内峠遺跡の発掘調査を担当する機会に恵まれ、田中勝弘氏にご指導をいただきながら発掘調査を進めた。また、森先生に現地指導をしていただくとともに、大学の後輩である門脇秀典氏、松田度氏にもご協力をいただいた。

　1999〜2000年度には源内峠遺跡出土遺物の整理調査と発掘調査報告書作成に従事させていただき、大﨑哲志氏にご指導をいただきながら整理調査を進めた。製鉄関連遺物の考古学的整理調査については門脇氏、出土鉄塊のC14年代測定については山田哲也氏、塚本敏夫氏、小田寛貴氏、中村俊夫氏、出土製鉄関連遺物の金属学的調査については大澤正己氏、鈴木瑞穂氏、出土鉄鉱石と鉄塊系遺物の中性子放射化分析については平井昭司氏にお世話になった。源内峠遺跡の発掘調査報告書は2001年3月に刊行した。2001年10〜12月に東谷遺跡の発掘調査を担当させていただき、阿古雄之氏、亀井宏行氏、大竹浩之氏には調査地周辺の磁気探査をしていただいた。

　1990年代後半には北野重氏、山内紀嗣氏、真鍋成史氏と「かぬち研究会」を結成し、近畿地方と岡山県の鍛冶関連資料の調査を実施した。資料調査では花田勝広氏、安川豊史氏、坂靖氏、新海正博氏、野島永氏をはじめ各府県・市町村の埋蔵文化財専門職員の方々にお世話になった。また、交野市と柏原市でおこなわれた製鉄・鍛冶実験では木原明氏、堀尾薫氏、河内國平氏、山下浩郎氏からご指導・ご教示をいただいた。

　2003〜2005年度には、村上恭通先生が代表する科学研究補助金基盤研究（B）「日本列島における初期製鉄・鍛冶技術に関する実証的研究」の研究協力者に真鍋氏、北野氏、上栫武氏、笹田朋孝氏、大澤氏、木原氏とともに加えていただいた。2003年度には北野氏、真鍋氏と、2004年度には村上先生と研究協力者6名とともに西日本の主要な製鉄遺跡の巡検に加えていただいた。2004年12月には、愛媛大学城北キャンパスでおこなわれた製鉄復元実験にも参加させていただき、村上氏と研究協力者6名で復元実験をおこなうとともに、堀尾氏、藤井勲氏から操業のご指導をいただいた。また、2006年9月におこなわれた今治市での製鉄実験にも参加させていただ

き、櫛部大作氏にお世話になった。

2005年7月22日～24日には、韓国の三韓・三国時代における製鉄・鍛冶の資料調査と日韓合同の資料検討会に参加させていただいた。村上先生、真鍋氏、北野氏、大澤氏、木原氏、堀尾氏、藤井氏、野島氏には製鉄関連遺物の見方についてご教示をいただいた。なお、韓国の三韓・三国時代における製鉄・鍛冶の資料調査は、科研の研究以外にも何度か実施したが、特に、李南珪氏、孫明助氏、金武重氏、金想民氏、松井和幸氏、青柳氏、辻川哲朗氏、堀真人氏にもご指導・ご教示をいただいた。

2002年度には甲賀市鍛冶屋敷遺跡の発掘調査を担当する機会に恵まれた。2002年は聖武天皇が紫香楽宮で造立を始めた大仏が東大寺で完成し、開眼供養会が行われた1250年後の節目の年であった。発掘調査は畑中氏と担当し、調査の進め方については、葛野泰樹氏、細川修平氏にご指導をいただいた。鍛冶屋敷遺跡の発掘調査は大きな成果をあげ、2006年には発掘調査報告書を刊行したが、鍛冶屋敷遺跡の「鉄」の実態、銅精錬・溶解炉の復元、銅精錬・溶解炉と半地下式竪形炉の関係などについては課題として残った。

鍛冶屋敷遺跡の発掘調査報告書刊行後は、主に、大澤氏の銅と鉄の関係についての一連の研究、門脇氏による半地下式竪形炉の復元研究、池田善文氏による長登銅山跡における銅製錬研究、五十川伸矢氏、神崎勝氏による鋳造遺跡研究、渡邊朋和氏、能登谷宣康氏、笹澤泰史氏による東日本の製鉄遺跡研究、角田氏、上栫氏の箱形炉に関する製鉄研究に導かれながら研究を進めた。

2010～2013年度には滋賀県立安土城考古博物館で勤務した。博物館では、草津市野路小野山遺跡の発掘調査を担当した大橋信弥氏にお世話になった。2012年には春季特別展「湖を見つめた王 - 継体大王と琵琶湖 -」を企画し、4月29日には森浩一先生に「古代近江とヲホド王を語る」と題しご講演いただいた。この時、色紙に書いていただいた「井戸ヲ掘ルナラ　水ノ出ルマデ掘レ」が、学生時代以来約25年にわたる森浩一先生の最後の教えとなった。

2018年6月には、同志社大学考古学研究室定例研究会において、「古代金属生産技術の拠点としての近江」を発表する機会を得た。この発表は本書のエッセンス的なもので、学生時代の先輩である同志社大学の水ノ江和同先生から、発表した内容での博士論文の提出をすすめられた。

博士論文の執筆にあたっては、水ノ江先生、村上先生、若林邦彦先生より多くのご指導とご指摘を賜った。また、真鍋氏、辻川氏、廣瀬時習氏からもご指導とご教示をいただいた。

本書は滋賀県内の文化財関係者をはじめ、日本列島各地の古代製鉄遺跡を発掘調査した、多くの地方公共団体の埋蔵文化財専門職員、研究機関の方々による発掘調査成果と考古学的研究成果をもとに、執筆することができました。編集にあたっては、児玉有平氏をはじめ雄山閣の方々にご尽力を賜りました。皆様に心より感謝申し上げます。

最後に私事ではありますが、日頃より応援してくれた亡き父、母、そして妻と娘に感謝したいと思います。

　　　2024年10月吉日

　　　　　　　　　　　　　　　　　　　　　　　　　　　　　　　　　大道和人

■著者紹介

大道 和人（おおみち かずひと）

1966 年　茨城県生まれ。
1993 年　同志社大学大学院文学研究科博士課程前期修了。
滋賀県文化財保護協会、滋賀県教育委員会・滋賀県文化スポーツ部文化財保護課、
甲賀市教育委員会歴史文化財課、滋賀県商工観光労働部観光振興局を経て、
現在　滋賀県立安土城考古博物館学芸課副主幹。
博士（文化史学・同志社大学）。

〈主要著書〉

「出土遺物からみた北牧野製鉄Ａ遺跡の炉形―古代日本の製鉄技術の系譜に関する
　一考察―」『同志社大学考古学シリーズⅥ　考古学と信仰』同志社大学考古学シリーズ
　刊行会、1994 年。
『源内峠遺跡』共著、滋賀県教育委員会・（財）滋賀県文化財保護協会、2001 年。
『鍛冶屋敷遺跡』共著、滋賀県教育委員会、2006 年。
「古代日本鉄生産の開始と展開―７世紀の箱形炉を中心に―」『たたら研究』第 53 号、
　たたら研究会、2014 年。
「鍛冶屋敷遺跡の銅精錬・溶解炉と東日本の半地下式竪形炉について」『鋳造遺跡研究
　資料 2021』鋳造遺跡研究会、2021 年。

2024 年 10 月 25 日　初版発行　　　　　　　　　　　　　　　《検印省略》

日本古代製鉄の考古学的研究
―近江から日本列島へ―

著　者　　大道和人

発行者　　宮田哲男

発行所　　株式会社　雄山閣
　　　　　〒 102-0071　東京都千代田区富士見 2-6-9
　　　　　ＴＥＬ　03-3262-3231㈹／ FAX 03-3262-6938
　　　　　ＵＲＬ　https://www.yuzankaku.co.jp
　　　　　e-mail　contact@yuzankaku.co.jp
　　　　　振替：00130-5-1685

印刷・製本　株式会社ティーケー出版印刷

©OMICHI Kazuhito 2024　　　　　　　ISBN978-4-639-03007-2　C3021
Printed in Japan　　　　　　　　　　　N.D.C.210　464p　27cm

法律で定められた場合を除き、本書からの無断のコピーを禁じます。